錯体化学会フロンティア選書 **JSCC**

フロンティア
生物無機化学

伊東　忍・青野重利・林　高史　編著

三共出版

はじめに

　我々の体の中には，鉄や銅をはじめとする多くの金属イオンが含まれていることは良く知られています。「血液の色が赤いのは，鉄を含むヘモグロビンと呼ばれるタンパク質が血液中にあるからだ」と言うことも一般に良く知られています。「鉄分が不足すると貧血になるから，しっかりと鉄分を摂りましょう」と小さい頃から良く聞かされました。「これは血の中の鉄分が不足すると，ヘモグロビンの働きが悪くなり，身体の中の酸素が足りなくなるからです」と教えてもらいました。では，「血液の中に含まれるヘモグロビンってどんな構造で，酸素分子はどのようにしてヘモグロビンの鉄に結合しているのでしょうか」と聞くと，一般の人はほとんど答えることができません。「ヘモグロビンは，酸素の多い肺で酸素分子と結合し，酸素の少ない身体の末梢では酸素分子を切り離す。これはアロステリック効果と言う調節機能が働いているからなのですよ」と言ってもしっかりと理解してもらえません。「動脈を流れる血液の色は鮮やかな赤色をしているのに，静脈を流れる血液の色は黒ずんだ赤色をしているのはなぜでしょう」とか「一酸化炭素中毒って，なぜ起こるのでしょう」，と化学を専攻している大学生に聞いてもほとんど答えることができません。このような非常に身近な問題でも，その挙動を正確に理解するためには分子レベルの高度な専門知識が必要となってきます。

　今から半世紀以上前にヘモグロビンやミオグロビンの結晶構造が決定されたのを契機に，このような生体金属分子の研究が大きく発展しました。さらに，近年における高度な機器分析技術の進歩や，コンピュータ科学の発展による理論解析の精密化，遺伝子工学技術を駆使した分子生物学の発展，分子イメージング技術の高精度化による生体分子の可視化技術の進歩など，今日では身体に含まれている金属イオンやそれを含むタンパク質の構造，分光学的・磁気的特性，反応機構などの詳細な部分の多くが分子レベルで理解できるような時代になって来ました。さらに，得られた情報を基に，色々なデバイスや医薬品の開発も盛んに行われています。

　このように，生体内に含まれる様々な金属イオンの化学と機能を分子レベルで解明し，応用しようとする分野は「生物無機化学（Bioinorganic Chemistry）」

と呼ばれる学問として大きく発展してきました。わが国においても 1980 年代から重点領域研究や特定領域研究などの国家プロジェクトが立ち上がり，化学のみならず，薬学，医学，物理学などの分野から多くの研究者が参入し，生体金属分子の科学を色々な観点から追究してきました。その間，日本発の大きな発見として 1995 年の吉川，月原らによる呼吸系のシトクロム c 酸化酵素複合体の構造決定や，2009 年の神谷，沈らによる光合成系膜タンパク質複合体（PSII）の構造決定など目覚ましい成果が発表されるとともに，生物無機化学国際会議（ICBIC : International Conference on Biological Inorganic Chemistry）や生物無機化学アジア会議（AsBIC : Asian Biological Inorganic Chemistry Conference）を開催し，世界を牽引してきました。そのような折，錯体化学会選書として『生物無機化学−金属元素と生命の関わり−』増田秀樹，福住俊一編（三共出版）が 2005 年に発刊され，日本における生物無機化学の教科書的な存在として愛読されてきました。それから 10 年あまりを経て，この分野の研究は急速に発展し，より先端的な研究成果を加えたテキストを新たに発刊する必要性が叫ばれ，今回『フロンティア生物無機化学』を発刊することになりました。

　前書は大学院生や専門外の若手研究者を対象とした入門書的なものであったのに対して，本書では，1 章の生物無機化学の概説に始まり，2 章の O_2 の運搬・貯蔵・活性化と 3 章の窒素・硫黄循環で生体系の物質循環について解説し，4 章の呼吸系と 5 章の光合成系で，生体系のエネルギー代謝，6 章の物質変換と 7 章の加水分解では，生体内の物質変換を学びます。続いて 8 章の人工金属酵素，9 章のセンシング，10 章のイメージング，11 章の金属錯体による細胞機能制御，12 章の医薬品では生体金属分子の機能と応用について解説しており，基礎から最先端までを網羅した大作となっています。大学院生や若手研究者のみならず，生物無機化学を専門とする研究者にも是非読んで頂き，これからの生物無機化学の発展のための礎となることを期待しています。

　最後に，今回各章の執筆で大変お世話になった筆者の先生方，ならびに企画から編集までご苦労頂いた三共出版の秀島 功氏に，心からお礼申し上げます。

2016 年 10 月

伊東　忍，青野重利，林　高史

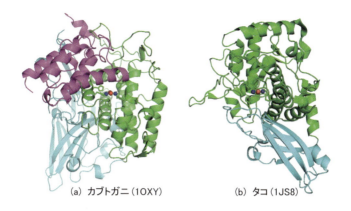

参考図 1　oxy-Hc サブユニットの立体構造（本文図 2-15 参照）

銅を青色の球，銅と結合している酸素分子を赤色の球で示した。銅に配位しているヒスチジン残基の側鎖は棒モデルで示した。

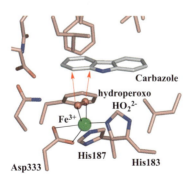

参考図 2　カルバゾール（Carbazole）が結合した Carbazole 1,9a-dioxygenase（CARDO）の オキシゲナーゼの結晶構造に基づく活性中心の構造（本文図 2-41 参照）

活性中心の Fe^{3+} と結合したペルオキシド酸素とカルバゾールの相対的位置と周囲のアミノ酸残基。文献 60 より転載

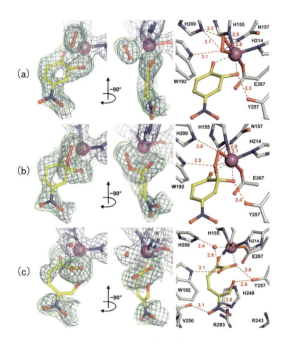

参考図3　4-ニトロ-1,2-カテコール（4NC）と O_2 分子を結合した 2,3-HPCD の *in crystallo* 反応の構造解析で可視化された 2, 3, および 5 の構造（本文図 2-46 参照）
(a) サブユニット C に存在する中間体 **2**，(b) サブユニット D(B) の中間体 **3**，(c) サブユニット A の中間体 **5**。文献 66 より転載

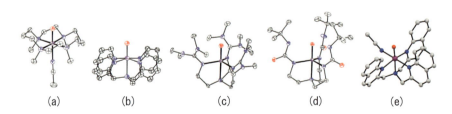

参考図4　鉄（IV）オキシド錯体の構造（本文図 2-57 参照）
(a) $[Fe^{IV}(O)(TMC)(MeCN)]^{2+}$, (b) $[Fe^{IV}(O)(N4Py)]^{2+}$, (c) $[Fe^{IV}(O)(TMG_3tren)]^{2+}$, (d) $[Fe^{IV}(O)(H_3buea)]^-$, (e) $[Fe^{IV}(O)(TQA)(MeCN)]^{2+}$, (a)-(d) は結晶構造の ORTEP 図，(e) は DFT 計算からの構造。(TMC: 1,4,8,11-tetramethyl-1,4,8,11-tetra-azacyclotetradecane, N4Py: *N,N*-bis(2-pyridylmethyl)-*N*-bis(2-pyridyl)methylamine, TMG3tren: 1,1,1-tris(2-[*N*2-(1,1,3,3-tetramethylguanidino)]eth-yl)amine, H3buea: 1,1,1-tris[(*N'*-tert-butyl-ureaylato)-*N*-ethyl]aminato, TQA: tris(2-qunolylmethyl)amine)。文献 81, 82 より転載

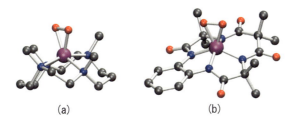

参考図5 (a) TMC 配位子のペルオキシド鉄(III) 錯体 $[Fe^{III}(O_2)(TMC)]^{2+}$,
(b) TAML 配位子のスーペルオキシド鉄(III)錯体 $[Fe^{III}(O_2)(TAML)]^{2-}$ の ORTEP 図
(TAML: tetraamide macrocycle ligand)。文献 83 より転載（本文図 2-58 参照）

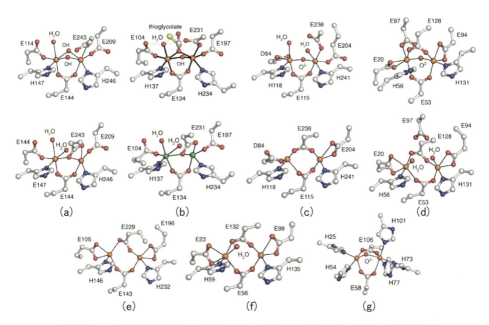

参考図6 X線結晶構造解析で決定された O_2 活性化に関与する二核非ヘム鉄酵素の酸化型と還元型の活性中心の構造（本文図 2-59 参照）

(a) MMOH: Fe(III)Fe(III)（上）, Fe(II)Fe(II)（下）, (b) ToMOH: Fe(III)Fe(III)（上）, Mn(II)Mn(II)（下）, (c) RNR-R2: Fe(III)Fe(III)（上）, Fe(II)Fe(II)（下）, (d) ルブレリシン：Fe(III)Fe(III)（上）, Fe(II)Fe(II)（下）, (e) Δ9D: Fe(II)Fe(II), (f) バクテリオフェリチン：Fe(II)Fe(II), (g) MetHr: Fe(III)Fe(III)。文献 84 より転載

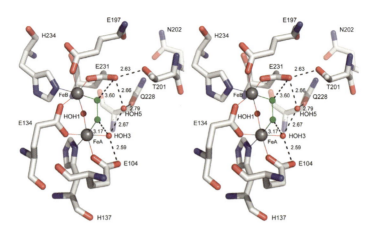

参考図 7 T4moH$_{ox}$D 錯体の結晶を H$_2$O$_2$ 水溶液 (0.3 M) に 30 分浸した shunt 法で生成したペルオキシド二核鉄 (III) 中間体の活性中心の結晶構造の 3 次元ステレオビュー

(本文図 2-66 参照)

二核鉄に配位しているペルオキシド酸素はプロトン化された H$_2$O$_2$ の状態と考えられ,可能な水素結合が点線で,またその結合距離が数値で示されている。ペルオキシド酸素は緑色で,架橋オキソは赤色で示されている。文献 103 より転載

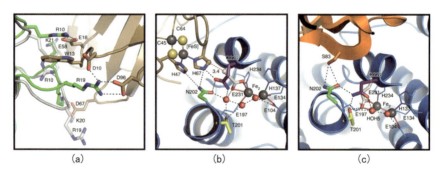

参考図 8 ヒドロキシラーゼ T4moH と Rieske フェレドキシン T4moC または制御タンパク質 T4moD が結合した T4moHC または T4moHD 錯体の結晶構造 (本文図 2-67 参照)

(a) T4moH と T4moC が結合している境界面の水素結合相互作用,(b) Rieske フェレドキシン T4moC の [2Fe-2S] とヒドロキシラーゼ T4moH の二核鉄の位置関係,(c) T4moHD の活性中心の二核鉄の構造。文献 98 より転載

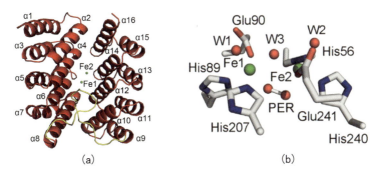

参考図9　X線単結晶構造解析により決定されたhDOHHの全体構造(a)と
ペルオキシド中間体の活性中心の構造(b)（本文図2-72参照）

(a) N-末端ドメインとC-末端ドメインはそれぞれ4つのHEATリピート構造（赤色）からなり、これらのドメインは長いループ（黄色）で繋がれている。また活性中心の二核鉄はHEATリピートに挟まれて存在する。(b) Fe1, Fe2のそれぞれに2つのHis残基と1つのGlu残基が配位しており、ペルオキシド酸素（PER）が二核鉄を架橋している。また二核鉄を挟んでPERの反対側に3つの水分子（W1, W2, W3）が存在し、二核鉄に配位している。W3はヒドロキシド基として二核鉄を架橋している。文献106より転載

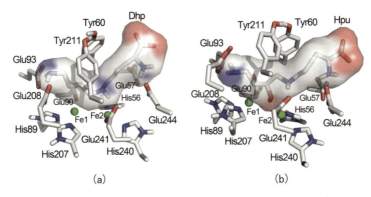

参考図10　Dhp-eIF-5AおよびHpu-eIF-5Aの(a) Dhp, (b) Hpu部分をそれぞれhDOHHの活性中心近傍にdockingさせた構造（本文図2-73参照）　文献103より転載

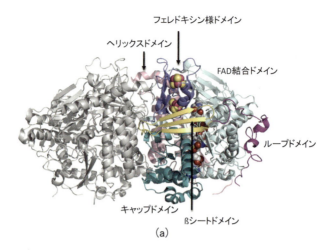

参考図 11　アデニリル硫酸還元酵素の全体構造（図 3-15(a) 参照）

　αサブユニットは，FAD 結合ドメイン（淡い緑色）の FAD (VDW モデル) をキャップドメイン（緑色）とヘリックスドメイン（ピンク色）が取り囲む構造を持つ。ßサブユニットは，2 個の [4Fe4S] (VDW モデル) を結合するフェレドキシン様ドメイン（青色）と，ßシートドメイン（黄色）および長いループドメイン（マゼンタ色）から成る。

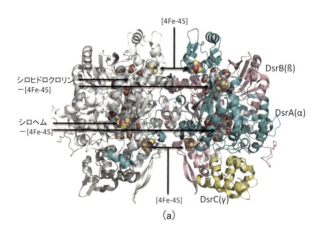

参考図 12　異化型の亜硫酸還元酵素の全体構造（図 3-17(a) 参照）

　DsrA（α，緑色），DsrB（ß，ピンク色），DsrC（γ，黄色）が 2 個ずつでヘテロ 6 量体構造をとる。αとßの構造は非常に良く類似しているが，ßはシロヘム-[4Fe4S] クラスターをもつ，一方，αはシロヒドロクロリン-[4Fe4S] クラスターをもつ。ßのシロヘム-[4Fe4S] は，活性部位で同化型亜硫酸還元酵素のシロヘム-[4Fe4S] に相当する。

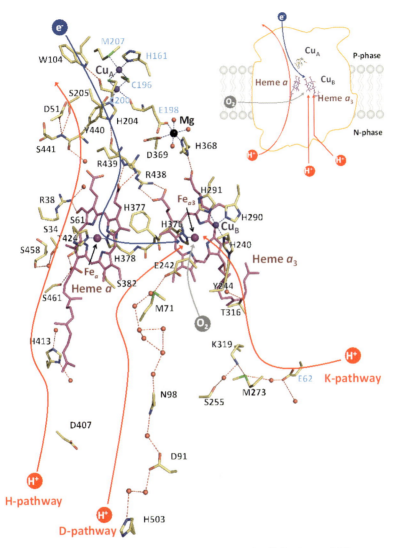

参考図 13 ウシ心筋シトクロム c 酸化酵素の結晶構造（図 4-1 参照）

4 個の酸化還元部位の位置と構造および電子，酸素，プロトンの推定される経路を示す．Fe, Cu, Mg は赤紫，紫および黒の球で示す．赤の小球は水分子の位置を示す．赤紫の分子構造は図中に描いてあるようにヘム a とヘム a_3 を示す．右上の挿入図は機能単位中での 4 個の酸化還元金属中心の位置を示す．（文献 11 より許可を得て掲載．一部，改変した．）

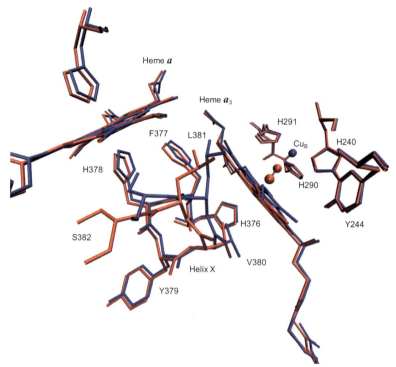

参考図 14　ウシ心筋シトクロム c 酸化酵素の結晶構造（図 4-2 参照）

ヘム a，ヘム a_3，Cu_B および Helix X（本文ではヘリックス X）近傍を示す。青と赤の構造はそれぞれ完全還元型および CO 結合完全還元型を示す（それぞれ PDB 2EIJ と 3AG1）。

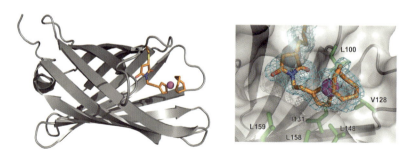

参考図 15　アセチレンの重合触媒として働く人工金属酵素の立体構造（図 8-30 参照）

タンパク質空孔に導入した金属錯体の炭素原子をオレンジ色，酸素原子を赤色，窒素原子を青色の棒モデルで，ロジウム原子を赤紫色で球で示した。

目 次

1 生物無機化学の概説
(増田 秀樹)
- 1.1 生物無機化学とは …… 1
- 1.2 生体必須元素とその役割 …… 2
- 1.3 微量元素のホメオスタシス …… 3
- 1.4 主な微量元素 …… 4
- 1.5 金属タンパク質 …… 17
- 1.6 金属酵素 …… 22
- 1.7 補因子 …… 25
- 1.8 金属イオンの取り込み・輸送・貯蔵・保持・排出 …… 26
- 1.9 金属中心の分光学的・磁気的性質の検出法 …… 30
- 参考図書・文献 …… 32

2 O_2の運搬・貯蔵・活性化
- 2.1 運搬・貯蔵 (廣田 俊) …… 34
  - 2.1.1 ミオグロビン …… 34
  - 2.1.2 ヘモグロビン …… 38
  - 2.1.3 ヘムエリスリン …… 45
  - 2.1.4 ヘモシアニン …… 48
- 2.2 オキシダーゼ，オキシゲナーゼ，ペルオキシダーゼ，SOD …… 52
  - 2.2.1 ヘム酵素 (藤井 浩) …… 52
    - (1) 酸素分子の活性化 …… 52
    - (2) ヘムの電子状態 …… 54
    - (3) ペルオキシダーゼ …… 55
    - (4) クロロペルオキシダーゼ …… 66

	(5)	カタラーゼ ··	67
	(6)	オキシゲナーゼ ··	69
2.2.2		非ヘム鉄酵素 ··（小寺　政人）	80
	(1)	単核非ヘム鉄酵素の構造と反応 ··	80
	(2)	二核非ヘム鉄酵素およびそのペルオキシド中間体の構造と反応 ·············	109
	(3)	その他の非ヘム鉄酵素 ··	138
	(4)	ま と め ··	139
2.2.3		銅含有酵素 ··（伊東　忍）	140
	(1)	銅錯体による O_2 の活性化（モデル系） ·····································	140
	(2)	単核銅活性中心を有する酵素添加酵素（モノオキシゲナーゼ） ············	141
	(3)	単核銅活性中心を有する酸化酵素（オキシダーゼ） ·······················	147
	(4)	二核銅活性中心を有する金属タンパク質 ·································	149
	(5)	メタン酸化酵素（膜結合型メタンモノオキシゲナーゼ） ··················	155
	(6)	酸素の4電子還元（マルチ銅酸化酵素とシトクロム c 酸化酵素） ······	157
	(7)	その他（ジオキシゲナーゼ，SOD） ··	158
		参考図書・文献 ··	160

3　窒素・硫黄循環

3.1　地球における窒素と硫黄の循環 ·······················（城　宜嗣・樋口　芳樹） 170
 3.1.1　脱窒菌と脱窒カビ ·· 172
 3.1.2　硝　化　菌 ·· 175
 3.1.3　硫酸還元菌 ·· 176
3.2　鉄 系 酵 素 ··（城　宜嗣・樋口　芳樹） 177
 3.2.1　異化型（脱窒）亜硝酸還元酵素 ·· 177
 3.2.2　一酸化窒素還元酵素 ·· 180
  (1)　脱窒カビ NOR ··· 180
  (2)　脱窒菌 NOR ·· 182
 3.2.3　ヒドロキシルアミン酸化酵素 ··· 186
 3.2.4　硫酸アデニリルトランスフェラーゼ ··· 187

- 3.2.5 アデニリル硫酸還元酵素 ………………………………………… 188
- 3.2.6 亜硫酸還元酵素 …………………………………………………… 189
- 3.3 銅系酵素 ……………………………………（高妻　孝光・山口　峻英）195
  - 3.3.1 Global Nitrogen Cycle と脱窒 ………………………………… 195
  - 3.3.2 脱窒菌由来のブルー銅タンパク質（電子伝達タンパク質）……… 196
  - 3.3.3 シュウドアズリンにおける弱い化学的相互作用の意味 ………… 200
  - 3.3.4 銅型亜硝酸還元酵素 ……………………………………………… 201
  - 3.3.5 亜酸化窒素還元酵素 ……………………………………………… 205
  - 3.3.6 電子移動反応 ……………………………………………………… 207
  - 3.3.7 X線吸収スペクトルによる脱窒系銅タンパク質の構造 ………… 210
- 3.4 モリブデン・タングステン含有酵素 ……………………（杉本　秀樹）214
  - 3.4.1 モリブデン含有酸化還元酵素 …………………………………… 214
    - （1）モリブドプテリンの生合成 ………………………………… 215
    - （2）Xanthine oxidoreductase ファミリー …………………… 215
    - （3）Sulfite oxidase ファミリー ………………………………… 219
    - （4）DMSO reductase ファミリー ……………………………… 222
  - 3.4.2 タングステン含有酸化還元酵素 ………………………………… 231
  - 参考図書・文献 ………………………………………………………… 232

4　呼　吸　系

（小倉　尚志）

- 4.1 シトクロム c 酸化酵素 ………………………………………………… 238
  - 4.1.1 CcO 研究の歴史 …………………………………………………… 239
  - 4.1.2 CcO の種類 ………………………………………………………… 241
  - 4.1.3 CcO の構造―特に金属中心― …………………………………… 241
  - 4.1.4 反応機構解明のための物理的測定法 …………………………… 243
- 4.2 酸素還元部位の構造 ………………………………………………… 244
- 4.3 酸素還元反応サイクル ……………………………………………… 246
  - 4.3.1 571/544 cm^{-1} 同位体シフト ………………………………… 250
  - 4.3.2 804/764 cm^{-1} および 785/750 cm^{-1} 同位体シフト ……… 252

4.3.3　356/342 cm^{-1} 同位体シフト ………………………………… 254
4.3.4　450/425 cm^{-1} 同位体シフト ………………………………… 254
4.3.5　CcOとO$_2$との反応のまとめ …………………………………… 254
4.4　赤外分光法によるCO光解離ダイナミクスの追跡 …………………… 255
　　参考図書・文献 ……………………………………………………… 258

5　光合成系

5.1　集　光　系 …………………………………………（民秋　均）261
　5.1.1　太陽エネルギー …………………………………………… 261
　5.1.2　光合成アンテナ …………………………………………… 263
　5.1.3　光合成色素分子 …………………………………………… 264
　5.1.4　光励起エネルギー移動 …………………………………… 265
　5.1.5　光合成プロセス …………………………………………… 268
　5.1.6　シアノバクテリアでの光合成アンテナ ………………… 269
　　（1）　クロロフィルの励起エネルギーレベル ………………… 270
　　（2）　中心アンテナと周辺アンテナ …………………………… 272
　5.1.7　高等植物での光合成アンテナ …………………………… 273
　5.1.8　黄色植物での光合成アンテナ …………………………… 274
　5.1.9　原核緑藻での光合成アンテナ …………………………… 275
　5.1.10　特殊なシアノバクテリアでの光合成色素 ……………… 276
　　（1）　クロロフィル d …………………………………………… 276
　　（2）　クロロフィル f …………………………………………… 276
　5.1.11　非酸素発生型光合成細菌 ………………………………… 277
　5.1.12　紅色細菌での光合成アンテナ …………………………… 277
　　（1）　LH1 ………………………………………………………… 278
　　（2）　LH2 ………………………………………………………… 279
　　（3）　紅色細菌での励起エネルギー移動 ……………………… 280
　5.1.13　緑色硫黄細菌での光合成アンテナ ……………………… 280
　　（1）　クロロソーム構成色素分子（バクテリオクロロフィル c） ……… 281
　　（2）　ベースプレートとFMO ………………………………… 282

	(3) 緑色硫黄細菌での励起エネルギー移動	282
	(4) バクテリオクロロフィル $d \cdot e \cdot f$	283
5.1.14	光　散　逸	284

5.2　電荷分離系　(大久保　敬) 286

5.2.1	光 化 学 系	286
5.2.2	反応中心複合体	287
5.2.3	反応中心モデルの設計戦略	289
5.2.4	長寿命電荷分離状態を有するドナー・アクセプター 2分子連結系における分子設計指針	292
5.2.5	ルイス酸金属イオンによる電荷分離状態の長寿命化	297
5.2.6	ま と め	302

5.3　光合成における水の酸化系　(正岡　重行) 303

5.3.1	概　　論	303
5.3.2	水の酸化反応と酸化還元電位	303
5.3.3	酸素発生錯体の構造と機能	304
5.3.4	酸素発生錯体の構造モデル	307
5.3.5	酸素発生錯体の機能モデル	310
	参考図書・文献	313

6　物質変換（生物有機金属化学）

6.1　ヒドロゲナーゼ，ニトロゲナーゼ，一酸化炭素デヒドロゲナーゼ
　　(小江　誠司・松本　崇弘) 318

(1)	ヒドロゲナーゼとそのモデル	319
(2)	ニトロゲナーゼとそのモデル	334
(3)	一酸化炭素デヒドロゲナーゼとそのモデル	343

6.2　B_{12} 酵素とそのモデル　(久枝　良雄) 348

(1)	補酵素 B_{12} の構造	348
(2)	B_{12} 酵素の構造と酵素反応	349
(3)	酵素モデルの構築と触媒反応への応用	352
(4)	応用への展望	359

参考図書・文献 ……………………………………………………………… 359

7 加水分解

(青木 伸)

7.1 亜鉛酵素とモデル ……………………………………………………… 365
 7.1.1 亜鉛酵素の活性中心構造 …………………………………… 365
 7.1.2 単核亜鉛酵素 ………………………………………………… 366
 7.1.3 複核亜鉛酵素 ………………………………………………… 371
 7.1.4 亜鉛酵素阻害剤 ……………………………………………… 374
 7.1.5 金属酵素のモデル化合物 …………………………………… 375
 7.1.6 カルボン酸エステル・アミドを加水分解する人工触媒 … 377
 7.1.7 リン酸エステルを加水分解する人工触媒 ………………… 380
 7.1.8 亜鉛酵素モデルの応用 ……………………………………… 384
7.2 人工ヌクレアーゼ ……………………………………………………… 386
 7.2.1 Zn フィンガーおよび Zn フィンガーヌクレアーゼ ……… 386
 7.2.2 人工ヌクレアーゼとしての Ce/ランタノイド錯体 ……… 389
7.3 お わ り に ……………………………………………………………… 390
 参考図書・文献 ……………………………………………………… 392

8 人工金属酵素

(林 高史・小野田 晃)

8.1 金属錯体とタンパク質のハイブリッド化 …………………………… 399
8.2 酸化反応・水酸化反応 ………………………………………………… 402
 8.2.1 酸 化 反 応 …………………………………………………… 402
 8.2.2 水酸化反応 …………………………………………………… 405
 8.2.3 スルホキシド化反応 ………………………………………… 406
8.3 水 素 発 生 ……………………………………………………………… 408
 8.3.1 ペプチド・タンパク質配列のシステインを利用したモデル … 408
 8.3.2 [FeFe] 型の二核錯体のタンパク質への挿入 ……………… 411
8.4 水素化反応 ……………………………………………………………… 412

	8.4.1　バイオハイブリッド触媒の先駆的研究 ………………………………	413
	8.4.2　avidin/streptavidin を反応場として用いた biotin 結合 ロジウム錯体によるオレフィンの水素化反応 ……………………	413
	8.4.3　streptavidin を反応場として用いた biotin 結合ルテニウム錯体・ ロジウム錯体・イリジウム錯体によるケトンの還元反応 ………	414
8.5	C－C 結合形成 ………………………………………………………………	416
	8.5.1　オレフィンメタセシス ………………………………………………	416
	8.5.2　Diels-Alder 反応 ……………………………………………………	419
	8.5.3　オレフィンのシクロプロパン化反応 ………………………………	420
	8.5.4　Friedel-Crafts 反応 …………………………………………………	421
	8.5.5　Heck 反応 ……………………………………………………………	422
	8.5.6　鈴木 - 宮浦反応 ……………………………………………………	422
	8.5.7　アセチレン重合反応 ………………………………………………	424
	8.5.8　C－H 結合の活性化を介した環化反応 ……………………………	425
8.6	お わ り に …………………………………………………………………	426
	参考図書・文献 ……………………………………………………………	426

9　センシング

（青野　重利）

9.1	センサータンパク質による生物の外部環境応答 ………………………	430
	9.1.1　外部シグナルに応答した遺伝子発現制御 …………………………	430
	9.1.2　二成分情報伝達系 ……………………………………………………	431
	9.1.3　細菌の走化性制御系 …………………………………………………	432
9.2	遷移金属が関与する外部シグナルセンシング …………………………	433
	9.2.1　ヘムの基本的性質 ……………………………………………………	433
	9.2.2　鉄硫黄クラスターの基本的性質 ……………………………………	434
9.3	ヘムを利用したセンサータンパク質 ……………………………………	435
	9.3.1　CO センサーとして機能する転写調節因子 CooA …………………	435
	9.3.2　二成分情報伝達系で酸素センサーとして機能する FixL …………	437
	（1）　hydrophobic triad モデル …………………………………………	438

(2)　FG ループモデル ……………………………………………… 438
　9.3.3　走化性制御系で酸素センサーとして機能する HemAT ……………… 439
　9.3.4　NO による酵素活性制御：NO センサータンパク質 sGC ……………… 440
9.4　鉄硫黄クラスターを利用したセンサータンパク質 ……………………………… 443
　9.4.1　鉄硫黄クラスターを酸素センサーとする転写調節因子 FNR ………… 443
　9.4.2　鉄硫黄クラスターを活性酸素種センサーとする転写調節因子 SoxR … 445
　9.4.3　鉄硫黄クラスターをシグナル分子とする翻訳反応制御 ………………… 446
9.5　遷移金属イオンを利用したセンサータンパク質 …………………………………… 449
　9.5.1　エチレンセンサータンパク質 ETR1 ………………………………………… 449
　9.5.2　過酸化水素センサーとして機能する転写調節因子 PerR ……………… 449
9.6　シグナル分子として機能する遷移金属イオン ……………………………………… 450
　9.6.1　遷移金属イオンをシグナル分子とする転写調節因子 ……………………… 450
　9.6.2　ヘムがシグナル分子として機能する転写調節因子 HrtR ………………… 452
　9.6.3　ヘムがシグナル分子として機能する転写調節因子 Irr …………………… 454
　　参考図書・文献 …………………………………………………………………… 455

10　イメージング

（菊地　和也）

10.1　染色法からイメージングへの発展 ……………………………………………… 457
10.2　無機イオンの蛍光イメージング ………………………………………………… 458
　10.2.1　Ca^{2+} 蛍光プローブ ……………………………………………………… 458
　10.2.2　Ca^{2+} 蛍光プローブの登場により必要になった細胞イメージング計測法 … 462
10.3　レシオ蛍光測定システムの開発 ………………………………………………… 462
　10.3.1　レシオ測定の必要性 ……………………………………………………… 462
　10.3.2　レシオ測定光学系の計測法 ……………………………………………… 463
10.4　GFP を用いたレシオ変化型 Ca^{2+} 蛍光プローブ ……………………………… 466
10.5　Zn^{2+} 蛍光プローブ ……………………………………………………………… 471
　10.5.1　生体内における Zn^{2+} の役割 …………………………………………… 471
　10.5.2　高感度かつ選択的に Zn^{2+} を検出する蛍光プローブのデザイン・合成 … 471
　10.5.3　ZnAF-2 を用いた脳内 Zn^{2+} 放出の機能解明 ………………………… 472

参考図書・文献 ……………………………………………………… 474

11　金属錯体による細胞機能制御
（上野　隆史・安部　聡）

11.1　金属ナノ粒子 ……………………………………………………… 476
11.2　金属錯体触媒 ……………………………………………………… 478
　　11.2.1　生体直交型反応 …………………………………………… 478
　　11.2.2　触媒型金属錯体医薬 ……………………………………… 482
11.3　人工金属タンパク質 ……………………………………………… 486
　　11.3.1　ライセート中の反応 ……………………………………… 487
　　11.3.2　人工金属酵素の細胞内輸送 ……………………………… 488
　　11.3.3　人工金属酵素の細胞内合成 ……………………………… 492
　　　参考図書・文献 ……………………………………………………… 494

12　医　薬　品
（小谷　明）

12.1　抗腫瘍薬（Pt 錯体（シスプラチン関連）） ……………………… 499
12.2　抗寄生虫薬（アンチモン製剤） …………………………………… 504
12.3　ビスマス製剤（ピロリ菌除菌，止瀉薬，整腸薬） ……………… 505
12.4　抗リウマチ薬（Au 錯体） ………………………………………… 506
12.5　消化性潰瘍薬（アルミニウム製剤） ……………………………… 507
12.6　ポラプレジンク（亜鉛製剤） ……………………………………… 508
12.7　銅 - クロロフィリン塩 …………………………………………… 508
12.8　酢　酸　亜　鉛 …………………………………………………… 509
12.9　酸化マグネシウム ………………………………………………… 510
12.10　炭酸リチウム ……………………………………………………… 510
12.11　MRI 造影剤 ………………………………………………………… 510
12.12　抗エイズ薬 ………………………………………………………… 511
12.13　化粧品白斑問題 …………………………………………………… 512
　　　参考図書・文献 ……………………………………………………… 513

付録1　ヘムの構造 ……………………………………………………… 517
付録2　酵素の分類とEC番号 …………………………………………… 518

索　　引 …………………………………………………………………… 519
筆者紹介 …………………………………………………………………… 528

1 生物無機化学の概説

はじめに 生物無機化学は，無機化学，有機化学，生化学，物理化学の研究者の関心が共通テーマとしての「生命現象における金属イオンの役割」に高まった1970年代に，境界領域として立ち上げられた。そのころ大きな手法となりつつあったX線結晶構造解析や種々の分光学の貢献は目覚ましく，金属タンパク質をはじめとする生体系金属錯体の構造と機能を中心に躍進的に研究が進められた。今日では，人類の直面する環境・エネルギー・医療問題にまで貢献する学問となりつつある。

1.1 生物無機化学とは

生体内には，生化学的・生理学的反応において，微量ではあるが生命活動に重要な役割（機能）を演じる金属イオンや無機元素が存在し，その濃度が精密に維持・制御されている。例えば，(i) K^+, Ca^{2+}, Mg^{2+}, Mn^{2+} 等はタンパク質の構造の維持・安定化に，(ii) K^+, Ca^{2+}, Mg^{2+}, Ca^{2+} 等は神経伝達や筋収縮などの誘起・制御・調節機能に，(iii) Mg^{2+}, Ca^{2+}, Mn^{2+}, Zn^{2+}, Co^{3+}, Fe^{3+} 等はルイス酸として触媒機能に，(iv) V, Mn, Fe, Co, Ni, Cu, Mo 等は酸化還元反応や電子伝達機能に，そして，(v) Fe, Cu は酸素の貯蔵・運搬に関わるなど，それら金属イオンの性質を反映した機能を発現している。これら機能の中心的役割を果たす金属の電子状態やその周辺構造とそれら機能との関係を解明しようとする学問分野を生物無機化学という。さらに，これら生理機能の解明・探求研究の過程で人工的な金属錯体を用いた研究や，金属が関わる医薬・医療分野も多くあり，この分野に含めている[1,2]。また，本書では，主として微量金属イオンを中心として述べるが，I^- や Cl^-，HPO_4^{2-} 等の無機系陰イオンも生体の電解質のバラ

ンスの維持に重要であり，生物無機化学の分野に含まれる。

1.2 生体必須元素とその役割

　生命機能を維持する必須元素には，生体を構成するアミノ酸，タンパク質，核酸，脂肪，糖などに代表されるように，酸素，炭素，水素，窒素，カルシウム，リンは，生体濃度が極めて高く，これらだけで生体内の99%近い存在量を示し，多量元素（O, C, H, N, Ca, P）と呼ばれる。また，硫黄，カリウム，ナトリウム，塩素，マグネシウムなどは次に多く，少量元素（S, K, Na, Cl, Mg）と呼ばれる。しかし，これらだけでは生命を維持することはできず，微量ではあるが，生命を維持する上で極めて重要な元素として，ppmオーダーで存在する微量元素（Fe, Zn, Mn, Cu, F, Si, Rb, Sr, Br, Pb）と，ppbオーダーで存在する超微量元素（Al, Mo, Ni, Cr, Co, V, Cd, Sn, Hg, Ba, Se, I, B, As）がある。これら生命が必要とする元素および何らかの形で関与する元素は，図1-1に示すように周期表の約1/4〜1/3を占める。本書で取り扱う元素は，ヒトにとって生命の維持，生体の発育・成長，正常な生理機能に不可欠な微量元素および超微量元素であり，これらは特に生命必須微量元素（Fe, Zn, Mn, Cu, Mo, Cr, Co, Se, I）と呼ばれる。主たる微量元素を含む生体分子の所在をタンパク質・酵素・非タンパク質に区別して図1-2に[3]，またその役割（機能）は1.4で紹介する。

図1-1　生体反応に関連し重要な機能を発現する元素

1 生物無機化学の概説

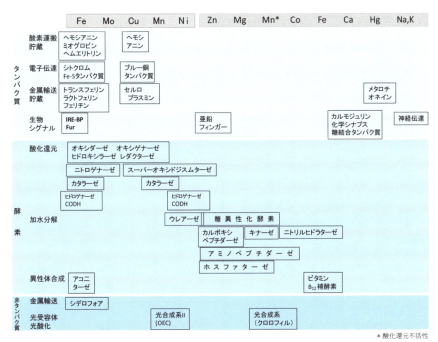

図 1-2　金属イオンを含む生体分子（タンパク質，酵素，非タンパク質）[3]

1.3　微量元素のホメオスタシス

生物には上記のような多くの元素が種々の濃度で存在し，一定のバランスを保つことで生命機能を維持し生命活動を営んでいる。これら微量元素は細胞の内外で生理的最適濃度範囲（図 1-3）に極めて厳密に調整されている。これを

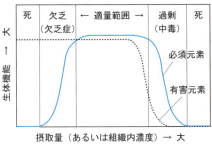

図 1-3　生体系必須元素と生体反応との関係

微量元素のホメオスタシス（生体恒常性）という。

　これらのバランスが元素の欠乏や過剰により恒常性が失われると，多量元素では過剰蓄積や欠乏が誘発され栄養障害として現れ，疾病の誘発に繋がる。また，微量元素では生体内酵素や生理活性物質の機能障害として現れる。すなわち微量元素は電子伝達やシグナル伝達のような生理機能の発現，酸化還元，酸素分子の運搬・貯蔵，加水分解反応のような生体触媒機能の発現あるいは遺伝子発現に関与するタンパク質や酵素に必要不可欠な元素であり，欠乏すると生化学的に異常な反応を引き起こし，種々の疾患の原因となる。逆に元素の過剰な摂取によっても元素特有の疾病につながる。いくつかの生体微量元素の機能および欠乏症と過剰症を表 1-1 に紹介する[4,5)]。

1.4　主な微量元素

　生体中に存在し種々の機能を発現する金属イオンは上記のように多数あるが，それらの系統的性質と，特に生命機能に重要な金属イオンの性質と機能・所在を以下に述べる。

(1)　金属イオンの系統的特性

　生体系に存在する金属元素は，体液の調節機能，神経伝達・筋収縮などの引き金機能，酸化還元触媒機能，ルイス酸性による触媒機能，電子伝達機能，酸素運搬機能等々，その特性に応じた機能を発現している。したがって，それら金属イオンの安定性，反応性，酸化還元機能等の性質を知ることによって生体系における機能が理解できる。ここでは，安定度については HSAB 則および Irving-Williams 系列の面から，反応性については置換活性・不活性およびトランス効果の面から，酸化還元機能については酸化還元電位の面から，金属イオンの系統的特性について記載し，その後，個々の元素の性質について述べる。

1) HSAB 則

　金属錯体の安定性を考えたとき，ルイス酸（金属）・ルイス塩基（配位子）をその硬さ軟らかさに基づいて分類することができ，Pearson は HSAB（hard and soft acids and bases）則を提案した。すなわち，「硬い酸は硬い塩基と，軟らかい酸は軟らかい塩基との親和性が高く，安定な結合を形成する」という経験則である。硬い酸（HA：hard acid）は，分極し難く，小さく，電荷密度が大

1 生物無機化学の概説

表 1-1 主な生体微量元素の機能および欠乏症と過剰症

元素	機 能	欠乏症	過剰症
Fe	酸素の運搬・貯蔵，酸素添加，鉄の運搬・貯蔵，電子伝達	貧血	血色素症，肝毒性
Zn	加水分解酵素等の補因子，細胞分裂，核酸代謝	矮小発育症，腸性肢端皮膚炎，性機能障害，脱毛症，味覚障害	発熱，肺疾患
Cu	酸素の運搬，酸化還元反応，電子伝達，酸素添加	貧血，心不全，血管壁の弾力性消失，小児性進行脳障害	接触性皮膚炎，発熱，舌苔の青色化，ウイルソン病
Se	抗酸化活性，グルタチオンペルオキシダーゼ活性，水銀中毒の軽減	心筋症，克山病，肺障害（ラット），砂嚢筋障害（ラット）	セレノーシス
Co	ビタミンB_{12}，造血	悪性貧血，メチルマロン酸尿	甲状腺疾患，心疾患，聴覚障害
F	骨格形成	虫歯，貧血，骨多孔症	斑状歯
Si	骨硬化，結合組織の合成	骨形成不全	尿石形成
Mn	酵素の補因子（ピルビン酸カルボキシラーゼ，スーパーオキシドジスムターゼ）	生殖機能低下，中枢神経障害，骨発育不全，ビタミンK作用障害	Feと拮抗，中枢神経障害，甲状腺肥大
Cr	糖代謝，脂質代謝，タンパク質代謝	耐糖能低下，成長・生殖機能低下，動脈硬化症，寿命短縮	クロム中毒（鼻中隔穿孔），接触性皮膚炎，肺・上気道癌
I	甲状腺機能	甲状腺腫，甲状腺機能障害	甲状腺腫（ヨウ素中毒）
As	亜鉛代謝	生育阻害，生殖能低下	癌
Mo	酵素の補因子（キサンチンオキシダーゼ），尿酸代謝	生育障害，生殖能低下，Cuと拮抗	高尿酸血症
Ni	RNAの安定化，鉄吸収，酵素の補因子（ウレアーゼ），酸化還元反応	生殖障害，肝・腎機能低下，コレステロール低下，ヘモグロビン低下	癌
V	Na^+, K^+-ATPaseの阻害，コレステロール代謝，糖代謝	生育阻害，生殖能低下	腎障害
Li	アデニルシクラーゼ，ピルビン酸キナーゼ活性化	生殖障害，躁鬱病	腎障害
Pb	鉄代謝，造血	貧血，成長阻害	鉛中毒
Sn	酸化還元	成長阻害，門歯色素不全	肝障害
Hg			水俣病
Cd			イタイイタイ病

5

きい金属イオンである。軟らかい酸 (SA : soft acid) はその逆で，分極しやすく，比較的大きく，電荷密度が小さい。また，硬い塩基 (HB : hard base) は分極し難く，比較的小さい配位原子である。そして軟らかい塩基 (SB : soft base) は，分極しやすく，サイズは比較的大きい原子である。表 1-2 にそれらをまとめた。この経験則は，同一の金属で比較したとき，特に顕著に現れる。例えば

$$Fe^+ < Fe^{2+} < Fe^{3+}$$
$$Cu^+ < Cu^{2+} < Cu^{3+}$$

の順で硬い酸となる。また，配位子について見ると

$$P, S < N < O$$
$$I^- < Br^- < Cl^- < F^-$$

の順で硬い塩基となる。金属タンパク質を見てみると，Fe^{3+} は O で，Fe^{2+} は N で，Cu^{3+} は O で，Cu^{2+} は N で，Cu^+ は S で安定化されていることが多い。このルールはまた，HA と HB の組み合わせはイオン結合的であり，SA と SB の組み合わせは共有結合的であり，このような関係のとき安定な錯体を形成すると解釈することができる。

表 1-2　HSAB 則による酸・塩基の分類

硬い酸	H^+, Li^+, Na^+, K^+, Mg^{2+}, Ca^{2+}, Sr^{2+}, Mn^{2+}, Al^{3+}, Co^{3+}, Fe^{3+}, As^{3+}, VO_2^+, MoO_3^+
中間の酸	Fe^{2+}, Co^{2+}, Ni^{2+}, Cu^{2+}, Zn^{2+}, Pb^{2+}, Sn^{2+}, Ru^{2+}, Rh^{3+}
軟らかい酸	Cu^+, Ag^+, Au^+, Hg^+, Pd^{2+}, Cd^{2+}, Pt^{2+}, Hg^{2+}, I^+
硬い塩基	H_2O, OH^-, F^-, Cl^-, CO_3^{2-}, PO_3^{3-}, SO_4^{2-}, ClO_4^-, NO_3^-, $CH_3CO_2^-$, ROH, RO^-, NH_3, RNH_2
中間の塩基	N_3^-, Br^-, NO_2^-, SO_3^{2-}, $SC\underline{N}^-$, N_2, $C_6H_5NH_2$, C_5H_5N
軟らかい塩基	H^-, I^-, $\underline{S}CN^-$, S_2O_3, CN^-, $S_2O_3^{2-}$, CO, R_3P, R^-, R_2S, RSH, RS^-

　金属タンパク質において，金属に結合するアミノ酸の側鎖配位原子と金属イオンの関係は HSAB を良く反映している。すなわち，生体中にはアミノ酸やペプチドの他，補因子やヌクレオチド，基質等の低分子量の有機化合物が存在し，金属イオンと結合して，種々の機能を発現している。中でもタンパク質を構成するアミノ酸やペプチドは重要な配位子である。多くの金属タンパク質で金属イオンに配位子として結合しているアミノ酸側鎖を表 1-3 に示した。なお，アミノ酸としてはアミノ基やカルボキシル基も配位子として機能するが，ペプチド結合を形成することでアミド基が形成され，脱プロトン化したアミダ

ト基−C(=O)−N−の形で金属イオンと結合することもできる。生体内に存在する20種のアミノ酸のうち，表1-3の6種のアミノ酸側鎖が主たる配位原子となるが，これ以外に，アルギニンやリシンの$-NH_2$基，グルタミンやアスパラギンの$-CONH_2$基，セリンやトレオニンの$-OH$基等が金属イオンに配位している例もごくわずか見られる。

表1-3を見ると，AspやGluはO，CysやMetはS，HisはN，TyrはOが金属に配位すると，HSAB則からS（軟らかい塩基）< N（中間の塩基）< O（硬い塩基）であるため，例えば，電子伝達系タンパク質であるアズリンやプラストシアニンはCysのS^-とMetのSと，2つのHis N等のHSAB則の軟らかい配位子が主として配位しており，これらはちょうど軟らかい金属であるCu^+を安定化させる環境にあることを示している。また，高原子価をとる金属イオンでは硬い塩基である酸素を有するAspのOやGlnのOやTyrのO等のアミノ酸側鎖が結合していることが多いことも理解できるであろう。

表1-3 金属タンパク質において配位子として機能するアミノ酸側鎖

アミノ酸名	三文字表記	構造	アミノ酸名	三文字表記	構造
アスパラギン酸	Asp	$^-OOC-CH(NH_3^+)-CH_2COO^-$	メチオニン	Met	$^-OOC-CH(NH_3^+)-CH_2-CH_2-S-CH_3$
グルタミン酸	Glu	$^-OOC-CH(NH_3^+)-CH_2CH_2COO^-$	ヒスチジン	His	$^-OOC-CH(NH_3^+)-CH_2-$（イミダゾール環）
システイン	Cys	$^-OOC-CH(NH_3^+)-CH_2-SH$	チロシン	Tyr	$^-OOC-CH(NH_3^+)-CH_2-$（フェノール環$-OH$）

2）Irving-Williams 系列

錯体の反応性に関する膨大なデータを元にIrvingとWilliamsによって見出された経験則で，錯体の安定度は配位子によらず次の順で安定になる。

$$Mn^{2+} < Fe^{2+} < Co^{2+} < Ni^{2+} < Cu^{2+} > Zn^{2+}$$

3）置換活性と置換不活性

錯体の反応性を議論する時に重要な因子として置換活性・置換不活性がある。これは，金属の水和錯体の反応で見出されたものであり，25℃で 0.1 M 溶液における配位子置換反応が 1 分以内に完結する反応を置換活性，それより遅い錯体を置換不活性と分類したものである。図 1-4 は六配位八面体型アクア錯体における配位水の交換速度定数 (k/s^{-1}) を示しており，アルカリ金属やアルカリ土類金属や 2 価金属イオンで置換活性になる傾向がある。また，(i) d^1(Ti^{3+}, $3d^1$) と d^2 イオン (V^{3+}, $3d^2$) の錯体や e_g 軌道に電子を含むイオン (H.S. Cr^{2+}($3d^4$), Co^{2+}($3d^7$), Cu^{2+}($3d^9$)) の錯体は置換活性になる傾向が，(ii) d^3 イオン (Cr^{3+}($3d^3$)) と低スピン d^4(L.S. Mo^{2+}($4d^4$)), d^5(L.S. Fe^{3+}($3d^5$), L.S. Ru^{3+}($4d^5$)), d^6(L.S. Co^{3+}($3d^6$), L.S. Ru^{2+}($4d^6$)) イオンの錯体は置換不活性になる傾向がある（ここで，H.S. は高スピン型，L.S. は低スピン型を意味する）。

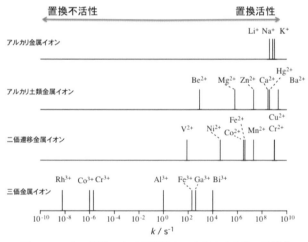

図 1-4　アクア錯体における配位水の交換速度定数の比較 [6]

4）トランス効果

錯体の置換反応において，置換される配位子のトランス位にある配位子の置換速度に影響を与える効果で，金属に対して強く結合する配位子はそのトランス位の配位子の結合を不安定化し置換反応を活性化する。そのトランス効果の

1 生物無機化学の概説

順番は下記の通りで，配位子の置換反応の速度もほぼこの順で速くなる．
$H_2O < OH^- < NH_3, RNH_2 < Cl^- < Br^- < NCS^-, I^- < NO_2 < PR_3 < R_2S < CO, C_2H_4, CN^-$

5）酸化還元電位

生物機能において電子伝達や酸化還元反応は非常に重要な機能であり，それら機能を左右するのは金属イオンの特性とそれを取り巻く配位子との相互作用に依存している．表1-4に金属イオンおよび生体関連化合物や金属タンパク質の標準酸化還元電位を示す[7]．

表1-4 種々の金属イオン，酸素種および金属タンパク質の酸化還元電位

物　質	E_0(V) vs NHE	物　質	E_0(V) vs NHE	物　質	E_0(V) vs NHE
$Co^{3+}+e^- \to Co^{2+}$	+1.92	$OH+H^++e^- \to H_2O$	+2.31	シトクロム c	+0.262
$Ce^{4+}+e^- \to Ce^{3+}$	+1.71	$O_2^-+2H^++e^- \to H_2O_2$	+0.89	シトクロム c-551	+0.265
$Mn^{3+}+e^- \to Mn^{2+}$	+1.51	$O_2(g)+4H^++4e^- \to 2H_2O$	+0.815	シトクロム f	+0.365
$Fe^{3+}+e^- \to Fe^{2+}$	+0.771	$O_2(g)+2H^++2e^- \to H_2O_2$	+0.281	シトクロム c ペルオキシダーゼ	−0.202
$Cu^{2+}+e^- \to Cu^+$	+0.159	$O_2(g)+H^++e^- \to HO_2$	−0.13	西洋ワサビペルオキシダーゼ	+0.947
$H^++e^- \to 1/2H_2$	0	$O_2(g)+e^- \to O2^-$	−0.33	ヘモグロビン	+0.110
$Ni^{2+}+2e^- \to Ni^0$	−0.257	$O_2+e^- \to O2^-$ (aq)	−0.284	ミオグロビン	+0.046
$Co^{2+}+2e^- \to Co^0$	−0.277	$O_2+H_2O+2e^- \to HO_2^-$ (aq)+OH^-	−0.0649	シトクロム P450	−0.340
$Fe^{2+}+2e^- \to Fe^0$	−0.44	$O_2+2H_2O+4e^- \to 4OH^-$	+0.401	アズリン	+0.349
$Zn^{2+}+2e^- \to Zn^0$	−0.7626	O_2^-(aq)+$2H_2O+3e^- \to 4OH^-$	+0.645	シュードアズリン	+0.287
$Mn^{2+}+2e^- \to Mn^0$	−1.18	$N_2(g)+6H^++6e^- \to 2NH_3$	−0.092	プラストシアニン	+0.360
$Al^{3+}+3e^- \to Al^0$	−1.66	1,4-ベンゾキノン+$2H^++2e^-$ →ヒドロキノン	+0.293	ラッカーゼ	+0.775
$Mg^{2+}+2e^- \to Mg^0$	−2.36	$NAD^++2H^++2e^- \to NADH$	−0.32	亜硝酸還元酵素	+0.240
$Na^++e^- \to Na^0$	−2.714	ユビキノン+$2H^++2e^-$ →還元型ユビキノン	+0.10	[4Fe-4S] フェレドキシン	−0.375
$Ca^{2+}+2e^- \to Ca^0$	−2.84	$NAD+H+e^- \to NADH$	−0.421	ルブレドキシン	−0.55
$K^++e^- \to K^0$	−2.936	アセトアルデヒド+$2H^++2e^-$→エタノール	−0.219	ヒドロゲナーゼ	−0.410
$Li^++e^- \to Li^0$	−3.045	アスコルビン酸+$2H^++2e^-$→還元型アスコルビン酸	+0.058	シトクロム c 酸化酵素	+0.210

金属錯体の酸化還元反応の起こりやすさは，主として金属イオンの電子密度に依存している．例えば，鉄イオンの標準酸化還元電位 E^0(Fe$^{3+/2+}$) は酸性条件下（pH 0）で +0.771 V，中性条件下（pH 7）で +0.26 V，アルカリ性条件下（pH

14)で -0.556 V と大きく変化する。すなわち，酸性から中性，アルカリ性となるに従って水酸化物イオンが鉄イオンに配位する。水酸化物イオンは強い σ 供与性と π 供与性配位子であり，配位水に比べて鉄イオンへの電子密度を増大させることになり，Fe^{2+} は安定化されることになる。そのため，鉄イオンの酸化還元電位 $E^0(Fe^{3+/2+})$ は中性からアルカリ性にいくに従って還元され難くなり，-0.556 V と低電位となる。このことからわかるように，金属イオンへの配位子の結合の様式により酸化還元電位を正側に移動させたり，負側に移動させたりすることになる。すなわち，電子供与性基の配位子が金属に結合すると，金属は還元され難くなり（酸化されやすく），電子求引性の配位子が結合すると，金属は酸化され難く（還元されやすく）なる。

(2) 代表的な金属イオンの生体機能
1) アルカリ金属イオン，アルカリ土類金属イオン

Na^+ や Ca^{2+} は細胞の外側に，K^+ や Mg^{2+} は細胞の内側にそれぞれ高濃度で存在し，一定の濃度差で維持され，これらイオンの細胞内外への流入が神経伝達・筋収縮等の引き金機構に関与している（表1-5）。また，Mg^{2+} は各種リン酸化酵素（キナーゼ）あるいは脱リン酸化酵素（ホスファターゼ）における補因子として働くことが知られている。Ca^{2+} はタンパク質と結合（カルシウム結合タンパク質）して活性の on/off を制御するシグナル伝達の仲介を行っている。中でもカルモジュリンはカルシウムイオンの貯蔵・放出に関わるだけでなく，カルシウムイオンと様々なタンパク質との相互作用を通して，筋収縮・代

表 1-5 生体系における細胞内外のアルカリ金属およびアルカリ土類金属イオンの濃度（10^{-3} mol dm^{-3}）

生体系		金属イオン			
		Na^+	K^+	Mg^{2+}	Ca^{2+}
赤血球 （ヒト）	細胞内	15	152	2.5	$\ll 10^{-3}$
	細胞外	143	5	1.0	3.0
骨格筋 （カエル）	細胞内	10	120	15	$\sim 10^{-6}$
	細胞外	108	5	1.0	2.0
神経 （イカ）	細胞内	～10	355	10.0	$< 10^{-6}$
	細胞外	460	10	53	10
大腸菌	細胞内	50	250	20	$\ll 5$
	細胞外	−	−	−	−

謝・記憶・アポトーシス・免疫等々の細胞機能に影響を与えている。また、トロポニンは骨格筋や心筋の収縮制御において中心的な役割を担う筋収縮を可能にする調節タンパク質である。さらに、Mg^{2+}、Ca^{2+}はタンパク質構造の維持安定化（構造因子）にも重要な役割を果たしている。

2) Feイオン

Feは地球上に存在する金属の中でAlに次いで多く、生物が遷移金属の中で最も多く利用している元素である。鉄が生体に取り込まれた時の形態はポルフィリンを含むヘム（図1-5）と含まない非ヘム、そして鉄-硫黄クラスター

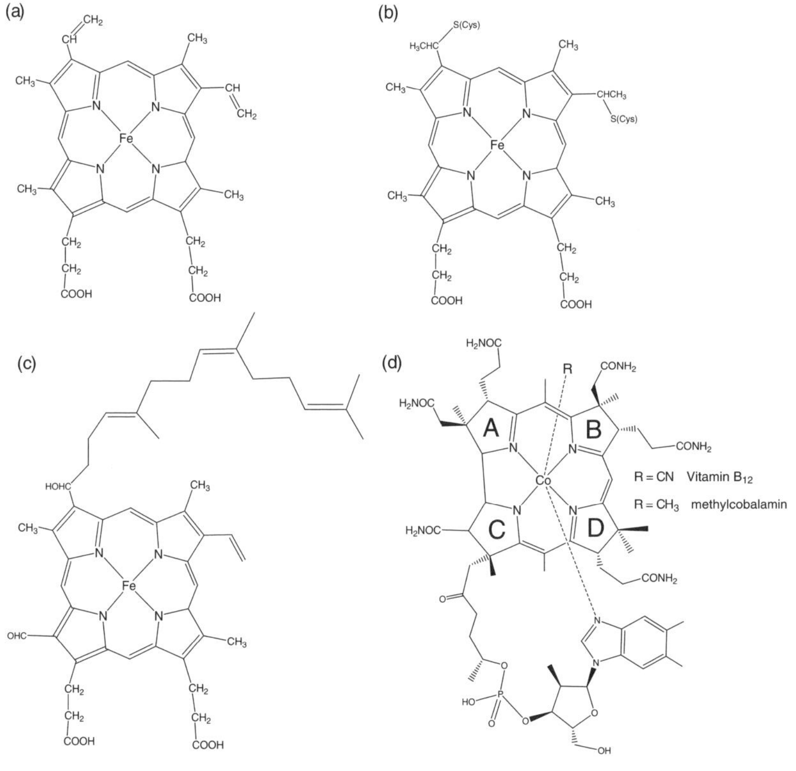

図1-5　代表的なヘムおよびコバラミン補欠分子族の構造

(a) ヘムb（プロトポルフィリンIX鉄錯体）：ヘモグロビンやミオグロビンの補欠分子族、(b) ヘムc：シトクロムcの補欠分子族で、Cys側鎖とチオエーテル結合によってタンパク質と結合、(c) ヘムa：シトクロムc酸化酵素の補欠分子族、(d) コバラミン：補酵素ビタミンB_{12}の構造

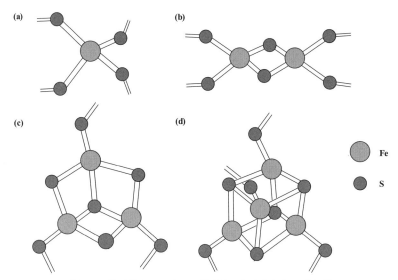

図 1-6　鉄硫黄クラスターの構造とそれを含むタンパク質
(a) 1Fe-0S：ルブレドキシン，(b) [2Fe-2S] クラスター：[2Fe-2S] フェレドキシン，リスケタンパク，プチダレトキシン，(c) [3Fe-4S] クラスター：[3Fe-4S] アコニターゼ，[3Fe-4S] フェレドキシン，(d) [4Fe-4S] クラスター：[4Fe-4S] フェレドキシン

（図1-6）に大別される[7]。主として $Fe^{2+/3+}$ の変化による酸化還元や酸素化などの酸化反応に関わる他，電子移動や酸素の貯蔵・運搬に関与する。ヘムタンパク質では，ポルフィリンの4つのN原子が平面配位子としてFeに4配位し，上下の軸位から His-N, Cys-S$^-$, Met-S, Tyr-O などのアミノ酸側鎖が軸配位子として配位し重要な機能発現に関わっている。また，非ヘムタンパク質では，His-N, Tyr-O, Asp-O$^-$, Glu-O$^-$ 等のアミノ酸側鎖がFeに配位し，単核あるいは複核として，酸化還元や酸素運搬や電子移動の機能発現に関わっている。さらに，鉄-硫黄タンパク質では，Cys-S$^-$ や無機硫黄 S^{2-} が配位し，主として電子移動体として機能している。関係する鉄タンパク質や鉄酵素を表1-9にまとめた。

3）Cu イオン

Cuは生体系でFeやZnについで多く含まれる遷移元素であり，Cu(I) (d^{10}) と Cu(II) (d^9) 間の変換ができることから，アズリンやプラストシアニンによる電子移動に関わる電子伝達，ヘモシアニンによる酸素運搬，各種酸化酵素による

1 生物無機化学の概説

基質の酸化還元反応や酸素添加反応など生命維持にとって重要な機能を果たしている。これら機能は単核から複核の銅含有タンパク質，マルチ銅タンパク質で発現されている。代表的な銅タンパク質を表1-8にまとめた[2]。また，タンパク質中での分光学的・磁気的性質により Type 1 Cu, Type 2 Cu, Type 3 Cu に分類することができる（表1-6）。最近では，多核系の Cu が発見され，Cu_A, Cu_B, Cu_Z という型で表記されるものも出てきた。それらを以下に紹介する。

(ⅰ) Type 1 Cu

プラストシアニンのような電子伝達系タンパク質に見られ，銅イオンは2つの His の N と1つの Cys 残基の S^- が平面から強く配位し，軸位から Met の S が弱く配位して歪んだ四面体構造をとっている。アズリンでは Gly のカルボニル O がもう一方の軸位から配位し，三方両錐構造をとっている。Type 1 Cu では Cys のチオラート S^- から Cu^{2+} への電荷移動遷移（LMCT）による強い吸収が 600 nm 付近に見られ，濃い青色を示すことからブルー銅タンパク質と呼ばれる。また，酸化還元電位が正側にあることから Cu(I) をとりやすくなっている。EPR スペクトルは Cu(II) の核スピン（I = 3/2）による特徴的な小さい4本線の超微細分裂（$A_{//}$ = ～50 G）を示す。

(ⅱ) Type 2 Cu

銅アミン酸化酵素やガラクトース酸化酵素，ドーパミン β-ヒドロキシラーゼ等に見られ，His-N や Tyr-O といった窒素や酸素を含む配位子が平面正方型あるいは正方両錐型で配位した構造をとっていることが多い。Type 2 Cu は電荷移動吸収帯（CT）を持たないことから Type 1 Cu ほど濃い青色を呈せず，d-d 遷移による弱い吸収のため薄い青色を呈し，非ブルー銅タンパク質と呼ばれる。EPR スペクトルでは，Cu(II) の核スピンを反映する大きな超微細分裂（$g_{//}$ = ～180G）に起因する4本線を示す。機能は酸化還元反応を伴う触媒作用を示すことが多い。また，Type 2 Cu で特に顕著に現れるのが Jahn-Teller 歪みである。これは Cu^{2+} が $3d^9$ であり，縮重軌道の電子が奇数個となることから現れるもので，配位子と d 軌道の間の電子間反発による結合長の伸びである。このタイプの Cu^{2+} で見られる正方型や軸方向に伸びた四角錐型構造は Jahn-Teller 効果によるものである。

（ⅲ）Type 3 Cu

Type 3 Cu は，マルチ銅タンパク質の三核銅サイトにある，二核銅中心に付けられた名称であるが，ヘモシアニンやチロシナーゼ等の複核構造を有する銅タンパク質にも用いられる。これらでは 2 つの銅はともに 3 つの His-N が配位している。2 つの銅中心は反強磁性的に相互作用し，EPR スペクトル不活性（silent）となる。可視領域に d-d 遷移に由来する弱い吸収を示し，酸素運搬や酸化反応の活性中心として機能する。これらの Cu を複数種類含むマルチ銅オキシダーゼの性質と機能を表 1-8 に示す。

Cu_A：Type 3 Cu のような複核銅中心構造をしており，配位子は Cys-S$^-$，Met-S, His-N, Trp の主鎖カルボニル O が配位し，2 つの Type 1 Cu が向かい合った構造をしており，それぞれの Cu は 2 つの Cys-S$^-$ が架橋している。銅中心は歪んだ四面体構造である。

表 1-6　Type 1, Type 2, Type 3 型銅を有する銅タンパク質の諸性質

	Type 1 Cu	Type 2 Cu	Type 3 Cu
配位構造	四面体型，三方両錐構造	平面四配位型，四角錐構造	四面体型，四角錐構造
吸収スペクトル	d-d (600 nm (ε 100〜200)), CT (600 nm (ε 4000〜6000))	d-d (500〜800 nm (ε〜100))	d-d (500〜800 nm (ε〜100)), CT (580 nm (ε〜1000))
ESR スペクトル	$g_\perp$ =2.01,$g_{//}$ =〜2.24 ($A_{//}$ =〜50 G)	$g_\perp$ =2.01,$g_{//}$ =〜2.18 ($A_{//}$ =〜180 G)	ESR 不活性（反強磁性的相互作用）
磁気的性質	常磁性	常磁性	反磁性
酸化還元電位 ($E_{1/2}$)	+0.2〜+0.8 V	−0.5〜−0.1 V	−0.1〜+0.3 V
所在	アズリン，プラストシアニン	ガラクトース酸化酵素，セルロプラスミン	ヘモシアニン，チロシナーゼ

1　生物無機化学の概説

Cu_B：シトクローム c 酸化酵素で見られ，3 つの His-N が三角錐構造で配位した Type 2 Cu と似た構造を有している。

Cu_Z：亜酸化窒素還元酵素に見られ，4 つの銅と 2 つの硫黄がクラスターを形成する特殊な構造を有している。それぞれの銅には 2 つまたは 1 つの His N が配位して，4 つの銅に計 7 つの His N が配位している。この 4 つの Cu は 1 つの S で架橋した非常に珍しい構造を有しており，亜酸化窒素の窒素への還元反応を触媒している。

4) Mn イオン

Mn は Fe, Zn, Cu についで生体系に多く含まれる遷移金属元素であり，種々の酸化数をとることから，リグニンペルオキシダーゼ，デヒドロゲナーゼ，カタラーゼ，スーペルオキシドジスムターゼ，光合成光化学 PS II 等の酸化還元酵素として機能することがよく知られている。また，酸化還元反応に関与しないヌクレアーゼやピルビン酸キナーゼ等の転移酵素，アミノペプチダーゼ，アルギナーゼ等の加水分解酵素，ホスホエノールピルビン酸カルボキシラーゼ等の脱離酵素，イソメラーゼ等の異性化酵素でも見られる。これらの触媒反応では，単核あるいは複核の Mn^{2+} として機能するだけでなく，Mg^{2+} を伴って機能している場合が多い。

5) Zn イオン

Zn は Fe についで生体系に多く存在する金属元素で，生体内では Zn^{2+} ($3d^{10}$) の状態で存在し，他の酸化数をとらないため，d-d 遷移を起こさず無色で酸化還元反応には関与しない。Zn^{2+} は多くの場合，四配位四面体構造をとり，強いルイス酸性のため，生体中では配位した水が容易に OH^- となり，これが基質を求核攻撃することで加水分解反応を触媒する。すなわち，タンパク質の N 末端（アミノ基側）から選択的に切断するアミノペプチダーゼは亜鉛の二核中心を有し，内部を切断するエンドペプチダーゼであるサーモリシンや，C 末端（カルボキシル基側）から切断するカルボキシペプチダーゼは単核の亜鉛中心をもっている。また，タンパク質の構造の維持安定化にも寄与しており，例えば，DNA 転写因子として知られる亜鉛フィンガー，インスリンやシトクローム c 酸化酵素等で見られる。Cu,Zn-SOD にも Zn は存在するが，その役割は構造の安定化（構造因子）と，Cu の反応性と安定性を制御するルイス酸としての役割

が考えられている。これらは表 1-7 にまとめられている。

表 1-7　代表的な亜鉛含有タンパク質とその機能

酵素名	亜鉛含量	機　　能
炭酸脱水酵素	1 Zn	$CO_2 + H_2O \rightleftarrows H_2CO_3$ の反応触媒, 血液 pH 調節
カルボキシペプチダーゼ A	1 Zn	C 末端ペプチド結合の加水分解 (エキソペプチダーゼ)
サーモリシン	1 Zn/4 Ca (熱的安定性に寄与)	内部ペプチド結合の加水分解 (エンドペプチダーゼ)
ロイシンアミノペプチダーゼ	1 Zn	N 末端ペプチド結合の加水分解 (エキソペプチダーゼ)
アルコール脱水素酵素	4 Zn (4 NAD 共存因子)	$C_2H_5OH \rightleftarrows CH_3CHO$ の反応触媒
アルカリホスファターゼ	3～5 Zn	リン酸モノエステル加水分解
DNA ポリメラーゼ	2 Zn	DNA 合成
RNA ポリメラーゼ	2 Zn	RNA 合成
スーペルオキシドジスムターゼ	1 Zn, SOD 1 Cu	O_2^- の不均化

6) Ni イオン

Ni 含有酵素はそれほど多くはないが，酸化還元反応や加水反応で重要な機能を担っている。その代表的なものとして，水素の生成・解離に関わる [FeNi] ヒドロゲナーゼは Fe と Ni の複核構造でその機能を発現する。また，CO デヒドロゲナーゼは CO と CO_2 の間の相互変換に関わり酸化還元反応に関わっている。Ni 含有スーペルオキシドジスムターゼは $Ni^{2+/3+}$ のレドックス反応を利用して，酸素毒の一種であるスーペルオキシドアニオンを酸素と過酸化水素に不均化している。一方，Ni はルイス酸としても働き，尿素を炭酸ガスとアンモニアに加水分解する酵素ウレアーゼは，Ni の二核構造で機能している。

7) Co イオン

生体系で Co を含む有機金属化合物としてよく知られているのは補因子コバラミン（ビタミン B_{12}）（図 1-5(d)）である。コバラミンはポルフィリンに似た大環状化合物であるコリン環を有し，珍しい Co(Ⅲ)-C 結合の形成を通して生体系でメチル基転移に関与している。しかし，これはコバルト含有タンパク質ではない。Co 含有酵素はあまり多くないが，ニトリルをアミドへ変換する

ことで工業的にも利用されているニトリルヒドラターゼがある。これは Co^{3+} の高いルイス酸性を利用したもので，Cys 由来で翻訳後修飾されたスルフェニル基（–SOH）の S とスルフィニル基（–SO_2H）の S，そして 2 つの主鎖アミドの N とで平面四配位構造を形成し，軸方向から Cys-S^- が配位した極めてユニークな配位環境を有している。他に，メチオニルペプチダーゼは Co^{2+} が二核構造を形成し，N 末端にメチオニンを有するペプチド類のメチオニンの切断に関わっている。

8) Mo イオン

Mo は海水中に含まれる遷移金属のうち最も豊富に含まれる元素の 1 つであり，生理的条件下で酸化状態（Mo^{6+}）と還元状態（Mo^{4+}）を安定にとることができるだけでなく，Mo^{5+} の中間状態もとり得ることから，1 電子あるいは 2 電子のやり取りに関わる酸化還元システムで重要な役割を演じている。例えば，亜硝酸還元酵素，硫酸酸化酵素，キサンチン酸化還元酵素，アルデヒド酸化酵素などがある。また，嫌気性菌に存在するニトロゲナーゼでは補因子 FeMo クラスターが窒素の還元に関わっている。

1.5　金属タンパク質

補因子として金属イオンを含むタンパク質を金属タンパク質と呼び，その中でも触媒機能を有するものを金属酵素と呼んで区別している。触媒機能を有する金属酵素については 1.6 で説明するが，ここでは酵素機能をもつタンパク質以外で重要な電子伝達タンパク質と酸素貯蔵・運搬タンパク質について簡単に紹介する。

1) 電子伝達タンパク質

生物は生命活動維持に必要なエネルギーを効率よく獲得する方法を作り上げている。すなわち，植物は光合成細菌などにより太陽の光エネルギーを取り込み，動物は食物を摂取し消費することで化学エネルギーに変換している。生体内には生体エネルギー変換に関わる光合成反応中心やシトクロム c 酸化酵素を中心とした巨大膜タンパク質，さらにシトクロム c やプラストシアニン，鉄硫黄タンパク質であるフェレドキシン等の，電子を運ぶ電子伝達タンパク質が複数の酸化還元パートナータンパク質と過渡的に相互作用し電子の授受を行って

いる。これら電子伝達に関わる金属タンパク質の活性部位はCuやFe等のように複数の酸化状態をとることができ，しかも酸化還元の前後で大きな構造変化を伴わないことが必要である。Cuは生体内で，酸化状態としてCu$^+$, Cu^{2+}, Cu^{3+}をとることができるが，電子移動に関わるのは通常Type 1 Cuで，Cu$^+$を安定化する四面体構造に近い構造をとっている（表1-6，表1-8）[2,8]。また，Feは酸化状態としてFe^{2+}とFe^{3+}を大きな構造変化をすることなくとることができるため，電子移動タンパク質に多く見られる。電子伝達に関わるものとして，シトクロムa, b, c, cd（表1-9）やシトクロムc酸化酵素等に見られるヘム鉄（図1-5）と，ルブレドキシンやフェレドキシンに見られる非ヘムタンパク質の一種である鉄硫黄タンパク質（図1-6，表1-9）がこれに関わっている。

2）酸素貯蔵・運搬タンパク質

好気性生物は酸素を水に還元し，そこで得たエネルギーを利用して生命を維持している（表1-9, 1-10）[7,8,9,10,11]。呼吸で空気から取り込んだ酸素分子を細胞内まで運搬するための酸素運搬体として，通常，脊椎動物では赤血球の中にヘモグロビンが存在し，酸素の運搬を行っている。ヘモグロビンは4つのサブユニットからなり，1つのグロビンタンパク質に1つのヘム鉄を含んだ形で四量体を形成し，酸素呼吸を行っている。この四量体は水素結合や塩橋等で互いに強く相互作用し，酸素濃度に応じて各ヘム鉄への酸素の結合能が変わり，アロステリック効果（協同効果）を示す。また，運搬されてきた酸素を受け取り貯蔵するタンパク質はミオグロビンといい，これは四量体ではなく，ヘモグロビンの1つのサブユニットと類似のアミノ酸配列と立体構造を有する単量体であり，これはアロステリック効果を示さない。そのため，酸素との結合挙動は，ヘモグロビンでは酸素濃度に対してS字型の酸素解離曲線を描くが，ミオグロビンでは双曲線型を描き，その差で酸素の受け渡しが行われる。これらは2つとも酸素と結合する前は紫赤色で，酸素と結合して赤色となる。どちらの場合も酸素は一電子還元され，鉄はFe^{3+}に近い，酸素はスーペルオキシドアニオンに近い状態となっている。

また，節足動物や軟体動物の血液で見られる酸素運搬タンパク質はヘモシアニンと呼ばれ，ヘム鉄の代わりに二核の銅中心を有し，そのため酸素と結合して青色になる。このとき2つの銅はCu^{2+}に，酸素は二電子還元されたペルオ

1 生物無機化学の概説

表 1-8 種々の銅含有タンパク質と諸性質

銅タンパク質	分子量	銅のタイプと含量			合計	$\lambda\max(\varepsilon)/$ $nm(M^{-1}cm^{-1})$	ESR	酸化還元電位 $V(NHE)$	機　能	所　在
		Type1	Type2	Type3						
プラストシアニン	12,000	1			1	460(590) 597(4900)	axial $g_{//} = 2.226$ $(A_{//} = 63G)$ $g_x = 2.042$ $g_y = 2.059$	+0.36	光合成電子伝達	植物
ステラシアニン	20,000	1			1	450(1100) 608(4080)	rhombic	+0.18	電子伝達	ウルシ, キュウリ
アズリン	15,000	1			1	460(580), 619(5100)	axial	+0.349	電子伝達	微生物
シュウドアズリン	13,000	1			1	452(1400) 593(3700)	rhombic	+0.287	電子伝達	微生物
アミンオキシダーゼ	140,000 ~190,000		1		1				アミン酸化	動物, 植物, 微生物
ガラクトースオキシダーゼ	63,000		1		1	438(1000) 625(1167)	axial $g_\perp=2.055$ $g_{//}=2.277$ $(A_{//}=186)$ (T2)	+0.15	ガラクトース酸化	菌類
ドーパミンβ-ヒドロキシラーゼ	290,000		2		2				ノルアドレナリン生成	動物
スーペルオキシドジスムターゼ	32,000		1		1	680(300)			スーペルオキシドアニオンの不均化	動物, 微生物
ヘモシアニン(軟体動物)	47,000			2	2	350(20000) 570(1000)	silent		酸素運搬	軟体動物
ヘモシアニン(節足動物)	75,000			2	2		silent		酸素運搬	節足動物
チロシナーゼ	31,000 220,000			2	2		silent		メラニン色素合成, フェノール酸化	動物, 植物, 微生物
カテコールオキシダーゼ	39,000			2	2				カテコール酸化	サツマイモ
アスコルビン酸酸化酵素	120,000	1	1	2	4	607(9700)		+0.058	アスコルビン酸酸化	キュウリ, 西洋カボチャ
ラッカーゼ	110,000	1	1	2	4	330(2700) 610(4900)	axial $g_\perp=2.03$ $g_{//}=2.19$ $(A_{//}=90)$ (T1) axial $g_\perp=2.04$ $g_{//}=2.24$ $(A_{//}=194)$ (T2)	+0.775	ジアミン, ジフェノールの酸化	ウルシ
シトクロムc酸化酵素	408,000	2 (Cu_A)		1 (Cu_B)				Cu_A +0.25 Cu_B +0.34	シトクロムc酸化	動物ミトコンドリア
セルロプラスミン	134,000	2	1	2	5	330(3300) 610(10000)	axial $g_\perp=2.06$ $g_{//}=2.215$ $(A_{//}=92)$ (T1) axial $g_\perp=2.05$ $g_{//}=2.206$ $(A_{//}=72)$ (T1) axial $g_\perp=2.06$ $g_{//}=2.247$ $(A_{//}=189)$ (T2)		鉄酸化, 銅運搬	ほ乳類血液
亜硝酸レダクターゼ	110,000 ~300,000	1 or 2	1		2 or 3			+0.240	亜硝酸イオン還元	脱窒菌
亜酸化窒素レダクターゼ	130,000	2 (Cu_A)			2				亜酸化窒素還元	脱窒菌

キシド状態となる。ヘモシアニンは種類によって巨大な多量体で存在し，その単量体の存在は知られていないが，アロステリック効果は認められている。

さらに，海棲の無脊椎動物や環状動物の血液中にヘムエリトリンと呼ばれる酸素運搬タンパク質が存在し，これもヘム鉄ではなく，二核の非ヘム鉄型中心で酸素運搬機能を行っている。ヘムエリトリンは酸素が結合する前は透明であるが，酸素と結合するとピンク色から紫色になる。この時は2電子酸化され，

表 1-9 鉄含有タンパク質の機能による分類

生物機能		ヘム類	非ヘム類／鉄-硫黄クラスター
電子移動・伝達		シトクロム a,b,c,c_1,c_{585}	鉄–硫黄クラスター：ルブレドキシン，フェレドキシン
酸素の貯蔵・運搬		ヘモグロビン，ミオグロビン ($M^{n+} + O_2 \rightleftarrows M^{n+1}O_2^-$)	ヘムエリトリン，ミオヘムエリトリン
酸化反応・酸素化反応	オキシダーゼ ($O_2 + 4e^- + 4H^+ \rightarrow 2H_2O$)	シトクロム c 酸化酵素	リボヌクレオチドレダクターゼ
	モノオキシゲナーゼ ($R + O_2 + 2e^- + 2H^+ \rightarrow RO + H_2O$)	シトクロム P450, NO シンターゼ，二級アミンオキシゲナーゼ	可溶性メタンモノオキシゲナーゼ (sMMO)，プテリジン依存性ヒドロキシラーゼ
	ジオキシゲナーゼ類 ($R + O_2 \rightarrow RO_2$)	インドールアミン 2,3-ジオキシゲナーゼ，トリプトファン 2,3-ジオキシゲナーゼ，プロスタグランジン H シンターゼ	リポキシゲナーゼ，カテコールジオキシゲナーゼ
酸素毒からの生体防御	カタラーゼ ($2H_2O_2 \rightarrow O_2 + 2H_2O$)	カタラーゼ，西洋ワサビペルオキシダーゼ (HRP)，シトクロム c ペルオキシダーゼ	
	ペルオキシダーゼ ($H_2O_2 + RH_2 \rightarrow R + 2H_2O$)	クロロペルオキシダーゼ，リグニンペルオキシダーゼ，プロスタグランジン H 合成酵素	
	スーペルオキシドジスムターゼ ($2O_2^- + 2H^+ \rightarrow O_2 + H_2O_2$)		Fe- スーペルオキシドジスムターゼ (Fe-SOD)
鉄の運搬・貯蔵			トランスフェリン，ラクトフェリン，フェリチン
その他の反応			アコニターゼ，ニトリルヒドラターゼ，コハク酸デヒドロゲナーゼ

1 生物無機化学の概説

酸素は 2 電子還元され，ペルオキシドの状態になっている。ヘムエリトリンは 2〜8 の多量体で存在し，ミオグロビンに相当する単量体のミオヘムエリトリンも存在し，アロステリック効果も見られる。

表 1-10　銅およびマンガン含有タンパク質の機能

生物機能		Cu	Mn
電子移動・伝達		アズリン，ステラシアニン，プラストシアニン，シュードアズリン	光化学反応系 PS II（Mn クラスター）
酸素の貯蔵・運搬		ヘモシアニン $(2M^{n+} + O_2 \rightleftarrows 2M^{n+1}O_2^-)$	
酸化反応・酸素化反応	オキシダーゼ $(O_2 + 4e^- + 4H^+ \rightarrow 2H_2O)$	シトクロム c 酸化酵素，ラッカーゼ，アスコルビン酸酸化酵素，ガラクトース酸化酵素，アミン酸化酵素	リボヌクレオチドレダクターゼ（Mn），光化学反応系 PS II（Mn クラスター）$(2H_2O \rightarrow O_2)$
	モノオキシゲナーゼ $(R + O_2 + 2e^- + 2H^+ \rightarrow RO + H_2O)$	チロシナーゼ，ドーパミン β-ヒドロキシラーゼ，フェニルアラニンヒドロキシラーゼ，ペプチディルグリシン α-アミデイティングモノオキシゲナーゼ，粒状メタンモノオキシゲナーゼ（pMMO）	
	ジオキシゲナーゼ類 $(R + O_2 \rightarrow RO_2)$	ケラセチナーゼ	
酸素毒からの生体防御	カタラーゼ $(2H_2O_2 \rightarrow O_2 + 2H_2O)$		Mn カタラーゼ
	ペルオキシダーゼ $(H_2O_2 + RH_2 \rightarrow R + 2H_2O)$		Mn ペルオキシダーゼ
	スーペルオキシドジスムターゼ $(2O_2^- + 2H^+ \rightarrow O_2 + H_2O_2)$	Cu,Zn-スーペルオキシドジスムターゼ（Cu,Zn-SOD）	Mn-スーペルオキシドジスムターゼ（Mn-SOD）
金属の運搬・貯蔵		アルブミン，$\alpha 2$ マクログロブリン	
その他の反応			D-アルギナーゼ（加水），Mg/Mn 依存性ホスファターゼ，プロリンアミノペプチダーゼ（2 核 Mn），ピルビン酸カルボキシラーゼ，ヌクレアーゼ（Mn/Mg）

1.6 金属酵素

酵素は機能に応じて次の6種類に分類される。これら反応の形式と主な酵素を表1-11に示した。

(1) 酸化還元酵素

酸化還元酵素は酸素の基質への添加（オキシゲナーゼ，ジオキシゲナーゼ，オキシダーゼ），基質の還元（レダクターゼ），水素分子を除去して二重結合を形成（デヒドロゲナーゼ）等，酸化還元反応を触媒する。この酵素は多くの場合，Fe, Cu, Mn がその機能を発現する。それらは機能に応じて次のように分類される[7,8,9,10]。

1) 酸化酵素（オキシダーゼ）

酸素分子を水素あるいは電子の受容体とする酸化還元酵素の総称で，酸素挿入反応を触媒する酵素を特に酸素添加酵素として区別することもある。

2) 酸素添加酵素（オキシゲナーゼ）

分子状酸素を直接基質に添加する反応を触媒することにより，代謝物の合成と分解に関与する酵素で，一原子の酸素を挿入する場合を一原子酸素添加酵素（モノオキシゲナーゼ），二原子の酸素を挿入する場合を二原子酸素添加酵素（ジオキシゲナーゼ）として区別する。

3) 脱水素酵素（デヒドロゲナーゼ）

酸素分子以外の分子を水素受容体として，基質から脱水素する反応を触媒する。

4) 還元酵素（レダクターゼ）

酸素分子以外の分子を水素受容体として脱水素する反応のうち，基質を還元する反応を触媒する。

5) カタラーゼ

過酸化水素（H_2O_2）を不均化して酸素と水に変換する反応を触媒する。

6) ペルオキシダーゼ

過酸化物 ペルオキシド（R-O-O-R'）を分解する酵素で，過酸化物がヒドロペルオキシド（R-O-O-H）の場合はヒドロペルオキシダーゼといい，過酸化水素（H_2O_2）の場合，これを分解する酵素をカタラーゼという。

1　生物無機化学の概説

表 1-11　6 種類の酵素の反応の形式と代表的な酵素

酵素の種類	反応の形式
(1) 酸化還元酵素 (oxidoreductase)	(図)
	オキシダーゼ (Fe, Cu, Mo)，オキシゲナーゼ (Fe, Cu)，レダクターゼ，カタラーゼ (Fe)，シトクロム (Fe)，デヒドロゲナーゼ (Zn)
(2) 転移酵素 (transferase)	(図)
	アミノトランスフェラーゼ（アミノ基転移）(Mg)，アシル転移酵素（アシル基転移）(Mg)，キナーゼ（リン酸基転移）(Mg, Mn)
(3) 加水分解酵素 (hydrolase)	(図)
	タンパク質分解酵素（プロテアーゼ）(Zn, Mn)，脂質分解酵素（リパーゼ），糖質分解酵素（アミラーゼ，リゾチーム，β-ガラクトシダーゼ），リン酸分解酵素，ウレアーゼ (Ni)，ATP 加水分解酵素 (Zn)
(4) 脱離酵素 (lyase)	(図)
	ピルビン酸デカルボキシラーゼ (Mn)，炭酸脱水酵素 (Zn)，ホスホエノールピルビン酸カルボキシキナーゼ (Mg, Mn)
(5) 異性化酵素 (isomerase)	(図)
	ラセマーゼ (Mg)，ホスホグリセリンリン酸ホスホムターゼ (Mg)，グルコース 6-リン酸イソメラーゼ (Mg)
(6) 合成酵素 (ligase, synthetase)	(図)
	DNA リガーゼ，アミノアシル tRNA 合成酵素，アシル CoA シンテターゼ，カルボキシラーゼ (Ca)

7) スーペルオキシドジスムターゼ

スーペルオキシドを酸素と過酸化水素に分解し除去する反応を触媒する酵素。通常，次のような 2 段階反応で O_2^- を H_2O_2 と O_2 に不均化する。

$$M^{(n+1)+}(SOD) + O_2^- \to M^{n+}(SOD) + O_2$$
$$M^{n+}(SOD) + O_2^- + 2H^+ \to M^{(n+1)+}(SOD) + H_2O_2$$

(2) 転移酵素

基質間のアミノ基の転移（アミノトランスフェラーゼ）やリン酸基の転移（キ

ナーゼ）等，官能基や原子団が供与体から受容体へ転移する反応を触媒する。他にメチル基・カルボキシル基転移酵素，アルデヒド基・ケト基転移酵素，アシル基転移酵素，グリコシル基転移酵素，アルキル基転移酵素，硫酸基転移酵素がある。

（3）加水分解酵素

脂質におけるエステル結合の加水分解（リパーゼ），タンパク質中のペプチド結合の加水分解（プロテアーゼ），核酸におけるリン酸エステルの加水分解反応（ヌクレアーゼ）を触媒する。

加水分解酵素では，一般に Zn^{2+} や Mg^{2+} がルイス酸として働いていることが多い。これら金属に配位した H_2O の pK_a を比較すると $Zn-OH^-$ では 8.8 で，$Mg-OH^-$ では 11.4 であることから，亜鉛の方が強いルイス酸である。一般的には亜鉛はエステルやアミドや CO_2 などのカルボニル基を有する基質と作用し，マグネシウムはリン酸エステルの加水分解を触媒する。また，リン酸エステルをリン酸とアルコールに加水分解するパープル酸性ホスファターゼは，ほ乳類では (Fe, Fe) 二核系で，植物では (Fe, Zn) 二核系で機能している。さらに，尿素を加水分解するウレアーゼは二核ニッケル含有酵素である。

加水分解酵素には，タンパク質鎖の内部のペプチド結合を切断する酵素をエンドペプチダーゼ，末端側の結合を切断する酵素をエキソペプチダーゼと区別している。さらに，ペプチド結合の N 末端側（アミノ基側）から切断する酵素をアミノペプチダーゼ，C 末端側（カルボン酸側）から切断する酵素をカルボキシペプチダーゼと区別する。金属としては Mn, Zn が機能している場合が多い。

（4）脱離酵素（リアーゼ）

ある種の基や原子団を加水分解ではなく，二重結合への付加や脱離による二重結合の形成等，原子団の付加や脱離を触媒する。基質から H_2O を取り除き二重結合に付加（デヒドラーゼ）したり，カルボキシル基を水素に置換（デカルボキシラーゼ）したり，小分子を二重結合に付加したりする反応（シンターゼ）を触媒する。

(5) 異性化酵素

グルコースからフルクトースへの異性化（グルコース-6-リン酸イソメラーゼ）等，ある物質の異性化反応を触媒する。この時，基質分子内に不斉点が複数あり，その1つを異性化する酵素をエピマーゼ，不斉点を1個所しか持たない場合，その異性化する酵素をラセマーゼと呼ぶ。また，同一分子内にある官能基を別の場所に移動させる酵素をムターゼと呼ぶ。

(6) 合成酵素（リガーゼ，シンテターゼ）

ATPの加水分解により供給されるエネルギーを使って，2つの分子のC-C, C-O, C-N等の結合の生成反応を触媒する。

1.7　補　因　子

酵素は機能発現において，その触媒活性を助けるタンパク質以外の化学物質を必要とすることが多く，これを補因子と呼び，補酵素と補欠分子族の2つのグループに大別される。補酵素（coenzyme）はタンパク質以外の有機分子であり，官能基を酵素間で輸送されることで機能する。そのため，酵素とは強い結合を形成せず，可逆的に解離し遊離型となる。例えば，反応にエネルギーを必要とする時はATPのエネルギーを利用して酵素反応をするが，この時ATPは酵素の活性中心に結合する場所があり，ATPは基質とともに結合する。NAD(P)(H), FMN, FADなどの補酵素の多くは，対応するビタミンから誘導される。他に，脱炭酸に関わるチアミン（ビタミンB_1），アミノ基転移反応や脱炭酸に関わるピリドキサールリン酸（ビタミンB_6）や酸化還元反応に関わるピロロキノリンキノン（ビタミンB_1）などのビタミン類も，前駆体として対応する補酵素に変わる。

もう1つは補欠分子族（prosthetic group）といい，タンパク質に共有結合等で強く結合されており，タンパク質の一部を構成している。ヘモグロビン等のヘムタンパク質やヘム酵素に含まれるヘム（鉄ポルフィリン）は補欠分子族として良く知られている。また，酵素が機能するために，多くの特定の金属イオンを強く結合していることが多く，これら金属イオンも上記定義に従い補欠分子族に含まれる。

これら補因子を含む酵素は，補因子と付いたり離れたりして反応の進行をコントロールしており，この時，補因子と結合した状態にある酵素をホロ酵素（holo は「保持する（hold）」の意）（活性型），補因子が離れてタンパク質だけの状態をアポ酵素（apo は「…から離れて」の意）（不活性型）という。

1.8　金属イオンの取り込み・輸送・貯蔵・保持・排出　（アルカリ金属，アルカリ土類，鉄，銅，その他）

1.2 で示したように，生体必須微量元素は生体恒常性（ホメオスタシス）が保たれており，最適量の微量金属イオン濃度が維持されている。動物は必須微量元素を腸等の消化器を通じて吸収し，植物では根の細胞から，微生物では環境中から細胞を通じて取り込んでいる。生体系で必要とされる金属元素の取り込み，輸送，貯蔵，恒常性の維持，排出は，それぞれ金属イオンによって異なる。以下に膜輸送の様式と代表的ないくつかの金属イオンについて紹介する[1,2]。

（1）金属イオンの輸送様式

物質の膜輸送システムにはトランスポーターやキャリアといわれるタンパク質（膜輸送体）が関わっており，受動輸送と能動輸送がある（図 1-7）。受動輸送は細胞膜の両側の濃度勾配を推進力とする膜輸送で，濃度の高い方から低い方にチャンネルあるいはキャリアを使って物質が輸送される。それに対して能動輸送は ATP の加水分解によって得られるエネルギーを使い，濃度勾配に逆らってポンプにより輸送される。また，能動輸送はいくつかのパターンに分類される。1 つは単輸送型で，他の輸送と共役することなく単独で輸送されるタイプであり，Ca^{2+} を輸送する Ca^{2+}-ATP アーゼがそれにあたる。2 つ目は共輸送型で，これは濃度勾配にそったイオンの移動と濃度勾配に逆らった物質の汲み上げを同時に行うタイプで，結果としてイオンと物質は同じ方向に動くことになる。Na^+/アミノ酸共輸送系などがこれにあたる。3 つ目は対向型輸送で，細胞の内外で互いに物質を交換するタイプである。Na^+ と K^+ を細胞の内外で交換する (Na^+, K^+) ATP アーゼがこれにあたる。

膜輸送にはポンプやチャンネルといった膜輸送タンパク質（トランスポーター）と，何かに結合して膜を輸送するキャリアがある。ポンプは ATP の加

1 生物無機化学の概説

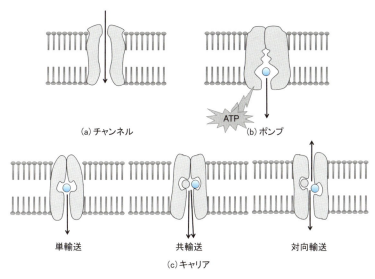

図 1-7 膜輸送の様式

水分解を利用して能動的に輸送するのに対して，チャンネル輸送は受動輸送である。また，キャリアは上記の物質が単独で移動する単輸送，他の物質を輸送するエネルギーを借りる共輸送，対向輸送に分類される。

(2) アルカリ金属，アルカリ土類金属

1.4 でも触れたが，Na^+ と Ca^{2+} は細胞の外側に，K^+ と Mg^{2+} は細胞の内側にそれぞれ多く存在し，一定濃度に保たれている。両イオンは細胞膜に存在するポンプ，チャンネル，トランスポーター等によって同時または他のイオンや物質と共役して膜を通過し調節されている。このときこれらイオンはイオノフォア（イオン担持体）という，図1-8に示すような，酸素原子を多く含む有機化合物によって保持され膜を輸送される。酸素原子はHSAB則ではハードであり，アルカリ金属やアルカリ土類金属もハードであることから，両者は極めて親和性が高い。イオノフォアは親水性基を多数持つが，金属イオンと結合すると疎水性部位が外を向くため，疎水性の膜と相性よく膜を通過する。これは K^+ を輸送するバリノマイシンの構造（図1-8(d)）から明らかである。K^+ と結合す

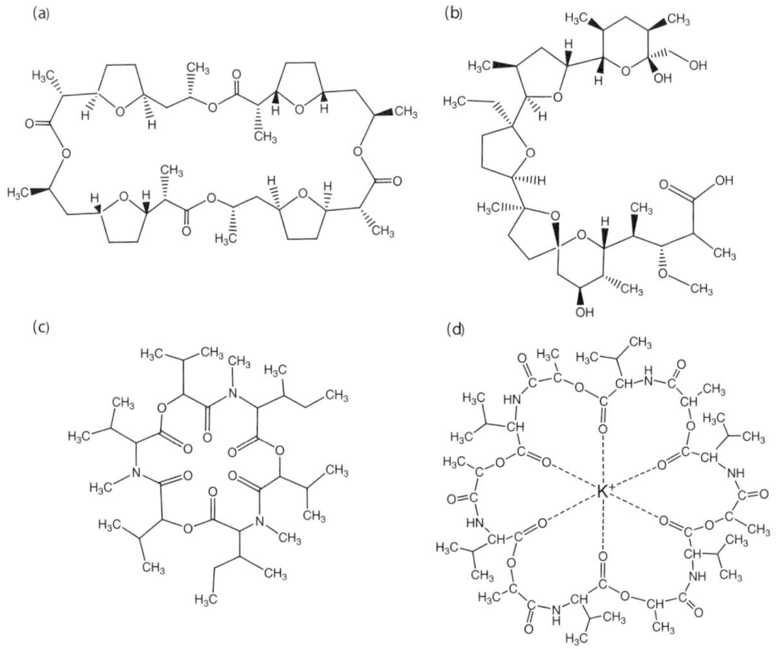

図 1-8　代表的なイオノフォアの構造
(a) ノナクチン，(b) モネンシン，(c) エニアチン B1，(d) バリノマイシンのカリウム錯体

ることでエチル基やイソプロピル基が外側を向く。バリノマイシンが K^+ に対して親和性が高いのはサイズの問題もあるが，脱水和エネルギーが小さいことも関係している。他に，グラミシジン A という鎖状ペプチドが存在するが，これは膜内にチャンネルを形成し，K^+ を選択的に運搬することで知られている。

また，アルカリ金属やアルカリ土類金属を膜輸送するポンプ酵素がある。例えば，(Na^+, K^+)-ATP アーゼは対向輸送イオンポンプであり，Na^+ の細胞内からの汲み出しと，細胞内への K^+ の取り込みを ATP の加水分解（エネルギー獲得）と共役させて行い，細胞内の浸透圧を調整し，含水量を保っている。

(3) 鉄の輸送と貯蔵

鉄は多くの金属タンパク質・金属酵素において重要な機能を果たしている。そのため，その取り込み，輸送，貯蔵については古くから研究されてきた。し

かし，環境中にもっとも多く存在する酸化状態である Fe^{3+} は水に対する溶解度が極めて低く，生物が効率的に獲得するのが極めて困難である．そのため，植物や微生物はシデロフォア（鉄捕捉担体）（図1-9）というイオノフォアを分泌し，鉄を Fe^{3+} の形で捕捉し，細胞膜を通過させている．シデロフォアは図1-9に見られるように，カテコール型とヒドロキサム酸型が多く，いずれもHSAB則におけるハードな酸素原子が存在し，Fe^{2+} よりもハードな Fe^{3+} と結合し安定な錯体を形成する．シデロフォアが細胞中にFeを放出する時は，細胞内でシデロフォアがプロトン化され Fe^{2+} に還元され取り込むか，細胞の外側にある鉄還元酵素で還元され，Fe^{2+} として膜チャンネルを通過すると考えられている．動物ではトランスフェリンやラクトフェリンなどの鉄含有タンパク質により Fe^{3+} として取り込まれ，血液中に輸送される．さらに，生体中で過剰となった鉄はフェリチンというタンパク質に Fe^{2+} の形で膜を透過し，Fe^{3+} の状態で貯蔵され，必要なときに Fe^{2+} の形で再び膜を通過し利用される．

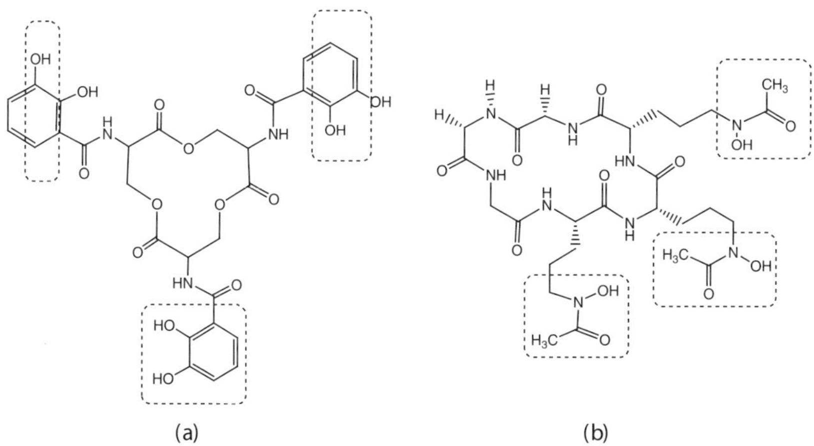

図1-9　代表的なシデロフォアの構造
(a) エンテロバクチン（カテコール型）と (b) フェリクローム（ヒドロキサム酸型）

（4）銅の輸送

Cu は Fe とともに非常に重要な金属であり，同様の輸送システムがある。Fe におけるシデロフォアに対して Cu ではカルコフォアと呼ばれ，メタン酸化菌由来のメタノバクチンが知られている。銅はまず細胞膜に存在する還元酵素によって Cu^{2+} から Cu^+ へと還元され，Met-S と Cys-S が存在するトランスポータータンパク質によって細胞内へ輸送される。小腸で吸収された Cu は血液に入るが，そのほとんどはセルロプラスミンと血清アルブミンに取り込まれる。また，過剰の Cu の排出については大腸菌が複数の銅排出システムを有しており，過剰の銅が存在するとそれをセンシングしてトランスポーターを介して排出している。さらに，銅（Cu^+ として結合）と強く結合するタンパク質としてはメタロチオネインが知られている。これは芳香族アミノ酸を含まず，Cys を多く含むタンパク質であるため，Cu^+ のみならず，Hg^{2+}, Pb^{2+}, Cd^{2+} などの毒性重金属イオンも結合する。そのためメタロチオネインは生体恒常性に関わるタンパク質だけではなく，解毒に関わるタンパク質とも考えられている。

1.9　金属中心の分光学的・磁気的性質の検出法

金属タンパク質・金属酵素およびそれらのモデル錯体も含めて，金属を含む生体関連分子における構造と機能の関連を生物無機化学的にアプローチする場合，これらの活性中心である金属イオンの性質を明らかにすることは非常に重要である。これらの構造化学的・磁気的・分光学的性質等を研究するための手段として種々の方法があるが，金属タンパク質・金属酵素で取り扱う金属は多くの場合，遷移金属であることから，ここでは代表的な金属イオン活性部位の分光学的性質（紫外可視吸収スペクトル）と磁気的性質（ESR スペクトル）について簡単に紹介する（表 1-12）。

（1）紫外可視吸収スペクトル

生物系で取り扱う遷移金属イオンは d 電子を有しており，その d 電子が占有する 5 つの d 軌道はいずれも対称性軌道（gerade）である。光吸収による電子の遷移は対称性軌道から対称性軌道への遷移は禁制遷移（Laporte 禁制）であり，電子の遷移は起こらない。そのため通常は金属錯体では光の吸収は起こら

ないが，分子の振動や構造歪みのためわずかな確率で遷移が起こることとなり，d-d 遷移は通常 ε（吸光係数）〜 100 のように小さい吸収として観測される。さらにもう 1 つ，光吸収により電子遷移が起こる時，スピン反転を伴う電子遷移は起こらない，スピン禁制 という規則がある。例えば，高スピン型 Mn(II) や高スピン型 Fe(III) 錯体では，5 つの d 軌道は全て上向きのスピンで半充填されており，このスピン禁制に該当し，いずれも可視領域に吸収を持たず着色しない。また，有機系の配位子があると，それが芳香族系分子であれば π-π^* 遷移が紫外域に観測される。さらに金属周辺にある配位子が金属イオンとの間で相互作用することで，配位子から金属イオンへの電荷移動（LMCT），あるいは金属イオンから配位子への電荷移動（MLCT）が観測されることがある。これらはいずれも Laporte 許容であり，大きな ε を有する特徴的な CT となる。2 核系金属酵素では原子価間電子移動遷移（IVCT）が観測されることもある。

(2) 電子スピン共鳴スペクトル (ESR)

生物無機化学で取り扱う金属タンパク質や金属酵素等では，その活性中心が不対電子を有する遷移金属イオンであることが多く，不対電子をもつ化学種の研究にとって ESR は極めて強力な実験法である。ここではその説明は最小限にとどめるが，詳細は成書を参照されたい[12]。不対電子が 1 つ存在するとき，そのスピンに外部磁場が z 軸方向にかけられるとスピンは 2 通りの配向をとり，エネルギー準位が分裂する。そのエネルギー差に相当するエネルギーを吸収するとき電子がエネルギーの低い状態から高い状態へ励起される。遷移金属の場合，不対電子が有機ラジカルにおける対称な s 軌道に入らず，非対称な d 軌道に入るため磁場の効果が x, y, z 軸方向で等価でなくなり，スペクトルは金属特有の特徴的な異方性を示すこととなる。実際にはスピンが 1 つということはなく複数存在するため，より複雑なスペクトルを示すこととなる。ESR スペクトルで得られる情報は大まかに，強度，線幅，g 値，超微細分裂（A 値）の 4 種類である。特に g 値と A 値は金属の配位環境による異方性が反映され，外

部磁場によって次のような特徴的なスペクトルを示す。

　　isotropic（等方性）： $x=y=z, g_x=g_y=g_z, A_{xx}=A_{yy}=A_{zz}$
　　axial（軸対称）： $x=y \neq z, g_x=g_y \neq g_z, A_{xx}=A_{yy} \neq A_{zz}$
　　rhombic（菱形対称）： $x \neq y \neq z,\ g_x \neq g_y \neq g_z, A_{xx} \neq A_{yy} \neq A_{zz}$

また，不対電子と核スピンの相互作用は　ESR で多重分裂として観測される（超微細分裂）。例えば，Cu は核スピンが $I=3/2$ であり，$2I+1=4$ となり 4 本線に分裂する。この時の分裂の幅を A 値として記述する。代表的な金属イオンについて具体的なスペクトル挙動を表 1-12 に示した。

表 1-12　代表的な金属イオンの紫外可視吸収スペクトルと ESR スペクトルの特徴

金属	構造，電子状態	紫外可視吸収	ESR
Mn	Mn(II), 高スピン	d-d, CT	$g=2, A=90$ G, 超微細分裂（6 本線（$I=5/2$））
Fe	Fe(III)		超微細分裂なし（$I=0$）
	高スピン，axial	d-d, CT	$g=4.3$
	高スピン，axial	d-d, CT	$g_\perp=6, g_{//}=2$
	低スピン，rhombic	d-d, CT	$g_x=2.4, g_y=2.2, g_z=1.8$
	[Fe$_4$S$_4$(SR)$_4$]	d-d, CT	$g=2.04, 2.12$
	[FeS$_4$(SR)$_4$]$^{3-}$	d-d, CT	$g=1.88, 1.92, 2.01$
Co	Co(II), 低スピン	d-d, CT	$g=2$, 超微細分裂（8 本線（$I=7/2$））
Ni	Ni(II), 低スピン	d-d, CT	$g_\perp=2.2, g_{//}=2.02$, 超微細分裂なし（$I=0$）
Cu	Cu(II)		超微細分裂（4 本線（$I=3/2$））
	Type 1（青色）	d-d, CT	$g_x=2.04, g_y=2.06, g_z=2.22$
			$A_x=A_y=4.5, A_z=45$ G
	Type 2（薄青色）	d-d	$g_\perp=2.05, g_{//}=2.24$
			$A_{//}=170$ G
	Type 3（薄青色）	d-d	silent（不活性）
Zn	Zn(II)	−	−
Mo	Mo(V)	−	$g=1.96$, 超微細分裂（6 本線（$I=5/2$））

参考図書・文献

1) 増田秀樹，福住俊一編，『錯体化学会選書 1　生物無機化学』，三共出版 (2005)．
2) 山内脩，鈴木晋一郎，櫻井武，『生物無機化学』，朝倉書店 (2012)．
3) J. A. Ibers and R. H. Holm, *Science*, **1980**, 209, 223.

4) 桜井弘, 『金属は人体になぜ必要か』, 講談社 (1996).
5) 桜井弘編, 『生命元素事典』, オーム社 (2006).
6) H. Diebler, M. Eigen, G. Ilgenfritz, G. Maass, and R. Winkler, *Pure Appl. Chem.*, **1969**, 20, 93.
7) 日本化学会編, 『改訂 5 版　化学便覧 基礎編』, 丸善 (2004).
8) K. D. Karlin, *Science*, **1993**, 261, 701.
9) R. H. Holm and E. I. Solomon (Eds.), *Chem. Rev.*, **104**(2), (2004).
10) E. I. Solomon and A. B. P. Lever (Eds.), *"Inorganic Electronic Structure and Spectroscopy,"* Vols. I and II, John Wiley & Sons, Hoboken (1999).
11) K. D. Karlin and S. Itoh (Eds.), *"Copper-Oxygen Chemistry,"* John Wiley & Sons (2011).
12) (a) 黒田孝義・中野元裕, 『錯体化学会選書 7　金属錯体の機器分析（下）(9 章 ESR スペクトル)』, 大塩寛紀編, 三共出版 (2012). (b) 大矢博昭・山内　淳, 『電子スピン共鳴』, 講談社サイエンティフィク (1989).

2 O_2 の運搬・貯蔵・活性化

はじめに 呼吸によって体内に込まれた酸素分子は，鉄や銅を含むタンパク質によって貯蔵・運搬される。取り込まれた酸素分子は，銅や鉄を含む酸化酵素によって活性化され，各種基質の酸化反応や酸素化反応における酸化活性種として利用されている。このような反応は生命活動を維持するために必要なエネルギー代謝や物質代謝に必要不可欠なものである。本章では，このような酸素分子の運搬，貯蔵，活性化に関わる鉄および銅含有タンパク質（酵素）の構造と機能について解説する。

2.1 運搬・貯蔵
2.1.1 ミオグロビン
(1) 構造と機能

ミオグロビン（Mb：myoglobin）は酸素貯蔵タンパク質で，脊椎動物の筋肉組織中に多く存在する。クジラは長い時間水中に潜っているので，酸素分子を長時間保持する必要があり，クジラの筋肉中には Mb 分子が多い。クジラの肉から Mb が多く採取できることから，クジラ由来の Mb は初期の研究によく使われ，1958 年には X 線結晶構造解析により立体構造が解かれた最初のタンパク質となった。これにより，タンパク質研究は原子レベルの新しい時代を迎えることとなった。Mb の全体構造を図 2-1 に示した。Mb はグロビンと呼ばれる球状タンパク質の 1 つで，153 個のアミノ酸から成る 1 本のポリペプチド鎖と補欠分子族のヘム（ヘム b，プロトポルフィリン IX 鉄錯体（図 2-2））から構成される。Mb のポリペプチド鎖は 8 本の α ヘリックスを形成する。また，Mb のヘムは溶液を酸性にすることによってポリペプチド鎖から切り離すことができる。

2 O_2 の運搬・貯蔵・活性化

図 2-1　酸素化型マッコウクジラ Mb の立体構造（PDB: 1MBO）

ヘムおよびヘムに配位しているヒスチジンを棒モデル，酸素分子を青色の球と棒で示した。PDB は protein data bank の略でタンパク質の立体構造のデータベースを表す。

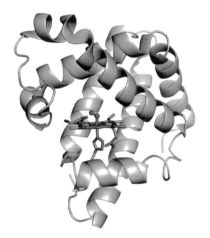

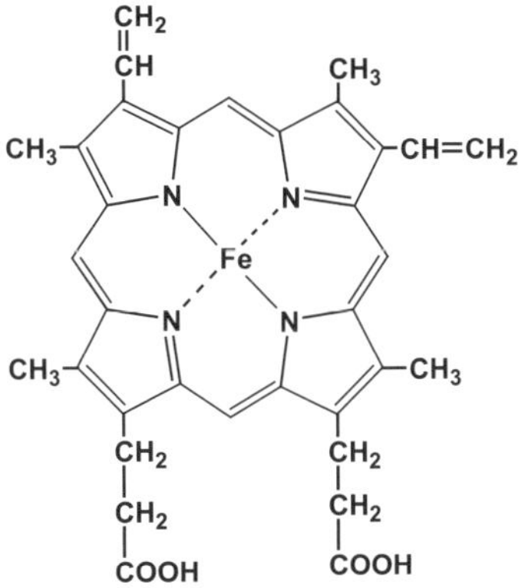

図 2-2　ヘム b の構造

Mb のヘムは，ヒスチジン残基の側鎖イミダゾール環の窒素原子からヘム鉄への配位により，ポリペプチド鎖に固定されており，ヘムに配位しているヒスチジンは近位ヒスチジン（近位 His）と呼ばれている（図 2-3）。O_2 は近位 His

が配位している方向とは反対の方向からヘム鉄に結合する。O_2 の片方の酸素原子のみがヘム鉄に結合し（end-on 型），Fe-O-O は折れ曲がった構造を形成する。ヘム鉄に結合した O_2 はヘム鉄近傍の別のヒスチジン残基と水素結合を形成し，固定されている（図 2-3）。このヒスチジンは遠位 His と呼ばれ，酸素錯体の安定化に重要である。Mb に O_2 が結合した状態は oxy 型と呼ばれ，ヘムは還元型（Fe^{2+}）だが O_2 が結合していない状態を deoxy 型，ヘムが一電子酸化されて酸化型（Fe^{3+}）となった状態を met 型と呼ぶ。これらの呼び方は，次に述べるヘモグロビンを含め，他の酸素運搬・貯蔵タンパク質で広く用いられている。

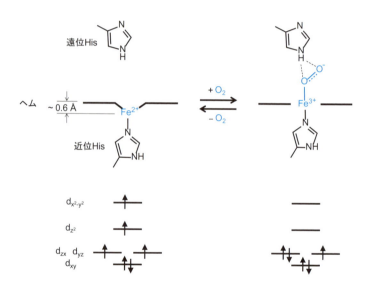

図 2-3 Mb への O_2 結合に伴うヘムの構造変化とヘム鉄のスピン状態変化

Mb の酸素分子結合の模式図を図 2-4 に示した。O_2 は Mb のヘム鉄が還元状態（Fe^{2+}）のときに結合し，ヘム鉄が酸化状態（Fe^{3+}）のときは結合しない。Mb への O_2 結合は可逆的に起こる。つまり，O_2 は酸素濃度が高いと還元型のヘム鉄に結合し，酸素濃度が低いとヘム鉄から解離する。O_2 が配位するとヘム鉄は Fe^{2+} から Fe^{3+} に変化し，O_2 は O_2^- へ 1 電子還元されると考えられている。

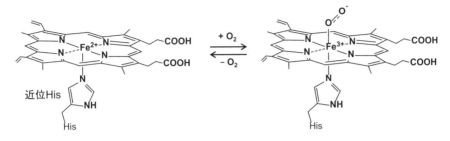

図 2-4　Mb のヘムへの可逆的酸素分子脱着

(2) 分光学的性質

　鉄 2 価および 3 価の 3d 軌道の電子数はそれぞれ 6 および 5 である。ヘム鉄の第 6 配位子（近位 His の反対側の配位子）が無いあるいは弱い配位子（水など）の場合，3d 軌道のエネルギー分裂は小さく，ヘム鉄は高スピン状態をとりやすい。これに対して，第 6 配位子が強い配位子の場合（CN^- など），3d 軌道の分裂が大きくなり，低スピン状態となる。deoxy 型ではヘム鉄は 2 価高スピン状態であり，deoxy-Mb は $S=2$ の常磁性体であるが，oxy 型ではヘム鉄は 3 価低スピン状態であり，oxy-Mb は Fe^{3+} と O_2^- の反強磁性相互作用により反磁性体（$S=0$）である。高スピン状態の場合，鉄イオンはイオン半径が大きく，ポルフィリンの 4 つの窒素原子が作る平面（ヘム面）からヒスチジン側に移動しているが，3 価低スピン状態の場合，イオン半径が小さくなるため，鉄イオンはヘム面内に配置される。そのため，deoxy 型の鉄イオンはポルフィリン面から約 0.6 Å 外に出ているが，oxy 型の鉄イオンはヘム面内に配置される（図 2-3）。

(3) ミオグロビンの利用研究

　Mb は安定なタンパク質である。そのため，様々な研究のモデルタンパク質として用いられている。例えば，シトクロム c から供給される電子を用いて過酸化水素を水に還元するシトクロム c ペルオキシダーゼ（CcP）は，Mb と同じくヒスチジン残基のイミダゾール基をヘム軸配位子として有するが，ヘム鉄と遠位 His 間距離が Mb より長い。Mb において，ヘム鉄からの距離が CcP の遠位 His とほぼ同じアミノ酸残基（Leu29）と遠位 His（His64）を入れ換えた

L29H/H64L 変異体を作製するとペルオキシダーゼ活性が向上し,ヘム鉄-遠位 His 間距離は機能と密接に関係していることが示された[1]。Mb からヘムを除去し,代わりに種々の金属ポルフィリン誘導体を導入することにより,様々な機能を付与した人工金属酵素の研究も報告されている[2]。また,Mb の遠位 His 近くの 2 つのアミノ酸残基をヒスチジンに置換し,遠位 His と合わせて 3 つのヒスチジン残基による銅イオン結合部位をヘム近傍に有するシトクロム c 酸化酵素のモデルタンパク質も作製されている[3]。さらに,Mb を構成ユニットとして,ヘム修飾[4]やドメインスワッピング(分子間で同一構造領域を交換する現象)[5]などによって様々な Mb 超分子も構築されている。

2.1.2 ヘモグロビン
(1) 構造と機能

ヘモグロビン(Hb : hemoglobin)は血液中に存在し,肺で空気から酸素分子を捕捉し,抹消組織へ運搬する。ヒトの血液が赤色を呈するのは,Hb が有するヘムの色に由来する。特に,動脈の血液が鮮赤色を呈しているのは,oxy-Hb が主成分であるためである。これに対して,酸素を抹消組織へ運び終わった静脈の血液は deoxy-Hb が主成分であるため,暗赤色である。

Hb は 4 つのサブユニットからなり,それぞれのサブユニットは Mb と非常によく似た立体構造をしている。Hb のヘムも Mb と同じヘム b である。ヘムは近位 His(His F8(N 末端から F 番目(6 番目)のヘリックスの 8 番目のアミノ酸残基))のイミダゾール基によりタンパク質部分に固定され,ヘム面に対してこのヒスチジンと反対側に O_2 が結合する。Mb と同様,水素結合により O_2 との結合を安定化する遠位 His(His E7,N 末端から E 番目(5 番目)のヘリックスの 7 番目のアミノ酸残基)も存在する。Hb はサブユニット 1 つあたり 1 個のヘムを有し,1 個のヘムには 1 分子の O_2 が結合するので,Hb 1 分子には 4 分子の O_2 が結合できる。

タンパク質のある部位へ調節因子(アロステリックエフェクター)が結合して,タンパク質のリガンド結合能に影響を及ぼす効果をアロステリック効果という。Hb のアロステリック効果では,リガンドと調節因子は両方とも O_2 であり,O_2 が 1 分子結合すると次の O_2 が結合しやすくなる。Hb が効率よく機能

する上でこのアロステリック効果は欠くことのできない性質である。O_2 が結合するにつれて，Hb は酸素低親和性の T 状態（tense，緊張状態）から酸素高親和性状態の R 状態（relaxed，弛緩状態）に変わる。T 状態と R 状態は 4 つのサブユニットの相互位置関係（4 次構造）が異なる。1 つのサブユニットのヘム鉄に O_2 が結合すると，Hb 全体に T 状態から R 状態への変化が誘導されるが，この分子機構は非常に精巧である。deoxy-Hb のヘム鉄に O_2 が結合すると，ヘム鉄が低スピン状態となり，Mb の時のように deoxy-Hb でヘム面からずれていたヘム鉄はヘム面に収まる（図 2-3，図 2-5）。この変化により，ヘム鉄に配位している近位 His がヘム側に引き寄せられる。この構造変化が近位 His を有する F ヘリックスの移動を引き起こし，水素結合の組み換えが起こる。そして，サブユニット界面での水素結合の組み換えを通して，サブユニット間の相対位置が変化し，タンパク質の 4 次構造が変化する（図 2-6）。この構造変化が，O_2 が結合していない別のサブユニットの活性部位の構造変化を引き起こし，O_2 の結合が促進される。これが Hb のアロステリック効果の分子機構である。

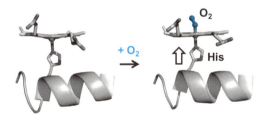

図 2-5　deoxy-Hb のヘム鉄への酸素分子結合によって引き起こされる活性部位の構造変化

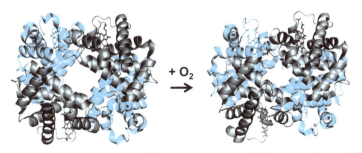

図 2-6　酸素分子結合に伴う T 状態（deoxy-Hb）から R 状態（oxy-Hb）への転移
4 つのサブユニットのうち，α サブユニット 2 本を灰色，β サブユニット 2 本を青色で示した。

Mb はヘムを 1 つのみ有するため，酸素分圧と酸素化の飽和度の関係（酸素解離曲線）は指数関数型を示す（図 2-7）。これに対して，Hb はヘムを 4 つ持ち，O_2 が結合するにつれて T 状態から R 状態へ転移するため，Hb の酸素解離曲線はシグモイド型（S 字形）を示す。肺では酸素濃度が高く，Hb の 4 つのヘムはほぼ 100% O_2 と結合する。これに対して，抹消組織では酸素濃度が低くなり，一部の O_2 を離す。図 2-7 からわかるように酸素解離曲線がシグモイド型を示すときのほうが，指数関数型を示すときよりも効率的に O_2 の結合・解離を行うことができる。また，赤血球内の二酸化炭素量が増えると pH が低下し，Hb は O_2 と結合しにくくなり，末梢組織で O_2 が解離しやすくなる。このような pH の効果はボーア効果と呼ばれ，ボーア効果により酸素解離曲線は高酸素濃度側へ平衡移動する（図 2-7）。

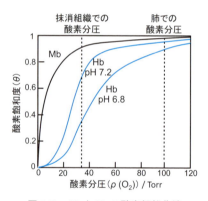

図 2-7　Mb と Hb の酸素解離曲線

シグモイド型の変化は酸素飽和度 θ が 0.1 ～ 0.9 の範囲で，Hill の経験式で近似的に表される。一般に，タンパク質（A）が n 個のリガンド（L）結合部位を有するとき，次式の平衡が成り立つ。

$$A + n L \rightleftarrows AL_n \tag{2.1}$$

n 個の L が完全に協同的であるとき，解離定数 K_d は次式で表される。

2 O₂の運搬・貯蔵・活性化

$$K_d = \frac{[A][L]^n}{[AL_n]} \tag{2.2}$$

リガンドが結合しているリガンド結合部位の割合（Hbの場合，酸素飽和度）をθとすると

$$\theta = \frac{[L]^n}{[L]^n + K_d} \tag{2.3}$$

$$\frac{\theta}{1-\theta} = \frac{[L]^n}{K_d} \tag{2.4}$$

$$\log \frac{\theta}{1-\theta} = n \log [L] - \log K_d \tag{2.5}$$

となる。K_dは$\theta = 0.5$のときの$[L]^n$と等しい。横軸$\log [L]$, 縦軸$\log [\theta/(1-\theta)]$のプロットはHillプロットと呼ばれ，曲線の傾きの最大値または$\theta = 0.5$のときの傾きはHill係数(n_H)と呼ばれ，サブユニット間の協同効果の度合いを表す。図2-8にMbとHbのHillプロットを示す。協同性がないMbのn_Hは1である。理論的にはn_Hの上限はnであるが，一般的にn_Hはnよりも小さく，Hbのn_Hは約3である。1分子のリガンド結合が他のリガンド分子の結合を妨げるときは負の協同性が働き，n_Hは1よりも小さくなる。

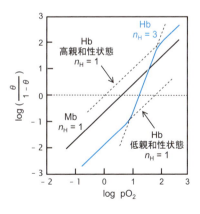

図2-8 MbおよびHbに対する酸素分子結合のHillプロット

(2) 分光学的性質

ここで，種々の酸素分子種の結合次数を表 2-1 に示す。O-O の反結合性 $2p_{\pi^*}$ 軌道の電子数が増すにつれて，O-O 結合の結合次数は減少する。結合次数が減少すると，O-O 距離は増大し，O-O 伸縮振動数（ν_{OO}）は減少する。一般に，金属酸素錯体は ν_{OO} をもとに超酸化物（スーペルオキシド，O_2^-；1100 〜 1200 cm^{-1}）や過酸化物（ペルオキシド，O_2^{2-}；750 〜 920 cm^{-1}）など各酸素分子種に分類することができる。

表 2-1 種々の酸素分子種の結合次数，O-O 距離，O-O 伸縮振動数[6]

酸素分子種	結合次数	O-O 距離（Å）	O-O 伸縮振動数（cm^{-1}）
O_2^+	2.5	1.123	1858
O_2	2	1.207	1555
O_2^-	1.5	1.280	1108
O_2^{2-}	1	1.49	〜 760

Mb や Hb の Fe-O-O の O-O 距離は 1.16 〜 1.25 Å，FeOO 角度は 115〜160°と報告されている[7,8]。1970 年代に Mb と Hb の O-O 伸縮振動に由来するバンドがそれぞれ，1103 cm^{-1} と 1107 cm^{-1} に観測された[9,10]。しかし後に，$^{16}O_2$ 結合 Hb の O-O 伸縮振動は 1107 cm^{-1} と 1156 cm^{-1} に 2 つのバンドとして観測されるのに対し，$^{18}O_2$ では 1065 cm^{-1} のみに観測され，$^{16}O_2$ で 2 つのバンドが観測されるのは 1130 cm^{-1} 付近の O-O 伸縮振動と Fe-O 伸縮振動の倍音がフェルミ共鳴するためと報告された[11]。Fe-O-O には $Fe^{2+}-O_2$ と $Fe^{3+}-O_2^-$ の電子状態が考えられるが，ν_{OO} から O-O 結合は 1.5 結合であり，酸素は O_2^- の電子状態をとると考えられる。しかし，Mb，Hb，およびそれらのモデル化合物のオキシ型の O-O 距離は O_2^- の O-O 距離より短く，O_2 の O-O 距離に近い値を示している。Mb や Hb の oxy 型の電子状態が $Fe^{2+}-O_2$ か $Fe^{3+}-O_2^-$ は完全には決着していないが，近年，計算化学により，遠位 His による結合酸素への水素結合が Mb の $Fe^{3+}-O_2^-$ の電子状態を安定化すると報告されている[12]。

Mb や Hb には一酸化炭素や一酸化窒素も結合し，これらの 2 原子分子は O_2 よりもヘム鉄への結合力が強い（CO：250 倍，NO：240,000 倍）。酸化型ヘム（Fe^{3+}）には，シアン化物イオンやアジ化物イオンが結合する。特に，CO はヘ

2 O₂ の運搬・貯蔵・活性化

ムの電子状態を観測するプローブとして用いられている。Mb の Fe–CO 伸縮振動バンドは 507 cm^{-1}，C–O 伸縮振動バンドは 1944 cm^{-1} に観測される。Mb の遠位 His の変異体を含むヘムタンパク質の Fe–C 伸縮振動数 (ν_{FeC}) と C–O 伸縮振動数 (ν_{CO}) には負の直線関係が成り立ち（図 2-9），これらの振動数は CO 周りの環境を反映する[13]。この直線関係は，Fe–CO に共鳴関係があり，Fe の d_π 軌道から CO の $2p_{\pi^*}$ 反結合性軌道へ π 逆供与が起こるために成り立つ（図 2-10）。軸配位子がイミダゾールやピリジンの場合は図 2-9 の実線に乗るが，イミダゾラートやチオラートなどの強い軸配位子の場合，Fe–C の π 逆供与は強くなるが σ 供与は弱くなるため，ν_{FeC}/ν_{CO} 曲線は軸配位子がイミダゾールの場合よりも下に観測される。これとは反対に，軸配位子がない 5 配位型では，ν_{FeC}/ν_{CO} 曲線はイミダゾールの場合よりも上に観測される。また，フッ素化ヘムを用いてヘム鉄の電荷密度を低下させると，ヘム鉄から CO への π 逆供与が減少し，ν_{CO} が増大する[14]。oxy 型（O_2 結合型）や NO 結合型鉄ポルフィリンでも，Fe–O 伸縮振動数と O–O 伸縮振動数，Fe–N 伸縮振動数と N–O 伸縮振動数にも同様の関係が成り立つ[15]。これは，Fe–XO（X= O, N）が折れ曲がっていても，FeXO 平面に直行する，空の $2p_{\pi^*}$ が存在するためである。

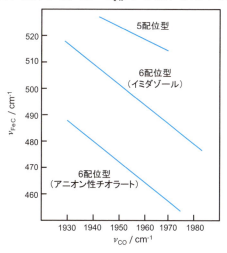

図 2-9　一酸化炭素結合型ヘムタンパク質における Fe-C 伸縮振動数と C-O 伸縮振動数の関係

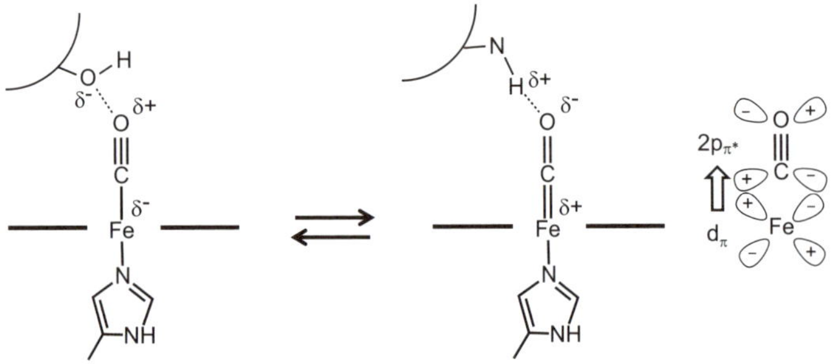

図 2-10　Fe–CO 結合の 2 つの共鳴構造と Fe の d_π 軌道から CO の $2p_{\pi^*}$ 反結合性軌道への π 逆供与

（3）モデル化合物

1970 年代に多くの Mb や Hb のヘム活性中心のモデル錯体が合成された。鉄ポルフィリンの軸配位子としてピリジンを用いると，ピリジン 2 分子が鉄イオンに配位し，6 配位鉄ポルフィリンが生成する。これは，6 配位鉄ポルフィリンの鉄イオンは低スピン状態となり，配位子場安定化エネルギーにより安定化されるためである（図 2-11(a)）。そこで，配位窒素原子の隣にメチル基を導入した 2-メチルイミダゾール（2-MeIm）を用いて，鉄イオンに配位した 2-MeIm の反対側に別の 2-MeIm がさらに配位するのを立体効果により防ぐ方法が利用されている（図 2-11(b)）。この他，6 配位鉄ポルフィリンの生成を防ぐ方法として，軸配位子をポルフィリンに結合させる方法やポルフィリンの片方の面を立体的にふさぐ方法などが用いられている。

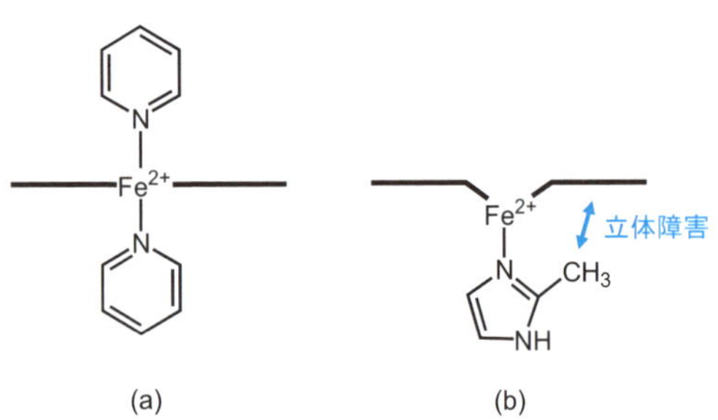

図 2-11　ピリジン(a) と 2-MeIm(b) を軸配位子として用いたときの鉄ポルフィリン錯体の配位構造

Fe^{2+} のポルフィリン鉄錯体が O_2 と反応すると，スーペルオキシド錯体（$PFe(O_2^-)$），酸素分子架橋の 2 核鉄 μ-ペルオキシド錯体（$PFe^{III}-O_2^{2-}-PFe^{III}$ ポルフィリン 2 量体）を経由して，酸素架橋の μ-オキシド錯体（$PFe^{III}-O-PFe^{III}$ ポルフィリン 2 量体）が形成する（Pはポルフィリンを示す）[16]。

$$PFe^{II} + O_2 \longrightarrow PFe(O_2^-) \tag{2.6}$$
$$PFe(O_2^-) + PFe^{II} \longrightarrow PFe^{III}-O_2^{2-}-PFe^{III} \tag{2.7}$$
$$PFe^{III}-O_2^{2-}-PFe^{III} \longrightarrow 2P\,Fe^{IV}=O \tag{2.8}$$
$$P\,Fe^{IV}=O + PFe^{II} \longrightarrow PFe^{III}-O-PFe^{III} \tag{2.9}$$

　Collman らはこの酸化反応を防ぐ方法として，つい立てを持つポルフィリン鉄錯体（ピケットフェンスポルフィリン鉄錯体）を合成し，可逆的に O_2 を吸着・脱着させるモデル化合物を合成した（図 2-12(a)；X 線結晶構造では結合 O_2 は 4 つの方向を向いていた）[17]。これ以後，O_2 が結合する様々なモデル化合物が合成されたが，ほとんどが有機溶媒中でのみ安定であり，溶媒に含まれる少量の水分を除く必要があった[16, 18]。水溶液中で安定なヘム酸素錯体は限られているが，その一例として，水酸基を全てメチル化した β-シクロデキストリン 2 分子をピリジンを含むリンカーでつなぎ，ポルフィリンを包摂させることにより，水中でも O_2 を可逆的に結合・脱離するモデル錯体が報告されている（図 2-12(b)）[19]。

2.1.3　ヘムエリスリン
(1) 構造と機能

　ヘムエリスリン（Hr：hemerythrin）は特徴が明らかにされた最初の非ヘム複核鉄タンパク質である。ホシムシ類や腕足類などの海産無脊椎動物の血球や血漿に含まれ，酸素分子の運搬と貯蔵の役割を担う。ホシムシ類の Hr は 8 量体であるが，協同効果は小さい。個々のサブユニットは 113 のアミノ酸からなり（分子量：13.5 kDa），4 ヘリックスバンドル構造を有する（図 2-13）。非ヘム複核鉄中心は 4 つの α ヘリックスに囲まれている。活性部位の鉄イオン間距離は 3.3 Å であり，アスパラギン酸とグルタミン酸の側鎖カルボン酸イオンが鉄イオン間を架橋している。1 つの鉄イオンにはさらにヒスチジンのイミダゾール基 2 つが配位し 5 配位構造を，もう 1 つの鉄イオンにはヒスチジンのイ

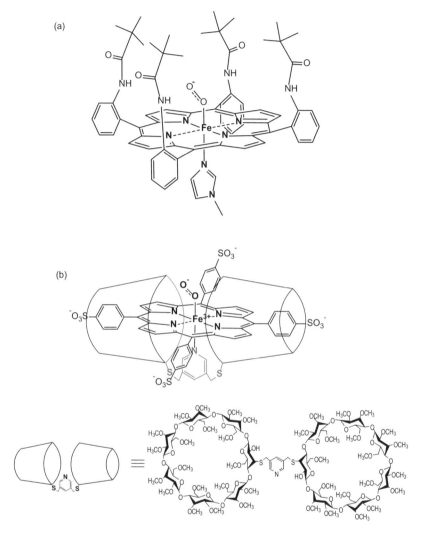

図 2-12　酸素結合ピケットフェンスポルフィリン鉄錯体（a）と
シクロデキストリン–ポルフィリン鉄錯体（b）

ミダゾール基 3 つが配位し 6 配位構造を形成する。deoxy-Hr ではヒドロキシド基，oxy-Hr ではオキシド基が鉄イオン間を架橋する。

2 O₂の運搬・貯蔵・活性化

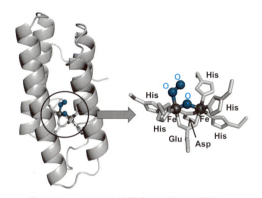

図 2-13 oxy-Hr の立体構造と活性部位構造
活性部位の鉄原子を黒色の球，酸素原子を青色の球で示した。

O_2 は 5 配位鉄イオンに結合するが，O_2 の結合に伴い，鉄イオン間距離を含め活性部位構造は大きく変化しない。oxy-Hr の O-O 伸縮振動数は 844 cm^{-1} であり，O_2 はペルオキシド型で鉄イオンに結合している[20]。3 価の鉄イオンはルイス酸性が強いため，架橋ヒドロキシド基の水素をプロトンとして放出し，鉄に配位しているペルオキシド（O_2^{2-}）はプロトンを受け取ってヒドロペルオキシド（HO_2^-）になっている（図 2-14）。ヒドロペルオキシドの鉄イオンに結合していない酸素原子と鉄イオン間を架橋している酸素原子の間には水素結合があり，oxy-Hr を安定化している。この水素結合は，O_2 の可逆的脱着の制御に必要であると考えられている。また，配位基としてのアミノ酸側鎖のイミダゾール基やカルボン酸イオンはポルフィリンよりも鉄イオンへの電子供与性が弱い。そのため，Hr の鉄 2 価イオンの電子密度は Mb や Hb のヘム鉄より低く，鉄イオンから一酸化炭素への逆供与が弱くなるので，一酸化炭素は Hr に結合しない。

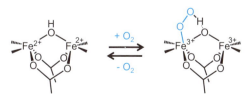

図 2-14 Hr の可逆的酸素分子脱着

Hr の他に O_2 を可逆的に結合する複核鉄タンパク質として,硫酸還元菌の走行性タンパク質 DrcH の C 末端領域(DrcH-Hr)が知られている[21]。DrcH-Hr は Hr と似たスペクトル挙動を示すが,Hr とは異なり活性部位近傍に大きな疎水性ポケットを有しており,O_2 センシングを行うと考えられている。

(2) 分光学的性質

deoxy-Hr では,鉄イオンの d-d 遷移に帰属される吸収帯が 860 nm($\varepsilon = \sim 15\ M^{-1}cm^{-1}$),1140 nm($\varepsilon = \sim 6\ M^{-1}cm^{-1}$),$\sim 2000$ nm($\varepsilon = 6\sim10\ M^{-1}cm^{-1}$)に観測される。これらの吸収帯は弱いため,deoxy-Hr はほぼ無色である。deoxy-Hr の 2 つの鉄イオンは高スピン状態であり,弱い反強磁性相互作用が働いている。酸素が結合して oxy-Hr が生成すると,500 nm($\varepsilon = \sim 220\ M^{-1}cm^{-1}$)付近にヒドロペルオキシド基の π_v^* 軌道から鉄イオンの d_{zx} 軌道への電荷移動吸収帯に帰属される吸収が生じ,赤紫色を呈する。oxy-Hr の 2 つの鉄イオン間には架橋オキシド基を介して反強磁性相互作用が働き,oxy-Hr は基底状態のとき $S = 0$ である。

(3) モデル化合物

5 配位と 6 配位鉄イオンの非対称複核鉄錯体として,[$Fe_2(\mu$-OH)(Ph_4DBA(TMEDA)$_2$)(OTf)]](TMEDA = N,N,N',N'-tetramethylethylenediamine, OTf = triflate] が合成され,この錯体と O_2 との反応から生成させた複核鉄ペルオキシド錯体は oxy-Hr と似た電子スペクトルとラマンスペクトルを示したが,ペルオキシド化合物の生成は不可逆であった[22]。O_2 を可逆的に結合する複核鉄錯体も報告されているが,O_2 はペルオキシドとして 2 個の Fe^{3+} に架橋していた[23]。

2.1.4 ヘモシアニン

(1) 構造と機能

節足動物や軟体動物では,Mb や Hb の代わりにヘモシアニン(Hc:hemocyanin)が酸素分子の運搬と貯蔵を行う。Hc は複核銅部位を有し,O_2 はこの複核銅部位に結合する。Hc は節足動物や軟体動物の血リンパ液(無脊椎動物では,血液とリンパ液と細胞間液ははっきり区別できない)に含まれている。エビやカニ,イカやタコなどの身は赤くなく,これは節足動物や軟体動物がヘムタンパク質である Hb や Mb を持たず,代わりに Hc を有するからである。

2 O₂の運搬・貯蔵・活性化

節足動物の Hc は 6 量体または 6 量体が複数集まった形で存在する。節足動物の Hc サブユニットの分子量は約 72 kDa である。サブユニットは 3 つのドメインから構成され，複核銅部位は同じドメインの 4 本の α ヘリックスに囲まれている（図 2-15(a)）。これに対して，軟体動物の Hc は 350 〜 400 kDa のサブユニットが円筒状の 10 量体または 10 量体が複数集まった形で存在する。1 つのサブユニットは 7 または 8 個の複核銅部位を持っており，複核銅部位は機能単位（functional unit）と呼ばれる。軟体動物の Hc サブユニットはドメイン α とドメイン β から成り，ドメイン α は α ヘリックスを多く有し複核銅部位を含み，ドメイン β は β シートから成る樽状構造を有する（図 2-15(b)）。Hc は Hb と同様，協同効果やボーア効果を示すことが知られている。

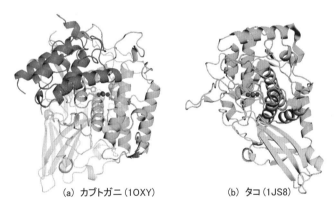

(a) カブトガニ（1OXY）　　　(b) タコ（1JS8）

図 2-15　oxy-Hc サブユニットの立体構造（参考図 1 参照）

銅を青色の球，銅と結合している酸素分子を赤色の球で示した。銅に配位しているヒスチジン残基の側鎖は棒モデルで示した。

Hc の活性部位は 3 つのヒスチジン残基が配位した 2 つの銅イオンの対から成る（図 2-16）。O_2 は 2 つ銅イオンが両方とも還元状態（Cu^+）のときに結合し，2 つの銅イオンの真ん中に 2 つの銅イオンに対して横向きに結合する。Mb や Hb と同様，O_2 の結合は可逆的に起こる。つまり，高酸素濃度のとき O_2 は Hc に結合し，低酸素濃度のとき解離する。銅イオン間距離は deoxy 型で 4.6 Å，oxy 型で 3.6 Å と O_2 の結合により短くなり，銅に配位しているヒスチジン

残基が引っ張られる形になっている。結合した O_2 の O–O 距離は 1.41 Å であり，$O^-–O^-$ のペルオキシド型で 2 つの銅を架橋している。

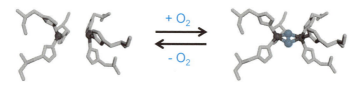

図 2-16　Hc への酸素分子の結合・解離に伴う活性部位構造の変化

タコ Hc の銅イオンに結合しているヒスチジン 1 つはイミダゾール側鎖を介して近くのシステインの硫黄原子とチオエーテル結合を形成している。このチオエーテル結合の役割は明らかになっていないが，他の種類の Hc や複核銅部位を有する酵素でもこのチオエーテル結合があるものとないものが存在する。また，Hc は O_2 の可逆的脱着を行うが，同じ活性部位構造を有するチロシナーゼやポリフェノールオキシダーゼ，カテコールオキシダーゼは O_2 を活性化する（2-2-3 参照）。Hc も高濃度（8M）の尿素存在下でタンパク質の構造を崩すとチロシナーゼ活性を示す[24]。フェノラーゼ反応のハメットの ρ 値は Hc とチロシナーゼでほぼ同じであり，Hc による O_2 活性化機構はチロシナーゼと同じであることが報告されており[25]，O_2 結合部位周りのタンパク質部分が O_2 の可逆的脱着と活性化の機能を分けていると考えられる。

(2) 分光学的性質

deoxy-Hc では，2 個の銅イオンは共に 1 価で d^{10} のため，反磁性で無色である。オキシ Hc の 2 個の銅イオンはそれぞれ d^9 配置をとり，各銅イオンは $d_{x^2-y^2}$ 軌道に不対電子を 1 個ずつ持っている。2 個の不対電子は $O^-–O^-$ ペルオキシド基を介して反強磁性相互作用し，Hc は反磁性を示す。oxy-Hc の電子スペクトルは 345 nm（ε = ~20,000 M^{-1} cm^{-1}）と 570 nm（ε = ~1,000 M^{-1} cm^{-1}）付近に強い吸収を示し，570 nm の吸収のため，oxy-Hc は青色を呈する。oxy-Hc の 345 nm 付近および 570 nm 付近の吸収はそれぞれペルオキシド基の σ 結合性の π_σ^* 軌道および π 結合性の π_v^* 軌道から銅イオンの $d_{x^2-y^2}$ 軌道への電荷移動吸収帯に帰属されている[26]。oxy-Hc の O_2 は光照射によって解離するので，光照

射を利用して O_2 結合速度を求めることができる[27]。side-on で単核の金属イオンに結合したペルオキシド基の O-O 伸縮振動数は通常 800 〜 900 cm^{-1} であるが，oxy-Hc の O-O 伸縮振動数はそれよりも低く，747 cm^{-1} である[28]。

(3) モデル化合物

oxy-Hc の O_2 の結合様式は古くから議論されてきた。当初，oxy-Hc は錯体化学で一般的な end-on ペルオキシド錯体であると考えられており，*trans-µ*-1,2 型のモデル化合物が合成されたが，O-O 伸縮振動に由来するバンドは 803 cm^{-1} に観測された[29]。このバンドはスクランブル酸素同位体（$^{16}O_2$: $^{16}O^{18}O$: $^{18}O_2$ = 1 : 2 : 1）を用いると 780 cm^{-1} に振動数シフトした。また，Cu-O 伸縮振動に由来するバンドは 488 cm^{-1} に観測され，このバンドはスクランブル酸素同位体を用いると 486 cm^{-1} および 465 cm^{-1} に 2 本のバンドとして観測されたことより，ペルオキシド基が非対称に 2 つの銅イオンに結合していることが報告された[30]。しかし，この振動数は oxy-Hc の O-O 伸縮振動数より大きく，矛盾していた。その後，北島らはモデル化合物 [$Cu_2(O_2)(HB(3,5\text{-}i\text{-}Pr_2Pz)_3)_2$)] 錯体を合成した。この化合物の電子スペクトルは 349 nm（ε = 〜 20,000 $M^{-1} cm^{-1}$）と 551 nm（ε = 〜 790 $M^{-1} cm^{-1}$）に強い吸収を示し，O-O 伸縮振動に由来するバンドは 741 cm^{-1} に観測され，これらの値は oxy-Hr と良く一致した[31]。O-O 伸縮振動バンドはスクランブル酸素同位体を用いると，741 cm^{-1}，719 cm^{-1}，698 cm^{-1} に 1 : 2 : 1 の強度比で観測された。さらに，X 線結晶構造解析により，O-O 距離は 1.412 Å，Cu-O 距離は 1.90-1.93 Å でペルオキシド基は対称的に 2 個の銅イオンに結合していることが示され，oxy-Hc のペルオキシド基は side-on の $\mu\text{-}\eta^2 : \eta^2$ 構造で結合していることが提唱された。その後，oxy-Hc の結晶構造が明らかになり，oxy-Hc のペルオキシド基は $\mu\text{-}\eta^2 : \eta^2$ 構造で結合することが確認された[32]。モデル化合物では，O_2 の可逆的結合が可能なピリジン配位子を有する複核銅錯体も報告されている[33]。

2.2 オキシダーゼ，オキシゲナーゼ，ペルオキシダーゼ，SOD
2.2.1 ヘム酵素

前節で示したような酸素運搬体によって生体内の細胞に運ばれた酸素分子は，様々な生命活動に利用されている。好気的な生物の多くは，酸素分子を電子伝達系の最終物質として用い，シトクロム c 酸化酵素により4電子と4プロトンを使って水に変換する。また，酸素分子は2電子還元を受けて過酸化水素となり，ペルオキシダーゼによって生体内で必要な様々な生理活性物質の合成に利用されている場合もある。一方，余剰な過酸化水素は生体にとって有害であるため，カタラーゼにより迅速に酸素分子と水に分解される。さらには生命活動を支える代謝過程においても，酸素分子は様々なオキシゲナーゼにより活性化をうけ，基質の酸化反応に利用されている。このように生体が酸素分子を利用する仕組みは多様である。ここでは，このような酸素分子や過酸化水素を使って様々な酸化反応を触媒する生体内の酵素の中で，ヘム（鉄ポルフィリン錯体）を活性部位に持ついくつかのヘム酵素の構造，反応，機能発現の分子機構について解説する。なお，シトクロム c 酸化酵素については第4章で解説されている。これらの酵素の酸素活性化機構を通して，酸素活性化の化学の基礎を理解することができるであろう。

(1) 酸素分子の活性化

酸素分子を活性化するためには，どのようにすればよいであろうか？　分子軌道ダイアグラムを用いて酸素分子を表すと（図2-17），基底状態は最もエネ

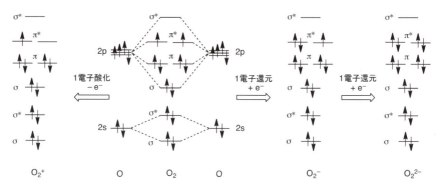

図2-17　基底状態の酸素分子の分子軌道ダイアグラムとその酸化，還元体の電子配置

2 O_2の運搬・貯蔵・活性化

ルギーの高い2つの電子が反結合性軌道を占有した3重項状態にあることがわかる。そのため、酸素分子の結合次数は2となる。ここで、酸素分子から電子を1つ取り去れると結合次数は2.5となり、酸素分子の時より O=O 結合は強くなる。一方、酸素分子に電子を1つ、2つと加えていくと、加えられた電子は反結合性軌道を占有することになるため、結合次数は1.5, 1と順に小さくなり結合がだんだん弱くなる。このように酸素分子は酸化すると結合が強くなり、還元すると結合が弱くなる。このことは、酸素分子の酸化体、還元体の結合距離、振動数、結合解離エネルギーにもよく反映されている(表2-2)。したがって、酸素分子を活性化して水に変換したり、基質に酸素原子を添加したりするには、O=O 結合を切る必要があり、O=O 結合を弱くする方が有利である。このため生体内で酸素分子を活性化する酵素のほとんどは、酸素分子を還元するという手法を使って活性化を行っている。

表2-2 酸素分子の酸化体および還元体の物性

酸素分子の状態	結合次数	結合長 Å	ν(O-O) cm^{-1}	結合解離エネルギー kJ/mol
$O_2^{+\cdot}$	2.5	1.12	1905	643
O_2	2	1.21	1580	494
$O_2^{-\cdot}$	1.5	1.33	1097	267
O_2^{2-}	1	1.49	802	215

酸素分子を還元すると、スーペルオキシド ($O_2^{-\cdot}$) やペルオキシド (O_2^{2-}) の状態となる。例えば酸素分子を1電子還元する反応の標準電極電位 (E^0) は約 -0.3 V であり、これは生体にとって大きなエネルギーを必要とする。

$$O_2 + e^- \longrightarrow O_2^{-\cdot} \text{(aq)} \qquad E^0(25\text{℃}) = -0.284 \text{ V}$$

しかしこの還元反応にプロトンが関与すると標準電極電位は大きく低下する。

$$O_2 + H^+ + e^- \longrightarrow HO_2 \text{(aq)} \qquad E^0(25\text{℃}) = -0.046 \text{ V}$$
$$O_2 + 2H^+ + 2e^- \longrightarrow H_2O_2 \text{(aq)} \qquad E^0(25\text{℃}) = +0.695 \text{ V}$$
$$O_2 + 4H^+ + 4e^- \longrightarrow 2H_2O \qquad E^0(25\text{℃}) = +1.229 \text{ V}$$

そのため生物は、酸素分子を活性化するため酸素分子の還元反応にプロトン供給を共役させ、より低いエネルギーで酸素分子を活性化する手法をとっている。

後の節で解説するが，ほとんどの酸素分子活性化を行うヘム酵素は酸素分子へのプロトン供給ルートを備えている。ヘム酵素による酸素活性化機構を理解する上で，このプロトン供給ルートを理解することが鍵となる。

(2) ヘムの電子状態

生物の体内には，ヘム（鉄ポルフィリン錯体）を含んだタンパク質が数多く存在する。こうしたタンパク質を一般にヘムタンパク質と呼び，最も代表的なものは先に解説したヘムグロビン，ミオグロビンである。ヘムのようなタンパク質以外の構成成分は，一般に補欠分子族と呼ばれる。ヘムタンパク質の中で化学反応を触媒するものを特にヘム酵素と呼ぶ。ヘム錯体は4つの平面方向の配位座がポルフィリン配位子由来の窒素原子によって占められているため，外部配位子はアキシャル位方向の2つの配位座に配位することができる。ヘムタンパク質内のヘムは，このアキシャル位方向の配位座にタンパク質の特定のアミノ酸残基（ヒスチジン，チロシン，システイン，メチオニン残基など）が配位することによりタンパク質と安定な錯体を形成している。この他にも，ヘム側鎖の水素結合や疎水性相互作用などもタンパク質との結合を安定化している。通常ヘムタンパク質内のヘムは，鉄2価，3価の2つの酸化状態をとっている。鉄2価および鉄3価のd電子数は6と5であるため，配位子場分裂の大きさにより，高スピン，低スピン，中間スピン状態をとることが知られている（図2-18）。鉄2価のヘムには鉄2価が中間の硬さであるため，アミノ酸残基としてはシステイン，メチオニンなどの硫黄原子，ヒスチジンの窒素原子などあまり硬くない配位子が配位する。また，酸素分子，一酸化炭素，一酸化窒素などの中性ガス状分子も配位する。一方鉄3価ヘムには，鉄2価に配位できたシステイン，メチオニン，ヒスチジン残基の他にチロシン残基のような酸素原子由来の硬い配位子も配位できる。また，水分子もしばしば配位する。ガス状分子では，酸素分子，一酸化炭素は結合できないが一酸化窒素は配位する。さらに，アジ化物イオン，シアン化物イオン，ヒドロキシイオンなどのアニオン性の配位子も結合できる。鉄2価，鉄3価にかかわらずほとんどの場合，ヘムが5配位構造の時は高スピン状態，6配位型構造では低スピン状態となる。しかし水が配位した鉄3価ヘムのように6配位型錯体でも高スピン状態になるものもある。鉄3価ヘムにπ-アクセプター性の強い配位子イソシアニドなどが配位す

2 O_2 の運搬・貯蔵・活性化

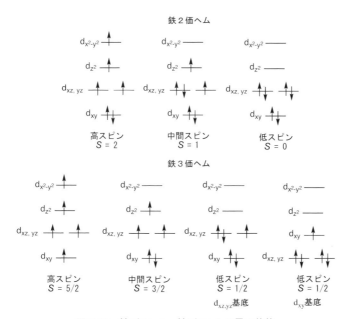

図 2-18 鉄2価ヘム,鉄3価ヘムの電子状態

ると,d_π 軌道が安定化されるため鉄3価低スピン状態の不対電子が d_{xy} 軌道を占有することもある(図 2-18)。

(3) ペルオキシダーゼ

ペルオキシダーゼは,過酸化水素を使って様々な基質の酸化反応を触媒する酵素である。ペルオキシダーゼは,動物,植物,微生物など様々な生物に存在し,多くの種からペルオキシダーゼが単離されている。植物では,ダイコンやワサビなどの根に多く存在し,動物では好中球(白血球の一種)や牛乳などからペルオキシダーゼが単離されている。最近では,ペルオキシダーゼは臨床試薬としても利用され,より身近なものになっている。

こうしたペルオキシダーゼは,アミノ酸配列の相同性から3つのクラスに分類されている[34]。

クラス I 主に原核生物(細胞の核膜を持たない生物)のペルオキシダーゼ。酵母のシトクロム c ペルオキシダーゼ (cytochrome c peroxidase),植物の葉緑体や細胞質のアスコルビン酸ペルオキシダーゼ (ascorbate peroxidase) な

どもこのクラスに属する

クラスⅡ　菌類のペルオキシダーゼ。*Phanerochaete chrysosporium*（キノコの一種）由来のリグニンペルオキシダーゼ（lignin peroxidase），マンガンペルオキシダーゼ（manganese peroxidase）などがこのクラスに属し，生物から分泌されて機能するものが多い。リグニンペルオキシダーゼは，倒木に発生したキノコから分泌され倒木の主成分のリグニンを分解し，木（森）の新陳代謝を促進している。

クラスⅢ　主に植物由来のペルオキシダーゼ。西洋ワサビ由来のペルオキシダーゼ（horseradish peroxidase）が最もよく知られている。このほかにもダイコン，ピーナッツ，カブ由来のペルオキシダーゼがこのクラスに属する。

これら3つのクラスに属さないペルオキシダーゼも存在する。*Caldariomyces fumago*（カビの一種）由来のクロロペルオキシダーゼ（chloroperoxidase）や*Pseudomonas aeruginosa*（緑膿菌）由来のシトクロム c ペルオキシダーゼは，これらのクラスに適合しない。また，ミエロペルオキシダーゼ（myeloperoxidase：好中球由来）やプロスタグランジンH合成酵素（prostaglandin H synthase）のような動物由来のペルオキシダーゼも，この分類に合わない。

1）ペルオキシダーゼの構造

図2-19にシトクロム c ペルオキシダーゼの全体構造と活性部位の構造を示した。ペルオキシダーゼの活性部位の構造は，多くの酵素で類似している。ミ

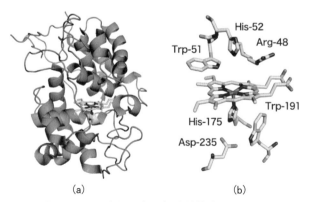

図2-19　シトクロム c ペルオキシダーゼの全体構造(a)と活性部位の構造(b)

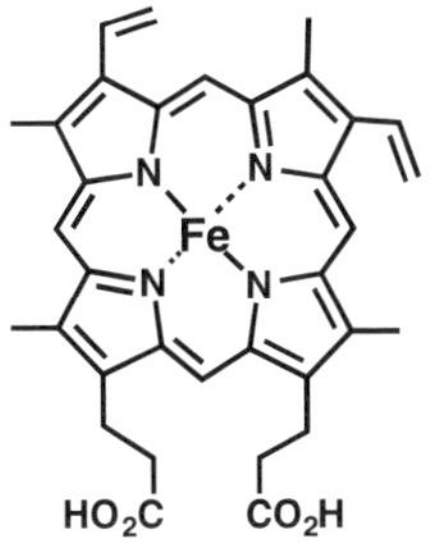

2 O_2 の運搬・貯蔵・活性化

図 2-20 プロトヘム（ヘム b）の構造

エロペルオキシダーゼなどを除くほとんどのペルオキシダーゼは，活性部位のヘムとしてプロトヘム（ヘム b）をもつ（図 2-20）。活性部位のヘムは，ヒスチジン（図 2-19：His-175）のイミダゾール基（近位ヒスチジン）に配位することによりタンパク質と結合している。ヘムはこれ以外に，ヘム側鎖がいくつかのアミノ酸残基と水素結合を形成している。近位ヒスチジンの近傍にアスパラギン酸（Asp-235：場合によってはグルタミン酸）が存在し，そのカルボキシラート基がヒスチジン残基のイミダゾールのNH部位と水素結合を形成している。この水素結合はほとんどのペルオキシダーゼで見られ，ミオグロビンやヘモグロビンには見られないペルオキシダーゼ特有の構造因子である。ヘム面に対して近位ヒスチジンとは反対側には，過酸化水素と反応するための反応空間がいくつかのアミノ酸によって作られ，ここにもペルオキシダーゼに共通する構造が構築されている。ヘム鉄から約 6 Å 離れたところにヒスチジン残基（His-52：遠位ヒスチジン）が存在するが，ヘム鉄には配位していない。またすぐ側にはアルギニン残基（Arg-48）と芳香族アミノ酸（トリプトファンあるいはフェニルアラニン）残基（Trp-51）が存在している。これら 3 つのアミノ酸残基は，ほとんどのペルオキシダーゼの反応空間（第二配位圏）に見られ，酵素機能を発現するための鍵となっていることが明らかにされている。この反応空間内には，いくつかの水分子が存在していることが構造解析より明らかにされており，クラス II のペルオキシダーゼではそのうちの 1 つの水分子がヘム鉄に配位している。

2) ペルオキシダーゼの反応

　ペルオキシダーゼの最も重要な反応過程は，過酸化水素との反応である。ペルオキシダーゼの反応機構を図 2-21 に示した。休止状態のペルオキシダーゼ内のヘムは，過酸化水素と反応すると緑色をした反応中間体を生成する。この中間体は compound I と呼ばれている。compound I は，基質の高い酸化能力を有し，基質の 1 電子酸化を行い compound II と呼ばれる赤色の反応中間体に変化する。compound II も基質の酸化能力を有していて，基質の一電子酸化をもう一度行い最初の休止状態に戻る。ペルオキシダーゼの反応により酸化される基質は，ほとんどの場合，アミン類やフェノール類のような有機物であり，それらは一電子酸化を受けラジカルとなる。代表的な基質は，guaiacol(2-methoxyphenol)や 2,2'-azino-bis(3-ethylbenzothiazoline-6-sulphonic acid(ABTS)と呼ばれる試薬があり，ペルオキシダーゼの活性を評価するためによく用いられている（図 2-22）。その他に N,N-ジメチルアニリン類やチオアニソール類は，それぞれ 1 電子酸化によるラジカル中間体を経由して脱メチル化反応，スルフォキシ化反応がそれぞれ起こること報告されている。一方，酵素固有の基質と反応するペルオキシダーゼも存在する。シトクロム c ペルオキシダーゼでは，還元型シトクロムを酸化型に酸化する。この反応は，2 分子の還元型シトクロム c を使って過酸化水素を水に分解することであり，酵母にとって非常に危険な過酸化水素を無毒化している。リグニンペルオキシダーゼやマンガンペルオキシダーゼは，veratryl alcohol やマンガンイオンをメディエーターとし

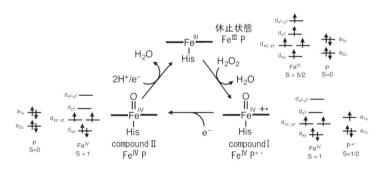

図 2-21　ペルオキシダーゼの反応機構

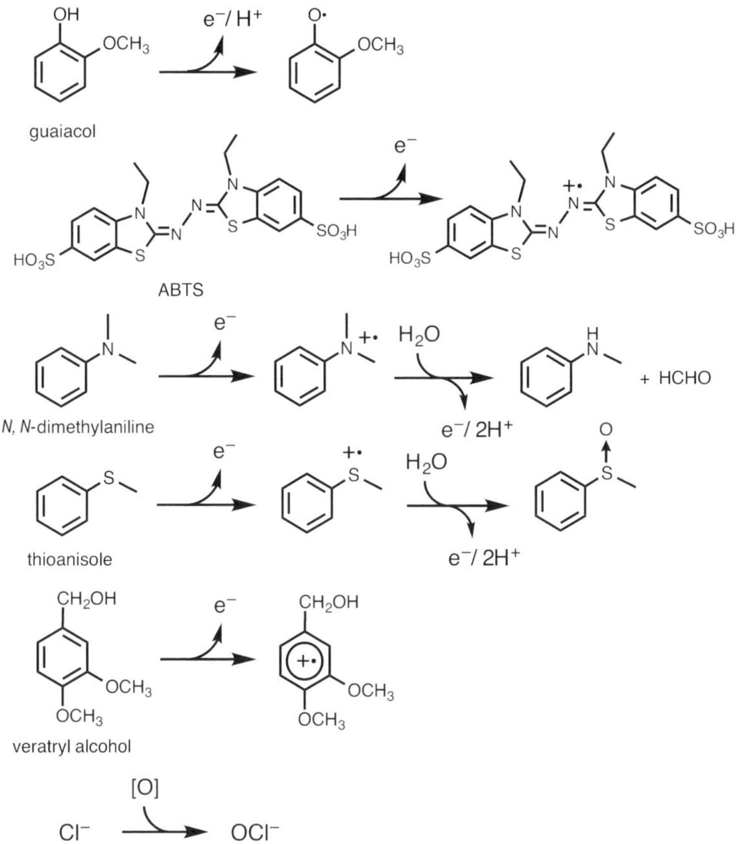

図 2-22 ペルオキシダーゼによる酸化反応の例

て，リグニン（フェノール化合物が不規則に重合したもの）の酸化を行っている．一方，ミエロペルオキシダーゼやクロロペルオキシダーゼは，塩化物イオン Cl^- を次亜塩素酸に酸化する反応を触媒している．この反応は，塩化物イオン Cl^- の 2 電子酸化であり，ほとんどのペルオキシダーゼが行う 1 電子酸化反応とは本質的に異なる反応である．生成した次亜塩素酸は，ミエロペルオキシダーゼでは体内に侵入した細菌を殺菌するため，クロロペルオキシダーゼでは Caldariomycin という抗生物質を合成する過程の塩素化反応にそれぞれ使われ

ている。プロスタグランジン H 合成酵素は，タンパク質内のチロシンをメディエーターとしてアラキドン酸の酸化を行い，プロスタグランジン類（プロスタグランジン G_2，プロスタグランジン H_2）の合成を行っている。

　プロスタグランジン H 合成酵素はシクロオキシゲナーゼ（COX）とも呼ばれ，リン脂質から遊離したアラキドン酸をプロスタグランジン類（プロスタグランジン G_2 やプロスタグランジン H_2）に変換する反応を触媒する。プロスタグランジン合成酵素が過酸化水素やプロスタグランジン G_2 により活性化を受けると，酵素内の活性部位にあるチロシン残基がチロシンラジカルに酸化され，これが活性種となりアラキドン酸のラジカル環化反応を経てプロスタグランジン G_2 が合成される（図 2-23）。その後さらにプロスタグランジン G_2 のペルオキシド部位が，プロスタグランジン合成酵素のヘム活性部位に結合するとペルオキシダーゼ反応が起こり，プロスタグランジン H_2 が合成される（図 2-23）。

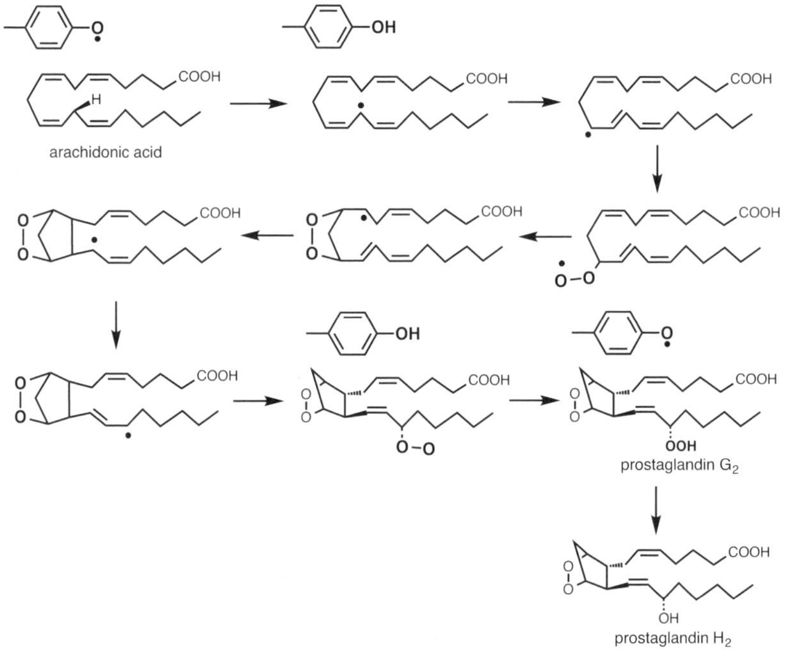

図 2-23　プロスタグランジン H 合成酵素によるプロスタグランジン類の合成の反応機構

3) ペルオキシダーゼの反応中間体

休止状態のペルオキシダーゼのヘムは鉄3価状態であり，ほとんどのペルオキシダーゼではヒスチジン残基のイミダゾールが配位した5配位構造をとっている。配位子場は弱いため，高スピン状態（$S = 5/2$）にある（図2-21）。

休止状態のヘムに過酸化水素が配位すると，ペルオキシダーゼの反応が始まる。ヘム鉄に配位した過酸化水素は，過酸化水素のO–O結合の開裂を伴いながら鉄3価ヘムを2電子酸化する。単純に考えると，鉄3価ヘムが2電子酸化により2つ電子を放出すると鉄5価ヘムを生成すると考えることができる。しかしこの他にも，ヘム鉄とポルフィリン配位子がそれぞれ1電子酸化された鉄4価ポルフィリンπカチオンラジカル状態，ポルフィリン配位子が2電子酸化された鉄3価ポルフィリンジカチオン状態なども考えられる。compound Iは，吸収スペクトル，常磁性^{1}H NMR，共鳴ラマン分光法などからポルフィリンラジカル状態であること，メスバウアー（Mössbauer）分光からヘム鉄が鉄4価（$S=1$）の状態にあることが明らかにされた[35]。また compound Iの共鳴ラマン分光は，Fe=Oに由来する振動バンドが存在すること，さらにFe=O部位の酸素原子が過酸化水素由来であることを明らかにした。この他にもEXAFS，MCDなど多くの分光法を用いた研究が行われた結果，現在ではcompound Iのヘムは鉄4価オキシドポルフィリンπカチオンラジカル状態であることが明らかとなっている（図2-21）。compound Iのヘムは，ヘム鉄に2つ，ポルフィリン配位子に1つ不対電子を持つため，これらが強磁性相互作用をとる（スピンの向きがそろう）と$S=3/2$となり，反磁性相互作用をとる（スピンの向きが逆転する）と$S=1/2$となる。こうしたcompound Iの磁気的相互作用はEPRを用いて研究が行われた結果，ペルオキシダーゼのcompound Iの磁気的相互作用は比較的小さいこと（Jの絶対値が小さい），磁気的相互作用がペルオキシダーゼの種類により異なることが明らかにされた[35]。これは，活性部位のわずかな構造の違いにより磁気的性質が変化することを意味している。ポルフィリンπカチオンラジカルは，ラジカル電子が占有する軌道が異なる2種類のラジカル状態（ラジカル電子がD_{4h}の対称性においてa_{1u}軌道とa_{2u}軌道を占有している状態）があることが知られている（図2-24）。西洋ワサビペルオキシダーゼのcompound Iは，当初a_{2u}軌道にラジカル電子を持つと考えられていたが，

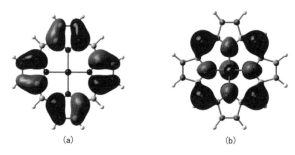

図 2-24　ポルフィリンラジカル軌道（(a) a_{1u} 軌道，(b) a_{2u} 軌道）
（首都大学東京，波田雅彦教授より提供）

最近のモデル錯体を用いた研究の多くは a_{1u} 軌道にラジカル電子があるとした方が妥当であることを示している。ほとんどのペルオキシダーゼの compound I は，鉄4価オキシドポルフィリン π カチオンラジカル状態であるが，一部のペルオキシダーゼでは，ポルフィリンラジカルが近傍のアミノ酸残基を酸化し，鉄4価オキシドヘムアミノ酸ラジカル状態になっているものもある。例えば，シトクロム c ペルオキシダーゼの compound I では，ヘム近傍のトリプトファン残基（Trp-191）にラジカルが移動している（図 2-19）。

次に生成する中間体である compound II は，compound I が基質により1電子還元を受けて生成する（図 2-21）。多くの分光法は，compound II が基質から供給された電子によって compound I のポルフィリンラジカルが還元された鉄4価オキシドヘム状態であることと一致している。鉄4価は，2つの不対電子をもち，$S = 1$ の状態にある（図 2-21）。ポルフィリン π カチオンラジカルが還元されたため，ヘム鉄の電子密度が上昇しオキシド配位子の pK_a は増加している。compound II も基質を酸化する能力を有している。オキシド配位子へのプロトン移動を共役させて基質を1電子酸化すると，オキシド配位子は水となりヘムから解離し鉄3価の休止状態に戻る（図 2-21）。

4）ペルオキシダーゼによる過酸化水素の活性化機構

酸化型（鉄3価ヘム）のミオグロビンに過酸化水素を加えても，ペルオキシダーゼと同様にグアイアコールや ABTS の1電子酸化をすることができる。しかしその活性は，ペルオキシダーゼと比較すると極めて低い。ペルオキシダー

ゼが本来の機能を発現できる仕組みはどうなっているのであろうか？

まず第一に，ミオグロビンとペルオキシダーゼでは過酸化水素によって生成する反応中間体が異なる。ペルオキシダーゼは先に示したように2電子酸化当量をもつcompound I を生成するが，ミオグロビンは1電子酸化当量しかないcompound II を生成する。1電子酸化当量が無駄になっている。こうした違いは，過酸素水素の開裂過程と密接に関連している。

過酸化水素によるヘムの酸化は，過酸化水素のO-O結合の開裂によって起こる。過酸化水素のO-O結合は1重結合性をもつため2つの共有電子によって作られている。O-O結合が開裂するとき，2つの電子が一方の酸素原子に引き取られて開裂すると H_2O とO（原子状の酸素）になると考えることができる。一方，2つの電子を2つの酸素原子で分け合うと2つのHO·（ヒドロキシラジカル）を生成することになる。これらの様式開裂は，それぞれイオン的開裂 (heterolytic cleavage) およびラジカル的開裂 (homolytic clevage) と呼ばれる。

　　　HO–OH ⟶ H_2O + O 　イオン的開裂

　　　HO–OH ⟶ 2HO· 　　　ラジカル的開裂

ヘム鉄に配位した過酸化水素がイオン的，あるいはラジカル的に開裂するとどのような生成物を与えるだろうか？　図2-25に示すように，ヘム鉄に配位した過酸化水素がイオン的開裂をすると，ヘム鉄から遠い方（遠位側）の酸素原子はプロトンをうけとり水となって放出され，ヘム鉄上に原子状酸素Oが残ることになる。原子状酸素は最も安定な O^{2-} の電子配置となるようにヘム鉄とポルフィリン配位子からそれぞれ1電子ずつ供給され，compound I である鉄4価オキシドポルフィリンπカチオンラジカル状態となる。一方，ヘム鉄に配位した過酸化水素がラジカル的開裂をすると，ヒドロキシラジカル (HO·) が放出され，さらにヘム鉄にはもう1つの $O^{\cdot-}$ が残る。安定な電子配

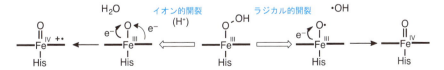

図2-25　ヘムに配位したヒドロペルオキシド基の開裂様式と生成物の違い

置となるようにヘム鉄から1電子供給される結果，compound II である鉄4価オキシドヘム状態となる。したがってイオン的開裂では，放出される分子種は安定な水であり，さらに生成する活性種は compound I であるため後の基質の酸化反応で2電子分使うことができるが，ラジカル的開裂では，非常に不安定なヒドロキシラジカル種が放出されるため近傍のアミノ酸との反応によりタンパク質（酵素）が変性，失活させられる可能性が高く，さらに生成する活性種は compound II であるため後の基質の酸化反応で1電子分しか使うことができない。明らかにイオン的開裂の方が効率的である。ペルオキシダーゼでは，compound I の生成からわかるように過酸化水素はイオン的開裂をしている。

　さらに，これが最も重要な点であるが，ペルオキシダーゼは過酸化水素との反応が非常に速いことがあげられる。ペルオキシダーゼは過酸化水素と $10^5 \sim 10^7 \mathrm{M}^{-1}\mathrm{s}^{-1}$ 程度の2次速度定数で反応して compound I を生成するが，ミオグロビンでは $10^2 \mathrm{M}^{-1}\mathrm{s}^{-1}$ 程度であり，千倍から十万倍遅い。こうした性質が，ペルオキシダーゼの酵素機能を支えているのである。では，これらの性質はいかにして発現されているのであろうか？　その答えは，ペルオキシダーゼの活性部位を形成するアミノ酸残基にある。先に解説したようにペルオキシダーゼの活性部位を構築するアミノ酸は，ペルオキシダーゼの中で高い相同性がある。こうしたアミノ酸の機能は，位置特異的変異体を使って研究が盛んに行われ，図2-26に示すような反応機構により過酸化水素との迅速な反応が可能となっていることが判明した。

　最も重要なアミノ酸は，遠位ヒスチジンである。遠位ヒスチジンは，ヘムと過酸化水素の反応から compound I を生成する反応の触媒として働いている。過酸化水素がペルオキシダーゼの反応空間に入ってくると，遠位ヒスチジンは過酸化水素のプロトンを引き抜き，ヒドロペルオキシドアニオン（HOO⁻）としてヘム鉄への配位を促進している。3価ヘム鉄は正の電荷をもつためアニオンの配位の方が有利である。この反応で遠位ヒスチジンは塩基として働いているため，塩基触媒として機能していることになる。次に HOO⁻ がヘム鉄に配位すると遠位ヒスチジンは，配位した HOO⁻ の遠位側の酸素原子と先の過程で引き抜いたプロトンを使って水素結合を形成する。この水素結合により遠位側の酸素原子には2つのプロトンが相互作用することになる。このため遠位側

2 O_2 の運搬・貯蔵・活性化

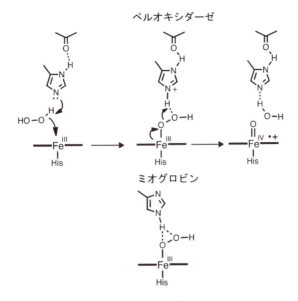

図 2-26　ペルオキシダーゼによる compound I 生成機構
下段はミオグロビンの場合に予想される構造

表 2-3　ヘムタンパク質の過酸化水素との反応速度

	反応速度 ($M^{-1}s^{-1}$)	生成物
シトクロム c ペルオキシダーゼ	4.0×10^7	Compound II + protein radical
アスコルビン酸ペルオキシダーゼ	7.0×10^7	Compound I
マンガンペルオキシダーゼ	3.6×10^6	Compound I
リグニンペルオキシダーゼ	5.4×10^5	Compound I
西洋ワサビペルオキシダーゼ	1.5×10^7	Compound I
ミオグロビン	10^2	Compound II

の酸素原子は水 (H_2O) として脱離しやすい構造となる。さらにこの水素結合によりヘム鉄に配位した HOO^- の遠位側の酸素原子に電子密度が偏る（分極する）。これらの効果により，過酸化水素の O-O 結合はイオン的に開裂する。この反応過程では，遠位ヒスチジンは酸として働いている。結果的にペルオキシダーゼの遠位ヒスチジンは，酸と塩基の両方の機能を発揮していることにな

る。

　ミオグロビンにも遠位ヒスチジンがあるが，その位置がペルオキシダーゼと異なっている。ペルオキシダーゼの遠位ヒスチジンはミオグロビンの遠位ヒスチジンよりヘム鉄から遠くにあるため，過酸化水素の遠位側の酸素原子とだけ水素結合できるが，ミオグロビンでは近いため両方の酸素原子と水素結合できる（図2-26）。先の節で学んだように，この水素結合はミオグロビンの本来の機能である酸素分子を安定に配位させるには都合のよい水素結合であった。水素結合の形態が，タンパク質の機能を制御しているのである。ペルオキシダーゼの遠位ヒスチジンの機能は，ロイシンに置換した変異体の反応から確かめられている[36]。この変異体では，酸塩基触媒が存在しないため過酸化水素との反応速度はミオグロビンと同程度まで低下している。

（4）クロロペルオキシダーゼ

　クロロペルオキシダーゼは，過酸化水素を使って塩素イオンを次亜塩素酸イオンに2電子酸化する反応を触媒する酵素であり，後述するシトクロムP450が行うような様々な酸素添加反応も触媒する。クロロペルオキシダーゼの活性部位の構造を図2-27に示した。活性部位のヘムは，プロトヘムである。ヘムにはシステイン残基のチオレート基が配位している。反応空間にはグルタミン酸とヒスチジンが存在し，グルタミン酸残基が過酸化水素からcompound Iを生成させるための酸塩基触媒の働きをしていると考えられている。ペルオキシダーゼとシトクロムP450をミックスしたようなユニークな活性部位である。クロロペルオキシダーゼと同じ塩素イオンの酸化反応は，好中球のミエロペル

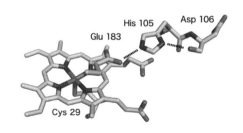

図2-27　クロロペルオキシダーゼの活性部位の構造

オキシダーゼによっても触媒される。この酵素の活性部位のアミノ酸は，他のペルオキシダーゼと類似しているが，ヘムが周辺のアミノ酸残基と共有結合によってつながれひずんだ構造をしている点が大きく異なる特徴である。

(5) カタラーゼ

カタラーゼは，過酸化水素を水と酸素分子に分解する酵素であり，化学反応式の上では，過酸化水素の不均化反応を触媒している[37]。

$$2H_2O_2 \longrightarrow 2H_2O + O_2$$

細胞内で生成した過酸化水素は，ほとんどすべての生物にとって有害であり，できるだけ速く分解，除去する必要がある。そのためカタラーゼの反応は非常に速く，1秒間に約10^6個の過酸化水素を分解できる。活発に働く好気性細胞内では常に過酸化水素の危険に曝されているため，カタラーゼは，動物，植物，細菌に至るまで多くの生物の細胞内に存在している。

1) カタラーゼの構造

我々にとって最も身近なカタラーゼは，赤血球中のカタラーゼである。図2-28に赤血球のカタラーゼの全体構造と活性部位の構造を示してある。赤血球のカタラーゼは，同一のサブユニットが4つ集まった4量体を形成している。各サブユニットにはプロトヘムが1つタンパク質の内部に取り込まれている。ヘム鉄には，タンパク質由来のチロシン残基（Try 358：フェノレート基）が結合している。さらにヘム鉄に配位したフェノラト基の酸素原子は，近傍のア

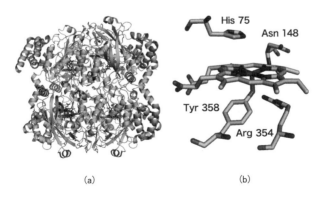

図2-28 ヒト赤血球のカタラーゼの全体(a)と活性部位(b)の構造

ルギニン残基（Arg 354）と水素結合している。チロシン残基のトランス位に配位する配位子はなく，ヘムは休止状態では5配位型構造をとっている。ヘム面に対してチロシン残基とは反対側に，過酸化水素分解のための反応空間が作られている。活性部位のヘムは，フェニルアラニン，バリン，イソロイシンなどの疎水性アミノ酸残基が取り囲んでいる。これらのアミノ酸残基以外にヒスチジン（His 75）とアスパラギン残基（Asn 148）がある。これら2つのアミノ酸残基は，カタラーゼが機能する上で重要なアミノ酸残基であると考えられている。この反応空間から上には大きな空洞があり，タンパク質の外とつながっていて，過酸化水素がこの空間を通って反応部位に入ってくると考えられている。

2）カタラーゼの反応と反応中間体

カタラーゼの反応機構を図2-29に示した[37]。休止型のカタラーゼのヘムは，鉄3価高スピン状態にある。過酸化水素が活性部位のヘムと反応すると，ここでもcompound Iと呼ばれる反応中間体を生成する。この際，ペルオキシダーゼの反応と同様に過酸化水素の一方の酸素原子は水となって放出される。次にcompound Iは，2分子目の過酸化水素と反応して，酸素分子と水を放出して元の休止状態へ戻る。過酸化水素は，最初の反応では酸化剤として働き，後の反応では還元剤として働いている。カタラーゼのcompound Iもペルオキシダーゼと同様に，鉄4価オキシドポルフィリンπカチオンラジカル状態にある。カタラーゼのcompound Iは，過酸化水素と容易に反応するため同定はできないが，その存在は，過酢酸などとの反応から確かめられている。^{16}Oの過酸化水素と^{18}Oでラベルした過酸素水素1：1の混合物を用いてカタラーゼ反応を行うと，発生する酸素は^{16}O$_2$と^{18}O$_2$であり，^{16}O^{18}Oのような^{16}Oと^{18}Oがスクランブルした酸素分子は生成しない。これは，酸素分子が作られる際に，新た

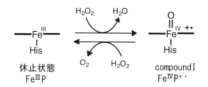

図 2-29　カタラーゼの反応機構

な O-O 結合の生成過程を含まれず,過酸化水素の 2 電子酸化により酸素分子が発生していることを示している。

3) 反応部位のアミノ酸残基の働き

カタラーゼはできるだけ速く過酸化水素を分解するために,ペルオキシダーゼと同様に過酸化水素と素早く反応する仕組みを活性部位に備えている。その中心となるアミノ酸残基は,ヒスチジン(遠位ヒスチジン:His 75)とアスパラギン(Asn 148)である。カタラーゼの遠位ヒスチジン残基は,ヘム面と平行に配向し,ヘム面から約 3.5 Å 離れたところに存在している。この遠位ヒスチジン残基は,ペルオキシダーゼの遠位ヒスチジンと同様に休止状態のカタラーゼが過酸化水素と反応する時,酸塩基触媒として機能する。反応部位に入ってきた過酸化水素からプロトンを受け取りヒドロペルオキシドアニオンとしてヘム鉄への配位を促進する。さらに配位したヒドロペルオキシドアニオンと水素結合を形成して,そのイオン的開裂による compound I の生成を促進するのである。

compound I と過酸化水素の反応においてもこれらのアミノ酸残基は重要な働きをしている。これは,大腸菌のカタラーゼの遠位ヒスチジン(His 128)をアラニン(His 128A)やアスパラギン(His 128N)に置換した変異体は,カタラーゼ活性を持たないことから理解することができる。compound I による過酸化水素の酸化は,水素引き抜き反応により進行すると考えられる。この過程で,遠位ヒスチジンやアスパラギン酸は,ヘムへの電子移動に共役したプロトン受容体として機能していると考えられる。

(6) オキシゲナーゼ

オキシゲナーゼは,酸素分子の活性化を行い基質への酸素原子の添加を触媒する酵素群の総称である。オキシゲナーゼは,1955 年に早石らおよび Mason らがそれぞれ独立に発見した酵素である[38, 39]。オキシゲナーゼには大きく分けて 2 種類あり,活性化した酸素分子の 2 つの酸素原子両方を基質に添加する酵素をジオキシゲナーゼ(二原子酸素添加酵素)といい,一方の酸素原子のみを基質に添加しもう一方は水に変換する酵素をモノオキシゲナーゼ(一原子酸素添加酵素)という。生体内にはさまざまなヘムを持ったオキシゲナーゼが存在するが,ここでは一原子酸素添加酵素としてシトクロム P450,二原子酸素添

加酵素としてインドールアミン 2,3-ジオキシゲナーゼ（IDO），トリプトファン 2,3-ジオキシゲナーゼ（TDO）を例にして解説する。

1）シトクロム P450

シトクロム P450 は，ほとんどの生物に存在し，各種生体分子の生合成過程や代謝過程における酸化反応を担っているヘム酵素の総称である。肝ミクロソーム分画に一酸化炭素を加えると 450 nm に吸収をもつ成分が含まれ，これが薬物代謝に関連していることが知られていた。1962 年に大村，佐藤によってこれがヘムタンパク質（シトクロム類）であることが報告され，450 nm に吸収ピークをもつ色素成分（pigment）であることから P450 と命名された[40]。その後，P450 が薬物代謝を行う酸化酵素であることが示され，機能が明らかとなった。現在では，さまざまなシトクロム P450 が報告され，ほとんどの生物で見いだすことができる重要な酵素となっている。非常に多くのシトクロム P450 が存在するため，最近ではシトクロム P450 のアミノ酸配列の相同性から分類が行われ，CYP3A4 や CYP119 などのように CYP の後に番号がつけられ分類されている。シトクロム P450 は細胞の小胞体とミトコンドリアに多く存在し，主に小胞体の酵素は薬物代謝，ミトコンドリアの酵素はホルモン合成に関わっている。多くのシトクロム P450 は膜に結合した膜タンパク質であるため困難な研究対象であったが，1968 年に *Pseudomonas putida* から D-カンファーの水酸化反応を行う水溶性のシトクロム $P450_{cam}$（CYP101A1）が発見，精製され，研究が大きく進んだ[41]。

2）シトクロム P450 の構造

シトクロム P450 の初めての構造解析は，水溶性のシトクロム $P450_{cam}$ について行われた[42]。図 2-30 にシトクロム $P450_{cam}$ の構造を示した。全体の構造は，三角形のおむすびのような構造をしていて，おむすびの具にあたるところにプロトヘムが取り込まれている。構造の中心部にある長い α-ヘリックスもシトクロム P450 の特徴である。活性部位のヘムには，システイン残基（Cys 357）のチオラト基が配位していて，配位原子の硫黄には近傍のタンパク主鎖の NH 部位が水素結合している。この配位構造は，すべてのシトクロム P450 に共通する特徴であり，一酸化炭素結合型が他のヘム酵素とは大きく異なる 450 nm 付近に吸収を与える要因ともなっている。ヘム面に対してチオラト基の反対側

2 O_2 の運搬・貯蔵・活性化

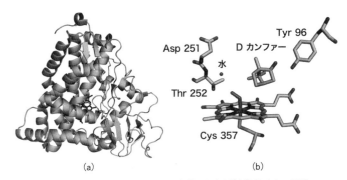

図 2-30 シトクロム P450 の全体 (a) と活性部位 (b) の構造

に反応空間が形成され，基質や酸素分子が結合できるようになっている。図 2-30 では，水酸化反応を受ける基質（D-カンファー）が取り込まれている。シトクロム $P450_{cam}$ では，チロシン残基 (Tyr 96) のフェノール基の OH が D-カンファーのカルボニル酸素と水素結合をし，5-exo 位の水素原子がヘム鉄に最接近するよう配向している。このためシトクロム $P450_{cam}$ は，この部位が水酸化された 5-エキソ-ヒドロキシカンファーのみを生成する。この時，周りのアミノ酸残基の立体反発も D-カンファーの配向を固定するためには重要であり，これらのアミノ酸に変異を導入すると基質の水酸化反応の選択性が低下する。このように，基質とタンパク質の相互作用が，シトクロム P450 の基質選択性，反応選択性の根源となっている。

3）シトクロム P450 の反応

シトクロム P450 は，様々な一原子酸素添加反応を触媒する。この酵素の特徴の 1 つに，アルカンのような不活性な C–H 部位を常温，常圧で，しかも位置選択的に酸素分子を使って水酸化できることである。例えば，シトクロム $P450_{cam}$ は，D-カンファーの C–H 結合の水酸化反応を 1 分間に 1000 回以上も行うことができるのである。シトクロム P450 と同様の反応を化学的に行うことは極めて困難である。C–H 結合の水酸化反応以外に，芳香環の水酸化反応，オレフィン類のエポキシ化反応，スルフィド類の酸化反応など多くの酸素添加反応を触媒する。この世に青いバラがないこともシトクロム P450 の反応と関係している[43]。青い花の色素は，赤い花の色素の基になるフラボノイド化合物

中の芳香環の水酸化反応によって合成されている（図 2-31）。しかしバラは，この反応を触媒するシトクロム P450 を持っていない（遺伝子がない）ため，青い色素が合成できないのである。

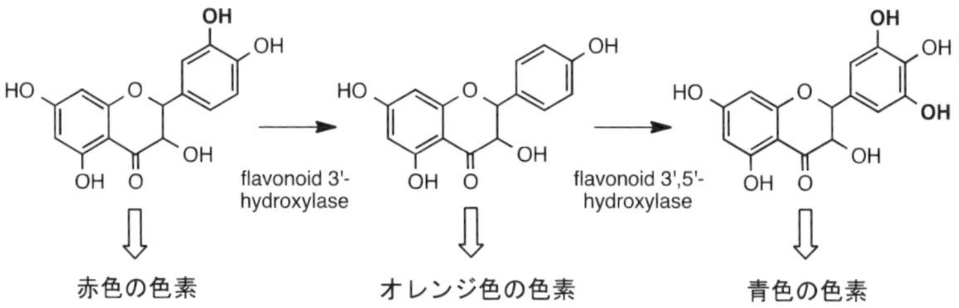

図 2-31 花の色素の合成経路

4）シトクロム P450 の反応機構と中間体

図 2-32 にシトクロム P450 の反応機構を示した。休止状態のシトクロム P450 のヘムは鉄 3 価状態にある。ヘム鉄はシステイン残基のチオラト基と水分子が配位した 6 配位構造をとり，低スピン状態となっている。シトクロム P450 の反応は基質の結合から始まる。反応空間に基質が取り込まれると反応空間が疎水的環境となるため，ヘム鉄に配位している水分子は解離し反応空間内の水と共に外に放出される。これにより，ヘムは 5 配位構造，高スピン状態となる。ヘム鉄の配位数とスピン状態が変化したため，ヘム鉄の 3 価/2 価の酸化還元電位が約 100 mV 上昇する。これにより，還元酵素から活性部位のヘムへの電子移動が可能となり，一電子還元を受けて 5 配位高スピン状態の鉄 2 価ヘムとなる。ヘム鉄が 2 価になると先に解説したように酸素分子が配位できるようになり，酸素化型となる。酸素化型はヘモグロビンやミオグロビンの酸素化型と同様に，2 価ヘム鉄から配位した酸素分子へ 1 つ電子が移動した鉄 3 価スーペルオキシド状態にある。シトクロム P450 の酸素化型は，ミオグロビンやヘモグロビンの酸素化型と比べるとはるかに不安定である。さらに異なる点は，酸素化型がさらに 1 電子還元されることである。ヘム鉄に配位した酸素分子は合計 2 つの電子を受け取ることになるため，鉄 3 価ヒドロペルオキシド中間体となる。この状態は，酸素化型よりさらに不安定であり，プロトン化を

2 O_2 の運搬・貯蔵・活性化

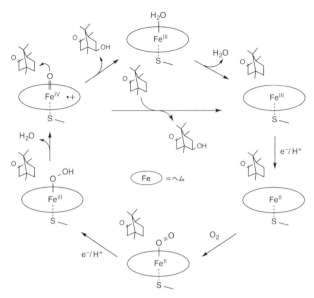

図 2-32　シトクロム P450$_{CAM}$ の反応機構

経てヒドロペルオキシド基のイオン的開裂が起こり，compound I と水を生成する（詳細は後述）。生成した compound I が，近傍にある基質との間で水酸化反応やエポキシ化反応のような 2 電子酸化反応を行い，その後酸化生成物の放出と水の再結合を伴って元の休止状態に戻る。

　シトクロム P450 の反応中間体は，その重要性から多くの研究がなされ，実験的にも同定されている。酸素化型は，還元型の酵素に酸素を加えると生成するため，その吸収スペクトルや X 線構造が明らかとなっている。酸素化型の還元により生成する鉄 3 価ヒドロペルオキシド中間体は，溶液状態では同定することができないが，酸素化型を低温凍結下（77 K 以下），ガンマ線照射により生成した水和電子を用いて還元することにより同定されている。EPR，ENDOR，共鳴ラマンなどの測定が行われ，その構造が確かめられている。鉄 3 価ヒドロペルオキシド中間体から生成する反応活性種は長い間その電子構造が明らかとなっていなかった。ヒドロペルオキシド基がイオン的開裂をして生成するため，鉄 3 価ヘムより 2 電子酸化当量高い状態であると考えられて

いた．最近ついに，過酸化水素で機能する細菌のシトクロム P450（CYP119）とメタクロロ過安息香酸との反応から分光学的に検出された[44]．吸収スペクト，EPR，メスバウアー，EXAFS の測定が行われた結果，シトクロム P450 の反応活性種がペルオキシダーゼやカタラーゼの compound I と同様の鉄 4 価オキソポルフィリン π カチオンラジカル状態にあることが明らかとなった（図 3-21）．シトクロム P450 の compound I は，鉄 4 価 $S=1$ とポルフィリンラジカル $S=1/2$ が反強磁性相互作用していて，ペルオキシダーゼやカタラーゼよりクロロペルオキシダーゼの compound I と類似している．これらの酵素ではシステインのチオレート基がヘムに配位していることが共通するため，この配位子効果の他，ポルフィリン平面のゆがみ，鉄イオンの位置の変化が反強磁性相互作用と関係していると考えられる．

　反応活性種である compound I と基質との反応機構は，酵素モデル錯体を用いて研究が行われている．現在 C–H 結合の水酸化反応は，Groves によって提唱されたリバウンド機構で進行すると考えられている（図 2-33）[45]．最初に compound I の高い活性により C–H 結合から水素原子 H・が引き抜かれ，鉄 4 価ヒドロキシド種（または鉄 3 価ヒドロキシドポルフィリンラジカル種）と炭素ラジカルになる．次に鉄 4 価ヒドロキシド種のヒドロキシ基と炭素ラジカルとが再結合（リバウンド）することにより鉄 3 価種と水酸化生成物になる．一般的に，最初の水素原子引き抜き過程が律速段階となる．そのため，水酸化反応では H と D とで大きい速度論的同位体効果が観測される．水素原子はプロトンと電子から成り立っているので，水素原子引き抜き過程を熱力学的に考えると電子移動とプロトン移動に分けて考えることができる（図 2-34）．つまり金属オキシド活性種の水素原子引き抜き能力は，金属オキシド活性種の酸化還元電位とオキシド配位子の pK_a によって評価できることを意味する．

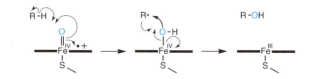

図 2-33　リバウンド機構による C–H 結合の水酸化反応

2 O_2 の運搬・貯蔵・活性化

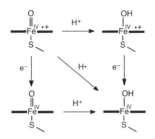

図 2-34　金属オキシド活性種（compound I）による水素原子引き抜き過程

なぜシトクロム P450 の compound I だけが，不活性な C–H 結合を活性化できるほどの高い反応性を有しているのであろうか？シトクロム P450 がペルオキシダーゼやカタラーゼと大きく異なる点は，ヘムのアキシャル位に配位するアミノ酸残基由来の配位子である．そのためチオラト基が compound I を活性化していると考えられている．ヘムのアキシャル位配位子が compound I の反応性とどのように関わるのかという問題は，生物学的だけでなく錯体化学的にもたいへん興味深い課題であり，現在精力的に研究が行われている．

4）シトクロム P450 の酸素活性化機構

先に示したように酸素分子を活性化するには，プロトンと共役させて酸素分子を還元する必要がある．シトクロム P450 の反応空間内には，アスパラギン酸残基とスレオニン残基が保存されている（図 2-35）．酵素変異体を用いた研究が行われた結果，これらのアミノ酸残基が酸素活性化に必須のプロトン供給に関与していることが明らかにされた[46]．酸素化型の構造解析がなされ，酵素

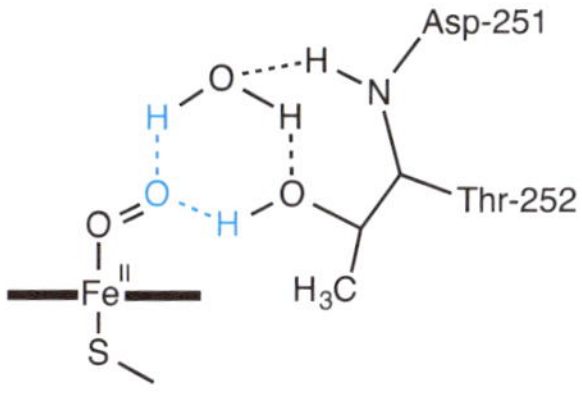

図 2-35　シトクロム P450 の活性部位のアミノ酸残基と水による水素結合ネットワーク
酸素分子の遠位側の酸素原子はすでに水の構造を形成している

の反応空間内にはアスパラギン酸残基とスレオニン残基を介した水素結合ネットワークが形成され，ヘム鉄に配位した酸素分子に効率よくプロトンを供給できるようになっている[47]。酸素活性化に使われる電子は，NADPHからシトクロムP450還元酵素のような鉄硫黄クラスターを持つ電子伝達タンパク質を介して1電子ずつシトクロムP450のヘムに供給されるようになっている。この水素結合ネットワーク構造が，還元酵素からの電子移動と共役してヘム鉄に配位した酸素分子にプロトンを供給しているため，酸素活性化がスムーズに進行するのである。さらに2電子還元されて生成する鉄3価ヒドロペルオキシド種には，ペルオキシダーゼの項で解説したような遠位側の酸素原子への水素結合が形成されているため，O–O結合のイオン的開裂が容易に起こり，水を放出してcompound I を生成できるのである。

5）ジオキシゲナーゼ

ヘムを活性部位にもつジオキシゲナーゼとして，インドールアミン2,3-ジオキシゲナーゼ（IDO）とトリプトファン2,3-ジオキシゲナーゼ（TDO）がよく知られている。これらの酵素は，インドール化合物に酸素分子の2つの酸素原子を添加してインドール環の開環反応を触媒している。TDOは，L-トリプトファンのみを基質とする特異性を有し，N-ホルミルキヌレニンに変換する反応を行う（図2-36）。この反応は，L-トリプトファン代謝の最初の反応であり，全体の律速段階となっている。TDOは，原核生物，真核生物に広く見出すことができ，ほ乳類では主に肝臓に存在する。一方，IDOは基質特異性の幅が広く，L-トリプトファンだけでなくセロトニンやメラトニンなどその他インドール化合物とも反応する。IDOは真核生物のみにあり，肝臓を除くほとんどの組織で発現されている。初期の研究では，TDOは緑膿菌やラットの肝臓から，IDO

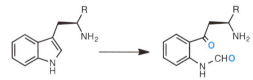

R = CO$_2$H：L-トリプトファン　　R = CO$_2$H：N-ホルミル-L-キヌレニン
R = H：インドールアミン

図 2-36　TDOとIDOによるインドール環の開環反応

2　O_2 の運搬・貯蔵・活性化

はウサギの小腸からそれぞれ精製されていた。しかし最近の研究では，大腸菌を用いた発現系によって調整された酵素も用いられている。TDO や IDO は古くより知られていたが，反応機構に関しては未解明な点が多く，現在精力的に研究がなされている酵素である。

i) TDO, IDO の構造

細菌から単離された TDO は，分子量約 3 万の非常に類似した 2 種類のサブユニットからなる 4 量体（2 量体の 2 量体：分子量約 120,000）であり，ラット肝臓の TDO も $\alpha_2\beta_2$ 構造からなる 4 量体（分子量約 160,000）である。これらの酵素は，酵素 1 分子中に 4 つのプロトヘムを含んでいる。ウサギの小腸から単離された IDO は，分子量約 4 万 2 千のモノマーであり，1 つのプロトヘムを含んでいる。TDO と IDO の構造は，最近になって X 線構造解析が行われ解明された[48, 49]。図 2-37 に細菌（*Xanthomonas campestris*）由来の TDO の 2 種類のサブユニットの全体構造と活性部位の構造を示した。縦に並んだ α-ヘリックスをループ構造でつないだような構造をしている。各サブユニットにそれぞれヘムが取り込まれている。ヘムは，サブユニット全体の端に位置しており，ヒスチジン残基（His 240）がヘムに配位している。酵素の反応空間はループによって形成され，この中に基質であるトリプトファンが疎水性相互作用や主鎖との水素結合により取り込まれている。トリプトファンのカルボキシル基は近傍のアルギニン残基と水素結合している。IDO でも，これと同じ様式で結合してい

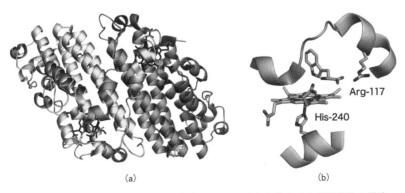

図 2-37　*Xanthomonas campestris* 由来の TDO の (a) 全体と (b) 活性部位の構造

るのかもしれない．取り込まれたトリプトファンは，反応を受ける 2, 3 位がヘム鉄の方向に配向し，この結合が酸素分子による酸化反応を受けることが理解できる．

　結晶構造では，各サブユニットにトリプトファンが反応空間以外にもう 1 分子結合している．このトリプトファンの存在は，以前から酵素の反応速度の研究から示唆されていた．TDO の酵素反応速度に対する基質（トリプトファン）濃度依存性を研究すると S 字状の依存性を示し，さらに基質類似体（α-メチルトリプトファン）を共存させると Michaelis-Menten 型の依存性に変化する．このような結果から，TDO には反応空間以外にもトリプトファンの結合サイトがあり，このサイトへの基質の結合が酵素活性を調節していると提案されていたが，この提案が構造解析からも確かめられた．

ⅱ）TDO, IDO の反応機構

　TDO や IDO の反応機構は，未だ未解明の点が多い．現在推定されている反応機構を図 2-38 に示した．この反応の重要な反応活性種は，酸素化型であり，1967 年に石村らによって見出された[50]．初期に提案された機構（経路 A）では，酸素化型が生成し，ヘム鉄に配位した酸素分子の遠位側の酸素原子が求電子的

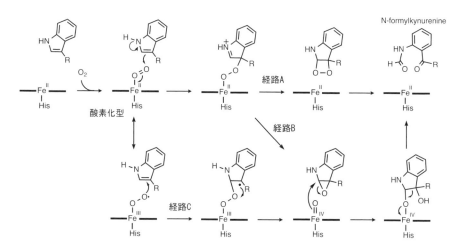

図 2-38　TDO や IDO によるインドール環開環反応の反応機構

にインドール環の3位を攻撃し，鉄2価ペルオキシド中間体を生成すると考えられていた。その後，近位側の酸素原子がインドール環の2位を求電子的に攻撃することによりジオキセタンとなり，さらにジオキセタンの開環により N-ホルミルキヌレニンとなる。この機構では，ヘム鉄は反応中2価のままである。しかし，最近，共鳴ラマン分光法を用いてこの反応過程が研究され，反応中に鉄4価オキシド中間体（compound II のような中間体）が生成していることが報告され，これを経由する経路も提案されている[51]。鉄4価オキシド中間体の生成機構にも，先の機構のような求電子的付加による経路（経路B）とラジカル的付加による経路（経路C）が提案されている。今後さらに研究が進み，反応機構が明らかになると考えられる。

iii）ヘム酵素反応中間体のモデル錯体

ここで解説したように酸素分子の活性を行うヘム酵素は，様々な中間体を生成する。これらの中間体は，非常に不安定なものが多く，その電子構造や反応性を研究することは極めて困難な課題であった。また，金属錯体を用いた酸化触媒の開発との関わりも深い。そのため，酵素活性部位のヘムをシンプルなヘム錯体により模倣し，それを用いて酵素の反応中間体のモデル錯体を合成しようという試みもなされている。ここではそれらの研究についての紹介は紙面の都合上割愛するが，多くの総説が出版されているので参考にされたい[52]。

2.2.2 非ヘム鉄酵素

O_2 活性化を司どる非ヘム鉄酵素は，活性中心に 1 つの鉄を持つ単核非ヘム鉄酵素，活性中心に 2 つの鉄を持つ二核非ヘム鉄酵素がある。これらの酵素はいずれもヘム酵素に比べて分光学的特徴が乏しく，研究が遅れてきた。しかし，最近大きく発展した単結晶構造解析などにより，反応中間体も含めた構造の詳細な情報が得られるようになってきた[53,54a]。また，ストップトフロー法や Mössbauer, EXAFS, 共鳴ラマンスペクトルなどを用いた低温下での分光学的測定技術の進歩に伴って，これらの非ヘム鉄酵素の O_2 活性化過程における反応中間体の同定や反応機構の解明が大きく進展した[54]。ここでは，最近までの単核非ヘム鉄酵素，二核非ヘム鉄酵素，これらに関連するモデル研究などについて記述する。

(1) 単核非ヘム鉄酵素の構造と反応

単核非ヘム鉄酵素は，多くは休止状態で鉄(II)状態をとり，O_2 分子を活性化して芳香環の *cis*-1,2-ジオール化・酸化的環開裂・水酸化，飽和 C-H 結合の水素引き抜きによる水酸化・ハロゲン化・不飽和化・分子内環化・脱アルキル化，アルケンのエポキシ化など様々な酸化反応を触媒する。この O_2 活性化には 4 電子が関与するが，基質が 2 電子酸化される場合，残りの 2 電子を補助基質（補因子）から供与される。例えば Rieske ジオキシゲナーゼでは NAD(P)H, 2-オキソグルタル酸依存性酸化酵素では 2-オキソグルタル酸，プテリン依存性水酸化酵素ではテトラヒドロビオプテリン，アミノシクロプロパンカルボン酸酸化酵素ではアスコルビン酸などが補助基質となる。一方これらと異なり，カテコールの酸化的環開裂を行うカテコールジオキシゲナーゼ，基質に α-ケト酸部位を含む 4-ヒドロキシフェニルピルビン酸ジオキシゲナーゼ，基質の酸化的閉環反応を行うイソペニシリン N シンターゼなどでは，基質 1 分子が 4 電子酸化されるので O_2 活性化に補助基質を必要としない。

これらの単核非ヘム鉄酵素の多くは単結晶 X 線構造解析によりその構造が明らかにされており，ほとんどは活性中心に 2 つのヒスチジン残基と 1 つのカルボン酸を側鎖に持つアミノ酸残基からなる三座の配位部位 (2-His-1-carboxylate facial triad) をもち，これに 1 つの鉄(II)が結合した共通の構造モ

チーフを形成している.この鉄(II)が6配位構造をとる場合には,2-His-1-carboxylate facial triad が配位した残りの3つの空の配位部位には様々な配位子が結合する[55].休止状態では,この空の配位部位には2ないし3個の水分子が結合しているが,基質結合に伴って水分子が排除され,O_2 分子が結合して反応が進行する.いくつかの酵素では,O_2 分子が結合した反応中間体の結晶構造が決定されている.カテコールジオキシゲナーゼでは,in crystallo 反応(結晶中での反応)の解析により O_2 活性化や基質酸化の反応機構の解明が進んでいる.単核非ヘム鉄酵素の反応において,基質,O_2 分子,補助基質などの位置関係が厳密に創り出されることにより,反応の位置特異性と立体特異性が厳密に保たれつつ効率的な酸化反応が実現される.基質や補助基質の結合により,鉄(II)中心への O_2 分子の結合が促進され,それに続く O−O 結合開裂により,強力な酸化活性種である Fe(IV)=O や Fe(V)=O(OH) などが生じ,これにより基質酸化反応がスムーズに進行する.多くの単核非ヘム鉄酵素において,酸化活性種として高スピン鉄(IV)オキシド中間体 Fe(IV)=O が分光学的に検出されている.

1) Rieske ジオキシゲナーゼ[56]

芳香族化合物は,自然界では様々な細菌により酸化分解される.この最初の酸化反応を触媒するのが Rieske ジオキシゲナーゼであり,この酵素が芳香環上の隣接する炭素上に cis-立体選択的に2つの水酸基を導入するジヒドロキシル化反応(cis-1,2-ジオール化)を行うことが,Pseudomonas 属の菌体を用いて Gibson らにより 1968 年に明らかにされた[57].Rieske ジオキシゲナーゼは NAD(P)H を補助基質として O_2 分子を活性化し,芳香環を cis-1,2-ジオール化し,芳香族基質に応じて様々な Rieske ジオキシゲナーゼが存在する.例えば,ナフタレン-1,2-ジオキシゲナーゼ(NDO:naphthalene-1,2-dioxygenase)とトルエンジオキシゲナーゼ(toluene dioxygenase)は,ナフタレンとトルエンを立体選択的に cis-1,2-ジオール化し,それぞれ(+)-cis-(1R,2S)-ジヒドロキシ-1,2-ジヒドロナフタレンと(+)-cis-1,2-ジヒドロキシ-3-メチルシクロヘキサ-3,5-ジエンに変換する[57].またベンゼンをはじめクメン,安息香酸,ニトロベンゼンなどの様々な置換ベンゼン,フェナントレン,ピレンなどの多環式芳香族化合

物，ダイオキシン，ジベンゾチオフェン，カルバゾールなどのヘテロ環式芳香族化合物，PCBなどのビフェニル環からなる芳香族化合物などの代謝を司どるRieskeジオキシゲナーゼがそれぞれ存在し，芳香環の cis-1,2-ジオール化を触媒する[57]。

Rieskeジオキシゲナーゼは，NAD(P)Hから電子を伝達するレダクターゼ（レダクターゼとフェレドキシンが電子伝達鎖を構成する場合もある）と基質酸化反応を行うオキシゲナーゼからなる複合体であり，BatieらはⅠ電子伝達鎖の違いに基づいて class I, II, III 型に分類した[58]。class I 型の Rieske ジオキシゲナーゼはフェレドキシンを持たず，レダクターゼとオキシゲナーゼのみで構成される二成分酵素系である。一方，その他の class II, III 型は，レダクターゼ・フェレドキシン・オキシゲーゼの三成分から構成される。三成分からなる NDO の電子伝達鎖とこれによるナフタレンの cis-1,2-ジオール化の反応を図 2-39 に示す。これまでに様々な Rieske ジオキシゲナーゼの結晶構造が明らかにされており，これらの成分間の相互作用と電子伝達機構がタンパク質構造に基づいて議論されている[57]。

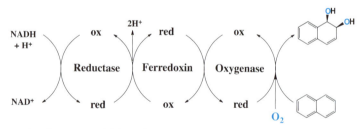

図 2-39　ナフタレン-1,2-ジオキシゲナーゼ（NDO）の電子伝達鎖と cis-1,2-ジオール化反応

NDOのオキシゲナーゼ部分は，活性中心をもつα-サブユニットが3つと構造形成の役割をもつβ-サブユニットが3つからなる$\alpha_3\beta_3$で構成される。α-サブユニットは単核非ヘム鉄と，電子伝達に働く$(Cys)_2Fe(\mu\text{-}S)_2Fe(His)_2$構造からなる Rieske 型 [2Fe-2S] クラスター（R型クラスター）[57]を含む。これが Rieske ジオキシゲナーゼという名前の由来である（John S. Rieskeが命名した）。単核非ヘム鉄とR型クラスターは，1つのα-サブユニットの中では 44 Å 離れており，隣り合ったα-サブユニット間では，Aspのカルボキシラト基が水素結

合して約 12 Å の距離に存在する（図 2-40 参照）。このため，サブユニット間で電子伝達が行われると考えられる。休止状態で単核非ヘム鉄は鉄(II) に 2-His-1-carboxylate facial triad が配位した単核非ヘム鉄酵素に共通の構造をもつ。しかし，ここではカルボキシラト基は二座配位をとり，通常の単核非ヘム鉄酵素の単座配位とは異なる。

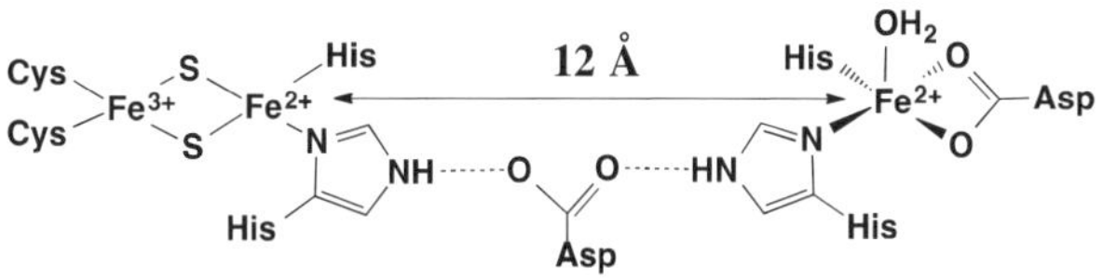

図 2-40 オキシゲナーゼの α- サブユニット間の R 型クラスターと単核非ヘム鉄中心

Gibson らは，NDO などを用いた基質特異性の研究から，Rieske ジオキシゲナーゼの広い基質特異性，および基質酸化における位置特異性や立体選択性を明らかにした。例えば *Pseudomonas* sp. NCIB9816-4 株由来の NDO は，ナフタレンやフェナントレンをはじめとする 60 種類以上の芳香族化合物に対して酸化活性を示し，その多くは光学純度の高い生成物を与える。これらの反応の位置特異性や立体選択性ついては，オキシゲナーゼの結晶構造を用いた基質結合予測や酵素基質複合体の結晶構造に基づいて議論されている。中間体の結晶構造から，NDO への O_2 とナフタレンの結合が可視化されている[59]。ここで O_2 はヒドロペルオキシドとして 2 つの酸素原子が鉄に結合した side-on 型の構造をとり，2 つの酸素原子はナフタレン環の同一平面側で 1,2-位の炭素に対して最も近くに配置されている。この 2 つの酸素原子とナフタレンの位置関係から位置特異的・立体選択的に *cis*-1,2-ジオール化反応が進行することが説明できる。Carbazole 1,9a-dioxygenase（CARDO）の結晶構造に基づいて，野尻らはカルバゾール（Carbazole）の *cis*-1,2-ジオール化反応を説明している[60]。これを図 2-41 に示す。このような芳香族化合物の位置特異的・立体選択的水酸化反応は有機化学では困難な反応であり，Rieske ジオキシゲナーゼはキラル化合物の生産のための酸化反応を行う触媒として合成化学の観点からも注目されている。Rieske ジオキシゲナーゼの反応は，*cis*-1,2-ジオール化だけでなく，一

原子酸素添加・不飽和化（脱水素化）・O-脱アルキル化・N-脱アルキル化・スルホキシ化・アミノ基のニトロ基への酸化・酸化的環化反応など多岐にわたっている。Rieske ジオキシゲナーゼは，バクテリア以外に植物，昆虫，ほ乳類などにも存在しており，様々な酸化反応に関与していることが明らかになっている。

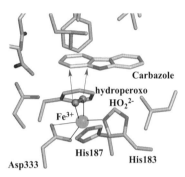

図 2-41　カルバゾール (Carbazole) が結合した Carbazole 1,9a-dioxygenase (CARDO) のオキシゲナーゼの結晶構造に基づく活性中心の構造（参考図 2 参照）
活性中心の Fe^{3+} と結合したペルオキシド酸素とカルバゾールの相対的位置と周囲のアミノ酸残基。文献 60 より転載

NDO の O_2 活性化とナフタレンの cis-1,2-ジオール化の反応機構は結晶構造解析，分光学的測定，速度論的解析などから提案されており，この推定機構を図 2-42 に示す。NDO の休止状態では単核非ヘム鉄は鉄(II)状態で 6 配位構造をとる。これに基質であるナフタレンが結合すると水分子が解離する。ここに O_2 分子が結合すると図 2-42 の中央部に示した R 型クラスターから単核非ヘム鉄への電子移動が起こり，ヒドロペルオキシド基が二座で side-on 型に鉄に配位した Fe(III)-OOH 中間体が生じる[61]。基質酸化の反応経路の中で，2 つの経路の起点となる中間体 (A) と (B) を図 2-42 に四角で囲って示す。すなわち図 2-42 中の (A) の Fe(III)-OOH が基質と反応して生じるラジカルが配位した Fe(IV)=O 中間体を経る経路 (a) と，Fe(III)-OOH の O-O 結合開裂により生じる (B) の Fe(V)=O(OH) が基質を酸化する経路 (b) とが考えられる。最後に cis-1,2-ジオール化された生成物錯体への 1 プロトンと 1 電子供給による生成物放出と 2 分子の水の配位を経て 6 配位鉄 (II) の休止状態に戻る。

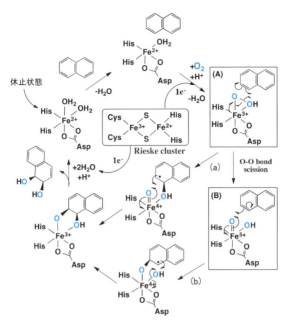

図 2-42　NDO の O_2 活性化とナフタレンの *cis*-1,2-ジオール化の反応機構

　モデル研究から Rieske ジオキシゲナーゼの酸化活性種が推定されている。Que らはトリスピリジルメチルアミン (tpa) 配位子およびその誘導体の単核鉄 (II) 錯体を用いて H_2O_2 によるアルケンの *cis*-1,2-ジオール化を行い，酸化活性種に Fe(III)-OOH と Fe(V)=O(OH) を提案した[62]。Costa らはピリジルメチル基を導入した *N*,*N*-ジメチルトリアザシクロノナン配位子の単核鉄(II)錯体と H_2O_2 の反応から Fe(V)=O(OH) を検出した[63]。Solomon と Nam らは high-spin Fe(III)-OOH が求電子的にナフタレンを酸化すると報告した[64]。したがって現段階では，酸化活性種として high-spin Fe(III)-OOH と Fe(V)=O(OH) の可能性が残されている。

2）カテコールジオキシゲナーゼ[65]

　カテコールジオキシゲナーゼは，土壌中に存在するバクテリアに広く含まれる単核非ヘム鉄酵素である。上述したように自然界において芳香族化合物は，

まずRieskeジオキシゲナーゼにより酸化されて*cis*-1,2-ジオール体が生成する。これがさらに酸化されるとカテコール誘導体が生じる。カテコールジオキシゲナーゼはO_2分子を酸化剤として用いてカテコール誘導体を酸化して2原子酸素を基質に導入するジオキシゲナーゼであり，この反応によりカテコール誘導体のC=C二重結合が切断され，ベンゼン環が開環した鎖状化合物に変換される。その生成物はバクテリアのエネルギー源や炭素源として使用される。このようにカテコールジオキシゲナーゼは自然界における芳香族化合物の酸化分解過程の最終段階の反応を触媒する酵素である。特に汚染物質に含まれる芳香族ハロゲン化物をエネルギー源や炭素源として使用する微生物やその分解過程に含まれる反応を触媒するカテコールジオキシゲナーゼは，微生物を用いた環境浄化を行うバイオレメディエーション（生物学的環境修復）の観点から注目されている[55]。

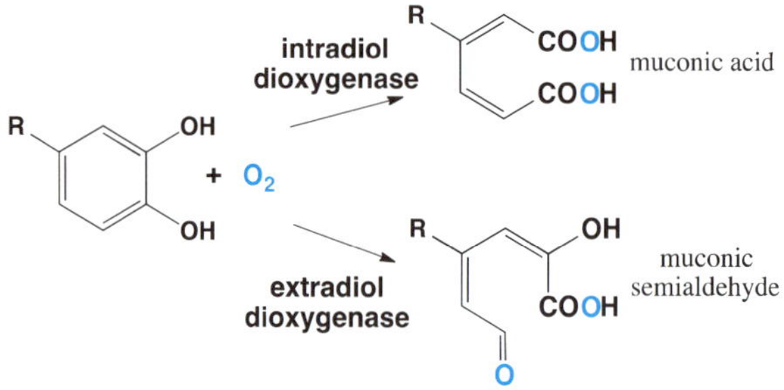

図2-43　カテコール誘導体のC=C二重結合のイントラおよびエクストラジオール切断

図2-43に示すように，カテコールジオキシゲナーゼはカテコール環の切断部位の位置特異性から，イントラジオール型カテコールジオキシゲナーゼ（intradiol cathechol dioxygenase）とエクストラジオール型カテコールジオキシゲナーゼ（extradiol cathechol dioxygenase）の2つに分類される。イントラ型酵素はカテコール誘導体のエンジオール基（HO-C=C-OH）のC=C二重結合（C1-C2結合）を切断する。一方，エクストラ型酵素はエンジオール基に隣接するC=C二重結合（C1-C6またはC2-C3結合）の切断を行う。図2-44に示すように，これらの酵素の活性中心の配位環境は互いに異なっている。イントラ

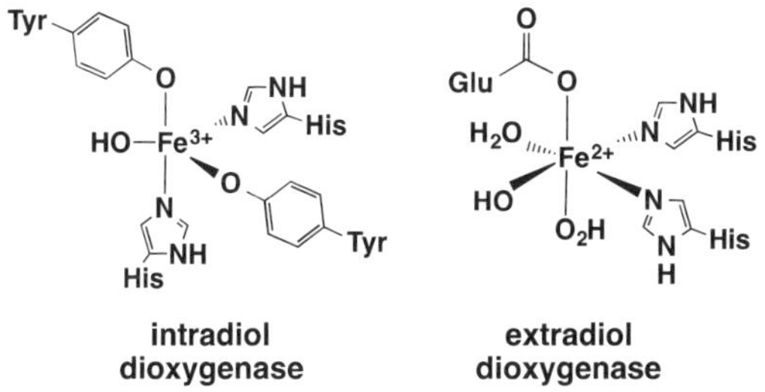

2 O_2の運搬・貯蔵・活性化

図2-43 イントラ型およびエクストラ型酵素の活性部位の構造

型酵素の活性中心は鉄(III)に2つのHisのイミダゾール基，2つのTyrのフェノキシド基，1つのヒドロキシド基が配位した三方両錐型5配位構造をとり，鉄(III)に3つのアニオン性配位子が結合して電気的に中性になっている。イントラ型酵素ではカテコール誘導体の酸化過程を通して鉄(III)が保たれている。鉄(III)はO_2分子と直接的には結合しないので，O_2活性化機構に興味が持たれてきた。一方，エクストラ型酵素の活性中心は鉄(II)に2つのHisのイミダゾール基，1つのGlu（またはAsp）のカルボキシラト基，2つの水分子，1つのヒドロキシド基が配位した八面体型6配位構造をとり，金属がMn(II)のものも少数ではあるが存在する。このようにエクストラ型酵素は，その活性部位の構造が2-His-1-carboxylate facial triadからなり，単核非ヘム鉄酵素としての共通性がイントラ型酵素よりも高い。イントラ型酵素は，Tyrのフェノキシド基の鉄(III)への配位によって現れるLMCTバンドによる可視部に強い吸収（赤ワイン色）を持つが，エクストラ型酵素は鉄(II)であるために可視部に特徴的な吸収バンドを示さない。このため，エクストラ型酵素はイントラ型酵素に比べて研究が遅れていた。エクストラ型酵素とイントラ型酵素は，それぞれ鉄(II)と鉄(III)を保ったまま（鉄の原子価を変化させず）O_2活性化や基質酸素化を行うことから，その反応機構は互いに異なると推測される。これらの反応機構の違いやカテコールの環開裂における位置特異性がどのように決定されるかなどに関心が持たれてきた。酵素そのものを用いた研究に比べて，錯体化学的なモデル研究が先行して反応機構の解明に大きく寄与してきた[55]。しかし，最近，酵素の結晶構造解析によって結晶中の基質酸化反応（*in crystallo*反応）が可視化され，反応機構の理解が大きく進展した。そこで次にエクストラ型酵素とイ

ントラ型酵素の結晶構造解析で決定された中間体の構造に基づく O_2 活性化や基質酸素化の反応機構について記述する。

　Lipscomb らは，エクストラ型酵素であるホモプロトカテク酸-2,3-ジオキシゲナーゼ（homoprotocatechuate 2,3-dioxygenase, 2,3-HPCD）（ホモプロトカテク酸は 3,4-ジヒドロキシフェニル酢酸の慣用名）の単結晶を作成し，これに反応性の低い基質である 4-ニトロ-1,2-カテコール（4NC）を取込ませた単結晶を用いて結晶構造解析を行い，*in crystallo* 反応の中間体構造を決定した[66]。これらの構造に基づく反応機構を図 2-45 に示す（**1**, **2**, **3**, **4** は中間体の番号）。まず酵素にカテコール誘導体が結合して 3 分子の水が排除され，カテコール誘導体の 2 つのヒドロキシル基の 1 つが解離してモノアニオンとして鉄(II)にキレート配位した四角錐型 5 配位構造の **1** が生じる。2,3-HPCD 以外でも同様の構造が決定されている。この 5 配位構造は鉄(II)への O_2 分子の結合を促進する。ここでカテコール誘導体から O_2 分子に一電子移動が起こり，前者はセミキノ

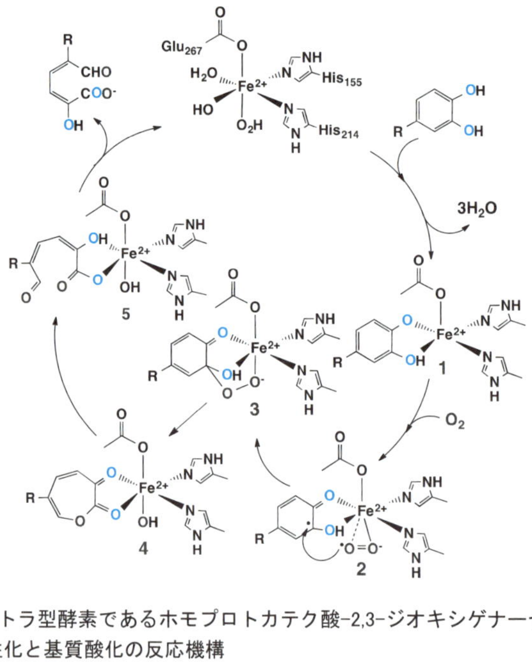

図 2-45　エクストラ型酵素であるホモプロトカテク酸-2,3-ジオキシゲナーゼ（2,3-HPCD）の O_2 活性化と基質酸化の反応機構

2 O₂の運搬・貯蔵・活性化

ンラジカル,後者はスーペルオキシドラジカルとして鉄(II)に配位した **2** が生じる.これらのラジカルカップリングによりアルキルペルオキシド鉄(II)中間体 **3** が生じる.**3** は,O-O 結合と C-C 結合の開裂を経てラクトンが鉄(II)に配位した **4** に変換される.ラクトン環が開環してムコン酸セミアルデヒドが鉄(II)に配位した生成物錯体 **5** が生じる.これから生成物が放出されて休止状態に戻る過程が反応全体の律速段階である.

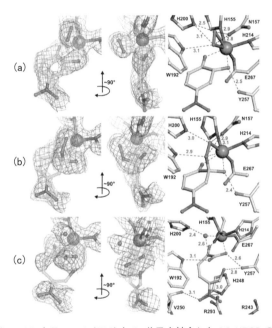

図 2-46　4-ニトロ-1,2-カテコール(4NC) と O₂ 分子を結合した 2,3-HPCD の in crystallo 反応の構造解析で可視化された 2,3,および 5 の構造(参考図 3 参照)
(a) サブユニット C に存在する中間体 **2**, (b) サブユニット D(B) の中間体 **3**, (c) サブユニット A の中間体 **5**. 文献 66 より転載

2,3-HPCD の in crystallo 反応で可視化されたのは **2, 3, 5** である.構造決定が可能になった理由は,(1) 4NC の低反応性(ホモプロトカテク酸の活性の 200 分の 1)と(2) 結晶中での反応速度の低下による中間体の安定化である.これらの中間体は 2,3-HPCD の 4 つのサブユニット(A-D)に独立に存在しており,その構造を図 2-46 に示す.(a) の構造は **2** であり,これから次の 2 つの

ことがわかる。(1) O_2 分子は 1 電子還元されたスーペルオキシドラジカルとして鉄(II)に二座で side-on 型に配位しており，**2** は Rieske ジオキシゲナーゼの side-on ヒドロペルオキシド鉄(III)中間体の構造とは異なる。(2) 4NC はセミキノンラジカルに変化して根元のベンゼン炭素が sp^2 から sp^3 混成に変化した $C(sp^3)$-OH とカルボニル基の 2 つの酸素原子が鉄(II)にキレート配位している。(b) の構造は **3** であり，スーペルオキシドとセミキノンラジカルがラジカルカップリングして生じたアルキルペルオキシド鉄(II)の構造が見られる。(c) は **5** である。その後 2,3-HPCD の変異体と 3,4-ジヒドロキシベンゼンスルホン酸の *in crystallo* 反応においてアルキルペルオキシド中間体の O−O 結合が開裂した新たな中間体の構造が決定されている[67]。この経路では，これに続くエポキシド中間体の生成と，その C−C 結合開裂を経てラクトン環が生成する機構が提案されており，O−O 結合と C−C 結合は段階的に開裂することになる。

さらに Lipscomb らは，イントラ型酵素であるプロトカテク酸-3,4-ジオキシゲナーゼ（3,4-PCD：protocatechuate-3,4-dioxygenase）（プロトカテク酸は 3,4-ジヒドロキシ安息香酸の慣用名）に低反応性基質である 4-フルオロ-1,2-カテコール（4FC）（プロトカテク酸に比べて 100 分の 1）を結合させた単結晶を用いて構造解析を行い，*in crystallo* 反応の中間体の構造を明らかにした[68]。図 2-47 にイントラ型酵素 3,4-PCD の結晶構造解析に基づく O_2 活性化と基質酸素化の反応機構を示す。基質が結合していない 3,4-PCD（図 2-47 の **1**）の活性中心は Tyr408 と Tyr447 の脱プロトン化した 2 つのフェノキシド基，His460 と His462 の 2 つのイミダゾール基，1 つのヒドロキシドが鉄(III)に配位した三方両錐型 5 配位構造を形成している。**1** にカテコール誘導体が結合すると，Tyr447 のフェノキシド基とヒドロキシドが外れて，カテコール誘導体はジアニオンとして鉄(III)にキレート配位した **2** が生じる。**1** と **2** の構造は，結晶構造解析により決定されている。3,4-PCD の結晶を pH 6.5 および pH 8.5，O_2 雰囲気下で 4FC の溶液に 30 分間浸した後，ただちに液体窒素で凍らせて X 線構造解析を行い，*in crystallo* 反応の中間体が構造決定された。pH 6.5 ではアルキルペルオキシド鉄(III)中間体，pH 8.5 では鉄(III)に酸無水物が配位した中間体が可視化された。イントラ型酵素 3,4-PCD ではエクストラ型酵素 2,3-HPCD や Rieske ジオキシゲナーゼで可視化されたスーペルオキシド鉄(II)やペルオキシド鉄(III)に相当

する中間体は観測されなかった．この結果から，**2** と O_2 の反応では図 2-47 の中央に四角で囲って示した **3** の状態で協奏的に反応が進行し，直接的にアルキルペルオキシド鉄(III)中間体である **4** が生じると推定され，これは理論計算の結果とよく一致した．さらに pH 6.5 で可視化されたアルキルペルオキシド鉄(III)中間体の構造から，(1) 4FC から生じたケトン基の酸素原子は鉄(III)から 3.8 Å の距離にあり配位していない，(2) Tyr447 のフェノキシド基はおおよそ半分が鉄(III)に配位していることがわかる．したがって **2** と O_2 の反応は，6 配位構造を持つアルキルペルオキシド鉄(III)中間体 **4** を経て進行するが，実際に可視化されたのは Tyr447 のフェノキシド基が鉄に配位しつつある 5 配位構造の中間体 **5** である．さらにフェノールプロトンまたは溶媒のプロトンがヒドロペルオキシド酸素に移動して **6** が生じる．このプロトン化が O−O 結合の開裂を促進し，Criegee 転位を経て pH 8.5 の *in crystallo* 反応中間体として可視化された酸無水物中間体 **7** を生成する．中間体 **7** のヒドロキシド基の求核攻撃により酸無水物が開環して生成物錯体 **8** が生じ，水分子が生成物と置換して休止状態に戻る．

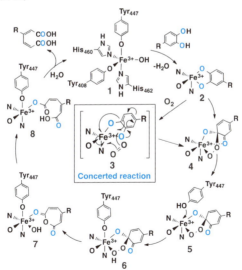

図 2-47　イントラ型酵素 3,4-PCD の 4-フルオロ-1,2-カテコール (4FC) との *in crystallo* 反応で可視化された中間体構造に基づく O_2 活性化と基質酸化の反応機構

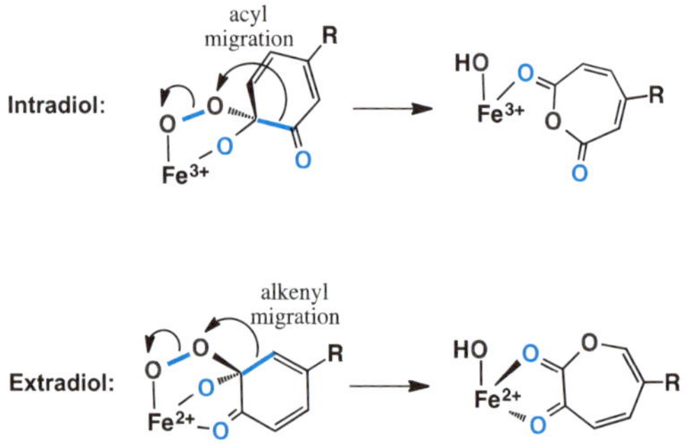

図 2-47　アルキルペルオキシド中間体の構造から説明されるイントラ型とエクストラ型の環開裂反応

中間体の O-O 結合と同一直線上にある C-C 結合が開裂する。

　アルキルペルオキシド中間体の結晶構造に基づいて，イントラ型とエクストラ型の酵素における環開裂の位置特異性の違いを説明できる。図 2-48 にアルキルペルオキシド中間体からの反応を示す。イントラ型酵素である 3,4-PCD のアルキルペルオキシド中間体では，O−O 結合と同一直線上にあるエンジオール基の C−C 結合が acyl migration によって開裂して酸無水物が生成する。一方，エクストラ型酵素である 2,3-HPCD では，O−O 結合と同一直線上にあるエンジオール基に隣接する C−C 結合の開裂を伴う alkenyl migration によりラクトン環が生じる。2,3-HPCD ではアルキルペルオキシド中間体の O−O 結合開裂，エポキシド中間体の生成，エポキシ環の C−C 結合開裂という段階的な反応でラクトン環が生成する機構も提案されているが，この場合でもエポキシ環はエンジオール基に隣接する C−C 結合を含んでおり，その C−C 結合開裂により同様の生成物を与える。これらの転位反応は理論計算によっても支持されており，開環の位置特異性の原因がアルキルペルオキシド中間体の構造可視化により明確にされた。

3) 2-オキソグルタル酸依存性酸化酵素[69]

　2-オキソグルタル酸依存性酸化酵素 (2-oxoglutarate-dependent oxygenases) は，2-オキソグルタル酸 (2-OG：2-oxoglutarate) を補助基質として使用し，活

性中心の Fe(II) への配位を通して O_2 分子を活性化して多様な酸化反応を触媒する単核非ヘム鉄酵素である。これは単核非ヘム鉄酵素の中で最も多種多様なグループを形成しており，ヒトだけで 60 種類以上存在し，動物，植物，微生物など好気性生物中に様々な酵素が存在する。この酵素は，基質の C–H 結合を切断して水酸化・ハロゲン化・脱アルキル化・分子内環化・不飽和化・エピマー化・環拡大化する反応やアルケンのエポキシ化など様々な反応を触媒し，コラーゲンの修飾，アミノ酸や脂質の代謝，酸素センサー，DNA や RNA の修復，エピジェネティック制御における脱メチル化反応，抗生物質の生合成や代謝など重要な生物学的プロセスに関与している[69]。これらの例を図 2-49 に示す。タウリン／2-OG ジオキシゲナーゼ（TauD : taurine/2-OG dioxygenase），プロリン 4-ヒドロキシラーゼ（prolyl 4-hydroxylase），チミンヒドロキシラーゼ（thymine hydroxylase）は水酸化，シリンゴマイシン生合成酵素 2（SyrB2 : syringomycin biosynthesis enzyme 2）はハロゲン化，DNA/RNA 修復酵素（AlkB : DNA and RNA repairing N-demethylase）は脱メチル化，クラバミン酸シンターゼ（CAS : clavaminate synthase 2）は水酸化・環化・不飽和化，カルバペネムシンターゼ（CarC : carbapenem synthase）はエピマー化・不飽和化，デアセトキシセファロスポリン C シンターゼ（DAOCS : deacetoxycephalosporin C synthase）は環拡大反応などをそれぞれ触媒する。これらの反応では 2-OG を補助基質として O_2 活性化と脱炭酸を経てクエン酸に一原子酸素が添加され，酸化活性種として高スピン鉄(IV)オキシドが生成し，これが基質の C–H 結合を切断して反応が進行する。一方，4-ヒドロキシフェニルピルビン酸ジオキシゲナーゼ（HPPD : 4-hydroxyphenylpyruvate dioxygenase）は基質である 4-ヒドロキシフェニルピルビン酸が α-ケト酸部位をもつので 2-OG なしで O_2 分子を活性化し，基質に二原子酸素を添加する（図 2-49 (9) 参照）。

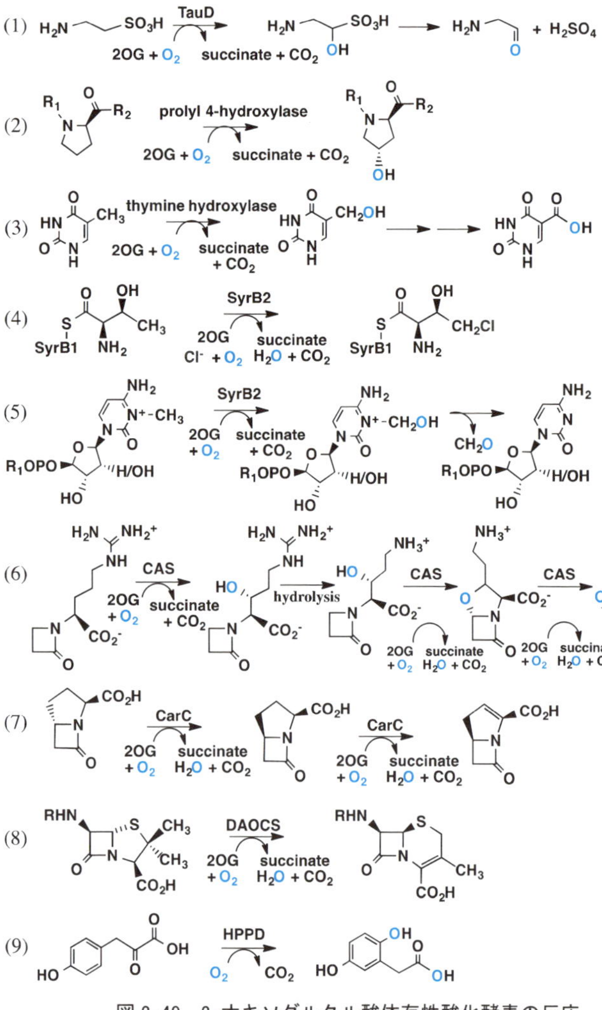

図 2-49 2-オキソグルタル酸依存性酸化酵素の反応

(1) タウリン／2-OG ジオキシゲナーゼ (TauD : taurine/2-OG dioxygenase), (2) プロリン 4-ヒドロキシラーゼ (prolyl 4-hydroxylase), (3) チミンヒドロキシラーゼ (thymine hydroxylase), (4) シリンゴマイシン生合成酵素 2 (SyrB2 : syringomycin biosynthesis enzyme 2), (5) DNA/RNA 修復酵素 (AlkB : DNA and RNA repairing N-demethylase), (6) クラバミン酸シンターゼ (clavaminate synthase 2, CAS), (7) カルバペネムシンターゼ (CarC : carbapenem synthase), (8) デアセトキシセファロスポリン C シンターゼ (DAOCS : deacetoxycephalosporin C synthase), (9) 4-ヒドロキシフェニルピルビン酸ジオキシゲナーゼ (HPPD : 4-hydroxyphenylpyruvate dioxygenase)。

これらの酵素の多くは結晶構造が明らかにされており，その活性中心は単核非ヘム鉄酵素に共通する 2-His-1-carboxylate facial triad が鉄(II)に配位し，休止状態ではさらに 3 分子の水が配位した 6 配位構造をとる[69]。この活性中心は歪んだ 4 組の逆平衡二重鎖 β-ヘリックス（DSBH；distorted double-stranded β-helix）構造が形成するロールケーキ型の構造体（jelly roll motif）の一端に存在し[69]，基質はこの構造の中のアミノ酸配列が酵素によって異なる領域や付加的なループに結合する。反応機構については TauD で最もよく研究されており，これを図 2-50 に示す。まず休止状態の **1** に 2-OG が取込まれると Fe(II) に配位して 2 分子の水がはずれ，中間体 **2** となり，次に基質結合に伴って第 3 の水分子が放出され，5 配位の中間体 **3** が生成する。この空の配位座に O_2 分子が結合して生じる Fe(III)-スーペルオキシド中間体 **4** の遠位酸素原子が 2-OG の 2 位の炭素を攻撃してペルオキシドヘミケタールビシクロ中間体 **5** が形成され，この酸化的脱炭酸を経て酸化活性種である高スピン鉄(IV)オキシド Fe(IV)=O 中間体 **6** が生じる機構が提案されている[70]。この強力な酸化力をもつ Fe(IV)=O が基質の C–H 結合から水素原子を引き抜き，Fe(III)-OH 中間体 **7** と炭素ラジカルを生じ，その再結合により基質の水酸化が進行する。この再結合には 2 つのルートが提案されている[70]。

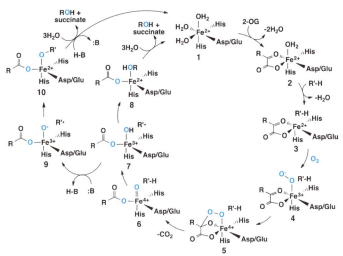

図 2-50　2-オキシドグルタル酸依存性酸化酵素による O_2 活性化と基質酸化の反応機構

前記の中間体の一部は単結晶構造解析や分光学的測定から同定されている。例えば大腸菌の TauD では嫌気下で 2-OG と基質が結合して空の配位座を持つ 5 配位鉄(II)中間体 **3** の構造が結晶構造解析により決定されている[70]。また電子スペクトル，共鳴ラマンスペクトル，MCD スペクトルなどを用いて，2-OG の鉄(II)への配位や TauD の基質であるタウリンの取込みによる 6 配位から 5 配位への構造変化などが観測されている。その後に生じる短寿命の反応中間体の検出には過渡的測定法が用いられ，ストップトフロー法による電子スペクトルでは 318 nm に短寿命の中間体が観測され[70]，5℃における生成の 2 次速度定数は 1.5×10^5 M^{-1} s^{-1}，分解速度定数は 13 s^{-1} であった[70]。この中間体の急速凍結クエンチ法で得られたメスバウアースペクトルは高スピン ($S = 2$) 鉄(IV)に帰属される異性体シフト (0.30 mm s^{-1}) と四極子分裂 (0.88 mm s^{-1}) を示した[70]。EXAFS 測定からは，この中間体の Fe−O 結合距離が 1.62 Å と決定され，Fe(IV)=O の二重結合と一致した[70]。このような結果から，これは高スピン鉄(IV)オキシド Fe(IV)=O 中間体 **6** と同定された。共鳴ラマン測定では，この中間体は 825 cm^{-1} に振動バンドを示し，$^{18}O_2$ を用いると 788 cm^{-1} にシフトした。またその同位体シフトの値 37 cm^{-1} から，これらのバンドは Fe(IV)=^{16}O と Fe(IV)=^{18}O の伸縮振動に帰属された[18]。重水素化されたタウリンを用いた速度論的同位体効果 (KIE : kinetic isotope effect) の値は 50 と大きく[70]，Fe(IV)=O 中間体 **6** による基質 C−H 結合からの水素原子の引き抜きが律速段階であるといえる。プロリン 4-ヒドロキシラーゼでも TauD と同様に大きな KIE 値 60 が報告されている[71]。しかし，図 2-50 に示した Fe(III)-スーパーオキシド，ビシクロ，Fe(III)-OH 中間体 **4**, **5**, **7** は検出されていない。これ以降の反応については，低温下での連続フロー法を用いた時間分解共鳴ラマン測定や理論研究から，活性中心近傍の塩基による中間体 **7** の脱プロトン化により鉄(III)オキシド中間体 **9** が生成し，これと炭素ラジカルの再結合により鉄(II)アルコキシド中間体 **10** が生成することが提案されている[71]。中間体 **9**, **10** のルートを含む反応機構の拡張バージョンが図 2-50 に示されている。

　図 2-49 に示すハロゲン化・脱アルキル化・分子内環化・不飽和化・エピマー化・環拡大反応などの様々な酵素反応でも分光学的測定から共通の酸化活性種である高スピン鉄(IV)オキシド Fe(IV)=O 中間体が検出されており，TauD と

同様に Fe(IV)=O 中間体が C–H 結合を切断して反応が進行する機構が提案されている。ここでは，これらの酵素の一例として，ハロゲン化酵素として最初に見いだされた *Pseudomonas syringal* のシリンゴマイシン生合成酵素 2（SyrB2：syringomycin biosynthesis enzyme 2）について記す。これは図 2-49(4) に示すように SyrB1 に結合した L-トレオニン（L-Thr）を塩素化する[72]。SyrB2 では，共通のカルボキシラトドナーとなる Glu（or Asp）は，Ala に置換されており，鉄(II)の配位構造は TauD などとは異なり，鉄(II)には 2-His-1-carboxylate facial triad ではなく 2 つの His と 1 つの塩化物イオンが配位している。O_2 活性化機構は TauD とほぼ同様であるが，SyrB2 では酸化活性種としてクロロフェリル中間体 Cl-Fe(IV)=O が生成し，これが第 1 基質の C–H 結合の水素原子を引き抜き，*cis*-Cl-Fe(III)-OH と炭素ラジカルを生じ，炭素ラジカルと塩素原子が再結合して塩素化が進行する。中間体 Cl-Fe(IV)=O はメスバウアースペクトルや EXAFS などを用いて同定されている。興味深いことに SyrB2 では，L-2-アミノブタン酸を基質として用いてアジドイオンや亜硝酸イオンを加えると酸化活性種として N_3-Fe(IV)=O や NO_2-Fe(IV)=O が生成し，基質のアジド化やニトロ化が進行する。

4) イソペニシリン N シンターゼ[73]

イソペニシリン N シンターゼ（IPNS）は，細菌や真菌（カビ）などに含まれる単核非ヘム鉄酵素であり，トリペプチド δ-(L-α-aminoadipoyl)-L-cycteinyl-D-valine（ACV）を基質として β-ラクタム環をもつすべてのペニシリン類やセファロスポリン類の前駆体であるイソペニシリン N（IPN）の生合成を触媒する。図 2-51 に示すように，この反応では IPNS の活性中心の単核鉄(II)による O_2 活性化を通して ACV を 4 電子酸化し，青色で示した 4 つの水素原子が 2 分子の水に変換される。このとき段階的に C–N 結合と C–S 結合が形成されて β-ラクタム環とチアゾリジン環が閉環し，IPN が生成する。IPN の効率的な全合成ルートは存在せず，この生合成ルートが抗生物質の生産に利用されている[69]。IPNS は，2-オキソグルタル酸依存性酸化酵素のスーパーファミリーであり，互いに高いアミノ酸配列相同性を示すが，2-OG のような補助基質は使用せず，鉄(II)の近傍に ACV を結合して 4 電子酸化するオキシダーゼとして

働く．一方，ACV のイソプロピル基をアリル基に置換した基質との反応では IPNS は生成物に酸素原子を導入するオキシゲナーゼ活性を示し，定量的にアルコールを与える[69]．IPNS は広い基質適応能力があり，これ以外にも様々な ACV 誘導体を基質として用いた研究が行われている[69]．これらの研究は IPNS の反応機構解明や新たな抗生物質の開発に役立っている．

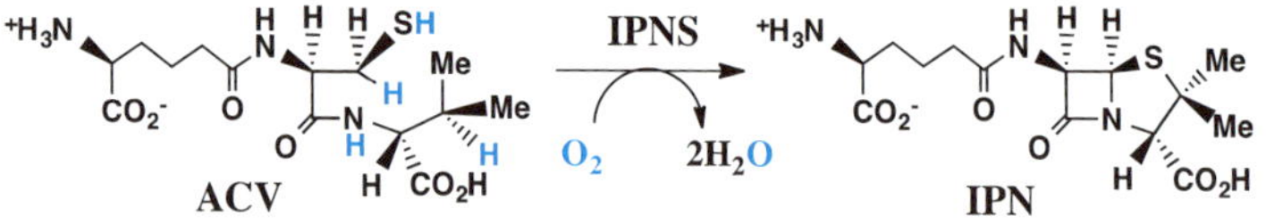

図 2-51　イソペニシリン N シンターゼ（IPNS）が触媒する ACV の 4 電子酸化に伴う 2 段階閉環反応による IPN の生合成

　糸状菌 *Aspergillus nidulans* から単離された IPNS について，ACV が結合していない Mn(II)置換体 IPNS/Mn，ACV が結合した IPNS/Fe/ACV とこれに一酸化窒素が結合した IPNS/Fe/ACV/NO，生成物である IPN が結合した IPNS/Fe/IPN などの結晶構造が報告されている[69]．まず IPNS/Mn の活性中心は，2 つのヒスチジン（His214, His270）のイミダゾール基とアスパラギン酸（Asp216）のカルボキシラト基からなる単核非ヘム鉄に共通する 2-His-1-carboxylate facial triad に加えてグルタミン（Gln330）のカルボニル基と 2 分子の水が配位した Mn(II)6 配位の構造をとる．2-オキソグルタル酸依存性酸化酵素のスーパーファミリーの中では IPNS の結晶構造が最初に決定され，これに属する単核非ヘム鉄酵素の構造理解に役立った．IPNS の活性部位は先に示した 2-オキソグルタル酸依存性酸化酵素と同様に DSBH 構造からなる jelly roll motif に存在する．IPNS/Fe/ACV の結晶構造からは活性中心は鉄(II)に 2-His-1-carboxylate facial triad が配位し，Gln330 が ACV の Cys のチオラト基に置換され，さらに 1 分子の水が失われた 5 配位構造をとることが示された．IPNS/Fe/ACV/NO では IPNS/Fe/ACV の空の配位座に NO が配位して鉄(II)は 6 配位構造をとり，NO の酸素原子が β-ラクタム環形成の際に C–N 結合をつくる ACV 中の Cys の β-炭素と Val の α-窒素に近接していることが示された．

　これらの結晶構造に基づいて提案された反応機構を図 2-52 に示す．まず休

止状態 **1** に ACV が結合すると，鉄(II)に配位していた Gln330 は ACV の Cys のチオラト基に置換され，さらに Asp216 のトランス位にある水分子が解離して 5 配位中間体 **2** が生じる。この空の配位座に O_2 が結合してスーペルオキシド鉄(III)中間体 **3** (Fe(III)-O-O・) が生成する。このときチオラト配位による電子供与効果がスーペルオキシド鉄(III)中間体の生成をエネルギー的に有利にしていることが分光学的測定と DFT 計算から明らかにされている[74]。多くの単核非ヘム鉄オキシゲナーゼでは，スーペルオキシド基の遠位酸素原子が基質の炭素原子と結合して橋掛け構造を形成し，O−O 結合の開裂時に一原子酸素添加が進行する。一方，IPNS ではスーペルオキシド基の遠位酸素原子は近傍にある ACV の Cys の β-炭素の C−H 結合から水素原子を引抜き，ヒドロペルオキシド鉄(II)中間体 **4** (Fe(II)-O-OH) が生成する。このときチオラト基はチオアルデヒド基になる。次の段階で中間体 **4** の O−O 結合の開裂と β-ラクタム環の閉環（第一段階の閉環）が進行する。当初は，これらが同時に進行すると考えられていた。しかし理論計算（*in silico*）の研究から，O−O 結合の不均等開裂は鉄(II)に配位した水分子からのプロトン化による助けが必要であり，まずこの O−O 結合開裂が先行して Fe(IV)=O が生成し，次に Val の α-窒素と Cys の β-炭素が結合して C−N 結合が生成すると考えられている。また ACV 誘導体を用いた *in crystallo* 反応では β-ラクタム環だけが閉環した生成物がえられており，2 つのヘテロ環が 2 段階で閉環される機構が支持された[80]。第二段階の閉環であるチアゾリジン環の生成では，まずオキシド鉄(IV)中間体 **5** の Fe(IV)=O が基質の Val のイソプロピル基の 3 級 C−H 結合から水素原子を引抜き，中間体 **6** が生じ，次に C−S 結合が形成されてチアゾリジン環をもつ生成物錯体 **7** となる。このラジカル機構は ACV のイソプロピル基を様々なアルキル基に置換した基質を用いた研究から確認されている[69]。またチアゾリジン環の閉環反応が立体保持で進行することが Val のイソプロピル基の一方のメチル基を選択的に ^{13}C-ラベルした基質を用いて明らかにされている[69]。

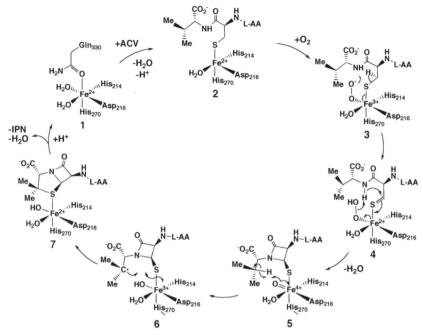

図 2-52　IPNS による O_2 活性化と ACV の 4 電子酸化による IPN 生成の反応機構

5) 1-アミノシクロプロパン-1-カルボン酸オキシダーゼ[69]

　エチレンは，発芽，老化，根の発育，果実の成熟，ストレス応答，防御機構など植物の様々な生命現象に関与する植物ホルモンとして知られており，1-アミノシクロプロパン-1-カルボン酸（ACC：1-aminocyclopropane-1-carboxylic acid）を基質として，1-アミノシクロプロパン-1-カルボン酸オキシダーゼ（ACCO：ACC oxidase）が触媒する反応で生合成される。この ACC は S-アデノシルメチオニンを基質として ACC シンターゼ（ACCS）によって生合成される。これらの反応を図 2-53 に示す。ACCO は単核非ヘム鉄酵素であり，基質である ACC と補助基質であるアスコルビン酸を用いて O_2 分子を活性化し，ACC をエチレン，2 分子の水，二酸化炭素，シアン化水素に変換する。このとき ACC からの 2 電子とアスコルビン酸からの 2 電子を使用して O_2 分子は 2 分子の水に変換される。ACCO は 2-オキソグルタル酸依存性酸化酵素に共通する

構造モチーフをもつ酵素であるが,補助基質はアスコルビン酸であり,2-OG は使用しない。

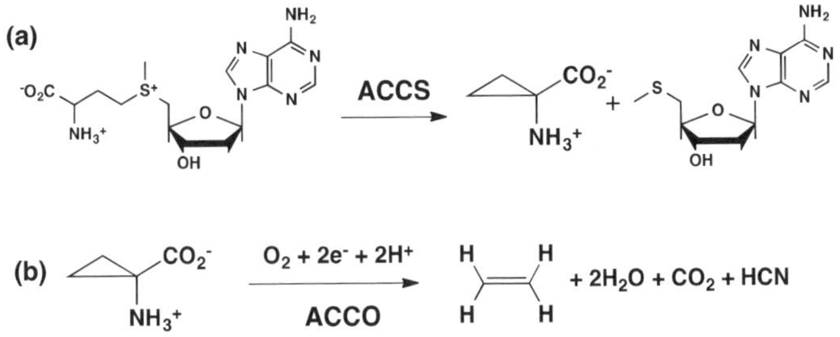

図 2-53 (a) ACCS による ACC 生合成反応, (b) ACCO によるエチレン生合成反応

ツクバネアサガオ (*Petunia hybrida*) から単離された ACCO の結晶構造が決定されている[76]。この結晶構造では ACCO は同一のサブユニット 4 つからなるホモテトラマーを形成し,各サブユニットは 2-オキソグルタル酸依存性酸化酵素に共通する歪んだ 4 組の二重鎖 β ヘリックス (DSBH) 構造をもち,活性中心の鉄(II)には 2-His-1-carboxylate facial triad (His177, His234, Asp179),緩衝液からのリン酸イオン (硫酸イオンの可能性もある),および水分子が配位している。しかし実際には ACCO は単量体で活性であることが知られており,活性なコンフォメーションは結晶構造とは異なると考えられる。結晶構造の四量体では,隣り合うサブユニット間は C-末端領域のアミノ酸同士の相互作用により結合しており,C-末端は活性中心から離れた場所に存在する。一方,この C-末端のいくつかのアミノ酸は ACCO の活性に不可欠であることが変異体を用いた研究から明らかにされており[69],さらにリンゴの ACCO の一次構造から推定されるモデル構造から C-末端が活性中心の近傍に存在することが示されている[69]。

ACC が結合した ACCO の結晶構造は決定されていないが,様々な分光学的測定,ミューテーション,モデル研究などからその構造が推定されている。ACCO に ACC と一酸化窒素が結合した ACCO/Fe(II)/ACC/NO について ENDOR が測定されており[69],この結果から ACC がカルボキシラト基とアミ

ノ基の二座で鉄 (II) に配位し,このカルボキシラト基の酸素原子は 2-His-1-carboxylate facial triad のカルボキシラト基のトランス位にあることが示されている。これは 2-オキソグルタル酸依存性酸化酵素における 2-OG の二座配位と類似しており,2-His-1-carboxylate facial triad のカルボキシラト基のトランス位には 2-OG のオキソ酸素が配位している。

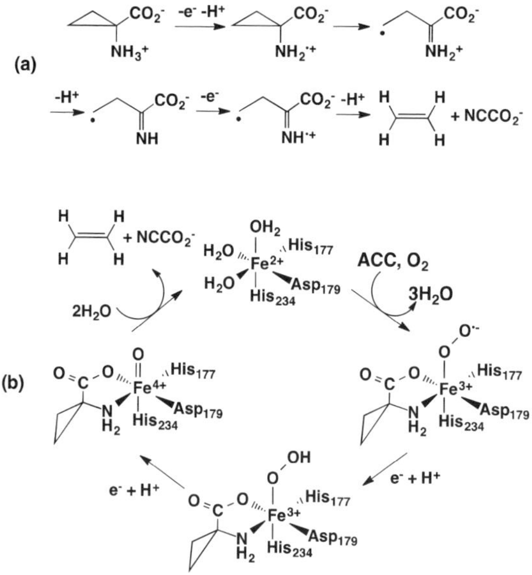

図 2-54 (a) ACC の酸化分解機構,(b) ACCO による O_2 活性化の推定機構

　ACC の酸化反応は,2 段階の 1 電子酸化によるラジカル機構が一般に受け入れられている。第一段階の酸化でアミニルラジカルが生じ,三員環の開環に引き続いて脱プロトン化が起こる。第二段階の酸化でエチレンとシアノギ酸を生成する。シアノギ酸は活性中心の外に放出され,その後に二酸化炭素とシアン化水素に分解されるので活性中心の鉄(II)への CN^- の配位による不活性化は起こらない。この ACC の酸化分解機構と ACCO の O_2 活性化機構を図 2-54 に示す。ACCO の休止状態では,活性中心の鉄(II)に 2-His-1-carboxylate facial triad と 3 分子の水が配位している。ここに ACC が結合すると ACC のアミノ基とカルボ

キシ基が2分子の水と置換して鉄(II)に二座で配位する。さらにもう1分子の水が鉄(II)から解離して生じる空の配位座に O_2 分子が結合してスーペルオキシド鉄(III)中間体が生成する。この O_2 活性化過程でアスコルビン酸からの2電子が使用される。まずスーペルオキシド鉄(III)中間体への1電子1プロトン移動によりヒドロペルオキシド鉄(III)中間体が生じる。さらにヒドロペルオキシド鉄(III)中間体への1電子1プロトン移動で鉄(IV)オキシド Fe(IV)=O 中間体を生じる。ACC は酸化活性種である Fe(IV)=O による2段階の1電子酸化（図2-54 (a)）を経てエチレンに変換される[69]。

6) プテリン依存性酸化酵素[77]

芳香族アミノ酸であるフェニルアラニン，チロシン，トリプトファンを基質として，その芳香環を水酸化するフェニルアラニン水酸化酵素（PAH：phenylalanine hydroxylase），チロシン水酸化酵素（TH：tyrosine hydroxylase），トリプトファン水酸化酵素（TPH：tryptophane hydroxylase）が存在し，これらは芳香族アミノ酸水酸化酵素（AAAHs：aromatic amino acid hydroxylases）と総称される。AAAHs は互いに良く類似した単核非ヘム鉄酵素であり，O_2 活性化を経て Fe(IV)=O を生じ，これが酸化活性種として芳香環を水酸化する[78, 79]。これらはテトラヒドロビオプテリン（BH_4：tetrahydrobiopterin）を補因子（cofactor）として必要とするプテリン依存性酸化酵素（pterin-dependent dioxygenase）である。また芳香族水酸化に働くアントラニル酸水酸化酵素（anthranilate hydroxylase）とマンデル酸水酸化酵素（mandelate hydroxylase），飽和 C−H を水酸化するグリセリルエーテルモノオキシゲナーゼ（glyceryl-ether monooxygenase）などもこれに属する[77]。BH_4 はこれらの酵素に比較的弱く結合しており，容易に結合・解離する。これらの酵素の O_2 活性化過程で BH_4 は水酸化されてプテリン 4a-カルビノールアミン（4a-OH-BH_3）に変換される。これが酵素から放出され，脱水されてジヒドロビオプテリン（BH_2）に変換された後，ジヒドロプテリジン還元酵素（DHPR：dihydropteridine reductase）によって NAD(P)H を用いて還元され，BH_4 に戻される。この BH_4 の変換サイクルを含む PAH によるフェニルアラニンのチロシンへの芳香族水酸化反応を図 2-55 に示す。

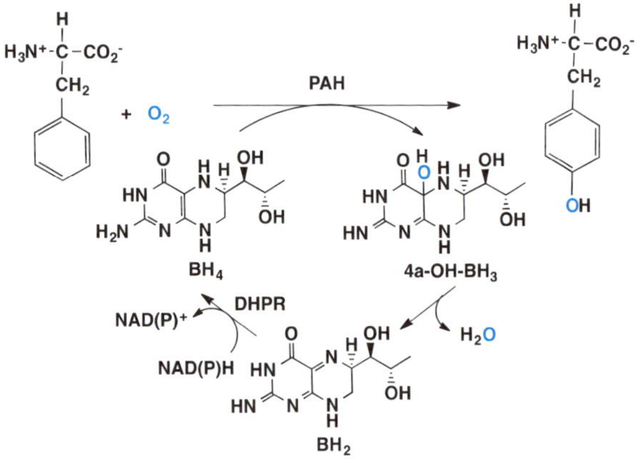

図 2-55　テトラヒドロビオプテリン BH_4 の変換サイクルを含む PAH による
フェニルアラニンのチロシンへの芳香族水酸化

　PAH は主に肝臓に存在する。PAH によるフェニルアラニンの芳香族水酸化反応はフェニルアラニン異化過程全体の律速段階である。PAH が欠損するとフェニルケトン尿症（PKU : phenylketonuria）を発症し，フェニルアラニン過剰とチロシン欠乏により知能障害や色素欠乏などの症状が現れる。過剰なフェニルアラニンは神経毒であるフェニルピルビン酸に変換される。TH はチロシンをジヒドロキシフェニルアラニン（DOPA）に変換する反応を触媒する。神経伝達物質であるドーパミン，ノルアドレナリン，アドレナリンなどは DOPA から生合成され，TH の反応はカテコールアミン系の神経伝達物質の生合成過程の律速段階である。TPH はトリプトファンを 5-ヒドロキシトリプトファンに変換する反応を触媒し，これはセロトニン生合成の律速段階の反応である。TH や TPH は主に中枢および抹消神経に存在する。これらの酵素の活性が低下すると神経伝達物質となるカテコールアミンやセロトニンの生合成が障害を受けるので，PKU よりも重篤な神経・精神障害を発症する。

　真核生物の AAAHs は結晶中でホモテトラマーを形成し，1 つのサブユニットは約 52 kDa で，N-末端制御ドメイン・活性部位ドメイン・C-末端 4 量体形成ドメインの 3 つの機能ドメインからなる。前述したように ACCO も結晶中では C-末端部位の相互作用でホモテトラマーを形成する。TH と TPH は真核

生物だけに存在するが PAH は原核生物にも含まれている。*Chromobacterium violaceum* から単離された PAH (cPAH) は単量体として存在し、結晶構造が決定されている。一方、ほ乳類の AAAHs は二量体と四量体の平衡状態で存在する。ほ乳類の PAH, TH, TPH は互いによく類似した一次構造を持ち、全体では65％、活性部位ドメインでは80％のアミノ酸配列相同性を示す。活性中心の構造は鉄(III)を含む酸化型酵素の単結晶構造解析によって最初に決定された。この構造では、共通して2-His-1-carboxylate facial triad が鉄(III)に配位しており、ヒトの PAH (hPAH：human PAH) では、これは His290, His285, Glu330 からなり、Glu330 のカルボキシラト基は単座で配位している。一方、cPAH では相当する Glu184 のカルボキシラト基は二座配位である。これらの残りの配位座はそれぞれ3分子および2分子の水で占められており、鉄は6配位構造をとる。その後に鉄(II)の hPAH の単結晶構造が決定され、休止状態では酸化型酵素と同様に鉄(II)に His290, His285, Glu330 と3分子の水が配位した6配位構造をとる。この休止状態に BH_4 と基質誘導体であるノルロイシンやフェニルアラニンが取込まれると鉄(II)は5配位構造に変化し、このとき Glu330 のカルボキシラト基は二座配位となる[80]。TH の場合も BH_4 とチロシンを取込むと、鉄(II)は5配位構造を形成し、O_2 分子との反応が促進されることが示されている[80]。

AAAHs の O_2 活性化と基質酸化の機構は、これらの酵素に BH_4 と基質が結合した5配位の鉄(II)に O_2 を反応させた時の分光学的追跡や速度論的解析から推定されている。PAH による O_2 活性化と芳香族水酸化の推定機構を図2-56に示す。ここで O_2 が最初に結合するのは鉄(II)か BH_4 であり、図2-56に示す2つのルート (a) と (b) が提案されている。それぞれ、(a) O_2 が5配位の鉄(II)と結合して鉄(III)-スーペルオキシド中間体を生じるルート、(b) BH_4 が先に O_2 と結合してアルキルヒドロペルオキシド中間体を生じるルートである。次に、鉄(II)と BH_4 とが O−O で架橋されたアルキルペルオキシド中間体の生成を経て、この O−O 結合のヘテロリシス開裂により Fe(IV)=O が生成し、これが酸化活性種として芳香環の水酸化を行うと考えられている。PAH と TH では、触媒反応の際に酸化活性種として Fe(IV)=O が生成することがメスバウアースペクトルから確認されている[78, 79]。PAH によるフェニルアラニンの芳香環の水酸化反応は *p*-位を重水素化した基質を用いたときに重水素が *m*-位にシ

フトした生成物を与える NIH シフトが起こる。この結果から Fe(IV)=O による芳香環の水酸化反応はエポキシド中間体経由の転位反応とカチオン中間体の 1,2-shift を経て進行する反応が考えられる。

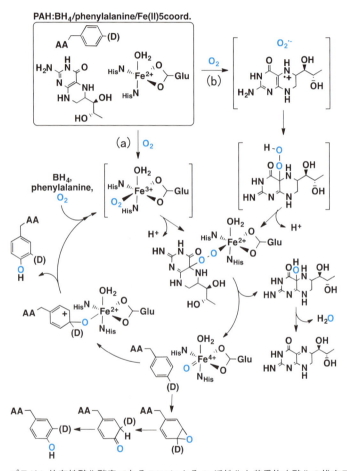

図 2-56　プテリン依存性酸化酵素である PAH による O_2 活性化と芳香族水酸化の推定反応機構

(a) 鉄(III)-スーペルオキシド中間体経由のルート，(b) アルキルヒドロペルオキシド中間体経由のルート

7) 単核鉄のモデル[81, 82, 83]

単核非ヘム鉄酵素の O_2 活性化過程では，スーペルオキシド鉄(II)，アルキルペルオキシド鉄(II)，スーペルオキシド鉄(III)，ヒドロペルオキシド鉄(III)，アルキルペルオキシド鉄(III)中間体，さらにこれらの中間体の O–O 結合の開裂によって高スピンのオキシド鉄(IV)(Fe(IV)=O)，オキシドヒドロキシド鉄(V)(HO-Fe(V)=O) などの酸化活性種が生じる。これらの中間体はいずれも不安定であり，寿命が短いので，その構造，分光学的性質，反応性などを明らかにするのは困難である。そこで，これらのモデル化合物として関連する構造を持つ金属錯体の合成が試みられてきた。最近までに，これらに対応する単核鉄のモデル化合物が多数合成されている。さらに結晶構造が明らかにされた錯体もある。ここでは，これらの金属錯体の構造，分光学的性質，反応性などを紹介する。

2003 年に Nam と Que らは，テトラアザマクロサイクルである cyclam の 4 つの窒素原子をメチル化した tetramethylcyclam (TMC) 配位子の鉄(II)錯体 [Fe^{II}(TMC)(OTf)$_2$] とヨードシルベンゼン (PhIO) の反応で，鉄(IV)オキシド錯体 [Fe^{IV}(O)(TMC)(MeCN)](OTf)$_2$ を高収率で合成し，その結晶構造を明らかにした。これを含めて結晶構造が明らかになった [Fe^{IV}(O)(N4Py)]$^{2+}$，[Fe^{IV}(O)(TMG$_3$tren)]$^{2+}$，[Fe^{IV}(O)(H$_3$buea)]$^-$ の ORTEP 図，および DFT 計算から求められた [Fe^{IV}(O)(TQA)(MeCN)]$^{2+}$ の構造を図 2-57 に，またこれらの錯体の物理化学的データを表 2-4 に示す[81, 82]。

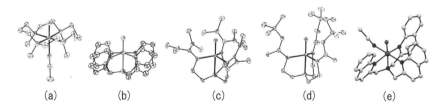

図 2-57　鉄(IV)オキシド錯体の構造（参考図 4 参照）

(a) [Fe^{IV}(O)(TMC)(MeCN)]$^{2+}$, (b) [Fe^{IV}(O)(N4Py)]$^{2+}$, (c) [Fe^{IV}(O)(TMG$_3$tren)]$^{2+}$, (d) [Fe^{IV}(O)(H$_3$buea)]$^-$, (e) [Fe^{IV}(O)(TQA)(MeCN)]$^{2+}$，(a)-(d) は結晶構造の ORTEP 図，(e) は DFT 計算からの構造。(TMC: 1,4,8,11-tetramethyl-1,4,8,11-tetraazacyclotetradecane, N4Py: *N*,*N*-bis (2-pyridylmethyl)-*N*-bis (2-pyridyl) methylamine, TMG3tren: 1,1,1-tris (2-[*N*2-(1,1,3,3-tetramethylguanidino)]ethyl) amine, H3buea: 1,1,1-tris [(*N*'-tert-butylureaylato)-*N*-ethylene]aminato, TQA: tris (2-qunolylmethyl) amine)。文献 81, 82 より転載

表 2-4 モデル化合物として合成された単核鉄(IV)オキシド錯体の物理化学的データ

Synthetic oxoiron(IV) complex	optical absorption λ_{max}/nm (ε/M⁻¹cm⁻¹)	Mössbauer δ (mm/s)	ΔE_Q (mm/s)	Spin State	Bond length Fe-O (Å)	Raman ν_{Fe-O} (cm⁻¹)
[Fe^{IV}(O)(TMC)(MeCN)]$^{2+}$ (a)	824(400)	0.17	1.24	1	1.646	839
[Fe^{IV}(O)(N4Py)]$^{2+}$ (b)	695(400)	-0.04	0.93	1	1.639	824
[Fe^{IV}(O)(TMG$_3$tren)]$^{2+}$ (c)	400(9800) 825(260)	0.09	-0.29	2	1.661	843
[Fe^{IV}(O)(H$_3$buea)]⁻ (d)	440(3100) 550(1900) 808(280)	0.02	0.43	2	1.680	799
[Fe^{IV}(O)(TQA)(MeCN)]$^{2+}$ (e)	650, 900	0.24	-1.05	2		

　TMC 配位子の錯体 [Fe^{IV}(O)(TMC)(MeCN)]$^{2+}$ (a) は，25℃ での半減期は 10 時間であり，-40℃ では 1 カ月以上安定である。この高い安定性が結晶化を可能にし，結晶構造が決定された。また 5 座配位子である N4Py の錯体 [Fe^{IV}(O)(N4Py)]$^{2+}$ (b) も安定性が高く，25℃ における半減期は 60 時間である。錯体 (a)，(b) の Fe(IV)=O の結合距離は，それぞれ 1.646，1.639 Å であり，共鳴ラマンの伸縮振動 $\nu_{Fe=O}$ の値は，839，824 cm⁻¹ であり，互いによく類似し，単核非ヘム鉄酵素の酸化活性種として観測されている Fe(IV)=O の値とよく一致している。しかし，錯体 (a)，(b) の鉄 (IV) のスピン状態は $S = 1$ であり，単核非ヘム鉄酵素の酸化活性種の高スピン状態 ($S = 2$) の鉄(IV)とは異なる。一方，Borovik や Que らはトリポッド型配位子を用いて三方両錐型の鉄(IV)オキシド錯体(c)，(d) を合成し，その結晶構造を決定した。錯体(c)，(d) の鉄(IV) のスピン状態は，メスバウアースペクトルから高スピン $S = 2$ であり，高い反応性が期待された。しかし実際には配位子の立体障害のために外部基質に対する反応性は低い。一方，TQA 配位子の錯体(e)は $S = 2$ の高スピン状態をとり，外部基質に対して高い反応性を示した。その反応性は，2-オキソグルタル酸依存性酸化酵素である TauD-J の反応性に近いと報告されている[82]。

　Nam らは，TMC 類似の様々な大環状配位子を用いてペルオキシド鉄(III)，スーペルオキシド鉄(III)などの単核非ヘム鉄酸素化酵素の酸素活性化過程に生じる中間体のモデル化合物を合成して結晶構造を決定している。これらの例を図 2-58 に示す[83]。

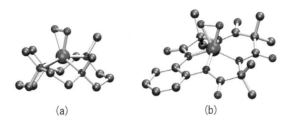

図 2-58 (a) TMC 配位子のペルオキシド鉄(III)錯体 [Fe^{III}(O$_2$)(TMC)]$^{2+}$,
(b) TAML 配位子のスーペルオキシド鉄(III)錯体 [Fe^{III}(O$_2$)(TAML)]$^{2-}$ の ORTEP 図
(TAML: tetraamide macrocycle ligand)。文献 83 より転載 (**参考図 5 参照**)

TMC 配位子のペルオキシド鉄(III)錯体 (a) の O–O は side-on 型で鉄(III)に配位しており，O–O 結合距離は 1.463Å である。これはナフタレンジオキシゲナーゼ (NDO) のヒドロペルオキシド鉄(III)中間体の O–O 結合距離 1.45Å とよく一致しており，配位形式も同じである。TAML 配位子のスーペルオキシド鉄(III)錯体 (b) については，O–O は side-on 型で鉄(III)に配位しており，O–O 結合距離は〜1.32Å である。これはエクストラ型酵素であるホモプロトカテク酸-2,3-ジオキシゲナーゼ (2,3-HPCD) のスーペルオキシド鉄(II)中間体の O–O 結合距離 1.34Å とよく一致しており，配位形式も同じである。これらはよい構造モデルであるだけでなく，ペルオキシド鉄(III)錯体 (a) はプロトン化によりヒドロペルオキシド鉄(III)錯体となり，O–O 結合開裂により上記の鉄(IV)オキシド錯体 (図 2-57(a)) に変換されることから，O$_2$ 活性化の反応を再現する機能モデルとしても有用である。

(2) 二核非ヘム鉄酵素およびそのペルオキシド中間体の構造と反応[84]

O$_2$ 活性化に関与する二核非ヘム鉄酵素は様々な生物に広く存在する。中でも細菌に含まれ，アルカン，アルケン，芳香族化合物などを酸素化する二核非ヘム鉄モノオキシゲナーゼは，その高い反応性が注目されている。これらはメタンをメタノールに変換する可溶性メタンモノオキシゲナーゼ (sMMO: soluble methane monooxygenase)，芳香環を水酸化するトルエンモノオキシゲナーゼ (TMO: toluene monooxygenase)，トルエン/*o*-キシレンモノオキシゲナーゼ (ToMO: toluene/*o*-xylene monooxygenase)，フェノールヒドロキシラー

ゼ（PH：phenol hydroxylase），アルケンをエポキシ化するアルケンモノオキシゲナーゼ（AMO：$\alpha\beta$ alkene monooxygenase）などである。これらは，bacterial multicomponent monooxygenases（BMMs）と呼ばれるスーパーファミリーであり，いずれの場合もヒドロキシラーゼ（hydroxylase）・レダクターゼ（reductase）・調節タンパク質（regulatory protein）などを含む3または4種類のタンパク質が結合して機能発現する。ヒドロキシラーゼは活性中心の二核鉄をもち，sMMOではMMOH，T4MOではT4moH，ToMOではToMOHと略記される。BMMs以外にもO_2活性化に関与する二核非ヘム鉄酵素が様々な生物に広く存在し，リボヌクレオチドレダクターゼ（RNR：ribonucleotide reductase），ステアロイルACP Δ^9-デサチュラーゼ（stearoyl-acyl carrier protein Δ^9-desaturase, Δ9D），

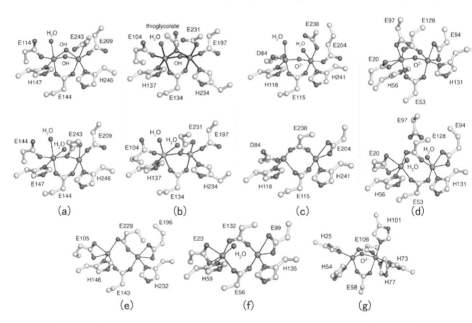

図2-59 X線結晶構造解析で決定されたO_2活性化に関与する二核非ヘム鉄酵素の酸化型と還元型の活性中心の構造（参考図6参照）

(a) MMOH: Fe(III)Fe(III)（上），Fe(II)Fe(II)（下），(b) ToMOH: Fe(III)Fe(III)（上），Mn(II)Mn(II)（下），(c) RNR-R2: Fe(III)Fe(III)（上），Fe(II)Fe(II)（下），(d) ルブレリシン: Fe(III)Fe(III)（上），Fe(II)Fe(II)（下），(e) Δ9D: Fe(II)Fe(II)，(f) バクテリオフェリチン: Fe(II)Fe(II)，(g) MetHr: Fe(III)Fe(III)。文献84より転載

ヒトデオキシヒプシンヒドロキシラーゼ (hDOHH : human deoxyhypusine hydroxylase), ルブレリスリン (rubrerythrin), フェリチン (ferritin) などが知られている。活性中心に二核鉄をもつ酸素運搬タンパク質としてヘムエリスリン (Hr : hemerythrin) などがある。ここに示した二核非ヘム鉄酵素のほとんどは,単結晶X線構造解析により構造が決定されている。MMOH, ToMOH, RNR-R2, ルブレリスリン, Δ9D, フェリチン, MetHrの活性中心の構造を比較して図2-59に示す。

図2-59に示すHr以外の酵素では,二核鉄に4つのGlu (or Asp) のカルボキシラト基と2つのHisのイミダゾール基が配位し,カルボキシラト基が架橋およびターミナル配位した,カルボキシラト基の豊富な配位環境 (carboxylate-rich coordination environment) を形成している。このcarboxylate-richな配位環境はO_2活性化に関与する二核非ヘム鉄に共通の構造モチーフである。一方,hDOHHのペルオキシド中間体の結晶構造が決定され,活性中心の二核鉄は1つの鉄に2つのHisと1つのGluが単座で配位したhistidine-richな配位環境にあり,カルボキシラト架橋をとらないことが明らかにされた。この構造は図2-60 (b) に示す,6-Me2-bpp (N,N-bis (6-methyl-2-pyridylmethyl)-3-aminopropionate) 配位子のペルオキシド二核鉄(III)錯体 [Fe$_2$(μ-1,2-O$_2$) (μ-O) (6-Me$_2$-bpp)$_2$]$^{87)}$ の構造と類似している。

表2-5 O_2活性化に関与する二核非ヘム鉄酵素の働きおよびそのペルオキシド中間体の構造と分光学的データ,合成されたペルオキシド二核鉄(III)錯体の構造と分光学的データ

Proptein	Function	peroxo binding mode	optical absorption band λ_{max}/nm (ε/M^{-1}cm^{-1})	Mössbauer parameter δ (mm/s)	ΔE_Q (mm/s)
RNR-R2	Tyrosyl radical generator	μ-1,2-	700 (1500)	0.63	1.58
MMOH(Bath)	Methane hydroxylation	μ-1,2-	420 (3880), 720 (1350)	0.66	1.51
MMOH(OB3b)	Methane hydroxylation	μ-1,2-	725 (2500)	0.67	1.51
Δ^9-desaturase	HC—CH → C=C	μ-1,2-	700 (1200)	0.68, 0.64	1.90, 1.06
Frog M ferritin	Iron storage	μ-1,2-	650	0.62	1.08
T4MOH	Toluene-4-hydroxylation	μ-1,2-peroxo(?)	no optical band	0.54	0.67
ToMOH	Toluene/o-xylene hydroxylation				
hDOHH	human Deoxyhypusine hydroxylation	μ-1,2-	630 (2800)	0.55, 0.58	1.16, 0.88
Synthetic peroxodiiron(III) complex		peroxo binding mode	optical absorption band λ_{max}/nm (ε/M^{-1}cm^{-1})	Mössbauer parameter δ (mm/s)	ΔE_Q (mm/s)
[Fe$_2$(μ-1,2-O$_2$)(μ-O$_2$CCH$_2$Ph)$_2$(HB(pz*)$_3$)$_2$] (a)		gauche μ-1,2-	694 (2650)	0.66	1.40
[Fe$_2$(μ-1,2-O$_2$)(μ-OH)(6-Me$_2$-BPP)$_2$] (b)		cis-μ-1,2-	644 (3000)	0.50	1.31

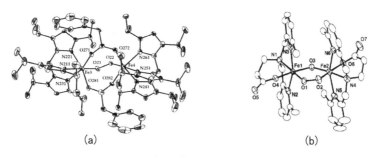

図 2-60　ペルオキシド二核鉄(III)錯体の結晶構造の ORTEP 図
(a) HB(pz')$_3$ のペルオキシド二核鉄 (III) 錯体 [Fe$_2$(μ-1,2-O$_2$) (μ-O$_2$CCH$_2$Ph)$_2$(HB(pz')$_3$)$_2$][82],
(b) 6-Me$_2$-bpp のペルオキシド二核鉄 (III) 錯体 [Fe$_2$(μ-1,2-O$_2$) (μ-O) (6-Me$_2$-bpp)$_2$][83]。文献 86, 87 より転載

二核非ヘム鉄酵素による O$_2$ 活性化で生じるペルオキシド中間体 (peroxo intermediate) の構造と反応性が注目され，その一部は分光学的測定，結晶構造解析，モデル化合物などから解明されつつある。まず NAD(P)H を電子源として 2 電子をレダクターゼから受けとり二核鉄(II)が生じ，O$_2$ と反応してペルオキシド中間体 (peroxo intermediate) が生じる。全ての二核非ヘム鉄酵素は共通にペルオキシド中間体の生成を経て反応が進行するが，その分光学的特徴や反応性は酵素によって異なる。これらの酵素の働きとそのペルオキシド中間体およびそのモデル化合物であるペルオキシド錯体[86, 87]の分光学的データを表 2-5 に，また後者の結晶構造を図 2-60 に示す。この中間体の分光学データを比較すると，電子スペクトルでは，MMOH, RNR-R2, Δ9D は 700 nm 付近に，hDOHH は 630 nm に顕著な吸収を示し，ToMOH, T4moH は明確な吸収を示さず，メスバウアースペクトルでは，多くは異性体シフト (δ) と四極子分裂 (ΔE_Q) の値はそれぞれおよそ 0.6 mm/s と 1.5 mm/s であるが，ToMOH ではこれらはそれぞれ 0.54 mm/s と 0.67 mm/s であり，ΔE_Q の値が他の酵素に比べて極端に小さい。ペルオキシド中間体は hDOHH では安定であり，その結晶構造が報告されている。またモデル化合物としてペルオキシド二核鉄 (III) 錯体が合成されており，図 2-60(a), (b) にそれぞれ Lippard らが報告したトリスピラゾリルボレート三座配位子 HB(pz')$_3$ のペルオキシド二核鉄(III)錯体 [Fe$_2$(μ-1,2-O$_2$) (μ-O$_2$CCH$_2$Ph)$_2$(HB(pz')$_3$)$_2$] (pz' は 3,5-位にイソプロピル基をも

つ 3,5-di(isopropyl)pyrazolyl)と鈴木らが報告したカルボン酸含有四座配位子 6-Me$_2$-bpp のペルオキシド二核鉄(III)錯体 [Fe$_2$(μ-1,2-O$_2$)(μ-O)(6-Me$_2$-bpp)$_2$] の結晶構造を示す[86, 87]。これらはいずれも μ-1,2-ペルオキシド型の架橋構造を形成し，(a) の錯体では μ-1,2-ペルオキシドはゴーシュ型コンフォメーションをとる。(a) の錯体は MMOH のペルオキシド中間体 P と類似したメスバウアースペクトルを与えることから，これらは互いに類似したペルオキシド架橋構造をとると提案されている。(b) の錯体は hDOHH のペルオキシド中間体と構造が類似しており注目に値する。hDOHH のペルオキシド中間体は室温で安定であり，休止状態として存在する。しかしここに基質である deoxyhypusine が結合するとペルオキシド中間体は減衰し，基質酸化が進行する。MMOH ではペルオキシド中間体 P は不安定であるが各種スペクトルが測定されている。またその O-O 結合が開裂すると中間体 Q と呼ばれる高スピン状態のジ-μ-オキシド架橋二核鉄(IV)錯体が生じ，これがメタンをメタノールに変換する直接の酸化活性種と考えられている。一方 RNR-R2 では，ペルオキシド中間体の O-O 結合が開裂してオキシド架橋二核鉄(III)(IV)中間体が生じ，これがチロシン残基を酸化して反応が進行する。T4moH や ToMOH では，ペルオキシド中間体は非常に不安定で，これが基質を直接酸化すると考えられているが，その反応機構は明らかにされていない。

1) 可溶性メタンモノオキシゲナーゼ[89]

メタンモノオキシゲナーゼ（MMO：methane monooxygenase）はメタンだけをエネルギー源および炭素源として利用するメタン資化細菌（methanotroph）に含まれ，NADH からの 2 電子を使用して O$_2$ 分子を活性化し，化学的に安定なメタンをメタノールに変換する（式 2.1）。メタン資化細菌は温室効果ガスであるメタンの環境中への放出を制限することに役立っており，地球の C1 サイクルの中で重要な働きをしている。メタンはメタンハイドレートとして大量に埋蔵されており，燃料だけでなく炭素源としても期待されている。したがってメタンからメタノールの生産は工業的に重要である。しかしメタンの C-H 結合の結合解離エネルギー（BDE：bond dissociation energy）104.9 kcal/mol はアルカンでは最大で，メタンはその強い C-H 結合とともに双極子モーメントを持

たない安定な分子として最も酸化されにくいアルカンである。さらにアルコールはアルカンより酸化されやすく，過剰酸化されてアルデヒドやカルボン酸などに変換されてしまうので，メタンのメタノールへの変換は困難な化学プロセスである。したがってメタンを効率的に水酸化するMMOのO_2活性化や基質酸素化の機構を明らかにすることは工業化学的応用の観点からも重要である。また興味深いことに，メタン資化細菌はメタン以外の有機物を利用しないにもかかわらず，MMOは様々な有機化合物を一原子酸素化し，アルカンやベンゼンの水酸化，アルケンのエポキシ化などを触媒するので，その高い基質酸化能力は合成化学の観点からも注目されている。MMOには2種類の異なる酵素が存在する。1つは活性中心に非ヘム二核鉄をもつ水溶性タンパク質で，細胞質に存在する可溶性メタンモノオキシゲナーゼ（sMMO）である。もう1つは活性中心に銅を持つ膜タンパク質の粒状メタンモノオキシゲナーゼ（pMMO：particulate methane monooxygenase）である。ここでは二核非ヘム鉄酵素であるsMMOについて記述する。

$$CH_4 + NADH + O_2 + H^+ \xrightarrow{MMO} CH_3OH + NAD^+ + H_2O \quad (2.1)$$

sMMOは *Methylococcus capsulatus*（Bath），*Methylosinus trichosporium* OB3bなどの菌株（これ以降はそれぞれBath, OB3bと記す）から単離されたものがよく研究されている。sMMOはヒドロキシラーゼ（MMOH）・レダクターゼ（MMOR）・調節タンパク質（MMOB）の3成分が動的に結合し，複合体を形成して機能する。MMOHはα, β, γの3種類のサブユニットからなる$\alpha_2\beta_2\gamma_2$の組成をもち，分子量はBath, OB3bともにおよそ250 kDa程度である。二核鉄はMMOHのαサブユニットに存在し，休止状態では高スピン鉄(III)であることがメスバウアースペクトルや磁気測定から示されている。MMOHはH_2O_2を酸化剤とするshunt法でも基質を酸化できるが，その反応効率は低く，反応速度も遅い。MMORはBath, OB3bのいずれも分子量が38 kDaで，C-末端ドメインにFAD，N-末端ドメインに鉄硫黄クラスター（Fe_2S_2）を補因子としてもつ還元酵素である。まずNADHが$MMOR_{ox}$に結合するとFADが2電子還元されて$FADH_2$が生じ，これが1電子をすばやく鉄硫黄クラスターにわたして自らはセミキノンラジカルになり，$MMOR_{red}$を生じる。このESRスペクトルは，セ

ミキノンラジカルのシグナルを $g = 2.004$ に，また1電子還元された Fe_2S_2 クラスターのシグナルを $g = 2.04, 1.96, 1.87$ に示す。$MMOR_{red}$ が休止状態の酸化型 MMOH に結合すると，$MMOR_{red}$ から MMOH に2電子が移動する。MMOB は，補因子を持たない調節タンパク質であり，Bath, OB3b ともに分子量が約 15 kDa 程度の最小のタンパク質である。MMOB は MMOH と動的に結合して制限2電子移動や O_2 活性化と基質酸化の連動などを司どり，sMMO の効率的な基質酸化を実現する。

Lippard らは Bath から単離された MMOH を結晶化し，酸化型の Fe(III)Fe(III) と還元型の Fe(II)Fe(II) の構造を決定した（図2-59(a)）[84]。OB3b から単離された MMOH の結晶構造は，Lipscomb らにより決定され，Bath からの MMOH と類似している[91]。MMOH は上述したように2つの $αβγ$ プロトマーからなり，2回回転対称軸をもち，2つの $αβ$ が接合部となっている。ここでは図2-59(a) に示された，Bath の Fe(III)Fe(III) と Fe(II)Fe(II) の構造について記述する。二核鉄は MMOH の $α$ サブユニットの4つのヘリックスバンドルの中に存在し，2つの鉄には2つの His と4つの Glu が配位している。酸化型では2つの鉄(III)は2つの OH^- で架橋されて鉄-鉄間距離は約3.1 Å で，いずれも歪んだ6配位8面体構造をとる。還元型では2つの OH^- 架橋がはずれて Glu243 のカルボキシラト基が2つの鉄(II)を架橋しており，この架橋カルボキシラト基は一方の鉄にはキレート配位している。これにより鉄－鉄間距離は約3.3 Å に広がり，1つの鉄(II)は5配位構造に変化して空の配位座を1つもつ。この空の配位部位は，O_2 分子との反応によるペルオキシド中間体の生成に重要であると考えられる。この Glu243 の配位構造の変化はカルボキシラトシフトと呼ばれる。カルボキシラトシフトは，後述する ToMO では Glu231 と Glu104，また RNR-R2 では Asp84 と Glu204 において観測されており，これらの二核鉄酵素の触媒サイクルを促進する重要な構造変化である。しかし，その役割は詳細には解明されておらず，今後の研究の進展が待たれる。さらに Lippard らは Bath から単離された MMOH-MMOB 錯体の結晶構造を決定した[91]。この構造から次のことが明らかになった。(1) MMOB は MMOH の2つの $αβγ$ プロトマーの接合部（$αβ$ の接合部）に形成される深い谷に結合し，MMOH の $α$ サブユニットにコンフォメーション変化を起こさせる。(2) この

コンフォメーション変化により MMOH の α サブユニットにある二核鉄(II)へのプロトン，メタン，O_2 分子のアクセスを調節している。これにより MMOB は MMOH による効率的なメタン酸化を実現させている。

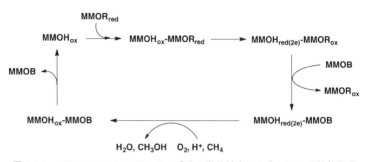

図 2-61 MMOH/MMOR/MMOB の 3 成分の動的結合による sMMO の機能発現

　MMOH/MMOR/MMOB の 3 成分の動的結合による sMMO の機能制御機構が，Bath から単離された MMOH-MMOB 錯体の結晶構造および MMOH-MMOR 錯体の様々な構造的証拠に基づいて提案されている[89]。これら 3 成分の動的結合による sMMO の機能発現の反応経路を図 2-61 に示す。$MMOR_{red}$ が $MMOH_{ox}$ に結合すると，$MMOR_{red}$ から 2 電子が移動して $MMOH_{ox}$ の Fe(III)Fe(III) が Fe(II)Fe(II) に還元される（$MMOH_{red}$）。このとき $MMOR_{red}$ は $MMOH_{ox}$ の 2 つの αβγ プロトマーの接合部の深い谷に結合しており，二核鉄の近傍に存在する Thr213, Asn214, Glu240 の 3 つのアミノ酸で形成される親水性の細孔を通して $MMOR_{red}$ の N-末端ドメインに存在する Fe_2S_2 クラスターから $MMOH_{ox}$ の二核鉄(III)へ電子移動が起こる。次に MMOB が $MMOR_{ox}$ と置換して $MMOH_{red}$-MMOB 錯体が形成される。これに伴い，次の（1）から（4）が実現される。（1）MMOB は $MMOR_{ox}$ と同じ部位で $MMOH_{red}$ に結合し，$MMOR_{ox}$ の $MMOH_{red}$ への結合を阻害する。したがって $MMOH_{red}$-MMOB 錯体の形成により，ペルオキシド中間体や酸化活性種などの非生産的な還元的分解が阻止される。これにより制限 2 電子移動が実現される。もし MMOB がなければ $MMOR_{red}$ が再び $MMOH_{peroxo}$ に結合し，MMOH は単に NADH を消費するだけの酵素になってしまう。（2）MMOB が $MMOR_{ox}$ と置換し，電子の通り道であった Thr213,

Asn214, Glu240 の細孔から, O_2 活性化に必要な 1 プロトンが運び込まれる。(3) MMOB の結合により $MMOH_{red}$ の α サブユニットにコンフォメーション変化が起こり, α サブユニットにあるメタンと O_2 の通り道である疎水キャビティーが活性中心に接続して $MMOH_{red}$ の外部から O_2 分子とメタンが二核鉄(II)にアクセスする。これによりメタン酸化に必要な全ての材料が活性中心に取込まれ, O_2 の活性化がスタートする。(4) このとき同時に細孔 (Thr213, Asn214, Glu240) が閉じられ, ペルオキシド中間体への過剰なプロトンや水の供給が阻止されて過酸化水素の生成を防ぐことができる。このように sMMO は, MMOH/MMOR/MMOB の 3 成分の動的結合により, NADH の無駄な消費を防ぎ, 生体毒である H_2O_2 の生成を防いでいる。

現在までに MMOH の反応機構の詳細が徐々に解明されつつある。上述したように, まず酸化体 $MMOH_{ox}$ [Fe(III)Fe(III)] に $MMOR_{red}$ が結合して還元体 $MMOH_{red}$ [Fe(II)Fe(II)] が生じる。ここで $MMOR_{ox}$ が $MMOH_{red}$ からはずれ, MMOB に置換されると, $MMOH_{red}$ の α サブユニットにコンフォメーション変化が起こり, 効率的な O_2 活性化とメタンのメタノールへの変換が進行する。この O_2 活性化の推定機構を図 2-62 に示す。まず Fe(II)Fe(II) が O_2 と反応してペルオキシド二核鉄(III)中間体 [Fe(III)$_2(\mu$-O_2)] を生じる。この中間体は P* から P に変換した後, 架橋ペルオキシドの O−O 結合が開裂して酸化活性種であるジ-μ-オキシド高スピン二核鉄(IV)中間体 [Fe(IV)(μ-O)]$_2$ を生成する。これは中間体 Q と呼ばれており, これがメタンを直接的に酸化する活性種であると考えられている。メタンからメタノールへの変換反応は, まず中間体 Q がメタンの C−H 結合から水素原子を引き抜き, 炭素ラジカルと Fe(III)Fe(IV)=O を生じる。次に Fe(III)Fe(IV)=O から炭素ラジカルへの O 原子の再結合が起こり, メタノールが生成する。MMOH は中間体 T を経て休止状態にもどる。中間体 P はペルオキシド二核鉄(III)錯体であり, 表 2-5 に示したように, 様々な二核非ヘム鉄酵素でも生成し, 紫外-可視吸収スペクトル, メスバウアースペクトル, 共鳴ラマンスペクトル等の分光学的測定により確認されている。この中間体 P はアルケンをエポキシ化する能力がある。中間体 Q は紫外-可視吸収スペクトル, EXAFS, メスバウアースペクトル, 共鳴ラマンスペクトル等の測定結果に基づいて, 菱形構造をもつジ-μ-オキシド高スピ

ン ($S = 2$) 二核鉄(IV)錯体であると提案されている[89]。中間体 Q はメタンの強い C–H 結合から水素原子を引き抜くことができる高い基質酸化能力をもつと考えられている。

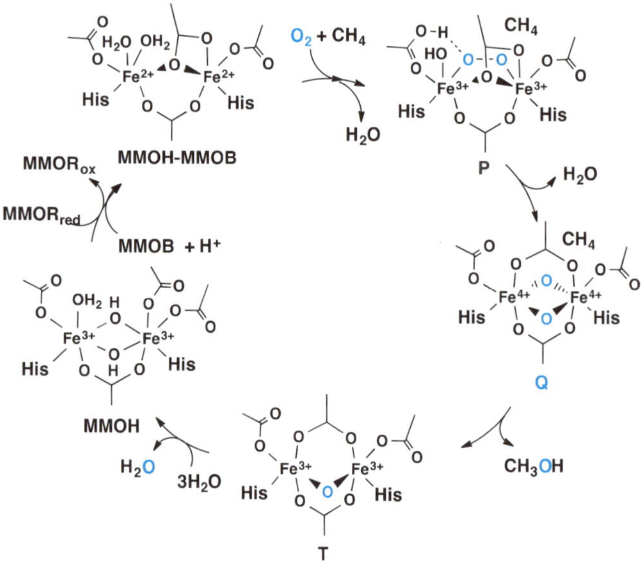

図 2-62 sMMO の二核鉄による O_2 活性化と基質酸素化の反応機構

中間体 Q はその高い反応性が注目されている。そのモデル化合物として図 2-63 に示す 2 つのタイプの二核鉄(IV)オキシド錯体が報告されている。図 2-63(a) のジ-μ-オキシド二核鉄(IV)錯体の Fe(IV)$_2$O$_2$ は中間体 Q とよく似た菱形構造をとる。しかしこの化合物の反応性は関連する鉄(IV)オキシド錯体と比べて低く、中間体 Q の高い反応性を再現できない[90]。低活性の理由としてはその低スピン状態が考えられる。高スピン状態の鉄(IV)オキシドが高い酸化活性を示すことは，非ヘム鉄酵素の酸化活性種，高スピンの単核 Fe(IV) や二核 Fe(III)Fe(IV) 錯体[94]，理論研究[95] などに関して多数報告されている。これと関連して，図 2-63(b) に示す高スピン状態のトリオキシド二核鉄(IV)錯体が報告された[96]。この錯体は前駆体であるペルオキシド二核鉄(III)錯体の O–O 結合の開裂によって生成し，固体状態では温度変化によってペルオキシド二核鉄

(III)とトリオキシド二核鉄(IV)が可逆的に相互変換した。またこれらのメスバウアースペクトルはsMMOの中間体Pと中間体Qのものと酷似しており，このトリオキシド二核鉄(IV)錯体は中間体Qの高スピン二核鉄(IV)の電子状態を再現した唯一のモデル化合物といえる。このトリオキシド二核鉄(IV)錯体はアルカンのC–H結合の切断に対して高い反応性を示し[97]，トルエンのメチル基のC–H/C–Dの水素引抜きの速度論的同位体効果KIE (k_H/k_D) 値は95であった。これは二核鉄錯体で報告された中では最大値である。またこの錯体によるエチルベンゼンのエチル基のC–H結合の水素引抜きの反応速度は，それまでに反応性が最も高いと報告されていた高スピンの二核鉄(III)(IV)錯体の反応速度よりも620倍大きな値であった。これらの結果は高スピン状態のオキシド二核鉄(IV)錯体の高い反応性を実証するものとして重要である。

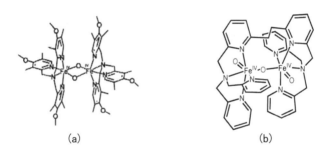

図2-63　中間体Qのモデル化合物の化学構造

(a) 低スピン状態をとるジ-μ-オキシド二核鉄 (IV) 錯体，(b) 高スピン状態をとるトリオキシド二核鉄 (IV) 錯体 (O=Fe(IV)-O-Fe(IV)=O) の構造

sMMOは，メタノール→ホルムアルデヒド→ギ酸という過剰酸化を起こさずに選択的にメタノールだけを生産する。このような選択的水酸化を達成するには基質結合部位の働きが重要であり，sMMOでは活性中心近傍に185 Å^{3}程度の疎水的な基質結合部位が存在する。ここではLeu110などの疎水性アミノ酸で構成される疎水的基質結合部位におけるゲート機構が作用して，メタンの取り込みや生成したメタノールの排出が行われ，メタノールの過剰酸化が抑えられる。これらの優れた機能を兼ね備えたsMMOの工業利用が試みられてき

たが，実際には sMMO のタンパク質複合体の取扱いが困難であることや遺伝子工学的な大量生産ができないなどの問題のために実用化されていない。そこで，メタンのメタノールへの選択的変換を可能にする高性能酸化触媒として高い酸化活性と伴に，基質結合部位などの酵素類似機能を合わせもつバイオインスパイアード錯体の開発が期待されている。

2）トルエンモノオキシゲナーゼとトルエン/o-キシレンモノオキシゲナーゼ[98]

トルエンは自然界では細菌によって分解され，好気的反応としてトルエンジオキシゲナーゼ，トルエンモノオキシゲナーゼ（TMO），トルエン/o-キシレンモノオキシゲナーゼ（ToMO）などの非ヘム鉄酵素が関与する複数の経路が含まれている。トルエンジオキシゲナーゼは Rieske ジオキシゲナーゼであり，単核非ヘム鉄酵素としてすでに紹介した。ここでは二核非ヘム鉄酵素である TMO と ToMO について記述する。TMO によるトルエンの分解反応を図 2-64 に示す。TMO はトルエンを水酸化してクレゾールに変換する。その1つであるトルエン 4-モノオキシゲナーゼ（T4MO：toluene 4-monooxygenase）はトルエンの 4-位を水酸化して p-クレゾールを与える。これはその後 4 段階の酵素反応を経てプロトカテク酸となり，最終的にカテコールジオキシゲナーゼ（3,4-PCD，上記参照）によって代謝分解される。また TMO には T4MO の他に T2MO, T3MO が存在し，それぞれトルエンの 2-, 3- 位を位置特異的に水酸化して o-, m-クレゾールに変換する。一方，トルエンや o-キシレンを水酸化してクレゾールやキシレノールに変換する ToMO は水酸化の位置特異性が低く，トルエンからは o-, m-, p-クレゾールの混合物を与える。また TMO や ToMO はトルエン以外にも様々な芳香族化合物，アルケン，アハロアルカンなどの酸化を触媒するが，メタンなどの強い C−H 結合を持つアルカンは酸化できない。これらの BMMs（bacterial multicomponent monooxygenases）はその高効率・高選択的な基質酸化能力から，バイオレメディエーション（生物学的環境修復）や炭化水素の酸化触媒としての応用が期待されている。sMMO はメタンをメタノールに酸化し，ベンゼンをフェノールに酸化することができるが，上記の理由で実用化は進んでいない。一方，TMO と ToMO は遺伝子工学による大量生産ができ，これらの中でも反応の位置特異性が高い TMO は実際的応用の可

能性が高いと考えられている。

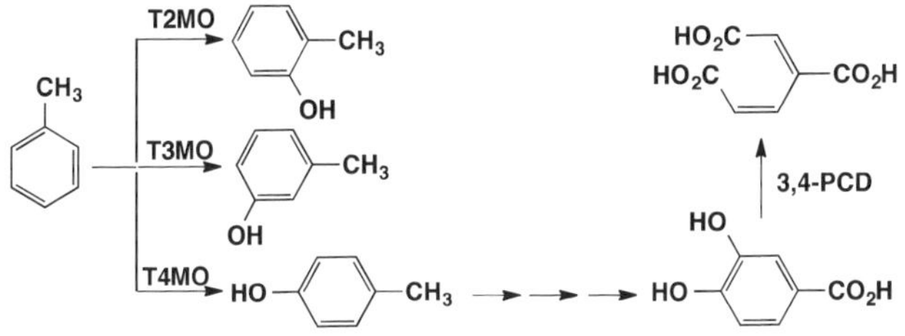

図 2-64　T2MO, T3MO, T4MO によるトルエンの水酸化と p-クレゾールの分解反応

T4MO と ToMO はそれぞれ *Pseudomonas mendocina* KR1 と *Pseudomonas stutzeri* OX1 から単離された。T4MO は，NADH 酸化還元酵素（T4moF），Rieske タンパク質（T4moC），ヒドロキシラーゼ（T4moH），制御タンパク質（T4moD）の 4 種類のタンパク質からなる。ToMO も同様に，NADH 酸化還元酵素（ToMOF），Rieske タンパク質（ToMOC），ヒドロキシラーゼ（ToMOH），制御タンパク質（ToMOD）の 4 種類のタンパク質が存在し，互いに結合して複合体を形成し，機能発現する。BMMs のこれらタンパク質の分子量はほぼ共通であり，ヒドロキシラーゼが 200〜255 kDa，制御タンパク質が 10〜16 kDa，還元酵素が 38〜40 kDa，Rieske タンパク質が 10〜12 kDa である。T4moH と ToMOH は，MMOH と同様に α, β, γ の 3 種類のサブユニットからなる $\alpha_2\beta_2\gamma_2$ の組成をもち，α サブユニットに活性中心の二核鉄が存在する。ToMO のこれらのタンパク質間の結合による機能発現を図 2-65 に示し，これらの 4 つのタンパク質の働きを（1）から（4）に記す[99]。（1）酸化体 $ToMOF_{ox}$ は FAD を補酵素としてもち，NADH から 2 電子を受取り，還元体 $ToMOF_{red(2e)}$ を生じる。（2）ToMOC は Rieske 型 Fe_2S_2 クラスターをもち，その酸化体 $ToMOC_{ox}$ は $ToMOF_{red(2e)}$ から電子を受取り，2 当量の還元体 $ToMOC_{red}$ を生じる。（3）活性中心の二核鉄をもつヒドロキシラーゼの酸化体 $ToMOH_{ox}$ [Fe(III)Fe(III)] は $ToMOC_{red}$ と結合して 2 段階の電子移動で 2 電子還元され，還元体 $ToMOH_{red(2e)}$ [Fe(II)Fe(II)] に変換される。（4）ToMOD は補因子をもたない制御タンパク質であり，還元体 $ToMOH_{red(2e)}$ と結合して O_2 活性化と基質

酸化を促進させ，ToMOH の触媒効率を大きく向上させる。T4MO の場合も，ToMO と全く同様に4種類のタンパク質が動的に結合して機能発現している。

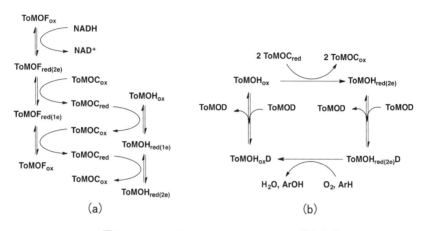

図 2-65　ToMOF/ToMOC/ToMOH/ToMOD の機能発現

(a) ToMOF/ToMOC/ToMOH 間の電子移動。(b) ToMOH と ToMOC, ToMOD の間の結合と触媒サイクル[99]。

　TMO と ToMO では，最初に ToMOH の結晶構造が 2004 年に決定された[100]。ToMOH と MMOH を比較すると全体の形状は互いに少し異なるが，2つの対称な $\alpha\beta\gamma$ プロトマーの $\alpha\beta$ 接合部に深い谷が形成されているという構造的特徴は共通している。ToMOH の α サブユニットの4つのヘリックスバンドルの中に二核鉄が存在し，2つの鉄には2つの His と4つの Glu が配位しているなどの構造も MMOH と共通する。図 2-59 (a), (b) に MMOH および ToMOH の二核鉄の構造が示されている。酸化体 MMOH では2つのヒドロキシド基が二核鉄(III)を架橋し，酸化体 ToMOH ではその1つがチオグリコール酸に置換されている。しかし，それ以外は二核鉄の配位構造は互いによく類似している。還元体では ToMOH の Mn(II)Mn(II) と MMOH の Fe(II)Fe(II) の配位構造はほとんど同一である。還元体の金属間距離は ToMOH では 3.4 Å であり，MMOH の 3.3 Å よりわずかに長い。MMOH では二核鉄の近傍に存在する Thr213, Asn214, Glu240 の3つのアミノ酸が形成する細孔が存在し，電子移動，

プロトンの取込み，O_2 活性化における各種中間体や酸化活性種の保護などを細孔の開閉を通して制御している。これに対応して ToMOH の二核鉄近傍には Thr201, Asn202, Gln228 が存在する。Q228A, Q228E, N202A の変異体の研究から，変異体では $ToMOH_{ox}$ から $ToMOH_{red}$ への還元速度の低下やペルオキシド中間体の H_2O_2 への分解が起こり，触媒回転が大きく低下することが示された。これらの結果から，Thr201, Asn202, Gln228 の 3 つのアミノ酸が関与する細孔が ToMOH の活性に重要な働きをもち，その開閉を通して酸化活性種の生成や安定性を制御していると提案されている[101]。

T4MO については Fox らによって，2008 年に休止状態の $T4moH_{ox}$，$T4moH_{ox}$ と制御タンパク質 T4moD が結合した $T4moH_{ox}D$ 錯体，これが亜ジチオン酸ナトリウム $Na_2S_2O_4$ で還元されて生じる $T4moH_{red}D$ 錯体[102]，2009 年には $T4moH_{ox}D$ 錯体と H_2O_2 の反応で生成したペルオキシド中間体[103]，2014 年には Rieske フェレドキシンである T4moC が $T4moH_{ox}$ と結合した $T4moH_{ox}C$ 錯体などの結晶構造が報告されている[98]。休止状態の $T4moH_{ox}$ の二核鉄の構造は 2 つの鉄(III)が 6 配位構造で，鉄-鉄間距離は 3.3 Å であり，休止状態の MMOH や ToMOH の構造と実質的にほぼ同一である。T4moD が結合した $T4moH_{ox}D$ 錯体では，2 つのヒドロキシド架橋の 1 つが失われて 2 つの鉄(III)は 5 配位構造をとる。この空の配位座は T4moD が結合して生じており，触媒サイクルを開始するときに O_2 分子が結合するための場所を提供しているのかもしれない。一方，還元された $T4moH_{red}D$ 錯体の二核鉄では，Glu231 のカルボキシラト基が移動してヒドロキシル架橋を置換して 2 つの鉄(II)を架橋する構造をとり，鉄-鉄間距離は 3.4 Å に広がる。この架橋カルボキシラト基は一方の鉄にキレート配位しており，MMOH や ToMOH の還元体で見られた二核鉄(II)の構造とよく一致している。このとき 2 つの鉄(II)は 5 配位構造をとり，空の配位座は O_2 を結合するために用意されている。

H_2O_2-shunt 法で生じた，H_2O_2 が二核鉄に配位したと考えられる中間体の結晶構造が 2009 年に決定された[103]。T4moH のペルオキシド中間体は，非常に不安定であり，電子スペクトルでは明確なバンドを示さず，その構造や基質酸化機構はほとんど不明であった。T4moH や $T4moH_{ox}D$ 錯体に H_2O_2 を加えても，電子スペクトルでは明確な吸収は観測されない。一方 T4moH や $T4moH_{ox}D$ 錯

体を用いた H_2O_2-shunt 法によるトルエンの酸化反応では位置特異性は低下するが，55％の p-クレゾール，44％の o-クレゾール，2％の m-クレゾールを生成し，オルト - パラ配向性を示す。この反応の初期速度は約 0.3 min^{-1} であり，約 1 時間触媒反応が継続された。これに対して T4MO の通常の O_2 活性化によるトルエン酸化では位置特異的反応が進行し，96％の p-クレゾール，2％の o-クレゾール，1％の m-クレゾール，1％のベンジルアルコールが生成し，その反応速度は shunt 法よりも 600 倍速い。このように両者の反応は明らかに異なるが，H_2O_2-shunt 法と同様に T4moH$_{ox}$D 錯体の結晶を 0.3 M の H_2O_2 水溶液に 30 分間浸して処理した後に，この結晶を用いて X 線結晶構造解析を行うと，二核鉄に μ-1,2-ペルオキシド型の架橋構造の形成が見出された。これは分光学的測定，理論計算，モデル化合物の構造などから推測されたペルオキシド二核鉄 (III) の構造と類似している。この H_2O_2-shunt 法により生成したペルオキシド中間体の活性中心の結晶構造を図 2-66 に示す。この結晶構造では μ-1,2-ペルオキシド，μ-ヒドロキシド，μ-カルボキシドの 3 つの架橋構造が形成されている。T4moH$_{ox}$D 錯体では，上述したように二核鉄(III)は 5 配位構造をしており，この空の配位座に H_2O_2 が配位して μ-1,2-ペルオキシド型の架橋構造を形成すると考えられる。この結晶構造から，O−O 結合距離は 1.5 Å であり，Fe−O 結合距離は約 2.2 Å である。これらは合成されたモデル化合物のペルオキシド二核鉄(III)錯体の結晶構造で見られる O−O 結合距離 (1.41〜1.43 Å) や Fe−O 結合距離 (1.88〜1.94 Å) よりも長い。これはペルオキシドがプロトン化された H_2O_2 の状態で二核鉄(III)に配位していることを示唆している。H_2O_2 の状態ではペルオキシド酸素から鉄(III)への LMCT バンドの強度が弱くなると考えられるので，これはペルオキシド中間体の電子スペクトルで顕著な吸収バンドが観測されないことと一致している。しかし H_2O_2-shunt 法と通常の O_2 活性化とでは明らかに基質酸化の反応性に違いがあり，通常の O_2 活性化で生じる本来のペルオキシド中間体は H_2O_2-shunt 法で観測された図 2-66 の構造と異なっているかもしれない。

2 O_2 の運搬・貯蔵・活性化

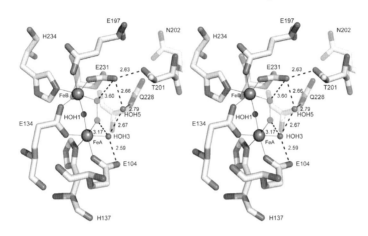

図 2-66　T4moH$_{ox}$D 錯体の結晶を H_2O_2 水溶液 (0.3 M) に 30 分浸した shunt 法で生成したペルオキシド二核鉄 (III) 中間体の活性中心の結晶構造の 3 次元ステレオビュー

(参考図 7 参照)

二核鉄に配位しているペルオキシド酸素はプロトン化された H_2O_2 の状態と考えられ，可能な水素結合が点線で，またその結合距離が数値で示されている。ペルオキシド酸素は緑色で，架橋オキソは赤色で示されている。文献 103 より転載

2014 年に決定された T4moHC の結晶構造から，(1) T4moH と T4moC が結合している境界面の構造，(2) 基質の通り道 (substrate channel) の疎水キャビティーの構造変化，(3) Rieske フェレドキシン T4moC の [2Fe-2S] とヒドロキシラーゼ T4moH の二核鉄の位置関係，(4) 二核鉄の近傍に存在する Thr201, Asn202, Gln228 の 3 つのアミノ酸残基の構造変化，(5) 二核鉄の配位構造の変化などが明らかにされた[98]。これらの中で T4moH と T4moC が結合している境界面の水素結合相互作用，[2Fe-2S] と二核鉄の位置関係，さらに T4moHD の活性中心の二核鉄の構造を比較してそれぞれを図 2-67 に示す。T4moHD と T4moHC の全体構造を比較すると，T4moD と T4moC は T4moH の 2 つの $\alpha\beta\gamma$ プロトマーの接合部 ($\alpha\beta$ の接合部) に形成される深い谷間の同じ位置に結合しており，これは MMOH-MMOB 錯体で見られたのと全く同じである。これらの結合部位はヒドロキシラーゼの活性中心の二核鉄に直結する位置であり，T4moC では [2Fe-2S] から二核鉄 (III) への電子移動，T4moD では二核鉄周辺の構造変化を引き起こすことによる様々な機能制御のために最も適する場所

である．また T4moD と T4moC は T4moH の同じ部位に結合することによって制限 2 電子移動が実現され，酸化活性種の還元分解による無駄な NADH の消費が阻止されている．これも sMMO で見られたのと同じ制御機構である．図 2-67(a) に示す T4moH と T4moC の相互作用を見ると，T4moH の Arg10, Arg19 が T4moC の Glu16, Asp10, Asp96 と水素結合により安定化していることがわかる．図 2-67(b) では，[2Fe-2S] と二核鉄(III)の距離が約 12 Å に近づいており，生体内の電子移動に典型的な距離である．[2Fe-2S] と二核鉄(III)の配位子の最短距離は T4moC の His67 と T4moH の Glu231 の 3.4 Å である．これは参考図 8(b) の中に赤色の点線で示されている．図 2-67(c) に示す T4moHD の二核鉄周辺には水分子が存在しているが，T4moHC で二核鉄周辺には水分子が存在しない．これは，T4moHD の水分子が O_2 活性化に必要なプロトンのドナーになっている可能性が考えられる．T4moHC では substrate channel の疎水キャビティーは二核鉄活性中心に開かれており，基質であるトルエンのアクセスが容易に起こる．また二核鉄の近傍に存在する Thr201, Asn202, Gln228 の 3 つのアミノ酸残基がつくる細孔も電子移動のために開かれている．一方，T4moHD では疎水性キャビティーは閉じられ，細孔も閉じられる．この T4moHD の構造変化は sMMO における MMOH-MMOB 錯体でも見られる．こ

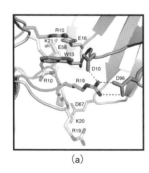
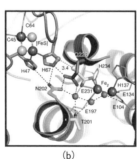
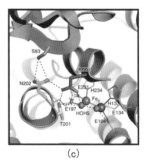

図 2-67　ヒドロキシラーゼ T4moH と Rieske フェレドキシン T4moC または制御タンパク質 T4moD が結合した T4moHC または T4moHD 錯体の結晶構造（参考図 8 参照）

(a) T4moH と T4moC が結合している境界面の水素結合相互作用，(b) Rieske フェレドキシン T4moC の [2Fe-2S] とヒドロキシラーゼ T4moH の二核鉄の位置関係，(c) T4moHD の活性中心の二核鉄の構造．文献 98 より転載

れはヒドロキシラーゼに制御タンパク質が結合すると，O_2分子，プロトン，基質などの材料が二核鉄近傍にそろい，O_2活性化と基質酸化に最適な環境が整えられるためと考えられる。反応終了後に再びT4moHC錯体が形成されると，疎水キャビティーや細孔が開くので，このタイミングで生成物であるクレゾールが放出され，次の反応のための電子移動が進行する。

このようにBMMsの3ないし4種類のタンパク質からなる複合体形成は機能制御の観点から重要であり，BBMsに関する最近10年間の研究では，様々な組合せのタンパク質会合体の結晶構造が決定され，これらによる制御機構が明らかにされてきた。またsMMOはメタンの水酸化だけでなく芳香族の水酸化反応を含む様々な酸化反応を触媒するが，TMO, ToMOはメタンの水酸化を触媒できない。その代わりにTMO, ToMOの芳香族水酸化反応活性はsMMOのおよそ20倍である。このようにBMMsでは，互いに類似の活性中心を持つにもかかわらず酸化活性種の構造や反応性が異なっている。これは活性中心の二核鉄周辺のアミノ酸残基によって作り出される疎水的環境や疎水キャビティーの形状の違いによるのかもしれない。このように活性中心近傍のアミノ酸残基，基質結合部位，また酵素の表面から活性中心につながる疎水キャビティーの大きさや疎水性の違いがBMMsのペルオキシド中間体や酸化活性種の構造や反応性の違いと関係しており，活性中心の構造とともに，その周辺の構造や性質がそれぞれの酵素の機能発現機構を解明するための重要な研究対象となっている。

3）リボヌクレオチドリダクターゼ[104]

リボヌクレオチドレダクターゼ（RNR : ribonucleotide reductase）は核酸塩基（A, T, G, C）の種類に関係なく，RNAのリボースの2位のOH基を還元してDNAに変換する反応を触媒する酵素である。RNRはクラスI, II, IIIに分類され，Iは哺乳類・植物・大腸菌などの好気性生物，IIは原核生物・古細菌など，IIIは原核生物・メタン生成菌などに含まれる。クラスIのRNRは2つのホモダイマーサブユニット（R1, R2）からなる1:1型の錯体を形成している。R1（RNR-R1）にはRNAとATPの基質結合部位および反応に不可欠な複数のシステイン残基を持つ活性中心が存在し，RNAからDNAへの変換反応を触媒して

いる。一方，R2（RNR-R2）は活性中心に二核鉄をもち，O_2 分子を活性化してRNA の還元に必要なチロシンラジカル（Tyr・）を生成して蓄えている。クラス I の RNR による RNA から DNA への変換反応を図 2-68 に示す。これ以外にもTyr・は光合成系 II に存在する酸素発生錯体（OEC：oxygen evolution complex），ガラクトースオキシダーゼ，プロスタグランジン合成などの反応過程に存在する。クラス II, III の RNR では二核鉄の代わりにアデノシルコバラミン，[Fe-S] クラスターがそれぞれ存在し，シスチニルラジカル，グリシルラジカルの生成を触媒している。ここでは二核非ヘム鉄酵素であるクラス I の RNR を記述する。ヒトの DNA 合成はクラス I の RNR によって調節されており，その阻害剤は癌細胞の増殖を抑制する抗癌剤として開発されている。

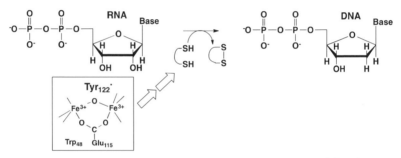

図 2-68　クラス I の RNR による RNA から DNA への変換反応

大腸菌由来の RNR-R2 の結晶構造が決定されており，Fe(III)Fe(III) とFe(II)Fe(II) の活性中心の構造が図 2-59 (c) に示してある。この他に，N_3 イオン配位型，および変異体（D84E, Y122F/F208A），Mn, Co 置換型などの結晶構造が決定されている。この活性中心の二核鉄は，上述したように carboxylate-rich な配位環境にあり，二核非ヘム鉄酵素に共通する構造モチーフである。またRNR-R2 では Asp84 と Glu204 が，その酸化状態などにより柔軟に構造変化しており，これはカルボキシラトシフト（carboxylate-shift）と呼ばれ，MMOH, ToMOH, T4moH などでも同様に見られる。このように RNR R2 は MMOH などと類似の活性中心をもち，O_2 活性化機構は互いに類似していると考えられている。

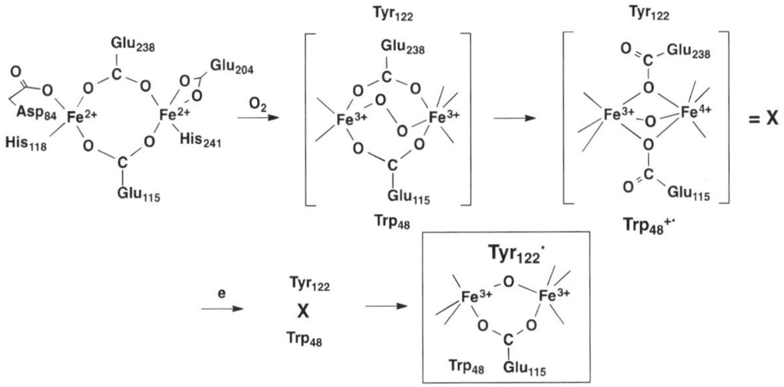

図 2-69　RNR-R2 の O_2 活性化によるチロシンラジカル（Tyr･）生成の反応機構

　これまでに提案された RNR-R2 の O_2 活性化によるチロシンラジカル（Tyr･）生成の推定反応機構を図 2-69 に示す．まず還元型 Fe(II)Fe(II) が O_2 と反応してペルオキシド二核鉄(III)中間体が形成される．このとき還元型 Fe(II)Fe(II) は，その結晶構造から，Glu238 と Glu115 のカルボキシラト基により μ-1,3-架橋された構造をもち，2 つの鉄(II)は 4 配位と 5 配位をとっている．このとき O_2 との反応では，まず 4 配位の鉄(II)に O_2 が結合すると考えられる．天然の RNR-R2 を用いて，ペルオキシド中間体の生成が電子スペクトルとメスバウアースペクトルから検出されている．しかし，これは R2 あたり 10% 未満しか生成せず，その寿命は 10 ミリ秒より短い．一方，1 つの鉄に配位する Asp84 を Glu に置換した D84E 変異体を用いて Fe(II)Fe(II) と O_2 の反応により，このペルオキシド中間体が共鳴ラマン，メスバウアー，電子スペクトルによって観測された．この変異体のペルオキシド中間体のメスバウアーおよび電子スペクトルは天然の RNR-R2 のペルオキシド中間体のそれらとよく一致した．ペルオキシド中間体の生成後，直ちに O-O 結合の開裂が起こり，さらに 1 電子還元されて中間体 X が生成する．中間体 X の二核鉄中心の酸化状態は MMOH の中間体 Q の Fe(IV)Fe(IV) とは異なり，Fe(III)Fe(IV) の混合原子価状態をとることがメスバウアースペクトルから明らかにされている．RNR R2 では，ペルオキシド中間体から中間体 X へ変換された後，外部から 1 電子還元される．一方，中間体 X が生じるときに外部から 1 電子還元を受けないと，

Fe(III)Fe(IV)とトリプトファン残基のカチオンラジカル（W48H$^{+•}$）が磁気交換相互作用した中間体が生成することがESR，メスバウアースペクトルから示された。中間体Xの鉄－鉄間距離は2.5 Åであり，この短い距離に対してFe(III)Fe(IV)がGlu238やGlu115が$\mu\text{-}\eta^1\text{:}\eta^1$型で架橋した構造が提案されている。さらに中間体XはTyr122から1電子を受け取り，チロシンラジカル（Tyr$^•$）を生成し，自らはFe(III)Fe(III)に戻る。

4）脂肪酸Δ^9-デサチュラーゼ[105]

脂肪酸デサチュラーゼは活性中心に二核鉄をもつ二核非ヘム鉄酵素であり，O_2分子を活性化し，脂肪酸の炭素鎖の隣り合う2つのメチレン基から水素原子を引き抜いて cis-二重結合を導入する。脂肪酸デサチュラーゼには，アシルアシルキャリヤータンパク質デサチュラーゼ（acyl-ACP desaturase : acyl-acyl carrier protein desaturase），アシルCoAデサチュラーゼ（acy-CoA desaturase），アシルリピドデサチュラーゼ（acy-lipid desaturase）の3種類が存在し，脂肪酸誘導体であるアシル acyl-carrier protein，アシルCoA，脂質分子をそれぞれ基質として，これらに含まれる脂肪酸の炭素鎖に cis-二重結合を導入する。アシル acyl-carrier proteinはアシル基運搬タンパク質であり，脂肪酸の生合成や脂質の生合成において脂肪酸の担体として働く。細菌や植物では，分子量が1万程度の小さなタンパク質であり，動物や酵母では脂肪酸合成酵素の分子内には1つの機能ドメインとして存在する。脂肪酸デサチュラーゼは全ての生物に広く含まれ，可溶性タンパク質と膜タンパク質が存在するが，主に膜タンパク質であり，原核生物と真核生物の内膜系に見出される。図2-70にステアロイルACP Δ^9-デサチュラーゼ，およびステアロイルCoA Δ^9-デサチュラーゼの反応を示す。ここでΔ^9はステアロイル基のカルボニル末端から9番目の位置（9位）に不飽和結合を作ることを示している。図2-70に示すように，脂肪酸デサチュラーゼは脂肪酸の本質的に等価なメチレンが多数つながった長い炭素鎖の中で，特定のメチレンから位置特異的および立体選択的に脱水素して cis-二重結合を導入する。これはこの酵素の極めて高い識別能力を示しており，この基質結合部位では，脂肪酸の炭素鎖を正確に分子認識して反応点のメチレンを活性中心の二核鉄に固定している。

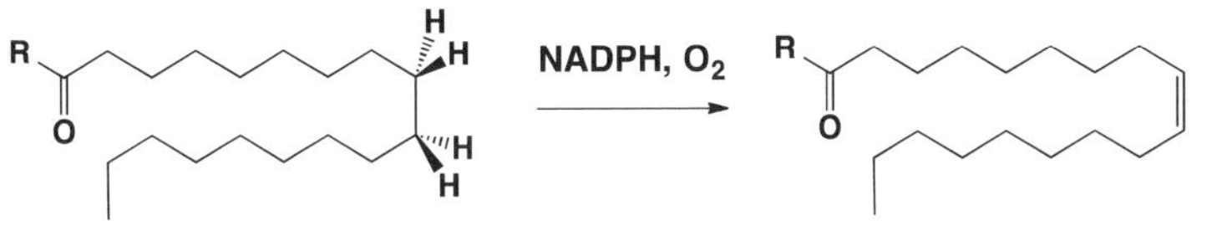

図 2-70　ステアロイル Δ^9-デサチュラーゼが触媒する反応

R が CoA の場合はステアロイル CoA Δ^9-デサチュラーゼであり，R がホロ ACP の場合はステアロイル ACP Δ^9-デサチュラーゼである。

　アシルアシルキャリヤータンパク質デサチュラーゼは植物の色素体（プラスチド）に存在する可溶性タンパク質である。可溶性の脂肪酸デサチュラーゼは植物だけに存在し，色素体の中に存在する液体部分であるストロマに局在している。アシルアシルキャリヤータンパク質デサチュラーゼで最もよく研究されているのは，ステアロイル ACP Δ^9-デサチュラーゼ (stearoyl-acyl carrier protein Δ^9-desaturase, Δ^9D) であり，ステアロイル ACP (stearoyl-acyl carrier protein) を不飽和化し，オレオイル ACP を生成する。これはパルミトイル ACP とともに色素体において，糖脂質とリン脂質の一種であるホスファチジルグリセロールの合成に使われる。アシルリピドデサチュラーゼは，シアノバクテリアや植物に存在する膜結合型タンパク質であり，脂質分子の中の脂肪酸の炭素鎖に cis-二重結合を導入する。植物のアシルリピドデサチュラーゼは色素体と小胞体に存在し，色素体局在型デサチュラーゼはフェレドキシンを，小胞体局在型はシトクロム b_5 をそれぞれ電子供与体として使用する。動物では，小胞体に存在する膜貫通型の膜タンパク質であるアシル CoA デサチュラーゼが脂肪酸の不飽和化を触媒し，CoA に結合した脂肪酸の Δ^4, Δ^5, Δ^6, Δ^9 の位置に cis-二重結合を導入する。動物では，脂肪酸の Δ^9 の位置よりもメチル基側では不飽和化されないので，リノール酸や α-リノレン酸を必須脂肪酸として摂取しなければならない。ステアリン酸は Δ^9 および Δ^6 の位置で不飽和化され，その後伸長されて炭素数が 2 個増加してから Δ^5 の位置で不飽和化される。食物から摂取されるリノール酸は Δ^6 の位置で不飽和化されて γ-リノレン酸となり，2 炭素分伸長された後，Δ^5 の位置で不飽和化されてアラキドン酸になる。α-リノレン酸は Δ^6 で不飽和化された後に 2 炭素分伸長され，Δ^5 での不飽和化

されてエイコサペンタエン酸となる。エイコサペンタエン酸はさらに4炭素分伸長されて Δ^4 の位置で不飽和化され，ドコサヘキサエン酸となる。

　植物の色素体のストロマに存在するステアロイル ACP Δ^9-デサチュラーゼなどの可溶性の脂肪酸デサチュラーゼは，本章で紹介してきた二核非ヘム鉄酵素のスーパーファミリーであり，その活性中心には共通の carboxylate-rich な配位環境をもつ二核鉄が存在する。唐胡麻（トウゴマ）由来のステアロイル ACP Δ^9-デサチュラーゼ（Δ^9D），西洋木蔦（セイヨウキヅタ）由来のアシル ACP-デサチュラーゼなどは可溶性タンパク質であり，結晶構造が決定されている。これらはホモダイマーとして存在し，モノマーは9個のヘリックスからなるコンパクトな単一ドメインを形成している。活性中心の二核鉄は4つのヘリックスバンドルの中に埋まっており，基質である脂肪酸の長い鎖状の炭素鎖が結合する深くて折れ曲がった細長い疎水性キャビティーに存在する。ここに結合した脂肪酸の炭素鎖はこの鍵と鍵穴タイプの基質結合部位で cis-二重結合形成のための構造が保持される。一方，膜タンパク質であるアシル CoA デサチュラーゼとアシルリピドデサチュラーゼにも活性中心に二核鉄は存在するが，可溶性の脂肪酸デサチュラーゼとは関連性がなく，これらはそれぞれ独立に進化したものと考えられている。これらの膜タンパク質の構造の直接的な証拠は少ないが，保存されたアミノ酸配列として二核鉄の配位部位である3つに分かれた8個の His 残基の存在などが明らかにされている。

　トウゴマ由来のステアロイル ACP Δ^9-デサチュラーゼ（Δ^9D）の還元型 Fe(II)Fe(II) を用いてはじめに結晶構造が決定された。この活性部位の構造が図 2-59(e) に示されている。この鉄−鉄間距離は約 4.2 Å であり，それぞれの鉄(II)は5配位の歪んだ四角錐構造をとっている。二核鉄は非常に対称性の良い構造であり，鉄1には Glu105 のカルボキシラト基が二座，および His 146 が単座で配位し，鉄2には Glu196 のカルボキシラト基が二座，His 232 が単座でそれぞれ配位している。さらに Glu143 と Glu229 の2つのカルボキシラト基が二核鉄を架橋している。図 2-59(e) に示されているように，この二核鉄の配位構造はルブレリシンの還元型 Fe(II)Fe(II) の配位構造と非常に良く一致している。トウゴマ由来の Δ^9D では，酸化型 Fe(III)Fe(III) の構造は決定されていないが，セイヨウキヅタの発育中の種子から単離されたアシル ACP-デサチュ

ラーゼにおいて酸化型 Fe(III)Fe(III) の構造が決定された。この二核鉄は μ-オキシドと Glu138 のカルボキシラト基によって架橋されており，鉄-鉄間距離は約 3.2 Å である。鉄1には Glu100，鉄2には Glu191 のカルボキシラト基がそれぞれ二座で配位し，鉄1には His141 が配位している。しかし，還元型で架橋していたもう1つの Glu224 は大きくカルボキシラトシフトして鉄には配位しておらず，二核鉄から離れた方向を向いている。ここで生じた空間には μ-オキシド架橋が存在している。鉄2には His227 は配位しておらず，代わりに水分子が配位し，His227 はこの水分子との水素結合を通して鉄2に弱く相互作用している。

休止状態の $\Delta^9 D$ は Fe(III)Fe(III) であり，共鳴ラマンスペクトルから Fe-O-Fe の対称および逆対称の振動バンドがそれぞれ 519, 747 cm^{-1} に観測された。これらのバンドは $H_2^{18}O$ を加えると，^{18}O が取込まれ同位体シフトが観測されたことから，μ-oxo 酸素は水と交換することが示された。EXAFS とメスバウアー測定から，μ-hydroxo と μ-oxo の存在が観測され，鉄-鉄間距離はそれぞれ 3.1, 3.4 Å であった。休止状態の $\Delta^9 D$ をジチオナイトで還元すると4電子分の還元が起こり，ホモダイマーに存在する2つの二核鉄が Fe(II)Fe(II) に還元される。ここでステアロイル ACP を取込ませると Fe(II)Fe(II) は4配位と5配位の状態が生じることが MCD (magnetic circular dichroism) の測定により明らかにされた。この4配位構造の Fe(II) が O_2 分子との反応を促進すると考えられる。この反応により，鮮明な青色の中間体が生じる。これは表 2-5 に示すメスバウアーデータと共鳴ラマンスペクトルで観測される 896 cm^{-1} の O-O 伸縮振動バンドから，μ-1,2-ペルオキシド架橋二核鉄(III) であると帰属された。これは上述の全ての二核非ヘム鉄酵素に共通のペルオキシド中間体であり，O-O 結合の開裂を経て二核鉄(IV)の酸化活性種が生じると考えられている。しかし，ペルオキシド中間体の反応性や基質との反応における二原子酸素の行方などは，それぞれの二核非ヘム酵素で互いに異なっている。実際に $\Delta^9 D$ のペルオキシド中間体は室温で半減期が30分程度の高い安定性をもつが，その高い安定性の理由は明らかにされていない。一方 BMMs や RNR-R2 ではペルオキシド中間体は不安定であり，その寿命は短い。また O_2 活性化における酸素原子の挙動を調べるため，$^{18}O_2$ 分子を用いて ^{18}O 酸素原子の行方が追跡

された。その結果を二核非ヘム鉄酵素のスーパーファミリーの間で比較する。Δ^9D では直ちに 2 分子の $H_2^{18}O$ に変換され，RNR-R2 では 1 つの酸素原子は μ-^{18}O- オキシド架橋として取込まれ，sMMO では 1 つの酸素原子はメタノールの $Me^{18}OH$ として，もう 1 つは $H_2^{18}O$ 分子として放出される。これらの酸素原子の行方は酸化活性種の反応性に依存している。Δ^9D の酸化活性種では，$^{18}O_2$ 分子由来の ^{18}O は二核鉄の架橋酸素原子と交換するよりも速く，基質からの水素原子引抜きを行う。RNR-R2 の中間体 X は Tyr 残基を電子酸化し，酸素原子移動を伴う酸化を行わないので ^{18}O は二核鉄に留まる。sMMO の中間体 Q の 2 つの ^{18}O はメタンの一原子酸素添加と水分子の生成を行う。このように，二核非ヘム鉄酵素は活性中心の二核鉄の構造や物理化学的な性質の類似性にもかかわらず，そのペルオキシド中間体や酸化活性種の反応性や二原子酸素の行方などは互いに異なる。活性中心近傍のアミノ酸残基や基質結合部位の構造および疎水性の違いなどにより，この反応の多様性が生じているのかもしれない。

5）デオキシヒプシンヒドロキシラーゼ [106]

真核生物の翻訳開始因子 5A (acyl-ACP desaturase : eukaryotic translation initiation factor 5A, eIF-5A) は分子量が 18 kDa 程度の単量体のタンパク質であり，古細菌にも類似のタンパク質が存在する普遍的なタンパク質である。しかし原生生物には存在しない。eIF-5A の N-末端ドメインに共通の保存配列として Lys 残基が存在し，この Lys 残基はタンパク表面にあって，特異な翻訳後修飾を受ける。この翻訳後修飾の反応はヒプシネーションと呼ばれ，デオキシヒプシンシンターゼ（DHS : deoxyhypusine synthase）とデオキシヒプシンヒドロキシラーゼ（DOHH : deoxyhypusine hydroxylase）の 2 つの酵素が関与する 2 段階の反応で，Lys 残基の ε-アミノ基の先に 1-amino-3-hydroxybutyl 基が導入され，ヒプシン -eIF-5A が生成する。このヒプシネーションは図 2-71 に示す 2 段階の反応で進行する。(1) DHS によりスペルミジンの n-butylamine 部分が eIF-5A の N-末端ドメインの Lys 残基の ε-アミノ基に転移されてデオキシヒプシン -eIF-5A（Dhp-eIF-5A）が生成する。(2) 二核非ヘム鉄酵素である DOHH により Dhp-eIF-5A の aminobutyl 基の 3 位が水酸化されて活性型のヒプシン-eIF-5A（Hpu-eIF-5A）が生成する。

2 O_2 の運搬・貯蔵・活性化

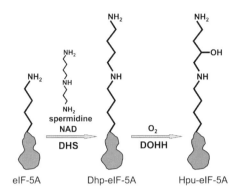

図 2-71　eIF-5A のヒプシネーション反応

1 段階目：eIF-5A の N-末端ドメインの Lys 残基の ε-アミノ基へのスペルミジンからの n-butylamine 基の転移。2 段階目：デオキシヒプシン-eIF-5A の水酸化によるヒプシン-eIF-5A の生成。文献 106 より転載

　DOHH は二核非ヘム鉄酵素であり，活性中心に二核鉄を持つ。ヒトのデオキシヒプシンヒドロキシラーゼ（hDOHH：human dehydrohypusine hydroxylase）は分光的測定や結晶構造から，その構造と機能の理解が進んでいる。hDOHH は大腸菌を用いた遺伝子組み換えタンパク質として得られており，その休止状態は鮮明な青色を呈し，二核鉄の 2 つの Fe(III) の間には反強磁性相互作用が働いている。表 2-5 から，hDOHH の電子スペクトルとメスバウアーデータは sMMO, RNR-R2, Δ^9D などのペルオキシド中間体やモデル化合物であるペルオキシド二核鉄 (III) 錯体の分光学データとよく一致しており，hDOHH の休止状態はペルオキシド二核鉄 (III) 中間体（$Fe^{III}_2(\mu\text{-}O_2)(\mu\text{-}O)$）であると提案され，最終的に単結晶構造解析により，構造が決定された。hDOHH の単離精製において 4℃で 2〜5 日間，ペルオキシド中間体は安定であるが，これにデオキシヒプシンを加えると直ちに反応して定量的にヒプシンを与える。一方 T4MO や ToMO のペルオキシド中間体は非常に不安定であり，ミリ秒程度の寿命しかない。したがって H_2O_2-shunt で作成された T4MO のペルオキシド中間体の結晶構造（図 2-66 参照）は O_2 活性化過程の真のペルオキシド中間体とは異なるかもしれない。一方 hDOHH ではペルオキシド中間体は休止状態として存在し，X 線結晶構造解析の測定に対しても十分な安定性があり，これは真実のペ

ルオキシド中間体の構造といえるかもしれない。この構造を図2-72(b)に示す。

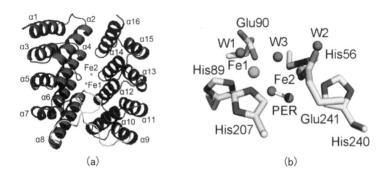

図2-72　X線単結晶構造解析により決定されたhDOHHの全体構造(a)と
ペルオキシド中間体の活性中心の構造(b)（参考図9参照）

(a) N-末端ドメインとC-末端ドメインはそれぞれ4つのHEATリピート構造（赤色）からなり，これらのドメインは長いループ（黄色）で繋がれている。また活性中心の二核鉄はHEATリピートに挟まれて存在する。(b) Fe1, Fe2のそれぞれに2つのHis残基と1つのGlu残基が配位しており，ペルオキシド酸素（PER）が二核鉄を架橋している。また二核鉄を挟んでPERの反対側に3つの水分子（W1, W2, W3）が存在し，二核鉄に配位している。W3はヒドロキシド基として二核鉄を架橋している。文献106より転載

　図2-72(a)にhDOHHのタンパク質の全体構造を示す。このタンパク質のN-末端ドメインとC-末端ドメインはいずれも4つのHEATリピート（2本の逆平衡αヘリックスとこれを連結するループ）構造からなり，全部で16個のα-ヘリックスが存在する。この2つのドメインは136-157番目の残基部分からなる長いループで繋がれ，このループはタンパク質の内側に陥入している。活性中心の二核鉄はHEATリピートドメインの間に挟まれ，ドメインの軸に沿って存在する。図2-72(b)にはhDOHHのペルオキシド中間体の活性中心の構造を示す。O_2活性化に関与するほぼすべての二核非ヘム鉄酵素の活性中心の二核鉄は，carboxylate-rich配位環境にあり，1つの鉄には1つのHis残基と2つのGlu残基が配位してカルボキシラト架橋構造をとる。また1つか2つのカルボキシラト基は2座でキレート配位している場合がある。一方hDOHHの二核鉄の配位構造は，このような共通の構造とはいくつかの点で異なる。すなわ

ち，hDOHH の二核鉄では，1 つの鉄(III)には 2 つの His 残基のイミダゾール基と 1 つの Glu 残基のカルボキシ基が単座で配位し，Fe1 には His89, His207, Glu90，Fe2 には His56, His240, Glu241 が配位しており，この二核鉄にはカルボキシラト架橋は存在しない。hDOHH のペルオキシド中間体の二核鉄はペルオキシド酸素 O_2^{2-} により cis-μ-1,2-ペルオキシド架橋され，鉄 - 鉄間距離は 3.68/3.77 Å である。この O−O 結合距離は 1.52/1.54 Å，Fe−O_{peroxo} の結合距離は 2.17 と 2.23 Å であり，これらはいずれもモデル化合物のペルオキシド二核鉄(III)錯体における O−O 結合距離 1.41〜1.43 Å，Fe−O_{peroxo} の結合距離 1.86〜1.94 Å より長い。これは hDOHH のペルオキシド中間体における架橋ペルオキシド酸素がプロトン化されているためと考えられている。図 2-72(b) からわかるように，二核鉄を挟んでペルオキシド酸素の反対側に二核鉄に配位する 3 つの水分子 W1, W2, W3 が存在する。W3 は μ-ヒドロキシド基として二核鉄を架橋していると考えられる。

二核鉄の近傍に存在する第 2 配位圏のアミノ酸配列は，hDOHH のペルオキシド中間体の高い安定性や基質との相互作用を考える上で重要である。二核鉄の第 2 配位圏のアミノ酸配列は，鉄に配位している 2His/1Glu のアミノ酸配列と同様に 2 つの鉄に対して対称な配置をとって，同じアミノ酸残基が 1 対ずつ存在する。この二核鉄周辺においてペルオキシド酸素が存在する半球では，鉄に配位している 4 つの His 残基，第 2 配位圏の 2 つの Met 残基と 2 つの Leu 残基などの疎水性のアミノ酸が周辺を取り囲んで，疎水的な環境を創り出している。一方，二核鉄を挟んでペルオキシド酸素の反対側の半球には，3 つの水分子を含む親水的な環境にある。このペルオキシド酸素周辺の疎水的なアミノ酸がペルオキシド酸素へのプロトン化を防ぎ，ペルオキシド中間体を安定化していると考えられる。これは二核非ヘム鉄の酸素運搬タンパク質である Hr におけるペルオキシド酸素周辺の疎水環境と類似している。基質結合は，hDOHH の活性中心に Dhp-eIF-5A および Hpu-eIF-5A の Dhp, Hpu 部分を docking させた構造（図 2-73）から議論されている。この図から Dhp, Hpu 部分が活性中心近傍のキャビティーに取込まれている様子がわかる。図 2-73(a) の Dhp の錯体では，Dhp の末端のアンモニウム基（$-NH_3^+$）が Glu93, Glu208 と強く水素結合し，また Dhp の Lys 残基の ε-アンモニウム基（$-NH_2^+$）が

Glu241 と水素結合している。図 2-72(b) の Hpu の錯体では，これとは少し異なっており，Hpu は少し外側に移動して Hpu の水酸基は Glu90 と水素結合している。

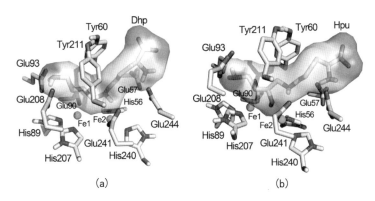

図 2-73　Dhp-eIF-5A および Hpu-eIF-5A の (a) Dhp, (b) Hpu 部分をそれぞれ hDOHH の活性中心近傍に docking させた構造（参考図 10 参照）　文献 103 より転載

hDOHH のペルオキシド中間体から酸化活性種への変換は全く観測されておらず，基質酸化の機構は不明である。しかし基質の C-H 結合を水酸化する反応から，ペルオキシド中間体の O-O 結合の開裂により sMMO と同様の酸化活性種である μ-オキシド二核鉄(IV)が生じると考えられている。この反応の後に二核鉄(III)が生成するはずであり，これを還元して二核鉄(II)を生成する還元酵素が存在するはずである。この二核鉄(III)やその還元酵素系についてはまだ明らかにされていない。

(3) その他の非ヘム鉄酵素

上記以外にも，単核，二核ともにいくつかの非ヘム鉄酵素が知られている。単核非ヘム鉄酵素としてシステインジオキシゲナーゼ（CD：cysteine dioxygenase）やヒドロキノン 1,2-ジオキシゲナーゼ PnpCD（PnpCD：hydroquinone 1,2-dioxygenase），リポキシゲナーゼ（LO：lipoxygenase）などがあり，二核非ヘム鉄酵素としてアルカンモノオキシゲナーゼ（AlkB：alkane monooxygenase），アミノ酸 β-ヒドロキシラーゼ（amino acid β-hydroxylase）， myo-イノシトールオキシゲナーゼ（MIOX：myo-inositol oxygenase），アルデヒド脱ホルミル化オキシゲナーゼ（ADO：aldehyde-deformylating oxygenase）などが存在する。これらの酵素については，比較的最近になって研究が始められたので，ここでは詳細を記載しない。今後これらの酵素の研究が進めば，その構造と反応性などについて重要な知見が得られてくることと思われる。

(4) ま と め

　ここでは単核および二核の活性中心を持つ非ヘム鉄酵素について紹介した。非ヘム鉄酵素のスーパーファミリーは，互いに共通の活性中心の構造モチーフをもち，酸素分子の活性化と基質酸化を行っている。しかし，その反応は互いに異なるものであり，これがどのような原因で引き起こされるかは，10年前まではほとんど不明であった。本書執筆にあたって，非ヘム鉄酵素の研究についてこの10年間の進展をここに示した。最近の10年間に，この分野では実に驚くべき進歩が起こっている。前述したように，多くの非ヘム鉄酸化酵素の結晶構造が明らかにされていることはいうまでもなく，*in crystallo* 反応の反応中間体の構造可視化や不安定中間体の結晶構造解析など，かつては空想の世界で思いを巡らせていた反応機構についても，結晶構造解析を通して白日の下に晒されている。また結晶構造解析以外でも極低温下での分光測定やストップドフロー法などの速度論的解析により，非常に不安定な反応活性種の検出も実現されている。これらの研究から，より詳細な反応機構や酸化活性種を含む反応中間体のキャラクタリゼーションが行われてきた。その結果，反応の違いを決定しているのは活性中心の構造だけではなく，活性中心の鉄周辺の第2配位圏のアミノ酸残基によって作り出される親水および疎水的環境や基質結合部位となる疎水キャビティーの形状の違いなどによることが明らかにされつつある。このように活性中心近傍のアミノ酸残基，基質結合部位，また酵素の表面から活性中心につながる疎水キャビティーの大きさや疎水性の違いが非ヘム鉄酵素のスーパーファミリーの酸素活性化過程で出現するペルオキシド中間体や酸化活性種の構造や反応性の違いと関係しており，活性中心の構造とともに，その周辺の構造や性質がそれぞれの酵素の機能発現機構を解明するための重要な研究対象となっている。

2.2.3 銅含有酵素
(1) 銅錯体による O_2 の活性化（モデル系）

分子状酸素（O_2）を活性化して各種基質の酸化反応を触媒する銅含有酸化酵素に含まれる反応活性種の構造や反応性を調べるために，シンプルなモデル錯体を用いた研究が活発に行われてきた（合成生物無機化学）。溶液内で起こる可能な反応経路を図 2-74 に示した[107-109]。銅(I)錯体が O_2 と反応すると，銅(I)イオンから O_2 に電子が 1 つ移動して結合した単核の銅(II)-スーペルオキシド錯体が生成する。この場合，酸素分子が end-on 型で銅(II)イオンに結合したもの（$Cu^{II}S^E$）と side-on 型で結合したもの（$Cu^{II}S^S$）の生成が可能である。また，O_2 が形式的に 2 電子還元されて生成する単核銅(III)-ペルオキシド錯体（$Cu^{III}P^S$）が生成する場合もある。このようにして生成した単核の銅-酸素錯体は，多くの場合，溶液中に存在するもう一分子の銅(I)錯体と反応して，ペルオキシド架橋二核銅(II)錯体を与える。この場合にも，ペルオキシド基が end-on 型に結合したもの（$Cu^{II}_2P^E$）と side-on 型に結合したもの（$Cu^{II}_2P^S$）が知られている。さらにここからペルオキシド基が各銅(II)イオンから電子を受取り

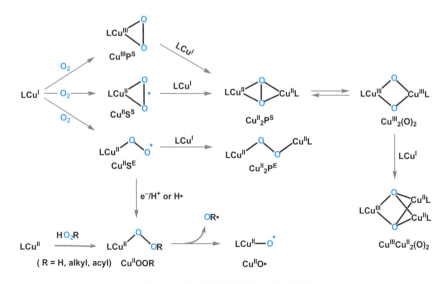

図 2-74　銅-活性酸素錯体の生成経路

（還元され），酸素-酸素結合が均等開裂（homolysis）すれば，2つのオキシド基で架橋された二核銅(III)錯体（$Cu^{III}_2(O)_2$）が生成する。ここからさらに$Cu^{III}_2(O)_2$が溶液中の銅(I)錯体と反応すれば，2つのオキシド基で架橋された混合原子価三核銅(II,II,III)錯体（$Cu^{III}Cu^{II}_2(O)_2$）が生成する。このような反応性の差は，銅イオンに結合した配位子Lの構造（配位数，配位構造，電子ドナー性など）に大きく起因する。

一方，単核の銅(II)-スーペルオキシド錯体が水素原子（または電子とプロトン）を受け取ると，単核銅(II)-ヒドロペルオキシド錯体（$Cu^{II}OOH$）となるが，類似の電子構造を持つペルオキシド錯体は，銅(II)錯体と塩基存在下で各種過酸化物（ROOH; R = H, alkyl, acyl）と反応させることによっても得られる。ここからさらに酸素-酸素が開裂すれば単核の銅(II)-オキシラジカル種（$Cu^{II}O\cdot$）が生成すると考えられるが，$Cu^{II}O\cdot$の生成を溶液中で直接とらえた例は，まだ報告されていない。

図2-74に示した$Cu^{II}O\cdot$以外の酸素錯体はすでに単離され，それらの結晶構造，電子構造，分光学的・磁気的特性などの詳細が明らかにされている[110]。また，各酸素錯体の基本的な反応性についても検討が行われてきた。しかし，それぞれの錯体は異なった配位子を用いて調製されているため，それらの性質や反応性の違いは，金属中心だけではなく，配位子の電子構造や立体的要因にも大きく依存している。

(2) 単核銅活性中心を有する酸素添加酵素（モノオキシゲナーゼ）

単核の銅活性中心でO_2を還元的に活性化して基質の酸化反応を司どる酵素の代表的なものとして，Dopamine β-Monooxygenase（DβM, EC 1.14.17.1），Peptidylglycine α-Hydroxylating Monooxygenase（PHM, EC 1.14.17.3），Polysaccharide Monooxygenase（PMO）などが知られている。これらの酵素はそれぞれ，ドーパミン（神経伝達物質）やペプチドホルモンの酸化的変換反応，および，セルロースやキチンなどの安定な多糖類の酸化的分解反応を司どっている（図2-75）。いずれの場合もO_2を還元的に活性化し，sp^3炭素のC–H結合を活性化して酸素を基質に導入する反応を含んでいる[110]。

Amzelらによって報告されたPHMのresting state（休止状態）の結晶構造

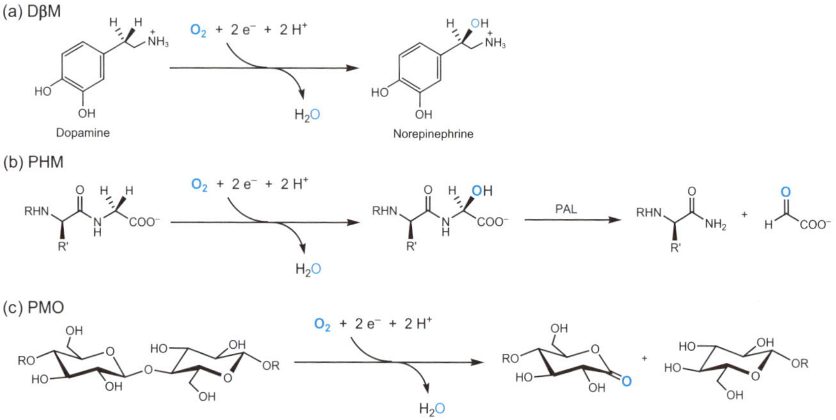

(a) DβM

(b) PHM

(c) PMO

図 2-75　単核銅活性中心を有する酸素化酵素が触媒する反応

を図 2-76 に示したが，この酵素には単核の銅サイトが 2 つあり，Cu_H サイトでアスコルビン酸などの還元剤から電子を受取り，これをもう一方の銅サイト（Cu_M）に渡して，O_2 の還元的活性化を行っている。2 つの銅サイトとは約 11

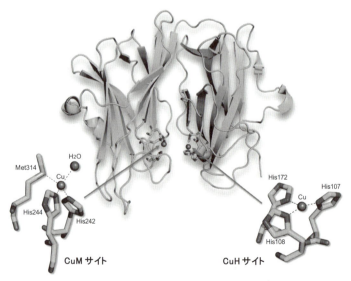

図 2-76　PHM の結晶構造（PDB: 1PHM）[111]

Å離れており,直接的な相互作用はない。前者は,2つのヒスチジンのイミダゾール基と1つのメチオニンのスルフィド基で保持された銅イオンに水分子が配位して歪んだ四面体構造をしており,後者は3つのヒスチジンのイミダゾール基が配位した歪んだ平面三角構造をしている[111]。DβM もほぼ同様の構造を有していると考えられている。

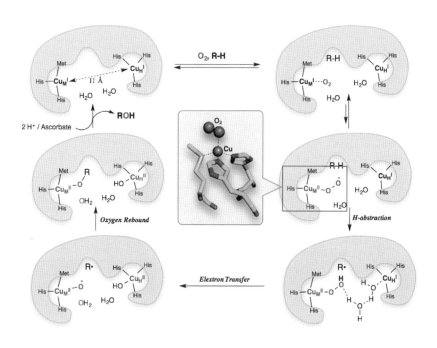

図 2-77　PHM の触媒サイクルと酸化型 PHM の活性中心構造[112, 113]

　反応機構については不明な点も残されているが,Klinman らによる詳細な研究により,図 2-77 に示したような機構が提唱された[112]。2 つの銅イオンが一価の状態（還元型）に基質と O_2 が結合し,銅(II)-スーペルオキシド種（$Cu^{II}S^E$）が生成する。Klinman らが提唱する機構では,このスーペルオキシド種が基質から直接水素を引き抜き,銅(II)-ヒドロペルオキシド種（$Cu^{II}OOH$）と基質のラジカル中間体（R・）が生成する。この段階で,Cu_H サイトから溶媒の水分子

を経由して電子移動が起こり，$Cu^{II}OOH$ の酸素–酸素結合が開裂し，銅(II)-オキシラジカル種（$Cu^{II}O\cdot$）が生じる。これが基質のラジカル中間体（R・）と再結合して生成物であるアルコールを与える。この反応機構で注目すべきところは，銅(II)-スーペルオキシド種（$Cu^{II}S^E$）が基質の C–H 結合の活性化を行うという点である。Amzel らは，酸素結合型 PHM の構造解析にも成功し，4 配位四面体型構造を持つスーペルオキシド種（$Cu^{II}S^E$）の存在が示唆された（図 2-77 の中心に示した図）[113]。このような可能性を検証するため，モデル系で各種配位子を用いた単核銅活性酸素錯体の合成が試みられた。図 2-78 に代表的な例を示す。

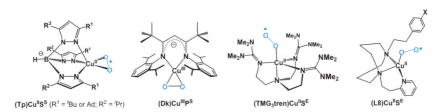

図 2-78　単核銅活性酸素錯体の代表例

表 2-6　単核銅酸素錯体の O–O 結合距離，吸収極大，O–O 振動エネルギー

錯体	O–O 結合距離 / Å	λ_{max}/nm (ε/ M^{-1} cm^{-1})	$\nu(^{16}O)$ ($\nu(^{18}O)$) / cm^{-1}
$(Tp)Cu^{II}S^S$	1.22	383（～200），452（～300） 699（～40），980（～25）	1043 (984)
$(Dk)Cu^{III}P^S$	1.44	～400（～2000）	968 (919)
$(TMG_3tren)Cu^{II}S^E$	1.280	447, 680, 780	1117 (1059)
$(L8)Cu^{II}S^E$	1.259[a]	397 (4200)，570 (850) 705 (1150)	1033 (968)

a) DFT による計算値

北島，諸岡，藤澤らは，嵩高い置換基を導入した hydrotrispyrazolylborate (Tp) 配位子を用いて合成した銅(I)錯体と O_2 の反応について検討し，$(Tp)Cu^{II}S^S$ の単離に成功した（図 2-77）[114]。これは，単核の銅–活性酸素錯体の単離・同定・構造決定に成功した最初の例である。この錯体では *cis* 位に空いた配位座が 2 つあるため，O_2 は side-on 型に結合しており，酵素系で見出された end-on 型

のものとは構造が異なる。酸素–酸素の結合距離は，1.22 Å であり[114]，スーパーオキシド基の酸素–酸素結合の伸縮振動に由来するバンドが共鳴ラマンスペクトルにおいて 1111 cm^{-1} に観測された（$^{18}O_2$ を用いた場合，49 cm^{-1} 低波数側にシフト）（表 2-6)[115]。また，銅(II)イオンとスーパーオキシド基の間には反強磁性相互作用が存在するため，この錯体は反磁性（$S = 0$）である。紫外可視吸収スペクトルにおいては，比較的弱い吸収が，383, 452, 699, 980 nm に観測された（表 2-6)[115]。

同様の side-on 型付加体が，Tolman らによって合成された（図 2-78）。この場合，用いた配位子はアニオン性の β-ジケチミナト二座配位子（Dk）であるため，平面構造を好む高原子価の銅(III)状態を安定化し，銅(III)-ペルオキシド錯体（Cu^{III}P^S）となっている[116]。したがって，酸素–酸素結合は，1.44 Å と北島らの Cu^{II}S^S とくらべると長くなっており，酸素–酸素伸縮振動のエネルギーも 968 cm^{-1} と低くなっている（$^{18}O_2$ を用いた場合，49 cm^{-1} 低波数側にシフト）（表 2-6)[116]。この場合にも 400 nm 付近に吸収が認められるのみで，可視領域に特徴的な強い吸収はない。

一方，Schindler らは，嵩高く強い電子供与性を持つ Tetramethylguanidine (TMG) 基を導入した三脚型四座配位子 tren (tris[2-(dimethylamino)ethyl]amine) を用いて end-on 型のスーパーオキシド錯体 Cu^{II}S^E の合成に始めて成功した（図 2-78)[117]。この場合，酸素–酸素結合の距離は，1.28 Å であり，スーパーオキシド基の酸素–酸素結合の伸縮振動は 1117 cm^{-1} に観測された（$^{18}O_2$ を用いた場合，58 cm^{-1} 低波数側にシフト）。また，銅(II)イオンとスーパーオキシド基の間には強磁性相互作用が存在し，三重項基底状態（$S = 1$）の常磁性錯体となっている。しかし，金属の中心構造は，銅(II)が好む 5 配位の三方両錐型であり，酵素系で見いだされた活性種の四面体構造とは異なっていた（図 2-76）。end-on 型のスーパーオキシド錯体 Cu^{II}S^E は，side-on 型のスーパーオキシド錯体 Cu^{II}S^S とは異なり，可視可領域にも比較的強い吸収を示す（しかし，正確なモル吸光係数（ε）の値は報告されていない（表 2-6）。

上に示した 3 つの錯体の反応性に関しても研究されているが，Klinman らが提唱（図 2-77）しているような sp^3 炭素の C-H 結合の直接的な酸化反応は進行しない。

一方，伊東らは，8員環の環状ジアミンにピリジルエチル基を導入したシンプルな三座配位子 L8 を用いて調製した銅(I)錯体と O_2 との反応により end-on 型のスーペルオキシド錯体 $(L8)Cu^{II}S^E$ が生成することを見出した（図2-78）[118]。結晶構造は得られていないが，紫外可視吸収スペクトルや EPR スペクトル，DFT 計算を用いた検討，および同じ配位子を用いて調製した銅(II)塩化物錯体の結晶構造との比較などから，この $(L8)Cu^{II}S^E$ 錯体は酵素系で見出されたような四配位の四面体構造（図2-78）を有していると考えられている。この錯体では，スーペルオキシド基の O–O 結合の伸縮振動は 1033 cm^{-1} に観測されて，$^{18}O_2$ を用いた場合，968 cm^{-1} にシフトした（表2-6）。

　この錯体は，図2-78に示した他の3つの錯体とは異なり，窒素に導入したフェネチル基のベンジル位の水酸化反応を誘起することがわかった[118]。このような反応は，図2-75に示した DβM のモデル反応と見なすことができ，図2-77に示した Klinman の反応機構を支持する結果である。フェネチル基のベンゼン環のパラ位に導入した置換基の電子的効果や，アルキル側鎖を重水素化した配位子を用いて得られた重水素同位置効果（KIE）などの結果から，スーペルオキシド基によるベンジル位の水素引き抜き反応が律速段階に含まれることがわかっている[119]。

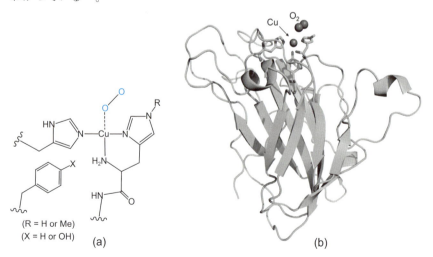

図 2-79　Polysaccharide Monooxygenase の活性中心（a）と結晶構造（(b), PDB:4EIR)[120]

非常に安定なセルロールやキチンを分解する酵素である Polysaccharide Monooxygenase（PMO）の活性部位にも単核の銅中心が存在する（図 2-79）。この場合にもスーペルオキシド $Cu^{II}S^E$ やヒドロペルオキシド $Cu^{II}OOH$ に相当すると思われる酸素付加体の構造が結晶中で確認されているが，反応機構の詳細は不明である[121]。

(3) 単核銅活性中心を有する酸化酵素（オキシダーゼ）

　単核銅活性中心を有する酸化酵素（オキシダーゼ）の代表的なものとして，アミン酸化酵素やガラクトース酸化酵素が知られている。いずれの酸化酵素も有機基質（アミンや一級アルコール）を酸化して得た電子を用いて O_2 の二電子還元を行い，過酸化水素（H_2O_2）を生産する。興味深いことに，これらの酵素には活性中心近傍のアミノ酸側鎖側鎖が翻訳後化学修飾（posttranslational modification）を受けて生成した有機補欠分子（それぞれ TPQ（trihydroxyphenylalanine quinone）と Tyr-Cys）を含んでおり，これらの有機補欠分子がアミンやアルコール基質の二電子酸化反応に直接関与している（図 2-80）。この章では，酸素の還元的活性化を扱っているので，アミンやアルコー

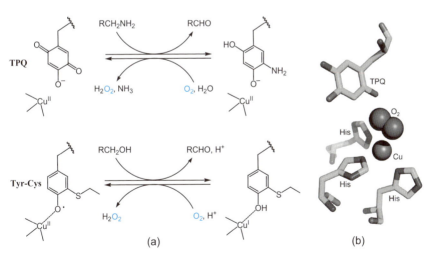

図 2-79　アミン酸化酵素とガラクトース酸化酵素が触媒する反応（a）と
　　　　アミン酸化酵素の酸素付加型活性中心（(b), PDB:1D6Z）[125]

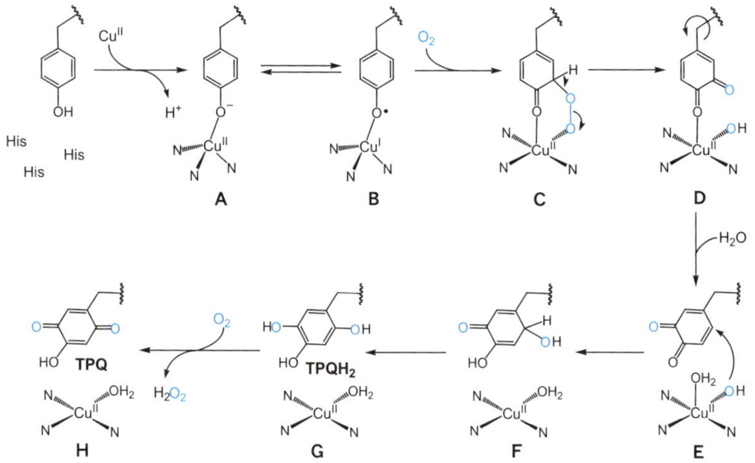

図 2-81　TPQ 補欠分子の生合成過程

ルの詳細な酸化反応機構については述べないが，興味のある人は参考文献を参照されたい[122-124]。基質の酸化で得た電子は銅を介して，O_2 に渡され，H_2O_2 が生成する（図 2-80(a) の左向きの式）。図 2-80(b) に示したように，銅活性中心上に O_2 が付加したような中間体の構造も結晶構造解析で捉えられている[125]。

　有機補欠分子の TPQ や Tyr-Cys はそれぞれチロシンおよびチロシンとシステインから誘導されるが，いずれの場合も活性中心の銅と O_2 を用いて自己触媒的（Self-processing）に合成されることがわかっている。例として，提唱されている TPQ の生成ルートを図 2-81 に示した[126]。銅を含まないアポ型のアミン酸化酵素に銅(II)イオンを加えると 3 つのヒスチジンで構成された金属結合部位に銅(II)イオンが取り込まれ，近傍のチロシン残基と相互作用する（図 2-81 の **A**）。ここでチロシンのフェノラト残基から銅(II)へ電子移動が起こり，銅(I)-フェノキシルラジカル種 **B** が生成する。これに O_2 が反応すると銅(II)-ペルオキシド中間体 **C** となり，プロトンの解離とともに O–O 結合が不均等開裂（heterolysis）すると銅(II)-ヒドロキシ中間体とキノン誘導体が生成する（**D**）。ここに水が入り，キノン環が反転し，銅に配位した水酸化物イオンがマイケル付加した後，芳香族化するとトリヒドロキシフェニルアラニン（TP）が生成する（**G**）。最後に O_2 で酸化されると TPQ と過酸化水素が生成して補欠分子

が完成する。このような TPQ の生合成過程もシンプルなモデル系で再現され、反応機構の妥当性が確かめられている[127]。

(4) 二核銅活性中心を有する金属タンパク質

活性中心に二核の銅活性中心を含む金属タンパク質の代表的なものに、フェノールの酸素化反応（Phenolase 反応）やカテコールの酸化反応（Catecholase 反応）を司る Tyrosinase がある（図 2-82）。これらの反応はメラニン色素の生合成反応の初期過程であり、side-on 型に結合したペルオキシド基が架橋した二核銅(II)錯体 $Cu^{II}_2P^S$ が酸化活性種となっている。同じような二核の銅中心は、軟体動物や節足動物の体内で酸素の運搬や貯蔵を司っている Hemocyanin や、多くの植物に存在し、カテコールの酸化反応を触媒する Catechol Oxidase にも含まれている。

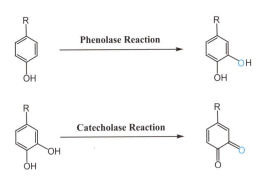

図 2-82　Tyrosinase が触媒する反応

Tyrosinase や Hemocyanin に含まれる活性酸素種の構造は長年不明であったが、1980 年代になってシンプルなモデル錯体を用いた研究が活発に行われ、その詳細が徐々に明らかにされてきた。二核の銅酸素錯体として最初に構造解析がなされたのは、Karlin らが 1988 年に報告した（trans-μ-1,2-ペルオキシド）二核銅(II)錯体 $(TPA)_2Cu^{II}_2P^E$ である[128]。この酸素錯体は TPA (tris(2-pyridylmethyl)amine) 四座配位子（図 2-83）の銅(I)錯体と O_2 との反応により合成された。このものはペルオキシド錯体に特徴的な O–O 間の距離（1.43 Å）と、

O–O の伸縮振動（832 cm^{-1}，^{18}O$_2$ を用いた場合の同位体シフト $\Delta \nu$ は 44 cm^{-1}）を示した（表 2-7）。また，525 nm 付近に強い LMCT バンドを示し，2 つの銅イオン間にはペルオキシド架橋を介した反強磁性相互作用が存在する（したがって反磁性）。一般に銅(II)イオンは五配位を好むため TPA のような四座配位子を用いると，生成する酸素錯体は end-on 型になる。

表 2-7　二核銅(II)ペルオキシド錯体の O–O 結合距離，吸収極大，O–O 振動エネルギー

錯体	O–O 結合距離 / Å	λ_{max}/nm (ε/ M^{-1} cm^{-1})	$\nu(^{16}O)$ ($\nu(^{18}O)$) / cm^{-1}
(TPA)$_2$Cu$^{II}_2$P^E	1.432(6)	435 (1700), 524 (11300)	832 (788)
		615 (5800), 1035 (180)	
(Tp)$_2$Cu$^{II}_2$P^S	1.412(12)	349 (21000), 551 (790)	741 (698)

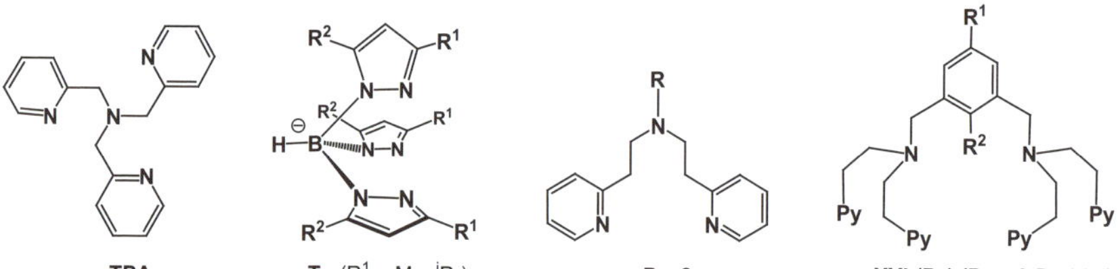

図 2-83　二核銅(II)ペルオキシド錯体の合成に用いられた配位子

TPA　　**Tp** (R^1 = Me, ^{i}Pr)　　**Pye2**　　**m-XYL(Py)** (Py = 2-Pyridyl)

　Karlin らの報告とほぼ時を同じくして，北島，諸岡，藤澤らの研究グループは三座配位子である hydrotrispyrazolylborate（Tp）を用いて調製した銅(I)錯体と O$_2$ との反応で，side-on 型のペルオキシド二核銅(II)錯体 (Tp)$_2$Cu$^{II}_2$P^S が得られると報告した[129]。この場合，O–O 間距離は 1.41 Å で錯体 (TPA)$_2$Cu$^{II}_2$P^E の場合とほぼ同じであるが，紫外可視吸収スペクトル（λ_{max} = 349 nm（ε = 21000 M^{-1} cm^{-1}），551 (790)）や共鳴ラマンスペクトル（741 cm^{-1}，$\Delta \nu$ = 43 cm^{-1}）は，(TPA)$_2$Cu$^{II}_2$P^E の場合とは大きく異なり，酸化型の oxy-hemocyanin のものと酷似していた（表 2-7）。1994 年になって oxy-hemocyanin の結晶構造が解かれ[130]，最終的に北島らのモデル錯体の分光学的データから予測された通り，side-on 型の結合様式であると結論付けられた。この結果は，モデル錯体から酵素活性種の構造を予測した最初の例であり，生物無機化学の分野における記念碑的な

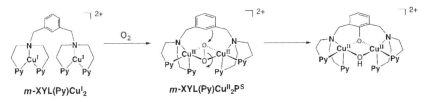

図 2-84　m-XYL(Py)Cu$^{II}_2$P^S 錯体による分子内芳香族芳香族水酸化反応

業績となっている。

　銅–酸素錯体に関する機能モデル研究の先駆的なものとして，Karlin らによる二核銅–酸素錯体による分子内芳香族配位子水酸化反応がある（図 2-84）[131]。配位子 m-XYL(Py)($R_1 = R_2 = H$，図 2-83）の二核銅(I)錯体 m-XYL(Py)Cu$^{I}_2$ を O_2 と反応させると，m-キシレン架橋部位が水酸化された二核銅(II)錯体が定量的に生成する。重酸素を用いた同位体標識実験により，芳香族環に導入された酸素原子は分子状酸素由来のものであることが確かめられ，Tyrosinase の機能モデルとして注目された。反応系中に生成する活性酸素中間体については，芳香族環にニトロ基を導入して反応性を抑えた配位子 m-XYL(Py)($R_1 = H, R_2 = NO_2$) を用いて検討されており，紫外可視吸収スペクトルや共鳴ラマンスペクトルを用いた詳細な検討の結果などから，バタフライ型に歪んだ（μ-η^2:η^2- ペルオキシド）二核銅(II)種 m-XYL(Py)Cu$^{II}_2$P^S であると結論された[132]。水酸化される部位にメチル基を導入した誘導体を配位子として用いた場合，N.I.H. シフト型のアルキル基の転位反応が起こったこと，配位子の R^1 置換基の電子放出性が増すほど反応性が高くなること，芳香族環の基質部位に重水素を導入しても速度論的同位体効果が認められなかったこと，ラジカル禁止剤は反応速度に影響を与えないことなどの結果から，芳香族水酸化反応は side-on 型のペルオキシド二核銅(II)種による芳香族求電子置換反応機構で進行すると提唱された（図 2-85 参照）[133]。

　上述した Karlin らの二核銅錯体内における芳香族水酸化反応は，芳香族の水酸化反応という点では Tyrosinase の機能モデルと見なせるが，実際の酵素系ではフェノール誘導体が基質であるため，上述のような単純な芳香族環の水酸化反応機構がそのまま当てはめられるかどうかについては再検討の余地が残さ

れていた。事実，side-on 型のペルオキシド二核銅(II)錯体と中性のフェノール誘導体を反応させても，水酸化生成物であるカテコール誘導体は得られず，フェノキシルラジカルが炭素上でカップリングして生成する二量体しか得られてこない[134]。

　伊東らは，Pye2 系の三座配位子（R = -CD$_2$Ph，図 2-83）の銅(I)錯体と O$_2$ との反応により発生させた side-on 型のペルオキシド二核銅(II)錯体（Pye2）$_2$Cu$^{II}_2$P^S と各種パラ置換フェノラート誘導体のリチウム塩（p-X-C$_6$H$_4$OLi; X = Cl, Me, and CO$_2$Me）との反応を低温の嫌気性条件下，アセトン中で検討したところ，いずれの場合にも良好な収率（60 〜 90%）で対応する酸素化生成物であるカテコール誘導体が得られることを見出した[135]。この場合には，フェノキシルラジカルのカップリング二量体は生成しなかった。さらに，重酸素を用いた同位体標識実験から，基質に導入された酸素は分子状酸素由来のものであることが確かめられた。詳細な反応速度論的検討の結果，フェノラートの水酸化反応は，図 2-85 に示したように，ペルオキシド錯体に基質が配位子として会合体を形成した後，会合体内でペルオキシド種がフェノラートの芳香

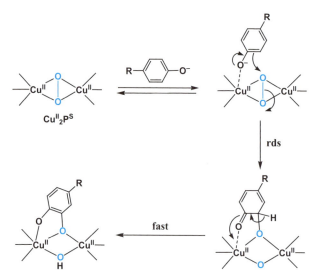

図 2-84　Cu$^{II}_2$P^S によるフェノールの酸化反応機構

族環へ求電子的に攻撃して反応が進行していると提唱された[135]。

さらに伊東らは，実際の酵素（マッシュルームの Tyrosinase）を用いて検討し，酵素系の反応も，モデル系の場合と同様の反応機構（芳香族求電子置換反応機構）で進行することを証明した[136]。

マッシュルームから単離・精製した Tyrosinase は，単離した状態で非常に高い酵素活性を示す。一方，同じ菌類であるコウジ菌から得られた Tyrosinase の DNA を大腸菌の遺伝子に組み入れて発生させた組換え体は，ほとんど酵素活性を示さず，酸素付加体である $Cu^{II}_2P^S$ の状態で安定に存在する。マッシュルームから単離精製した Tyrosinase の構造とコウジ菌 Tyrosinase の組換え体の構造を比較すると，二核銅中心を含むコアドメインの構造はよく似ているが，コウジ菌の Tyrosinase には，マッシュルームの Tyrosinase にはないドメインが C 末端側に存在することが判明した（図 2-86 の青色で示した部分）[137, 138]。

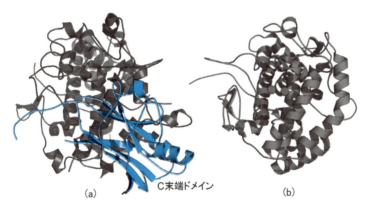

図 2-86　コウジ菌由来の組換え体 Tyrosinase の結晶構造 (PDB: 3W6W)（a）とマッシュルーム Tyrosinase の結晶構造（(b) PDB: 2Y9W）の比較[137, 138]

一方，DNA 配列の解析から，マッシュルームの Tyrosinase にもコウジ菌由来の Tyrosinase と同様に，C 末端ドメインが存在することがわかっているので，細胞内では，酵素が合成された後，なんらかの加水分解酵素が作用して，C 末端ドメインが除去されるものと考えられる。そこで，コウジ菌由来の組換え体 Tyrosinase の結晶構造を用いて C 末端ドメインの役割が検討された[139]。その

結果,銅の運搬や取り込みに関与する銅シャペロンに共通のアミノ酸配列である -Cys-X-X-Cys- の存在が確認され,Tyrosinase の C 末端部位は銅の取り込みにおいて重要な役割を果たしていると推定された。また,C 末端部位に存在するフェニルアラニン側鎖のベンゼン環が二核銅活性中心の基質取り込み部位に位置し,外部からの基質の接近を妨げていることがわかった。このことから C 末端ドメインは酵素活性の調節にも関与しているものと考えられる。事実,コウジ菌由来の組換え体 Tyrosinase を Trypsin のような加水分解酵素で処理するとマッシュルーム Tyrosinase と同等の高い触媒活性を示す[140]。このような酵素の前駆体は Pro 型酵素と呼ばれている。

さらに注目すべきことに,コウジ菌由来の組換え体 Tyrosinase の構造が,タコ由来の酸素運搬タンパク質である Hemocyanin の1つの活性ユニットの構造と非常に近いことがわかった(図 2-87)[141]。この場合にも,二核銅中心のあるコアドメインに加えて,ブルーで示した C 末端ドメインが存在する。Hemocyanin のオキシ体(酸素結合型)には Tyrosinase と同様の $Cu^{II}_2P^S$ が含まれているが,触媒活性は示さない。これは,二核銅中心が C 末端ドメインで保護されているためである。しかし,Hemocyanin を加水分解酵素やアニオン性の界面活性剤,あるいは尿素のようなタンパク質の変性剤で処理すると酸化

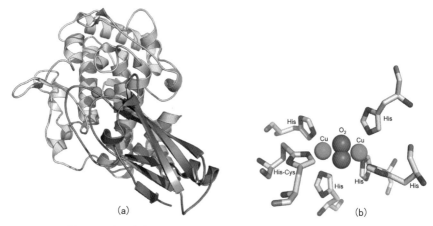

図 2-87　タコ由来の Hemocyanin の活性ユニットの結晶構造 (a) と $Cu^{II}_2P^S$ 型の活性中心 ((b) PDB:1JS8)[141]

活性を示すようになることが以前からわかっていたが,これは C 末端ドメインが何らかの構造変化を起こして,二核銅中心への入り口が開放されて基質が接近できるようになるためであると考えられる[142]。

二核銅中心を有する銅タンパク質には共通の $Cu^{II}_2P^S$ が含まれているが,これらの機能（O_2 の可逆的吸脱着脱着,Phenolase 反応,Catecholase 反応）は,活性中心を取り巻くタンパク質の構造の違いにより制御されていることがよく理解できる。

(5) メタン酸化酵素（膜結合型メタンモノオキシゲナーゼ）

メタンのような不活性な C–H 結合（104 kcal/mol）を活性化してメタノールへと変換する反応は,天然ガスの有効利用といった観点から最近特に注目を集めている。このような反応を司どる酵素として,メタン資化生菌に含まれるメタンモノオキシゲナーゼ（MMO：methane monooxygenase）が知られている。MMO には水に可溶性のもの（sMMO：soluble methane monooxygenase）と,膜結合型のもの（pMMO：particulate methane monooxygenase）がある。sMMOは結晶構造も明らかにされ,二核の鉄活性中心における O_2 の活性化機構や基質の酸化反応機構の詳細が明らかにされている[143]。一方,pMMO に関しては長年詳細な構造が不明であったが,最近 Rosenzweig らによって結晶構造が明らかにされた[144]。

その結果 pMMO には単核と二核の銅活性中心が存在することが判明した（図2-88)[145]。反応機構の詳細な部分については不明な点も多く残されているが,最近の酵素学的研究や計算化学的検討の結果,二核銅中心が活性中心である可能性が示唆されている[146, 147]。しかし,活性酸素種の構造や基質の酸化機構はまだわかっていない。

1つの可能なモデルとして,1990年代の半ばに,ミネソタ大学の Tolman らによって報告されたビス（μ-オキシド）二核銅(III)錯体 $Cu^{III}_2(O)_2$ があげられる（図 2-74)[148]。これまでにいくつかの結晶構造が報告されているが,O–O 間の距離は〜2.3 Å であり,もはや結合はなく,316〜318 nm と 414〜430 nm に強い吸収を与える。共鳴ラマンスペクトルにおいては Cu_2O_2 コアーの振動に由来する吸収が 600 cm^{-1} 付近に現れ,重酸素体では 18 〜 25 cm^{-1} 程度低波数側に

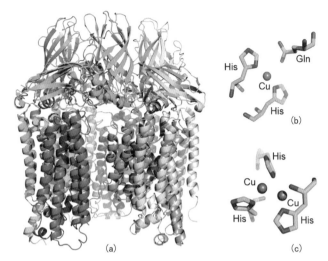

図 2-88　膜結合型メタンモノオキシゲナーゼ (pMMO) の結晶構造 (PDB:1YEW)
(a) 酵素の全体像, (b) 単核銅中心, (c) 二核銅中心 [145]

シフトする[108]。StackらはCu$^{III}_2$(O)$_2$のX線吸収スペクトルを測定し,銅イオンが三価であることを直接決定している[149]。

　伊東らは,二座配位子Pye1を用いて調製した(Pye1)$_2$Cu$^{III}_2$(O)$_2$が,分子内の配位子の脂肪族部位(ベンジル位)の水酸化反応を誘起することを見出した(図 2-89)。詳細な速度論的検討(ハメットプロットや重水素同位体効果など)により,水素原子の引き抜きと,それに続く銅に結合した酸素の再結合(またはそれらが協奏的に進行する機構)で進行すると結論した[150]。

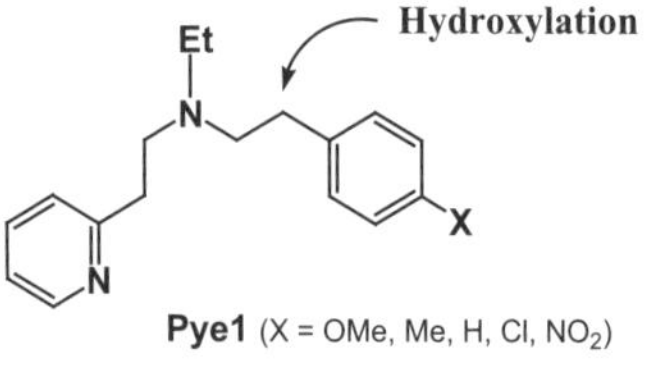

Pye1 (X = OMe, Me, H, Cl, NO$_2$)

図 2-89　(Pye1)$_2$Cu$^{III}_2$(O)$_2$錯体における分子内脂肪族水酸化反応

2 O_2の運搬・貯蔵・活性化

酵素反応では,$Cu^{III}_2(O)_2$はまだ観測されていないが,Stackらはモデル系においても生体系により近いイミダゾール誘導体を配位子として用いることで$Cu^{III}_2(O)_2$がより安定化されることを見出し,高原子価の銅(III)-酸素錯体の関与を強く提唱している[151]。

(6) 酸素の4電子還元(マルチ銅酸化酵素とシトクロム c 酸化酵素)

O_2を4電子還元して水に変換する酵素として,ラッカーゼやアスコルビン酸酸化酵素などのマルチ銅酸化酵素と酸素呼吸鎖の末端酸化酵素であるシトクロム c 酸化酵素がある。

マルチ銅酸化酵素にはタイプ1銅(T1)と呼ばれる平面構造から歪んだ四配位構造の単核銅と,1つの平面構造を有するタイプ2銅(T2,ノーマル銅)および一組のタイプ3銅(磁気的に強く相互作用した二核銅)からなる三核銅中心を有している(図2-90)[152]。マルチ銅酸化酵素は,フェノール性の有機物やアスコルビン酸などを酸化して,そこで得た電子を用いて三核銅サイトでO_2をH_2Oにまで還元する。詳細な反応機構は不明であるが,中間体の1つとして考えられるペルオキシド中間体$Cu^{II}_2P^S$がX線結晶構造解析によって捉えられている[152]。また,図2-74に示した混合原子価三核銅(II,II,III)錯体

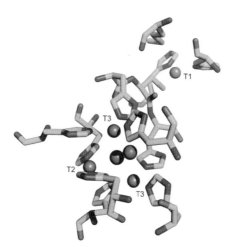

図2-90 ラッカーゼ活性中心の結晶構造(PDB:1W6L)[152]

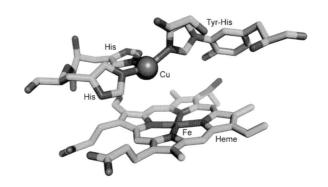

図 2-91　シトクロム c 酸化酵素活性中心の結晶構造（PDB:1OCC）[153]

($Cu^{III}Cu^{II}_2(O)_2$) などが中間体のモデルの1つとして考えられている。

　一方，シトクロム c 酸化酵素はヘム鉄と単核銅からなるヘテロ二核活性中心において O_2 の4電子還元を達成している（図2-91）[153]。この場合にも，銅に結合したヒスチジンのイミダゾール残基の1つと近傍に存在するチロシンのフェノール残基が翻訳後化学修飾により共有結合で結ばれており（Try-His），酸素還元の際の電子・プロトン源として重要な役割を果たしていると考えられる。詳細については第4章で詳しく述べられている。

(7) その他（ジオキシゲナーゼ，SOD）

　ジオキシゲナーゼ（二原子酸素添加酵素）として知られている銅含有酸化酵素は，現時点で Quercetin 2.4-Dioxygenase のみであり，基質である Quercetin の酸化的開環反応を触媒する。活性部位はタイプ2銅であり，3つのヒスチジンと1つのグルタミン酸が配位した構造をとっているが，X線結晶構造解析により，グルタミン酸のカルボキシル基が銅イオンに直接配位したものと，配位していないものが確認されている（図2-92）[154]。これまでに提唱されている反応機構の1つを図2-93に示した。結合した基質は銅に一電子移動を起こし，生じた基質ラジカルもしくは一価の銅中心が酸素と反応する。その後何段階かを経て，生じるエンドペルオキシド中間体が開裂し，一酸化炭素が脱離することで生成物が生じる[155]。

2 O_2 の運搬・貯蔵・活性化

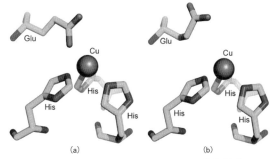

図 2-92 Quercetin 2.4-Dioxygenase の結晶構造
グルタミン酸の配位型 (a) と非配位型 (b) (PDB:1juh)[154]

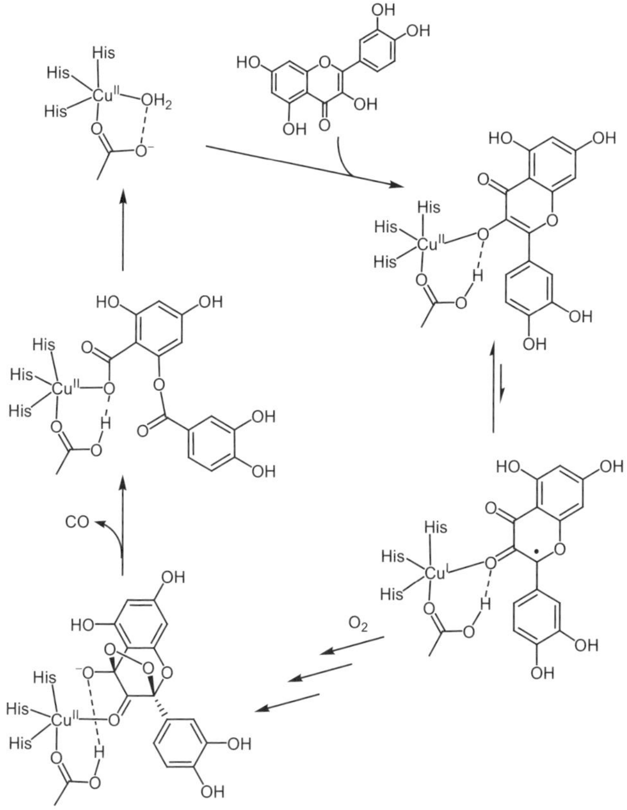

図 2-93 Quercetin 2.4-Dioxygenase の反応機構[155]

SOD（superoxide dismutase）は超酸化物（$O_2^{-\cdot}$：O_2 の一電子還元体）を O_2 と H_2O_2 に不均化する反応を司っている。活性中心はヒスチジンのイミダゾール基により架橋された銅(II)と亜鉛(II)からなるヘテロ二核金属中心となっている（図 2-94）[156]。まず $O_2^{-\cdot}$ が銅(II)に電子を渡すことにより，O_2 と銅(I)が生成し，次に生成した銅(I)イオンからもう一分子の $O_2^{-\cdot}$ に電子が移りプロトン化されれば，銅(II)と H_2O_2 が生成する。これらの過程で，亜鉛(II)はルイス酸として働き，$O_2^{-\cdot}$ の結合と活性化に関わっていると考えられる[157]。

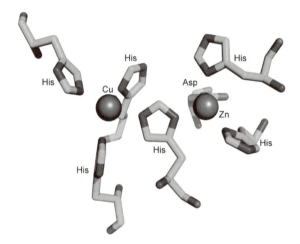

図 2-94　Superoxide Dismutase の活性中心の結晶構造（PDB:2SOD）[156]

以上，酸素の代謝に関わっている銅タンパク質（銅酵素）の活性中心を中心に解説してきたが，銅と酸素の関わりは，生体機能にとって非常に重要であることが言える。なお，各銅酸素錯体の詳細な電子構造や分光学的・磁気的特性について知りたい場合には，文献を参考にされたい[110]。

参考図書・文献

1) S. Ozaki, T. Matsui, Y. Watanabe, *J. Am. Chem. Soc.*, **119**, 6666（1997）.
2) T. Hayashi, Y. Hisaeda, *Acc. Chem. Res.*, **35**, 35-43（2002）.

3) J. A. Sigman, B. C. Kwok, Y. Lu, *J. Am. Chem. Soc.*, **122**, 8192 (2000).
4) K. Oohora, A. Onoda, H. Kitagishi, H. Yamaguchi, A. Harada, T. Hayashi, *Chem. Sci.*, **2**, 1033 (2011).
5) Y. W. Lin, S. Nagao, M. Zhang, Y. Shomura, Y. Higuchi, S. Hirota, *Angew. Chem. Int. Ed.*, **54**, 511 (2015).
6) K. Nakamoto, *Infrared and Raman Spectra of Inorganic and Coordinated Compounds Part B*, John Wiley & Sons, Inc, Hoboken, 6th edn. (2009).
7) S. E. Phillips, *J. Mol. Biol.*, **142**, 531 (1980).
8) B. Shaanan, *J. Mol. Biol.*, **171**, 31 (1983).
9) C. H. Barlow, J. C. Maxwell, W. J. Wallace, W. S. Caughey, *Biochem. Biophys. Res. Commun.*, **55**, 91 (1973).
10) J. C. Maxwell, J. A. Volpe, C. H. Barlow, W. S. Caughey, *Biochem. Biophys. Res. Commun.*, **58**, 166 (1974).
11) J. R. Kincaid, in *The Porphyrin Handbook*, eds. K. M. Kadish, K. M. Smith, R. Guillard, Academic Press, Vol. 7, Chap. 51, 225 (1999).
12) H. Chen, M. Ikeda-Saito, S. Shaik, *J. Am. Chem. Soc.*, **130**, 14778 (2008).
13) N.-T. Yu, E. A. Kerr, in *Biological Applications of Raman Spectroscopy*, ed. T. G. Spiro, John Wiley & Sons, Chap. 2, 39 (1988).
14) R. Nishimura, T. Shibata, H. Tai, I. Ishigami, T. Ogura, S. Nagao, T. Matsuo, S. Hirota, K. Imai, S. Neya, A. Suzuki, Y. Yamamoto, *Inorg. Chem.*, **52**, 3349 (2013).
15) K. M. Vogel, P. M. Kozlowski, M. Z. Zgierski, T. G. Spiro, *J. Am. Chem. Soc.*, **121**, 9915 (1999).
16) M. Momenteau, C. A. Reed, *Chem. Rev.*, **94**, 659 (1994).
17) J. P. Collman, R. R. Gagne, C. A. Reed, W. T. Robinson, G. A. Rodley, *Proc. Natl. Acad. Sci. USA*, **71**, 1326 (1974).
18) J. P. Collman, R. Boulatov, C. J. Sunderland, L. Fu, *Chem. Rev.*, **104**, 561 (2004).
19) K. Kano, H. Kitagishi, M. Kodera, S. Hirota, *Angew. Chem. Int. Ed.*, **44**, 435 (2005).
20) J. B. Dunn, D. F. Shriver, I. M. Klotz, *Proc. Natl. Acad. Sci. USA*, **70**, 2582 (1973).
21) J. Xiong, D. M. Kurtz, Jr., J. Ai, J. Sanders-Loehr, *Biochemistry*, **39**, 5117 (2000).
22) T. J. Mizoguchi, S. J. Lippard, *J. Am. Chem. Soc.*, **120**, 11022 (1998).

23) T. Ookubo, H. Sugimoto, T. Nagayama, H. Masuda, T. Sato, K. Tanaka, Y. Maeda, H. Okawa, Y. Hayashi, A. Uehara, M. Suzuki, *J. Am. Chem. Soc.*, **118**, 701 (1996).
24) C. Morioka, Y. Tachi, S. Suzuki, S. Itoh, *J. Am. Chem. Soc.*, **128**, 6788 (2006).
25) N. Fujieda, A. Yakiyama, S. Itoh, *Dalton Trans.*, **39**, 3083 (2010).
26) E. I. Solomon, F. Tuczek, D. E. Root, C. A. Brown, *Chem. Rev.*, **94**, 827 (1994).
27) S. Hirota, T. Kawahara, M. Beltramini, P. Di Muro, R. S. Magliozzo, J. Peisach, L. S. Powers, N. Tanaka, S. Nagao, L. Bubacco, *J. Biol. Chem.*, **283**, 31941 (2008).
28) T. B. Freedman, J. S. Loehr, T. M. Loehr, *J. Am. Chem. Soc.*, **98**, 2809 (1976).
29) K. D. Karlin, R. W. Cruse, Y. Gultneh, J. C. Hayes, J. Zubieta, *J. Am. Chem. Soc.*, **106**, 3372 (1984).
30) J. E. Pate, R. W. Cruse, K. D. Karlin, E. I. Solomon, *J. Am. Chem. Soc.*, **109**, 2624 (1987).
31) N. Kitajima, K. Fujisawa, C. Fujimoto, Y. Morooka, S. Hashimoto, T. Kitagawa, K. Toriumi, K. Tatsumi, A. Nakamura, *J. Am. Chem. Soc.*, **114**, 1277 (1992).
32) K. A. Magnus, B. Hazes, H. Ton-That, C. Bonaventura, J. Bonaventura, W. G. Hol, *Proteins*, **19**, 302 (1994).
33) M. Kodera, K. Katayama, Y. Tachi, K. Kano, S. Hirota, S. Fujinami, M. Suzuki, *J. Am. Chem. Soc.*, **121**, 11006 (1999).
34) K. G. Welinder, *Curr. Opin. Struct. Biol.* **2**, 388-393 (1992)
35) Y. Watanabe, H. Fujii, *Structure & Bonding*, **97**, 61-90, (2000)
36) J. E. Erman, L. B. Vitello, M. A. Miller, A. Shaw, K. A. Brown, J. Kraut, *Biochemistry*, **32**, 9798-9806 (1993)
37) P. Nicholls, I. Fita, P. C. Loewen, *Advances in Inorganic Chemsitry*, **51**, 51-106.
38) H. S. Mason, W. L. Fowlks, E. Peterson, *J. Am. Chem. Soc.* **77**, 2914 (1955)
39) O. Hayaishi, *J. Am. Chem. Soc.* **77**, 5450 (1955)
40) T. Omura, R. Sato, *J. Biol. Chem.* **237**, 1375-1376 (1962)
41) M. Katagiri, B. N. Ganguli, I. C. Gunsalus, *J. Biol. Chem.* **243**, 3543-3546 (1968)
42) T. L. Poulos, B. C. Finzel, I. C. Gunsalus, G. C. Wagner, J. Kraut, *J. Biol. Chem.* **260**, 16122-16130 (1985)
43) Y. Katsumoto, M. Fukuchi-Mizutani, Y. Fukui, F. Brugliera, T. A. Holton, M. Karen,

N. Nakamura, K. Yonekura-Sakakibara, J. Togami, A. Pigeaire, G.-Q. Tao, N. S. Nehra, C.-Y. Lu, B. K. Dyson, S. Tsuda, T. Ashikari, T. Kusumi, J. G. Mason, Y. Tanaka, *Plant Cell Physiol.* **48**, 1589-1600（2007）

44) J. Rittle, M. T. Green, *Science*, **330**,933-937（2010）
45) J. T. Groves, G. A. McClusky, *J. Am. Chem. Soc.* **98**, 859-861（1976）
46) M. Imai, H. Shimada, Y. Watanabe, Y. Matsushima-Hibiya, R. Makino, H. Koga, T. Horiuchi, Y. Ishimura, *Proc. Natl. Acad. Sci. USA*, **86**, 7823（1989）
47) S. Nagano, T. L. Poulos, *J. Biol. Chem.* **280**, 31659-31663（2005）
48) H. Sugimoto, S. Oda, T. Otsuki, T. Hino, T. Yoshida, Y. Shiro, *Proc. Natl. Acad. Sci. USA*, **103**, 2611-2161（2006）
49) F. Forohar, J. L. Ross Anderson, C. G. Mowat, S. M. Vorobiev, A. Hussain, M. Abashidze, C. Bruckmann, S. J. Thackray, J. Seetharaman, T. Tucker, R. Xiao, L.-C. Ma, L. Zhao, T. B. Acton, G. T. Montelione, S. K. Chapman, L. Tang, *Proc. Natl. Acad. Sci. USA*, **104**, 473-478（2007）
50) Y. Ishimura, M. Nozaki, O. Hayaishi, M. Tamura, I. Yamazaki, *J. Biol. Chem.* **242**, 2574（1967）
51) S. Yanagisawa, M. Horitani, H. Sugimoto, Y. Shiro, N. Okada, T. Ogura, *Faraday Discussions*, **148**, 239-247（2011）
52) 例えば　H. Fujii, *Coord. Chem. Rev.* **226**, 51-60（2002）
53) K. Hirata, K. Shinzawa-Itoh, N. Yano, S. Takemura, K. Kato, M. Hatanaka, K. Muramoto, T. Kawahara, T. Tsukihara, E. Yamashita, K. Tono, G. Ueno, T. Hikima, H. Murakami, Y. Inubushi, M. Yabashi, T. Ishikawa, M. Yamamoto, T. Ogura, H. Sugimoto, J. R. Shen, S. Yoshikawa, H. Ago, *Nat. Methods.*, **11**, 734-736（2014）.
54) a) E. G. Kovaleva M. B. Neibergall, S. Chakrabarty, J. D. Lipscomb, *Acc. Chem. Res.*, **40**, 475-483（2007）.
   b) C. Krebs, D. G. Fujimori, C. T. Walsh, J. M. Bollinger, Jr., *Acc. Chem. Res.*, **40**, 484-492（2007）.
55) M. Costas, M. P. Mehn, M. P. Jensen, L. Que, Jr., *Chem. Rev.*, **104**, 939-986（2004）.
56) S. M. Barry, G. L. Challis, *ACS Catal.*, **3**, 2362-2370（2013）.
57) D. J. Ferraro, L. Gakhar, S. Ramaswamy, Biochem. *Biophys. Res. Commun.* **338**,

175-190 (2005).
58) C. J. Batie, D.P. Ballou, C.C. Correll., Phthalate dioxygenase reductase and related flavin-iron-sulfur containing electron transferases, pp. 543-556. In F. Muller (ed.), Chemistry and Biochemistry of Flavoenzymes volume 3, CRC Press, Boca Raton, FL, USA 1991.
59) A. Karlsson, J. V. Parales, R. E. Parales, D. T. Gibson, H. Eklund, S. Ramaswamy, *Science*, **299**, 1039-1042 (2003).
60) Y. Ashikawa, Z. Fujimoto, Y. Usami, K. Inoue, H. Noguchi, H. Yamane, H. Nojiri, *BMC Struct. Biol.*, **12**: 15 (2012).
61) B. S. Rivard, M. S. Rogers, D. J. Marell, M. B. Neibergall, S. Chakrabarty, C. J. Cramer, J. D. Lipscomb, *Biochemistry*, **54**, 4652-4664 (2015).
62) K. Chen, M. Costas, J. Kim, A. K. Tipton, L. Que, Jr., *J. Am. Chem. Soc*, **124**, 3026-3035 (2001).
63) I. Prat, J. S. Mathieson, M. Guell, X. Ribas, J. M. Luis, L. Cronin, M. Costas, *Nat. Chem.*, **3**, 788-793 (2011).
64) L. V. Liu, S. Hong, J. Cho, W. Nam, E. I. Solomon, *J. Am. Chem. Soc.*, **135**, 3286-3299 (2013).
65) F. H. Vaillancourt, J. T. Bolin, L. D. Eltis, *Crit. Rev. Biochem. Mol. Biol.* **41**(4), 241-267 (2006).
66) E. G. Kovaleva, J. D. Lipscomb, *Science*, **316**, 453-457 (2007).
67) E. G. Kovaleva, J. D. Lipscomb, *Biochemistry*, **47**, 11168-11170 (2008).
68) C. J. Knoot, V. M. Purpero, J. D. Lipscomb, *Proc. Natl. Acad. Sci. USA* **112**, 388-393 (2015).
69) R. P. Hausinger and C. J. Schofield eds, "2-Oxoglutarate-Dependent Oxygenases", The Royal Society of Chemistry, Cambridge, UK (2015).
70) S. P. de Visser, *Cood. Chem. Rev.*, **253**, 754-768 (2008).
71) S. Martinez, R. P. Hausinger, *J. Biol. Chem.*, **290**, 20702-20711 (2015).
72) S. D.Wong1, M. Srnec, M. L. Matthews, L. V. Liu, Y. Kwak, K. Park, C. B. Bell III, E. E. Alp, J. Zhao, Y. Yoda, S. Kitao, M. Seto, C. Krebs, J. M. Bollinger Jr., E. I. Solomon, *Nature*, **499**, 320-324 (2013).

73) R. B. Hamed, J. R. Gomez-Castellanos, L. Henry, C. Ducho, M. A. McDonough, C. J. Schofield, *Nat. Prod. Rep.*, **30**, 21-107 (2013).
74) C. D. Brown, M. L. Neidig, M. B. Neibergall, J. D. Lipscomb, E. I. Solomon, *J. Am. Chem. Soc.*, **129**, 7427-7438 (2007).
75) W. Ge, I. J. Clifton, J. E. Stok, R. M. Adlington, J. E. Baldwin, P. J. Rutledge, *J. Am. Chem. Soc.*, **130**, 10096-10102 (2008).
76) Z. Zhang, J.-S. Ren, I. J. Clifton, C. J. Schofield, *Chem. Biol.*, **11**, 1383-1394 (2004).
77) M. M. Abu-Omar, A. Loaiza, N. Hontzeas, *Chem. Rev.*, **105**, 2227-2252 (2005).
78) A. J. Panay, M. Lee, C. Krebs, J. Martin Bollinger, Jr., P. F. Fitzpatrick, *Biochemistry*, **50**, 1928-1933 (2011).
79) B. E. Eser, E. W. Barr, P. A. Frantom, L. Saleh, J. M. Bollinger, Jr.; C. Krebs, C.; P. F. Fitzpatrick, *J. Am. Chem. Soc*, **129**, 11334-11335 (2007).
80) M. S. Chow, B. E. Eser, S. A. Wilson, K. O. Hodgson, B. Hedman, P. F. Fitzpatrick, E. I. Solomon, *J. Am. Chem. Soc*, **131**, 7685-7698 (2009).
81) A. R. McDonald, L. Que Jr., *Coord. Chem. Rev.*, **257**, 414-428 (2013).
82) M. Puri, L. Que Jr., *Acc. Chem. Res.*, **48**, 2443-2452 (2015).
83) W. Nam, *Acc. Chem. Res.*, **48**, 2415-2423 (2015).
84) a) M. H. Sazinsky, S. J. Lippard, *Acc. Chem. Res.*, **39**, 558-566 (2006).
 b) D. M. Kurtz, E. Boice, J. D. Caranto, R. E. Frederick, C. A. Masitas, K. D. Miner, *Encyclopedia of Inorganic and Bioinorganic Chemistry*; John Wiley & Sons: Chichester, U.K., 2011.
85) L. Que, Jr., *J. Chem. Soc. Dalton, Perspective*, 3933-3940 (1997).
86) K. Kim, S. J. Lippard, *J. Am. Chem. Soc.*, **118**, 4914-4915 (1996).
87) X. Zhang, H. Furutachi, S. Fujinami, S. Nagatomo, Y. Maeda, Y. Watanabe, T. Kitagawa and M. Suzuki, *J. Am. Chem. Soc.*, **127**, 826-827 (2005).
88) S. Friedle, E. Reisner, S. J. Lippard, *Chem. Soc. Rev.*, **39**, 2768-2779 (2010).
89) W. Wang, A. D. Liang, S. J. Lippard, *Acc. Chem. Res.*, **48**, 2632-2639 (2015).
90) N. Elango, R. Radhakrishnan, W. A. Froland, B. J. Wallar, C. A. Earahart, J. D. Lipscomb, D. H. Ohlendorf, *Prorein Science*, **6**, 556-568 (1997).
91) S. J. Lee, M. S. McCormick, S. J. Lippard, U.-S. Cho, *Nature*, **494**, 380-384 (2013).

92) R. Banerjee, Y. Proshlyakov, J. D. Lipscomb, D. A. Proshlyakov, *Nature*, **518**, 431-434 (2015).

93) G. Xue, D. Wang, R. D. Hont, A. T. Fiedler, X. Shan, E. Münck, L., Jr. Que, *Proc. Natl. Acad. Sci. USA*, **104**, 20713-20718 (2007).

94) G. Xue, R. D. Hont, E. Münck, L., Jr. Que, *Nat. Chem.*, **2**, 400-405 (2010).

95) D. Usharani, D. Janardanan, C. Li, S. Shaik, *Acc. Chem. Res.*, **46**, 471-482 (2013).

96) M. Kodera, Y. Kawahara, Y. Hitomi, T. Nomura, T. Ogura, Y. Kobayashi, *J. Am. Chem. Soc.*, **134**, 13236-13239 (2012).

97) M. Kodera, S. Ishiga, T. Tsuji, K. Sakurai, Y. Hitomi, Y. Shiota, P. K. Sajith, K. Yoshizawa, K. Mieda, T. Ogura, *Chem. Eur. J.*, "frontispiece" **22** (17), 5924-5936 (2016).

98) J. F. Acheson, L. J. Bailey, N. L. Elsen, B. G. Fox, *Nature Commun.*, 5:5009, 1-9 (2014).

99) A. D. Liang, S. J. Lippard, *Biochemistry*, **53**, 7368-7375 (2014).

100) M. H. Sazinsky, J. Bard, A. Di Donato, S. J. Lippard, *J. Biol. Chem.*, **279**, 30600-30610 (2004).

101) A. D. Liang, A.T. Wrobel, S. J. Lippard, *Biochemistry*, **53**, 3585-3592 (2014).

102) L. J. Bailey, J. G. McCoy, G. N. Phillips, Jr., B. G. Fox, *Proc. Natl. Acad. Sci. USA*, **105**, 19194-19198 (2008).

103) L. J. Bailey, B. G. Fox, *Biochemistry*, **48**, 8932-8939 (2009).

104) a) J. Stubbe, D. G. Nocera, C. S. Yee, M. C. Y. Chang, *Chem. Rev.*, **103**, 2167-2201 (2003). b) J. Stubbe, *Cur. Opin. Chem. Biol.*, **7**, 183-188 (2003).

105) a) B. G. Fox, K. S. Lyle, C. E. Rogge, *Acc. Chem. Res.*, **37**, 421-429 (2004).
b) J. Shanklin, J. E. Guy, G. Mishra, Y. Lindqvist, *J. Biol. Chem.*, **284**, 18559-18563 (2009).

106) Z. Han, N. Sakai, L. H. Böttger, S. Klinke, J. Hauber, A. X. Trautwein, R.Hilgenfeld, *Structure*, **23**, 882-892 (2015).

107) S. Itoh, in *Copper-Oxygen Chemistry*, ed. by K. D. Karlin, S. Itoh, John Wiley & Sons, Hoboken, **2011**, Vol. 4, pp. 225-282.

108) L. M. Mirica, X. Ottenwaelder, T. D. P. Stack, *Chem. Rev.* **2004**, *104*, 1013-1045.

109) E. A. Lewis, W. B. Tolman, *Chem. Rev.* **2004**, *104*, 1047-1076.
110) E. I. Solomon, D. E. Heppner, E. M. Johnston, J. W. Ginsbach, J. Cirera, M. Qayyum, M. T. Kieber-Emmons, C. H. Kjaergaard, R. G. Hadt, L. Tian, *Chem. Rev.* **2014**, *114*, 3659-3853.
111) S. T. Prigge, A. S. Kolhekar, B. A. Eipper, R. E. Mains, L. M. Amzel, *Science* **1997**, *278*, 1300-1305.
112) J. P. Klinman, *J. Biol. Chem.* **2006**, *281*, 3013-3016.
113) S. T. Prigge, B. A. Eipper, R. E. Mains, L. M. Amzel, *Science* **2004**, *304*, 864-867.
114) K. Fujisawa, M. Tanaka, Y. Morooka, N. Kitajima, *J. Am. Chem. Soc.* **1994**, *116*, 12079-12080.
115) P. Chen, D. E. Root, C. Campochiaro, K. Fujisawa, E. I. Solomon, *J. Am. Chem. Soc.* **2003**, *125*, 466-474.
116) N. W. Aboelella, E. A. Lewis, A. M. Reynolds, W. W. Brennessel, C. J. Cramer, W. B. Tolman, *J. Am. Chem. Soc.* **2002**, *124*, 10660-10661.
117) C. Würtele, E. Gaoutchenova, K. Harms, M. C. Holthausen, J. Sundermeyer, S. Schindler, *Angew. Chem., Int. Ed.* **2006**, *45*, 3867-3869.
118) A. Kunishita, M. Kubo, H. Sugimoto, T. Ogura, K. Sato, T. Takui, S. Itoh, *J. Am. Chem. Soc.* **2009**, *131*, 2788-2789.
119) A. Kunishita, M. Z. Ertem, Y. Okubo, T. Tano, H. Sugimoto, K. Ohkubo, N. Fujieda, S. Fukuzumi, C. J. Cramer, S. Itoh, *Inorg. Chem.* **2012**, *51*, 9465-9480.
120) X. Li, William T. Beeson Iv, Christopher M. Phillips, Michael A. Marletta, Jamie H. D. Cate, *Structure* **2012**, *20*, 1051-1061.
121) S. Kim, J. Ståhlberg, M. Sandgren, R. S. Paton, G. T. Beckham, *Proc. Natl. Acad. Sci. USA.* **2014**, *111*, 149-154.
122) M. Mure, S. A. Mills, J. P. Klinman, *Biochemistry* **2002**, *41*, 9269-9278.
123) J. W. Whittaker, *Chem. Rev.* **2003**, *103*, 2347-2364.
124) J. P. Klinman, *Chem. Rev.* **1996**, *96*, 2541-2562.
125) C. M. Wilmot, J. Hajdu, M. J. McPherson, P. F. Knowles, S. E. V. Phillips, *Science* **1999**, *286*, 1724-1728.
126) V. J. Klema, C. J. Solheid, J. P. Klinman, C. M. Wilmot, *Biochemistry* **2013**, *52*,

2291-2301.
127) K. Tabuchi, M. Z. Ertem, H. Sugimoto, A. Kunishita, T. Tano, N. Fujieda, C. J. Cramer, S. Itoh, *Inorg. Chem.* **2011**, *50*, 1633-1647.
128) R. R. Jacobson, Z. Tyeklar, A. Farooq, K. D. Karlin, S. Liu, J. Zubieta, *J. Am. Chem. Soc.* **1988**, *110*, 3690-3692.
129) N. Kitajima, K. Fujisawa, Y. Morooka, K. Toriumi, *J. Am. Chem. Soc.* **1989**, *111*, 8975-8976.
130) K. A. Magnus, B. Hazes, H. Ton-That, C. Bonaventura, J. Bonaventura, W. G. J. Hol, *Proteins: Structure, Function, and Genetics* **1994**, *19*, 302-309.
131) K. D. Karlin, Y. Gultneh, J. P. Hutchinson, J. Zubieta, *J. Am. Chem. Soc.* **1982**, *104*, 5240-5242.
132) E. Pidcock, H. V. Obias, C. X. Zhang, K. D. Karlin, E. I. Solomon, *J. Am. Chem. Soc.* **1998**, *120*, 7841-7847.
133) M. S. Nasir, B. I. Cohen, K. D. Karlin, *J. Am. Chem. Soc.* **1992**, *114*, 2482-2494.
134) T. Osako, K. Ohkubo, M. Taki, Y. Tachi, S. Fukuzumi, S. Itoh, *J. Am. Chem. Soc.* **2003**, *125*, 11027-11033.
135) S. Itoh, H. Kumei, M. Taki, S. Nagatomo, T. Kitagawa, S. Fukuzumi, *J. Am. Chem. Soc.* **2001**, *123*, 6708-6709.
136) S. Yamazaki, S. Itoh, *J. Am. Chem. Soc.* **2003**, *125*, 13034-13035.
137) N. Fujieda, S. Yabuta, T. Ikeda, T. Oyama, N. Muraki, G. Kurisu, S. Itoh, *J. Biol. Chem.* **2013**, *288*, 22128-22140.
138) W. T. Ismaya, H. J. Rozeboom, A. Weijn, J. J. Mes, F. Fusetti, H. J. Wichers, B. W. Dijkstra, *Biochemistry* **2011**, *50*, 5477-5486.
139) N. Fujieda, M. Murata, S. Yabuta, T. Ikeda, C. Shimokawa, Y. Nakamura, Y. Hata, S. Itoh, *J. Biol. Inorg. Chem.* **2012**, 1-8.
140) N. Fujieda, T. Ikeda, M. Murata, S. Yanagisawa, S. Aono, K. Ohkubo, S. Nagao, T. Ogura, S. Hirota, S. Fukuzumi, Y. Nakamura, Y. Hata, S. Itoh, *J. Am. Chem. Soc.* **2011**, *133*, 1180-1183.
141) M. E. Cuff, K. I. Miller, K. E. van Holde, W. A. Hendrickson, *J. Mol. Biol.* **1998**, *278*, 855-870.

2　O_2 の運搬・貯蔵・活性化

142) N. Fujieda, S. Itoh, in *Encyclopedia of Inorganic and Bioinorganic Chemistry*, John Wiley & Sons, Ltd, **2015**, pp. 1-8.

143) M.-H. Baik, M. Newcomb, R. A. Friesner, S. J. Lippard, *Chem. Rev.* **2003**, *103*, 2385-2420.

144) R. Balasubramanian, A. C. Rosenzweig, *Acc. Chem. Res.* **2007**, *40*, 573-580.

145) R. L. Lieberman, A. C. Rosenzweig, *Nature* **2005**, *434*, 177-182.

146) R. Balasubramanian, S. M. Smith, S. Rawat, L. A. Yatsunyk, T. L. Stemmler, A. C. Rosenzweig, *Nature* **2010**, *465*, 115-119.

147) K. Yoshizawa, *Bull. Chem. Soc. Jpn.* **2013**, *86*, 1083-1116.

148) J. A. Halfen, S. Mahapatra, E. C. Wilkinson, S. Kaderli, V. G. Young, L. Que, A. D. Zuberbühler, W. B. Tolman, *Science* **1996**, *271*, 1397-1400.

149) J. L. DuBois, P. Mukherjee, A. M. Collier, J. M. Mayer, E. I. Solomon, B. Hedman, T. D. P. Stack, K. O. Hodgson, *J. Am. Chem. Soc.* **1997**, *119*, 8578-8579.

150) S. Itoh, M. Taki, H. Nakao, P. L. Holland, W. B. Tolman, L. Que, S. Fukuzumi, *Angew. Chem., Int. Ed.* **2000**, *39*, 398-400.

151) C. Citek, S. Herres-Pawlis, T. D. P. Stack, *Acc. Chem. Res.* **2015**, *48*, 2424-2433.

152) I. Bento, L. O. Martins, G. Gato Lopes, M. Armenia Carrondo, P. F. Lindley, *Dalton Trans.* **2005**, 3507-3513.

153) T. Tsukihara, H. Aoyama, E. Yamashita, T. Tomizaki, H. Yamaguchi, K. Shinzawa-Itoh, R. Nakashima, R. Yaono, S. Yoshikawa, *Science* **1996**, *272*, 1136-1144.

154) F. Fusetti, K. H. Schröter, R. A. Steiner, P. I. van Noort, T. Pijning, H. J. Rozeboom, K. H. Kalk, M. R. Egmond, B. W. Dijkstra, *Structure* **2002**, *10*, 259-268.

155) R. A. Steiner, K. H. Kalk, B. W. Dijkstra, *Proc. Natl. Acad. Sci. U. S. A.* **2002**, *99*, 16625-16630.

156) J. A. Tainer, E. D. Getzoff, K. M. Beem, J. S. Richardson, D. C. Richardson, *J. Mol. Biol.* **1982**, *160*, 181-217.

157) H. Ohtsu, S. Itoh, S. Nagatomo, T. Kitagawa, S. Ogo, Y. Watanabe, S. Fukuzumi, *Chem. Commun.* **2000**, 1051-1052.

3 窒素・硫黄循環

はじめに 窒素と硫黄は，生体物質の基本要素としてだけでなく，生体エネルギー獲得や物質合成にも必要な元素である。地球上における，これらの循環は，基本的には電子のやり取りを伴う酸化還元が主な反応であり，鉄，銅，モリブデン等を含む金属酵素が関与している。本章では，窒素循環および硫黄循環に関係する金属酵素について，微生物学，化学，構造生物学の観点から述べる。

3.1 地球における窒素と硫黄の循環

窒素は，我々の生命維持に必須の元素の1つである。地球上においては，その大部分は大気中の窒素分子（N_2）として存在している。N_2は窒素-窒素三重結合（結合解離エネルギー 943 kJ/mol）により，非常に安定で不活性な分子である。したがってこの状態のままでは，N_2を様々な化合物の窒素源として利用できない。そこで，1906年にFritz HaberとCarl Boschは鉄触媒を用いて，200〜1000気圧，400〜600℃で，N_2をアンモニアNH_3に変換する手法を開発した。これは，ハーバー・ボッシュ法と呼ばれ，当時のドイツの産業発展に大きく貢献した。現在では，大気中のN_2からNH_3への変換の約2割にこの手法が活用され，窒素肥料の原料等として利用されている。この功績に関連して，Fritz Haberは1918年に，Carl Boschは1931年にノーベル化学賞を受賞している。

一方，豆科の植物の根に共生する根粒菌は，N_2からNH_3への変換（窒素固定 nitrogen fixationとよぶ）を，常温，常圧で行っている（式(3.1)）。

$$N_2 + 8H^+ + 8e^- + 16\,ATP + 16\,H_2O \longrightarrow 2NH_3 + H_2 + 16\,ADP + 16\,Pi \quad (3.1)$$

根粒菌による窒素固定は，地球全体のN_2からNH_3への変換の約7割におよぶ。根粒菌による窒素固定の主役となる酵素はニトロゲナーゼであり，モリブデン

(Mo)と鉄(Fe)を活性中心に含む金属酵素である。ニトロゲナーゼの詳細は，6章で解説する。

ニトロゲナーゼにより変換されたアンモニアは，グルタミン合成酵素によりグルタミン酸やグルタミンに取り込まれ，アミノ酸など生理活性物質の生合成における窒素源となる。また，土壌中のアンモニアは，微生物による硝化 (nitrification) によって，硝酸塩 (NO_3^-) や亜硝酸塩 (NO_2^-) へと変換される (式(3.2))。

$$NH_3 \longrightarrow NO_2^- \longrightarrow NO_3^- \tag{3.2}$$

さらに，NO_3^- と NO_2^- は微生物による脱窒 (denitrification) によって，N_2 に変換され，大気中に戻される (式(3.3))。

$$NO_3^- \longrightarrow NO_2^- \longrightarrow NO \longrightarrow N_2O \longrightarrow N_2 \tag{3.3}$$

脱窒は，エネルギー獲得系と共役した異化型硝酸還元の1つである。他にも異化型硝酸還元として，カビのアンモニア発酵であるアンモニア化 (ammonification) が知られている (式(3.4))。

$$NO_3^- \longrightarrow NO_2^- \longrightarrow NH_4^+ \tag{3.4}$$

植物，藻類，真核・原核微生物による同化型硝酸還元も，反応過程は式(3.4)と同じであるが，生成したアンモニウム塩 NH_4^+ はグルタミン合成酵素などにより細胞成分として取り込まれる。したがってこれは硝酸塩 NO_3^- の窒素を，生体物質の窒素源とする過程である。さらに，最近では，嫌気的アンモニア酸化細菌 (アナモックス細菌) による，亜硝酸 NO_2^- とアンモニア NH_4^+ からの

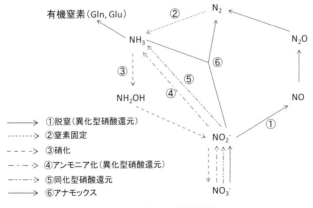

図3-1 地球上の窒素循環

窒素分子 N_2 の発生も報告されている[1]。これら地球上の窒素化合物の循環を図 3-1 にまとめて示した。

硫黄も生命活動にとって重要な元素である。現在の地球表層では火山の爆発や化石燃料の燃焼により硫黄酸化物や硫化水素として大気中へ放出されている。それらは地上に沈着した後に川を通って，あるいは直接海洋に運ばれる。これらの硫黄源は S^0, SO_4^{2-}, S^{2-} 化合物間で循環される。生物による硫黄の循環で重要なのは，硫酸還元菌が行う SO_4^{2-} の異化的還元による S^{2-} の生成である（図 3-2）。これによって硫化物酸化細菌による S^{2-} の酸化や硫黄還元菌による逆反応，あるいは，硫黄酸化細菌による S^0 から SO_4^{2-} への酸化という形で硫黄の循環が起こる。また，ある種の細菌や酵母，植物は SO_4^{2-} の同化的還元により硫黄を体内に取り込みアミノ酸やタンパク質の形で利用する。この形の硫黄は，動物に取り込まれ利用された後，代謝系により S^{2-} に戻り硫黄循環系に戻る。このような生物硫黄循環は「Sulfuretum」と呼ばれている[2]。

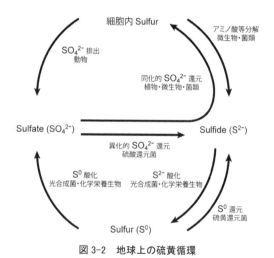

図 3-2　地球上の硫黄循環

3.1.1　脱窒菌と脱窒カビ

脱窒は，微生物の嫌気呼吸の一種であり，硝酸塩呼吸ともいう異化型の硝酸還元である[3]。脱窒は，*Pseudomonas* 属，*Alcaligenes* 属，*Achromobacter* 属など土壌に広く存在する通性嫌気性菌が行う。通性嫌気性微生物とは，酸素が

存在する環境では，好気呼吸により ATP を獲得し，酸素の非存在下では，嫌気呼吸でエネルギーを得る事ができる微生物の通称である．原核生物である脱窒菌に加えて，1991 年に，祥雲らにより真核生物である *Fusarium* 属，*Cyclindrocarpon* 属などのカビも脱窒能を持つ事が発見された[4]．脱窒菌や脱窒カビにおける脱窒では，NO_3^- が NO_2^-，一酸化窒素（NO），亜酸化窒素（N_2O）などの反応中間物質を経て N_2 まで順次還元される（式(3.3)）．これら硝酸塩還元の電子伝達の上流には，NADH デヒドロゲナーゼとシトクロム bc_1 複合体が存在し，キノールやシトクロム c_{551}（ヘム鉄），アズリン（銅），シュードアズリン（銅）などの還元に伴って，細胞膜間でプロトンの能動輸送を行っている．ここで形成されるプロトン濃度勾配が ATPase による ATP 合成に使われている（図3-3）．

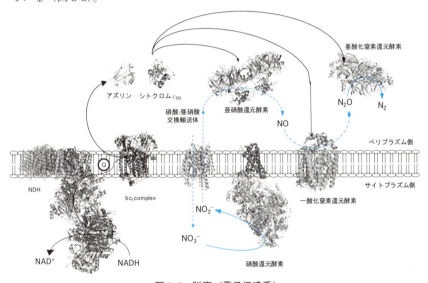

図 3-3 脱窒（電子伝達系）

式(3.3) に示すように，脱窒は 4 段階の反応である．すべての過程に金属酵素が関与している．最初の反応では，硝酸還元酵素（NaR : nitrate reductase）が NO_3^- を NO_2^- へ還元する（式(3.5)）．

$$NO_3^- + 2H^+ + 2e^- \longrightarrow NO_2^- + H_2O \tag{3.5}$$

この反応は細胞質内でおこなわれるが,生成物 NO_2^- は細胞毒性を示すので,その毒性を避けるために,硝酸／亜硝酸交換輸送体がペリプラズム側へと NO_2^- を排出し,そこで亜硝酸還元酵素（NiR : nitrite reductase）によって NO へと変換される（式(3.6)）。

$$NO_2^- + 2H^+ + e^- \longrightarrow NO + H_2O \qquad (3.6)$$

NO はラジカル分子であり反応性が非常に高く,これも非常に高い細胞毒性を示す。そこで,一酸化窒素還元酵素（NOR : nitric oxide reducatse）が NO を N_2O へと変換して,NO を無毒化している（式(3.7)）。

$$2NO + 2H^+ + 2e^- \longrightarrow N_2O + H_2O \qquad (3.7)$$

最終的に,N_2O は亜酸化窒素還元酵素（N_2OR : nitrous oxide reductase）によって窒素分子（N_2）に変換されて（式(3.8)）,菌体外に放出される。

$$N_2O + 2H^+ + 2e^- \longrightarrow N_2 + H_2O \qquad (3.8)$$

NO の生成以降は,気体分子が基質,生成物となる反応である。これら還元反応に必要な電子は,先に記した電子伝達系の上流で生成する還元型のキノールやシトクロム c_{551},アズリン,シュードアズリンから供給される。

　脱窒菌と脱窒カビの NaR はいずれもモリブデン（Mo）を活性中心とする膜結合性の酵素である。脱窒菌の NiR は銅を活性中心に持つ酵素か,ヘム d_1 を活性中心に持つ酵素のどちらかであり,脱窒カビの NiR は銅を活性中心に持つ酵素のみである。後述するが,脱窒菌の NOR と脱窒カビの NOR は,鉄を活性中心に持つが,その構造と性質は全く異なっている。N_2OR は脱窒菌,脱窒カビ共にマルチ銅酵素である。脱窒カビの中には,N_2OR を持たないものもあり,N_2O が最終生成物として大気中に放出される。脱窒カビの NaR と銅型 NiR,ならびに N_2OR は,脱窒菌からの遺伝子の水平移動の結果であると考えられている。

　脱窒という異化型硝酸呼吸では,窒素酸化物を最終電子受容体としているのに対して,好気呼吸では酸素 O_2 を最終電子受容体としている。今から 46 億年前に地球が誕生し,その地球上に生命が誕生したのは 40 億年前と言われている。その頃の地球には,O_2 は存在せず,誕生した生物は,おそらく硫黄や窒素の化合物を最終電子受容体とする呼吸（嫌気呼吸）により,生きるためのエネルギーを得ていたと考えられている。しかし,30 億年前に植物の祖先であ

るシアノバクテリアが光合成を開始し，光エネルギーをつかって水（H_2O）から O_2 を産生し始めた。この O_2 の出現を契機に，O_2 を利用する呼吸（好気呼吸）と従来の酸素以外の基質を利用する呼吸に別れた。図3-3を見れば，脱窒酵素群がシトクロム酸化酵素の役割を担っている事がわかる。なかでも，脱窒菌のNORが嫌気から好気へという呼吸酵素の分子進化の観点からも大変興味深い。脱窒菌のNORの項で詳細を見る。

脱窒は地球環境の観点からも注目されている。それは，中間体として産生される亜酸化窒素 N_2O が地球大気の対流圏では極めて安定で，地球環境に拡散し，二酸化炭素 CO_2 の310倍の温室効果を示すからである[5]。さらに，N_2O は成層圏に排出されると，宇宙線，γ 線，紫外線の影響で，容易に反応性の高いNOxに変換され，オゾン層を破壊する[6,7]。N_2O の産出量は，CO_2 の約2000分の1程度であるが，地球環境に及ぼす影響は決して無視できない。21世紀になり，開発途上国等で多くの窒素肥料の使用量が増加すると，土壌中の脱窒微生物により排出される N_2O が増加すると警告されている。

3.1.2 硝化菌

硝化菌は，式(3.2)に示す過程でATPを生産し，二酸化炭素を非光合成的に固定化する化学合成独立栄養細菌である。ただし，硝化の2つの過程をともに行う細菌は見いだされていない。*Nitrosomonas* 属に代表されるアンモニア酸化菌は，式(3.2)の最初の過程，アンモニアを酸化して亜硝酸を生成している。この過程は，アンモニア一原子酸素添加酵素（AMO : ammonia monooxygenase）とヒドロキシルアミン酸化還元酵素（HAO : hydroxylamine oxidoreductase）の2つの酵素によって触媒される（式(3.9)，式(3.10)）。

$$NH_3 + O_2 + 2H^+ + 2e^- \longrightarrow NH_2OH + H_2O \quad (3.9)$$
$$NH_2OH + H_2O \longrightarrow NO_2^- + 5H^+ + 4e^- \quad (3.10)$$

HAOによって得られる4電子の内，2電子はAMOの反応に用いられ，残りの2電子はシトクロム c 類によって運ばれ，シトクロム酸化酵素による酸素還元に用いられる。この電子伝達と酸素還元がATP合成と共役している。これらの反応と関連する細菌として，*Nitrosomonas* 属に加えて，*Nitrosococcus* 属，*Nitrosospira* 属，*Nitrosolobus* 属など計8属が知られている。

AMOは2つあるいは3つのサブユニットからなる膜タンパク質と言われているが，極めて不安定なためにいままでにその精製に成功したという報告はない。HMOの構造と機能に関しては後述する。

Nitrosbacter 属は，NO_2^- を呼吸基質として NO_3^- に酸化して（式(3.11)），得られる電子を酸素還元に用い，ATP合成へと繋げている。

$$NO_2^- + H_2O \longrightarrow NO_3^- + 2H^+ + 2e^- \tag{3.11}$$

この反応は，膜タンパク質である亜硝酸-シトクロム c 酸化還元酵素が触媒している。ヘム a，ヘム c，Fe-Sクラスター，モリブデン補因子を含む金属酵素である。

3.1.3 硫酸還元菌

硫酸還元菌は，1895年にオランダのBeijerinckによって発見され[8]，その後，主にヨーロッパや日本の研究者によって精力的に研究された。硫酸還元菌は，主に *Desulfovibrio* 属，*Desulfobacter* 属，*Desulfobulbus* 属，*Desulfococcus* 属，*Desulfonema* 属，*Desulfosarcina* 属，*Desulfotomaculum* 属の7つが知られている。最もよく研究されてきたのは *Desulfovibrio* 属で，これに属する菌はおよそ偏性嫌気性で化学従属栄養細菌である。これらは，嫌気的に炭素源を酸化し，その最終電子受容体として硫酸塩を利用する。エネルギー代謝の特徴から，これらの細菌は硫酸塩呼吸を行うと言われる。*Desulfovibrio* 属の細菌は，乳酸を炭素源として好むものが多く，2分子の乳酸は，式(3.12)に示す酸化を経て最終段階で2分子のATPを生産する。

$$CH_3CHOHCOOH \longrightarrow CH_3COCOOH \longrightarrow CH_3COSCoA \longrightarrow$$
$$CH_3COCOOPO_3H_2 \longrightarrow CH_3COOH \tag{3.12}$$

硫酸塩の還元は，式(3.12)の酸化過程と共役して，式(3.13)〜(3.17)で示す反応で進むと考えられてきた。しかし，後の亜硫酸還元酵素の項で示すように，式(3.15)〜(3.17)とは異なる経路が最近提案された。

$$SO_4^{2-} + ATP \longrightarrow APS + H_4P_2O_7 \tag{3.13}$$
$$APS + 2e^- \longrightarrow HSO_3^- + AMP \tag{3.14}$$
$$3HSO_3^- + 2e^- + 3H^+ \longrightarrow S_3O_6^{2-} + 3H_2O \tag{3.15}$$
$$S_3O_6^{2-} + 2e^- + H^+ \longrightarrow S_2O_3^{2-} + HSO_3^- \tag{3.16}$$

$$S_2O_3^{2-} + 2e^- + 2H^+ \longrightarrow HS^- + HSO_3^- \qquad (3.17)$$

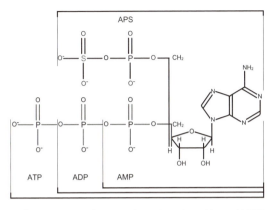

式 (3.13) で 1 分子の ATP が adenosine phosphosulfate（APS）の合成（硫酸イオンの活性化）に消費される。この反応を触媒する酵素は，硫酸アデニリルトランスフェラーゼである。式 (3.14) の反応は，アデニリル硫酸還元酵素で触媒される。ここで生じる AMP は基質レベルのリン酸化で得られたもう 1 分子の ATP からリン酸基を得て ADP となり，次のサイクルの ATP 合成に利用される（これはアデニル酸キナーゼによる）。式 (3.15)〜(3.17) に相当する触媒反応は，亜硫酸還元酵素による。この酵素は，硫酸還元菌では，デスルフォビリジンと命名される緑色のタンパク質で，シロヘムと呼ばれる補欠分子属を有する。ここで示したように，基質レベルのリン酸化で得られる 2 分子の ATP は硫酸塩の還元過程で使いはたされてしまう。したがって生命活動を行うための ATP は基質レベルのリン酸化に加えて，酸化的リン酸化により得られる。この電子伝達によるリン酸化には，硫酸還元菌内で大量に発現される酵素（ヒドロゲナーゼ）が関与していると考えられている。異化型硫黄代謝に関わるタンパク質の構造と機能については後で簡単に紹介する。

3.2　鉄系酵素

3.2.1　異化型（脱窒）亜硝酸還元酵素

先述のように，脱窒の亜硝酸還元酵素 NiR には銅型とヘム型の 2 種類がある。どちらの NiR もペリプラズム側に存在する水溶性酵素である。微生物に

とって毒性の強い NO_2^- を解毒する酵素と考えられている。ここでは，鉄を含む酵素であるヘム c とヘム d_1 を持つヘム型 NiR (cd_1NiR) について詳述する。*Paracoccus pantotrophus* (PDB Code: 1QKS, 1AOF)[9, 10] と *Pseudomonas aeruginosa* (PDB: 1NIR, 1NRE)[11] から単離精製された2種類の cd_1NiR の結晶構造が報告されている。どちらも，ヘム c を含むドメインとヘム d_1 を含むドメインからなる単量体が2つ集まったホモ二量体構造をしている（図3-4）。ヘム c は，亜硝酸還元反応に必要な電子の供与体であるシトクロム c_{551} やシュードアズリンから電子を受け取り，活性中心であるヘム d_1 に供与する役割を果たしている。ちなみに，ヘム d_1 の構造を図3-4に示したが，その複雑な構造の生合成系が未だ理解されていない事もあり，組換え cd_1NiR の大腸菌等での発現は成功していない。

ヘム c の2つの軸配位子は，*P. pantotrophus* の cd_1NiR では Fe^{3+} 状態の時には His/His であり，Fe^{2+} 状態では His/Met である。*P. aeruginosa* の cd_1NiR のヘム c では，Fe^{3+} 状態，Fe^{2+} 状態ともに，2つの軸配位子は His/Met である。ヘム d_1 の配位子は，*P. pantotrophus* の cd_1NiR では Fe^{3+} 状態の時には Tyr/His であり，Fe^{2+} 状態では − /Met である。Fe^{3+} の軸配位子 Tyr は，別のサブユニットからきている。*P. aeruginosa* の cd_1NiR では Fe^{3+} 状態，Fe^{2+} 状態ともに，2つの軸配位子は OH^-/Met である。*P. pantotrophus* の cd_1NiR では，ヘム c, ヘム d_1 ともに，ヘム鉄の酸化還元に伴って配位子の交換反応が起こっているが，このような軸

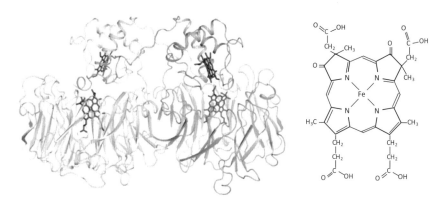

図 3-4　亜硝酸還元酵素とヘム d_1

配位子の交換反応や，両酵素の軸配位子の相違が，NiR の機能とどう関わっているのかは未だ不明である。

図 3-5 に，提案されている cd_1NiR の酵素反応機構を示した[9]。ヘム c からの電子供与後に亜硝酸イオン NO_2^- の窒素がヘム d_1 の第六配位座に配位し，近傍の 2 つの His から $2H^+$ が供与されて，N–O 結合が開裂する。生成した NO は，ヘム d_1 上に留まる事なく，解離し，酵素外に排出され，一酸化窒素還元酵素 NOR へと受け渡される。一般に鉄に対して親和性が高く，配位力の強い NO が何故，容易に解離するのか？との疑問が生じる。近年，NiR の活性中心であるヘム d_1 は，還元型で NO_2^- に対して非常に親和性が高く，酸化型では速やかに NO を解離する事が示された[12]。

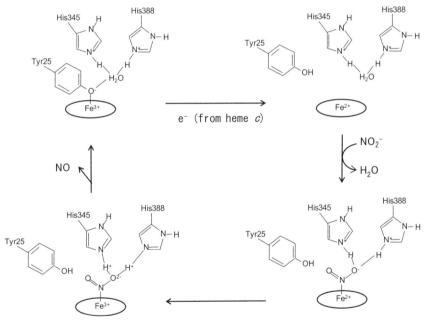

図 3-5 亜硝酸還元酵素の反応機構

3.2.2　一酸化窒素還元酵素

NiRが産生するNOはラジカル性の気体分子であり,細胞内に拡散してしまうと,多くの生体物質と反応し,それらの機能を阻害する非常に細胞毒性の高い分子である。例えば,NOは金属酵素や金属タンパク質の活性中心の金属に強く配位して,それらの機能を阻害する。酸素O_2と反応すれば,これも細胞毒性の高い二酸化窒素NO_2に変換され,アミノ酸や核酸の芳香族グループをニトロ化する。このため,NOは産生直後に速やかに無毒化されなければならない。その機能を担うのが,一酸化窒素還元酵素NORである。

脱窒微生物は,脱窒条件下[*]で生育するとNOは検出できない。そのために,歴史的には,脱窒においては,NORは存在せず,NO_2^-は直接N_2OあるいはN_2まで還元されて,NOは産生されないと考えられてきた[13]。しかし,NOが菌体外で検出されないのは当然であり,NOが細胞内外を拡散するような条件では菌体は絶対に生育できないからである。NiRによって産生されたNOは速やかに還元・無毒化されなければならず,脱窒菌の生育にとってNORは非常に重要である。実際,NOR遺伝子を破壊した脱窒菌は脱窒条件では全く生育できない[14]。

(1)　脱窒カビNOR

先述のように,脱窒菌と脱窒カビのNORでは,その構造と性質は全く異なる。脱窒カビのNORは酸素添加酵素の1つであるシトクロムP450型の水溶性酵素である(図3-6)(PDB Code: 1ROM)[15]。ヘムbを活性中心に含み,Cysのチオラート(RS^-)が鉄の第五配位子として配位している。カビは,酸素添加酵素を基盤に,その機能を一酸化窒素還元に変換したと考えられる。その詳細は,反応機構を見た後に記述するが,P450型酵素の反応性を考える上で一点考慮しなければいけない性質の違いがある。P450による酸素添加反応では,反応に使われる電子はNAD(P)HからP450還元酵素群を介してP450の活性中心に運ばれる。P450還元酵素群は,フラビンタンパク質,鉄-硫黄あるいは銅タンパク質であり,NAD(P)Hからの2電子移動を1電子移動に変換している。一方,脱窒カビNORはそのような還元酵素を持たず,NAD(P)Hから活

---

[*]酸素の存在しない嫌気条件で,硝酸イオンの存在下。

3　窒素・硫黄循環

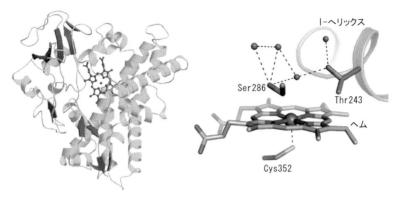

図 3-6　脱窒カビの一酸化窒素還元酵素

性中心への直接電子移動によって反応が行われている。結晶構造解析により，NAD(P)H類縁体が脱窒カビNORの活性中心近傍に結合することが確認されている（PDB Code: 1XQD）[16]。

　脱窒の他の過程ではN–O結合の開裂のみがおこなわれているが，それらと比べたNO還元反応機構の大きな特徴は，N–O結合の開裂と同時にN–N結合の生成が含まれる点である。脱窒カビNORの反応機構は，図3-7のように提案されている。この機構の特徴は，Fe^{3+}にNOが結合した状態が，近傍に存在するNAD(P)Hにより直接2電子還元（H^+の移動も含まれるので，ヒドリ

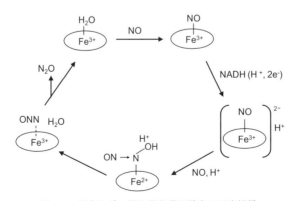

図 3-7　脱窒カビ一酸化窒素還元酵素の反応機構

ド（H⁻）還元）される点である。生成する $[Fe^{3+}-NO]^{2-}H^+$ 状態は，数百ミリ秒の寿命を持つ反応中間体であり[17]，電子過剰の状態であるので，もう一分子のNOと反応しやすく，この反応によってN–N結合ができあがる。溶媒の水から水素結合ネットワークによって運ばれてきた H^+ によって，N–O結合が開裂する。

この反応機構を書き直してみると，式(3.18)のようになる。

$$(NO)^{2-} + NO + 2H^+ \longrightarrow N_2O + H_2O \tag{3.18}$$

一方，脱窒カビNORの基盤となった一原子酸素添加酵素シトクロムP450の反応は，式(3.19)のように書き表せる。

$$(O_2)^{2-} + RH + 2H^+ \longrightarrow ROH + H_2O \tag{3.19}$$

両反応ともに，ヘム鉄上において二原子分子（O_2 あるいはNO）を2電子還元により活性化し，基質（RHあるいはNO）と反応させるという形態になっている。すなわち，脱窒カビは，一原子酸素添加酵素P450の反応機構をまねて，一酸化窒素還元反応に転用したように思われる。

(2) 脱窒菌NOR

脱窒菌のNORは膜結合性の酵素である。活性中心は b 型ヘム鉄（ヘム b_3）と非ヘム鉄（Fe_B）からなる複核中心である。酵素反応時に，この複核活性中心へは，低スピン状態のヘム b から電子が供与される。このヘム b への電子の供与に関連して，脱窒菌NORはcNOR，qNOR，Cu_ANORの3種類に分類されている（図3-8）[18]。cNORは，ヘム b_3 とノンヘム鉄の複核中心とヘム b を含む

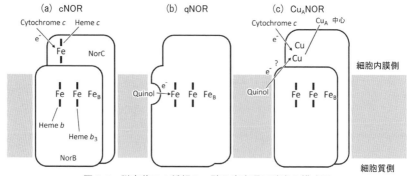

図3-8 脱窒菌の3種類の一酸化窒素還元酵素の模式図

NorB サブユニットと，ヘム c を含む NorC サブユニットからなるヘテロ二量体構造である。NorC サブユニットのヘム c がシトクロム c_{551} あるいはアズリンから電子を受け取り，ヘム b へと供与している。qNOR は，cNOR の NorB サブユニットと NorC サブユニットが融合した単量体構造である。しかし，ヘム c は含まれず，電子授受にはメナキノールが関与している。cNOR と qNOR の結晶構造は，2010 年と 2012 年に報告され（図 3-9），上記の構造の特徴は確認された（PDB Code: 3O0R, 3AYF）[19, 20]。Cu_ANOR の構造は未だ明らかではないが，cNOR のヘム c の代わりに銅 Cu が存在する。そのドメインの構造ならびに Cu の配位構造は，シトクロム酸化酵素の Cu_A サイトと類似であると考えられている。

Saraste らは，NOR と各種シトクロム酸化酵素の一次構造の比較から，これらが呼吸酵素の分子進化において類縁関係にあり，ヘム-銅酸化酵素スーパーファミリーを形成すると提案した[21]。嫌気呼吸酵素である cNOR と qNOR，さらに微好気呼吸酵素であるシトクロム cbb_3 酸化酵素（PDB Code: 3MK7）の構造が明らかになり[22]，好気呼吸酵素の各種シトクロム酸化酵素と比較すると，その構造の類似性から，Saraste らの提案は三次元構造を基盤にして支持されるようになった（図 3-10）。嫌気呼吸酵素 cNOR が鋳型となり，その複核中心の非ヘム鉄 Fe_B が銅 Cu_B に置き換わり，酸素還元活性を獲得してシトクロム cbb_3 酸化酵素ができ上がり，さらにヘム c ドメイン（NOR では NorC ドメイン

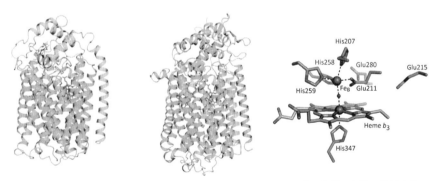

Pseudomonas aeruginosa cNOR *Geobacillus stearothermophilus* qNOR ヘムb_3と非ヘム鉄の複核中心

図 3-9 脱窒菌 cNOR と qNOR の結晶構造

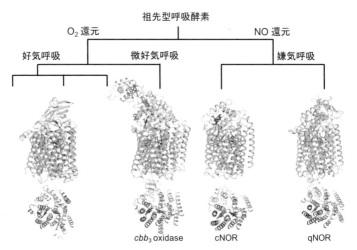

図 3-10 ヘム銅酸化酵素スーパーファミリー（呼吸酵素の系統樹）

に対応）が亜酸化窒素還元酵素 N_2OR の Cu_A を含む電子受容部位と置き換わる事により，好気呼吸酵素シトクロム酸化酵素ができ上がったというシナリオである。もちろん，このシナリオはあまりに単純すぎる。詳細は割愛するが，進化の過程において，① 活性中心のヘムが b 型から a 型に代わる事，② qNOR とキノールオキシダーゼとの関係，③ ヘムのプロピオン酸残基と相互作用する Ca^{2+} が 2 つの Arg に代わる事，そして最も重要な，④ いかにしてプロトンポンプ機能を持たない NOR が，酸素還元機能の獲得と共にプロトンポンプ機能を獲得するのか？などは全く考慮されていない。今後の大きな研究テーマの1 つである。少なくとも，酸素のない地球環境での嫌気性生物のエネルギー獲得系が，好気条件下で機能するように構造機能変換されたことは事実である。環境の大きな変化に対して，生物は，元から持っていた酵素・タンパク質を鋳型として，使用する金属種や配位構造に変異を加えることによって新規機能を付与して対応してきたことは興味深い。

脱窒菌 NOR の反応機構を考える際に，数マイクロ秒の短寿命で現れる反応中間体の構造が重要である。この反応中間体では，完全還元（Fe^{2+}）型の複核中心へ 2 分子の NO が配位した構造と考えられるが，今までに 3 種類の構造が提案されている（図 3-11）[23]。現在では，結晶構造解析や分光解析から，*trans-*

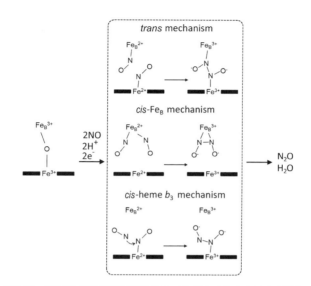

図 3-11 脱窒菌 – 酸化窒素還元酵素の酵素反応中に現れる短寿命反応中間体の配位構造
3 種類が提案されている

機構が優勢である[24-26]。この機構（図 3-12）では，この構造の後に，鉄からの電子移動により（$Fe^{2+}-NO \longrightarrow Fe^{3+}-NO^-$），2 分子の NO^- が極近傍に存在する事になり，不均化反応によりハイポナイトライト（hyponitrite: ^-O-N-N-O^-）が生成する。その後のプロトン（H^+）供与によって N–O 結合が開裂し，N_2O と H_2O が生成すると考えられている。この反応を反応式で書くと式 (3.20) のようになる。

$$2(NO)^- + 2H^+ \rightarrow N_2O + H_2O \qquad (3.20)$$

同じ NO 還元反応であるが，鉄複核中心で反応が起こる脱窒菌 NOR に対して，ヘム鉄のみが活性中心である脱窒カビ NOR の反応（式(3.12)）と比較すると興味深い。

最後に，NOR と医科学との関連について述べておく。すべての cNOR は脱窒菌に含まれるが，qNOR は脱窒菌のみならず病原菌に含まれるものもある。病原菌が宿主に感染した際に，宿主のマクロファージは，アルギニンを基質として一酸化窒素合成酵素（NOS : nitric oxide synthase）によって，抗菌ガスである NO を産生する。これに対して，病原菌は qNOR を用いて NO を無毒化し

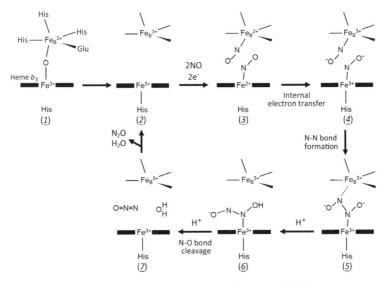

図 3-12 *trans* 機構による一酸化窒素還元反応機構

ている。また，病原菌は免疫系から身を守るために，宿主内でバイオフィルムを作製する。バイオフィルム内は低酸素状態になるので，脱窒を行っている。これらの事から，NOR の阻害剤は良い抗菌薬となる可能性がある。

3.2.3　ヒドロキシルアミン酸化酵素

硝化菌のヒドロキシルアミン酸化酵素（HAO）は，式 (3.10) に示すように，ヒドロキシルアミン NH_2OH の 4 電子酸化を触媒するヘム酵素である。その構造は 1997 年に報告されている（PDB Code: 1FGJ）[27]。図 3-13 に示すように，分子量約 60 kDa の単量体が 3 つ集まったホモ三量体である。単量体あたり，3 分子のヘム c が重なったクラスターが 1 つ，2 分子のヘム c が重なったクラスターが 1 つ，1 分子のみのヘム c の合計 8 分子のヘム c が存在している。このようなヘム c クラスター構造が，基質の多電子酸化を可能としているのであろう。この中で 3 分子ヘムクラスターの中の 1 つのヘム c が反応中心と考えられている。このヘム c は，α メソ位の炭素と，隣のサブユニットから来ている Tyr のフェノール基が共有結合を形成することにより，460 nm に特徴的な可視

3 窒素・硫黄循環

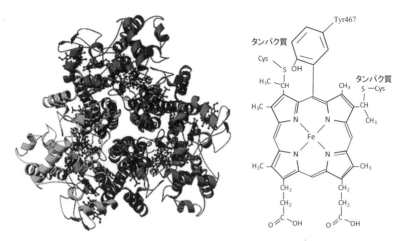

図3-13　ヒドロキシルアミン酸化酵素

吸収を示す。これまでに，分光法や酸化還元測定などにより，この特異な活性中心の構造と電子状態に関して研究されてきたが，HAOの酵素反応機構の詳細に関しては未だ不明である[28-30]。

3.2.4　硫酸アデニリルトランスフェラーゼ

　この酵素は，ATPスルフリラーゼ（ATPS）とも呼ばれる。SO_4^{2-}還元に必要な最初の酵素で，高エネルギーを有するS-O-P結合を形成する。この酵素は自然界に広く存在し，硫黄の同化および異化において極めて重要な役割を果たしており，その分子量はおよそ40〜70 kDaである。これまでに6種類ほどの結晶構造が報告されているが，ここでは，高度好熱菌 *Thermus thermophilus* 由来の異化的代謝で機能するATPSを紹介する。*T. thermophilus* の酵素は他の異化的代謝ではたらくものと同様に，結晶構造はホモ2量体を示している。1つの酵素分子は3つのドメイン（ドメインⅠ〜Ⅲ）から成っているが（図3-14，PDB：1V47）[31]，酵母のATPS[32]に見られるような phosphoadenosine-5'-phosphosulfate（PAPS）結合の制御ドメイン（同化型代謝で機能すると考えられるドメインⅣ）は当然見られない。触媒部位は，ドメインⅡとⅢに形成されており，ドメインⅢには硫酸還元菌や古細菌に保存されているZn結合モチー

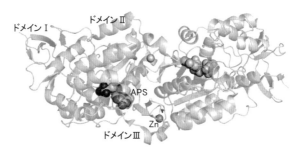

図 3-14 硫酸アデニリルトランスフェラーゼ

フ（Zn(II) $3S_{Cys}N_{His}$）がある。活性部位の保存モチーフ，-^{162}QXRNX$_2$HX$_2$H^{171}-（*A. fulgidus* では，-^{222}QXRNX$_2$HX$_2$H^{231}-）は，酵素分子の内部に位置し，この近傍は正電荷を持ったアミノ酸残基が分布しており，結晶構造で APS が同定されている。*A. fulgidus* の ATPS では，この構造的特徴をもとに，ATP と SO_4^{2-} から APS が生成されるときの反応機構が下記に示すように提案されている[33]。ATP の γ リン酸基が上記保存モチーフの Arg224 ($N^{\eta 1}$)，Asn225 ($O^{\delta 1}$)，H231 ($N^{\varepsilon 2}$) の正電荷のポケットに結合する。一方，SO_4^{2-} のイオン化した 2 個の酸素原子は，同モチーフ内の Gln222 ($N^{\varepsilon 2}$) と Arg224 ($N^{\eta 2}$) に保持される。この 2 個の酸素原子のうちの一方（おそらく Arg224 に保持された酸素）が，ATP の α リン酸基の近くに位置して，求核置換反応を進めると提案されている。

3.2.5 アデニリル硫酸還元酵素

アデニリル硫酸還元酵素（APSR）は式 (3.14) の反応を触媒する。これは ATPS により形成された S-O-P 結合を加水分解して，およそ 80 kJ/mol のエネルギーを生じる。このエネルギーを利用して APSR は，APS を SO_3^{2-} と AMP に分解する。APSR も異化型代謝と同化型代謝の両方で重要な役割を果たしており，同じ中間体を経て触媒反応が進む。しかし，両者に属する APSR はそれぞれ分子の補欠分子属等の基本設計が異なる。同化型の酵素は，分子量約 50 kDa で 2 個の [4Fe4S] クラスターを持つプロトマーのホモ 2 量体構造である。一方，異化型酵素は，ヘテロ 2 量体で α（約 75 kDa）に FAD を 1 個，β（約 18 kDa）に [4Fe4S] クラスターを 2 個持つ。

3　窒素・硫黄循環

Archaeoglobus fulgidus の異化型 APSR を図 3-15(a)(PDB: 2fjb)に示す。$\alpha\beta$ プロトマー（図 3-15(a)）の α サブユニットは，FAD 結合ドメインの FAD 部分をキャップドメインとヘリックスドメインが取り囲む構造を持つ。β サブユニットは，3 つのセグメントに分かれている。N 末端には 2 個の [4Fe4S] を結合するフェレドキシン様ドメインがあり，それに続く β シートドメインと長いループドメインが α サブユニットを包み，強固な $\alpha\beta$ プロトマーを形成している[34]。*A. fulgidus* の APSR は，FAD 酸化型，FAD 還元型，APS 結合型，FAD-SO_3-AMP 結合型，FAD-SO_3 結合型等の触媒反応中間体の結晶構造が報告されている[35,36]。APS は，FAD 還元型の APSR の分子内部の親水性空洞（長さ 17 Å ×幅 10 Å）を通って FAD 結合部まで運ばれる。APS が SO_3^{2-} と AMP に還元される反応では，十分に電子を蓄えた $FADH^-$ の N5 原子が S に求核攻撃をするために，イソアロキサジン環と硫酸基の酸素の電子軌道が十分に重なる必要がある。APS 結合型ではそれが確認でき，実際に APS の結合により近傍アミノ酸残基側鎖のコンフォメーション変化（図 3-15(b), (c) の Arg317 の側鎖の配向を比較）や FAD の歪みが見られ，SO_3 基転移前の APS は Leu278 や Arg317 により FAD に押しつけられる形になっている（図 3-15(b), PDB : 2fja）。その後，APS から FAD に SO_3 基が転移することで S は，N5 方向に 0.6 Å 移動するため，APS の AMP 部分は周りの残基との立体障害から若干解放される構造になる（Arg317 の側鎖は AMP とは逆方向に向きを変える（図 3-15(c), PDB : 2fjb）。上記の 5 つの中間体の結晶構造に基づいて，図 3-16 に示す反応機構が提案されている。図 3-16 (a) は FAD 還元型，(b) は APS 結合型，(d) は FAD-SO_3-AMP 結合型，(e) は FAD-SO_3 結合型，(f) は，FAD 酸化型の構造を示しており，(c) は，(b) と (d) に基づいて提案された短寿命の中間体である。

3.2.6　亜硫酸還元酵素

式 (3.15)～(3.17) の反応を触媒する亜硫酸還元酵素は，硫黄酸化物還元の最後の過程を司る。これには同化型（aSIR）と異化型（dSIR）の 2 種類の酵素が知られている。硫酸還元菌（*Desulfovibrio vulgaris* Hildenborough）の異化的亜硫酸還元酵素（ここでは特に Dvir と略記）の X 線結晶解析結果（2.1 Å 分解能）によると，分子全体は，DsrA(α)，DsrB(β)，DsrC(γ) のサブユニットがそれ

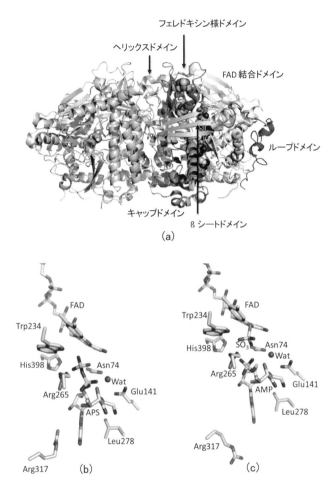

図 3-15(a) アデニリル硫酸還元酵素の全体構造（参考図 11 参照）

αサブユニットは，FAD 結合ドメイン（淡い緑色）の FAD（VDW モデル）をキャップドメイン（緑色）とヘリックスドメイン（ピンク色）が取り囲む構造を持つ。ßサブユニットは，2 個の [4Fe4S]（VDW モデル）を結合するフェレドキシン様ドメイン（青色）と，ßシートドメイン（黄色）および長いループドメイン（マゼンタ色）から成る。

(b) アデニリル硫酸還元酵素の APS 結合型と (c) SO_3^{2-}-AMP 結合型

APS 結合型の Arg317 は，2 つのコンフォーマのうち一方のみを表示。

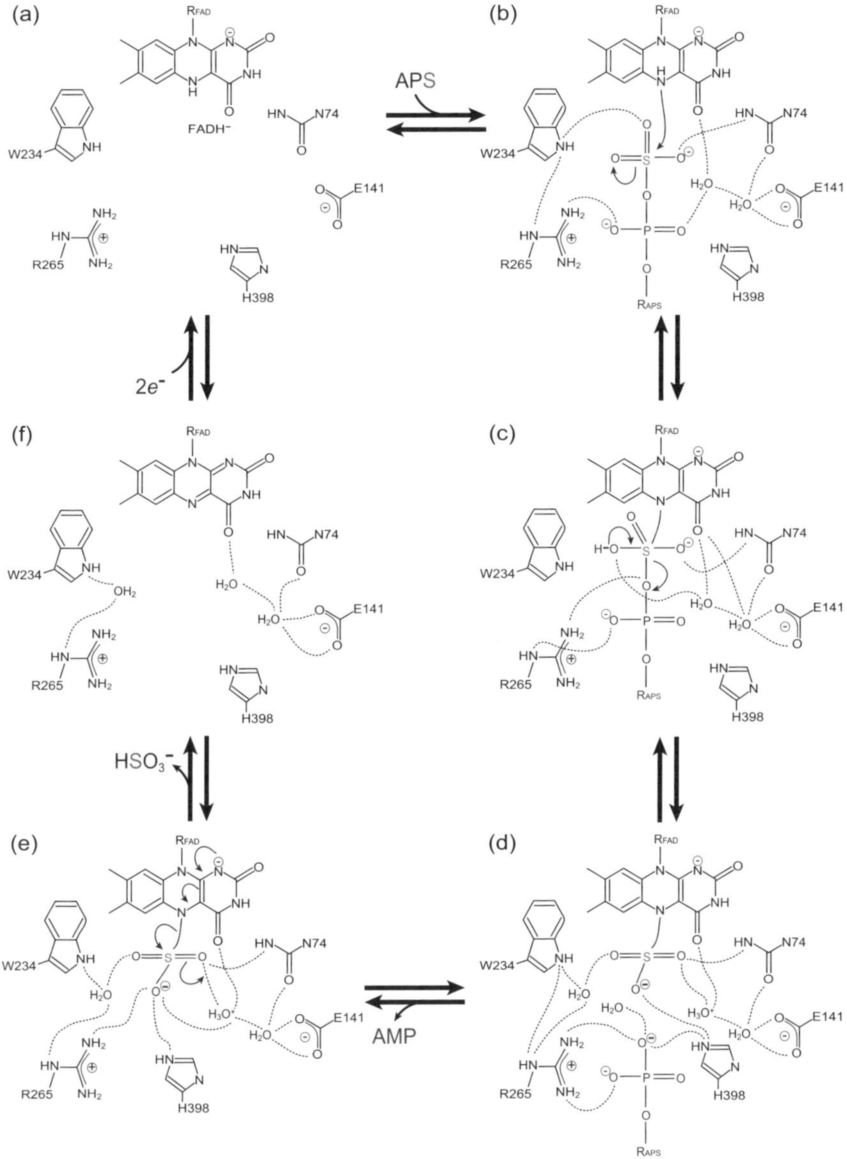

3 窒素・硫黄循環

図 3-16 アデニリル硫酸還元酵素の触媒反応機構[35, 36)]

図中の点線は，距離から考えられる可能な「水素結合」を示す。

それ 2 個集まって形成されたヘテロ六量体構造（$\alpha_2\beta_2\gamma_2$）で，全体の大きさは約 125 × 100 × 60 Å と報告されている（図 3-17(a)，PDB：2v4j）[37]。2 つの $\alpha\beta\gamma$ はそれぞれ疑似的な 2 回軸で関係づけられている。α と β は，パラログと考えられていたように構造も類似しており，N および C 末端を除けば主鎖は 2.0 Å 以内の平均二乗誤差で重ねることができる。両サブユニットとも 3 つの構造ドメイン（α：A1～A3，β：B1～B3）に分けられる（図 3-17(b)，(c)）。β の B2 ドメインには，補欠分子属のシロヘム-[4Fe4S]（触媒活性部位）が 1 個，α の A2 ドメインには，シロヒドロクロリン-[4Fe4S] が 1 個保持されている。A3 および B3 ドメインは，フェレドキシン様の構造をとり，ここにはそれぞれ 1 個の [4Fe4S] クラスターが 4 個のシステイン残基側鎖と結合している。Dvir の α と β は，*Archaeoglobus fulgidus* の dSIR（$\alpha_2\beta_2$ 構造，PDB：3mm5）の α および β サブユニット[38]とも主鎖の折れたたみはよく似ている。

β ドメインのシロヘム*の Fe と [4Fe4S] は，システインの硫黄でブリッジされている。また，[4Fe4S] とヘム平面反対側には余剰の電子密度が見られ，SO_3 イオンと同定され（S-Fe：2.4 Å），その周辺には正電荷を持った残基側鎖が集中していた。この活性部位には分子表面から親水性で正の静電ポテンシャルを持ったチャネルが続いている。このチャネルは，α ドメインのシロヒドロクロリン-[4Fe4S] クラスターでは，チロシンやアルギニン等大きな側鎖にブロックされている。同様に結晶構造が報告されている，*Archaeoglobus fulgidus*（$\alpha_2\beta_2$ 構造）の dSIR では，全体で 4 個のシロヘムが同定されているが，そのうち 2 つに通じるチャネルは同様にアミノ酸側鎖でブロックされて触媒活性には寄与しないと考えられている[38]。

Dvir の γ サブユニットは，他の亜硫酸還元酵素の結晶構造中には同定されていなかった。好気的に精製された Dvir の結晶構造では，驚くべきことに γ サブユニットの C 末端システイン側鎖の S がシロヘムのポルフィリン環のメソ（20'）位の C と共有結合をしていた。これは，細胞内で活性を持つ本来の酵素の構造ではなく，好気条件での精製の結果つくられた結合で，このため細

＊　ウロポルフィリノーゲンから合成され，化学式 $C_{42}H_{44}FeN_4O_{16}$ で示される化合物をいう。シロヘムを含有する酵素は 570～595 nm 付近に吸収極大をもつ。

3 窒素・硫黄循環

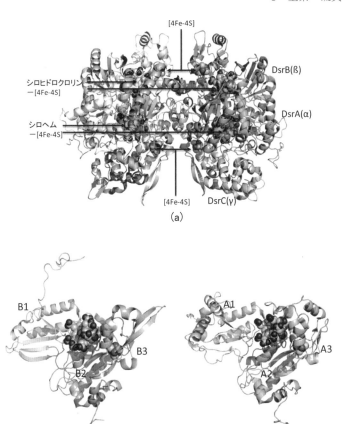

図 3-17 (a) 異化型の亜硫酸還元酵素の全体構造（参考図 12 参照）

DsrA(α, 緑色), DsrB(β, ピンク色), DsrC(γ, 黄色) が 2 個ずつでヘテロ 6 量体構造をとる。α と β の構造は非常に良く類似しているが, β はシロヘム -[4Fe-4S] クラスターをもつ, 一方, α はシロヒドロクロリン -[4Fe-4S] クラスターをもつ。β のシロヘム -[4Fe4S] は, 活性部位で同化型亜硫酸還元酵素のシロヘム -[4Fe4S] に相当する。

(b) 異化型の亜硫酸還元酵素のサブユニット DsrB と (c) DsrA のドメイン構造

胞中では高いはずの触媒活性が, 試験管内では低く見積もられることの原因とも考えられた。A. fulgidus の dSIR の結晶構造では, Dvir のようなシロヘムとの共有結合は起こっておらず, γ は, SIR と他のタンパク質と相互作用に重要

193

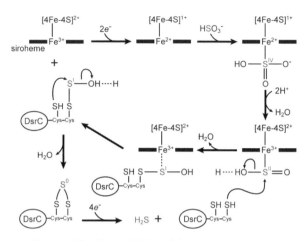

図 3-18　異化型の亜硫酸還元酵素による触媒反応機構

とも指摘されていた。しかし，γ サブユニットの C 末端は，dSIR の間では厳密に保存されていることから，γ のシステインが活性部位への電子供与等で触媒反応に関わっている可能性が示唆されていた。ごく最近，Dvir の詳細な酵素触媒反応機構が報告された。それによると，γ の C 末端の 2 つのシステイン側鎖（Cys103 と Cys114）は，還元される基質 SO_3 の S を架橋結合して三硫化物（CysS-S^0-SCys）となり，その後，膜複合体の DsrMKJOP から電子を受け取り HS- の生成が完了すると提案されている（図 3-18）。これは，γ の C 末端システインの 1 点および 2 点変異を作成し，その酵素活性や反応生成物を質量分析やゲルシフト分析をした結果に基づくもので説得力がある。結論として，SO_3 については，Dvir の 2 電子を使って硫黄原子は S^{IV} から S^{II} へと還元され水 1 分子が遊離する。さらに還元型 γ-(CysH)$_2$ の 2 電子が使われ，水 1 分子の遊離と γ-S_3 の生成へと進む。その後，DsrMKJOP からの 4 電子で S^{2-} が生成され，同時に還元型 γ-(CysH)$_2$ が再生されるというものである[39]。つまり，最終的には 6 電子の還元反応であるが，途中 γ から 2 電子の借り貸しをするわけである。たまたま Dvir の結晶構造でシロヘムに C 末端システインが共有結合した γ が同定されたため，その重要性の解明が進んだのであろうか。

3.3 銅系酵素
3.3.1 Global Nitrogen Cycle と脱窒

生体系における窒素の循環は，ミクロにもマクロにも興味深い．地球規模での窒素循環は，Global Nitrogen Cycle とよばれており，分子状窒素をアンモニア NH_3 へと固定化し，固定されたアンモニアは，植物によって同化され，環境中の硝化細菌によって，亜硝酸 NO_2^-，硝酸 NO_3^- へと酸化される．植物は，環境中の硝酸を同化しアミノ酸へと変換するが，微生物の作用によって，亜硝酸，一酸化窒素 NO，亜酸化窒素 N_2O，分子状窒素 N_2 へと，順次還元され，大気中に戻る．硝酸を分子状窒素あるいは，亜酸化窒素へと還元するプロセスは脱窒 denitrification とよばれ，脱窒を行う細菌を脱窒菌 denitryfying bacteria とよぶ（図 3-19）[40]．一般に硝酸呼吸ともよばれる脱窒は，酸素の代わりに硝酸や亜硝酸を電子受容体として還元し，エネルギーを得る仕組みと考えられているが，実態はもう少し複雑であり，酸素が存在しても硝酸さえ環境中に存在すれば，脱窒は誘導されることが，脱窒菌の研究の早期に，松原によって見出されており[41]，必ずしも酸素利用の代替エネルギー代謝プロセスとしてだけで

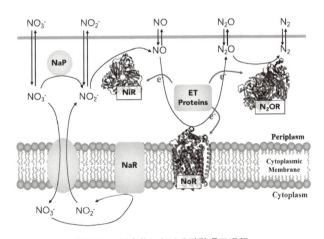

図 3-19　脱窒菌における硝酸還元過程

NaP：ペリプラズム型硝酸還元酵素．NaR: 膜結合型硝酸還元酵素．NiR: 亜硝酸還元酵素．NoR: 一酸化窒素還元酵素．N_2OR: 亜酸化窒素還元酵素．ET Proteins は，種によって異なるが，アズリン，シトクロム c_{551}，シュウドアズリンがある．

存在しているわけではない。特に亜硝酸還元酵素の発現では，硝酸の存在が重要であることが鈴木らによって報告されている[42]。微生物における脱窒系酵素のうち亜硝酸還元酵素 (EC 1.7.99.3)，亜酸化窒素還元酵素は，グラム陰性菌のペリプラズムサイトに存在する。しかし，グラム陽性菌である枯草菌も脱窒することから，必ずしもペリプラズムサイトに存在する必要性はない。この他の脱窒に関与する硝酸還元酵素，一酸化窒素還元酵素は，基本的に膜結合型である。一酸化窒素還元酵素は，電子受容部位に二核のCu_Aサイトを有するが，NO還元の活性中心は，ヘムであるため，本項では触れない。

地球規模での窒素循環プロセスにおいて，分子状窒素を作り出す作用は，脱窒を行う微生物によるもの以外は知られておらず，すべての生物が窒素元素を利用していることを考えると，脱窒菌が死滅すれば，地球上から生物が消滅することを意味している。

脱窒菌における亜硝酸還元過程においては，ヘム鉄を利用する脱窒菌と銅を利用する脱窒菌が存在するが，ここでは，銅を脱窒に利用する脱窒菌由来の銅含有電子伝達タンパク質，亜硝酸還元酵素 (NiR)，亜酸化窒素還元酵素 (N_2OR) について述べる。

3.3.2 脱窒菌由来のブルー銅タンパク質（電子伝達タンパク質）

脱窒菌は，NO_3^-をN_2へと変換するが，その還元プロセスには電子の供給が必須である。脱窒菌では，電子キャリアーとして機能するタンパク質にシトクロムc_{551}と，ブルー銅タンパク質があり，アズリンとシュウドアズリンの2種類が見出される。アズリンは，*Pseudomonas aeruginosa*から最初に単離・精製され[43]，構造決定が最初に行われたブルー銅タンパク質である。アズリンの最初の構造解析はAdmanらによって行われた[44]。アズリンは，基本的にβサンドイッチ構造をとっており，活性中心であるCuに2つのヒスチジン，システイン，メチオニン，およびタンパク質骨格のグリシンのカルボニル酸素が配位しており，他のブルー銅タンパク質が歪んだ四面体構造であるのに対して，三方両錘型5配位構造というユニークな構造を有する。アズリンは構造が最もよく研究されているブルー銅タンパク質の1つであり，このため分子内電子移動反応の研究も数多く行われているが，ここでは成書をあげるにとどめる[45]。

3 窒素・硫黄循環

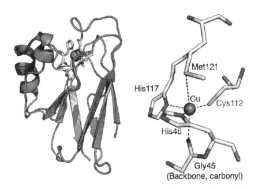

図 3-20　*Pseudomonas aeruginosa* 由来のアズリンの構造（PDB：1AZU）

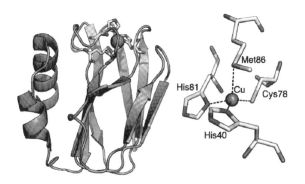

図 3-21　*Alcaligenes faecalis* S-6 由来のシュウドアズリンの構造（PDB: 1PAZ）

　1972 年の *Achromobacter cyclolastes* からの亜硝酸還元酵素の発見とともに，1973 年にシュウドアズリンが精製された[46]。現在，シュウドアズリンは *Achromobacter cycloclastes*，*Alcaligenes faecalis* S-6，*Paracoccus pantotrophus*，*Hyphomicrobium denitrificans*，*Methylobacterium extorquens*，*Sinorhizobium meliloti* から単離・精製され，構造が明らかとされている．このうち，*Achromobacter cycloclastes*，*Alcaligenes faecalis* S-6，*Paracoccus pantotrophus*，*Hyphomicrobium denitrificans* のシュウドアズリンが脱窒における電子伝達タンパク質として機能する．分子量はいずれも約 13 kDa，基本的には亜硝酸還元酵素への電子供与体として働いている．近年，*Achromobacter cycloclastes* 由来のシュウドアズリンが，Cu クラスターを有する亜酸化窒素還元酵素（3.3.5 参照）への直接の電

子供与体としても機能していることが報告されているが[47]，電子移動機構等の詳細はまだよくわかっていない。

シュウドアズリンの最初のX線結晶構造解析はPetratosらによって，*Alcaligenes faecalis* S-6由来のものについて2.9 Å分解能で1987年に行われた[48]。その翌年である1988年には，1.55 Å分解能で精密化された構造が報告されている[49]。シュウドアズリンは，基本的に2つのヘリックス構造と，8本のβストランドからなるβサンドイッチ構造をとっており，溶媒側に露出したヒスチジン，システイン，メチオニン，および内部に存在するヒスチジンがCu^{2+}に配位した歪んだ四面体構造を有する。溶媒に露出したヒスチジン，システイン，メチオニンは，同一ループ（フロントループ）上に存在し，内部に存在するヒスチジンは，他の3つの配位アミノ酸とは異なるループ（バックループ）上に存在する。シュウドアズリンは，594 nmと456 nmにシステインのチオラト硫黄からCu^{2+}への電荷移動による電子吸収スペクトルを与えるため，溶液は，青緑色を呈する（図3-22）。これに対し，アズリンや光合成系電子伝達タンパク質のプラストシアニンでは，450 nmの吸収帯の相対強度が弱く，強い青色を呈している。

光合成系電子伝達タンパク質のプラストシアニンは，高等植物由来のものとシダ植物由来のものでは，性質の違いがあることが知られている。特にCuに配位するHis残基の近傍に，高等植物ではLeuが，シダ植物ではPheが存在している[50]。シダ植物のプラストシアニンでは，Pheが溶媒に露出しているHis90と芳香環相互作用を有し，還元電位も高等植物型のプラストシアニン

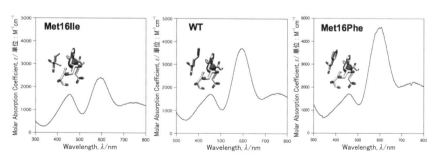

図3-22　シュウドアズリンのMet16Ile，野生型，Met16Phe変異体の電子吸収スペクトル

よりも高い。脱窒系におけるシュウドアズリンにも，配位に関与していないMet16残基が存在しており，このメチオニンの側鎖であるチオーエーテル部位は，Cuに配位しているHis81のイミダゾール基から，約3.5 Åの距離に存在しているため，何らかの相互作用をして構造や機能に影響を及ぼしていると考えられた。このMet16をPheに置換することで，シダ植物由来のプラストシアニンの特徴を再現することができ，活性中心近傍における弱い相互作用の重要性が指摘された[51]。

シュウドアズリンの電子スピン共鳴（EPR）スペクトルは，アズリンやプラストシアニンとは異なり，異方性の高いスペクトルを与える（図3-23）。シュウドアズリンのMet16X変異体のEPRスペクトルが詳細に調べられた。Met16Val変異体では，もっとも低磁場側に現れるシグナルが消失するが，芳香族アミノ酸置換体であるMet16Phe変異体では，低磁場側のEPRシグナル強度が強くなる（図3-23）。このことに端を発して，ていねいなEPRスペクトルの解析が行われた結果，シュウドアズリンはAxialとRhombicの2つの構造をとっていることが高妻らによって明らかにされた。シュウドアズリンのAxialとRhombicの2成分のEPRパラメータが決められている（表3-1）[51]。また，野生型のシュウドアズリンでは，Axialが約30%，Rhombicが約70%であるこ

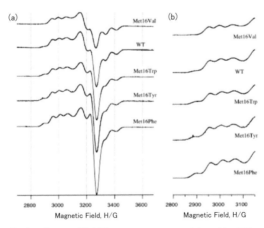

図3-23　シュウドアズリンの野生型，Met16Val，Met16Trp，Met16Tyr，Met16Phe変異体のEPRスペクトル（100K）

表 3-1 *Achromobacter cycloclastes* 由来のシュウドアズリンの EPR パラメータ

実験／計算	g_x	g_y	g_z	A_x/mT	A_y/mT	A_z/mT
実験（Rhombic 成分）	2.02	2.09	2.20	7.7	—	4.7
計算（Rhombic 成分）	2.015	2.064	2.200	7.3	1.6	5.2
実験（Axial 成分）	2.05	2.23	—	—	5.2	
計算（Axial 成分）	2.045	2.229	—	1.35	5.75	

とが報告された。この 2 つの構造の割合は，活性中心近傍に存在する Met16 残基を芳香族アミノ酸に置換すると，Axial の比率が高くなり，脂肪族アミノ酸に置換すると Rhombic の比率が高くなる。特に Ile に置換した場合は，ほぼ完全に Rhombic 型の EPR シグナルとなる[51]。シュウドアズリンの Axial と Rhombic の 2 つの構造については，その後の J-band の EPR スペクトルからも裏付けられ，同時に，他のブルー銅タンパク質も本質的には磁気的に異なる 2 成分からなっていることが判明した[52]。

　シュウドアズリンと亜硝酸還元酵素の電子移動における複合体形成について，別府らが，*Alcaligenes faecalis* S-6 由来のものを用いて，詳細に検討した[53]。その結果，シュウドアズリンの活性中心部位である Cu 周辺に環状に存在し，正電荷を有するリシン残基クラスターと亜硝酸還元酵素の電子受容部位である Type 1 Cu 周辺の負電荷との相互作用が電子伝達活性に重要な役割を果たしていることが明らかとなった。この研究に端を発して，常磁性 NMR によるシュウドアズリンと亜硝酸還元酵素間の電子移動複合体の研究が Ubbink らによって行われており[54]，シュウドアズリンの Cu と亜硝酸還元酵素の Type 1 Cu との距離が 15.5 Å であると報告し，NMR のタイムスケールで評価できる電子移動速度として，600 s^{-1} 以上と見積もり，比較的早い電子移動を可能としていると結論した。

　この他，シュウドアズリンでは，金属イオンの選択性等が紫外共鳴ラマンスペクトルによって調べられているが，ここでは参考文献をあげるにとどめる[55]。

3.3.3　シュウドアズリンにおける弱い化学的相互作用の意味

　先に述べたように，シダ植物由来のプラストシアニンの特性を再現し，活性中心における弱い相互作用についての系統的な検討を行うために，シュウドア

ズリンの Met16 を Trp, Tys のような芳香族アミノ酸や, Ile, Val のような脂肪族アミノ酸に置換した Met16X 変異体が作成された。シュウドアズリンは, ブルー銅タンパク質であり, 可視部にシステインのチオラト硫黄から Cu^{2+} への電荷移動吸収帯を与える。このブルー銅タンパク質特有の可視部の吸収帯は, 脂肪族アミノ酸置換体では 600 nm の吸収帯が顕著に小さくなり, 芳香族アミノ酸置換体では大きくなる (図 3-22)。シュウドアズリンの Met16X 変異体の共鳴ラマンスペクトルから, $Cu\text{-}S_{Cys}$ 伸縮振動が, 芳香族アミノ酸置換体では, 野生型よりも 0.3～0.8 cm^{-1} 高くなり, 脂肪族アミノ酸置換体では, 0.2～1.8 cm^{-1} 低くなることが判明した[56]。このことは, 活性中心近傍に弱い相互作用が働くと, Cu-S 結合は強くなり, 相互作用がなくなると Cu-S 結合が弱くなることを示唆している。これらの一連の Met16 位での置換体は, 構造と性質の間に強い相関を有することが示され, 配位結合に関与しておらず, 弱く相互作用している Met16 の重要性が指摘された。Met16 を芳香族アミノ酸に置換すると, 還元電位が約 50 mV ほど正にシフトするが, 脂肪族アミノ酸置換体では, 野生型とほぼ同程度の還元電位を与える。このため, 単純に疎水的効果によって酸化還元電位が変化したことではないことは容易に理解できる。これらの分光学的, 電気化学的性質が弱く相互作用しているアミノ酸によって顕著に影響を受けることを系統的に示し, タンパク質内での弱い相互作用についての重要性を指摘した初めての例でもある。また, このシュウドアズリンの Met16 は, *Achromobacter xylosoxidans* 由来の亜硝酸還元酵素の電子伝達部位である Type 1 Cu 近傍に存在する非配位性の Met135 と構造的に同等である[57]。このことからも, メチオニンの側鎖と Type 1 Cu に配位するヒスチジンイミダゾール間の相互作用が電子移動に深く関わっていることが理解できる。

3.3.4 銅型亜硝酸還元酵素

1950 年代後半に岩崎, 鈴木, 森らは, 脱窒に関する生化学的問題に取り組んだパイオニアである。1962 年には, 銅型の亜硝酸還元酵素を *Pseudomonas denitrificans* (現在は, *Achromobacter xylosoxidans*) から見出し, 酵素活性に Cu が必須であることを報告した[58]。同年, 岩崎らは, クリプトシトクロム (現在は, シトクロム c'), アズリン, 亜硝酸還元酵素を単離・精製している[59]。シ

トクロム c' とアズリンについては当時すでに結晶化にも成功していた。1963年には，さらに亜硝酸還元酵素の精製が進められ特徴的な吸収スペクトル等が報告されている[60]。1972 年には，岩崎と松原によって，*Achromobacter cycloclastes* から亜硝酸還元酵素が単離・精製され，分子量が 69 kDa に 2 つの Cu を含み，最適 pH が 6.2 であると報告された[61]。また，先に単離・精製された *Achromobacter xylosoxidans* の酵素とは異なる吸収スペクトルを与えることが報告された。その後，別府らは，*Alcaligenes faecalis* S-6 から亜硝酸還元酵素を精製し，結晶化を行った。これらの亜硝酸還元酵素は，いずれも最適 pH を 6 に有していた[62]。

1988 年には，Dooley らは *Achromobacter cycloclastes* 由来の亜硝酸還元酵素の共鳴ラマンスペクトルを測定し，電子伝達部位として機能する Type 1 Cu 部位には 2 種類の構造が存在していることを報告している[63]。この Dooley らの Type 1 Cu 部位の 2 つの構造は，シュウドアズリンの項で述べたように，シュウドアズリンの Met16X 変異体の EPR スペクトルから証明された。Averill らは，亜硝酸還元酵素の Type 2 Cu のみを選択的に除去し，酵素活性が失われることを見出し，Type 2 Cu が亜硝酸還元の触媒中心であることを報告した[64]。*Achromobacter cycloclastes* 由来の亜硝酸還元酵素の 2.3 Å 分解能での最初の結晶構造が，Adman らによって決定され，三量体構造を形成していることが判明した（図 3-24）[65]。また，異なる分光学的性質を示す Type 1 Cu と Type 2 Cu の構造が明らかとなり，亜硝酸を還元する触媒部位として機能する Type 2 Cu 部

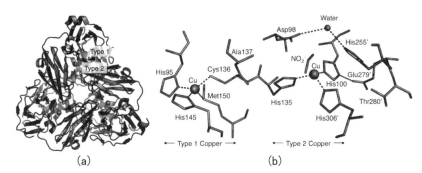

図 3-24 *Alcaligenes faecalis* S-6 由来の亜硝酸還元酵素の三量体構造 (PDB: 5D4I)(a) と活性中心構造 (b)
サブユニットの界面に亜硝酸還元部位である Type 2 Cu が結合している。

位は，隣接するサブユニットに結合しており，電子伝達部位として機能するType 1 Cu との距離は約 13 Å であった．結晶構造から Asp98 が基質である亜硝酸を NO へと還元するために必要なプロトンの供給源であることが示された．Eady と Hasnain らは，*Achromobacter xylosoxidans* の亜硝酸還元酵素の X 線結晶構造解析を 0.9 Å 分解能で得て，Asp98 が，明確に Type 2 Cu に結合している水分子と水素結合を有していることから，プロトン供給源としての機能を提唱した[66]．さらに，Type 2 Cu 近傍に存在し，Cu に配位していない His255 の水素結合ネットワークからのプロトン供給機構も提唱した．近年，自由電子レーザーを用いた X 線源を用いてのタンパク質の結晶構造解析が行われつつある．この自由電子レーザーを用いた X 線源は，極めて高輝度であるが，一度の X 線照射時間がフェムト秒程度であるため，タンパク質が放射線損傷

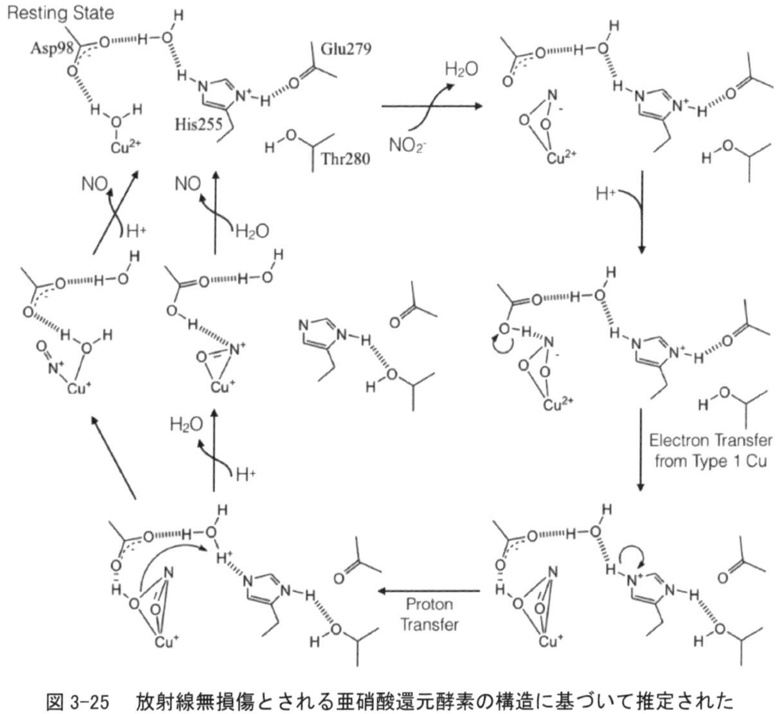

図 3-25　放射線無損傷とされる亜硝酸還元酵素の構造に基づいて推定された銅型亜硝酸還元酵素の反応機構

を受けにくい。SPring-8 の SACLA によって *Alcaligenes faecalis* S-6 由来の亜硝酸還元酵素の結晶構造解析が行われた[67]。その結果, Type 2 Cu に結合している NO_2^- は, これまで報告されていた face-on 型ではなく, ONO 平面が Cu の鉛直方向を向いていることが報告された。また, Type 1 Cu からの分子内電子移動反応によって Type 2 Cu が還元されると, His255 の水素結合様式が変化しプロトン移動が誘起されることが結晶構造に基づいて推察された。これによって亜硝酸還元酵素の触媒機構が新たに提唱された (図 3-25)。

共鳴ラマンスペクトルは, 標的とする部分においてわずかでも構造変化があれば, それを検出することができ, 結晶構造解析からの構造に基づく反応機構解明においても重要な情報を提供する。高妻と Czernuszewicz らは, 基質である亜硝酸の存在下, 非存在下での *Achromobacter xylosoxidans* 由来の亜硝酸還元酵素の共鳴ラマンスペクトルを調べ, 基質の結合によって, Type 1 Cu 部位の構造が変化することを報告した (図 3-26)[68]。基質が亜硝酸還元酵素に結合すると, Type 1 Cu の Cu-S_{Cys} の伸縮振動数が高くなるが, シュウドアズリンによっ

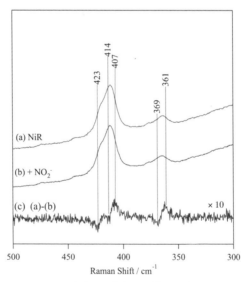

図 3-26　*Achromobacter xylosoxidans* 由来の亜硝酸還元酵素の共鳴ラマンスペクトル(647.1nm 励起);
Cu-S 伸縮振動由来の吸収スペクトル
(a) 亜硝酸還元酵素のみ, (b) 基質存在下の亜硝酸還元酵素, (c) (a)-(b) の差スペクトル。

て得られた知見と合わせると，基質の結合は Type 1 Cu の還元電位を高くし，シュウドアズリンから電子を受け取りやすくしているのではと考えられる。X 線結晶構造解析では，基質の Type 2 Cu 部位への結合による Type 1 Cu 部位の構造変化は報告されておらず，基質の結合に伴うタンパク質構造変化には，未だ議論の余地がある。

このほか，*Geobacillus thermodenitrificans* のようなグラム陽性好熱菌や，放線菌 *Streptmyces thioluteus* からも亜硝酸還元酵素が単離されている[69]。土壌中に多く存在する放線菌は，基本的に脱窒の最終産物となる N_2 を与えず，N_2O で止まることから，地球温暖化ガスとしての環境影響についても興味深く，グラム陽性好熱菌による脱窒は，高温環境下での脱窒の問題等興味深い。

また，本書では，紹介していないが，C1 資化細菌の *Hyphomicrobium denitrificans* のようにブルー銅タンパク質部位ドメインを有し，六量体を形成する亜硝酸還元酵素も存在する。これらは，成書に詳述されているので参照されたい[70]。

3.3.5　亜酸化窒素還元酵素

松原は，亜酸化窒素を電子受容体として嫌気条件下で *Achromobacter xylosoxidans* の培養を行ったところ，高い亜酸化窒素還元活性を有していることを見出した[71]。つまり，脱窒においては，亜酸化窒素を還元する酵素が存在することが予見されたのである。その後，Hollocher らは，N^{15} 標識した基質を用い，*Pseudomonas aeruginosa* の脱窒を調べたところ，亜硝酸から分子状窒素への還元は，亜酸化窒素を経由していることを示した[72]。同じく，Hollocher らは *Paracoccus denitrificans* の水溶性画分に亜酸化窒素還元酵素が存在していることを指摘した[73]。松原と Zumft は，*Pseudomonas perfectomarinus* から，亜酸化窒素還元酵素を精製することに成功し，分子量 62 kDa のモノマー 2 つからなる二量体として存在しており，原子吸光から銅を含む酵素であることを明らかとした[74]。その後，EPR をはじめとして多くの分光学的検討が行われてきたが，2000 年に 2.4 Å 分解能での X 線結晶構造解析が行われ，Cu がクラスター構造をとっていることが明らかとなった[75]。その Cu クラスターに対して Cu_Z と命名された。この他，Cu_Z 以外にもシトクロム *c* 酸化酵素の電子受容部位と同じ構造の二核構造を有する銅（Cu_A）を含むことが見出された。その後，

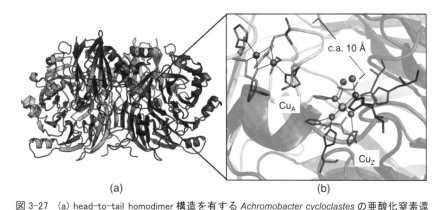

図 3-27 (a) head-to-tail homodimer 構造を有する *Achromobacter cycloclastes* の亜酸化窒素還元酵素の構造　他の種の亜酸化窒素還元酵素も類似した構造をとっている。
(b) シュウドアズリンから電子を受け取ると考えられる Cu_A サイトと触媒反応中心である Cu_Z サイトの構造　(PDB ID; 2IWF)

Achoromobacter cycloclastes の亜酸化窒素還元酵素の構造も報告されている（図 3-27)[76]。Kroneck らは, 亜酸化窒素還元酵素の EPR スペクトルを詳細に検討し, Cu_A は, Cu^{2+} と Cu^{1+} の混合原子価状態をとっている状態があることを指摘している[77]。Cu_Z クラスターの中心には酸素が架橋構造を担っていると考えられていたが, 共鳴ラマンスペクトルから, 硫黄原子がクラスターの架橋構造を担っていることが明らかとなった[78]。

2011 年に *Pseudomonas stutzeri* 由来の亜酸化窒素還元酵素の構造解析が行われた[79]。その結果, Cu_Z クラスターは, 2 つの硫黄原子を結合していることが判明した。また, 基質である N_2O は, Cu_Z の [4Cu:2S] クラスターが作る面に対して side-on 型で結合することが明らかとなった。これまでに報告されていた [4Cu:1S] クラスターあるいは, [4Cu:2S] クラスターの何が活性型であるかについては今後の展開が待たれる。また, *Achromobacter cycloclastes* 由来の亜酸化窒素還元酵素の場合には, catalytic edge と呼ばれる Cu_I-Cu_{IV} に水, OH が存在するが, *Paracoccus denitrificans* 由来のものは Cu_I-Cu_{IV} を架橋する形で水が存在すると報告されている（図 3-28)。もちろん, まだ反応機構は明らかではない。

3 窒素・硫黄循環

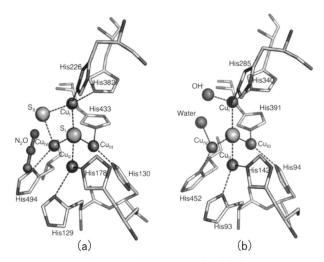

図 3-28　2種類の Cu_Z サイトの構造
(a) *Pseudomonas stutzeri* の亜酸化窒素還元酵素で見出された [4Cu:2S] クラスター（基質結合型（PDB ID 3SBR））
(b) *Achromobacter cycloclastes* の亜酸化窒素還元酵素で見出された [4Cu:S] クラスター構造（PDB ID: 2IWF）

3.3.6　電子移動反応

ブルー銅タンパク質は，機能が電子伝達であるため，そのメカニズムを知るために多くの電子移動反応の実験が行われてきた。その中でも，アズリンとシュウドアズリンは，ストップトフローやフラッシュホトリシスによって分子内，分子間の電子移動反応が議論されてきた。本項では，タンパク質における電子移動反応という広範な観点ではなく，脱窒に関係する電子移動反応について焦点をあてる。

シュウドアズリンは，4-pyridine disulfide（4-PDS）修飾金電極上で極めて明瞭なサイクリックボルタモグラムを与える[80]。また，グラッシーカーボンのような電極においても比較的明瞭なボルタモグラムを与えることが知られている[81]。4-PDS 修飾金電極を使い，バルクで電極電位を変えながら，電気分解を行い，吸収スペクトルを計測することにより，正確な酸化還元電位が得られた[82]。サイクリックボルタンメトリーを触媒量の亜硝酸還元酵素と大過剰の基

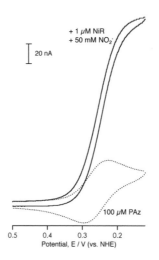

図 3-29　4-PDS 修飾金電極上での *Achromobacter cycloclastes* シュウドアズリンのサイクリックボルタモグラム
基質である亜硝酸と触媒量の亜硝酸還元酵素の存在により触媒電流が観測される。

質である亜硝酸存在下で測ると，明瞭な触媒電流が観測されることが示され（図3-29），シュウドアズリンと亜硝酸還元酵素間の電子移動反応速度定数が求められ[80]，電気化学的に評価されたシュウドアズリンと亜硝酸還元酵素間の電子移動速度定数（7.3×10^5 $M^{-1}s^{-1}$）は，ストップトフロー法によって得られた速度定数 9.7×10^5 $M^{-1}s^{-1}$ とよく一致していた。これをきっかけに脱窒系の電子伝達についての電気化学的検討が行われるようになった。例えば，片岡らは，*Achromobacter cycloclastes* のシュウドアズリンと異種である *Achromobacter xylosoxidans* 由来の亜硝酸還元酵素間の電子移動反応を電気化学的に調べ，野生型では，電子移動の根拠となる触媒電流が観測されなかったが，シュウドアズリンの活性中心近傍にあるアミノ酸を置換し，*Achromobacter xylosoxidans* 由来の亜硝酸還元酵素へ静電的にアプローチすることのできる変異体との電子移動反応を調べたところ，顕著に電子が受け渡されることを見出した[83]。また，*Achromobacter xylosoxidans* の亜硝酸還元酵素は，4-PDS 修飾金電極上で直接的な電気化学的応答を示すことも知られている[84]。

脱窒菌の種類によるが，亜硝酸還元酵素は，アズリン（*Achromobacter xylosoxidans*），シュウドアズリン（*Achromobacter cycloclastes*），シトクロム c_{551}（*Achromobacter xylosoxidans*, *Hyphomicrobium denitrificans*）等から亜硝酸還元に必要な電子を受け取る。Eady らは，*Achromobacter xylosoxidans* 由来の亜硝酸還元酵素は，アズリンを電子供与体としているが[85]，山口と鈴木らは，電気化学的に調べた結果，シトクロム c_{551} が電子供与体であるとしている[86]。また，野尻，井上と鈴木らによって，*Achromobacter xylosoxidans* の亜硝酸還元酵素とシトクロム c_{551} の複合体の結晶構造が得られている[57]。複合体の結晶構造をもとに，亜硝酸還元酵素とシトクロム c_{551} 間の電子移動反応が論じられているが，脱窒条件での培養では，大量の亜硝酸還元酵素の発現に対して，アズリンは発現量が極めて大きいが，シトクロム c_{551} は少ない。Eady らが報告したように，アズリンが電子供与体とする結果[85]と，化学量論的な考えから，アズリンは亜硝酸還元酵素には強く複合体を形成することはないが，電子伝達を行い，一方，シトクロム c_{551} は強い複合体を形成することで電子伝達をしているとも考えることができる。*Achromobacter cycloclastes* では，シュウドアズリンも亜硝酸還元酵素も，極めて高レベルで発現し，明確に電子伝達のパートナーとして考えることができる。しかし，未だに共結晶化による複合体形成の報告がないことを考えると，アズリンのように複合体形成はしにくいが，電子伝達は起こるということとも符合する部分がある。いずれにせよ，さらなる研究が必要な部分である。*Achromobacter cycloclastes* のシュウドアズリンは，ウシ心筋由来のシトクロム c や *Pseudomonas aeruginosa* 由来のシトクロム c_{551} と電子移動を行うことが可能である[87]。また，野尻らは，*Achromobacter xylosoxidans* の亜硝酸還元酵素と *Achromobacter cycloclastes* のシュウドアズリンの複合体結晶についての報告を行っている。このように異種間でのタンパク質でも電子移動は可能であり，複合体が形成されることは，共結晶の構造から天然でのタンパク質間電子移動反応を論じることには課題があることを念頭に置き，注意深く考察することが必要である。

　亜硝酸還元酵素は Type 1 Cu と Type 2 Cu を酸化還元中心に有し，亜酸化窒素還元酵素は，Cu_A と Cu_Z を酸化還元部位に有する（図3-27参照）。このような複合的な酸化還元中心を有するタンパク質においては，タンパク質分子

内電子移動反応についての知見を得ることが重要である。亜酸化窒素還元酵素については，分子内電子移動反応の報告が待たれるところであるが，亜硝酸還元酵素については，鈴木らによる先駆的な研究がある。タンパク質分子内の電子移動を調べる上で，有効な手段にパルスラジオリシス法がある。加速器から得られる電子線を試料に照射し，生成する水和電子によってメディエーターを還元後，還元されたメディエーターからタンパク質の電子受容部位へと電子が移動する。引き続いて起こる，電子受容部位から触媒中心となる次の電子移動反応を分光学的にモニターするものである。鈴木らは，このパルスラジオリシス法によって，亜硝酸還元酵素内の Type 1 Cu から Type 2 Cu への電子移動反応を検討した[88]（図 3-30）。鈴木らが用いたメディエーターは N-methylnicotineamide（NMA）であり，水和電子と反応して，NMA ラジカルとなる。この NMA ラジカルによる亜硝酸還元酵素の Type 1 Cu 還元は，$3.4 \times 10^8 \, M^{-1} \, s^{-1}$ であった。Type 1 Cu 還元の後に，Type 1 Cu に由来する吸収帯の吸光度が緩やかに復活するのが観察され，これは，還元された Type 1 Cu の Type 2 Cu による再酸化反応によるものと考えられ，Type 1 Cu から Type 2 Cu へのタンパク質内電子移動反応が観測され，その速度定数は，$1.4 \times 10^3 \, s^{-1}$ であった。

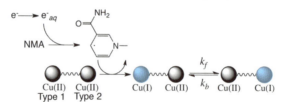

図 3-30　パルスラジオリシス法で電子線照射後に起こる亜硝酸還元酵素の反応スキーム

3.3.7　X 線吸収スペクトルによる脱窒系銅タンパク質の構造

X 線吸収分光法（XAS: X-ray absorption spectroscopy）は，内殻電子励起の分光法である。X 線吸収によって，分子軌道を形成する外殻軌道へ遷移して吸収端付近に現れる X 線吸収端近傍構造（XANES: X-ray absorption near edge structure）と，吸収端よりも高エネルギー側にスペクトルの振動として見られる広域 X 線吸収微細構造（EXAFS: Extended X-ray absorption fine structure）をもつ吸収スペクトルが得られる。XANES は X 線吸収原子の酸化数や有効

核荷電といった電子状態や，化学結合の対称性を反映する。一方，EXAFS のスペクトル振動は，X 線吸収によって原子核の束縛を離れて飛び出した光電子と，周辺の原子に散乱された光電子の干渉作用によって引き起こされ，吸収原子と散乱原子との距離と対応して振動周期が異なる波の重ね合わせとなる。そこでフーリエ変換によって各振動成分を分離した同径分布関数を参考にフィッティングすることで，波の周期に対応する距離や，振幅に対応する配位数や Debye-Waller 因子を精密化していくのが，一般的な解析の流れとなる（図 3-31）。解析に利用できるソフトウェアは有償・無償なものがいくつかあるが，Ravel が開発した Demeter は理論パラメータを計算する FEFF6 とともに無償で入手可能なアプリケーションで，データ処理やフィッティングが行える Athena, Artemis を含んでいる（http://bruceravel.github.io/demeter/）。また，元素の吸収端や蛍光 X 線のエネルギー，オプティクスや検出器などに関係する参考資料として Lawrence Berkeley 国立研究所の X-RAY DATA BOOKLET がウェブ上で公開されている（http://xdb.lbl.gov）。理論や解析の考え方などのさらなる詳細については，末尾に挙げた XAS の専門書[89]が有用であるので，必要に応じて参照されたい。

金属タンパク質の研究においては，Hodgson らが 1975 年にメトヘモグロビンの Fe K 吸収端 X 線吸収スペクトルを報告して以来[90]，XAS は活性中

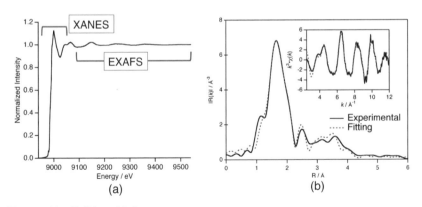

図 3-31 (a) X 線吸収スペクトル
(b) EXAFS 振動（inset）をフーリエ変換して得られる同径分布関数。図はシュウドアズリンの Met16Val 変異体の Cu K 吸収端吸収スペクトルから作成した

心の局所構造解析に用いられるようになった。さらに，1990年にHedman, Hodgson, Solomonが配位する元素のK吸収端X線吸収スペクトルから金属-配位原子の共有結合性を直接的に決定できることを示した事により[91]，金属タンパク質では硫黄原子のK吸収端など，配位原子のX線吸収スペクトルが報告されるようになった。金属との共有結合性は活性中心の分光学的性質や酸化還元反応の理解のための基礎的な知見になると考えられ，Solomonらはブルー銅タンパク質の電子状態を，XASと理論計算を併用することで明らかにした[92]。脱窒系銅タンパク質においてもXASを用いた構造研究がこれまでに報告されている。亜硝酸還元酵素では，Hasnainによって基質が結合した時のType 2 Cuのわずかな構造変化が報告されている[93]。また，亜酸化窒素還元酵素の活性中心構造の推定にCu K吸収端X線吸収スペクトルが用いられた[94]（同時期にCu_AとCu_Zの立体構造が結晶構造解析によって明らかにされている[75]）。シュウドアズリンでは，EPRスペクトルからType 1 Cuが磁気的に区別される2成分を持つ事が明らかにされていたが[51, 52]，これまで，それぞれを区別して構造を明らかにした例はなかった。近年，シュウドアズリンのMet16変異体のCu K吸収端，S K吸収端X線吸収スペクトルが検討され，2成分を区別した構造解析が行われた[95]。高妻らによるType 1 CuのEXAFSの解析以前は，$Cu-S_{Met}$間の散乱行程は見出されていなかった。しかし，ほぼ純粋なRhombic成分のEPRスペクトルを与えるMet16Val変異体のEXAFSは，EXAFSに寄与が現れないと考えられてきた$Cu-S_{Met}$間の散乱行程を検出することができ，銅に配位する全ての配位原子との結合距離が決定された。$Cu-N_{His}$と$Cu-S_{Cys}$の結合距離は，Rhombic成分とAxial成分では変化せず，それぞれ1.94〜1.96Åと2.15〜2.16Åと求められ，$Cu-S_{Met}$の結合距離はRhombic成分では2.48Åであることが示された。硫黄原子S K吸収端X線吸収スペクトルでは，2469 eVに観測されたプレエッジバンド（図3-32）の解析より，$Cu-S_{Cys}$の共有結合性がAxial成分では約49％，Rhombic成分では約31％となる事が明らかにされた。この結果は，先に述べた共鳴ラマンスペクトルの結果を裏付けるものである。さらにX線吸収分光法によって明らかにされた構造と電子状態を加味して行われたDFT計算の結果から，活性中心周辺（外圏）のタンパク質構造のゆらぎのダイナミクスにより，Type 1 Cuで複数のコンフォメーションが同時に生じているので

3 窒素・硫黄循環

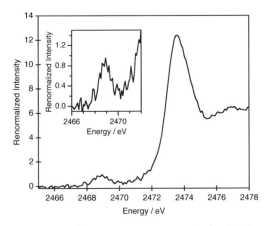

図 3-32　シュウドアズリンの Met16Val の S K 吸収端 X 線吸収スペクトル
Inset は，プレエッジの拡大。

あろうと結論づけられた。これまで，Type 1 Cu の構造の成因と特徴的な分光学的性質は，Jahn-Teller 効果と Rigid Protein Matrix Strain（Malmström は，これを Rack-Induced Bonding [96] と提唱し，Williams は Entatic State Theory [97] として提唱した）のバランスであると考えられていた[92, 98]。しかし，ブルー銅タンパク質独特のゆらぎが，その Rhombic と Axial の構造，ひいては電子移動という機能を制御していると考えられ，Solomon らの考えが高妻らによって拡張された。

本項では，他書ではあまり紹介されていない脱窒系の銅タンパク質について最新の研究成果も交えて紹介してきた。特に，放射光を使う X 線吸収スペクトルは，元素特異的に構造，電子状態を議論することを可能とするので，加速器とビームラインの改良により種々の元素の計測と解析が進められており，生物無機化学にとどまらず，これからも極めて重要な方法となる。そのため，これまでの成書や総説等で紹介されてこなかった，解析に関するプログラムやそのダウンロードサイトについても記述した。

構造の詳細がわかり始め，X 線吸収分光法や紫外共鳴ラマン分光法の発展，そして計算機化学の進歩は，銅タンパク質の化学に新たな局面を与えつつある。電子移動反応機構にしても，まだまだ課題は山積しており，今後もメタゲノム

や海洋性微生物等から新たな銅タンパク質が見出される可能性も高い。読者が本項を通して、基本的な知見を得ると同時に、新しい銅タンパク質のサイエンスに挑戦されることを期待する。

3.4 モリブデン・タングステン含有酵素

モリブデンやタングステンを含む酵素も窒素や硫黄の循環にかかわっており、嫌気性生物から好気性物生物、原核生物から真核生物まで広く存在している。すべての活性中心には補因子が含まれている。本節では、その中心構造と、そのモデル錯体について概説する。

3.4.1 モリブデン含有酸化還元酵素

モリブデンは生体系における触媒反応に利用されている唯一の第二遷移系列元素である。ニトロゲナーゼを除く、全ての酵素はpyranopterinと名付けられた補因子が結合したモリブデン中心を有している。モリブデン中心は基質の二電子酸化あるいは二電子還元を触媒し、その触媒サイクルにはモリブデン(IV)／モリブデン(VI)の酸化還元が含まれている。ニトロゲナーゼは窒素分子の還元を触媒し、窒素循環に関与する酵素であるが、これについては第6章を参照されたい。多くのモリブデン酵素の構造が高分解能のX線構造解析によって明らかにされ、その結果、xanthine oxidase family、sulfite oxidase family、DMSO reductase family の3つのfamilyに分類されている。pyranopterin補因子の構造を図3-33に示す[100〜102]。

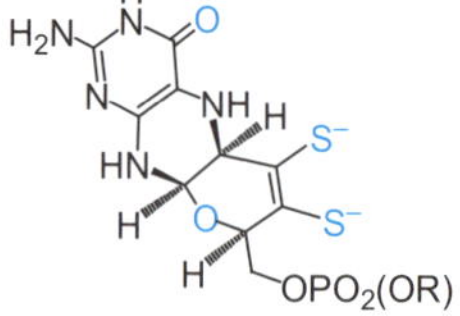

図3-33 Pyranopterin 補因子

(1) モリブドプテリンの生合成

Pyranopterin 補因子は GTP を原料として補因子合成酵素により合成される[100, 103]。図 3-33 にその生合成過程を示す。まず，補因子合成酵素である MoaA と MoaC の作用により GTP が環化されたのち，cPMP へと変換される。モリブデンにキレートするジチオレン部は MoaD 酵素によって合成され，MPT が生成する。第一遷移系列元素を利用する金属酵素とは異なり，モリブデンは生体系で，水和陽イオンとして存在しておらず，モリブデン酸イオン（MoO_4^{2-}）として存在しているため，この置換不活性なイオンからモリブデンのみををキレート部へ導入する過程が必要であり，これには MoeA 酵素が関与している。

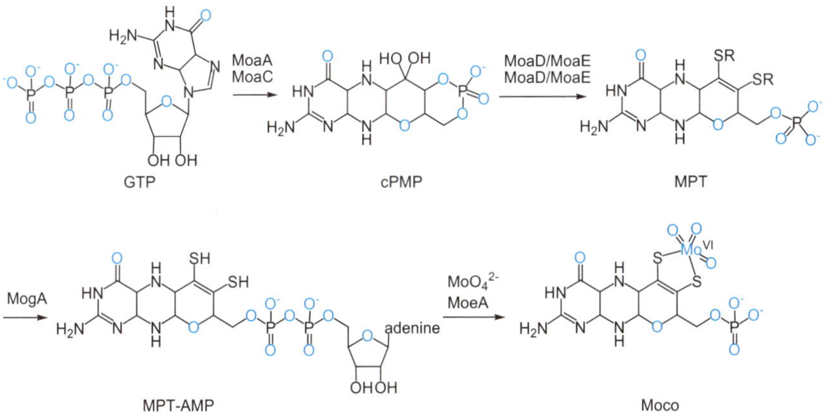

図 3-33 Pyranopterin 補因子の生合成過程

(2) Xanthine oxidoreductase ファミリー

Xanthine oxidoreductase ファミリーは，ヘテロ芳香環の水酸化反応を触媒する（式(3.21)）[100, 101]。

$$R\text{–}H + H_2O \longrightarrow R\text{-}OH + 2H^+ + 2e^- \qquad (3.21)$$

このファミリーは，中心モリブデンへのアミノ酸残基の配位を持たないことが特徴である。

1) Xanthine oxidoreductase

このファミリーの中で最も研究されているのは，xanthine oxidoreductase である。末端酸化剤に酸素分子を利用する酵素は oxidase と呼ばれ，NAD^+ を利用する酵素は dehydrogenase と呼ばれており，生理学的に関与しているのは後者である。酸素分子あるいは NAD^+ までの電子移動は鉄-硫黄クラスターと flavin adenine dinucleotide（FAD）を経由する[100, 101]。ほ乳類から単離される酵素は dehydrogenase であるが，ある2つのシステインチオールをジスルフィドに酸化すると，oxidase にかわるが，活性中心構造に変化はない。モリブデン(VI) およびモリブデン(IV) 状態の活性中心構造を図 3-35 (a) に，モリブデン(VI) 中心の生成過程と共に示す[103]。このように xanthine oxidoreductase ファミリーにおいて，モリブデン(VI) イオンは四角錐構造をとり，pyranopterin 補因子の他にオキシド基と水酸基，そしてスルフィド基を有する。オキシド基は apical 位に，スルフィド基と水酸基およびジチオレン部位の2つのチオール基は equatorial 位に存在し，水酸基は基質結合部位に向いている。スルフィド基の導入は MocA によっておこなわれる。モリブデン(VI) 構造がモリブデン(IV) 構造に変わると，スルフィド基はヒドロスルフィド基へ，水酸基は水へと変化している。このスルフィド基は酵素反応に必須であり，これらがオキシド基と置換すると不活性化される。Xanthine oxidoreductase によって生産される尿酸は通風の原因となっており，この酵素に関する生物無機化学的研究成

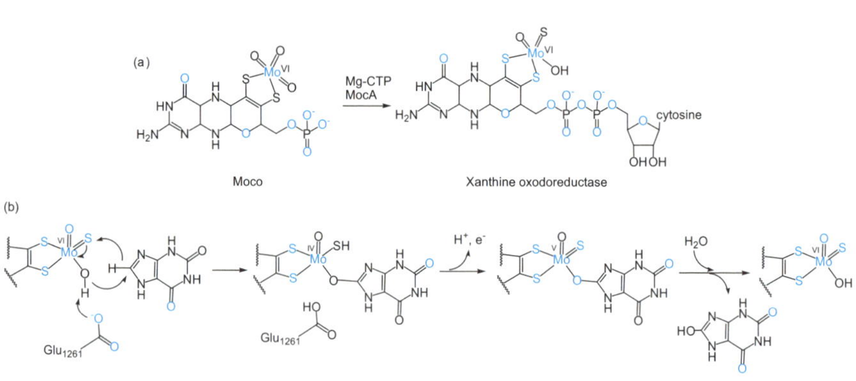

図 3-35 Xanthine oxidoreductase 活性中心の生成過程（a）と酸化反応機構（b）

果が医薬品の開発に結びついている。図 3-35(b) に推定されている xanthine の酸化反応機構を示す。Glu_{1261} 酸イオンによって，OH^- 配位子が脱プロトン化され求核性の大きなオキシド配位子が生成することで反応が開始する。この equatorial オキシド基が水酸化を受ける基質の炭素原子に求核攻撃すると共に，炭素に結合した水素がヒドリドイオン（H^-）としてスルフィド基へ移動し，生成物が結合したモリブデン(IV) 種を生成する。その後，段階的な脱プロトン化，酸化および加水分解を経て，はじめのモリブデン(VI) 構造と尿酸を生じる。Aldehyde oxidoreductase や quinolone 2-oxidoreductase においても，オキシド基による水酸化を受ける炭素原子への求核反応とスルフィド基へのヒドリド移動が協奏的に進行すると考えられている[100]。

2) CO dehydrogenase

モリブデンを含む CO dehydrogenase は式（3.22）に示した反応を触媒する。

$$CO + H_2O \longrightarrow CO_2 + 2H^+ + 2e^- \qquad (3.22)$$

この酵素のモリブデン(VI) 状態の構造は明らかにされていないが，モリブデン(V) 状態の結晶構造が決定されている。そこから推定されたモリブデン(VI) 中心の構造を図 3-36 に CO の酸化反応機構と共に示した[100]。モリブデン補因子含有酵素中では，唯一の複核金属中心を有し，もう一方の金属は銅(I) イオンである。モリブデン(V) イオンの配位構造は xanthine oxidoreductase におけるモリブデン(VI) 中心とほぼ同じであるが，xanthine oxidoreductase における equatorial 位のスルフィド基が CO dehydrogenase では架橋基として作用し，Mo(V)-S-Cu(I) の角度は 113° となっている。銅(I) イオンは架橋スルフィ

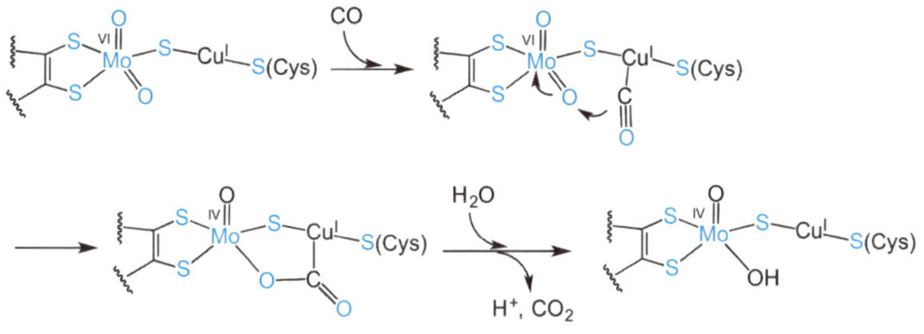

図 3-36 CO dehydrogenase の活性中心構造と CO 酸化反応機構

ド基の他にシステインのチオラトからの配位を受け，S-Cu(I)-S(Cys)の角度は156°である。このモリブデン(V)-銅(I)構造に基づいて，COの酸化機構は図3-36に示したように提案されている。一酸化炭素（CO）がCu(I)に配位した錯体が生成し，次いで，COの炭素への酸素原子移動により二酸化炭素（CO_2）とモリブデン(IV)錯体が生成する[100]。

3) Nicotinate dehydrogenase

ニコチン酸イオンを酪酸イオン，酢酸イオン，二酸化炭素およびアンモニアに発酵させる嫌気性細菌 *E. barker* において，ニコチン酸イオンの6位の水酸化を行う過程は，nicotinate dehydrogenase によっておこなわれている。この酵素が触媒する酸化反応にはセレンが必須であり，セレン原子を硫黄や酸素原子に置き換えると，この順に活性は低下する。モリブデン(VI)状態の結晶構造が決定されており，そのモリブデン部位の構造を反応スキームと共に図3-37に示す。nicotinate dehydrogenase の三次元構造は xanthine oxidoreductase のものと大変よく似ている。さらに，金属中心構造も xanthine oxidoreductase とほぼ同じであるが，xanthine oxidoreductase では equatorial 位に存在したスルフィド基の位置に末端セレニド基が存在している。触媒反応は，水酸化を受ける炭素原子へモリブデン(VI)に結合した水酸基が求核攻撃し，セレニド基へのヒドリド移動が協奏的におこると考えられており，末端セレニドがヒドリド（イオン）受容体として働くのは，xanthine oxidoreductase における末端スルフィド基の役割と同じである[100, 101]。

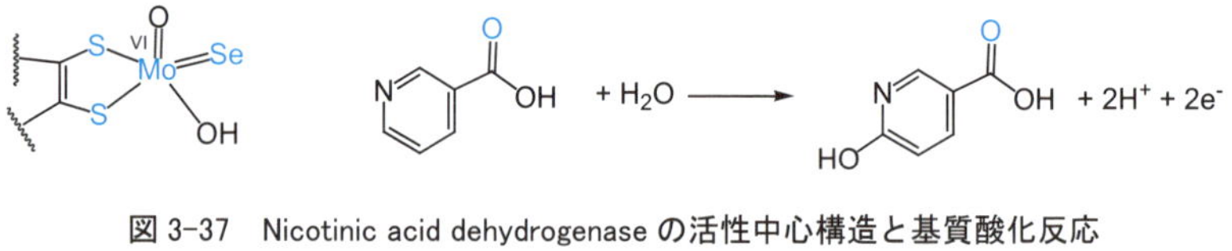

図3-37 Nicotinic acid dehydrogenase の活性中心構造と基質酸化反応

4) モデル錯体

等構造を持つ図3-38に示したモリブデン(VI)-スルフィド，モリブデン(IV)-セレニド錯体が合成されている。これらのオキシド誘導体も合成されており，計算によってモデル錯体の電子状態が調べられている[104]。酸素，硫黄，セレ

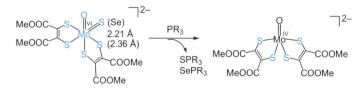

図 3-38 Xanthine oxidoreductase 活性中心モデル錯体

ンの正味の負電荷は -1.07, -0.85, -0.69 と順に減少し，$Mo^{VI}=E$ (E = O, S, Se)，二重結合の結合解離エネルギー（BDE, kcal mol^{-1}）も $88 \rightarrow 47 \rightarrow 35$ と順に小さくなっている。これらの末端原子（E）の求電子性は，フォスフィン誘導体（PR$_3$）との反応によって調べられており，原子移動反応性は E = Se > S ≫ O の順に大きくなり，酵素反応におけるこれらの原子の求電子性の大きさの順と一致している。また，スルフィド基やセレニド基は，主に LUMO に大きく寄与しており，寄与の割合はそれぞれ 34.4％ と 35.3％ である。これに対し，オキシド基の LUMO への寄与は 9.5 ほどである。

CO dehydrogenase の活性中心構造を精密に再現するモデル錯体は合成されていないが，図 3-39 に示したような 1 つのスルフィド基で架橋された二核 Mo(V)-Cu(I) 錯体や 2 つのスルフィド基で架橋された二核 Mo(VI)-Cu(I) 錯体が合成されている。常磁性のモデル化合物については，軌道計算がおこなわれており，SOMO のうち，44％ は Mo の d$_{xy}$ 軌道，25％ は架橋スルフィド基，そして 21％ は Cu の d$_{z^2}$ と d$_{xy}$ 軌道によって占められていることが明らかになっている[105〜109)]。

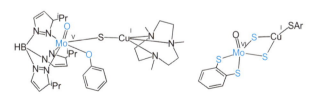

図 3-39 CO dehydrogenase 活性中心モデル錯体

(3) Sulfite oxidase ファミリー

このファミリーは真核生物と原核生物由来の sulfite oxidase と sulfite

dehydrogenase, および真核生物由来の assimilatory nitrate reductase からなる[100]。モリブデン(VI) 状態の活性中心構造を図 3-39 に，その生成過程と共に示した。モリブデン(VI) イオンには pyranopterin 補因子の他に 2 つのオキシド基とシステイン残基のチオラトが配位しており，その中心は四角錐構造をとる。モリブデン(IV) イオンでは，モリブデン(VI) 構造における equatorial 位のオキシド基がヒドロキシド基へとかわっている。このシステイン残基のチオラトの配位は Moco 結合シャペロンによって，Moco 補因子が apo 酵素に輸送さたときに生成する[100, 103]。

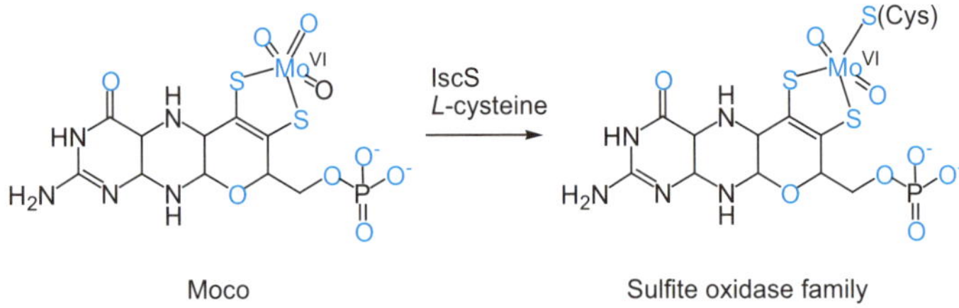

図 3-40 Sulfite oxidase ファミリーの活性中心構造（右）と生成過程

1) Sulfite oxidase

この酵素は，式 (3.23) に示した亜硫酸イオンから硫酸イオンへの酸化を触媒しており，硫黄含有化合物の分解と排出における最終過程に関わっている。モリブデン(VI) 構造は単結晶中で X 線照射によってモリブデン(IV) 構造に還元されるため，酸化型構造の詳細は明らかにされていないが，共鳴ラマンスペクトルにおいて，896 と 864 cm^{-1} に $\nu(Mo^{VI}=O)_{sym}$ と $\nu(Mo^{VI}=O)_{asym}$ の伸縮振動が観測され，$Mo^{VI}O_2$ 中心構造の存在が確認されている。$H_2^{18}O$ を用いて触媒反応をおこない，モリブデン(VI) 状態を生成させると，一方のみが標識された $Mo^{VI}(^{18}O)(^{16}O)$ が生成し，2 つの伸縮振動はそれぞれ，854 と 825 cm^{-1} にシフトする。この際，equatorial 位のオキシド基のみが標識されている。この結果から，亜硫酸イオンには図 3-41 のように，equatorial 位のオキシド基が求電子的に反応していると考えられる[100, 101]。

$$SO_3^{2-} + H_2O \longrightarrow SO_4^{2-} + 2H^+ + 2e^- \qquad (3.23)$$

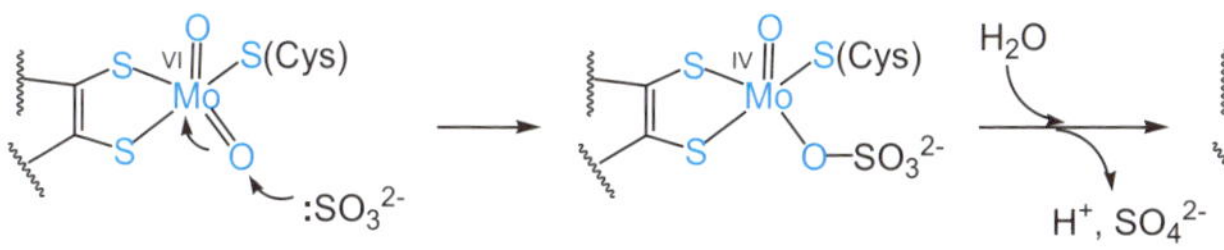

図 3-41 Sulfite oxidase の亜硫酸イオン酸化反応機構

2) Nitrate reductase

この酵素は脱窒サイクルに含まれ，式 (3.24) に示した硝酸イオンの亜硝酸イオンへの還元反応を触媒している。還元剤は NADH である。モリブデン(VI) およびモリブデン(IV) の中心構造は sulfite oxidase の活性中心構造と極めてよく似ており，equatorial 位の水酸基と硝酸イオンとが置換して，図 3-41 の逆反応のように還元反応が進行する[100, 101]。

$$NO_3^{2-} + 2H^+ + 2e^- \longrightarrow NO_2^{2-} + H_2O \qquad (3.24)$$

3) モデル錯体

Pyranopterin 補因子部を benzene-1,2-dithiol で，システイン部を 2,4,6-tri-isopropyl-benzenethiol で置き換えた酸化型のモデル錯体が合成され，その結晶構造が決定されている。その構造を図 3-42 に示した。このモデル錯体のモリブデン中心と配位原子との結合長や結合角度は，EXAFS によって見積もられた chicken liver sulfite oxidase のモリブデン(VI) 周りとよく似ている。酵素に対する EXAFS による解析からは，環境の異なる 2 つの $Mo^{VI}=O$ 結合に有意な差を見出すことはできないが，より高分解能に解析されているモデル錯体では，チオラトの *trans* influence によって，equatorial 位の $Mo^{VI}=O$ 結合が伸び，axial 位の $Mo^{VI}=O$ 結合よりも長くなっている。酵素中でも同様に *trans* influence が働いていると考えられる。モデル錯体は，$\nu(Mo^{VI}=O)$ 伸縮振動を 920 と 885

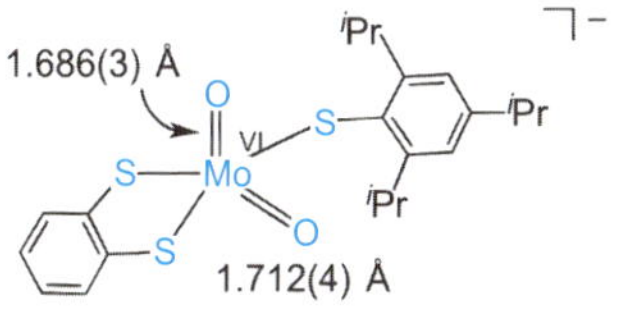

図 3-42 Sulfite oxidase 活性中心のモデル錯体

cm^{-1} に示し，これらの値は，酵素で観測された値とほぼ等しい。このように，2つの構造の比較から，特に配位子に工夫を加えずとも活性中心に似た配位子用いて，モデル錯体を合成さえすれば，立体的な規制を加えずとも，自己集積化により活性中心の配位環境を再現できることがわかる[105〜109]。

(4) DMSO reductase ファミリー

このファミリーに属する酵素は全て原核生物由来である。*Rhodobacter sphaeroides* 由来の DMSO reductase がこの中で最初に構造決定されたため，一酵素の名称でファミリーが表されている。この酵素群は先に紹介した2つの酵素群よりも，構造面からも反応面においても，はるかに多様性がある。さらに，サブユニットの構成や活性中心周辺の電子移動タンパクも様々である。このファミリーのモリブデン中心には2つの pyranopterin 補因子とアミノ酸残基が配位していることが特徴である。図 3-43 に示したように，2つ目

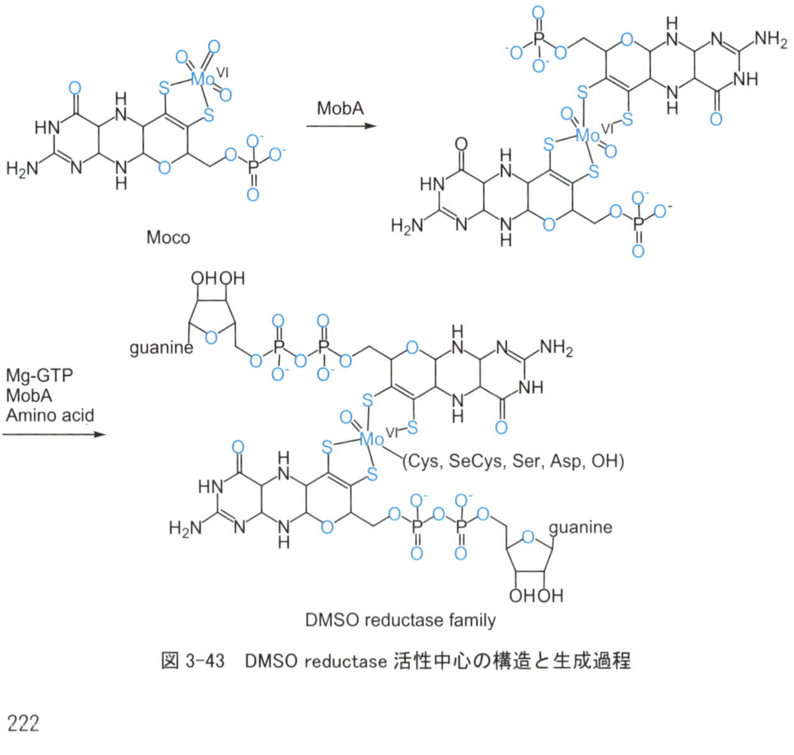

図 3-43 DMSO reductase 活性中心の構造と生成過程

の pyranopterin 補因子のモリブデンへの結合は MobA によりおこなわれて，bis(pyranopterin) 型の Moco が生成し，sulfite oxidase ファミリーと同様に，Moco (Molybdenum cofactor) 結合シャペロンによってこの Moco 補因子が apo 酵素に輸送さたときにこのアミノ酸残基がモリブデンに配位する。モリブデンに配位しているアミノ酸残基によって，DMSOR ファミリーはさらに class I～class III までの 3 つに分類されている[100, 101]。

1) Class I : Mo(S/Se-Cys) class

Class I に分類される酵素は，システイン由来のチオラトあるいはセレノシステイン由来のセレノラトがモリブデンに配位した活性中心構造を持っている[100, 101]。*D. desulfuricans* および *C. necator* から単離された nitrate reductase は NO_3^- を NO_2^- に還元する酵素である（式(3.23)），そのモリブデン(IV) 中心は四角錐構造をとり，チオラトは apical 位を占めている。NO_3^- 還元の反応機構を図 3-44(a) に示した。NO_3^- がモリブデン(IV) の apical 方向から接近して酸素原子がモリブデンイオンに配位する。その後，酸素原子移動が進行してモリブデン(VI)−オキソ構造が生成する。Polysulfide reductase も nitrate reductase とよく似たモリブデン(IV) 中心構造を持ち，式 (3.26) で示したように，ポリスルフィドイオン (S_n^{2-}) を還元して呼吸活動をしている。図 3-44(b) に示したように，末端硫黄の 1 つがモリブデン(IV) イオンに配位してから，その硫黄

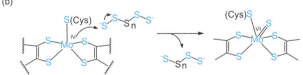

図 3-44　Nitrate reductase による硝酸イオン還元反応 (a) と polysulfide reductase によるポリスルフィドイオン還元反応 (b)

原子移動によって還元反応が進行すると考えられる。生成したモリブデン(VI)-スルフィド中心は，proton-coupled electron transfer（プロトン共役電子移動）によって還元され，元のモリブデン(IV)構造が再生すると共に硫化水素が生じる。

$$S_n^{2-} + 2H^+ + 2e^- \longrightarrow S_{(n-1)}^{2-} + H_2S \tag{3.25}$$

セレノシステイン配位を持つモリブデン活性中心構造はformate dehydrogenaseに含まれている。Formate dehydrogenaseはバクテリアから高等植物まで広く存在し，式(3.26)を触媒している。酸化型のモリブデン(VI)状態の活性中心は，末端スルフィド基を加えた六配位構造をとる。図3-45に示したように，ギ酸イオンの酸化は，このスルフィド基とギ酸イオンとが置換することによって開始され，セレン原子へのヒドリド移動によって二酸化炭素が生成する。このとき，セレン原子はヒドリド移動を促進しており，セレンを硫黄で置換すると，触媒効率が低下する。また，数種類のformate dehydrogenaseは式(3.26)の逆反応も触媒するため，二酸化炭素固定の観点から注目されている。

$$HCOO^- \longrightarrow CO_2 + H^+ + 2e^- \tag{3.26}$$

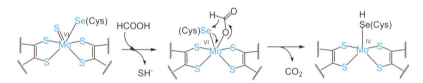

図3-45　Formate dehydrogenaseによるギ酸の酸化反応

2) Class II : Mo(O$_2$C-Asp) class

Class IIに分類される酵素は，アスパラギン酸由来のカルボン酸イオンがモリブデンに配位した活性中心構造を持っている[100,101]。Respiratory nitrate reductaseおよびselenate reductaseなどの還元酵素とethylbenzene dehydrogenase酸化酵素とがある。Selenate reductaseはSeO_4^{2-}をSeO_3^{2-}へと還元する（式(3.27)）。これらの酵素の還元型状態ではカルボン酸イオンはキレート配位子として中心金属に配位しており，モリブデン(IV)イオンは三角柱に近い6配位構造をとっている。NO_3^-やSeO_4^{2-}の還元は，これらの基質のイオンの1つの酸素原子がモリブデン(IV)イオンに配位すると共にカルボン酸イオンが二座キレートか

ら単座配位様式になり，Class I の nitrate reductase と同様に酸素原子の引き抜きが進行する。生成するモリブデン(VI)構造でもアスパラギン酸のカルボン酸イオンは単座様式をとっている。

$$SeO_4^{2-} + 2H^+ + 2e^- \longrightarrow SeO_3^{2-} + H_2O \tag{3.27}$$

Ethylbenzene dehydrogenase も上述した2つの還元酵素と同じ活性中心構造を持ち，式 (3.28) を触媒する。ただし，分子状酸素を直接の酸素源とせずに，sulfite oxidase や xanthine oxidoreductase と同様に水を水酸基の酸素源としている。このほか，脱水素化反応も触媒することができ，例えば，indane などを indene に酸化することができる。図 3-46 に示したオキソモリブデン(VI)種が活性酸化剤として働き，オキシド基による α 位の水素原子引き抜きが進行したのち，酵素の再結合によって 1-フェニルエタノールが生成する。

$$C_6H_5C_2H_5 + H_2O \longrightarrow (S)\text{-}C_6H_5CH(OH)CH_3 + 2H^+ + 2e^- \tag{3.28}$$

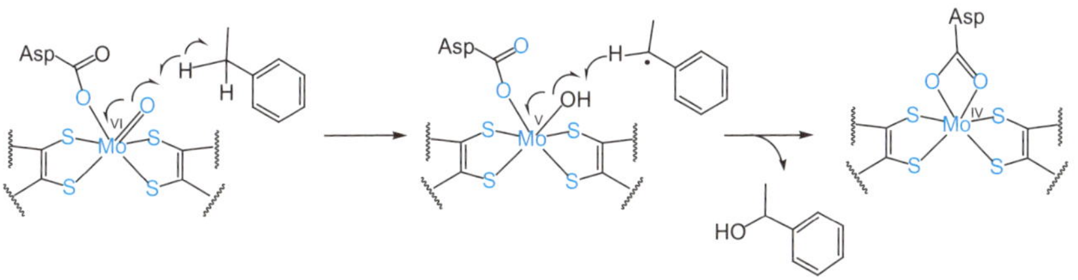

図 3-46 Ethylbenzene dehydrogenase による基質水酸化反応

3) Class III : Mo(O-Ser) class

Class III に分類される酵素は，セリン由来のアルコラトがモリブデンに配位した活性中心構造を有している[100, 101]。この活性中心は，Dimethylsulfoxide reductase (DMSOR)，trimethylamine N-oxide reductase (TMAOR) および pyrogallol-phloroglucinol transhydroxylase (TH) にも含まれている。Dimethylsulfoxide reductase は式 (3.29) に示した反応を触媒し，trimethylamine N-oxide reductase は式 (3.30) に示した反応を触媒する。DMSO の他に，methionine sulfoxide, biotin sulfoxide などのスルフォキシドを基質とする酵素も Mo(O-Ser) 部位を有し，それぞれ，methionine sulfoxide reductase と biotin sulfoxide reductase と呼ばれている。Rhodobacter sphaeroides と R. capsulatus から単離された DMSOR は，モリブデ

ン活性中心が唯一の酸化還元活性中心であるため，DMSOR ファミリーのなかでは最も研究が進んでいる。酸化型のモリブデン(VI) イオンはオキシド基を有し，その $\nu(Mo^{VI}=O)$ 伸縮振動は共鳴ラマンスペクトルにおいて，862 cm^{-1} に観測される。酸素を標識した $(CH_3)_2S^{18}O$ を用いてモリブデン(IV) 種と反応させると，この振動は 819 cm^{-1} にシフトし，オキシド基は基質由来であることが証明されている。一方，$\nu(Mo-OSer)$ 伸縮は，酸化型状態では 536 cm^{-1} に観測され，還元型状態では 513 cm^{-1} に観測される。モリブデン(VI) に結合している 2 つの pyranopterin 補因子は非等価であり，1 つはモリブデン(VI) に σ 供与し，キレート部分の ν(C=C) 伸縮を 1578 cm^{-1} に示すが，もう一方はモリブデン(VI) との間で π 共役を作りその ν(C=C) 伸縮を 1527 cm^{-1} に与える。触媒反応に必要な近傍の電子移動タンパクとの電子の授受は π 共役構造をとっている pyranopterin 補因子が司っている。酸化型の DMSOR は可視領域から近赤外領域に強い 2 つの吸収帯を持ち，それらの λ_{max} およびモル吸光係数は 740 nm (ε = 1350 M^{-1} cm^{-1}) と 570 nm (ε = 2800 M^{-1} cm^{-1}) である。スルフォキシドの還元反応は，nitrate reductase などと同じように進行する。酸化型構造から還元型構造が再生する機構に関する研究も進んでおり，モリブデン(IV) 中心の再生過程は，ヒドロキシドモリブデン(V) 状態を経由することがわかっている。TMAOR も DMSOR と同じ触媒反応機構を持つと考えられている。

$$(CH_3)_2SO + 2H^+ + 2e^- \longrightarrow (CH_3)_2S + H_2O \qquad (3.29)$$
$$(CH_3)_3NO + 2H^+ + 2e^- \longrightarrow (CH_3)_3N + H_2O \qquad (3.30)$$

pyrogallol-phloroglucinol transhydroxylase (TH) は 1,2,3,5-tetrahydroxybenzene の 2 位の水酸基を pyrogallol (1,2,3-trihydroxybenzene) に移動し，phloroglucinol (1,3,5-trihydroxybenzene) と 1,2,3,5-tetrahydroxybenzene を生成する式 (3.31) に示した反応を触媒している。モリブデン(IV) 状態において，pyrogallol とモリブデン(IV) イオンが結合した結晶構造が得られており，そこでは，C1 位の炭素の水酸基がモリブデンと結合している。モリブデン(VI) イオンに pyrogallol の C1 位の水酸基が配位すると，金属と基質の間で酸化還元が起こり，キノン型の構造が生成する。このキノン型構造に対して C5 位の水酸基が 1,4-付加することによって，水酸基の移動が始まると考えられる。最終的には，モリブデン(IV) イオンとキノン構造との間で再び電子移動が起こってモリブデ

ン(VI)構造が再生する。

[構造式: 1,2,3,5-tetrahydroxy-benzene + pyrogallol → phloroglucinol + 1,2,3,5-tetrahydroxy-benzene]

(3.31)

4) その他

モリブデンは 2 つの pyranopterin 配位子を持つが，アミノ酸残基の配位を持たない酵素も存在し，arsenite oxidase がそれにあたる[100]。この酵素は猛毒の亜ヒ酸イオン (AsO_2^-) をヒ酸 (AsO_3^-) に酸化する（式(3.32)）。その酸化型酵素はジオキシドモリブデン(VI)またはオキシドヒドロキシドモリブデン(VI)中心を有し，中心金属から AsO_2^- に正味の酸素原子移動をおこない，モノオキシドモリブデン(IV)種となる。共鳴ラマンスペクトルの測定において，ν(Mo^{VI}=O) 伸縮振動は 822 cm^{-1} に観測され，標識した $H_2^{18}O$ 中でモリブデン(IV)中心の再酸化をおこなうと，この伸縮は 784 cm^{-1} にシフトする。

$$AsO_2^- + H_2O \rightarrow AsO_3^- + 2H^+ + 2e^-$$ (3.32)

5) モデル錯体

1,2-dimethyl-ethylenedithiolate（$S_2C_2Me_2$）を配位子として用いたモデル錯体が合成されている。図 3-47 に示したモデル錯体はペンタフルオロフェノラト錯体を除いて，全て X 線回折実験により構造決定されている[105〜109]。配位子 S-C-C-S 部の C-C 結合長は 1.32〜1.35 Å の範囲に，C-S 結合長は約 1.77 Å であり，S$^-$-C=C-S$^-$ 二アニオンの配位様式をとる。軸位の配位子からの電子供与が小さくなると，モリブデン(IV)イオンと酸素原子との結合長は伸び，フェノラト配位子にフッ素原子を 5 つ導入すると，その距離は 1.898(5) Å から 1.933(3) Å に伸びる。その一方で，4 つの硫黄原子からなる平面からモリブデンの軸配位子方向への距離は 0.80 Å から 0.75 Å へと小さくなる。また，等構造をとる 2-adamantyl 基を持つ 3 つのモデル錯体では，配位原子が酸素から硫黄，セレンに変化するにつれて，そのモリブデンとの結合長は 1.839(3) Å から 2.312(1) Å そして 2.439(1) Å へと長くなり，配位原子の原子半径の大き

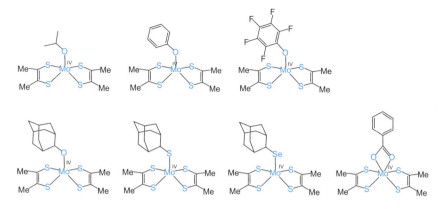

図 3-47 還元型 DMSO reductase 活性中心モデル錯体

さを反映している。これらの3つの等構造のモデル錯体に対する DFT 計算によると、HOMO は Mo の d_{xy} 軌道の成分をそれぞれ 69%（O-2Ad），67%（S-2Ad），67%（Se-2Ad）持ち，軸配位原子の寄与はほとんどない。しかし，LUMO，LUMO-1 および LUMO-2 の分子軌道には，軸配位子の寄与が含まれるようになり，これらのエネルギー順位は O-2Ad → S-2Ad → Se-2Ad の順に小さくなる。このため，HOMO からこれら3つの軌道への電子遷移はこの順に低エネルギー側で観測される。Nitrate reductase におけるアスパラギン酸由来のカルボン酸イオンは非対称的にモリブデンにキレートして，歪んだ構造をもたらしているが，モデル錯体の安息香酸イオンはモリブデン (IV) にほぼ対称的にキレートしている。

これらのモデル錯体のうち，Mo(OPh)，Mo(OC$_6$F$_5$) 錯体を用いて Me$_3$NO，DMSO からの酸素原子引き抜き反応が調べられている。これらの反応は酵素中での反応のように会合機構で進行すると考えられているが，残念ながら生成すると考えられるオキシドモリブデン (VI) 錯体は不安定で同定されていない。Mo(OPh) 錯体による Me$_3$NO および (CH$_3$)$_2$SO からの酸素原子移動反応に対する速度定数を比較すると，Me$_3$NO から酸素原子を引き抜く方が，(CH$_3$)$_2$SO からの酸素原子引き抜きよりも 10^8 倍も速く（$k_2^{298} = 2 \times 10^2$ M^{-1} s^{-1} vs. 1.3×10^{-6} M^{-1} s^{-1}），これは N–O の結合エネルギー（Me$_3$NO = 61 kcal mol^{-1}）と S-O の結合エネルギー（(CH$_3$)$_2$SO = 87 kcal mol^{-1}）の差を反映している。また，

Mo(OPh),Mo(OC$_6$F$_5$) 錯体による tetramethylenesulfoxide（TMSO）からの酸素原子移動反応速度は，Mo(OC$_6$F$_5$) 錯体のほうが約 30 倍速く，モリブデン(IV) イオンのルイス酸性が大きくなることで，スルフォキシドの配位をうけやすくなるためであると考えられる。ジチオレン配位子の効果は小さく，メチル基をフェニル基に置き換えても酸素原子移動反応の速度定数は約 2 倍程度しか大きくならず，それぞれの錯体の Mo^V/Mo^{IV} に相当する酸化還元電位の差（0.25 V）ほどの違いはない。軸位にチオラトを持つモデル錯体と硝酸イオンとの反応は複雑で速度論的な研究はおこなわれていない。

　DMSO reductase ファミリーの酸化型モリブデン(VI) モデル錯体の合成例は少なく，結晶構造が決定されているものは非常に限られている。それらのモデル錯体を図 3-48 に示した。Class III のモデル錯体であるメチルカルボン酸エステルを置換基に持つジチオレン配位子の MoO(OSi^{i}Pr$_3$) 錯体は，その還元型のモリブデン(IV) 錯体による Me$_3$NO からの酸素原子引き抜き反応によって合成されている[108]。このモデル錯体において，2 つのジチオレン配位子は，酸化型の DMSOR と同じく非等価であり，そのν(C=C) 伸縮振動は 1577 cm^{-1} と 1505 cm^{-1} に観測される。MoO(OEt) 錯体は DMSOR のモリブデン中心の配位基などを最も良く再現したモデル錯体であり，Moco 補因子とアポタンパク質からの酵素活性中心の生成過程をモデル化することで合成されている[110]。このモデル錯体においても，2 つのジチオレン配位子は非等価であり，それは配位子の異なる C=C 結合長（1.335(15) Å と 1.374 (15) Å）に反映されている。さらに，この MoO(OEt) 錯体の吸収スペクトルは，酸化型 DMSOR 吸収スペクトルと非常によく似ており，モデル錯体は 742 nm と 539 nm に吸収極大をもち，酸化型 DMSOR は 717 nm と 549 nm に吸収極大を持つ。モリブデ

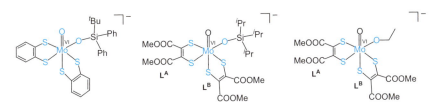

図 3-48　酸化型 DMSO reductase 活性中心モデル錯体

ン(VI)イオンはd^0なため，これらはLMCTに帰属されるが，この錯体についてのTD-DFT計算によって742 nmの吸収はHOMOからLUMOへの遷移であり，主に，オキシド基のシス位に位置するジチオレンL^AからMoのd_{xy}軌道とアルコラト酸素のp_π軌道への遷移であると帰属されている。一方，539 nmの吸収はHOMO-1からLUMOへの遷移であり，2つのジチオレン$L^A + L^B$からの遷移であることがわかっている。構造決定はされていないが，MoO(OEt)錯体のチオラト誘導体MoO(SC_6H_{13})も合成されている。このモデル錯体はアルコラト錯体よりも長波長側の774 nmと639 nmに吸収を持つ。これらも，HOMOからLUMOとHOMO-1からLUMOへの遷移に基づくが，より長波長側（低エネルギー側）に吸収が現れるのは，チオラトの硫黄原子の寄与がこれらの分子軌道に大きくなっているためである。特に，HOMO-1への寄与は，アルコラトでは6.58%であるのに対し，チオラトでは29.59%である。このように，配位原子を適切に選択することで，基質還元酵素はモリブデン(IV)再生のための酸化還元を調節していると考えられる。

図3-49のMoO$_2$錯体はarsenite oxidaseの酸化型モデルである。COOMe基を有するジチオレン配位子のMoO$_2$錯体は，AsO_2^-への酸素源移動反応おこない，自身はMoO錯体に還元される。さらに，このモリブデン(IV)錯体はarsenite oxidaseと同じくproton-coupled electron transferによって，MoO$_2$に酸化されるため，このモデル錯体はarsenite oxidaseの反応面もモデル化している。MoO$_2$錯体の生成に関して速度論的考察がおこなわれ，5配位のMo(V)錯体にヒドロキシドイオンが配位してMo^{V}O(OH)錯体が生成し，この錯体が脱プロトン化と一電子酸化を受けてMoO$_2$錯体が生成すると考えられている[109]。

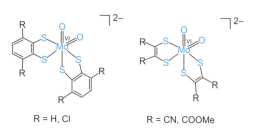

図3-49 酸化型 arsenite oxidase 活性中心モデル錯体

3.4.2 タングステン含有酸化還元酵素

　温泉や海底の熱水噴出孔から噴出される熱水には，硫化水素が多く含まれる。それを利用する超好熱菌には，タングステン含有酵素が存在し，硫化水素あるいはそれが酸化された無機硫黄を利用した酸化還元をおこなっている。これらのタングステン活性中心はモリブデン酵素と同じく，基質の二電子酸化あるいは二電子還元を触媒し，その触媒サイクルにはタングステン(IV)とタングステン(VI)の酸化還元が含まれている。これらの酵素は極めて空気に敏感であり，タングステン酵素の生合成過程や活性中心の正確な構造は不明なものが多い[102]。

　Aldehyde oxidoreductase (AOR) は，アルデヒドからカルボン酸への酸化を触媒する (式(3.32))。図3-50(a) に示したように，活性中心構造は2つのpyranopterin 補因子がタングステンに配位した WO(S) 中心を持つ。このスルフィド基は必須であり，オキシド基と置換すると酵素は不活性になる。アルデヒドの酸化の反応機構はモリブデン含有 xanthine oxidoreductase ファミリーと同様に，協奏的なオキシド基によるホルミル炭素への求核反応とスルフィド基へのヒドリド移動を含んでいると考えられる (図3-35)。4番目に単離精製された oxidoreductase である WOR4 は，無機硫黄を水素分子により硫化水素まで還元する式 (3.33) に示した反応を触媒している。この酵素の活性中心にも，pyranopterin を2つ持つタングステン中心が存在しているがその他の配位子は不明である。

$$RCHO + H_2O \longrightarrow RCOOH + 2H^+ \ 2e^- \qquad (3.32)$$
$$S + H_2 \longrightarrow H_2O \qquad (3.33)$$

これらの活性中心のモデル錯体として，図3-50(b) に示したような錯体が合成

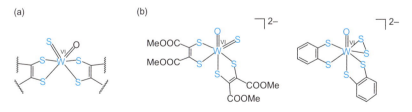

図 3-50　Aldehyde oxidoreductase 活性中心構造 (a) および
　　aldehyde oxidoreductase 活性中心モデル錯体と WOR4 活性中心構造モデル錯体 (b)

されている。WO(S_2) 錯体は，そのタングステン (IV) 錯体と無機硫黄との反応から合成され，水素分子と反応して硫化水素を生成し，式 (3.32) の反応を再現している。

参考図書・文献

1) M. Strous, J. A. Fuerst, E. H. Kramer, S. Logemann, G. Muyzer, K. T. van de Pas-Schoonen, R. Webb, J. G. Kuenen and M. S. Jetten. *Nature* 1999, **400**, 446.
2) L. G. M. Baas-Becking. *Ann. Bot.* 1925, **39**, 613.
3) W. G. Zumft. *Microbiol. Mol. Biol. Rev.* 1997, **61**, 533.
4) 祥雲弘文. 蛋白質・核酸・酵素 1994, **39**, 241.
5) D. E. Canfield, A. N. Glazer and P. G. Falkowski. *Science* 2010, **330**, 192.
6) A. R. Ravishankara, J. S. Daniel and R. W. Portmann. *Science* 2009, **326**, 123.
7) D. J. Wuebbles. *Science* 2009, **326**, 56.
8) M. W. Beijerinck. *Zentbl. Bakt. ParasitKde* 1895, **1**, 1.
9) V. Fulop, J. W. Moir, S. J. Ferguson and J. Hajdu. *Cell* 1995, **81**, 369.
10) P. A. Williams, V. Fulop, E. F. Garman, N. F. Saunders, S. J. Ferguson and J. Hajdu. *Nature* 1997, **389**, 406.
11) D. Nurizzo, M. C. Silvestrini, M. Mathieu, F. Cutruzzola, D. Bourgeois, V. Fulop, J. Hajdu, M. Brunori, M. Tegoni and C. Cambillau. *Structure* 1997, **5**, 1157.
12) S. Rinaldo, G. Giardina, N. Castiglione, V. Stelitano and F. Cutruzzola. *Biochem. Soc. Trans.* 2011, **39**, 195.
13) B. A. Averill and J. M. Tiedje. *FEBS Lett.* 1982, **138**, 8.
14) C. Braun and W. G. Zumft. *J. Biol. Chem.* 1991, **266**, 22785.
15) S. Y. Park, H. Shimizu, S. Adachi, A. Nakagawa, I. Tanaka, K. Nakahara, H. Shoun, E. Obayashi, H. Nakamura, T. Iizuka and Y. Shiro. *Nat. Struct. Biol.* 1997, **4**, 827.
16) R. Oshima, S. Fushinobu, F. Su, L. Zhang, N. Takaya and H. Shoun. *J. Mol. Biol.* 2004, **342**, 207.
17) Y. Shiro, M. Fujii, T. Iizuka, S. Adachi, K. Tsukamoto, K. Nakahara and H. Shoun. *J. Biol. Chem.* 1995, **270**, 1617.

18) P. Tavares, A. S. Pereira, J. J. Moura and I. Moura. *J. Inorg. Biochem.* 2006, **100**, 2087.
19) T. Hino, Y. Matsumoto, S. Nagano, H. Sugimoto, Y. Fukumori, T. Murata, S. Iwata and Y. Shiro. *Science* 2010, **330**, 1666.
20) Y. Matsumoto, T. Tosha, A. V. Pisliakov, T. Hino, H. Sugimoto, S. Nagano, Y. Sugita and Y. Shiro. *Nat. Struct. Mol. Biol.* 2012, **19**, 238.
21) M. Saraste and J. Castresana. *FEBS Lett.* 1994, **341**, 1.
22) S. Buschmann, E. Warkentin, H. Xie, J. D. Langer, U. Ermler and H. Michel. *Science* 2010, **329**, 327.
23) P. Moenne-Loccoz. *Nat. Prod. Rep.* 2007, **24**, 610.
24) H. Kumita, K. Matsuura, T. Hino, S. Takahashi, H. Hori, Y. Fukumori, I. Morishima and Y. Shiro. *J. Biol. Chem.* 2004, **279**, 55247.
25) N. Sato, S. Ishii, H. Sugimoto, T. Hino, Y. Fukumori, Y. Sako, Y. Shiro and T. Tosha. *Proteins* 2014, **82**, 1258.
26) H. Matsumura, T. Hayashi, S. Chakraborty, Y. Lu and P. Moenne-Loccoz. *J. Am. Chem. Soc.* 2014, **136**, 2420.
27) N. Igarashi, H. Moriyama, T. Fujiwara, Y. Fukumori and N. Tanaka. *Nat. Struct. Biol.* 1997, **4**, 276.
28) P. Cedervall, A. B. Hooper and C. M. Wilmot. *Biochemistry* 2013, **52**, 6211.
29) M. P. Hendrich, A. K. Upadhyay, J. Riga, D. M. Arciero and A. B. Hooper. *Biochemistry* 2002, **41**, 4603.
30) D. M. Arciero, A. Golombek, M. P. Hendrich and A. B. Hooper. *Biochemistry* 1998, **37**, 523.
31) Y. Taguchi, M. Sugishima and K. Fukuyama. *Biochemistry* 2004, **43**, 4111.
32) T. C. Ullrich, M. Blaesse and R. Huber. *EMBO J.* 2001, **20**, 316.
33) K. Parey, G. Fritz, U. Ermler and P. M. Kroneck. *Metallomics* 2013, **5**, 302.
34) G. Fritz, A. Roth, A. Schiffer, T. Buchert, G. Bourenkov, H. D. Bartunik, H. Huber, K. O. Stetter, P. M. Kroneck and U. Ermler. *Proc. Natl. Acad. Sci. U S A* 2002, **99**, 1836.
35) A. Schiffer, G. Fritz, P. M. Kroneck and U. Ermler. *Biochemistry* 2006, **45**, 2960.
36) A. Schiffer, G. Fritz, T. Buchert, K. Herrmanns, J. Steuber, U. Ermler and P. M. Kroneck. *Handbook of Metalloproteins*, ed., 2010.

37) T. F. Oliveira, C. Vonrhein, P. M. Matias, S. S. Venceslau, I. A. Pereira and M. Archer. *J. Biol. Chem.* 2008, **283**, 34141.

38) A. Schiffer, K. Parey, E. Warkentin, K. Diederichs, H. Huber, K. O. Stetter, P. M. Kroneck and U. Ermler. *J. Mol. Biol.* 2008, **379**, 1063.

39) A. A. Santos, S. S. Venceslau, F. Grein, W. D. Leavitt, C. Dahl, D. T. Johnston and I. A. Pereira. *Science* 2015, **350**, 1541.

40) W. G. Zumft, The Prokaryotes, Vol. I, A. Balows et al. eds., Springer-Verlag, 554-582 (1992).

41) T. Matsubara, *J. Biochem.*, **69**, 991-1001 (1971).

42) E. Suzuki, N. Horikoshi, T. Kohzuma, *Biochim. Biophsy. Res. Commun.*, **255**, 427-431 (1999).

43) T. Horio, *J. Biochem.*, **45**, 267-279 (1958).

44) E. T. Adman, R. E. Stenkamp, L. C. Sieker, L. H. Hensen, *J. Mol. Biol.*, **123**, 35-47 (1978).

45) D. N. Beratan, J. N. Onuchic, H. B. Gray, Metals in Biological Systems Vol. 27, Dekker, 97-125 (1991).

46) H. Iwasaki, T. Matsubara, *J. Biochem.*, **73**, 659-661 (1973).

47) K. Fujita, M. H.-Fujita, D. E. Brown, Y. Obara, F. Ijima, T. Kohzuma, D. M. Dooley, *J. Inorg. Biochem.*, **115**, 163-173 (2012).

48) K. Petratos, K. D. W. Banner, T. Beppu, K. S. Wilson, D. Tsemoglou, *FEBS Lett.*, **218**, 209-214 (1987).

49) K. Petratos, Z. Dauter, K. S. Wilson, *Acta Cryst.*, **B44**, 624-636 (1988).

50) T. Kohzuma, T. Inoue, F. Yoshizaki, Y. Sasakawa, K. Onodera, S. Nagatomo, T. Kitagawa, S. Uzawa, Y. Isobe, Y. Sugimura, M. Gotowda, Y. Kai, *J. Biol. Chem.*, **274**, 11817-11823 (1999).

51) R. F. Abdelhamid, Y. Obara, Y. Uchida, T. Kohzuma, D. M. Dooley, D. E. Brown, H. Hori, *J. Biol. Inorg. Chem.*, **12**, 165-173 (2007).

52) P. Gast, F. G.J. Broeren, S. Sottini, R. Aoki, T. Yamaguchi, T. Kohzuma, E. J.J. Groenen, *J. Inorg. Biochem.*, **137**, 57-63 (2014).

53) M. Kukimoto, M. Nishiyama, T. Ohnuki, S. Turley, E. T. Adman, S. Horinouchi, T. Beppu, *Protein Eng.*, **8**, 153-158 (1995).

54) M. D. Vlasie, R. Fernandez-Busnadiego, M. Prudêncio, M. Ubbink, *J. Mol. Biol.*, **375**, 1405-1415 (2008).
55) K. Sato, S. Nagatomo, C. Dennison, T. Niizeki, T. Kitagawa, T. Kohzuma, *Inorg. Chim. Acta*, **339**, 383-392 (2002).
56) M. B. Fitzpatrick, ř Y. Obara, K. Fujita, D. E. Brown, D. M. Dooley, T. Kohzuma, R. S. Czernuszewicz, *J. Bioinorg. Chem.*, **104**, 250-260 (2010).
57) M. Nojiri, H. Koteishi, T. Nakagami, K. Kobayashi, T. Inoue, K. Yamaguchi, S. Suzuki, *Nature*, **462**, 117-120 (2009).
58) H. Suzuki, T. Mori, *J. Biochem.*, **52**, 190-192 (1962).
59) H. Suzuki, H. Iwasaki, *J. Biochem.*, **52**, 193-199 (1962).
60) H. Iwasaki, S. Shidara, H. Suzuki, T. Mori, *J. Biochem.*, **53**, 299-303 (1963).
61) H. Iwasaki, T. Matsubara, *J. Biochem.*, **71**, 645-652 (1972).
62) T. Kakutani, H. Watanabe, K. Arima, T. Beppu, *J. Biochem.*, **89**, 453-461 (1981).
63) D. M. Dooley, R. S. Moog, M.-Y. Liu, W. J. Payne, J. LeGall, *J. Biol. Chem.*, **263**, 14625-14628 (1988).
64) E. Liggy, B. A. Averill, *Biochem. Biophys. Res. Commun.*, **187**, 1529-1535 (1992).
65) J. W. Godden, S. Turley, D. C. Teller, E. T. Adman, M. Y. Liu, W. J. Payne, J. LeGall, *Science*, **253**, 438-442 (1991).
66) S. V. Antonyuk, R. W. Strange, G. Sawers, R. R. Eady, S. S. Hasnain, *PNAS*, **102**, 12041-12046 (2005).
67) Y. Fukuda, K. M. Tse, T. Nakane, T. Nakatsu, M. Suzuki, M. Sugahara, S. Inoue, T. Masuda, F. Yumoto, N. Matsugaki, E. Nango, K. Tono, Y. Joti, T. Kameshima, C. Song, T. Hatsui, M. Yabashi, O. Nureki, M. E. P. Murphy, T. Inoue, S. Iwata, E. Mizohata, *PNAS*, **113**, 2928-2933 (2016).
68) T. Kohzuma, M. Kikuchi, N. Horikoshi, S. Nagatomo, T. Kitagawa, R. S. Czernuszewicz, *Inorg. Chem.*, **45**, 8474-8476 (2006).
69) H. Shoun, M. Kano, I. Baba, N. Tanaka, M. Matsuo, *J. Bacteriol.*, **180**, 4413-4415 (1998).
70) 山内 脩, 鈴木 晋一郎, 櫻井 武, 『生物無機化学』, 朝倉書店 (2012).
71) T. Matsubara, *J. Biochem.*, **69**, 991-1001 (1971).
72) R. T. St. John, T. C. Hollocher, *J. Biol. Chem.*, **252**, 212-218 (1977).

73) J. K. Kristjansson, T. C. Hollocher, *J. Biol. Chem.*, **255**, 704-707 (1980).
74) W. G. Zumft, T. Matsubara, *FEBS Lett.*, **148**, 107-112 (1982).
75) K. Brown, M. Prudencio, A. S. Pereira, S. Besson, J. J. G. Moura, I. Moura, M. Tegoni, C. Cambillau, *Nature Struct. Biol.*, **7**, 191-195 (2000).
76) K. Paraskevopoulos, S. V. Antonyuk, R. G. Sawers, R. R. Eady, S. S. Hasnain, *J. Mol Biol.*, **362**, 55-65, (2006).
77) P. M. Kroneck, W. A. Angholine, J. Riester, W. G. Zumft, *FEBS Lett.*, **242**, 70-74 (1988).
78) T. Rasmussen, B. C. Berks, J. S-Loehr, D. M. Dooley, W. G. Zumft, A. J. Thomson, *Biochemistry*, **39**, 12753-12756 (2000).
79) A. Pomowski, W. G. Zumft, P. M. Kroneck, O. Einsle, *Nature*, **477**, 234-237 (2011).
80) T. Kohzuma, S. Takase, S. Shidara, S. Suzuki, *Chem. Lett.*, 149-152 (1993).
81) T. Sakurai, O. Ikeda, S. Suzuki, *Inorg. Chem.*, **29**, 4715-4718 (1990).
82) T. Kohzuma, C. Dennison, W. McFarlane, S. Nakashima, T. Kitagawa, T. Inoue, Y. Kai, N, Nishio, S. Shidara, S. Suzuki, and A. G. Sykes, *J. Biol. Chem.*, **270**, 25733-25738 (1995).
83) K. Kataoka, K. Yamaguchi, M. Kobayashi, T. Mori, N. Bokui, S. Suzuki, *J. Biol. Chem.*, **279**, 53374-53378 (2004).
84) T. Kohzuma, S. Shidara, K. Yamaguchi, N. Nakamura, Deligeer, S. Suzuki, *Chem. Lett.*, 2029-2032 (1993).
85) F. E. Dodd, S. S. Hasnain, W. N. Hunter, Z. H. L. Abraham, M. Debenham, H. Knazler, M. Eldridge, R. R. Eady, P. Ambler, B. E. Smith, *Biochemistry*, **34**, 10180-10186 (1995).
86) H. Koteishi, M. Nojiri, T. Nakagami, K. Yamaguchi, S. Suzuki, *Bull. Chem. Soc. Jpn.*, **82**, 1003-1005 (2009).
87) T. Kohzuma, M. Yamada, Deligeer, S. Suzuki, *Electroanal. Chem.*, **438**, 49-53 (1997).
88) S. Suzuki, T. Kohzuma, Deligeer, K. Yamaguchi, N. Nakamura, S. Shidara, K. Kobayashi, S. Tagawa, *J. Am. Chem. Soc.*, **116**, 11145-11146 (1994).
89) 太田俊明 編, 『X線吸収分光法 –XAFSとその応用–』, アイシーピー (2002).
90) B. M. Kincaid, P. Eisenberger, K. O. Hodgson, S. Doniach, *Proc. Nat.* Acad. Sci. USA, **72**, 2340-2342 (1975).

91) B. Hedman, K. O. Hodgson, and E. I. Solomon, *J. Am. Chem. Soc.*, **112**, 1643-1645, (1990).
92) E. I. Solomon, R. K. Szilagyi, S. D. George, and L. Basumallick, *Chem. Rev.*, **104**, 419-458, (2004).
93) R. W. Strange, F. E. Dodd, Z. H. L. Abraham, J. G. Grossmann, T. Brüser, R. R. Eady, B. E. Smith, and S. S. Hasnain, *Nature Struct. Biol.*, **2**, 287-292, (1995).
94) J. M. Charnock, A. Dreusch, H. Körner, F. Neese, H. Nelson, A. Kannt, H. Michel, C. D. Garner, P. M. H. Kroneck, W. G. Zumft, *Eur. J. Biochem.*, **267**, 1368-1381, (2000).
95) T. Yamaguchi, J. Yano, V. K. Yachandra, Y. Nihei, H. Togashi, R. K. Szilagyi, T. Kohzuma, *Bull. Chem. Soc. Jpn.*, **88**, 1642-1652, (2015).
96) B. G. Malmström, *Eur. J. Biochem.*, **223**, 711-718 (1995).
97) R. J. P. Williams, *Eur. J. Biochem.*, **234**, 363-381 (1995).
98) L. B. LaCroix, S. E. Shadle, Y. N. Wang, B. A.Averill, B. Hedman, K. O. Hodgson, E. I. Solomon, *J. Am.Chem. Soc.*, **118**, 7755-7768, (1996).
99) R. Hille, J. Hall, P. Basu, *Chem. Rev.*, **114**, 3963 (2014).
100) R. Hille, *Chem. Rev.*, **96**, 2757 (1996).
101) M. K. Johnson, D. C. Rees and M. W. W. Adams, *Chem. Rev.*, **96**, 2817 (1996).
102) R. R. Mendel, G. Schwarz, *Coord. Chem. Rev.*, **255**, 1145 (2011).
103) J. H. Enemark, J. J. A. Cooney, J-J.Wang, R. H. Holm, *Chem. Rev.*, **104**, 1175 (2004).
104) H. Sugimoto, S. Tatemoto, K. Toyota, K. Ashikari, M. Kubo, T. Ogura, S. Itoh, *Chem. Comm.*, **49**, 4358 (2013).
105) J. McMaster, J. M. Tunney, C. D. Garner, *Prog. Inorg. Chem.*, **52**, 539 (2004).
106) H. Sugimoto, H. Tsukube, *Chem. Soc. Rev.*, **37**, 2609 (2008).
107) R. H. Holm, E. I. Solomon, A. Majumdar, A. Tenderholt, *Coord. Chem. Rev.*, **255**, 993 (2011).
108) 杉本秀樹, *Bull. Jpn. Soc. Coord. Chem.*, **50**, 26 (2007).
109) H. Sugimoto, M. Sato, K. Asano, T. Suzuki, K. Mieda, T. Ogura, T. Matsumoto, L. J. Giles, A. Pokhrel, M. L. Kirk, S. Itoh, *Inorg. Chem.*, **55**, 1542 (2016).
110) H. Sugimoto, K. Hatakeda, K. Toyota, S. Tatemoto, M. Kubo, T. Ogura, S. Itoh, *Dalton Trans.*, **42**, 3059 (2013).

4 呼 吸 系

はじめに　地球上での生物による O_2 と H_2O の循環は，呼吸系（O_2 の H_2O への還元）と光合成（H_2O から O_2 の発生）が担う生理的に重要な化学反応である。ともに巨大かつ複雑な膜タンパク質複合体が触媒する反応であり，そのメカニズムを解明することは，長い間，研究者を楽しませるとともに苦しめてもきた。長い間の生化学者の苦闘の末，これらのタンパク質の原子レベル分解能の立体構造を決定することができるような結晶が調製可能になった。いつの時代も分光学者と結晶学者は，彼らの最先端の物理的測定の技をこれら難関タンパク質の構造決定のために磨いてきた。私たちは，最近ようやく反応メカニズムを化学の言葉で話せるようになってきた。

4.1　シトクロム c 酸化酵素

　地球ができてから46億年経つが，はじめは酸素が存在せず，25億年前にできはじめ，現在は酸素濃度が21%になっている。酸素呼吸を行う生物は，同じ食物を摂っても，より多くのエネルギーが得られるので有利である。それは酸素の酸化還元電位が高いためである。酸素呼吸とは，食物を酸素で酸化するときに放出されるエネルギーを細胞内で使いやすい ATP の形に変換するしくみであり，多くの素過程からなり，多くの酵素が反応を触媒することによって成り立っている。酸素呼吸の主要経路は

$$C_6H_{12}O_6 \ + \ 6O_2 \ \longrightarrow \ 6CO_2 \ + \ 6H_2O$$

であるが，$C_6H_{12}O_6$（グルコース）は細胞質の解糖系で2分子のピルビン酸となり，ミトコンドリア内膜を透過してマトリクスに至り，アセチル-CoA に変換されてクエン酸回路の基質となる。クエン酸回路は CO_2 を発生するとと

もに，NAD$^+$やFADを還元する。NADHやFADH$_2$は，ミトコンドリア内膜の呼吸鎖電子伝達系に電子を供与する。呼吸鎖電子伝達系は，複合体I〜IVからなり，I, III, IVはNADHより電子を受け取ってプロトンポンプとして働く。IIはFADH$_2$より電子を受け取るがプロトンポンプとしての機能を持たない。複合体V（ATP合成酵素）はFeやCuは持たず，酸化還元反応は行わないが，I, III, IVによって形成されたプロトン濃度勾配に基づくプロトン駆動力によりADPをリン酸化してATPを合成する。電荷はADP^{3-}, ATP^{4-}であり，ATPとADPはミトコンドリア内膜に存在するタンパク質ATP-ADP translocatorにより，すみやかに交換される。この反応には，膜電位の存在が必要である。解糖系においてもADPのリン酸化によりATPがわずかに生じる。この過程を基質レベルのリン酸化と呼ぶ。一方，呼吸鎖電子伝達系において電子移動に共役して働くプロトンポンプの結果生じたプロトン駆動力が複合体Vを駆動することにより生成されるATPは，はるかに量が多い。この過程は，酸化的リン酸化と呼ばれる。本章で取扱う呼吸は，複合体IV（シトクロムc酸化酵素，以下CcOと呼ぶ。E. C. 1. 9. 3. 1）によって触媒される酸化的リン酸化のための酸素還元反応と，それに共役したプロトンポンプ反応である。ヒトが肺から取り込んだO$_2$の9割以上が，CcOによって還元される。CcOは酸素呼吸の鍵酵素である。

4.1.1 CcO研究の歴史

マックマン（MacMunn）は1884年に筋肉および腎臓中にある色素ミオヘマチンとヒストヘマチンを報告した[1]。ケイリン（Keilin）は直視分光器で細胞懸濁液を観察し，酸化状態やCOの結合によって吸収帯の波長が変化することを観察し，Cytochrome（細胞色素）と呼ぶことを提案した[2]（1925年）。吸収帯を長波長に持つものから順に，シトクロムa, b, cと名付けられた。

1928年ワールブルク（Warburg）は，いわゆるワールブルク検圧計によって細胞の酸素吸収速度すなわち呼吸速度を調べた。呼吸がCOによって阻害されること，その阻害が光照射によって解かれることを観測した。さらに，光照射により解かれる呼吸阻害の大きさの波長依存性，すなわち光化学作用スペクトルを測定した。作用スペクトルは430 nm付近に大きな極大を，590 nm付近に

小さな極大を示した。この結果により呼吸酵素の本体（活性部位）が，ポルフィリン化合物であることが証明された[3]。

　薬師寺と奥貫はミトコンドリア内膜のタンパク質をコール酸で可溶化し，呼吸酵素（CcO）を単離した[4]（1941年）。米谷はウシ心筋 CcO の結晶を得た[5]（1961年）。X線結晶構造解析により原子レベル分解能の立体構造が得られたのは，それから34年後（1995年）である（月原，新澤，吉川らはウシ心筋 CcO[6]，岩田（Iwata），ミヒェル（Michel）らは細菌 CcO[7]）。その時の分解能は 2.8 Å であったが，それから20年の間にウシ心筋 CcO については 1.6 Å まで向上した。さまざまな酸化還元状態，リガンド結合状態について立体構造が決定された。それにより，CcO の反応機構に対する理解は格段に深まった[8]。一方，分光法により金属中心を調べる研究は可視吸収，電子スピン共鳴（EPR），ラマン散乱，赤外吸収による数百編の論文が発表されているが，その中には試料の単一性に疑いがあるもの，すなわち純度が低かったり，一部変性したものを含んでいる可能性があるものもあって，反応機構研究の歴史は，停滞したり後戻りしたり紆余曲折をたどってきた。しかし，発見から100年，単離から70年，立体構造決定から20年を経て，ようやく，酸素還元およびプロトンポンプの反応機構は多くの実験事実に基づいて化学の言葉で説明されつつある。

　酸化的リン酸化機構に対する化学浸透圧説の提案者であるミッチェル（Mitchell）は CcO がプロトンポンプとして働くことは想定していなかったが[9]，ウィックストレーム（Wikström）は1977年にプロトンポンプ機能の存在を報告した[10]。

　CcO には機能単位にヘムが2つあるが，1当量の CO しか結合しないことが古くから知られていた。多くの研究者は，配位構造の異なる2種類のヘム（すなわち，5配位と6配位）の存在を考えたが，奥貫は，ヘムは1種類だが2個あり，もともとどちらのヘムにも CO が結合可能だが一方に CO が結合すると他方には結合しなくなるため，CO は1当量しか結合しないと考えても説明可能である，という立場をとり，一人世界に気を吐いた。立体構造のデータなしに2つの解釈の真偽を決めることは，非常に難しい。1995年の立体構造の決定は，このような基本的な問題にも解答を与えた[6,7]。それも含めその後の一連の結晶学的研究はタンパク質内のプロトンや酸素の経路，酸素還元部位の構

造的特徴，固有のリン脂質等について多くの情報を与え，分光学的研究，理論的研究，分子遺伝学的研究に影響を与え続けている[11]。

4.1.2　CcO の種類

呼吸鎖電子伝達系の末端（電子の流れの最下流であって酸素分子に電子を渡す）に位置し，ヘムと銅イオンを酸素分子還元反応の二核活性中心として持つ膜タンパク質群は，Heme-Copper Oxidase Super Family と呼ばれている。ウシ CcO は，その中の1種であり，シトクロム c より電子を受け取る。ヘム a とヘム a_3 という2つのヘムを持つ。細菌 *Paracoccus denitrificans* の CcO も分光的によく似ているが，サブユニット構成は異なる。大腸菌の酵素は，シトクロム c の代わりに quinone を電子供与体とし，ヘムも a と a_3 ではなく b と o であり，シトクロム bo_3 と呼ばれている。細菌の酵素の中にはシトクロム c が融合した caa_3 タイプや cba_3 タイプも見られる。このように生物種により多様性があるが，それを網羅することは本章の目的ではなく，哺乳類の CcO の代表としてウシ心筋 CcO の反応について解説する。

4.1.3　CcO の構造－特に金属中心－

ウシ心筋 CcO の機能単位は，13個の異なるサブユニットから成り，分子量は 210 kD である。図 4-1 にウシ CcO の X 線結晶構造を示す。酸化還元中心は4個ある。すなわち，Cu_A（2個の銅イオンを含み1個の電子を担う。$Cu_A^{3+} + e^- \rightleftarrows Cu_A^{2+}$），ヘム a（6配位のヘム），ヘム a_3（5配位のヘム），Cu_B（1個の電子を担う。$Cu_B^{2+} + e^- \rightleftarrows Cu_B^{1+}$）である。$Cu_A$ のみサブユニット II にあり，他の3個の金属はサブユニット I にある。ヘム a とヘム a_3 のヘム鉄の価数を a^{n+}，a_3^{n+} のように書く。還元型では $n=2$，酸化型では $n=3$ である。CcO が完全酸化型のとき，$[Cu_A^{3+}, a^{3+}, a_3^{3+}, Cu_B^{2+}]$ と表し，完全還元型のとき，$[Cu_A^{2+}, a^{2+}, a_3^{2+}, Cu_B^{1+}]$ と表す。電子は電子供与体であるシトクロム c から最初に Cu_A に渡り，$Cu_A \rightarrow$ ヘム $a \rightarrow$（ヘム a_3–Cu_B）$\rightarrow O_2$ の順に渡される。酸素還元反応は，$O_2 + 4H^+ + 4e^- \rightarrow 2H_2O$ であり，この反応に共役して，4個のプロトンが膜の内側（Negative の N をとって N-side と呼ばれる。マトリクス側）から外側（Positive の P をとって P-side と呼ばれる。膜間空間）にポンプされる。電

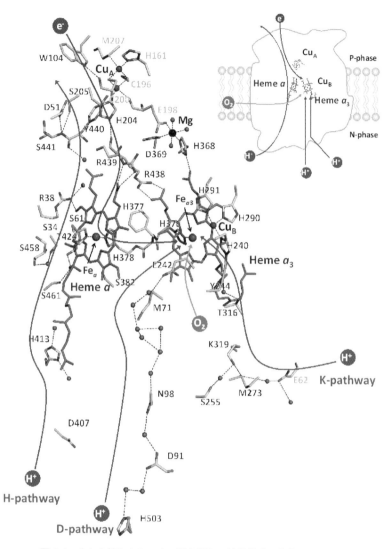

図 4-1　ウシ心筋シトクロム c 酸化酵素の結晶構造（参考図 13 参照）

4個の酸化還元部位の位置と構造および電子，酸素，プロトンの推定される経路を示す。Fe，Cu，Mg は赤紫，紫および黒の球で示す。赤の小球は水分子の位置を示す。赤紫の分子構造は図中に描いてあるようにヘム a とヘム a_3 を示す。右上の挿入図は機能単位中での4個の酸化還元金属中心の位置を示す。（文献 11 より許可を得て掲載。一部，改変した。）

子は前述した順に金属中心に受け渡され最後に O_2 に渡る。一方，プロトンは，タンパク質中の 3 つの経路を通ると考えられている。すなわち，D-pathway, K-pathway, H-pathway である。これらの名称は各経路の N-side 側の最初のアミノ酸残基の 1 文字表記にちなんでつけられた。Heme-Copper Oxidase Super Family の研究者の間で使われるプロトンの独特の呼び方としてベクトルプロトンとケミカル（またはスカラー）プロトンがある。すなわち，前者は N-side から P-side へ一方向にポンプされるプロトンを意味し，後者は酸素還元反応に使われるプロトンを意味する。

 CcO に含まれるヘム a とヘム a_3 はタンパク質から取り出すと同じヘム A である。ヘム B（プロトヘム）は側鎖置換基としてビニル基を 2 個持つ。ヘム A の特徴は側鎖置換基として，ビニル基，フォルミル基，ヒドロキシファルネシルエチル基を各 1 個ずつ持つ点である。可視吸収極大波長は，ヘム A の方がヘム B より長い。配位構造と環境の異なるヘム a とヘム a_3 は，厳密には吸収の極大波長や吸光度は異なるが，近い所で重なっている。そのため CcO の反応機構を分光学的に研究する際には，まず 2 つのヘムのスペクトル的分離が重要である。

4.1.4 反応機構解明のための物理的測定法

 CcO に限らず，酵素タンパク質の反応機構を解明するためにまず必要なのは，立体構造の情報である。これは，結晶構造解析（X 線，中性子線）により得られる。核磁気共鳴分光（NMR）もタンパク質の溶液構造決定に威力を発揮するが，高い分解能を得るためには対象となるタンパク質の分子量に限界がある。ここで言う"反応機構の解明"とは反応のしくみを化学の言葉で記述する，ということである。タンパク質中にはアミノ酸残基や補因子（金属を含むものと含まないものがある）に属する官能基が立体的に高い異方性をもって配置されているが，それが独特の反応場を形成し，均一系では不可能である反応が可能になる。官能基であるアミノ酸や補因子は置かれている環境により反応性が異なるが，X 線結晶構造解析の分解能は，その反応性の違いを検出できるほどには高くないので，何らかの方法でその情報を得る必要がある。振動分光法（ラマンおよび赤外）はそれに適した方法であり，CcO の反応機構の研究に重要

な貢献をしてきた．本章では，X線結晶構造解析（空間分解能約 0.1 Å = 10 pm）と振動分光解析（空間分解能約 0.01 Å = 1 pm）に基づいた構造解析をもとにした CcO の構造と反応機構について述べる．振動分光解析では，ダイナミクス（最高時間分解能約 10 ps）の情報も得られる一方，立体構造を決定することは不得手である．

4.2　酸素還元部位の構造

図 4-2 に酸素還元部位であるヘム a_3 – Cu_B 二核中心とそこへ電子を供給するヘム a の X 線結晶構造を示す．ヘム a は二核中心に電子を供給するとともに

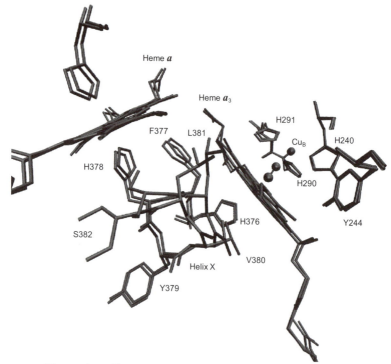

図 4-2　ウシ心筋シトクロム c 酸化酵素の結晶構造（参考図 14 参照）

ヘム a, ヘム a_3, Cu_B および Helix X（本文ではヘリックス X）近傍を示す．青と赤の構造はそれぞれ完全還元型および CO 結合完全還元型を示す（それぞれ PDB 2EIJ と 3AG1）．

プロトンポンプを駆動する。Cu_B には 3 個のヒスチジン残基が配位しているが，His240 は Tyr244 と共有結合している。これはタンパク質の翻訳後修飾によるもので，細菌から哺乳類まで多くの生物種由来 CcO に共通に見られる。Tyr244 は，His240 と結合することにより，その pK_a が下がっていることがTyr-His のモデル化合物により確かめられており，また pH 9.0 で解離する Tyr の存在がウシ CcO について指摘されている[12]。

放射光（SPring-8）を用いた X 線結晶構造解析により休止酸化型（Resting Oxidized Form または，Oxidized Form as Purified）の酸素還元部位の Fe と Cu_B の間には酸素分子 2 個分に相当する電子密度が検出された。一方，休止酸化型の還元滴定実験から CcO を完全還元するためには 6 電子必要であることが報告されていた[13]。前述のように CcO は酸化還元金属部位を 4 個（Cu_A, ヘム a, ヘム a_3, Cu_B）持つので完全還元するために必要な電子当量は 4 のはずであり，つじつまが合わない。このことは次のように解釈された。すなわち，Fe と Cu_B を架橋しているのはペルオキシド（O_2^{2-}）であって，この構造はプロトンポンプ反応を阻害する。電子が充分量得られない時，CcO は休止酸化型を作って活性酸素種の遊離を防ぐ。休止酸化型結晶に放射光を照射すると照射時間（すなわち X 線フォトン数）に依存して吸収スペクトルが変化する。また，ペルオキシドの電子密度が減少するとともに近くの水の電子密度が増大する。これは，強い X 線により水和電子が発生し，それがペルオキシドを還元して水が生成するためであると考えられる。照射時間を 15 s と短くして得られた休止酸化型の結晶構造において O–O 結合距離は 170 pm と見積もられた[14]。しかし，通常のペルオキシドの O–O 距離は 150 pm 程度であり，休止酸化型 CcO の共鳴ラマン分光解析結果も 150 pm であった（$\nu_{OO} = 755\ cm^{-1}$）[15]。

2014 年，X 線自由電子レーザー（SACLA）による新しい結晶構造解析法が開発された。時間幅 10 fs の強力な X 線パルスを照射すると CcO 結晶は最終的に破壊されるが，回折像は得られる。その回折像は破壊前の無傷の結晶構造を与える。その解析からヘム a_3 – Cu_B 二核中心に存在する 2 原子の距離は 155 pm と決定された[16]。この値は Fe と Cu_B を架橋するのがペルオキシドであると結論できることを意味する。以上のような経緯を経て，休止酸化型における CcO の酸素還元部位は Fe–O⁻–O⁻–Cu_B という構造をとることがはっきりし

た。なお，前記の方法は無損傷 X 線結晶構造解析法と呼ばれる。

4.3 酸素還元反応サイクル

　CcO と O_2 の反応は，常温付近ではマイクロ秒～ミリ秒の時間領域で起こるため，ストップトフロー装置を用いても反応を最初から追跡することはできない。ギブソン（Gibson）とグリーンウッド（Greenwood）は，呼吸阻害剤である CO を酸素還元部位のヘム a_3 に結合させた CO 型 CcO（CcO-CO）と O_2 を溶かした緩衝液をストップトフロー装置で混合し，CO と O_2 が自然に置き換わる前にフラッシュ光を照射して CO を光解離し，CcO と O_2 との反応を開始させるという方法を編み出した[17]（1963 年）。この方法がうまく行くのは，O_2 と CO のヘム a_3 への on-rate（結合速度）を比べると，O_2 の方が CO より 1400 倍大きいからである。ちなみに Mb では 30 倍程度である。それ以来半世紀にわたって，ほとんどすべての反応追跡実験は，時間分解吸収測定もラマン散乱測定もこのやり方に基づいて行われてきた。

　チャンス（Chance）らは低温トラップ法を開発した[18]。すなわち，まず，光学セル中の不凍剤を含む CcO-CO 溶液に低温（$-18 \sim -40$ ℃）で O_2 を加えたのち，-100 ℃に冷却した。CO がヘム a_3 に結合しているため O_2 との反応は始まらない。ここに 590 nm のパルス光を照射すると CO が光解離して CcO と O_2 との反応が始まる。一定時間後に温度を -196 ℃に下げて反応を停止し，吸収スペクトルを測定する。反応が進んでいれば，反応中間体に由来する吸収スペクトルが得られる。その後，再び温度を -100 ℃に上げて反応を進め，一定時間経過したら -196 ℃に下げて吸収スペクトルを測定する，という実験法である。その結果，最初に生成するスペクトル種は CO 型に似ており，それは Compound A と名付けられた。O_2 非存在下では Compound A は生成しないこと，および，その生成速度は O_2 濃度に比例することなどから Compound A は酸素化型（$Fe^{3+}-O_2^-$）と考えられた。Gibson らの方法により，常温での反応追跡も行われたが，Compound A は検出されず，一時は低温でのみ観測される Artifact と考えられたこともある。しかし，共鳴ラマン分光により，ν_{Fe-O_2}（Fe-O_2 伸縮振動）モード由来のラマンバンド（以下，"ν_{Fe-O_2} バンド" と呼ぶ）が検出され，酸素化型の常温での存在がはっきりした[19-21]。特に小倉らは，共鳴ラ

マンスペクトルと吸収スペクトルを同時に測定し，酸素化型の吸収スペクトルが Chance らの Compound A のそれと一致することを証明した[19]。酸素還元部位が Fe と Cu_B の二核中心であることから $Fe-O_2$ の寿命は短く，$Fe-O-O-Cu_B$ になるとの思い込みが以前の研究者にあったことと，時間分解スペクトルの測定精度が低かったことから，酸素化型が低温での Artifact であると一時期考えられたわけである。

以下，CcO による酸素還元反応について述べるが，わかりやすさのために，これまでの研究成果をもとにした CcO による酸素還元反応サイクルを最初に示す（図 4-3）。ここに現れる A, P, F, P などの反応中間体について，以下

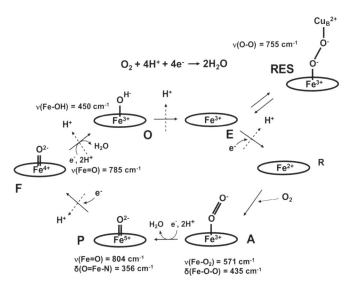

図 4-3　シトクロム c 酸化酵素による O_2 還元反応サイクル

ヘム a_3 の配位構造のみ描いてある。E, R, A, P, F, O は反応中間体の名称であり，それぞれ，酸化型，還元型，酸素化型（Compound A），P 中間体，F 中間体，O 中間体である。実線矢印は反応の進行を示す。P→F，F→O，O→E，E→R の過程で実線矢印に直交する破線矢印はプロトンポンプ反応を表す。反応サイクルは 3 ℃において約 5 ms で一周する。図中 ν, δ はそれぞれ伸縮振動，変角振動を表す。ラマンバンドの帰属について詳しくは本文参照。P のヘム鉄の 5+ は形式電荷である。右上の RES は休止酸化型を表す。$Fe-Cu_B$ 間の架橋はペルオキシドであり，ν_{OO} 振動数より O-O 距離は 150 pm と見積もられる。

に説明する。すなわち，O_2 の4電子還元反応は，形式的に次のように進行する。

$O_2 + e^- \longrightarrow O_2^-$ （1電子還元型（A）が生成。A は Compound A の A）

$O_2^- + e^- \longrightarrow O_2^{2-}$ （2電子還元型（P）が生成。P は Peroxy の P）

$O_2^{2-} + e^- \longrightarrow O^- + O^{2-}$ （3電子還元型（F）が生成。F は Ferryl の F）

$O^- + e^- \longrightarrow O^{2-}$ （4電子還元型（O）が生成。O は Oxidized の O）

（O^{2-} は，プロトンが存在すれば H_2O であり，上のスキームでは O^{2-} が2個生成しており，$O_2 \to 2H_2O$ の反応を示す。）

反応は $Fe^{2+} + O_2$ に始まるが，O_2 は酸化当量を4個持つので，形式的に最初の反応中間体（A）の酸化当量は 6＋ であり，以下 5＋（P），4＋（F），3＋（O）となる。上の式に現れる O_2^-，O_2^{2-} などは活性酸素種であり，細胞にとって有毒である。CcO は肺から取り込まれた O_2 の9割以上を H_2O に還元するが活性酸素種は発生しない。そこで，O_2 還元過程で生成する活性酸素種がどのような形で酸素還元部位に捕捉されているかが興味の対象である。たとえば，O_2^- はヘモグロビンのようにエンドオン型をとっているのであろうか，それともサイドオン型であろうか。CcO はヘモグロビンから O_2 を受け取るが，両者は全く異なる機能を担っている。だとすれば，酸素化型におけるヘムの配位構造は異なっているのではあるまいか。CcO による O_2 還元反応機構に対する疑問は，そもそもこういう所から始まっている。

時間分解共鳴ラマン分光法により O_2 還元反応中間体が4種類同定されている[22-24]。可視光励起によるヘムの共鳴ラマンスペクトルには，ポルフィリンの振動モードが選択的に浮き彫りになるが，ヘム鉄の酸化数，配位数，スピン状態を鋭敏に反映するマーカーバンドが確立されている。すなわち，共鳴ラマンスペクトルにより，ヘムのミクロ構造をくわしく調べることができる。また，$\nu_{Fe\text{-}His}$（Fe と軸配位子であるヒスチジンの N との伸縮振動）バンドは，タンパク質から Fe–His 結合にかかる張力の大きさを反映しており，ヘムの O_2 親和性に関係づけられている。さらに，ヘム鉄に O_2 や O が結合した Fe–O_2 や Fe=O では励起波長をうまく選ぶと $\nu_{Fe\text{-}O_2}$（Fe–O_2 伸縮振動）バンドや $\nu_{Fe=O}$（Fe=O 伸縮振動）バンドが検出可能であり，配位構造に関する詳細な情報を与える。あるラマンバンドが $\nu_{Fe\text{-}O_2}$ モードに由来することをはっきりさせることを"ラマンバンドの帰属決定"と言うが，そのためには同位体酸素（$^{16}O_2$，$^{18}O_2$，ま

た $^{16}O^{18}O$)を用いる。分子は質点(原子)同士が化学結合(バネ)でつながったものと考えられるが,同位体置換はバネ定数(結合の強さ,すなわち,化学的性質)を変えずに質点の質量(原子の質量,すなわち,物理的性質)のみを変える。すると振動数は変化(シフト)する。この振動数シフトをもとに振動モードの帰属決定が行われる。$^{16}O_2$を$^{18}O_2$に置換するとν_{Fe-O_2}バンドは低波数シフトを示すが,ポルフィリンの振動モードの振動数はシフトを示さない。したがって,共鳴ラマン同位体差スペクトル($^{16}O_2 - ^{18}O_2$)では,ポルフィリンの振動モードは打ち消され,ν_{Fe-O_2}バンドのような酸素同位体敏感バンドのみのシフトが現れるので,スペクトルは簡単になる。そのような時間分解共鳴ラマン同位体差スペクトルを図 4-4 に示す[25]。反応開始後の遅延時間 Δt は 0.1 ～ 5.4 ms であり,測定温度は 3 ℃である。ここに検出される同位体シフトとそれに基づく反応中間体の配位構造について述べる。

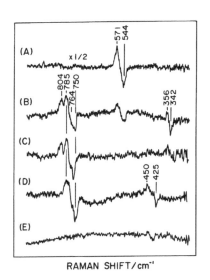

図 4-4 ウシ心筋シトクロム c 酸化酵素の時間分解共鳴ラマン同位体差スペクトル
　反応開始後の遅延時間 (ms) は,それぞれ (A) 0.1 (B) 0.27 (C) 0.54 (D) 2.7 (E) 5.4 である。それぞれの時刻において $^{16}O_2$ を用いた時のスペクトルから $^{18}O_2$ を用いた時のスペクトルを差し引いて表示してある。温度は 3 ℃,励起波長は 423 nm である。(文献 25 より許可を得て掲載)

4.3.1　571/544 cm^{-1} 同位体シフト

$\Delta t = 0.1$ ms において，571 cm^{-1} に山が，544 cm^{-1} に谷が検出される（図4-4(A)）。これは，$^{16}O_2$ で 571 cm^{-1} のラマンバンドが $^{18}O_2$ では 544 cm^{-1} に 27 cm^{-1} だけ低波数シフトすることを意味する。本章ではこれを "571/544 cm^{-1} 同位体シフト" と呼ぶ。このバンドは $\Delta t = 540\ \mu$s で消失する（図 4-4(C)）。同時に測定した吸収スペクトルは，前述のように低温で捕捉された Compound A のものと一致した[19]。571 cm^{-1} のラマンバンドについてのさらに詳しい解析を図 4-5 に示す。これは，3 種類の同位体酸素分子，すなわち，$^{16}O_2$，$^{16}O^{18}O$，$^{18}O_2$ を用いた実験結果である[26]。左の列は 2 種類の同位体の共鳴ラマン差スペクトル（実測データ），右の列は (E) に示す 4 本のラマンバンド（ガウス関数形）が存在すると仮定した時の共鳴ラマン差スペクトル（シミュレーション），および，その下に｛(実測データ) - (シミュレーション)｝の残差を示す。残差に系統的な誤差が存在しないことから，ここで行ったシミュレーションは実測データをよく表していることがわかる。このことから，$^{16}O^{18}O$ に対して 2 つの ν_{Fe-O_2} 振動数（567 cm^{-1} と 548 cm^{-1}）が存在することがはっきりした。すなわち，酸化型 CcO の O_2 結合において 2 個の酸素原子は非等価であること，つまり，構造はサイドオン型ではなくエンドオン型であることが証明された。もし，サイドオン型であるとすると，$^{16}O^{18}O$ に対して ν_{Fe-O_2} 振動数は 1 つだけ存在する。また，Fe-O-O の 3 原子分子を仮定して基準振動計算を行った結果，∠FeOO = 120° と見積もられた。以上の結果をまとめたのが図 4-6 である。ヘモグロビンの酸素化型は結晶構造解析によりエンドオン型であることがはっきりしている。そして，ν_{Fe-O_2} 振動数は 570 cm^{-1} 付近にあり，CcO と同じである。機能の全く異なる CcO とヘモグロビンであるが，Fe-O-O 結合に関しては差がないことがはっきりした。CcO では図 4-1 に示すようにヘム a_3 への電子供与体として近傍にヘム a や Cu_B が存在する。また，K-pathway を通って Tyr244 を経るプロトン経路，D-pathway を通って Glu242 を経るプロトン経路がヘム a_3 につながっている。つまり，CcO では結合した O_2 に電子とケミカルプロトンを供給する構造が整っている。一方，ヘモグロビンには，そのような供給系は存在せず，O_2 は平衡状態にしたがって可逆的に脱着する。

以上のように，高分解能 X 線結晶構造解析と振動分光解析を組み合わせると，

4 呼吸系

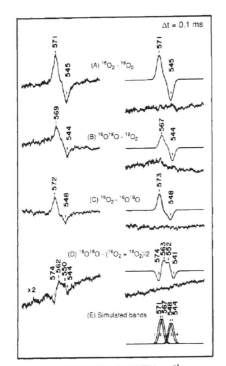

図 4-5　ウシ心筋シトクロム c 酸化酵素の時間分解共鳴ラマン同位体差スペクトル
（571/544 cm^{-1} 同位体シフト領域）

　反応開始後の遅延時間は，0.1 ms である．以下の例えば "$^{16}O^{18}O-^{18}O_2$" は，$^{16}O^{18}O$ を用いた時のスペクトルから $^{18}O_2$ を用いた時のスペクトルを差し引いた差スペクトルを意味する．(A) $^{16}O_2-^{18}O_2$　(B) $^{16}O^{18}O-^{18}O_2$　(C) $^{16}O_2-^{16}O^{18}O$　(D) $^{16}O^{18}O-(^{16}O_2+{}^{18}O_2)/2$　(E) 実験結果を再現するために生成した 4 本のラマンバンド．ガウス関数を仮定し半値全幅は 12.9 cm^{-1}，バンド位置（cm^{-1}）は 571, 567, 548, 544 であり，相対強度は 6:6:5:5 である．(A)～(D) の各左側のスペクトルは実測の差スペクトル，各右側のスペクトルは，(E) に示すラマンバンドを用いて計算により得たスペクトル．それぞれの下にあるスペクトルは実測（左側）から計算（右側）を差し引いた残差．（文献 26 より許可を得て掲載）

巨大膜タンパク質においても小分子と同じ精度で反応機構を考えるための構造データが得られる．

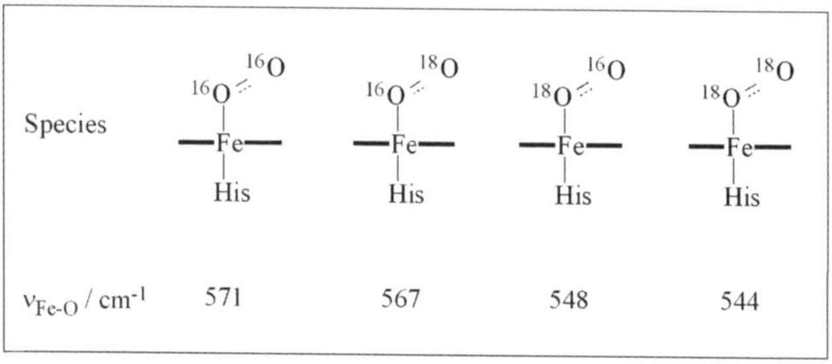

Species	¹⁶O⟋¹⁶O−Fe−His	¹⁶O⟋¹⁸O−Fe−His	¹⁸O⟋¹⁶O−Fe−His	¹⁸O⟋¹⁸O−Fe−His
$\nu_{\text{Fe-O}}$ / cm^{-1}	571	567	548	544

図 4-6 シトクロム c 酸化酵素の酸素化型中間体の同位体分子種の配位構造の模式図

基質として $^{16}O_2$, $^{16}O^{18}O$ および $^{18}O_2$ を用いた時に生成される 4 分子種と $\nu_{\text{Fe-O2}}$ 振動数。∠Fe-O-O は 120 度と見積もられる。

4.3.2　804/764 cm^{-1} および 785/750 cm^{-1} 同位体シフト

$\Delta t = 0.27$ ms および 0.54 ms に 804/764 cm^{-1} 同位体シフトが(図 4-4(B)および(C)),$\Delta t = 0.27 \sim 2.7$ ms に 785/750 cm^{-1} 同位体シフトが検出された(図 4-4(B)〜(D))。2 電子を持つ Mixed-Valence-CO 型 [$Cu_A^{3+}, a^{3+}, a_3^{2+}$−CO, Cu_B^{1+}] と O_2 との反応および酸化型 [$Cu_A^{3+}, a^{3+}, a_3^{3+}, Cu_B^{2+}$] と H_2O_2(O_2 の 2 電子還元型)との反応においても 804/764 cm^{-1} 同位体シフトが観測されるが,785/750 cm^{-1} 同位体シフトは観測されない。こうした様々な実験結果をもとに前者は後者より 1 当量酸化当量が高く,それぞれ,P 中間体および F 中間体に由来することがわかった。

800 cm^{-1} 付近に現れる酸素の同位体に敏感なラマンバンドの帰属決定には注意が必要である。というのは,ペルオキシド(O_2^{2-})の ν_{OO}(O−O 伸縮振動)モードと鉄オキシド型($Fe^{4+}=O^{2-}$)の $\nu_{Fe=O}$(Fe−O 伸縮振動)モードは同じ振動数領域に現れるからである。ν_{OO} と $\nu_{Fe=O}$ はいずれも $^{16}O_2$ で 800 cm^{-1},$^{18}O_2$ にしたときは 30 〜 40 cm^{-1} だけ低波数シフトを示す。2 つのモードを見分けるためには,$^{16}O^{18}O$ の効果を調べる必要がある。そのバンドが ν_{OO} 由来であれば $^{16}O^{18}O$ は $^{16}O_2$ の振動数と $^{18}O_2$ の振動数の中間に新しい振動数を与えるが,$\nu_{Fe=O}$ 由来であれば $^{16}O^{18}O$ は Fe=^{16}O と Fe=^{18}O を 50%ずつ生じて,$^{16}O_2$ または $^{18}O_2$ と同じ振動数を与える。804 および 785 cm^{-1} のラマンバンドについては $^{16}O^{18}O$ を用いた実験結果より,ともに $\nu_{Fe=O}$ モードであることが証明された[26]。した

がってA中間体（酸素化型反応中間体あるいはCompound A）からP中間体が生成する時点で，O−O結合は開裂する。P中間体のヘム鉄が持つ酸化当量は形式的に5＋であるが，ヘムは$Fe^{4+}=O^{2-}$であって，もう1個の酸化当量の所在は未同定であるが，Tyr244にあると考えている研究者が多い。切れた相手のO原子は，直接検出することができないが，以下の実験事実より，$Cu_B^{2+}-OH^-$となっていると推定される。すなわちP中間体は，休止酸化型にH_2O_2を加えても調製できるが，それは$\nu_{Fe=O} = 804$ cm^{-1}を与える。同じ実験を重水中で行うと$\nu_{Fe=O}$振動数は2 cm^{-1}だけ高波数シフトして806 cm^{-1}に現れる[27, 28]。このことは，Cu_BとFeの間にCu_B-OH$^-$⋯O=Feの水素結合が存在し，その水素結合の強さがHとDで異なるため$\nu_{Fe=O}$振動数が重水中でシフトすると解釈される。以上のことから，O_2分子に注目すると，上述のようにP中間体の段階ですでに4個の電子が渡されていることになる。それらのうちはっきりしている供給源はヘムa_3から2個，そしてCu_Bから1個の合計3個である。図4-2に示したようにヘムa_3の近くにCu_Bの配位子であるHis240と共有結合したTyr244が存在し，それが電子供与体であると考えられているが，必ずしも確固たる物理的証明があるわけではない。ペルオキシダーゼのCompound Iのようにポルフィリンが電子供与体であってポルフィリンπカチオンラジカルが生成する可能性も否定できない[29]。他に考えられる電子供与体の可能性はヘム鉄自身であり，この場合はFe^{5+}となる。これは物理的測定手段によって証明すべき問題として残されている。ここでは，3つの可能性を挙げるにとどめる。

785/750 cm^{-1}同位体シフトは，P中間体が1電子還元されたF中間体（$Fe^{4+}=O$）に帰属できる。P中間体→F中間体の過程には，ケミカルプロトンは必要とされないが，重水中では反応速度が軽水中の20％と有意に遅くなる[25]。P中間体からF中間体への還元過程は，プロトンポンプと共役する過程であることが知られており，それらが"強く共役（tight coupling）"していることが反映されている。一方，酸素化型反応中間体（Compound A）の減衰速度は重水中で余り変化しない。これは，この過程がプロトンポンプと共役していないことと矛盾しない。

4.3.3　356/342 cm^{-1} 同位体シフト

この同位体シフトは 804/764 cm^{-1} 同位体シフトと似た時間振る舞いを見せる。重水中で振動数シフトを示さない。$^{16}O^{18}O$ に対しては $^{16}O_2$ や $^{18}O_2$ の時の振動数と同じ振動数が観測されるので，1 個の酸素原子により振動数が決まる。他の酸素同位体敏感バンドに比べて線幅が狭い特徴がある[26]。CcO と H_2O_2 との反応においても検出される。このとき，804/764 cm^{-1} 同位体シフトが検出されない条件でも 785/750 cm^{-1} 同位体シフトとともに検出される[28]。

以上のことから，CcO と O_2 との反応において，時間的に P 中間体と F 中間体の間に存在し，P 中間体と同じ酸化当量を持つ未同定の Fe=O 種に由来すると考えられる[25]。そして振動モードとしては，O=Fe-N（His）構造の $\delta_{O=Fe-N}$（O=Fe-N 変角振動）に帰属できる。O=Fe-N が直線であるとき，$\delta_{O=Fe-O}$ モードはラマン不活性であるが，タンパク質からの力により O=Fe-N が直線からずれたときにラマン活性となって検出される，と解釈される。このバンドについてはさらに研究が必要である。

4.3.4　450/425 cm^{-1} 同位体シフト

F 中間体に電子とプロトンが渡されて生成する O 中間体（$Fe^{3+}-OH^-$，ヒドロキシ中間体）の ν_{Fe-OH}（Fe-OH 伸縮振動）モードに由来する[21, 30]。重水中で 450/425 cm^{-1} は 443/417 cm^{-1} に低波数シフトを示すが，これは配位子が，^{16}OH, ^{18}OH, ^{16}OD, ^{18}OD の 4 つの同位体種を生じるためである。アクアミトヘモグロビン（$Fe^{3+}-OH^-$）の 495 cm^{-1} と比べて 10% 低く，ヘム a_3-Cu_B の構造の特徴が反映されている。

4.3.5　CcO と O_2 との反応のまとめ

$^{16}O_2$, $^{18}O_2$, $^{16}O^{18}O$ および H_2O, D_2O を用いたときの振動数から 6 本の酸素同位体敏感ラマンバンドの帰属が決定された。これを表 4-1 に示す。その結果をもとにしてヘム a_3 の配位構造に注目した反応サイクルをすでに図 4-3 に示した。

O_2 還元部位はヘム a_3 と Cu_B の二核中心から成り，Fe^{3+}，Cu_B^{2+} のときに EPR 信号が観測されないが，これは反強磁性相互作用のためと解釈されている[31]。このことは，ヘム a_3 と Cu_B は近い距離にあることを意味し（結晶構造解析に

4 呼 吸 系

表 4-1 CcO 反応中間体の酸素同位体敏感ラマンバンド

中間体	振動モード	H$_2$O			D$_2$O			文献
		$^{16}O_2$	$^{16}O^{18}O$	$^{18}O_2$	$^{16}O_2$	$^{16}O^{18}O$	$^{18}O_2$	
A	ν(Fe-O$_2$)	571	567, 548	544	571	-	544	19, 20, 21
A	δ(Fe-O-O)	435	-	415	-	-	-	40
P	ν(Fe=O)	804	804, 764	764	804	-	785	26
?	δ(O=Fe-N)	356	356, 342	342	356	-	342	24, 26, 30
F	ν(Fe=O)	785	785, 750	750	785	-	750	21, 41
O	ν(Fe-OH)	450	-	425	443	-	415	21, 30

より 450 pm と判明),それゆえ CcO と O$_2$ の反応では Fe-O-O-Cu$_B$ が生じるという考えが広まり,それは P 中間体と呼ばれた。しかし,共鳴ラマン分光解析の結果は,これを明確に否定し,まず,ヘモグロビンと同じ酸素化型 (Compound A) が生じ,次に生成する P 中間体は Fe^{5+}=O^{2-} 型であることが証明された。もちろん,Fe-O-O-Cu$_B$ 構造が酸素化型から P 中間体への反応過程の遷移状態として存在するということを否定するものではない。

上に述べた反応は単離した CcO について調べられたが,丸ごとのミトコンドリアに共鳴ラマン分光法を適用して調べた結果,酸素化型中間体,P 中間体,F 中間体はミトコンドリア内でも同じ振動数を与えた[32]。また,単離した CcO を直径 20 nm の人工リン脂質小胞に再構成した COV 系は,膜電位存在下で反応ダイナミクスや構造変化を調べることのできる興味深い測定系を提供する[33]。

4.4 赤外分光法による CO 光解離ダイナミクスの追跡

ヘム a_3-Cu$_B$ の酸素還元部位の動的特性を調べる目的で,CO 結合型 CcO (Fe-CO) に光を照射して CO を光解離し,その後の構造変化を赤外分光により,$ν_{CO}$ (C-O 伸縮振動) 振動数をプローブとして追跡する実験が行われた[34]。$ν_{CO}$ 振動数は Fe-CO と Cu$_B$-CO で異なるため CO の振舞いを追跡可能である。210 K 以上で可視光を照射すると,Fe-CO の CO は光解離して Cu$_B$ に結合するが,光照射をやめると Fe に戻る。しかし,140 K 以下では Cu$_B$-CO に結合したままであることが報告された[35]。つまり,140 K 以下の低温では不可逆反応であるため,室内光程度の強度の光であっても光解離の効果は蓄積されていき,しばらくするとすべて Cu$_B$-CO 型になる。最近の X 線結晶構造解析実験

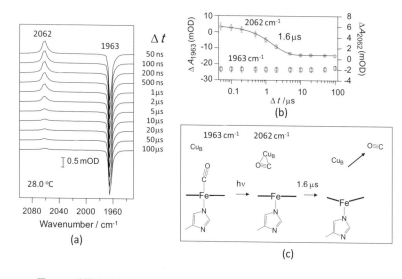

図 4-7 時間分解赤外分光解析による CcO からの CO 光解離後の挙動の追跡
(a) ν_{CO} 振動数領域の時間分解赤外差吸収スペクトル
(b) (a) に見られる 2 本の赤外バンドの強度の時間依存性
(c) (a) と (b) の結果をもとにした光解離後の CO の挙動の模式図　詳しくは本文参照

では，結晶を 100 K 程度に冷却することが多く，CcO-CO の結晶構造では CO はヘム a_3 ではなく Cu_B に結合している[8]。フェムト秒分光によれば，Fe-CO の CO は光解離後 350 fs で Cu_B に移る[36]。

図 4-7 に久保/中島らの赤外分光法による CO 光解離実験の結果とその解釈を示す[37]。図 4-7(a) の時間分解赤外差吸収スペクトル（Δt = 50 ns 〜 100 μs）は，ポンプ光（波長 532 nm，時間幅 25 ns のパルス光）照射後の各遅延時間のスペクトルからポンプ光照射前の CO 型のスペクトルを差し引いたものである。ν_{CO} は Fe-CO と Cu_B-CO のとき，それぞれ 1963 cm^{-1} と 2062 cm^{-1} に現れる。図 4-7(b) は Δt に対して 2 つの信号強度をプロットしたものであり，1963 cm^{-1} の信号はこの時間領域で負の一定値をとるのに対し 2062 cm^{-1} の信号は，1.6 μs の時定数で消失する。以上のスペクトル変化をもとに，CO のダイナミクスは，図 4-7(c) のように解釈される。はじめ CO はヘム a_3 に結合していて，ν_{CO} を 1963 cm^{-1} に与えるが，ポンプ光により光解離して Cu_B に移り，

ν_{CO} を 2062 cm^{-1} に与える。次に，時定数 1.6 μs で Cu$_B$ から解離するが，ヘム a_3 へは再結合せず，ヘムポケット外へ出て行く。つまり，Cu$_B$−CO の状態では，Fe のリガンドに対する親和性が低くなっている。この実験結果は，CO の Cu$_B$ への結合（この実験ではポンプ光のパルス幅以内に起きる）によって，ヘム a_3 の親和性が調節可能であることを示している。

ヘム a_3 の軸配位子である His376 は，図 4-2 に示すようにヘリックス X と呼ばれる α-ヘリックスに属するが，ヘリックス X は H-pathway 上でプロトンのゲートおよびセンサーとして働くことが提案されている。ゲートとは，プロトンの通路を開閉する構造であり，必要に応じてプロトンの逆流を防ぐために必要である。センサーとは，ある特定箇所のプロトン濃度を検出して，それを構造変化として伝える機能であり，それが合目的的な酸素親和性の調節につながる。

図 4-2 の Ser382 残基は CO 結合型（赤）のときヘリックス X の外に突きだしており，Bulge 構造と呼ばれている。一方，還元型（青）では Ser382 残基の Bulge 構造は消失し，水分子が入り得る空洞が生じる。この空洞の両側は H-pathway に属する水チャネルに繋がっている。したがって，還元型ではプロトンは通過できるが，CO 結合（生理的には O$_2$ 結合）に伴い Ser382 残基の Bulge 構造が水の空洞を潰すのでプロトンは通過できなくなる。これはゲートを閉じることを意味する[8]。この機能はプロトン輸送時にプロトンの逆流を防ぐために必要である。逆に，水チャネルのプロトン化状態は Ser382 残基によって検出されて，それが His376 に伝わり，ヘム a_3 の酸素親和性を調節すると考えられている[37]。

CO を光解離すると，Fe−His376 結合は 1 μs 程度の時定数で弱くなることが知られている[38]。これは，共鳴ラマンスペクトルに現れる ν_{Fe-His} バンドが 1 μs の時定数で 221 cm^{-1} から 215 cm^{-1} へ低波数シフトすることに反映される。この 6 cm^{-1} の低波数シフトは Fe−His 結合が約 1 pm 伸びることを意味する。さらに，ヘリックス X のゲート閉→開に伴うコンフォメーション変化が CO 光解離後 2 μs 程度の時定数で起きることが，アミド I 振動数領域の赤外スペクトル変化から明らかになった[37]。これらのダイナミクスをもとに，高効率のプロトンポンプ機能を実現するためのダイナミックな O$_2$ 親和性調節のモデルが

最近提案され,注目されている[37]。O_2還元部位からプロトンのゲートおよびセンサーとして機能するSer382残基までが,Cu_B–ヘム a_3–His376–ヘリックスX–Ser382の順で連なっているが,各部の協同的な構造ダイナミクスが共鳴ラマンおよび赤外スペクトルにより検出可能である[39]。

　ここでは,金属中心における配位構造や酸化数の変化によるタンパク質の機能調節メカニズムの解明を目指す研究の端緒となるような結果を述べた。高分解能X線結晶構造解析と振動分光解析の組み合わせが,金属タンパク質研究の新しい可能性を拓きつつあると言ってよい。金属中心におけるO_2の還元反応のみならず,プロトン濃度を検出してO_2親和性を調節したり,プロトンゲートを必要に応じて開閉したりするしくみがCcOに備わっているとすれば,そのアイデアにならって,調節機能を備えた新規金属錯体の開発が可能になると期待している。

参考図書・文献

1) C. A. MaMunn, *J. Physiol.*, **5**, xxiv (1884).
2) D. Keilin, Proc. *Roy. Soc. Lond. Ser.* B, **98**, 312 (1925).
3) O. Warburg, E. Negelein, *Biochem. Z*, **214**, 101 (1929).
4) E. Yakushiji, K. Okunuki, *Proc. Imp. Acad. Japan*, **17**, 205 (1941).
5) T. Yonetani, *J. Biol. Chem.*, **236**, 1680 (1961).
6) T. Tsukihara, H. Aoyama, E. Yamashita, T. Tomizaki, H. Yamaguchi, K. Shinzawa-Itoh, R. Nakashima, R. Yaono, S. Yoshikawa, *Science*, **269**, 1069 (1995).
7) S. Iwata, C. Ostermeier, B. Ludwig, H. Michel, *Nature*, **376**, 660 (1995).
8) K. Muramoto, K. Ohta, K. Shinzawa-Itoh, K. Kanda, M. Taniguchi, H. Nabekura, E. Yamashita, T. Tsukihara, S. Yoshikawa, *Proc. Natl., Acad. Sci, U.S.A.*, **107**, 7740 (2010).
9) P. Mitchell, *Nature*, **191**, 144 (1961).
10) M. K. F. Wikström, *Nature*, **266**, 271 (1977).
11) S. Yoshikawa, A. Shimada, *Chem. Rev.*, **115**, 1936 (2015).
12) M. Aki, T. Ogura, Y. Naruta, T. H. Le, T. Sato, T. Kitagawa, *J. Phys. Chem. A*, **106**, 3436 (2002).

13) M. Mochizuki, H. Aoyama, K. Shinzawa-Itoh, T. Usui, T. Tsukihara, S. Yoshikawa, *J. Biol. Chem.*, **274**, 33403 (1999).
14) H. Aoyama, K. Muramoto, K. Shinzawa-Itoh, K. Hirata, E. Yamashita, T. Tsukihara, T. Ogura, S. Yoshikawa, *Proc. Natl. Acad. Sci. U.S.A.*, **106**, 2165 (2009).
15) M. Sakaguchi, K. Shinzawa-Itoh, S. Yoshikawa, T. Ogura, *J. Bioenerg. Biomembr.* **42**, 241 (2010).
16) K. Hirata, K. Shinzawa-Itoh, N. Yano, S. Takemura, K. Kato, M. Hatanaka, K. Muramoto, T. Kawahara, T. Tsukihara, E. Yamashita, K. Tono, G. ueno, T. Hikima, H. Murakami, Y. Inubushi, M. Yabashi, T. Ishikawa, M. Yamamoto, T. Ogura, H. Sugimoto, J. R. Shen, S. Yoshikawa, H. Ago, *Nat. Methods*, **11**, 734 (2014).
17) Q. H. Gibson, C. Greenwood, *Biochem. J.*, **86**, 541 (1963).
18) B. Chance, C. Saronio, J. S. Leigh, Jr., *J. Biol. Chem.*, **250**, 9226 (1975).
19) T. Ogura, S. Takahashi, K. Shinzawa-Itoh, S. Yoshikawa, T. Kitagawa, *J. Am. Chem. Soc.*, **112**, 5630 (1990).
20) C. Varotsis, W. H. Woodruff, G. T. Babcock, *J. Am. Chem. Soc.*, **111**, 6439 (1989); **112**, 1297 (1990).
21) S. Han, Y. C. Ching, D. L. Rousseau, *Nature*, **348**, 89 (1990).
22) T. Kitagawa, T. Ogura, *Prog. Inorg. Chem.*, **45**, 431 (1997).
23) S. Ferguson-Miller, G. T. Babcock, *Chem. Rev.*, **96**, 2669 (1996).
24) S. Han, S. Takahashi, D. L. Rousseau, *J. Biol. Chem.*, **275**, 1910 (2000).
25) T. Ogura, S. Hirota, D. A. Proshlyakov, K. Shinzawa-Itoh, S. Yoshikawa, T. Kitagawa, *J. Am. Chem. Soc.*, **118**, 5443 (1996).
26) T. Ogura, S. Takahashi, S. Hirota, K. Shinzawa-Itoh, S. Yoshikawa, E. H. Appleman, T. Kitagawa, *J. Am. Chem. Soc.*, **115**, 8527 (1993).
27) D. A. Proshlyakov, T. Ogura, K. Shinzawa-Itoh, S. Yoshikawa, E. H. Appleman, T. Kitagawa, *J. Biol. Chem.*, **269**, 29385 (1994).
28) D. A. Proshlyakov, T. Ogura, K. Shinzawa-Itoh, S. Yoshikawa, T. Kitagawa, *Biochemistry*, **35**, 8580 (1996).
29) T. Ogura, T. Kitagawa, *Biochim. Biophys. Acta*, **1655**, 290 (2004).
30) T. Ogura, S. Takahashi, K. Shinzawa-Itoh, S. Yoshikawa, T. Kitagawa, *Bull. Chem.*

Soc. Jpn., **64**, 2901 (1991).
31) C. R. Hartzell, H. Beinert, *Biochim. Biophys. Acta*, **368**, 318 (1974).
32) T. Takahashi, S. Kuroiwa, T. Ogura, S. Yoshikawa, *J. Am. Chem. Soc.*, **127**, 9970 (2005).
33) T. Nomura, S. Yanagisawa, K. Shinzawa-Itoh, S. Yoshikawa, T. Ogura, *Biochemistry*, **53**, 6382 (2014).
34) O. Einarsdottir, R. B. Dyer, D. D. Lemon, P. M. Killough, S. M. Hubig, S. J. Atherton, J. J. Lopez-Garriga, G. Palmer, W. H. Woodruff, *Biochemistry*, **32**, 12013 (1993).
35) J. O. Alben, P. P. Moh, F. G. Fiamingo, R. A. Altschuld, *Proc. Natl. Acad. Sci. U.S.A.*, **78**, 234 (1981).
36) M. H. Vos, *Biochim. Biophys. Acta*, **1777**, 15 (2008).
37) M. Kubo, S. Nakashima, S. Yamaguchi, T. Ogura, M. Mochizuki, J. Kang, M. Tateno, K. Shinzawa-Itoh, K. Kato, S. Yoshikawa, *J. Biol. Chem.*, **288**, 30259 (2013).
38) E. W. Findsen, J. Centeno, G. T. Babcock, M. R. Ondrias, *J. Am. Chem. Soc.*, **109**, 5367 (1987).
39) S. Nakashima, T. Ogura, T. Kitagawa, *Biochim. Biophys. Acta*, **1847**, 86 (2015).
40) S. Hirota, T. Ogura, E. H. Appelman, K. Shinzawa-Itoh, S. Yoshikawa, T. Kitagawa, *J. Am. Chem. Soc.*, **116**, 10564 (1994).
41) T. Ogura, S. Takahashi, K. Shinzawa-Itoh, S. Yoshikawa, T. Kitagawa, *J. Biol. Chem.*, **265**, 14721 (1990).

5 光合成系

はじめに　光合成では，光の吸収に始まり，その励起エネルギーの伝達（集光）と光エネルギーの電気化学エネルギーへの変換（電荷分離）・電子伝達を経て，二酸化炭素の還元（炭水化物の合成）を含む高エネルギー物質の生産が行われる。この際に，水を電子源とした場合には，酸素発生を伴うことになる（水の酸化）。このようなプロセスには，様々な錯体分子（種）が重要な役割を果たしている。以下では，光合成における「錯体化学」の重要性を，集光系・電子伝達系（電荷分離系）・水の酸化系に注目して説明する。

5.1　集光系
5.1.1　太陽エネルギー

光合成プロセスは，光合成を行う生き物（光合成生物）が光を吸収することで開始される。自然界で光を与える光源は，太陽からの光であることがほとんどである（ごく一部に地球内部の熱源に伴う発光もあり，それを利用している光合成生物も存在していると言われている。例えば海底熱水鉱床近辺で生息する光合成細菌など）。太陽は強力な光源であり（毎秒約 4×10^{23} kJ つまり約 4

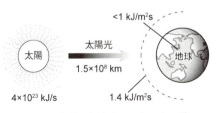

図 5-1　太陽から地球への光エネルギー

× 10^{23} kW の光エネルギーを発している：この値はほぼアボガドロ数の 2/3 に対応する kJ あるいは kW 数），その光エネルギーを全方位に向けて放出している（図 5-1）。地球は太陽から約 1.5 億 km（8.3 光分）も離れているために，地球（大気圏外）にまで到達するときにはそのエネルギーは，一平方メートル当たり毎秒 1.4 kJ にまで低下している。大気を通る間にその光はさらに散乱や吸収を受けて，地表面ではたかだか 1 kJ/m^{2}s になる（中緯度の日本では夏の昼間でもそれ以下になる）。

太陽の表面温度は約 5,500℃ であり，放射される光のスペクトル（太陽スペクトル）は，約 5,800 K の黒体放射によるものに近い。黒体放射は物理学的現象なので，太陽スペクトルも通常は，横軸を波長にして縦軸を物理量のエネルギー単位で表されるている。しかし，光合成における光エネルギーの化学エネルギーへの変換は光化学反応であるので，「光の吸収は光量子単位で起こる」という光化学第二法則に則って，縦軸は光子数で表すのが望ましい（図 5-2)[1]。400 nm の光は 800 nm の光の 2 倍のエネルギーを持っているので，縦軸をエネルギー単位で表した太陽スペクトルは，短波長側で過大評価を受けることになる。太陽の光は地表面では，波長が 500 nm あたりの光がエネルギー

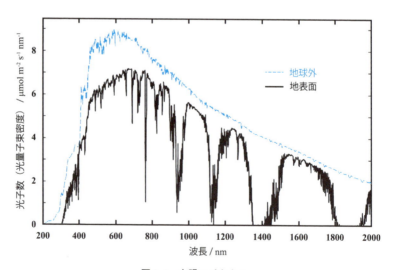

図 5-2　太陽スペクトル

単位からみると最も大きくなるが，光子数から見ると，700 nm 近辺で最大になる。またこの図からは，近赤外領域の光の数も結構あるということがわかる。これまでの教科書で示されていた太陽スペクトルはほとんど縦軸がエネルギー単位であるので，太陽エネルギーでは青から緑色の光が最も強いと学んできた方も多いと思うが，それはエネルギー単位で換算したものでしかない。光合成を考える上では光子数が重要で，可視のほぼ全領域で同程度の光子数があり，青色の 450 nm から近赤外の 900 nm までは，光量子束密度はほぼ同じであまり変化していないことを確認しなけらばならない。なお，太陽スペクトルを眺めると，オゾン層によって紫外線が大きくカットされ，大気中の水（水蒸気）や二酸化炭素（炭酸ガス）による吸収によって，近赤外領域に大きなへこみがあることがわかる。

　太陽からの光が地表面に届くときには，そのエネルギー密度が大きく低下しており，光化学反応を行うには弱い光源となっている。見方を変えれば，太陽光をエネルギー源と見るよりは，環境因子として見るほうが妥当だとも言える。地表面での太陽光があまりにも大きいエネルギー密度であれば，生物にとって生存を脅かす危険な存在になるからである。そこそこの密度であったからこそ，地球で生物が存在できることになる。よりエネルギー密度の高い水星や金星に生物が見られないことからも，そのことが理解できる。

　地表面ではエネルギー密度の低い太陽光であるが，地球は自転しているために，時々刻々と同一地点での照射量は変化しており，夜にはゼロになる。また，季節や天候によっても地表面にまで到達する太陽からの光は大きく変化する。太陽光はこのようなエネルギー密度の低い断続的な光源であるため，生物はそれを巧みに利用する術を進化によって獲得している。

5.1.2　光合成アンテナ

　光合成では，光エネルギーを化学エネルギーに変換しているが，太陽から吸収した光エネルギーは，まず電気化学エネルギー（電荷分離状態）に変換される。光合成生物でこの電荷分離状態を形成させているのは，光合成反応中心といわれる器官である。詳細は次節（5.2.2）で説明するが，この反応中心では光で励起された色素分子（種）から，近傍の基底状態の色素分子への電子移動

が生じることで，電荷分離状態が形成される。したがって，反応中心を構成する分子（種）を直接励起することで，光励起電子移動が開始できる。しかし前に述べたように，光合成生物が生息している環境での太陽からの光エネルギー密度は高くないので，そのような直接光励起は効率的ではない。そこで，現存する全ての光合成生物は，光を集める器官を利用するようになった（図 5-3）。生息環境で最も効率のよい光エネルギー変換を行えるように，生物が進化していった結果であり，変換効率の低い生物は淘汰されていったと考えられている。

　光合成生物における太陽光を集める器官は，集光部（系），光収穫部（系）もしくは（光合成）アンテナ部（系）と呼ばれている[2,3]。光を吸収するのは色素分子であり，なるべく小さい分子でより効果的に光を吸収することが望まれている。したがって，太陽スペクトルに対応した可視から近赤外領域で分子吸光係数の大きい分子（種）が，アンテナ色素分子としては最適である。しかしながら，生息環境や生合成（分解）の都合から，1つの分子で太陽光の全領域を効率よく吸収するようなアンテナ色素は自然界では見られず，複数の分子でそのようなことを達成している。

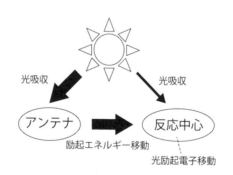

図 5-3　光合成生物での光エネルギー吸収

5.1.3　光合成色素分子

　光合成アンテナ色素分子で最もよく見られるのは，クロロフィルと呼ばれる一連のポルフィリン型のマグネシウム錯体である。クロロフィルは赤から近赤外の長波長領域と紫から青にかけての短波長領域に比較的大きな吸収帯を持つ

ているが（それぞれQy帯とソーレー帯と呼ばれている），その間の太陽からの光子数の多い緑から黄・橙色領域にはあまり大きな吸収帯がなく，緑色光の吸収効率が低下している。この現象を「グリーンギャップ」と呼んでおり様々な対策が講じられている。まず，光照射面に対して垂直方向に多数のクロロフィル分子を配置させることで，緑色光の吸収効率を増大させる方策である。アンテナ器官の積層化がこれに当たる。高等植物などの比較的個体の大きな光合成生物でよく見られる手法で，葉緑体内のチラコイドの積層したグラナに見られる。

グリーンギャップに相当する光を吸収する色素分子を利用する試みも行われている。ポルフィリンを開環したビリンやポリエン構造のカロテノイドには，そのような領域の光を比較的効率よく吸収できるものがあるので，そのような色素分子を利用することがある。シアノバクテリアや藻類におけるフィコビリソームでは，クロロフィルが吸収しにくい緑色の光をビリン分子が吸収している（5.1.6(2)参照）。また，カロテノイド分子の中には，クロロフィル分子の近傍に存在して，クロロフィルが吸収しにくい緑色光の吸収を補助している場合もある。

5.1.4 光励起エネルギー移動

光合成アンテナで吸収された光エネルギーは，光合成反応中心へ効率よく伝達されなければならない。アンテナ部は複数の色素分子から構築されているので，アンテナ色素分子間でのエネルギー伝達も重要である。いずれの場合にも，吸収された光エネルギーは，励起エネルギーとして色素分子間を伝達される。まず，基底一重項状態（S_0状態）の色素分子が光を吸収すると，最高占有軌道（HOMO）にある電子がその光エネルギーに対応したS_n状態にまで励起される（図5-4）。この励起状態から，ただちに比較的安定でエネルギーレベルの低い最低励起一重項状態（S_1状態）にまで変化する。S_0状態ではHOMOに対として存在していた二電子が，S_1状態ではHOMOと最低非占有軌道（LUMO）にそれぞれ一電子ずつ配置したことになる。S_0状態とS_1状態のエネルギー差は，HOMOとLUMOのエネルギー差に対応することになり，これが励起一重項エネルギーに対応する。

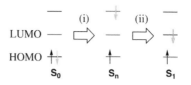

図 5-4　色素分子（S）の光励起過程
基底一重項状態（S_0）の光吸収（i）に伴う高次励起一重項状態（S_n）を経た最低励起一重項状態（S_1）への遷移（ii）

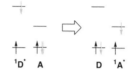

図 5-5　光励起状態のD分子から基底状態のA分子への励起エネルギー移動

　光合成における励起エネルギー移動は，励起エネルギーを供与するD分子のS_1状態（$^1D^*$）から，その励起エネルギーを受容するA分子のS_0状態（A）に対して起こる（図5-5）。つまり，この励起エネルギー移動によって，D分子はS_1状態からS_0状態になり（$^1D^* \to D$），A分子はS_0状態からS_1状態になる（A $\to {}^1A^*$）：励起状態のD分子での失活による基底状態のD分子の再生と同時の基底状態のA分子の励起による励起状態のA分子の生成（共鳴エネルギー移動）。この際に，D分子の励起一重項エネルギーが，A分子の励起一重項エネルギーよりも大きいことが，効率的な励起エネルギー移動に重要である。つまり，励起エネルギーが低下する方向に移動が起こりやすい。また，D分子とA分子の距離（r）も重要で，あまり長いと移動効率が低下することになる。このエネルギー移動は，通常フェルスター機構で起こり，その速度はrの6乗に反比例し，DとA分子の配置やD分子の蛍光発光スペクトルとA分子の吸収スペクトルの重なりに影響を受ける。なお，エネルギー移動には，分子間での電子移動に基づくデクスター機構（D分子のLUMOからA分子のLUMOへの電子移動とA分子のHOMOからD分子のHOMOへの電子移動とが起こる）もあるが，近距離でしか起こらず，光合成の励起エネルギー移動では通常生じ

ない。

　色素分子の励起一重項エネルギーは，まずその分子構造によって規定される。色素分子が単量体として分散した希薄溶液中での電子吸収スペクトルと蛍光発光スペクトルを測定すると，その最長波長吸収帯と蛍光発光帯とはほぼ鏡像になる（図5-6）。この両帯を規格化した際のスペクトルの交点が，励起一重項エネルギーに対応することになる。なお，最長波長吸収極大値とそれに対応する蛍光発光極大値の差をストークスシフトと呼び，通常数 nm である。

　色素分子がアンテナ器官にあるときには，その回りの環境に応じて，励起一重項エネルギーの値も溶液中のものから変化する。通常はストークスシフトが小さいことを考慮して，その色素分子の最長波長吸収極大値を励起一重項エネルギーとみなしている。アンテナ部において実測された色素分子のこの吸収極大値を，サイトエネルギーと呼んでいる。つまり，波長表示のサイトエネルギーが大きな値になる方向に，効率のよい励起エネルギー移動が起こりうることになる。

　アンテナ部でのフェルスター機構による励起エネルギー移動では，DとA分子のサイトエネルギーや励起一重項エネルギーがまず重要である。つまりそれぞれの HOMO と LUMO のエネルギー差が小さくなる方向に励起エネルギー移動が起こりやすいことになり，それらの個々の HOMO や LUMO のエネルギーレベルは励起エネルギー移動に関係しない。反応中心での電子移動ではそ

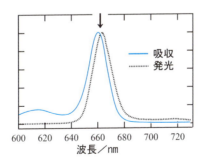

図5-6　最大ピークで規格化したジエチルエーテル中でのクロロフィル a の吸収と発光スペクトル
　　　　矢印の波長が，励起一重項エネルギーに対応する。

れらのエネルギーレベルの値が重要になるので，その違いに注意すること．

　アンテナ部で効率的に光を吸収し伝達するためには，構成色素分子を近接して配置することが肝要である．しかし，多数の色素分子が近接するような濃厚溶液では，色素分子同士の相互作用による励起エネルギーから熱エネルギーへの変換が容易に起こる．このような濃度消光を阻止するために，色素分子はアンテナ内部ではしっかりと固定化されなければならない．色素分子とその周りにある分子（種）との接触によっても励起エネルギーの失活は生じるので，それらの分子運動を生育温度で制限しなければならない．

5.1.5　光合成プロセス

　光合成では，光エネルギーによってNADPH（nicotinamide adenine dinucleotide phosphate）やATP（adenosine triphosphate）などの高エネルギー化合物が合成され，その化学エネルギーを利用して，光合成生物は生育している．これらの高エネルギー化合物を利用して，二酸化炭素を還元して，安定で貯蔵しやすい炭水化物を作ることも行っている．炭水化物は必要なときに分解されて，NADPHやATPなどを再生することが可能であるし，あわせて，低分子の有機化合物も合成される（これらを原料にして，生存に必要な様々な化合物が合成されている）．なお，このようにして光合成によって合成・貯蔵された物質を，動物（我々人類を含む）は摂取することで生きることが可能になっている．

　典型的な光合成プロセスでは，$NADP^+$や二酸化炭素の還元が行われるので，電子源が必要となる．水を電子源（還元剤）に利用すると，必然的にその酸化生成物の酸素が発生することになる（5.3参照）．このようなことを行うことができる光合成生物は，特に酸素発生型光合成生物と呼ばれている．高等植物や藻類などがこれにあたる．生物進化で最初に水を電子源とすることに成功し，酸素発生型光合成生物となったのは，シアノバクテリア（藍色細菌やラン藻とも言う）であるとされている（現存していないより始原的な酸素発生型光合成生物が存在したかもしれない）．シアノバクテリアによる光合成初期過程の詳細は他書に譲るが[4]，そのアンテナ部について次の5.1.6で説明する．

　水の酸化と$NADP^+$の還元を行うためには，1.14 eVのエネルギーが必要であり，これは近赤外領域の1090 nmの光エネルギーに対応する．この酸化還

元反応をスムーズに進行させるためには過電圧（余分なエネルギー）が必要であり，最低でも赤色の 700 nm 程度の光エネルギーが要求される。実際の光合成プロセスでは，多電子酸化還元過程を経ているために，エネルギーロスがさらに生じて，もっと大きな光エネルギーが必要になる。そのために，生物は 2 回の光吸収によってこの反応を行っている。水の酸化は，光化学系 II と言われる色素タンパク質複合体での可視光吸収によって行われ，$NADP^+$ の還元は，光化学系 I 側で行われている。光化学系 II に関して，次の 5.1.6 で述べる。

5.1.6　シアノバクテリアでの光合成アンテナ

　光化学系 II の反応中心で電荷分離を行うためにまず光を受容するのは，680 nm に吸収極大を有する分子種である（P680 と呼ばれる：P は Pigment の頭文字）。したがって，680 nm よりもサイトエネルギーの大きい色素分子からの励起エネルギー移動が，アンテナ部には求められる（図 5-7）。反応中心のまわりには 2 つの色素タンパク質複合体が配置されている。これらの複合体における色素分子は通常クロロフィル a であり（図 5-8(a)），それらの分子量が 43 kD と 47 kD であるので，CP43・CP47 と呼ばれている（CP は Chlorophyll Protein の頭文字の略号）。CP43 には 13 分子のクロロフィル a が含まれており，CP47 には 16 分子が含まれている。構成されているクロロフィル a のサイトエネルギーは確定していないが，大変効率のよい励起エネルギー移動が，CP43 からも CP47 からも P680 に行われているので，主な移動経路に関与するクロロフィ

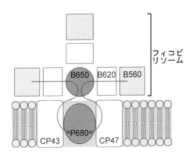

図 5-7　光化学系 II の模式図
矢印は励起エネルギー移動を示す。

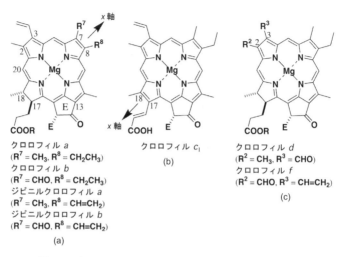

図 5-8 クロロフィルの分子構造式 (E = COOCH₃, R = phytyl)

ル a 分子は，680 nm よりも短い波長に吸収極大を持っており，その極大値が P680 に近づくにつれて，小さくなっていると想像されている。エネルギーの低い方向に高速で励起エネルギーが移動するからである。

(1) クロロフィルの励起エネルギーレベル

同じクロロフィル a 分子であるにも関わらず，どのようにしてこのようなエネルギー勾配を形成することに成功しているのであろうか？ いくつかの因子が関与していることが実験的にも理論的にも指摘されている。まず，クロロフィル分子が等方的な低分子の溶媒ではなく，非等方的なタンパク質高分子内に存在するためである。クロロフィル分子は環状テトラピロールのマグネシウム錯体であるので，π 共役系平面分子部の中心のマグネシウムに対して，上下のアキシャル方向からの配位が可能である。生体系では（ほとんど）5 配位型錯体でしか存在せず，CP43・CP47 の X 線結晶構造解析結果から，図 5-8(a) の構造式の紙面裏側からの配位（α 配位）が 20 種で，反対の紙面表側からの配位（β 配位）が 9 種であることがわかっている[5]。理論計算から，α 配位の方が安定であることがわかっており，この配位方向の片寄りを支持している。配位して

いるのはほとんどヒスチジン残基のイミダゾリル基の窒素原子であるが，アスパラギン残基のアミドカルボニル酸素原子が一分子に配位しており，さらに，CPタンパク質に内在する水分子の酸素原子が配位しているものが5分子で見られる。窒素原子と酸素原子とでは，配位能の違いがあり，同じ窒素原子でもペプチド高分子環境下では，配位結合距離が微妙に変化していて，吸収帯に変化を与えうる。なお，クロロフィルへのアキシャル配位は，紫色部のソーレー帯や，それよりもやや長波長側のQx吸収帯に大きな影響を与えることが多く，サイトエネルギーに影響をする最長波長側の赤色部のQy帯にはあまり変化を与えないことが多い[6]。

クロロフィルa分子の電子吸収に大きく関与する大環状π電子系には，3位でビニル基が，13位でカルボニル基が直接共役している。前者はその結合部位で自由回転が可能であり，共役度に応じてサイトエネルギーが変化する。共平面で存在するときに最もソーレー帯やQy帯が長波長にシフトし，直交するときに短波長シフトすることになる。後者のカルボニル基は縮環した5員環（E環）上にあるために，3位のビニル基のように自由回転できないが，共平面から少しずれる（傾く）ことは可能である。さらに，カルボニル基は水素結合が可能であり，カルボニル基の電子吸引能が変化することで，同じように吸収帯に影響を及ぼす。

クロロフィル分子の大環状部は平面π電子系であるので，周辺のπ電子系からの摂動を受けることになる。周辺ペプチド残基のπ電子系や近接したカロテノイドのポリエン共役系あるいは他のクロロフィルπ電子系がそれにあたる。例えば，同じクロロフィル分子同士が近接してくると，二量体を形成することになるが，注目する吸収帯同士の遷移モーメントの距離と向きによって，長波長や短波長に吸収帯がシフトする。2つの遷移モーメントが平行の場合には，積み重なったタイプの二量体では短波長シフトが見られ（H会合体，図5-9(a)），ずれた階段状のタイプでは長波長シフトとが見られる（J会合体，図5-9(b)）[7]。

クロロフィルの電子吸収部位は平面構造であるので，周りのタンパク質の高分子効果で歪みを受けることがある。この平面からの歪みの結果，吸収帯に変化が生じる。歪み方にもよるが，サイトエネルギーが大きく影響を受ける。例えば，20位に置換基を導入すると（図5-8(a)の構造式を参照），隣接の2位と

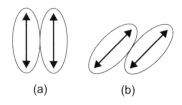

図 5-9 クロロフィル分子の二量体における H 会合体 (a) と J 会合体 (b)

18 位のメチル基との立体反発によって π 平面が歪み，Qy 帯の長波長シフトが観測される[8]。

(2) 中心アンテナと周辺アンテナ

シアノバクテリアの光化学系 II の反応中心の周りには，CP43 と CP47 とが 1 つずつしっかりと結合しており，これら全ての器官はチラコイド膜と呼ばれる脂質二分子膜内に存在している（図 5-7）。このような反応中心部に対して量論比が確定した膜内在性のアンテナ部を，中心アンテナと呼んでいる。したがって，反応中心と中心アンテナは一体として扱われ，光化学系のコアを形成している。シアノバクテリアの光化学系 II には，中心アンテナにさらにアンテナ部が連結している。コア部が存在するチラコイド膜の上に，より巨大な色素タンパク質複合体が乗っている（図 5-7）。その実体は，多数のビリン型色素分子とタンパク質との複合体からなるフィコビリソームである。フィコビリソームのサイズは光環境に大きく影響を受け，光強度が小さいときには，光をより効率よく吸収するためにサイズが大きくなり，光強度が大きくなると，サイズが小さくなっていく。フィコビリソームは，中心アンテナの周りに存在するアンテナ部であるので，周辺アンテナと呼ばれる。

フィコビリソームを構成する色素分子は，フィコエリスロビリンとフィコシアノビリンである（図 5-10）。どちらの分子も周辺のタンパク質とシステインのチオール残基を介して結合（チオエーテル共有結合）している。フィコエリスロビリンは，フィコシアノビリンよりも π 共役系が短いために，短波長側に最長吸収極大を示す：タンパク質中で約 560 nm。フィコシアノビリンは，タンパク質内で 2 つの分子配座をとっており，π 共役度の違いにより，約 620

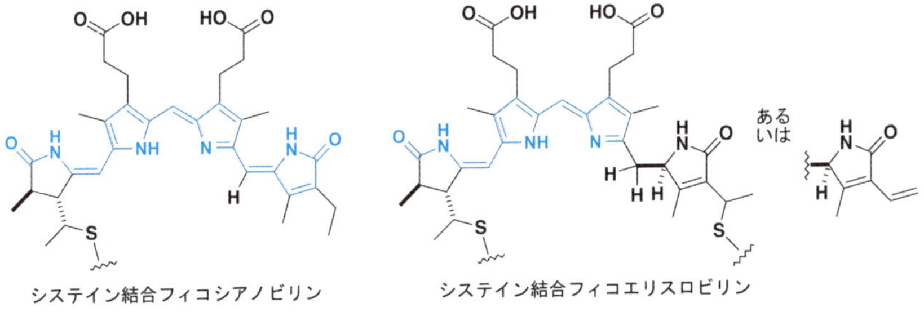

システイン結合フィコシアノビリン　　　システイン結合フィコエリスロビリン

図 5-10　フィコビリソーム内のビリンの分子構造式

と約 650 nm に吸収ピーク（サイトエネルギー）を与える。フィコビリソームの周辺から中心部に向けて，これらの 3 つのビリンタンパク質複合体が，サイトエネルギーを減少するように配列されており（図 5-7），効率のよい励起エネルギー移動が達成されている。

5.1.7　高等植物での光合成アンテナ

シアノバクテリアと同じ酸素発生型光合成生物である高等植物では，クロロフィル色素分子として，クロロフィル a だけでなく，クロロフィル b も有している。これらの両方のクロロフィルが，アンテナ部を構成する色素分子として使われている。クロロフィル b は，クロロフィル a の 7 位のメチル基がホルミル基になった分子であり（図 5-8(a)），生体では，7 位のメチル基炭素原子への 2 回のヒドロキシ化という酸化によってホルミル基の導入が行われている[9]。この酸化によって，ソーレー帯は長波長シフトし，Q_y 帯は短波長シフトすることになる（図 5-11）。クロロフィル a が吸収しずらい波長の光を，クロロフィル b は吸収しやすくなっており，クロロフィル a よりもクロロフィル b の方が励起一重項エネルギーが少し小さくなっている。したがって，クロロフィル b からクロロフィル a へ光励起エネルギーが伝達しやすくなり，クロロフィル b はクロロフィル a の補助色素としての役割を果たすことができる。

高等植物におけるクロロフィル a に対するクロロフィル b の比率は，おおむね 3：1 であるが，葉の表面から内部に向かうに従ってクロロフィル b の割合が徐々に増加することが知られている。葉の表面付近でまずクロロフィル a が

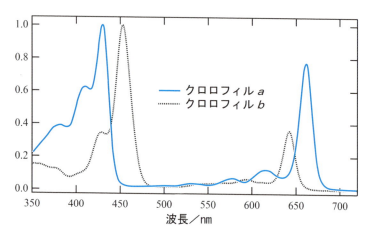

図5-11 最大ピークで規格化したジエチルエーテル中でのクロロフィル a と b の吸収スペクトル

太陽からの光を吸収する確率が高いが，そこから漏れた光は，クロロフィル a よりもクロロフィル b の方が吸収する可能性が高くなる。そこで，葉の内部に向けてクロロフィル b の存在比率を徐々に増やしていることになる。このような高度な傾斜性の機能性材料を自然はやすやすと作り上げているのは驚嘆に値する。メチル基とホルミル基はサイズ的にほとんど差がないので，アンテナ部におけるクロロフィル a の存在していた場所に，クロロフィル b が置き代わることは容易である。したがって，同じアンテナアポタンパク質を用いてこのような色素比率の変化をたやすく行うことができる。このような色素分子の変更による吸収効率の増大だけでなく，葉の内部ほど光の乱反射を起こりやすい構造体が形成されており，透過することなく光を吸収するような仕組みも兼ね備えている。

5.1.8　黄色植物での光合成アンテナ

珪藻や褐藻などを含む黄色植物は，クロロフィル a 以外にクロロフィル c をアンテナ色素分子として利用している。クロロフィル c はいくつかの分子構造の異なる分子群を表しているが，基本的な π 電子系はポルフィリン型である。クロロフィル a のような C17-C18 が単結合であるクロリン型と異なり，クロ

ロフィル c では環状テトラピロールが完全に共役しており（図5-8），ソーレー帯がクロロフィル a のものよりも長波長シフトし，Qy帯は短波長シフトしている。したがって，クロロフィル b と同じように，クロロフィル c はクロロフィル a の補助色素としての役割を果たすことができる。

クロロフィル c_1 の分子構造では，クロロフィル a のC17とC18位上の水素原子を取り除いて二重結合になっている（図5-8(b)）。このような酸化は，クロロフィル b での7位のメチル基の酸化に対応しており，酸化されている位置は異なっているが，クロロフィル類の分子軸の1つである x 軸上での酸化という点では同じである。光合成生物では，クロロフィルの x 軸上の酸化という分子修飾を用いることで，クロロフィル a の補助色素を作り上げていることになる。

クロロフィル a は17位上のエステル鎖としてフィチル基を有しており，その分枝長鎖炭化水素基は分子内での質量比で3割にもあたることになる。一方，クロロフィル c 類は，通常17位上にエステル鎖を持っておらず，フリーのカルボン酸のままである（図5-8）。生合成的にはより簡便になっているが，分子構造が大きく異なっているために，アンテナタンパク質においてクロロフィル a が存在していた位置に，クロロフィル c が置き代わるわけにはいかない。この点は，同じクロロフィル a の補助色素であるクロロフィル b と大きく異なる点である。

5.1.9 原核緑藻での光合成アンテナ

シアノバクテリアの仲間の原核緑藻は，水圏で光合成を行って生息している。原核緑藻には，高等植物と同様にクロロフィル a とクロロフィル b の両方を光合成色素分子として利用しているものがある。一方，同じ原核緑藻でも，クロロフィル a やクロロフィル b の8位のエチル基をビニル基に脱水素（酸化）したもの（それぞれジビニルクロロフィル a やジビニルクロロフィル b と呼ばれる）（図5-8(a)）が，海洋で見出されている[10]。このような分子修飾によってソーレー帯は長波長シフトするが，Qy帯はほとんど変化しない。したがって，サイトエネルギーを変化させることなく，紫から青色部でのより長波長側の光を効率的に吸収することが可能になる。ジビニルクロロフィル a・b を有する原

核緑藻は，海洋の表層で生息するクロロフィル $a \cdot b$ 型の光合成生物が吸収できなかった光を利用することが可能になるために，海洋の少し深い環境でも光合成を効率よく行うことができ，そのような光環境に応答したといえる。生合成では 8-ビニル基が 8-エチル基に還元されるので，8-ビニル還元酵素を失うことで応答したことになる。

5.1.10 特殊なシアノバクテリでの光合成色素
(1) クロロフィル d

シアノバクテリアには，構成しているクロロフィル a のほとんどがクロロフィル d に置き代わったものが存在している。クロロフィル d は，クロロフィル a の 3 位のビニル基がサイズ的に大きな違いのないホルミル基に変換されたものである（図 5-8(c)）。この分子変換によって，ソーレー帯も Qy 帯も長波長側にシフトすることになる（ビニル基よりも電子吸引性の大きいホルミル基の 3 位への導入による置換基効果）。このようなクロロフィル d からなるシアノバクテリアは，クロロフィル a からなるシアノバクテリアの下層で生息していることが多く，クロロフィル a 型が吸収しずらい紫から青色部での光や，クロロフィル a 型がほとんど利用できない 700 nm 以上の赤色光を吸収して，光合成を行っている。他の酸素発生型光合成生物が未利用の赤色光を利用できるために，様々な水圏で生息可能であり，最近になって検出手法の開発と検出感度の改善にともなって，世界各地で見出されるようになってきている[11]。

(2) クロロフィル f

ある種のシアノバクテリアに 700 nm 以上の光を照射して培養すると，本来のクロロフィル a だけでなく，クロロフィル f が生産されることが最近明らかになった[12]。クロロフィル f は，クロロフィル a の 2 位のメチル基がホルミル基に変換された色素分子で（図 5-8(c)），クロロフィル d よりも長波長側に Qy 帯を有している（サイトエネルギーが低い）。光化学系 II に少なくとも存在していて，アンテナ部での光収穫に関与しているのではないかと予想されているが，今のところ機能ははっきりとしていない。なお，クロロフィル d とは異なり，シアノバクテリア内のクロロフィル a が十％以下だけクロロフィル f に置

き代わったものしか見出されていない。

5.1.11　非酸素発生型光合成細菌

酸化されにくい水ではなく，硫黄化合物や有機化合物を電子源とした光合成プロセスが知られている。このような電子源は水よりも酸化されやすいので，一光子励起でも十分高エネルギー化合物（NADPH を含む）を合成することが可能である。1 回の光励起で光合成が進行するので，前述の 2 回の光励起が必要な酸素発生型光合成に比べて，よりシンプルな光合成である。このような光合成を行うのは，細菌に限定されている。水を電子源として利用しない光合成細菌では，水の酸化を伴わないので，酸素の発生がなく，非酸素発生型光合成生物に分類される。非酸素発生型光合成細菌は，酸素に対する耐性が低く（酸素酸化に対する防御機構を持っていないことが多く），嫌気的な条件でしか生育できないことが常である。ここでは，非酸素発生型光合成細菌の中で代表的な紅色細菌と緑色硫黄細菌のアンテナ部について 5.1.12 と 5.1.13 でそれぞれ述べる。

5.1.12　紅色細菌での光合成アンテナ

紅色細菌による光合成初期過程は，いくつかの種の反応中心部位やアンテナ部位の色素タンパク質複合体構造が，X 線結晶構造解析によって原子レベルで解明されており，その紅色細菌種の生化学や分子生物学的取り扱いもたやすいために，これまで最もよく研究されている光合成プロセスである。ほとんどの紅色細菌が，バクテリオクロロフィル a を色素分子として利用している。その反応中心の光受容体は，870 nm に吸収帯をもつ P870 と呼ばれる色素成分である（この吸収極大値は種によって少し変化する）。有機溶媒中でのバクテリオクロロフィル a の Qy 帯は，770 nm に吸収極大を持っているが，この 100 nm の大きな長波長シフトは，周辺タンパク質の効果だけでは説明できない。P870 は，反応中心の結晶構造解析を含む様々な研究から，バクテリオクロロフィル a が二分子接近した会合体であることがわかっている。この二量体は J 型の会合体を形成しており（図 5-9(b)），大きな長波長シフトを引き起こしており，特別な二量体という意味で，スペシャルペアとも呼ばれている。

(1) LH1

膜内在性タンパク質である反応中心を取り囲むようにして，中心アンテナが同じ膜内に配置している（図5-12(a)）。この中心アンテナは光収穫（light-harvesting）部位なので，LH1と呼ばれる。LH1は膜貫通型タンパク質であり，その内部でバクテリオクロロフィル a の多量体を形成している（通常反応中心あたり数十分子で）。このバクテリオクロロフィル a の多量体も，J型の会合体を形成しており（図5-9(b)参照），吸収極大は875 nmに見られる（B875：BはBandの頭文字）。このサイトエネルギーは，スペシャルペアのものより少しだけ小さく，LH1からスペシャルペアへの励起エネルギー移動は，吸熱的でありやや不利になる（図5-12(b)）。紅色細菌は常温もしくはそれより少し高い温度で生息しているので，この程度のエネルギー障壁は生息環境条件で問題なく越えることが可能である（数十ピコ秒で進行）。また，反応中心内での後続の電荷分離過程が，大きな発熱反応であるので（数ピコ秒で進行），全体として反応がスムーズに進行することになる。通常のクロロフィル分子の多量体は，その超分子内に欠陥を作りやすく，その箇所が励起エネルギーの失活点になることが多い。LH1では，そのタンパク質内にきれいにバクテリオクロロフィル a 分子を固定・収容することで多量体を形成しているので，熱振動によっても構造欠陥ができにくく，多量体にも関わらず相当長い励起一重項寿命を保持しいて，やや遅いスペシャルペアへの励起エネルギー移動を行っていると考え

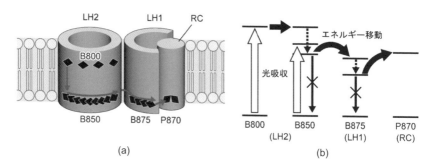

図5-12 紅色細菌の光合成初期過程の模式図(a)と光励起エネルギー移動過程(b)
白矢印が光励起，黒矢印が励起エネルギー移動，点線矢印が光学禁制な最低励起一重項状態への分子内失活

られている((2)LH2 の第二パラグラフも参照)。

(2) LH2

　反応中心(RC : reaction center)を中心アンテナ(LH1)が取り囲んで，RC-LH1 複合体を形成しているが，さらに多数の周辺アンテナがその周りを同じ膜内で取り囲んでいる。この周辺アンテナは，LH1 と同じ膜貫通型タンパク質であり，リング状になっており，LH2 と呼ばれる(図 5-12(a))。LH2 には二種類のバクテリオクロロフィル a による吸収帯があり，1 つは 850 nm に，もう 1 つは 800 nm に吸収極大を持っている(B850 と B800)。前者は，LH1 の B875 と同様に，バクテリオクロロフィル a の J 型会合体に基づくリング状の多量体によって形成されいている(通常十数分子で)。後者は，バクテリオクロロフィル a の単量体によっており，有機溶媒中での吸収極大よりも 30 nm の長波長シフトしたのは，上述(5.1.6(1)参照)の周辺タンパク質の環境効果である。なお，B800 で単量体として存在している構成分子数は，B850 で多量体を形成している分子数の半分である。LH2 内での B800 から B850 への励起エネルギー移動は，前者の発光スペクトルと後者の吸収スペクトルの重なりが小さいことや両者の距離が 1.8 nm も離れているのにも関わらず，1 ピコ秒以内で進行している。このような超高速の励起エネルギー移動は，通常のフェスルター機構では説明できないが，B850 の光学禁制な高次励起状態を利用することで可能になっているとされている(図 5-12(b))[13]。

　光励起 B800 からのエネルギー移動や直接光励起によって，B850 の励起状態が形成されるが，この励起状態は多量体であるにも関わらず，1 ナノ秒程度の寿命を有している。LH1 の B875 で述べたように構造欠陥ができにくいだけでなく，LH2 での完全リング状 B850 の最低励起一重項状態が光学禁制であり，基底状態に失活するためには，エネルギー的に不安定な光学許容な第二励起一重項状態を一度経る必要があるためであるとされている。B850 での基底状態から第二励起状態への遷移が 850 nm の吸収帯として観測さていれる(図 5-12(b))。なお，LH1 の B875 は完全なリング状を形成していないことが多いが，同様の機構が働いていると推定されている。

　LH2 は周辺アンテナであるので，その RC-LH1 に対して有効に連結した量

論比は，生息光環境に応じて変化する。光強度が低いときには，より効率的に集光する必要があるためにLH2数は増大し（十数個まで），光強度が高いときにはLH2数は減少する（数個まで）。LH2で吸収された光励起エネルギーは，B850を介してLH1のB875へ伝達される（数ピコ秒で進行）。LH1のB875が励起状態にあって，LH2のB850からすぐに励起エネルギーを受け取れない場合を想定して，B850の寿命は上述のように長くなっている（励起エネルギー損失の回避）。

(3) 紅色細菌での励起エネルギー移動

以上のことより，紅色細菌おける励起エネルギー移動は，LH2のB800からB850を経て，LH1のB875に伝達されて，最後にRCのP870（スペシャルペア）に渡される（図5-9）。10個のLH2がLH1-RCを取り囲んでいた場合には，バクテリオクロロフィルa分子数は，B800で100弱，B850で200弱，B875で30余り，P870で2となる。スペシャルペア1つに対して，300個程のバクテリオクロロフィルa分子が光を集めていることになり，どの分子で光が吸収されても，励起エネルギーは効率よくスペシャルペアに伝達されることになる。

5.1.13　緑色硫黄細菌での光合成アンテナ

緑色硫黄細菌は，低照度でも光合成を行って生育することができるように，特別な周辺アンテナを持っている[14]。RC-LHコア複合体が存在する膜の上に巨大なアンテナ部を乗せている（図5-13(a)）。クロロソームと呼ばれるこの周辺アンテナは，数十万の構成クロロフィル分子が自己集積することで形成されており，光を収穫する能力にたけている。これまで説明してきたアンテナ部は，色素分子がタンパク質と結合することで構築されていたが，クロロソームはタンパク質を利用しないので，構築コストが低減され，色素濃度も増大させることが可能になる。実際，通常の色素-タンパク質複合体によるアンテナ部の色素濃度はたかだか1モル以下の濃度であったが，クロロソーム内ではその10倍の数モル濃度までの高濃度が達成される。

5 光合成系

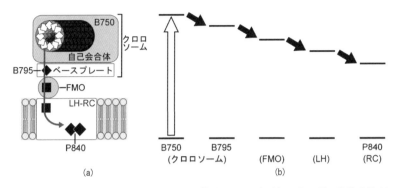

図 5-13　緑色硫黄細菌の光合成初期過程の模式図 (a) と光励起エネルギー移動過程 (b)
白矢印が光励起，黒矢印が励起エネルギー移動

(1) クロロソーム構成色素分子（バクテリオクロロフィル c）

　クロロソームがクロロフィル分子の自己会合体で構築されているのは，その構成色素分子の構造が大きく関わっている。クロロソームを形成するクロロフィル分子は，3^1 位に水酸基を有しており，13^2 位にメトキシカルボニル基を有していないという特徴を持っている（図 5-14）。3^1 位に水酸基は他のクロロフィル分子の中心マグネシウムに配位しやすく，また他のクロロフィル分子の 13 位のカルボニル基と水素結合を形成することもできる。さらに 13^2 位でメトキシカルボニル基を欠いているために，その隣接した 13 位のカルボニル基周辺の立体的な込み合いが減少して，このカルボニル基が水素結合しやすく

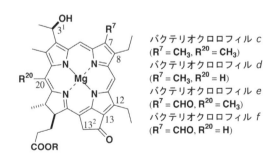

図 5-14　クロロソーム内のクロロフィルの分子構造式（R = farnesyl）
主成分である 3^1 位が R 体で 8 位と 12 位がエチル体を示す。

なっている。このような分子間相互作用しやすい官能基のお陰で，クロロソーム型クロロフィルは自己会合しやすくなっている。

クロロソームを形成する代表的なクロロフィル分子は，バクテリオクロロフィル c である（図5-14）。この分子はクロロフィル a と同じクロリン π 系を有しているために，ジエチルエーテル中で430と660 nm付近にソーレー帯とQy帯に対応する吸収極大を与える。一方，クロロソーム中ではJ型の自己会合体を形成して（図5-9(b)），それぞれの吸収帯が460と750 nm付近に長波長シフトする。これらの吸収帯は単量体のものに比べて幅広になっており，光の吸収効率を上げている。この赤色移動した幅の広い750 nmの吸収帯は，酸素発生型光合成生物が通常利用する700 nm以下の波長領域よりも長く，紅色光合成細菌がよく利用する800 nm以上の波長領域よりも短く，ちょうど他の光合成生物が比較的利用しづらい波長領域であるので，緑色硫黄細菌が自然環境で生息するうえで好都合である。

(2) ベースプレートとFMO

クロロソームの自己会合体が吸収した光エネルギーは，その外皮膜内にあってタンパク質と複合体を形成しているバクテリオクロロフィル a（B795）に伝達される（図5-13）。クロロソームの外皮の脂質一分子膜内にあるこのエネルギー受容型の色素タンパク質複合体は，ベースプレートと呼ばれている。ベースプレートから二分子膜内に存在するRC-LHコア複合体へと励起エネルギーを伝達する際に，FMO（Fenna-Matthews-Olson）と呼ばれるバクテリオクロロフィル a-タンパク質複合体を介することになる（図5-13）。FMOタンパク質は，8ないしは9個のバクテリオクロロフィル a 分子から構成され，その三量体で機能している。FMOタンパク質内のバクテリオクロロフィル a 分子は，クロロソームに近い方からRC-LHコア複合体に近い方向に向けて，サイトエネルギーがおおむね減じるように配列されており，効率のよい励起エネルギー移動を実現している。

(3) 緑色硫黄細菌での励起エネルギー移動

緑色硫黄細菌では，クロロソームの自己会合体（B750）が光を吸収し，その

励起エネルギーはベースプレート（B795）に渡され，FMOタンパク質と中心アンテナを介して，最終的に反応中心のエネルギー受容体（P840）に伝達される（図5-13）。これらの器官の量論比は種や光条件にもよるが，クロロソーム1つ（約10万のバクテリオクロロフィルc分子[15]）に対して，60のFMO三量体（千余りのバクテリオクロロフィルa分子）と30のRC-LHコア複合体が結合しているとされている[16]。1つのRC（P840）に対して，約5千のバクテリオクロロフィルc分子が連結することになる。この比は，紅色細菌の約10倍に値しており，弱光下での生育に適していることがわかる。

(4) バクテリオクロロフィル $d \cdot e \cdot f$

クロロソームの会合性クロロフィル分子には，バクテリオクロロフィルc以外に，バクテリオクロロフィルdとバクテリオクロロフィルeとバクテリオクロロフィルfが知られている。バクテリオクロロフィルdは，バクテリオクロロフィルcの20位を水素原子に置換したものであり（図5-14），天然では20位メチル化酵素が不活性化した結果生じている。この天然変異体では，クロロソームのソーレーとQy吸収帯が10 nmずつ短波長シフトしており，サイトエネルギーが高エネルギー側に移動している。ベースプレート（B795）とのエネルギー差が大きくなるために，励起エネルギー移動効率の減少が予想される。ただ，生育環境によっては吸収帯の短波長シフトが有利に働く可能性も残されている。天然から見出されているが，バクテリオクロロフィルc型の緑色硫黄細菌を淘汰するようなことはなく，この変異はあまり有利に働かないようにも考えられている。

バクテリオクロロフィルeは，バクテリオクロロフィルcの7位のメチル基を酸化してホルミル基にした化合物であり（図5-14），天然から見出されている。この官能基修飾は，クロロフィルaのクロロフィルbへの分子変換に対応しており，クロロソームにおけるソーレー吸収極大は520 nmにまで長波長シフトし，緑色の光を効率よく吸収するようになる。このため，かなり海面から深い位置でも生息可能となり，水深100 m以下での生存も確認されている。この変異はそのような微弱光での生息にかなり有利に働くことが示されている。一方，Qy帯は710 nmまで短波長シフトしており，ベースプレートへの

励起エネルギー移動効率には不利に働いている。

バクテリオクロロフィル f は，バクテリオクロロフィル e の脱 20 位メチル化体であり（図 5-14），これまで天然からは見出されていない。最近バクテリオクロロフィル e を生産する緑色細菌の 20 位メチル化酵素を除去した人工変異体において，見出された[17]。予想どおり，バクテリオクロロフィル e 型のクロロソームよりも 10 nm 程吸収帯が短波長シフトしており，ソーレー帯での光吸収でも励起エネルギー移動でも不利に働く変異であった。バクテリオクロロフィル d と同様に，生育環境によっては有利に働く可能性も残しているので，将来自然界から発見されるかもしれない。

5.1.14 光 散 逸

光合成アンテナは，エネルギー密度の低い太陽光を収穫するという役割と同時に，光合成生物にとって強すぎる光が照射されたときに，その光を散逸させるという役割も担っている。光合成生物は，そこそこの太陽光照射で最大の効率が得られるように調整されているので，それより強い光が注がれたときには，その光をうまく処理しないと，大変危険な状態（場合によっては個体死）に至ることになる。

光合成生物に強い光が急に差し込んだ場合には，まずアンテナ部から反応中心部に励起エネルギーが流れ込まないような方策がとられる[18]。つまり，アンテナ部で吸収された光エネルギーを熱として放出してしまって，反応中心部を過剰に光励起しないように守っているわけである。電荷分離状態やそれ以降の反応が順次行えないと，クロロフィル類の長寿命の励起三重項状態が生成し，

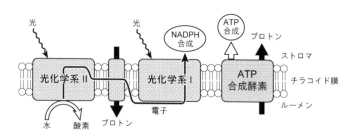

図 5-15　チラコイド膜上での光合成器官と光励起電子・プロトン移動

基底状態の酸素分子を大変反応性の高い活性酸素種に変換してしまい，光合成器官が壊されることになる。

　光合成による電子伝達プロセスが進行すると，酸素発生型光合成生物の緑色植物のチラコイドルーメン側のプロトン濃度がどんどん上昇していく（図5-15）。通常であれば，ATP合成酵素によってプロトンはストロマ側に汲み出されていくが，急激な上昇には応答できずに，ルーメン内の酸性度が上がっていくことになる。そうなるとチラコイド膜に埋め込まれたタンパク質のルーメン側の酸性カルボキシ残基がプロトン化を受けて，そのようなタンパク質が周辺アンテナ間や周辺アンテナから中心アンテナへの励起エネルギー移動を妨害するようになる。また，ルーメン側の酸性度が上がると，ビオラキサンチンのエポキシ基を脱離させる酵素の活性が上昇し，膜内在性周辺アンテナ内に存在するビオラキサンチンがアステラキサンチンを経てゼアキサンチンにまで還元される（図5-16）。このようにカロテノイドのπ共役数が上昇すると（共役二重結合数が$9 \to 10 \to 11$），クロロフィルから励起一重項エネルギーを受け取ることが可能になり，クロロフィル間の励起エネルギー移動を妨害するようになる。この際にエネルギー移動によって励起されたゼアキサンチンは，その励起エネルギーを熱として放出して基底状態に戻ることになる。なお，ルーメン

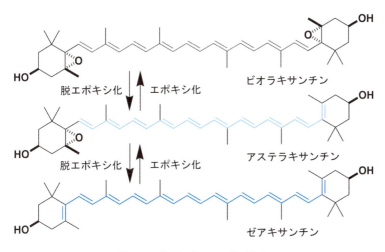

図5-16　キサントフィルサイクル

側の酸性度が低下してくると，エポキシ化酵素の活性が相対的に上昇して，ビオラキサンチンが再生され，通常の周辺アンテナでのクロロフィル間の励起エネルギー移動が回復する。このようなカロテノイドの可逆的な酸化還元（エポキシ化と脱エポキシ化）はキサントフィルサイクルと言われる。上で述べたルーメン側のプロトン濃度上昇にともなう2つの光エネルギーの散逸過程を，非光化学的消光（NPQ : non-photochemical quenching）と呼んでいる。

　強光下では，膜内在性周辺アンテナのストロマ側（図 5-15）でのリン酸化が進行し，エネルギーを散逸させるようになることが観測されている（ステート遷移）。また，強い光が長い時間あたり続けると，遺伝子発現による調節を行って，光合成器官の合成量を変化させて強光条件に対応することも可能になる。

5.2　電荷分離系
5.2.1　光化学系

　光合成において，実際に光エネルギーが必要となるのは，光捕集と電荷分離のプロセスである。電荷分離系において，光励起エネルギーが電子移動によって正電荷と負電荷に分けられ化学エネルギーへと変換される。光合成の反応中心には光化学系 I（Photosystem I）および光化学系 II（Photosystem II）と呼ばれる2つの電荷分離系が配置されている。植物の葉に配備されている光捕集系で捕集された太陽光エネルギーは，ほぼ 100% の量子収率で，光化学系 II のスペシャルペアと呼ばれるクロロフィル二量体 $[(Chl)_2]$ を光励起する。その後，$(Chl)_2$ の光励起状態から多段階電子移動が起こり，電荷が分離される。分離された電子はシトクロム $b_6\text{-}f$ 複合体を経て，プラストシアニン（PC）に伝えられ，最終的に光化学系 I の光誘起電荷分離で生成したクロロフィルダイマーラジカルカチオンに渡される。一方，光化学系 I の反応中心で生成した電子は最終的にニコチンアミドアデニンジヌクレオチドリン酸（$NADP^+$）を還元して NADPH が生成する（図 5-17）。また，チラコイド膜内外のプロトン濃度勾配を利用して，ATP 合成酵素によってアデノシン三リン酸（ATP）が作られる。得られた NADPH と ATP を使って二酸化炭素と水から糖が合成される。一方上述の光化学系 II の反応中心で生成したクロロフィルダイマーラジカルカチオンは，酸素発生中心の複核マンガン / カルシウムクラスターを酸化し，それ

5 光合成系

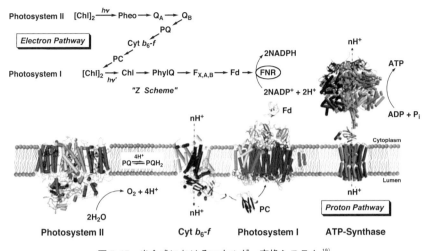

図 5-17 光合成におけるエネルギー変換システム [19]

により水を4電子酸化して酸素が発生する[19]。

5.2.2 反応中心複合体

　紅色光合成細菌の反応中心複合体の構造とその電荷分離過程についてはすでに研究が進んでおり，図 5-18 に示すように，バクテリオクロロフィル (BChl)，バクテリオフェオフィチン (BPhe)，キノン (Q_A, Q_B) 等の有機分子がタンパク中に巧妙に配置されていることがわかっている。植物の葉緑素で捕集された太陽エネルギーは，ほぼ 100%の効率でスペシャルペアと呼ばれるバクテリオクロロフィル二量体 ($BChl_2$) に集められ，この光エネルギーを用いて電荷分離反応を行っている。最初の $BChl_2$ の光励起状態から BPhe への電子移動反応によって電荷分離状態が生成する。この電子移動反応は3ピコ秒（ピコ = 10^{-12}) の超高速で起こることが知られている。この高速電子移動で生成した電荷分離状態 ($BChl_2^{\cdot+} BPhe^{\cdot-}$) は基底状態に逆電子移動する前に，$BPhe^{\cdot-}$ から Q_A への電子移動が 200 ピコ秒の寿命で起こり，2段階目の電荷分離状態 ($BChl_2^{\cdot+} Q_A^{\cdot-}$) が生成する。さらに $Q_A^{\cdot-}$ から Q_B に電子移動が起こる。この多段階電子移動により，正電荷と負電荷の距離が伸び，結果的に電荷分離状態の寿命が非

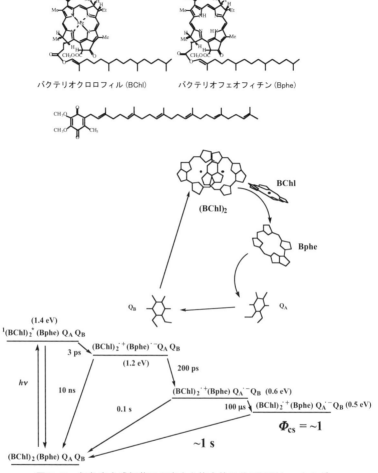

図 5-18　紅色光合成細菌の反応中心複合体の分子配列とエネルギー

常に長くなる(約 1 秒)。各電子移動過程において熱による失活などはほぼ無く,最終的な電荷分離状態はほとんど100%に近い効率 (量子収率 $\Phi_{CS} = \sim 1$) で生成し, このようにして生成した長寿命かつ高エネルギーの電荷分離状態はプロトン勾配エネルギーに変換され, ATP 合成などの化学反応に利用されている[19]。

5.2.3 反応中心モデルの設計戦略

　この光合成電荷分離系のモデルは，適当な電子ドナー・アクセプター連結分子を用いることにより構築できる。そのためには光捕集機能および電子移動特性に優れた電子ドナーと電子アクセプターをそれぞれ選択する必要がある。これらを組み合わせた電荷分離モデル分子の開発は，30年ほどの歴史があり，レーザー過渡吸収分光の発展とともに進められてきた。近年では，フェムト秒レーザーによる過渡吸収分光などの飛躍的な発達により，電荷分離過程の全容を明らかにすることが可能になってきている。また，理論的な側面からもドナー・アクセプター分子の組み合わせの開発および最適化が世界中で行われている。その研究開発の中で，天然の光合成系を遥に凌駕する電荷分離寿命と電荷分離エネルギーを有する分子も見出されている。本章では，様々な電荷分離系を紹介するとともに，マーカス理論を用いて，より長寿命・高エネルギーの電荷分離状態を有する電子ドナー・アクセプター連結分子の設計指針についても述べる。

　前述の通り，自然界の光合成反応中心ではポルフィリン骨格を有するクロロフィル二量体からキノンへの多段階電子移動によって，正電荷と負電荷を遠くに引き離し長寿命の電荷分離状態を獲得している。長寿命電荷分離を分子レベルで実現することを目指した初期の試みでは，多段階の電子移動過程により生成するラジカルイオン対間の距離を遠く離すことによって電荷分離状態の長寿命化をはかってきた。

　単一分子を用いて光照射で電荷分離状態を生成させた例は，1984年に，Wasielewskiらが設計，合成した分子が最初である。開発の指針は，光合成が電子ドナーとして用いているクロロフィルの替わりにポルフィリン，電子アクセプターとしてキノンを用い，両者を共有結合で連結させたものである。（図5-19)[20]。しかし，この分子ではドナーとアクセプターの距離が11 Åと短く，光電子移動は起こるが，電荷の再結合の方が速く起こるために電荷分離状態を当時の時間分解分光法では検出することはできなかった。

　光誘起電子移動による電荷分離の検出を目指した研究のブレークスルーは，N,N-ジメチルアニリン-ポルフィリン-キノン（D-P-Q）の3分子連結系の開発である（図5-20)[21]。ポルフィリンが光捕集部位，ジメチルアニリン部位

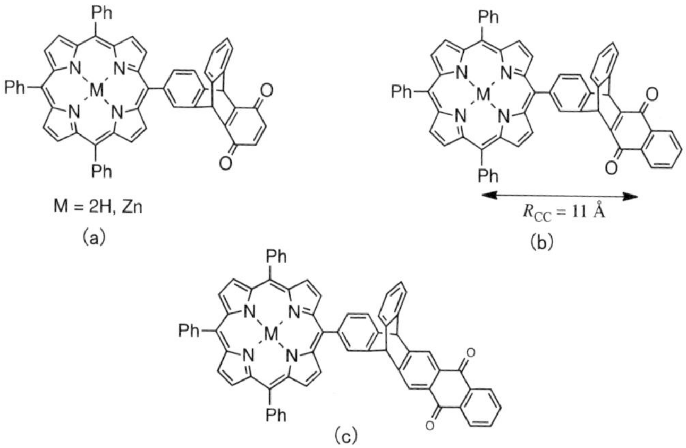

図 5-19 ポルフィリン–キノン連結分子[20]

が電子ドナー,キノンが電子受容体となる。この分子ではポルフィリンが光を吸収し,その励起状態からキノンへ電子移動が起こり1段階目の電荷分離状態（D–P$^{\cdot+}$–Q$^{\cdot-}$）を与える。その後,ジメチルアニリン部位からポルフィリンラジカルカチオン部位へ2段階目の電子移動が起こり,最終電荷分離状態（D$^{\cdot+}$–P–Q$^{\cdot-}$）が得られる。最終電荷分離状態のラジカルイオン間距離は25 Åと図 5-18 のポルフィリン-キノン系の2倍以上にすることにより,電荷分離状態が観測することができ,2.5マイクロ秒の寿命を有する電荷分離寿命も観測された。

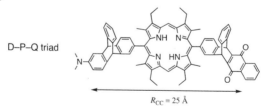

図 5-20 N,N-ジメチルアニリン–ポルフィリン–キノン3分子連結系[21]

一方,Gust らは,図 5-21(a) に示す,カロテノイド–ポルフィリン–キノン–キノンの4分子連結系,および,カロテノイド–ポルフィリン–ポルフィリン–キノン–キノンの5分子連結系へ拡張し,さらに電子ドナーとアクセプター間

図 5-21 (a) カロテノイド-ポルフィリン-キノン-キノン4分子連結系
(b) カロテノイド-亜鉛ポルフィリン-フリーベースポルフィリン-キノン-キノン5分子連結系[22]

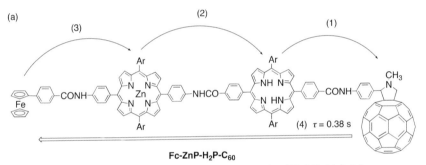

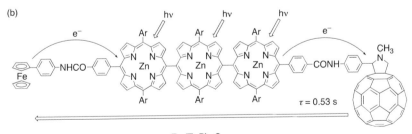

図 5-22 フェロセン-亜鉛ポルフィリン-フリーベースポルフィリン-フラーレン4分子連結系や,フェロセン-亜鉛ポルフィリン-亜鉛ポルフィリン-亜鉛ポルフィリン-フラーレン5分子連結系 Ar = 3,5-Bu$^t_2$C$_6$H$_3$ [23,24]

の距離を伸ばした分子を合成した。これらの最終電荷分離状態の寿命は数100マイクロ秒に達した。[22]

また，ドナー–アクセプター間をさらに伸ばした分子の開発も行われた。例えば電子供与体としてフェロセン (Fc)，光増感剤として亜鉛ポルフィリン (ZnP)，フリーベースポルフィリン (H_2P)，電子受容体としてフラーレン (C_{60}) を用いた4分子連結系 ($Fc-ZnP-H_2P-C_{60}$) では，まず ZnP が励起され，H_2P へのエネルギー移動を経て，H_2P の1重項励起状態から C_{60} への電子移動，ZnP から $H_2P^{·+}$ への電子移動，Fc から $ZnP^{·+}$ への電子移動が連続的に起こり，Fc^+ と $C_{60}^{·-}$ が50Å離れた電荷分離状態が得られる（図5-22(a)）[23]。この電荷再結合過程の寿命は0.38秒となり，光合成反応中心の寿命に匹敵する長寿命となった。また，光捕集部位にメソ位で連結した亜鉛ポルフィリン三量体を用いた5分子連結系においても同様に0.53秒という長寿命電荷分離状態が得られた（図5-22(b)）[24]。このように適切な色素，電子供与体，電子受容体を適切な配置で連結することにより，光合成の光誘起電荷分離過程を良く再現することができる。

5.2.4 長寿命電荷分離状態を有するドナー・アクセプター2分子連結系における分子設計指針

前項で示したように，電子のドナーとアクセプターをできるだけ遠くに引き離すことにより，長寿命電荷分離を達成できる。しかし，多分子連結系では，電子移動の各段階が発熱過程なので最終電荷分離状態を得るためのエネルギー損失が大きくなる。実際に天然の光合成反応中心では，1.4 eV の励起エネルギーに対して，電子がキノンBに達するまでに約70%のエネルギーが失われる。一方，次に示すように一段階の電子移動においても電子ドナー・アクセプター分子の組み合わせと距離を最適化すれば，エネルギー損失を最小限にして長寿命の電荷分離状態を得ることが可能となる。

光合成の反応中心で行われているように高効率で長寿命かつ高エネルギーの電荷分離状態を得るには，最初の光誘起電子移動（電荷分離）過程（CS: charge separation, 図5-23(a)）が逆電子移動による電荷再結合過程（CR: charge recombination）よりもはるかに速く起こる必要がある。電荷再結合過程の駆動力は光誘起電荷分離過程の駆動力より大きいので，通常の化学反応であれば駆

動力の小さな反応の方が速く起こることはあり得ない。しかし，電子移動はフランクコンドン (Franck-Condon) 原理に基づいて起こるため，電子移動速度定数 (k_{ET}) の駆動力 ($-\Delta G^0_{ET}$) 依存性は非断熱型電子移動のマーカス理論により式 (5.1) で表すことができる[25]。式 (5.1) によると電子移動速度定数の対数 ($\log k_{ET}$) は電子移動の駆動力 ($-\Delta G^0_{ET}$) に対して放物線の依存性を示す (図 5-23(b))。λ は電子移動の再配列エネルギーと呼ばれ，λ, V, ΔG^0_{ET} の値により電子移動の速度定数の値が決まる (k_B はボルツマン定数，h はプランク定数)。V は電荷間の相互作用の大きさを示し，電荷間の距離が大きくなるほど小さくなる。

$$k_{ET} = \left(\frac{4\pi^3}{h^2 \lambda k_B T} \right)^{1/2} V^2 \exp\left[-\frac{(\Delta G^0_{ET} + \lambda)^2}{4 \lambda k_B T} \right] \tag{5.1}$$

式 (5.1) によると電子移動の駆動力 ($-\Delta G^0_{ET}$) が λ の値より小さい領域では，$\log k_{ET}$ の値は $-\Delta G^0_{ET}$ の増大に伴い増大する。この領域はマーカスの通常領域と呼ばれる。一方，電子移動の駆動力 ($-\Delta G^0_{ET}$) が λ の値より大きい領域では $\log k_{ET}$ の値は $-\Delta G^0_{ET}$ の増大に伴い逆に減少する。この領域はマーカスの逆転領域と呼ばれる (1992 年ノーベル化学賞)。この逆転領域があるからこそ

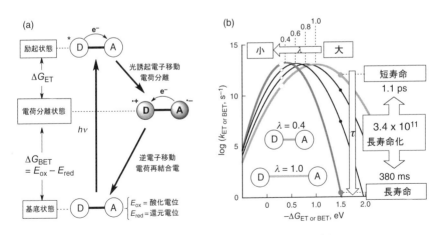

図 5-23 (a) D-A 連結分子の電荷分離と電荷再結合
(b) 電子移動速度定数の駆動力依存性

光合成による電荷分離が可能となっている。図 5-23(b) に示すようにλが小さくなると，電荷再結合過程（CR）の速度は電荷分離過程（CS）の速度よりもはるかに遅くすることが可能となる。例えば，$-\Delta G^0_{BET} = 1.5 \text{ eV}$，$\lambda = 1.0 \text{ eV}$と仮定すると，式 (5.1) より電荷分離寿命 (τ) は 1.1 ピコ秒と非常に短寿命であるが，$\lambda = 0.4 \text{ eV}$になると 380 ミリ秒となり，電荷分離が 1,000 億倍以上も長寿命化するという計算結果となる（図 5-23）。すなわち，長寿命の電荷分離状態を得るには小さなλを有する電子ドナー・アクセプター（D–A）連結系を用い，電荷分離状態のエネルギーがλの値より大きくする必要がある。

電荷分離を起こすためにはまず光吸収が必要である。光合成では，クロロフィルが太陽エネルギーを吸収するが，その類縁体であるポルフィリン，クロリン，フタロシアニンは可視域に強い吸収帯を有し，電子ドナー・アクセプター連結系の光捕集部位としては優れている。また，ポルフィリン類縁体の一電子酸化電位は，0.7 から 1.0 V 程度であり，良好な電子供与体として用いることができる。さらに，ポルフィリン類は剛直なπ電子骨格を有しており，酸化および還元で受ける構造変化が少ないことから再配列エネルギーが小さい。一方，電子受容体としては，3 次元π電子系を有するフラーレンが優れている。フラーレンは電子移動還元されると 60 個の炭素上に電子が非局在化することによって，ほとんど構造変化を起こさない。すなわち，ポルフィリン類とフラーレンはいずれも電子移動の再配列エネルギーが小さく，上述の指針に基づくと，長寿命電荷分離状態を得るのに非常に適している[26]。

そこで天然の光合成反応中心で用いられているバクテリオクロロフィルの代わりに亜鉛クロリン（ZnCh），亜鉛ポルフィリン（ZnPor），遊離塩基のポルフィリン（H_2Por），クロリン（H_2Ch），バクテリオクロリン（H_2BCh）を用い，フラーレンを共有結合で連結した（図 5-24）[27]。クロリンの一重項励起状態からフラーレンへの光電子移動速度は時間分解蛍光寿命測定で決定できる。また，電荷分離状態はナノ秒レーザーでクロリンラジカルカチオンおよびフラーレンラジカルアニオンの過渡吸収スペクトルとして検出することができ，その減衰の経時変化から電荷分離寿命を決定することができる。

電荷分離状態（ZnCh$^{·+}$–$C_{60}^{·-}$）からの逆電子移動すなわち電荷再結合過程（CR）の速度定数の駆動力（$-\Delta G^0_{BET}$）依存性も電荷分離過程（CS）と同様に式

5 光合成系

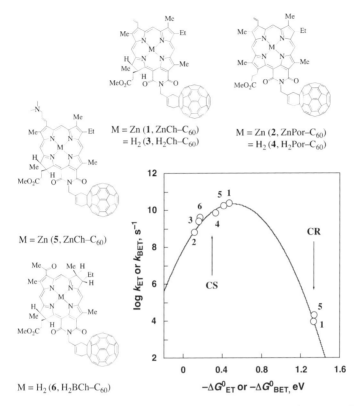

図 5-24　ポルフィリン（クロリン）・C_{60} 連結分子と電子移動速度定数の駆動力依存性[27]

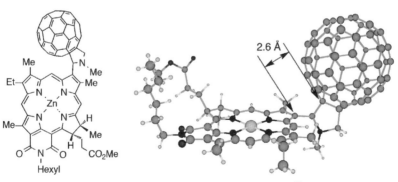

図 5-25　亜鉛クロリン–フラーレン連結分子[28]

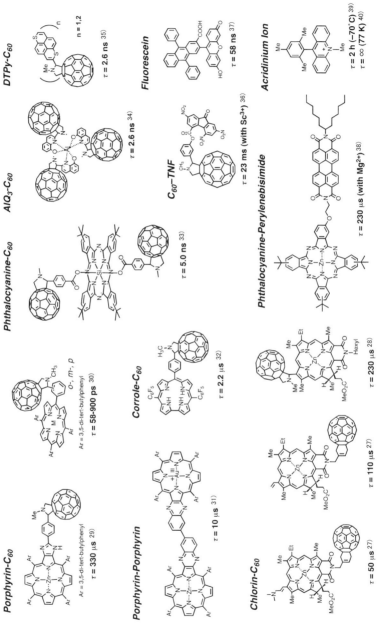

図 5-26 電子ドナー–アクセプター連結系とその電荷分離寿命（2）

(5.1) に従う (図5-24)[27]。電子移動速度定数が最大値を与える駆動力が電子移動の再配列エネルギー λ に対応する。ここでCR過程の駆動力は完全にマーカスの逆転領域(駆動力が大きくなるほど k_{BET} の値が小さくなる)に入っている。そのため駆動力の大きなCR過程の方が駆動力の小さなCS過程より速度がはるかに遅くなっている。

クロリン・フラーレンの2分子連結系で連結距離をさらに短くすると電荷分離寿命はさらに長いものが得られる。図5-25に示す亜鉛クロリン・フラーレンの室温における電荷分離寿命は $230\mu s$ となり,単純なドナー・アクセプターの2分子連結分子としては非常に長寿命となった。また,この電荷分離寿命には大きな温度依存性があり,凍結溶媒中で発生させた電荷分離状態の寿命は $-150℃$ で120秒となり,天然の光合成反応中心よりもはるかに長寿命になることがわかった。さらに,この電荷分離状態のエネルギーは1.26 eVであり天然の光合成反応中心の0.5 eVよりも2倍以上大きいものとなった[28]。代表的な例のいくつかを図5-26にまとめて示す。ここに示した電子ドナー・アクセプター連結分子の多くは,光吸収特性や電子移動特性に優れていることから,金属ポルフィリンやフラーレン骨格を有するものが多い。

5.2.5 ルイス酸金属イオンによる電荷分離状態の長寿命化

光合成反応中心の多段階電子移動反応のうち3段階目のキノンAのセミキノンラジカルアニオンからキノンBへの電子移動では,キノンAとキノンBの構造が全く同じであるにもかかわらず効率よく電子移動反応が進行することが知られている。この過程には近傍に存在する鉄イオンがルイス酸として働き電子移動過程を制御していることが提案されている。すなわち,上述した光電荷分離状態の寿命においても,ルイス酸などを添加することによって,電子移動過程の制御が可能となり,長寿命電荷分離状態を生成させることが可能になると考えられる。

フタロシアニンは電子供与体としてだけではなく,可視域に強い吸収帯を有しているために光増感剤としても有用である。それゆえ近年,フタロシアニンを用いた光電荷分離や光エネルギー移動などの研究が盛んに行われている。一方,フラーレンやペリレンビスイミド(PDI)は優れた電子受容性として知ら

れており，これらの分子を用いた電子ドナー・アクセプター連結分子の光電荷分離系やエネルギー移動系も盛んに研究が行われている。例えば，ケイ素フタロシアニン (SiPc) や亜鉛フタロシアニン (ZnPc) を電子供与帯，フラーレン，PDI，フルオレノン誘導体を電子供与体としたドナー・アクセプター連結分子が合成されている。これらの分子は，電荷分離は起こるが，前述のポルフィリン–フラーレン系と同様にフタロシアニンの三重項励起エネルギー準位が低いために，電荷分離寿命は非常に短い。ケイ素フタロシアニン–フラーレン連結分子（C_{60}-SiPc-C_{60}）[33] の光ダイナミクスのエネルギーダイアグラムを図 5-27 に示すが，酸化還元電位の差から得られる電荷分離エネルギー（1.62 eV）は，SiPc および C_{60} の一重項励起状態よりも十分に低いので，光電子移動の自由エネルギー変化は負となり光電荷分離は起こる。しかし，電荷分離エネルギーよ

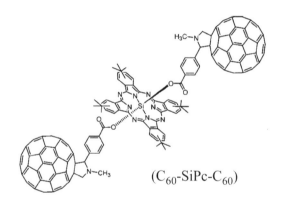

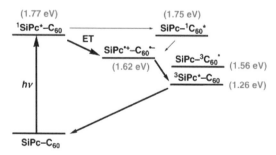

図 5-27　シリコンフタロシアニン–フラーレン連結分子とエネルギーダイアグラム[33]

りも三重項励起エネルギーが低いために（C_{60}: 1.56 eV; SiPc: 1.26 eV）逆電子移動により速やかに三重項励起状態が生成する。実際に電荷分離寿命はベンゾニトリル溶液中で5ナノ秒と非常に短い。

図5-28に示す，亜鉛フタロシアニンとペリレンビスイミドが連結した2分子連結系（ZnPc-PDI）においても，電荷分離状態から三重項励起状態への逆電子移動が起こるために電荷分離寿命は短い。すなわち図5-29(a) に示す，ZnPc-PDI 2分子連結系では，97ピコ秒の寿命で逆電子移動が起こり，基底状

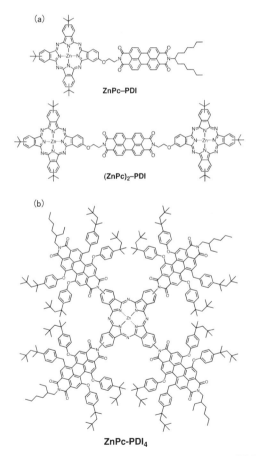

図5-28　フタロシアニン−ペリレンビスイミド連結系[38,41,42]

態ではなく三重項例状態の亜鉛フタロシアニン ^{3}ZnPc* を与える。これは，3分子連結系（ZnPc$_2$-PDI，図 5-28）や 5 分子系でも同じであり，電荷分離エネルギー準位よりも，三重項励起エネルギーの方が低いために，光電荷分離後の逆電子移動によって生成するのは，基底状態ではなく三重項励起状態の ZnPc（^{3}ZnPc*）あるいは PDI（^{3}PDI*）であるからである。実際に，ZnPc-PDI の脱酸

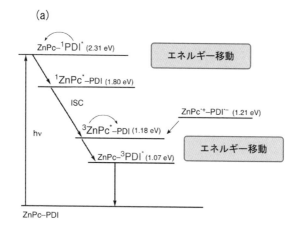

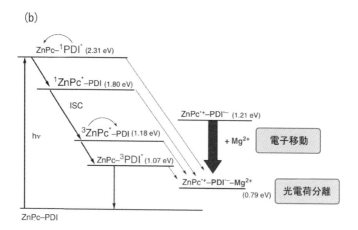

図 5-29 フタロシアニン-ペリレンビスイミド連結系の(a)金属イオン無し，(b)マグネシウムイオン存在下におけるエネルギーダイアグラム[38]

素ベンゾニトリル溶液にレーザー光照射を行うと，即座に電荷分離状態が生成するが，97 ピコ秒の寿命で逆電子移動が起こり，三重項亜鉛フタロシアニンへと変化する。最終的には，^{3}ZnPc* から PDI へエネルギー移動が起こり，^{3}PDI* が生成し基底状態へ至る。

この系にマグネシウム過塩素酸塩を添加し同様な測定を行うと，ZnPc から PDI 部位への電子移動反応が進行し，電荷分離状態が生成する。その電荷分離寿命は 140 マイクロ秒と長寿命である。これは，PDI ラジカルアニオンのカルボニル酸素とマグネシウムイオンとの錯形成によって，電荷分離状態のエネルギーが ^{3}PDI* よりも低くなったためである（図 5-29(b)）。電気化学測定では，PDI のラジカルイオンにマグネシウムイオンが結合することによって，一電子還元電位が 0.42 V 正側にシフトするので，そのエネルギー分だけ電荷分離状態が安定化し，電荷分離寿命が長くなったと考えられる。

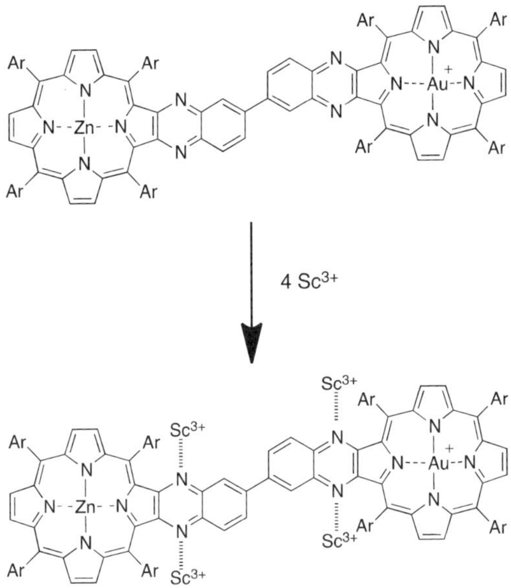

図 5-30　亜鉛キノキサリノポルフィリン–金キノキサリノポルフィリン連結分子のスカンジウムイオンとの錯形成[43]

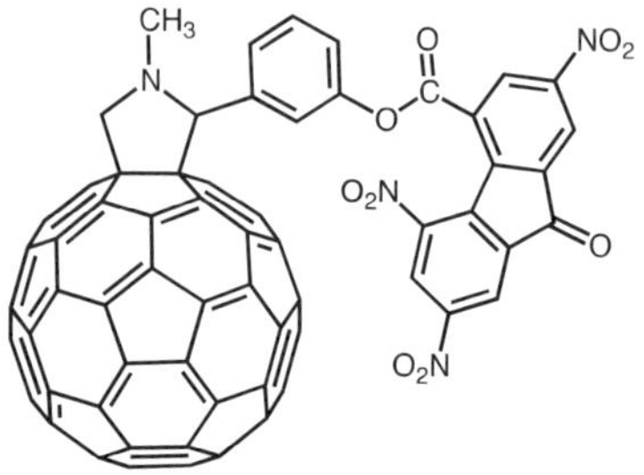

C₆₀-TNF

図 5-31 トリニトロフルオレノン-フラーレン連結分子[36]

同様に，フタロシアニンに 4 分子のペリレンジイミド（ZnPc-PDI$_4$）が連結した系では，金属イオン無しでは，その電荷分離寿命は 26 ピコ秒であるが，マグネシウム過塩素酸塩を ZnPc-PDI$_4$ に加えると電荷再結合は著しく遅くなり，電荷分離状態は 480 マイクロ秒と長寿命化する。

金属イオンのルイス酸性度は 2 価金属イオンの Mg^{2+} よりも 3 価金属イオンである Sc^{3+} の方が高いことが知られている。図 5-30 に示す，亜鉛キノキサリノポルフィリン-金キノキサリノポルフィリン連結分子では，ベンゾニトリル中の電荷分離寿命は 250 ピコ秒であるが，ここにスカンジウムイオンを添加すると，電荷分離寿命は 1,700 倍長くなり 430 ナノ秒となる[43]。さらに，トリニトロフルオレノン-フラーレン連結分子（C$_{60}$-TNF）（図 5-31）では，スカンジウムイオン存在下，23 ミリ秒という非常に長い電荷分離寿命が観測されている[36]。これは溶液中におけるドナー・アクセプター 2 連結系の電荷分離寿命としては世界最長である。この連結分子では，電荷分離トリニトロフルオレノンラジカルアニオンとスカンジウムイオンが結合することによって，フラーレンの励起状態からの電子移動が起こり光電荷分離状態が生成する[36]。

5.2.6 ま と め

本項では光合成電荷分離系の仕組みについて概説するとともに，そのモデル研究において電子ドナーと電子アクセプター分子の組み合わせと距離を最適化することで，天然の光合成反応中心の電荷分離状態のエネルギーと寿命をはる

かに凌駕する電子移動状態が得られることを示した。この光電荷分離で得られた，正電荷と負電荷の酸化力および還元力は，様々な光触媒，および，色素増感型太陽電池に応用可能であり，それらの研究もすでに世界中で活発に進められている。

5.3 光合成における水の酸化系

5.3.1 概論

酸素発生型の光合成では，水が電子の供給源として用いられる。今から約27億年前，酸素発生型光合成を行う細菌（シアノバクテリア）が出現し，豊富に存在する水から電子を得る機構を獲得して進化上の成功を収めた。当初，酸素は目的物ではなく，水を電子源とすることによる副次的な産物であった。しかし，大気には分子状酸素が豊富に蓄えられ，結果として酸素に基づく代謝機構を備えた好気性生物の繁栄をもたらした。光合成における水の酸化反応は，地球環境および生命進化に多大な影響を与えた，非常に重要な生化学反応である。

本項では，酸素発生型光合成で行われる「水を酸化して酸素を発生する反応」に着目し，その活性中心である酸素発生錯体の構造と機能，およびこの活性中心のモデル錯体の研究について概説する。

5.3.2 水の酸化反応と酸化還元電位

水の酸化による酸素発生反応の反応式を式 (5.2) に示す。この反応では，2つの水分子が4電子酸化されて，1つの酸素分子，4つのプロトン，4つの電子が放出される。

$$2H_2O \longrightarrow O_2 + 4H^+ + 4e^- \tag{5.2}$$

この反応の機構と酸化還元電位を表 5-1 にまとめた。1電子4段階機構は，水が1電子ずつ酸化されるたび，中間体が遊離する機構である。この機構では，始めの1電子酸化によるヒドロキシルラジカル（HO·）の生成に対し 2.38 V という大きな電位を必要とする。2電子2段階機構では，中間体として過酸化水素（H_2O_2）が遊離され，その際に 1.77 V の電位が必要になる。4電子1段階機構では，ヒドロキシルラジカルや過酸化水素などの生物に有害ないわゆる

活性酸素種を中間体に生じず，酸素発生に必要な電位も他の多段階機構に比べて低い（1.23 V）。光合成では，水の酸化反応を4電子1段階機構により行い，不安定中間体を遊離することなく低電位かつ高効率に酸素を発生している。

表 5-1　水の酸化反応の機構と酸化還元電位（vs. NHE, pH 0）

水の酸化機構	酸化還元電位
1電子4段階機構：	
$H_2O \rightleftharpoons HO\cdot + e^- + H^+$	+2.38 V
$HO\cdot + H_2O \rightleftharpoons H_2O_2 + e^- + H^+$	+1.14 V
$H_2O_2 \rightleftharpoons HO_2\cdot + e^- + H^+$	+1.44 V
$HO_2\cdot \rightleftharpoons O_2 + e^- + H^+$	−0.046 V
2電子2段階機構：	
$2H_2O \rightleftharpoons H_2O_2 + 2e^- + 2H^+$	+1.77 V
$H_2O_2 \rightleftharpoons O_2 + 2e^- + 2H^+$	+0.69 V
4電子1段階機構：	
$2H_2O \rightleftharpoons O_2 + 4e^- + 4H^+$	+1.23 V

5.3.3　酸素発生錯体の構造と機能

光合成では，水の酸化反応は光化学系 II（PSII）複合体で起こる。その活性中心には，4つのマンガンイオンと1つのカルシウムイオンがオキシド架橋された Mn_4CaO_5 クラスターが存在し，酸素発生錯体（OEC：oxygen-evolving complex）と呼ばれている。シアノバクテリアから高等植物に至るまで，Mn_4CaO_5 クラスターの構造と機能は一貫している。

X線結晶構造解析によって明らかにされた Mn_4CaO_5 クラスターの構造を図 5-32 に示す[44, 45]。Mn_4CaO_5 クラスターの骨格は，6つのカルボキシ基と1つのヒスチジル基によって支えられており，Mn4 と呼ばれる Mn イオンと Ca イオンにはそれぞれ2つずつ，計4つの水分子（W1 と W2, W3 と W4）が配位している。この Mn_4CaO_5 クラスターの大きな特徴は，Ca がクラスター内に含まれることで構造に歪が生じ「歪んだ椅子型構造」となっていることである。この歪んだ構造こそが，水の酸化反応を行う上で重要な要素であると推察されている。Mn–O 配位結合の一般的な結合距離は 1.9〜2.1 Å であるが，O5 と呼ばれる酸素原子の周りの Mn–O 結合距離は 2.2〜2.7 Å と一般的な結合距離よ

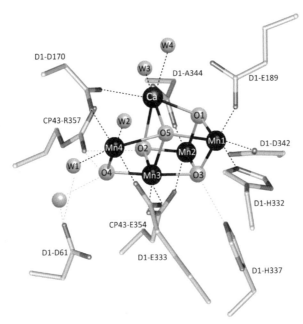

図 5-32 Mn_4CaO_5 クラスターと近傍に位置するアミノ酸残基(W は水分子の酸素原子を表す)

りも長い。そのため，O5 は反応性に富んだ酸素原子であると推測され，水分解・酸素発生反応の中心部位であると考えられる。

　水の酸化反応の活性中心に 4 つのマンガンイオンと 1 つのカルシウムイオンが存在することは，初期の X 線構造解析法，X 線分光法，ESR 法などにより古くから知られていた。一方，それがどのような化学構造をとるかに関しては長年謎とされてきた。2011 年，沈，神谷らの研究グループは，PSII の X 線結晶構造解析の高分解能化を達成し，Mn_4CaO_5 クラスターの詳細な構造を明らかにした[44]。しかし，X 線を用いた測定手法では測定中に試料の放射線損傷が起こる可能性があるため，解明された構造は真の構造ではなく，X 線による損傷を受けた別の状態ではないかとの指摘もあった。2015 年，沈らは，フェムト秒の X 線パルスを用いて測定を行うことにより，放射線による損傷が起こる前の結晶構造解析データを報告し，放射線損傷の有無に関する議論に終止符をうった[45]。

水の酸化反応は，5つの中間状態を繰り返して起こる。この光駆動サイクルは，KokサイクルまたはS$_i$（i = 0, 1, 2, 3, 4）サイクルと呼ばれている（図5-33）[46]。ここで，下付き数字iが大きいほどMn$_4$CaO$_5$クラスターの酸化が進んだ状態を表す。PSIIが1光子を吸収するごとに，Mn$_4$CaO$_5$クラスターはチロシン残基（Y$_z$）を介してP680に電子を供給し，1ステップずつ酸化反応が進行する。PSIIを暗所に静置するとS$_1$状態で安定化される。S$_1$状態は，P680の光誘起に伴って，S$_2$状態，S$_3$状態へと1電子ずつ酸化される。3回目以降の光励起後に，寿命の短いS$_4$状態を経て1分子の酸素が遊離された後，S$_0$状態に戻る。

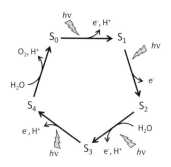

図5-33　Mn$_4$CaO$_5$クラスターの光駆動サイクル（Kokサイクル）

　Kokサイクルの各S状態におけるMn$_4$CaO$_5$クラスターの構造と電子状態変化については，X線構造解析法および様々な分光法を用いた実験と，理論的な計算および解析により，次第に明らかになりつつある。ここでは，2014年のコックス（Cox）とルビッツ（Lubitz）による報告[47]にまとめられた反応機構（図5-34）を例にとり，各S状態におけるMn$_4$CaO$_5$クラスターの構造と電子状態について解説する。

　X線構造解析法（図5-32）や各種分光法の結果から，S$_1$状態のMn$_4$CaO$_5$クラスター中の4つのMnイオン（Mn1, Mn2, Mn3, Mn4）の酸化数の分布は，それぞれ（III, IV, IV, III）であることがわかっている[45]。このS$_1$状態が1電子

酸化されると，Mn1 が酸化されて O5 が Mn1 側に偏った closed 型と，Mn4 が酸化されて O5 が Mn4 側に偏った open 型の 2 つの安定状態をもつ S_2 状態になる（図 5-34）[48]。S_2 状態から S_3 状態への酸化の際に，1 つの水分子が取り込まれ，同時に 1 つのプロトンが放出される[49]。S_3 状態における 4 つの Mn イオンはすべて +IV 価であり，6 配位八面体構造を有している[47]。この S_3 状態の 1 電子酸化に伴いプロトンが放出され，準安定な S_4 状態となる。この S_4 状態において酸素-酸素結合生成が起こり，分子状酸素が生成する。

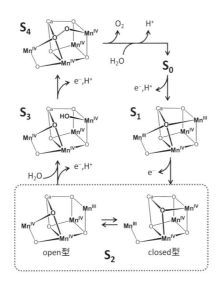

図 5-34　Mn_4CaO_5 クラスターが行う水の酸化反応に対して提唱されている有力な反応機構

ただし，上記の反応機構はあくまで有力な説の一例である。実際のところ，$S_3 \rightarrow [S_4] \rightarrow S_0$ という状態変化に伴う一連の化学過程（脱プロトン化，酸素—酸素結合生成，分子状酸素の発生，水分子の結合）については現在も不明な点が多い。

5.3.4　酸素発生錯体の構造モデル

2011 年に Mn_4CaO_5 クラスターの構造が明らかにされたことを受け[44]，その

構造を合成化学的に構築し，機能解明につなげようという試みが行われた。そのような中，アガピー（Agapie）らはいち早く，Mn_4CaO_5 クラスターの部分構造とみなせる Mn_3CaO_4 キュバン構造の合成に成功した[50]。この化合物は，1,3,5-トリアリールベンゼン骨格に6つのピリジル基と3つのヒドロキシ基が導入された剛直な多座配位子を3当量の酢酸マンガンと反応させて $[Mn_3O_4]$ 骨格を構築し，そこに Ca イオンを反応させるという2段階の反応により合成された（図5-35）。この Mn_3CaO_4 キュバン骨格中の Mn−Mn 平均距離は 2.834 Å で，PSII の Mn_4CaO_5 クラスター中で見られた Mn−Mn の平均距離とほぼ一致している。しかし，合成 Mn_3CaO_4 錯体のキュバン骨格は PSII の Mn_4CaO_5 クラスターのように歪んでいない。また，3つの Mn がすべて IV 価であり，Mn_4CaO_5 クラスターの価数分布とは異なる。Mn−O 距離の平均距離は 1.87 Å で，OEC 中の

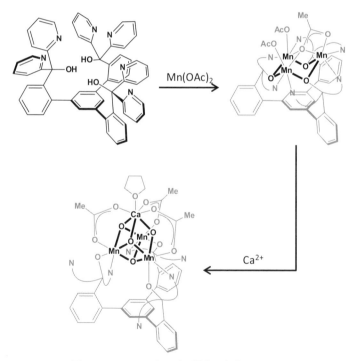

図 5-35　Mn_3CaO_4 キュバン構造の合成スキーム

O5のような長い結合距離を有するオキシド基を持っておらず，どちらかというと通常のMn酸化物で見られるMn-Oの距離に近い。このように，Agapieらの構造はMnイオンが1つ足りない点の他にも多くの違いがあったが，天然のMn$_4$CaO$_5$クラスターの構造が明らかにされた直後のモデル化合物として注目を集めた。

さらにAgapieらは，同じトリアリールベンゼン誘導体多座配位子を用いて，類似骨格を有する一連のMn$_3$M錯体（M = Na$^+$, Ca^{2+}, Sr^{2+}, Zn^{2+}, Y^{3+}）を合成し，その酸化還元挙動を調査した[51]。その結果，Mn^{IV}Mn$^{III}_2$/Mn$^{III}_3$の酸化還元波の電位が酸化還元不活性な金属イオンMの種類によって大きく変化し，その値が金属イオンのルイス酸性と相関していることが示された。このことから，PSIIに存在するCaイオンは，Mn$_4$CaO$_5$クラスターの酸化還元電位を制御する役割を担っているのではないかと結論している。

図5-35のMn$_3$CaO$_4$キュバン骨格はPSIIのMn$_4$CaO$_5$クラスターとは異なり，Mnイオンの数が1つ少なく，キュバン骨格の歪みも見られなかった。そこで，PSIIのMn$_4$CaO$_5$クラスターの構造により近いモデル化合物の合成が期待された。2015年，チャン（Zhang）らの研究グループは，過剰量のピバル酸を含むアセトニトリル中に，過マンガン酸テトラブチルアンモニウム，酢酸マンガンおよび酢酸カルシウムを反応させ，図5-36に示すMn$_4$CaO$_4$骨格を持つ化合物を得た[52]。この化合物は，Mn$_3$CaO$_4$のキュバン骨格に隣接して4つ目のMnイオン（Mn4）が存在し，酸素原子（O5）でキュバン骨格と結び付けられている。また，PSIIのMn$_4$CaO$_5$クラスターと同じように，Caイオンは3つのマンガンイオン（Mn1, Mn2, Mn4）とカルボキシ基によってそれぞれ架橋されている。結合-原子価総和解析（bond-valence sum analysis）から4つのMnイオン（Mn1, Mn2, Mn3, Mn4）の酸化数の分布はそれぞれ（III, IV, IV, III）であることが示された。この価数分布は，Mn$_4$CaO$_5$クラスターのS$_1$状態におけるMnイオンの価数分布と同じである[45]。一方で，Mn$_4$CaO$_5$クラスターのMn3とMn4とをつないでいる酸素原子のうち1つ（O4）が欠落しており，Mn1に配位しているヒスチジン残基由来のイミダゾール配位子やMn4とCaに配位している4つの水分子も他の配位子に置き換わってしまっている。2つの構造で最も顕著な違いは，O5の周りのMn-O結合距離である。PSIIのMn$_4$CaO$_5$クラスターでは

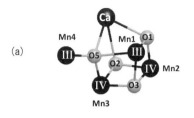
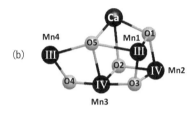

図 5-36　Mn_4CaO_4 骨格を持つモデル化合物(a)と Mn_4CaO_5 クラスター(b)の結晶構造の比較
(ローマ数字はマンガンの酸化数を表す)

O5 と Mn1, Mn3, Mn4 の距離がそれぞれ 2.7, 2.2, 2.3 Å であるが，モデル化合物ではそれぞれ 2.28, 1.85, 1.85 Å となっている。また，このモデル化合物は水の酸化反応に対して有意な活性を示さなかった。PSII の Mn_4CaO_5 クラスターでは O5 が酸素－酸素結合生成に関わっているという考えが有力であり[47]，O5 周辺の結合距離を長くし反応性を上げたモデル化合物の合成が今後の課題である。

5.3.5　酸素発生錯体の機能モデル

水を触媒的に酸化する金属錯体を人工的に構築することは，光合成における水の酸化機構の理解を助けるだけでなく，現在注目されている人工光合成システムの構築に向けても重要な課題として位置づけられる。PSII の Mn_4CaO_5 クラスターは 4 電子 1 段階機構（表 5-1）で水を酸化することにより，高効率かつ低電位での酸素発生を実現している。人工の触媒開発においても同様に，多電子移動と酸素－酸素結合生成を効率よく進行させ，4 電子 1 段階機構で酸素を発生できる触媒の創出が期待されている。

天然の光合成では，マンガンイオンが活性中心の主な構成元素であることか

ら，マンガン錯体は水の酸化触媒を構築するうえで大きな可能性を秘めた化合物群として，盛んに研究されてきた。しかし，これまでにマンガン錯体を用いて触媒的な酸素発生を達成した例は限られる。酸素発生触媒能を有するマンガン錯体の代表的な報告例[53-55]を図 5-37 に挙げる。これらの錯体は有意な酸素発生能を示すが，反応速度や触媒回転数は大きくない。その要因の 1 つとして，中心金属であるマンガンイオンの配位子置換速度が速く，反応中に錯体が分解してしまうことが考えられる[56]。

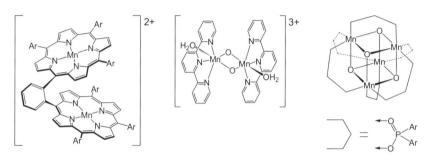

図 5-37　酸素発生触媒能を有する代表的なマンガン錯体

一方，分子性の水の酸化触媒として最も盛んに研究が展開されている化合物群は，中心金属イオンとしてルテニウムを含む金属錯体である。1982 年，マイヤー（Meyer）らは，図 5-38 に示すルテニウム二核錯体を合成し，酸化剤との反応や電解酸化により，触媒的に水を酸化して酸素を発生させることに成功した[57]。本触媒は水の酸化反応を促進する初めての分子性触媒として注目を集めた。その後，多くの研究者がルテニウム錯体を用いた触媒開発研究に参入し，長年にわたり触媒分子構造の改良が行われた。近年では，スン（Sun）らによって報告されたルテニウム単核錯体（図 5-38, (b)）が，大きな反応速度かつ低い過電圧で機能する触媒として注目を集めている[58]。

水の酸化触媒を人工的に作る場合に最も魅力的な化合物群として，鉄錯体が注目されている。鉄は，遷移金属元素の中で最も地殻存在量が多く，価格も安い。また，酸素原子との親和性が高く，生体中で様々な酸化反応の活性中心に含まれている。さらに，人工的な水の酸化触媒として最も盛んに研究されてい

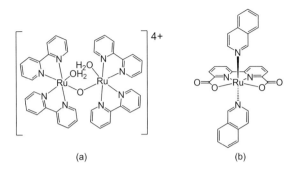

図 5-38 酸素発生触媒能を有する代表的なルテニウム錯体

るルテニウムと同じ第 8 族の遷移金属元素であり,ルテニウムと類似した触媒作用を示すことが期待される。しかし,高い活性を有する鉄錯体触媒の報告例は存在せず,新たな分子設計に基づく触媒の開発が期待されてきた。

そのような中,2016 年,5 つの鉄イオン,6 つの有機配位子(3,5-ビス(2-ピリジル)ピラゾール),1 つの架橋オキシド配位子から構成される鉄五核錯体が,高活性な水の酸化触媒として機能することが報告された(図 5-39)[59]。この鉄五核錯体は,電気化学的な反応条件下において,水を酸化して酸素を発生させる。酸素発生反応の電流変換効率は 96% であり,分子状酸素が選択的に発生していた。触媒反応の反応速度($k_{cat} = 1,900$ s^{-1})は,既存の鉄錯体触媒[60, 61]と比較して 1,000 倍以上大きなものであった。条件が異なるため直接的に比較することはできないが,反応速度が植物の光合成における酸素発生速度(400 s^{-1})をも上回る値を示したことは興味深い[62]。

この鉄五核錯体の触媒作用で特徴的な点は,Mn_4CaO_5 クラスターの Kok サイクルにも似た酸素発生反応機構である(図 5-35)。この鉄五核錯体は,5 つの鉄イオンのうち 1 つが III 価,残りの 4 つが II 価の状態(S_0 状態)として単離される。その S_0 状態から 1 電子ずつ酸化されていき 4 電子酸化体(S_4 状態)を形成する。次いで,水分子の配位ならびに脱プロトン反応によりオキソ種が生成する。その際,分子内での酸化数の不均化により混合原子価状態をとる。この混合原子価状態から,隣接するオキソ間で迅速な酸素-酸素結合生成反応が進行する。最後に,分子状酸素が遊離し,触媒サイクルが閉じる。

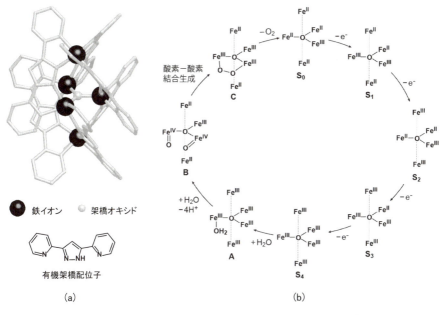

図 5-39 酸素発生触媒能を有する鉄五核錯体の構造(a)と反応機構(b)

　この鉄錯体は，Mn_4CaO_5 クラスターのように酸素発生に必要な4電子分の酸化力を多核構造中に貯め込み，その酸化力を駆動力として，隣接した活性サイトを用いて効率よく酸素−酸素結合を形成させることができる。類似のメカニズムで酸素を発生させる人工的な錯体触媒の報告例はこれまでになく，Mn_4CaO_5 クラスターに最も類似した機構で水を酸化できるモデル化合物であるといえる。

参考図書・文献

1) 民秋　均，光合成研究，**23**, 136 (2013).
2) 民秋　均，『金属錯体の光化学』，第13章，三共出版 (2007).
3) R. Croce, H. van Amerongen, *Nat. Chem. Biol.*, **10**, 492 (2014).
4) 民秋　均，『人工光合成』，第2章，三共出版 (2015).

5) T. Oba, H. Tamiaki, *J. Porphyrins Phthalocyanines*, **18**, 919 (2014).
6) 垣谷俊昭，三室　守，民秋　均，『クロロフィル』，裳華房 (2011).
7) S. Takagi, M. Eguchi, D. A. Tryk. H. Inoue, *J. Photochem. Photobiol. C: Photochem. Rev.*, **7**, 104 (2006).
8) H. Tamiaki, M. Kunieda, *Handbook of Porphyrin Science*, **11**, 223 (2011).
9) H. Tamiaki, M. Teramura, Y. Tsukatani, *Bull. Chem. Soc. Jpn.*, **89**, 161 (2016).
10) C. S. Ting, G. Rocap, J. King, S. W. Chisholm, *Trends Microbiol.*, **10**, 134 (2002).
11) Y. Kashiayama, H. Miyashita, S. Ohkubo, N. O. Ogawa, Y. Chikaraishi, Y. Takano, H. Suga, T. Toyofuku, H. Nomaki, H. Kitazato, T. Nagata, N. Ohkouchi, *Science*, **321**, 658 (2008).
12) M. Chen, M. Schliep, R. D. Willows, Z.-L. Cai, B. A. Neilan, H. Scheer, *Science*, **329**, 1318 (2010).
13) 民秋　均，光化学，**31**, 122 (2000).
14) 民秋　均，*BIO INDUSTRY*, **30**(12), 15 (2013).
15) Y. Saga, Y. Shibata, S. Itoh, H. Tamiaki, *J. Phys. Chem. B*, **111**, 12605 (2007).
16) D. Bína, Z. Gardian, F. Vácha, R. Litvín, *Photosynth. Res.*, **128**, 93 (2016).
17) 原田二朗，民秋　均，化学，**68**(3), 48 (2013).
18) K. K. Niyogi, T. B. Truong, *Curr. Opinion Plant Biol.*, **16**, 307 (2013).
19) J. Deisenhofer, J. R. Norris (ed), The Photosynthetic Reaction Center, Academic Press: San Diego (1993).
20) a) M. R. Wasielewski, M. P. Niemczyk, *J. Am. Chem. Soc.*, **106**, 5043 (1984). b) M. R. Wasielewski, M. P. Niemczyk, W. A. Svec, E. B. Pewitt, *J. Am. Chem. Soc.*, **107**, 1080 (1985).
21) M. R. Wasielewski, M. P. Niemczyk, W. A. Svec, E. B. Pewitt, *J. Am. Chem. Soc.*, **107**, 5562 (1985).
22) D. Gust, T. A. Moore, A. L. Moore, D. Barrett, L. O. Harding, L. R. Makinas, P. A. Liddell, F. C. De Schryver, M. Van der Auweraer, R. V. Bensasson, M. Rougée, *J. Am. Chem. Soc.*, **110**, 321 (1988).
23) H. Imahori, K. Tamaki, D. M. Guldi, C. Luo, M. Fujitsuka, O. Ito, Y. Sakata, S. Fukuzumi, *J. Am. Chem. Soc.*, **123**, 2607 (2001).

24) a) H. Imahori, D. M. Guldi, K. Tamaki Y. Yoshida, C. Luo, Y. Sakata, S. Fukuzumi, *J. Am. Chem. Soc.*, **123**, 6617 (2001). b) D. M. Guldi, H. Imahori, K. Tamaki, Y. Kashiwagi, H. Yamada, Y. Sakata, S. Fukuzumi, *J. Phys. Chem. A*, **108**, 541 (2004).

25) a) R. A. Marcus, *Angew. Chem., Int. Ed. Engl.*, **32**, 1111 (1993). b) R. A. Marcus, N. Sutin, *Biochim. Biophys. Acta*, **811**, 265 (1985).

26) S. Fukuzumi, D. M. Guldi, *Electron Transfer in Chemistry*, V. Balzani (ed), Wiley-VCH: Weinheim, Vol. 2, pp 270-337 (2001).

27) a) S. Fukuzumi, K. Ohkubo, H. Imahori, J. Shao, Z. Ou, G. Zheng, Y. Chen, R. K. Pandey, M. Fujitsuka, O. Ito, K. M. Kadish, *J. Am. Chem. Soc.*, **123**, 10676 (2001). b) K. Ohkubo, H. Imahori, J. Shao, Z. Ou, K. M. Kadish, Y. Chen, G. Zheng, R. K. Pandey, M. Fujitsuka, O. Ito, S. Fukuzumi, *J. Phys. Chem. A*, **106**, 10991 (2002).

28) K. Ohkubo, H. Kotani, J. Shao, Z. Ou, K. M. Kadish, G. Li, R. K. Pandey, M. Fujitsuka, O. Ito, H. Imahori, S. Fukuzumi, *Angew. Chem., Int. Ed.*, **43**, 853 (2004).

29) Y. Kashiwagi, K. Ohkubo, J. A. McDonald, I. M. Blake, M. J. Crossley, Y. Araki, O. Ito, H. Imahori, S. Fukuzumi, *Org. Lett.*, **5**, 2719 (2003).

30)) N. V. Tkachenko, H. Lemmetyinen, J. Sonoda, K. Ohkubo, T. Sato, H. Imahori, S. Fukuzumi, *J. Phys. Chem. A*, **107**, 8834 (2003).

31) S. Fukuzumi, K. Ohkubo, W. E, Z. Ou, J. Shao, K. M. Kadish, J. A. Hutchison, K. P. Ghiggino, P. J. Sintic, M. J. Crossley, *J. Am. Chem. Soc.*, **125**, 14984 (2003).

32) F. D'Souza, R. Chita, K. Ohkubo, M. Tasior, N. K. Subbaiyan, M. E. Zandler, M. Rogacki, D. T. Gryko, S. Fukuzumi, *J. Am. Chem. Soc.*, **130**, 14263 (2008).

33) L. Martin-Gomis, K. Ohkubo, F. Fernandez-Lazaro, A. Sastre-Santos, S. Fukuzumi, *Org. Lett.*, **9**, 3441 (2007).

34) F. D'Souza, E. Maligaspe, M. E. Zandler, N. K. Subbaiyan, K. Ohkubo, S. Fukuzumi, *J. Am. Chem. Soc.*, **130**, 16959 (2008).

35) M. Guldi, D. F. Spänig, D. Kreher, I. F. Perepichka, M. R. Bryce, K. Ohkubo, S. Fukuzumi, *Chem.-Eur. J.*, **14**, 250-258 (2008).

36) K. Ohkubo, J. Ortiz, L. Martin-Gomis, F. Fernández-Lázaro, Á. Sastre-Santos, S. Fukuzumi, *Chem. Commun.*, 589-591 (2007).

37) T. Miura, Y. Urano, K. Tanaka, T. Nagano, K. Ohkubo, S. Fukuzumi, *J. Am. Chem.*

Soc., **125**, 8666 (2003).
38) S. Fukuzumi, K. Ohkubo, J. Ortiz, A. M. Gutierrez, F. Fernandez-Lazaro, A. Sastre-Santos, *Chem. Commun.*, 3814 (2005).
39) S. Fukuzumi, H. Kotani, K. Ohkubo, S. Ogo, N. V. Tkachenko, H. Lemmetyinen, *J. Am. Chem. Soc.*, **126**, 1600 (2004).
40) K. Ohkubo, H. Kotani, S. Fukuzumi, *Chem. Commun.* **2005**, 4520 (2005).
41) S. Fukuzumi, K. Ohkubo, J. Oritz, A. M. Gutiérrez, F. Fernández-Lázaro, Á. Sastre-Santos, *J. Phys. Chem. A*, **112**, 10744 (2008).
42) F. J. Céspedes-Guirao, K. Ohkubo, S. Fukuzumi, Á. Sastre-Santos, F. Fernández-Lázaro, *J. Org. Chem.*, **74**, 5871 (2009).
43) a) K. Ohkubo, P. J. Sintic, N. V. Tkachenko, H. Lemmetyinen, W. E, Z. Ou, J. Shao, K. M. Kadish, M. J. Crossley, S. Fukuzumi, *Chem. Phys.*, **326**, 3 (2006). b) K. Ohkubo, R. Garcia, P. J. Sintic, T. Khoury, M. J. Crossley, K. M. Kadish, S. Fukuzumi, *Chem.-Eur. J.*, **15**, 10493 (2009).
44) Y. Umena, K. Kawakami, J.-R. Shen, K. Kamiya, *Nature*, **473**, 55-60 (2011).
45) M. Suga, F. Akita, K. Hirata, G. Ueno, H. Murakami, Y. Nakajima, T. Shimizu, K. Yamashita, M. Yamamoto, H. Ago, J.-R. Shen, *Nature*, **517**, 99-103 (2015).
46) B. Kok, B. Forbush, M. McGloin, *Photochem. Photobiol.*, **11**, 457-475 (1970).
47) N. Cox, M. Retegan, F. Neese, D. A. Pantazis, A. Boussac, W. Lubitz, *Science*, **345**, 804-808 (2014).
48) D. A. Pantazis, W. Ames, N. Cox, W. Lubitz, F. Neese, *Angew. Chem. Int. Ed.*, **51**, 9935-9940 (2012).
49) H. Suzuki, M. Sugiura, T. Noguchi, *J. Am. Chem. Soc.*, **135**, 6903-6914 (2013).
50) J. S. Kanady, E. Y. Tsui, M. W. Day, T. Agapie, *Science*, **333**, 733-736 (2011).
51) E. Y. Tsui, R. Tran, J. Yano, T. Agapie, *Nature Chem.*, **5**, 293-299 (2013).
52) C. Zhang, C. Chen, H. Dong, J.-R. Shen, H. Dau, J. Zhao, *Science*, **348**, 690-693 (2015).
53) Y. Naruta, M. Sasayama, T. Sasaki, *Angew. Chem. Int. Ed.*, **33**, 1839 (1994).
54) J. Limburg, J. S. Vrettos, L. M. Liable-Sands, A. L. Rheingold, R. H. Crabtree, G. W. Brudvig, *Science*, **283**, 1524-1527 (1999).

55) R. Brimblecombe, G. F. Swiegers, G. Charles Dismukes, L. Spiccia, *Angew. Chem. Int. Ed.*, **47**, 7335-7338 (2008).
56) R. K. Hocking, R. Brimblecombe, L.-Y. Chang, A. Singh, M. H. Cheah, C. Glover, W. H. Casey, L. Spiccia, , *Nature Chem.*, **3**, 461-466 (2011).
57) S. W. Gersten, G. J. Samuels, T. J. Meyer, *J. Am. Chem. Soc.*, **104**, 4029 (1982).
58) L. Duan, F. Bozoglian, S. Mandal, B. Stewart, T. Privalov, A. Llobet, L. Sun, *Nature Chem.*, **4**, 418-423 (2012).
59) M. Okamura, M. Kondo, R. Kuga, Y. Kurashige, T. Yanai, S. Hayami, V. K. K. Praneeth, M. Yoshida, K. Yoneda, S. Kawata, S. Masaoka, *Nature*, **530**, 465-468 (2016).
60) J. Lloret-Fillol, Z. Codolà, I. Garcia-Bosch, L. Gómez, J. J. Pla, M. Costas, *Nature Chem.*, **3**, 807-813 (2011).
61) M. K. Coggins, M.-T. Zhang, A. K. Vannucci, C. J. Dares, T. J. Meyer, *J. Am. Chem. Soc.*, **136**, 5531-5534 (2014).
62) G. C. Dismukes, R. Brimblecombe, G. A. N. Felton, R. S. Pryadun, J. E. Sheats, L. Spiccia, G. F. Swiegers, *Acc. Chem. Res.*, **42**, 1935-1943 (2009).

6 物質変換（生物有機金属化学）

はじめに　酵素が行う種々の物質変換において，有機金属化合物（本章では，狭義の金属−炭素結合を有する化合物の他，広義の金属ヒドリド化合物や窒素分子が配位した化合物も含める）が重要な役割を果たしているものが多く知られている。例えば，水素分子の酸化を触媒するヒドロゲナーゼの活性中心に存在する鉄原子には一酸化炭素が配位しており，その反応活性種として金属ヒドリド化合物が提案されている。また，コバルト−炭素結合を有するビタミン B_{12} はメチルコバラミン依存のメチル基転移反応，種々の酵素反応に関与している。このような研究分野は，生物有機金属化学（Bioorganometallic Chemistry）と呼ばれ，近年著しい発展を遂げている。本章では，その中でも特に進歩の速い，ヒドロゲナーゼ，ニトロゲナーゼ，一酸化炭素デヒドロゲナーゼ，およびビタミン B_{12} とそのモデル研究に焦点を絞って解説する。

6.1　ヒドロゲナーゼ，ニトロゲナーゼ，一酸化炭素デヒドロゲナーゼ

　水素分子（H_2），窒素分子（N_2），および一酸化炭素分子（CO）は，生物学的にも化学工業的にも重要な化合物である。これらの小分子は，酸化還元を伴う活性化により，エネルギー源として，また有用物質の原材料として利用可能となる。地球の誕生以来，高度に洗練された自然界は，ヒドロゲナーゼ，ニトロゲナーゼ，および一酸化炭素デヒドロゲナーゼ（CODH：carbon monoxide dehydrogenase）に，これら小分子の活性化を託し，地球上の物質変換システムの一部を担わせてきた。これら3つの酵素はいずれも鉄と硫黄を含む特異な活性中心を持ち，その構造および電子状態を巧みに制御して特異的な機能を発現している。6.2 から 6.4 項では，これら3つの酵素に着目し，その構造と機

能発現機構，およびこれら酵素の機能モデル研究について概説する。

(1) ヒドロゲナーゼとそのモデル
1) ヒドロゲナーゼの構造と機能

ヒドロゲナーゼは水素分子の酸化，水素分子の発生，および水素化反応を触媒する酵素である[1)]。ヒドロゲナーゼは，活性中心にある金属原子の種類により，[NiFe]，[FeFe]，および[Fe]ヒドロゲナーゼの3種に分類される（図6-1）[1-4)]。これらの活性中心構造はその機能にも影響を与え，[NiFe]ヒドロゲナーゼは水素分子の酸化，[FeFe]ヒドロゲナーゼは水素分子の発生を主に触媒する傾向にあり，

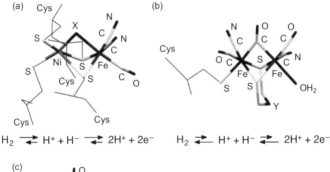

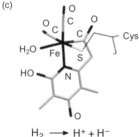

図6-1 [NiFe], [FeFe], および[Fe]ヒドロゲナーゼの活性中心構造と触媒する反応

(a) [NiFe]ヒドロゲナーゼ（$X = H^-, OH^-, O^{2-}$など）の活性中心の構造と触媒する反応[2)]。[NiFe]ヒドロゲナーゼは水素分子の酸化（右向きの反応）を主に触媒する。
(b) [FeFe]ヒドロゲナーゼ（$Y = CH_2, NH, O$）の活性中心の構造と触媒する反応[3)]。[FeFe]ヒドロゲナーゼは水素分子の発生（左向きの反応）を主に触媒する。
(c) [Fe]ヒドロゲナーゼの活性中心の構造と触媒する反応[4)]。[Fe]ヒドロゲナーゼは水素化反応を触媒する。
　細線はアミノ酸残基を示す。Cys：システイン。

[Fe]ヒドロゲナーゼは水素化反応を行う。いずれのヒドロゲナーゼにおいても，水素分子をプロトン（H^+）とヒドリドイオン（H^-）にヘテロリティック（不均等）開裂すると考えられている。ここでは，水素分子の酸化を触媒する[NiFe]ヒドロゲナーゼに着目し，その水素分子の活性化メカニズムや機能モデル研究について解説する。

[NiFe]ヒドロゲナーゼは，酸素分子に対する安定性によって，標準型と酸素耐性型にさらに細分化される。標準型は，酸素存在下で水素酸化能を失うが，酸素耐性型は，酸素存在下でも水素酸化能を保持することができる。このような異なる安定性は，電子伝達を行う鉄硫黄クラスターの違いによるものと考えられている。いずれの[NiFe]ヒドロゲナーゼも，NiFe活性中心を含む大サブユニットと，電子伝達を行う鉄硫黄クラスターを含む小サブユニットの2つから構成されている（図6-2(a)）。小サブユニットには，3つの鉄硫黄クラスターが含まれており，活性中心に近いものから，近位，中位，遠位と呼ばれる。標準型では，近位，中位，遠位は，それぞれ，[4Fe–4S]，[3Fe–4S]，[4Fe–4S]構造をもつクラスターであるのに対し，酸素耐性型では，近位に[4Fe–3S]が存在し，中位と遠位には標準型と同じ[3Fe–4S]と[4Fe–4S]が存在している（図6-2(b)と(c)）[5]。ここで示したクラスター骨格を構成している架橋Sは硫化物イオン（図6-2(b), (c)では太字のS）であり，システイン末端のチオラト基（図6-2(b), (c)では細字のS）とは区別している。

酸素耐性型[NiFe]ヒドロゲナーゼによる酸素耐性機構の詳細は不明であるが，近位の[4Fe–3S]クラスターからの電子供給により，酸素分子を水に還元すると推定されている。実際，$^{18}O_2$との反応では$H_2^{18}O$を生成することが見出されている[6]。水素雰囲気下（還元状態）では，酸素耐性型[NiFe]ヒドロゲナーゼは，図6-2(b)の灰色で示すように，近位クラスターのCys(A)とCys(B)のチオレートが，クラスターの一角を成す鉄原子に，9員環の2座配位子としてキレート配位している。一方，酸素雰囲気下（酸化状態）では，大環状キレートのCys(A)–Cys(B)のペプチド結合部位のアミド基のHが脱プロトン化し，負電荷を持つN^-となって5員環と6員環（図6-2(c)において灰色で示す）を含む3座配位子として鉄イオンに配位する。このようなスイッチング機構（図6-2(b), (c)）によって，酸化された活性中心に電子を送りこむことを可能とし

6 物質変換（生物有機金属化学）

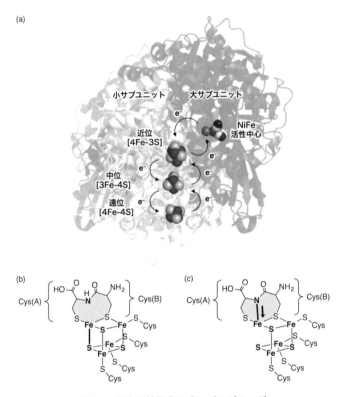

図 6-2 酸素耐性型 [NiFe] ヒドロゲナーゼ
(a) 酸素耐性型 [NiFe] ヒドロゲナーゼの構造[5]。矢印は電子伝達の流れを表す。
(b) 水素雰囲気下での近位 [4Fe3S] クラスターの構造。水素雰囲気下では太線で示す Fe–S 結合が存在する。太字の S は硫化物イオン，細字の S はシステイン末端のチオラト基を示す。灰色箇所については本文で説明する。
(c) 酸素雰囲気下での近位 [4Fe3S] クラスターの構造。酸素雰囲気下では太線で示す Fe–N 結合が生成する。Cys：システイン。太矢印は，N⁻ から Fe への電子供与を示す。

ている。ここでは，アミド基による電子的効果を示したが，他の電子的効果で酸素耐性が制御されたヒドロゲナーゼも見つかっている[7]。

[NiFe] ヒドロゲナーゼは，その触媒反応サイクル中で，活性中心の構造や電子状態が多様に変化することが知られている（図 6-3）[8]。これらの中で，ヒドロペルオキシド種 Ni-A，ヒドロキシド種 Ni-B，ヒドリド種 Ni-C の結晶構造が明らかにされており，Ni はいずれも Ni^{III} である。ただし，Ni-A の構造としては，

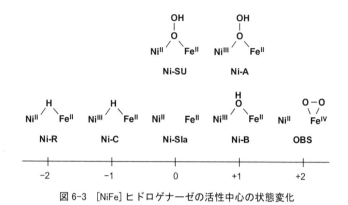

図 6-3 ［NiFe］ヒドロゲナーゼの活性中心の状態変化

横軸の目盛りは，Ni-SIa を基準[0]としたときの，NiFe 中心に入った電子の個数を表している[8]。電子は負の電荷を持つため，電子が入る方をマイナス，電子が出る方をプラスとする。Ni-R：EPR-silent reduced state. Ni-C：EPR-detectable reduced state. Ni-SU：EPR-silent unready state. Ni-SIa：EPR-silent active state. Ni-A: unready state. Ni-B: ready state. OBS：O_2-bound species. （文献 11 で提案）

オキシド種（Ni^{III}–O–Fe^{II}）の可能性も示唆されている[9]。

2015 年に，［NiFe］ヒドロゲナーゼのヒドリド種 Ni-R の結晶構造が報告された[10]。その構造は，これまでの酵素研究やモデル研究によって推定されていたように，ヒドリド配位子が Ni と Fe の間に捕らえられたものであった。また，水素分子のヘテロリティック開裂に由来するプロトンは，ニッケルに配位したチオラト基に結合することが示された。

2） ヒドロゲナーゼの水素分子の活性化メカニズム

水素−水素結合をヘテロリティック開裂するためには，3 つのポイントが必要である。そのポイントを「戦略」とし，水素分子を活性化するための，戦略❶「空配位座」，戦略❷「σ・π 相互作用」，戦略❸「ルイス塩基・酸」を図 6-4 に示す。その際に，水素分子を第一配位子，鉄中心の支持配位子を第二配位子，プロトンを受容するルイス塩基として働けるものを第三配位子と定義する。ここでは，d^8 の Ni^{II} よりも水素分子を捕らえるのに有利と思われる d^6 低スピン状態の Fe^{II} を用いて議論する。はじめに第一配位子である水素分子を活性中心に捕えるために，金属中心には空配位座（本項では配位可能サイトのことをい

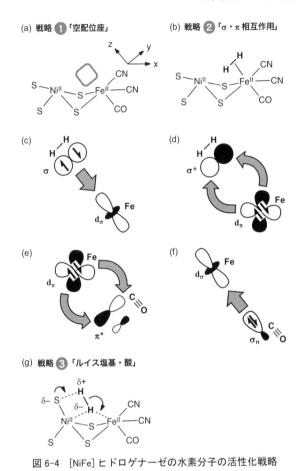

図 6-4 [NiFe]ヒドロゲナーゼの水素分子の活性化戦略

(a) 戦略❶「空配位座」。(b) 戦略❷「σ・π 相互作用」。(c) H_2 から Fe への電子の σ 供与。(d) Fe から H_2 への電子の π 逆供与。(e) Fe から CO への電子の π 逆供与。(f) CO から Fe への電子の σ 供与。(g) 戦略❸「ルイス塩基・酸」。

う)が必要である(戦略❶,図 6-4(a))。金属中心に接近した水素分子は,水素分子から金属中心への電子の σ 供与(図 6-4(c))と,金属中心から水素分子への電子の π 逆供与(図 6-4(d))の両方の電子的効果により,水素–水素結合が弱められた状態で捕捉される(戦略❷,図 6-4(b))。これは水素分子の結合性軌道(σ)の電子密度が低下し,反結合性軌道(σ*)の電子密度が増加す

323

るためである．このような電子的効果は，さらに第二配位子（ここでは空配位座のトランス位にある CO 配位子）によって精密に制御されている．すなわち，金属中心から CO への電子の π 逆供与（図 6-4(e)）は，水素分子から金属中心への電子の σ 供与（図 6-4(c)）を促進し，CO から金属中心への電子の σ 供与（図 6-4(f)）は，金属中心から水素分子への電子の π 逆供与（図 6-4(d)）を促進する．その後のヘテロリティックな開裂により生成するマイナス電荷のヒドリド配位子（H^-）を Fe が捕らえることを考えると，金属中心のルイス酸性度は高い方が有利である．そのため，第二配位子としては，CO のような電子の π 受容体（または π 酸性）の配位子が必要となる．すなわち，第一配位子による電子の σ 供与（図 6-4(c)）と第二配位子への電子の π 逆供与（図 6-4(e)）が，水素－水素結合を弱めるために必須である．さらに，水素分子をヘテロリティックに開裂するためには，第三配位子（例えばチオラト配位子）がプロトンを受容する「ルイス塩基」として機能し，金属中心がヒドリドイオンを受容する「ルイス酸」として機能する（戦略❸，図 6-4(g)）．

3） ヒドロゲナーゼモデルによる水素分子の活性化

これまでに多くの [NiFe] ヒドロゲナーゼモデル錯体が報告されているが，NiFe 錯体を用いて水素分子をヘテロリティックに開裂できたのは，2013 年に小江らによって報告されたものが初めての例である[12]．図 6-5 の Ni-SIa モデルが有するアセトニトリル配位子は置換活性であるために，第一配位子である水素分子が容易に鉄に配位できる（戦略❶）．捕らえた水素分子を活性化するには，水素分子から鉄中心への電子の σ 供与と，鉄中心から水素分子への電子の π 逆供与の両方が必要である．ただし，ヒドリド錯体を生成するためには，鉄中心から第二配位子であるトリエチルホスファイトへの電子の π 逆供与が必須である（戦略❷）．また，水素分子をヘテロリティックに開裂するためのプロトン受容体（ルイス塩基）として，ナトリウムメトキシドが機能する（戦略❸）．以上 3 つの戦略により，常温・常圧で水素分子のヘテロリテッィク開裂を経る活性化に成功した．生成した NiFe ヒドリド錯体は，酸化型メチルビオローゲン（MV^{2+}）を還元できる．

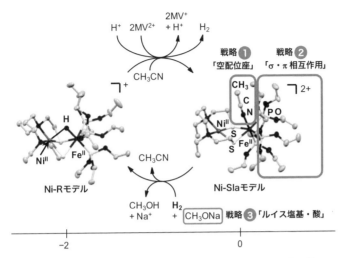

図 6-5 [NiFe]ヒドロゲナーゼモデルによる水素分子の活性化[11]

横軸の目盛りは，Ni-SIa モデルを基準[0]としたときの，NiFe 中心に入った電子の個数を表している。電子は負の電荷を持つため，電子が入る方をマイナス，電子が出る方をプラスとする。Ni-R：EPR-silent reduced state。Ni-SIa：EPR-silent active state。MV^{2+}：酸化型メチルビオローゲン。MV^+：還元型メチルビオローゲン。
触媒する反応：$H_2 \rightarrow H^+ + H^- \rightarrow 2H^+ + 2e^-$。$2MV^{2+} + H_2 \rightarrow 2MV^+ + 2H^+$。

4) ヒドロゲナーゼの酸素分子の活性化メカニズム

酸素分子の活性化戦略として，戦略❶「空配位座」と戦略❷「σ・π 相互作用」を示す（図 6-6）。ここでは，酸素分子を第一配位子，鉄中心の支持配位子を第二配位子と定義する。次項で述べるモデル研究からわかるように，本章では，d^8 の Ni^{II} よりも 酸素分子を捕えるのに有利である d^6 低スピン状態の Fe^{II} を用いて議論する。はじめに基質である酸素分子を捕えるためには「空配位座」が必要である（戦略❶，図 6-6(a)）。その後，戦略❷の「σ・π 相互作用」によって，酸素分子は捕えられ，ペルオキシドに還元されて金属中心に配位する（図 6-6(b)）。すなわち，金属中心に接近した酸素分子は，酸素分子から金属中心への電子の σ 供与（図 6-6(c)）と，金属中心から酸素分子への電子の π 逆供与（図 6-6(d)）の 2 つの作用により，捕捉されると同時に酸素－酸素結合が弱められる（戦略❷）。なぜなら，酸素分子の結合性軌道（π）の電子密度が低下し，

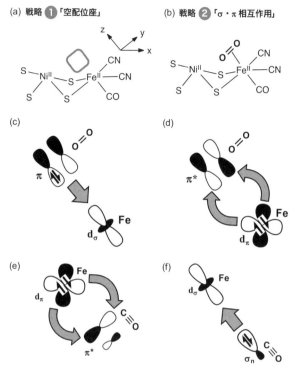

図 6-6　[NiFe]ヒドロゲナーゼの酸素分子の活性化戦略

(a) 戦略❶「空配位座」。(b) 戦略❷「σ・π相互作用」。(c) O_2 から Fe への電子の σ 供与。(d) Fe から O_2 への電子の π 逆供与。(e) Fe から CO への電子の π 逆供与。(f) CO から Fe への電子の σ 供与。

反結合性軌道（π*）の電子密度が増加するためである．金属中心から CO への電子の π 逆供与（図 6-6(e)）は，酸素分子から金属中心への電子の σ 供与（図 6-6(c)）を促進し，CO から金属中心への電子の σ 供与（図 6-6(f)）は金属中心から酸素分子への電子の π 逆供与（図 6-6(d)）を促進する．ただし，酸素分子を2電子還元してペルオキシド（O_2^{2-}）にするためには，金属中心から酸素分子への電子の π 逆供与の方がより必要になる（図 6-6(d)）．そのような電子的効果は第二配位子（CO）によって制御されている．つまり，電子豊富な金属中心を作るためには，第二配位子からの電子の σ 供与が必須である（図 6-6(f)）．

その後の酸素-酸素結合の開裂は，プロトン共役電子移動により進行すると思われるが，そのメカニズムの詳細は明らかになっていない。実際，次項で述べるモデル系ではプロトンと電子ではなく，ヒドリド移動によって反応が進行する。

5）ヒドロゲナーゼモデルによる酸素分子の活性化

酸素耐性型[NiFe]ヒドロゲナーゼは，酸素分子を水に還元することによって，活性中心の酸化から身を守っている。Ni-SIa が酸素分子と反応した際に，酸素分子が結合した中間体の生成が推定されているが，中間体の構造や分光学的性質は明らかになっていない。2016 年に，酸素耐性型ヒドロゲナーゼのモデル錯体が報告された（図 6-7）[13]。Ni-SIa モデルとなる出発錯体には，「空配位座」となりうる置換活性なアセトニトリルが鉄中心に配位している（戦略❶）。図 6-5 に示した水素を活性化できるニッケル・鉄錯体の第二配位子を「電子の π 受容性の強い（または π 酸性の強い）」トリエチルフォスファイト基から「電

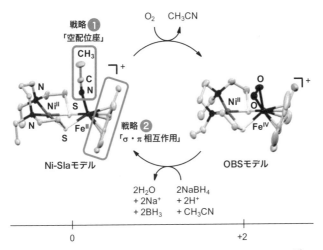

図 6-7 [NiFe]ヒドロゲナーゼモデルによる酸素分子の活性化[13]

横軸の目盛りは，Ni-SIa モデルを基準［0］としたときの，NiFe 中心から出た電子の個数を表している。電子は負の電荷を持つため，電子が入る方をマイナス，電子が出る方をプラスとする。Ni-SIa：EPR-silent active state。OBS：O_2-bound species。（文献 11 で提案）
触媒する反応：$O_2 + 2e^- \rightarrow O_2^{2-}$。$O_2^{2-} + 2H^- + 2H^+ \rightarrow 2H_2O$。

子の σ 供与性の大きい」ペンタメチルシクロペンタジエニル基へ置換すると，酸素分子を還元してペルオキシド錯体（OBS モデル）になる（戦略❷）。ペルオキシド錯体は，プロトンと電子還元剤ではなくて，ヒドリド試薬（$NaBH_4$）と反応し，酸素-酸素結合が開裂して水と出発錯体（Ni-SIa モデル）を再生する。ただし，そのメカニズムは明らかではない。

次に，[NiFe] ヒドロゲナーゼモデルによる「水素分子の酸化」と「酸素分子の還元」サイクルを図 6-8 にまとめる。これまでに述べた水素分子と酸素分子の活性化戦略❶と❷に基づき，第二配位子にトリエチルホスファイト基とペンタメチルシクロペンタジエニル基を用いて，第一配位子である水素分子と酸素分子をそれぞれ捕捉した。水素分子は，水素の活性化戦略❸に基づき，ルイス塩基で水素分子のヘテロリティックな開裂を促進した。酸素分子は，ペルオキシドを経てヒドリド試薬を用いることで，ペルオキシドを水へと変換した。

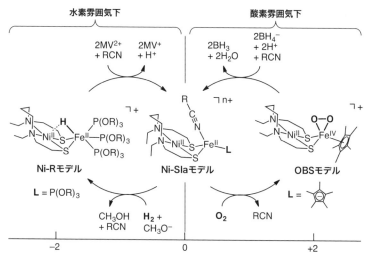

図 6-8　[NiFe] ヒドロゲナーゼモデルの NiFe 錯体による水素分子と酸素分子の活性化サイクル[12,13]

横軸の目盛りは，Ni-SIa モデルを基準 [0] としたときの，NiFe 中心に出入りした電子の個数を表している。電子は負の電荷を持つため，電子が入る方をマイナス，電子が出る方をプラスとする。Ni-R：EPR-silent reduced state。Ni-SIa：EPR-silent active state。OBS：O_2-bound species。（文献 11 で提案）R = C_2H_5 または CH_3。MV^{2+}：酸化型メチルビオローゲン。MV^+：還元型メチルビオローゲン。

6 物質変換（生物有機金属化学）

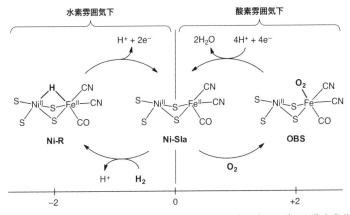

図 6-9 モデル研究より考えられる酸素耐性型 [NiFe] ヒドロゲナーゼによる水素分子と酸素分子の活性化サイクル[6,14]

横軸の目盛りは，Ni-SIa を基準 [0] としたときの，NiFe 中心に出入りした電子の個数を表している。電子は負の電荷を持つため，電子が入る方をマイナス，電子が出る方をプラスとする。図中の構造は，酵素の活性中心を示している。Ni-R：EPR-silent reduced state。Ni-SIa：EPR-silent active state。OBS：O_2-bound species。（文献 11 で提案）

以上のモデル研究を基に，考えられる [NiFe] ヒドロゲナーゼによる水素分子と酸素分子の活性化サイクルを図 6-9 に示す。標準型と酸素耐性型 [NiFe] ヒドロゲナーゼの両方において，水素分子と反応する状態は Ni–SIa と考えられている。この Ni–SIa が水素分子をヘテロリティックに活性化することによって，ヒドリド種 Ni–R が生成する。酸素耐性型 [NiFe] ヒドロゲナーゼは，酸素分子との反応により，酸素結合種が生成すると考えられている[14]。その酸素結合種は，水素分子からの電子によって，Ni-SIa を再生することが可能である。この再生過程が酸素耐性機能のゆえんである。

6) 水素分子活性化錯体の例

1984 年，クバス（Kubas）らは初めて水素錯体の単離とその構造解析を報告した（図 6-10）。出発の W^0 錯体は，空配位座（戦略❶）を持ち，$\sigma \cdot \pi$ 相互作用（戦略❷）により，水素分子をホモリティック（均等）に開裂（$H_2 \rightarrow 2H\cdot$）し，水素分子が酸化的付加した W^{II} ジヒドリド錯体を与える。

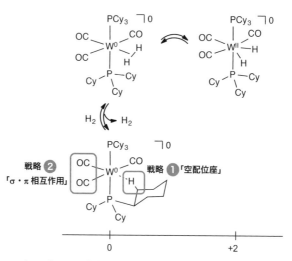

図 6-10 タングステン錯体による水素分子のホモリティックな活性化[14)]

横軸の目盛りは,水素分子と反応する前の W^0 錯体を基準 [0] としたときの,W 中心から出た電子の個数を表している。電子は負の電荷を持つため,電子が入る方をマイナス,電子が出る方をプラスとする。触媒する反応:$H_2 \rightarrow 2H\cdot$。Cy:シクロヘキシル基。

2007 年,デュボイス(DuBois)らはルイス塩基として機能できるペンダントアミンを持つ配位子を設計し(戦略❸),ニッケル単核錯体を用いて水素分子のヘテロリティックな活性化と,電気化学的な水素分子の酸化を報告した(図 6-11)[16)]。出発錯体は平面 4 配位構造で,Ni^{II} の軸位に水素分子が配位可能な空配位座を有している(戦略❶)。Ni^{II} の $d\pi$ 軌道から水素分子の反結合性軌道 σ^* への電子の逆供与により,配位した水素分子の水素−水素結合が弱まる(戦略❷)。さらに,近接するペンダントアミンによって水素分子が分極し,水素分子のヘテロリティックな開裂が起こる(戦略❸)。生成したヒドリドイオンを Ni^{II} が受容し,プロトンをアミンが受容する。生成したヒドリド配位子は近接するアミンによってプロトンとして引き抜かれ,電子を放出する。

6 物質変換（生物有機金属化学）

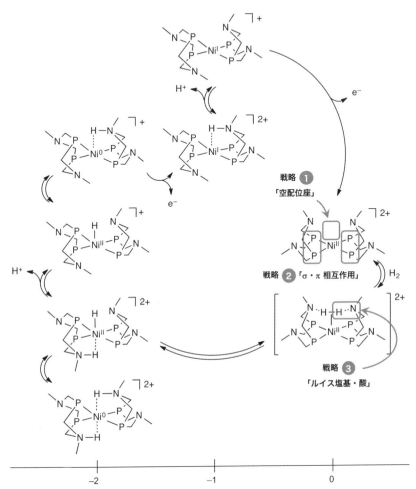

図6-11 Ni錯体による水素分子のヘテロリティックな活性化と水素分子の酸化[16]

横軸の目盛りは，水素分子と反応する前のNi^{II}錯体を基準［0］としたときの，Ni錯体に入った電子の個数を表している。電子は負の電荷を持つため，電子が入る方をマイナス，電子が出る方をプラスとする。触媒する反応：$H_2 \rightarrow H^+ + H^- \rightarrow 2H^+ + 2e^-$。

7) ヒドロゲナーゼとそのモデルの燃料電池触媒への応用

水素-酸素燃料電池は，水素分子と酸素分子から水が生成する際に発生する化学エネルギーを電気エネルギーに変換する発電システムである。発電中に水のみ

を排出するクリーンな燃料電池は，環境負荷がかからず，さらに出力密度が高いというメリットがある．その中でも小型化が可能な固体高分子形燃料電池は，移動用電源として魅力的である．しかし，その電極触媒には枯渇性資源の白金を使用しているため，燃料電池のさらなる普及には白金の代替触媒の開発が必須である．

自然界には，白金と同等以上の「水素分子の酸化」と「酸素分子の還元」を触媒する酸素耐性型 [NiFe] ヒドロゲナーゼが存在する．この酵素の活性中心はニッケルと鉄という，白金に比べると地球上に大量に存在する金属元素で構成されている．

また，白金とヒドロゲナーゼでは，水素分子の活性化の方法も異なる．白金は，水素分子をホモリティックに開裂し，水素ラジカルを生成した後，プロトンと電子に変換する (式 (6-1))．一方，ヒドロゲナーゼは，水素分子をヘテロリティックに開裂し，ヒドリドイオンを生成した後，プロトンと電子に変換する (式 (6-2))．

$$H_2 \rightleftarrows 2H\cdot \rightleftarrows 2e^- + 2H^+ \tag{6-1}$$

$$H_2 \rightleftarrows H^+ + H^- \rightleftarrows 2e^- + 2H^+ \tag{6-2}$$

図 6-12 に示すように，水中では水素分子のヘテロリティックな開裂の方が有利である．気相中での水素分子のホモリティック開裂とヘテロリティック開裂の標準自由エネルギー変化は，それぞれ 407 kJ mol^{-1} と 1642 kJ mol^{-1} であり，圧倒的にホモリティックな開裂の方が有利である．しかし，水中での水素分子のホモリティックな開裂とヘテロリティックな開裂の標準自由エネルギー変化

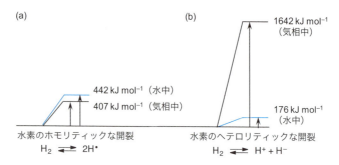

図 6-12　水中と気相中での水素分子の開裂の標準自由エネルギー変化[30]
(a) ホモリティックな開裂　(b) ヘテロリティックな開裂

は，それぞれ 442 kJ mol^{-1} と 176 kJ mol^{-1} であり，ヘテロリティックな開裂の方が有利になる。燃料電池や酵素の反応は，実際は水中で起こるために，ヘテロリティックな開裂の方が有利である[17]。

燃料電池の電極触媒として使用可能な [NiFe] ヒドロゲナーゼを持つ菌体シトロバクター S-77 が阿蘇山で発見された[18]。その菌体から単離・精製されたヒドロゲナーゼ S-77 をアノード触媒に用いた半電池では，単位重量あたりで白金の 637 倍の水素酸化活性を示す（図 6-13）[19]。また，ヒドロゲナーゼ S-77 を燃料電池のアノード触媒に用いると，白金燃料電池と比べ 1.8 倍の発電性能を示す。

このように，ヒドロゲナーゼ S-77 は，燃料電池の電極触媒として，白金以上の能力を示すことがわかったが，その耐久性は低い。そのため，酵素の活性中心の構造を模倣して，その触媒機能を再現し，さらに耐久性を付与した人工触媒の開発が進められている[20, 21]。2011 年，水素酸化能と酸素還元能を持つニッケル・ルテニウム錯体をアノードとカソードの両方の触媒に用いた「分子燃料電池」が初めて報告されたが，その発電能力と耐久性はまだ低い[20]。

生物無機化学の特長の 1 つは，このように自然のメカニズムを分子レベルで解明し，その本質を分子論的に抽出し，応用展開できることである。

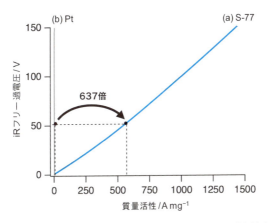

図 6-13 （a）ヒドロゲナーゼ S-77 と（b）Pt のアノード半電池測定[19]

iR フリー過電圧とは，実測したセル電圧から抵抗分極（iR）を差し引いたセル電圧を表す。質量活性とは，単位重量あたりの電流値を表す。(a) (b) 共に，飽和水蒸気を含む H_2 をアノードに供給している。

(2) ニトロゲナーゼとそのモデル
1) ニトロゲナーゼの構造と機能

ニトロゲナーゼは，窒素分子を活性化しアンモニア分子に変換する酵素である[22]。しばしば対比される人工的な窒素固定法として，ハーバー・ボッシュ法が挙げられる。ハーバー・ボッシュ法では，触媒存在下，1分子の N_2 と3分子の H_2 を反応させて，2分子の NH_3 を合成する(式(6-3))。一方，ニトロゲナーゼは，2分子の NH_3 を生成するために余剰な2プロトンと2電子を必要とし，その余剰分は1分子の H_2 として放出される（式(6-4)）。見かけ上，無駄と思われるこの水素発生は，ニトロゲナーゼの反応メカニズムを解く鍵になると思われる。そして，この反応を進めるために，16個のATPをエネルギー源とし，16個のADPと同数の無機リン酸 (Pi) を生成する。

$$N_2 + 3H_2 \longrightarrow 2NH_3 \qquad (6\text{-}3)$$
$$N_2 + 8H^+ + 8e^- + 16ATP \longrightarrow 2NH_3 + H_2 + 16ATP + 16Pi \qquad (6\text{-}4)$$

ニトロゲナーゼは，窒素分子を還元する活性中心の金属原子の種類によって3つに分類される。Moを含むMo型，Vを含むV型，Feのみで構成されるFe型であるが，本項では，最も研究例の多いMo型に着目する。Mo型ニトロゲナーゼの活性中心は7つのFe原子と1つのMo原子で構成されている。これら金属原子は，9つのスルフィドによって連結されたクラスターでFeMo補因子（FeMoco）と呼ばれている（図6-14）[23]。クラスターの中心にあるZは，炭素原子と帰属されている。

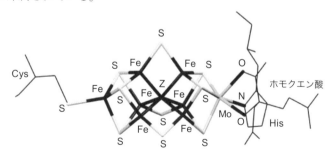

図6-14 ニトロゲナーゼの活性中心構造[25]

細線はアミノ酸残基を示す。Cys：システイン。His：ヒスチジン。Zは炭素原子と帰属されている。

2) ニトロゲナーゼの窒素分子とアセチレン分子の活性化メカニズム

ニトロゲナーゼが窒素分子を活性化する戦略として，戦略❶～❸を示す（図6-15）。ニトロゲナーゼが窒素分子を捕らえるためには低原子価の金属中心が必要である。そのために，戦略❶「ジヒドリド種の生成」と戦略❷「H_2の還

(a) 戦略❶「ジヒドリド種の生成」

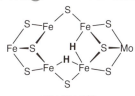

ジヒドリド種

(b) 戦略❷「H_2の還元的脱離による低原子価種の生成」

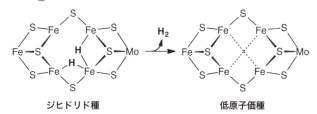

ジヒドリド種　　　　　　　　低原子価種

(c) 戦略❸「σ・π相互作用」

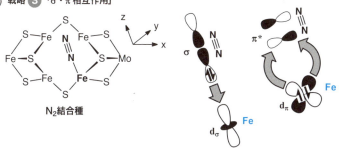

N_2結合種

図6-15　ニトロゲナーゼの窒素分子活性化戦略

(a) 戦略❶「ジヒドリド種の生成」。(b) 戦略❷「H_2の還元的脱離による低原子価種の生成」。点線は低原子価種のFe–Fe結合を示す。(c) 戦略❸「σ・π相互作用」。現在のところ，N_2はどの金属に結合しているのか特定されていないが，ここではブルーで示したFeへのN_2の配位を考える。

元的脱離による低原子価種の生成」が必要である。すなわち，ニトロゲナーゼでは，2個のプロトンと4個の電子によって，ジヒドリド種が生成し（戦略❶，図 6-15(a)），そのジヒドリド種から水素分子の還元的脱離（水素発生）によって，電子を溜め込んだ低原子価種が生成する（戦略❷，図 6-15(b)）。これが見かけ上無駄に思われる水素発生である。その後，低原子価種が窒素分子を捕らえて活性化する過程が，戦略❸「$\sigma \cdot \pi$ 相互作用」である（図 6-15(c)）。窒素分子から低原子価金属中心への電子の σ 供与と，低原子価金属中心から窒素分子への電子の π 逆供与の両方によって，窒素−窒素結合は弱められる。この時点で配位した窒素分子は 2 電子還元され，2 個のプロトンが付加してジアゼン誘導体へと変換する。さらに 4 個のプロトンと 4 個の電子が反応してアンモニア分子が生成する。

 2005 年，ホフマン（Hoffman）らは，ニトロゲナーゼによる窒素分子の還元反応において，「ジヒドリド種から水素発生を経由するメカニズム」を提案した（図 6-16）[24]。このメカニズムでは，モノヒドリド種，ジヒドリド種（戦略❶）が段階的に生成し，ジヒドリド種からの水素分子の還元的脱離（戦略❷）と同時に窒素分子が捕らえられ活性化される（戦略❸）。その後，ジアゼン，ヒドラジン，アンモニアへと還元される。Hoffman らの提案は，2004 年に小江らがモデル錯体を用いて提案した「ジヒドリド種からの水素分子の還元的脱離により生成した低原子価種が窒素分子を還元する」というニトロゲナーゼによる窒素活性化メカニズムを支持している[25]。ただし，Hoffman らは水素分子の発生に関して「水素分子の還元的脱離（RE：reductive elimination）」と「ヒドリド配位子のプロトン化（HP：hydride protonation）」という 2 つの異なるメカニズムを用いて同一種からの水素分子の発生を説明しており，疑問が残る。

3） ニトロゲナーゼモデルによるアセチレン分子の活性化

 ニトロゲナーゼは，窒素分子と同様に三重結合を持つアセチレン分子（HC≡CH）をエチレン分子（$H_2C=CH_2$）へと還元するので，ニトロゲナーゼの簡便な活性測定法として，アセチレン分子からエチレン分子への還元反応が利用される。アセチレン分子は窒素分子と同じ結合部位と反応すると推定されており，窒素還元反応機構のプローブとして多くの研究がなされている。アセチレ

6 物質変換（生物有機金属化学）

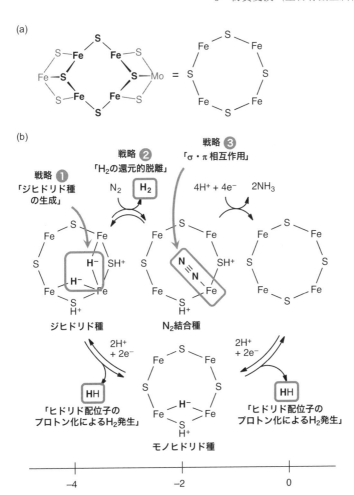

図 6-16　ニトロゲナーゼによる窒素分子の還元
(a) ニトロゲナーゼの活性中心構造の中央部分だけを抽出し，Fe_4S_4 八員環構造と簡略化する。
(b) Hoffman らの提案によるニトロゲナーゼによる窒素分子の活性化サイクル[24]。
横軸の目盛りは，電子が入っていない状態を基準 [0] としたときの，FeMoS クラスターに入った電子の個数を表している。電子は負の電荷を持つため，電子が入る方をマイナス，電子が出る方をプラスとする。触媒する反応：$N_2 + 8H^+ + 8e^- \rightarrow 2NH_3 + H_2$

ン分子の活性化戦略として，戦略❹「アセチレン分子の Fe–H 結合への挿入反応」と戦略❺「エチレン分子の還元的脱離による低原子価種の生成」を示す（図 6-17）。考え方は，ニトロゲナーゼの窒素分子の活性化戦略と同じである。水素分子の代わりにエチレン分子が生成する。

最近，ニトロゲナーゼの機能モデルとして，Fe_2S_3MoO 骨格を持つ錯体が合成された（図 6-18）[26]。クロリド錯体にヒドリド源を添加するとジヒドリド錯体を生成し，次に，アセチレン分子が Fe–H 結合に挿入することでビニルモノヒドリド錯体が生成する（戦略❹）。その後，エチレン分子が還元的脱離（戦略❺）して低原子価錯体となる。同位体実験により，Fe に結合したヒドリド配位子がプロティックな性質を持つ（ヒドリド配位子がプロトンとは反応しない）ことを明らかにしている。すなわち，このモデル系では，還元的脱離のみによる水素発生とエチレン分子の生成が起こっている。

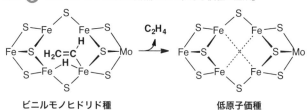

図 6-17　ニトロゲナーゼのアセチレン分子の活性化戦略

(a) 戦略❹「アセチレン分子の Fe–H 結合への挿入反応」。
(b) 戦略❺「エチレン分子の還元的脱離による低原子価種の生成」。点線は低原子価種の Fe–Fe 結合を示す。

6 物質変換（生物有機金属化学）

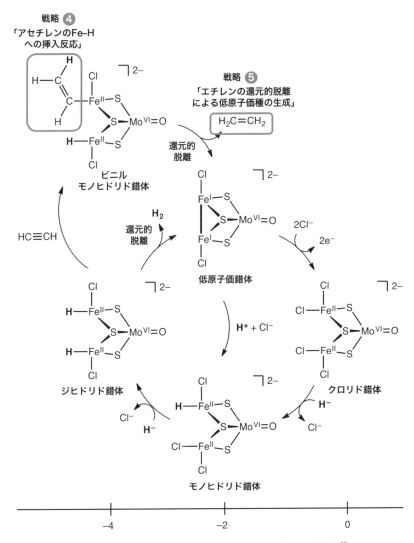

図 6-18 ニトロゲナーゼモデルによるアセチレン分子の活性化[26]

横軸の目盛りは，クロリド錯体を基準［0］としたときの，FeMoS クラスターに入った電子の個数を表している。電子は負の電荷を持つため，電子が入る方をマイナス，電子が出る方をプラスとする。触媒する反応：$CH \equiv CH + 2H^+ \rightarrow CH_2 = CH_2 + 2e^-$

339

4) 窒素分子活性化錯体の例

1975年，チャット（Chatt）らはタングステン錯体を用いて窒素分子からアンモニア分子への変換を報告した（図6-19）[21]。W^0中心の空配位座に窒素分子が接近し，電子を豊富に持つW^0から窒素分子の$π^*$軌道への電子の逆供与により，W^0窒素錯体が生成する（戦略❸）。その後，W^0窒素錯体は，プロトンと反応し，またW^0が電子源となり，最終的にはW^{VI}種とアンモニア分子が生成する。これは，窒素分子からアンモニア分子を合成した初めての分子触媒である。

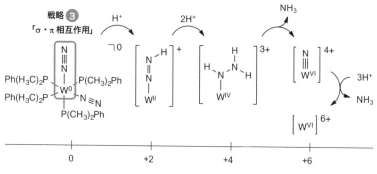

図6-19　タングステン錯体による窒素分子の活性化[27]

横軸の目盛りは，W^0錯体を[–6]としたときの，W中心から電子が出た個数を表している。電子は負の電荷を持つため，電子が入る方をマイナス，電子が出る方をプラスとする。窒素源：N_2（W^0-N_2錯体），プロトン源：H_2SO_4，電子源：W^0，TON = 0.9。触媒する反応：$N_2 + 6H^+ + 6e^- \rightarrow 2NH_3$

干鯛らは，1998年に，水素錯体と窒素錯体からアンモニア分子を初めて合成した（図6-20）[28]。W^0が電子源として，Ru^{II}水素錯体はプロトン源として機能している。

2003年，シュロック（Schrock）らは立体的にかさ高い三脚型N4配位子を持つモリブデン錯体を用いてN_2を捕らえ（戦略❸），触媒的にアンモニア分子に変換した（図6-21）[29]。電子源は金属中心ではなく，還元剤（$[Cr^{II}(\eta^5\text{-}C_5Me_5)_2]$）を用いている。またプロトン源としてプロトン化ルチジンなどを用いている。これは，

6 物質変換（生物有機金属化学）

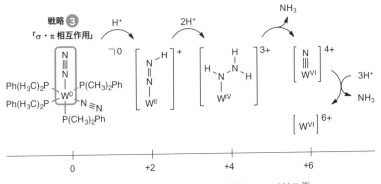

図 6-20　タングステン錯体による窒素分子の活性化[28]

横軸の目盛りは，W^{VI} 錯体を基準［0］としたときの，W 中心に電子が入った個数を表している。電子は負の電荷を持つため，電子が入る方をマイナス，電子が出る方をプラスとする。窒素源：W^0-N_2 錯体，プロトン源：Ru^{II}-H_2 錯体，電子源：W^0，TON < 0.55。触媒する反応：$N_2 + 6H^+ + 6e^- \rightarrow 2NH_3$

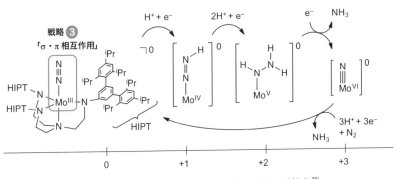

図 6-21　モリブデン錯体による窒素分子の活性化[30]

横軸の目盛りは，Mo^{III} 錯体を基準［0］としたときの，Mo 中心に電子入った個数を表している。電子は負の電荷を持つため，電子が入る方をマイナス，電子が出る方をプラスとする。HIPT：3,5-$(2,4,6$-$iPr_3C_6H_2)_2C_6H_3$。窒素源：N_2（Mo^0-N_2 錯体），プロトン源：プロトン化したルチジン，電子源：$[Cr^{II}(\eta^5$-$C_5Me_5)_2]$，TON < 4。触媒する反応：$N_2 + 6H^+ + 6e^- \rightarrow 2NH_3$

触媒的に窒素分子からアンモニア分子を合成した初めての分子触媒である。

　西林らは，2011 年にモリブデン錯体とプロトン源および電子源としてコバルトセンなどを用いて，触媒的な窒素分子のアンモニア分子への変換を報告し

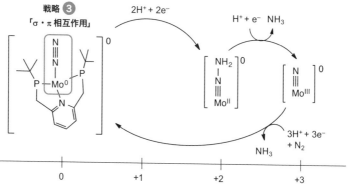

図 6-22 Mo 錯体による窒素分子の活性化[30]

横軸の目盛りは,Mo^0 錯体を基準 [0] としたときの,Mo 中心に入った電子の個数を表している。電子は負の電荷を持つため,電子が入る方をマイナス,電子が出る方をプラスとする。窒素源:N_2(Mo^0–N_2 錯体),プロトン源:コバルトセン,電子源:Mo^0,TON < 23.2。触媒する反応:N_2 + $6H^+$ + $6e^-$ → $2NH_3$

た(図 6-22)[30]。モリブデン中心によって窒素分子を捕え,活性化しており(戦略❸),これまでの分子触媒よりも触媒活性が向上している。

俟らは,2013 年にチタンポリヒドリドクラスターを用いて,水素分子と窒素分子からアンモニア分子への変換を達成した(図 6-23)[31]。出発錯体は,Ti^{IV} 錯体と水素分子を用いて合成し,その後,水素分子の還元的脱離(戦略❷)によって得られた電子によって窒素分子が還元される。これは,水素分子の電子を使って窒素分子を還元した初めての分子触媒である。

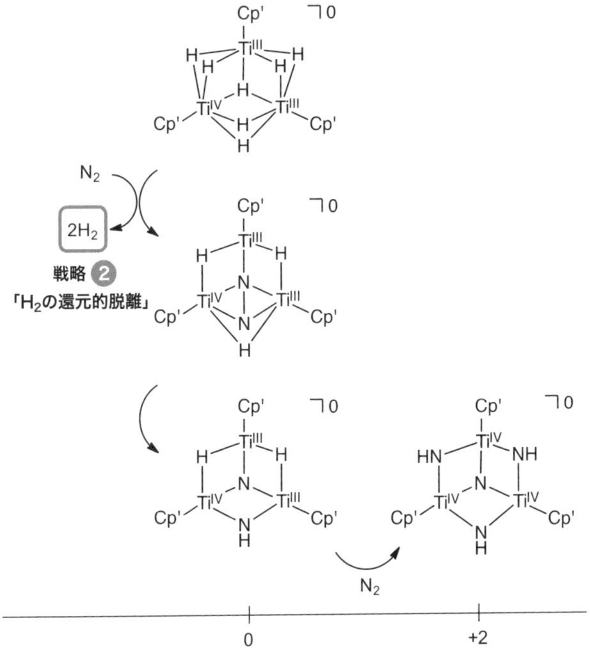

図 6-23 チタン錯体による窒素分子の活性化[31]

横軸の目盛りは，ヘプタヒドリド $Ti^{III}{}_2Ti^{IV}$ 錯体を基準 [0] としたときの，Ti クラスターから出た電子の個数を表している。電子は負の電荷を持つため，電子が入る方をマイナス，電子が出る方をプラスとする。Cp': $C_5(CH_3)_4Si(CH_3)_3$。窒素源：N_2，プロトン源：無し，電子源：H_2，TON = 0.9。触媒する反応：$N_2 + 3H_2 \rightarrow 2N^{3-} + 6H^+$

(3) 一酸化炭素デヒドロゲナーゼとそのモデル

1) 一酸化炭素デヒドロゲナーゼの構造と機能

一酸化炭素デヒドロゲナーゼ（CODH）は，一酸化炭素分子と二酸化炭素分子との可逆的酸化還元反応の触媒として働き，生体系での炭素循環で重要な役割を果たしている。ここでは，特に一酸化炭素分子の酸化反応による電子の取り出しについて概説する（式 (6-5)）[32]。

一酸化炭素分子は，水素分子よりも酸化還元電位が低く還元力は高いが，金属酵素や金属錯体に対して触媒毒として作用することが多く，電子源として利

用することは容易ではない。CODHは金属中心まわりの立体的・電子的効果を制御してこの酸化還元反応を行っている。

$$CO + H_2O \longrightarrow CO_2 + 2H^+ + 2e^- \qquad (6\text{-}5)$$

CODHの活性中心は，ニッケルと鉄を含むクラスター構造を有している。休止状態では，ニッケルと鉄は共に4配位構造であり，ヒドロキシド基が鉄中心に配位している。基質である一酸化炭素分子は最初に鉄ではなくニッケルに捕えられる。ニッケル中心に配位した一酸化炭素分子の炭素原子にヒドロキシド基が求核的に攻撃し，生成したCO_2^{2-}がニッケルと鉄を架橋した化学種が生成する。図6-24に，そのX線解析による構造を示す[33]。

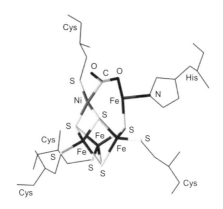

図6-24　CODHの活性中心構造[33]
細線はアミノ酸残基を示す。Cys：システイン。His：ヒスチジン。

2）CODHの一酸化炭素分子の活性化メカニズム

図6-25に，CODHによる一酸化炭素分子の活性化戦略として，戦略❶〜❹を示す。まず，一酸化炭素分子が配位するために，戦略❶の「空配位座」が必要である（図6-25(a)）。次に戦略❷の「σ・π相互作用」により，一酸化炭素分子を活性中心に捕捉する（図6-25(b)）。この際，一酸化炭素分子から金属中心への電子のσ供与が大きいほど，戦略❸の「OH^-の一酸化炭素分子への求核攻撃」が進行しやすくなる（図6-25(c)）。このようにして生成したCO_2結合

6 物質変換（生物有機金属化学）

(a) 戦略❶「空配位座」

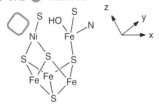

(b) 戦略❷「σ・π相互作用」

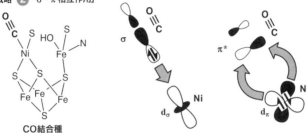

CO結合種

(c) 戦略❸「OH⁻の一酸化炭素分子への求核攻撃」

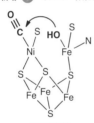

CO結合種

(d) 戦略❹「脱CO_2」

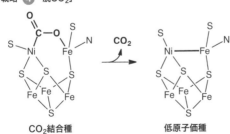

CO_2結合種　　　　低原子価種

図 6-25　CODH による一酸化炭素分子の活性化戦略

(a) 戦略❶「空配位座」。(b) 戦略❷「σ・π相互作用」。(c) 戦略❸「OH⁻の一酸化炭素分子への求核攻撃」。(d) 戦略❹「脱 CO_2」。

345

種からの脱炭酸により低原子価種が生成する（戦略❹「脱 CO_2」，図 6-23(d)）。その後，生成した低原子価種が電子受容体に 2 電子を渡す。

CODH による一酸化炭素分子活性化サイクルを図 6-26 に示す。反応は，ニッケル原子と鉄原子の間の空間を利用して進行する。まず，配位不飽和な 3 配位のニッケル原子（戦略❶）に一酸化炭素分子が配位し（戦略❷），次に，鉄原子に配位しているヒドロキシド基が一酸化炭素分子の炭素原子に求核攻撃し，脱プロトン化することにより（戦略❸），CO_2^{2-} となりニッケルと鉄を架橋する。その後，CO_2 が脱離する（戦略❹）これによって，クラスター中に 2 電子が溜め込まれ，低原子価種が生成する。最後に，この 2 電子を電子受容体に渡すことで反応サイクルが完結する。

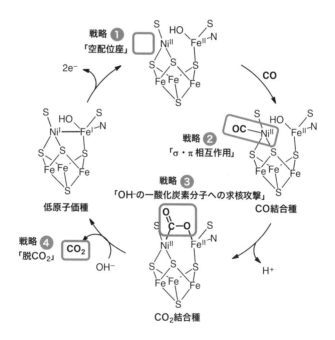

図 6-26　提案されている CODH による一酸化炭素分子の活性化サイクル[32, 33]
金属の酸化数については現在議論中である。
触媒する反応：$CO + OH^- \rightarrow CO_2 + 2H^+ + 2e^-$。

3) CODHモデルによる一酸化炭素分子の活性化

1993年,クラブツリー (Crabtree) らはCODHモデル錯体を用いて一酸化炭素分子の酸化を報告した(図 6-27)[28]。そのCODHモデルであるNi^{II}錯体は,X線解析により二核構造と同定しているが,実際の触媒サイクルでは,単核錯体が機能すると提案している。一酸化炭素分子は,Ni^{II}中心の空配位座に結合して(戦略❶),金属中心からCOのπ^*軌道への電子の逆供与と,一酸化炭素分子のσ軌道から金属中心への電子供与により,一酸化炭素錯体が生成する(戦

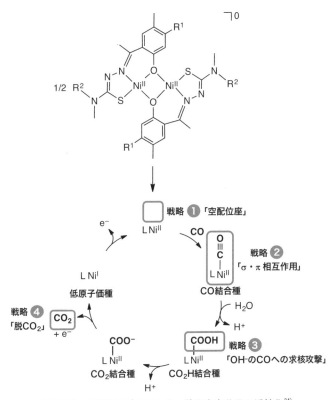

図 6-27　CODHモデルによる一酸化炭素分子の活性化[34]

二核Ni^{II}錯体を出発に用いているが,実際の触媒サイクルでは,単核錯体が機能していると提案されている。L = 2'-hydroxy-4,5'-dimethylacetophenone-4-niethylthiosemicarbazone。R^1 = H または CH_3,R_2 = H または CH_3。触媒する反応:$CO + H_2O \rightarrow CO_2 + 2H^+ + 2e^-$

略❷)。電気陰性度の高い酸素原子の方に負電荷が分極することにより，OH⁻の一酸化炭素分子の炭素原子への求核攻撃が促進され（戦略❸），COOH錯体が生成する。脱プロトン化と脱炭酸を経由し（戦略❹），1電子が電子受容体に放出され，Ni^Iの低原子価種となり，その後，もう1電子が放出されて，Ni^{II}種に戻る。ただし，この反応の触媒回転数（ターンオーバー数）は1であり，いずれの反応中間体も同定されていない。

6.2 B$_{12}$酵素とそのモデル

ビタミンB$_{12}$は生命の色素と呼ばれるテトラピロール系色素の1つであり，生体内で種々の代謝反応の触媒として機能している。ビタミンB$_{12}$は栄養学上の名称であり，化学名はコバラミンである。ビタミンB$_{12}$は1948年に悪性貧血の特効薬として発見され[35]，後にホジキン（Hodgkin）らによるX線構造解析によりその複雑な構造が明らかにされた[36]。この複雑な構造は有機合成化学上最大のターゲットとなり，1972年にはウッドワード（Woodward）やエッシェンモーザー（Eschenmoser）らによる全合成が達成された[37]。本節では，B$_{12}$酵素の構造や機能について説明し，モデル反応を通しての触媒系への応用について概説する。

(1) 補酵素B$_{12}$の構造

ビタミンB$_{12}$は，中心金属コバルトとコリン環を持つ有機金属錯体である。図6-28に示すように，テトラピロール系の平面配位子であるコリン環内の4個の窒素原子にコバルトが配位した金属錯体である。ヘムタンパクの活性部位にあるヘムの配位子であるポルフィリンと構造は似ているが，塩基性が異なる。すなわち，コリン環はピロールのA環とD環が直結しており，モノアニオン性の配位子である。したがって，ジアニオン性のポルフィリン配位子に比べて低酸化状態のコバルトイオンの生成に有利な構造と言える。また，周囲に多数の不斉炭素をもっておりキラルな反応場を与えている。通常ビタミンB$_{12}$の呼称は，生体から効率良く抽出される誘導体であるシアノコバラミンに対し用いられているが，生体内で実際に作用しているのはメチルコバラミンおよびアデノシルコバラミンである[38]。このビタミンB$_{12}$の中心金属コバルトは通常+1

〜 +3 の酸化状態をとり，+1 価では灰緑色，+2 価では黄色〜橙色，+3 価では赤〜紫色を示す[39]。ビタミン B_{12} の酸化還元を伴う反応は，緑−黄−赤と反応により色が変わるので，「交通信号反応」に喩えられる。

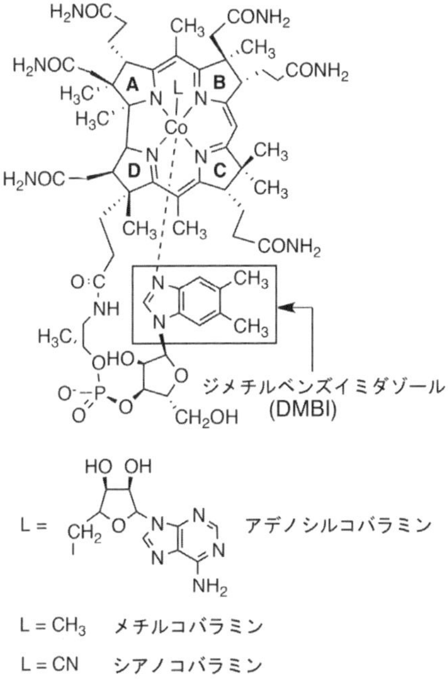

図 6-28 ビタミン B_{12} 類の構造

（2） B_{12} 酵素の構造と酵素反応

ビタミン B_{12} が関与する酵素反応は図 6-29 に示すように 3 つに大別できる。1 つはアデノシルコバラミン依存で炭素骨格の組換えを伴う異性化反応，2 つ目はメチルコバラミン依存のメチル基転移反応，3 つ目は還元的脱ハロゲン化反応である。

1） 炭素骨格の組換えを伴う異性化反応

アデノシルコバラミンは，炭素骨格の組換えを伴う官能基転位反応の触媒として働く。例えば，メチルマロニル-CoA ムターゼはメチルマロン酸骨格から

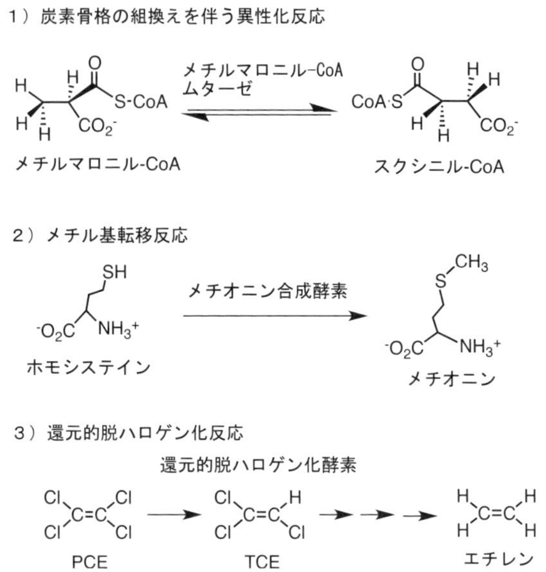

1) 炭素骨格の組換えを伴う異性化反応

メチルマロニル-CoA ⇌(メチルマロニル-CoAムターゼ) スクシニル-CoA

2) メチル基転移反応

ホモシステイン →(メチオニン合成酵素) メチオニン

3) 還元的脱ハロゲン化反応

PCE →(還元的脱ハロゲン化酵素) TCE → → → エチレン

図6-29 ビタミンB_{12}が関与する酵素反応

コハク酸骨格への変換を行う。この反応においては，図6-30に示すようにコバルト-炭素結合の開裂が引き金となり酵素反応が開始する。補酵素B_{12}のコバルト-炭素結合のホモリシス（均等）開裂により生成したアデノシルラジカルが基質の水素原子を引き抜き，そこで生成した基質ラジカルが中間体となり異性化反応が進行する。メチルマロニル-CoAムターゼのX線構造解析は1996年に報告されたが，下方配位子は分子内ジメチルベンズイミダゾール（DMBI）ではなく，タンパク質由来のヒスチジン残基のイミダゾールであった[40]。

2) メチル基転移反応

メチルコバラミンは，生体内ではメチオニンの生合成を司る酵素中に存在する補酵素である。メチオニンシンターゼはホモシステインからメチオニンを生合成する過程において，メチル基転移の触媒として働いている[38]。この反応においては，コバルト-炭素結合がイオン的に開裂する。すなわち，メチルコバラミンはグリニャール試薬のように作用し，ホモシステインをメチル化する。

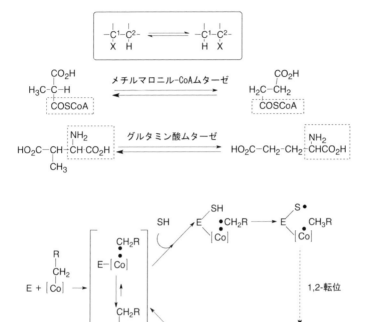

R-CH$_2$-, 5'-デオキシアデノシル; [Co], コバラミン; E, アポ酵素; SH, 基質; PH, 生成物

図 6-30 アデノシルコバラミンが関与する酵素反応機構

この酵素については，1994 年に X 線結晶構造解析が報告され，タンパク質に結合したメチルコバラミンの構造が明らかにされた[41]。コバラミンの下方配位子と考えられていたヌクレオチド部のジメチルベンズイミダゾール (DMBI) はコバルトに配位しておらず，あたかもコリン環から降ろされた錨のごとく，タンパク質鎖の中に突きささっていた。そのかわりにタンパク質由来のヒスチジン残基のイミダゾールがコバルトに配位している。

3) 還元的脱ハロゲン化反応

嫌気性細菌中に見出された脱塩素化酵素の活性中心に，コリン環を有する錯体（コバラミン）が存在することが，近年の研究で明らかになっている。この脱塩素化反応は，B_{12}依存性酵素の新しい機能としてその反応および機構解明が注目されている[42]。嫌気性細菌中に見出された酵素には，コリノイド1分子と電子源である鉄・硫黄クラスターが2つ存在する。菌体中ではCo(I)体が活性種となり，テトラクロロエチレン（PCE）が2電子還元されトリクロロエチレン（TCE）への脱塩素化反応が進行する。酵素側から見ればこの反応はエネルギー物質であるATPの合成を行う脱塩素化呼吸に相当し，PCEを電子受容体，水素分子を電子供与体として用い，エネルギー生産を行っている。この脱塩素化反応は，環境汚染物質として社会問題になっている有機塩素化合物の分解に相当し，環境浄化触媒として興味深い[43]。この酵素については，2015年にX線結晶構造解析が報告され，電子スピン共鳴（ESR）による研究と合わせて酵素反応中でのコバルト－ハロゲン結合の形成を示唆している[44]。

(3) 酵素モデルの構築と触媒反応への応用

ビタミンB_{12}酵素反応の鍵はコバルト－炭素結合の生成と開裂にある。ここで，Co–C結合の生成と開裂について解説する。図6-31に示すように，化学的には種々の方法でCo–C結合を作ることができる。Co(I)種とハロゲン化アルキルのような求電子剤との反応，Co(II)種と有機ラジカルとの反応，Co(III)種とグリニャール試薬のような求核剤との反応によりCo–C結合は生成する[37]。一方，

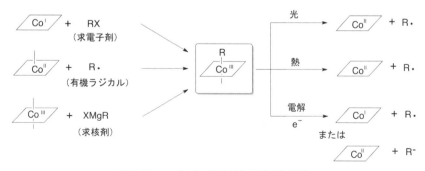

図6-31 コバルト－炭素結合の形成と開裂

Co-C 結合は光照射や熱によるホモリシス開裂，酸化還元による開裂などがある。すなわち，ビタミン B_{12} アルキル錯体の Co-C 結合は，外部刺激によりラジカル種やイオン種を発生させることができる感応性化学種である。

このようにして形成するビタミン B_{12} アルキル錯体を中間体とした触媒系の構築が可能であり，本節では種々の人工酵素の例を紹介する。ビタミン B_{12} 誘導体または単純なモデル錯体とアポ酵素モデルまたはナノ空間材料の組合せにより人工酵素（バイオインスパイアード触媒）の構築が可能である。天然タンパク質の1つである人血清アルブミン（HSA）[45]，合成二分子膜[46]，分岐高分子[47] などのアポタンパクモデルとの組み合わせによりビタミン B_{12} 人工酵素の構築が報告されている。また，ゾル-ゲル法によりビタミン B_{12} 誘導体をシリカゲル中に取り込んだ反応系[48] や，半導体である酸化チタンにビタミン B_{12} 誘導体を結合させた触媒系[49] など，斬新な触媒系の構築が報告されている。以下，いくつかの例を解説する。

1） アポ酵素モデルを用いた人工酵素

合成二分子膜と疎水性ビタミン B_{12} の組み合わせによるビタミン B_{12} 人工酵素が報告されている。ビタミン B_{12} 酵素のX線構造解析の結果をもとに，反応に重要な役割を果たしていると考えられるアルギニンやヒスチジン残基を含む合成ペプチド脂質を用いている[50]。これらの合成ペプチド脂質は水中で安定な二分子膜構造を形成する。この合成二分子膜に，ビタミン B_{12} を疎水的に化学修飾した化合物を取り込ませることにより，二分子膜型ビタミン B_{12} 人工酵素が構成できる。図6-32に二分子膜型ビタミン B_{12} 人工酵素の模式図を示す。この人工酵素系では，合成二分子膜のミクロ環境効果によるアポタンパク機能が発現し，均一溶液中では進行しない官能基の1,2-転位反応を効果的に進行させることができる。このような人工酵素により，ジメチルマロン酸骨格からメチルコハク酸骨格への変換やメチルアスパラギン酸からグルタミン酸への骨格変換反応に成功している。同様な反応は，二分子膜の代わりに天然タンパク質である人血清アルブミン（HSA）をアポタンパクモデルとして用いた系でも可能である[45]。また，最近では天然のアポミオグロビンを反応場に用い，再構成法によりビタミン B_{12} モデル錯体を導入した人工酵素系が構築され，酵素内メ

チル基転移反応が報告されている[51]。

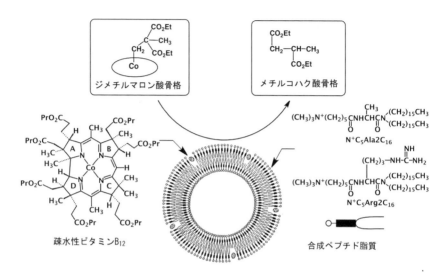

図 6-32　二分子膜型ビタミン B_{12} 人工酵素

2) 電気化学的手法を用いたモデル反応

　酸化還元触媒であるビタミン B_{12} の酵素反応を，電気化学的な活性化法を用いてモデル反応系を構築するという手法がある。電気化学的手法は酸化還元電位を精密に制御できるので，電位による生成物制御も可能である。モデル錯体を電解メディエーターなどの均一触媒として用いた場合[52]，反応後の生成物との分離や触媒の流出など問題となる点も多い。そこで電極上にモデル錯体を固定化した修飾電極を作製し，電解還元により活性 Co(I) 種を生成し，電解触媒反応へ応用した研究が報告されている。修飾電極は錯体触媒の有効利用という点でもメディエーター系よりも優れていると言える。固定化法としては，図 6-33 に示すようにゾル-ゲル法により作製したシリカゲル膜中にビタミン B_{12} 誘導体を固定化した非共有結合型電極 (a)[53] や，共有結合で錯体を電極上に直接固定化した共有結合型電極 (b)[54] が報告されている。前者は錯体に特別な化学修飾を必要とせず，ゾル-ゲル溶液と混ぜるだけで大量の錯体を固定化でき

6 物質変換（生物有機金属化学）

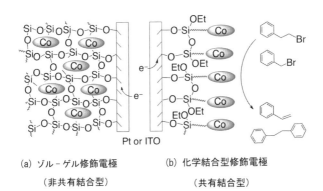

(a) ゾル-ゲル修飾電極　　　　(b) 化学結合型修飾電極
　　（非共有結合型）　　　　　　　（共有結合型）

図 6-33　修飾電極型人工酵素

る。一方，後者は強固に錯体を化学固定化することができ，高い耐久性を保持している。いずれも電気化学活性を保持した状態でモデル錯体は固定化されており，光照射しながら定電位電解反応を行うことにより，有機ハロゲン化物に対し高い分解活性を示している。また，官能基転位を伴う物質変換反応にも応用できる。

3) 光増感剤との組み合せによるバイオインスパイアード触媒

　ビタミン B_{12} 誘導体の Co(I) 種は超求核剤であり，その生成には通常は化学的還元剤か，電気化学的還元を用いる。しかし，これらの手法は環境への負荷が小さくはない。そこで，クリーンな手法として光増感剤を用いる Co(I) 種の生成法が報告されている。光増感剤として良く用いられるルテニウム(II)トリスビピリジン錯体に着目し，図 6-34 に示すような光駆動型電子移動反応を利用した触媒サイクルが構築できる[54]。Ru(II) トリスビピリジン錯体は可視光照射により励起され，犠牲還元剤（トリエタノールアミンなど）共存下では還元的消光を受け，高い還元力を有する Ru(I) 錯体を与える（-1.35 V vs. Ag/AgCl）。この還元力を利用すればビタミン B_{12} 錯体（$E_{1/2}(Co^{II}/Co^{I}) = -0.65$ V vs. Ag/AgCl）を活性な Co(I) 種へと還元することができる。光増感剤による Co(II) 錯体の Co(I) 錯体への還元は，電子スピン共鳴（ESR）を用いた反応追跡により確認されている。

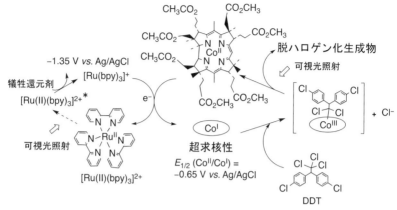

図 6-34 B_{12}-Ru 光増感剤による触媒サイクル

　ビタミン B_{12} 誘導体の Co(I) 種は高い求核性を示すために有機ハロゲン化合物と反応し脱ハロゲン化反応が速やかに進行する。ビタミン B_{12} 類を含む脱塩素化酵素における活性種は Co(I) 種であり，この反応性は種々の有機ハロゲン化物の還元的脱ハロゲン化反応に応用できる。ジクロロジフェニルトリクロロエタン（DDT）やクロロホルムなどのトリハロメタン類を始めとした広範な有機ハロゲン化物に対し優れた脱塩素化能を示す。特に多置換塩素化合物には著しく高い反応性を示すことが明らかとなっている。このビタミン B_{12} 誘導体による脱ハロゲン化反応における最大の特徴は，有機ハロゲン化合物中のハロゲン原子を，無害なハロゲンイオンの形で脱離できる点である。

　疎水性ビタミン B_{12} を触媒として用い，エタノール中 Ru 光増感剤および犠牲還元剤存在下で，環境汚染物質である DDT（有機塩素化合物）に可視光照射すると，数時間でほとんどの DDT が消失し，主生成物としてモノ脱塩素体である 1,1-ビス (4-クロロフェニル)-2,2-ジクロロエタン（DDD）が得られる。暗所や疎水性ビタミン B_{12} 不在の場合には反応はほとんど進行せず，光駆動型電子移動反応により生成する Co(I) 種が活性種となり，反応が進行していると推察される。図 6-34 に示したような反応スキームで進行しており，可視光を照射するだけで，光誘起電子移動反応により疎水性ビタミン B_{12} が活性化され，環境汚染物質である DDT を分解する[55]。

6 物質変換（生物有機金属化学）

　光増感剤として酸化チタンを用いる触媒系も報告されている。酸化チタン（TiO_2）の光照射により生成する伝導帯の励起電子は，-0.5 V vs. NHE (pH 7.0, H_2O) の還元力を有し，理論上はビタミン B_{12} 誘導体を Co(I) 種へと還元することが可能である。また酸化チタンは粉末や薄膜として用いるので，その表面にビタミン B_{12} 誘導体を固定化すれば，不均一触媒として利用できる。そこで側鎖にカルボキシル基を有するビタミン B_{12} 誘導体を合成し，酸化チタン表面に固定化したハイブリッド触媒が合成できる（図 6-35)[56]。

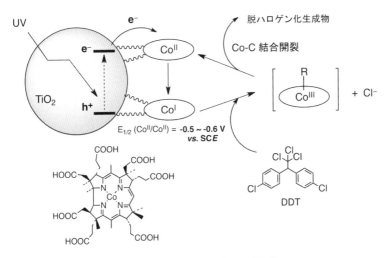

図 6-35　B_{12}-TiO_2 ハイブリッド触媒

　このように調製した B_{12}-酸化チタンハイブリッド触媒をエタノールに懸濁し，脱酸素条件で紫外線照射すると，Co(I) 種の生成を示す暗緑色へと変化する。アルコール溶媒を用いることは本反応の鍵であり，アセトニトリル中では本反応は進行しない。それはアセトニトリル中では光照射により発生した正孔（ホール）が励起電子と再結合するため，Co(I) 種が生成できないためである。一方，エタノール中では溶媒のエタノール自身が正孔により酸化され（アセタールが生成)，再結合を防ぐことにより励起電子が Co(II) 種を Co(I) 種へと還元する。このように酸化チタンの光還元作用により Co(I) 種の生成が可能であるので，

基質としてDDT（有機塩素化合物）を加え,紫外線照射しながら反応させると,種々の脱塩素化物が得られる。酸素不在下ではB_{12}-酸化チタンハイブリッド触媒は安定であり，優れた触媒であると言える。B_{12}誘導体を酸化チタン表面に固定化することで，好気条件でもCo(I)種の生成が可能となり，脱ハロゲン化および酸素添加反応も進行する[49]。

このB_{12}-酸化チタンハイブリッド触媒は，有機ハロゲン化物の分解のみならず,有機ハロゲン化物からのラジカル生成反応にも利用できる[57]。したがって，従来のスズ化合物を用いたラジカル反応の代替として用いることができ，環境調和型のグリーン触媒として魅力的である。

4) ヒ素の無毒化への応用

ビタミンB_{12}依存性酵素の1つであるメチオニンシンターゼは，メチルコバラミンが補酵素として働き，ホモシステインからメチオニンを合成している。メチルコバラミンは生体内でのグリニャール試薬のような働きをしており，その応用として環境適合型のメチル化試薬としての利用が可能である。一例として，ビタミンB_{12}誘導体による無機ヒ素のメチル化反応が報告されている[58]。このメチル基転移反応は重金属にも起こり，水銀がメチル化して有機水銀が生成し，水俣病の原因となったことは有名である。水銀はメチル化して有機水銀となると猛毒であるが，ヒ素はメチル化すると逆に毒性が著しく下がる。そこでメチル化ビタミンB_{12}誘導体を用いて，無機ヒ素のメチル化反応が報告された。無機ヒ素をトリメチル化してさらにアルセノベタイン（AB）（図6-36）に変換することにより，毒性は1/300になる[59]。ヒ素化合物の中で，5価のトリメチルヒ素であるアルセノベタイン（AB）は砂糖よりも毒性は低く，ほぼ無毒と見なせる。したがって無機ヒ素をトリメチル化し，さらにアルセノベタイン（AB）に変換することにより無毒化することができる。すなわち，無機ヒ素を効率よくトリメチル化することができれば,新規な無毒化方法の開発に繋がる。

グルタチオン（GSH）の存在下で無機ヒ素とビタミンB_{12}誘導体のメチル化錯体を反応させると,ヒ素のメチル化反応が進行する[58]。図6-36に示すように，メチル化ビタミンB_{12}誘導体であるメチルアココビリン酸過塩素酸塩をメチル供与体とした場合，100℃の反応条件でヒ素がほぼ全てトリメチル体となるこ

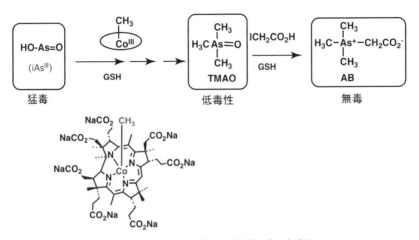

図 6-36 メチル化反応による無機ヒ素の無毒化

とが報告されている。ビタミン B_{12} 誘導体によるヒ素のメチル化は，新たなヒ素の無毒化法として有望であるが，より温和な反応条件で触媒的に反応が進行する系の開発が望まれる。

(4) 応用への展望

ビタミン B_{12} 依存性酵素は生体系において 10 種類以上の代謝反応に関与し，全くタイプの異なる反応の触媒として機能している。1 種類の金属錯体がアポタンパクや軸配位子の違いにより，このような広範な触媒作用を発現するのは極めて興味深い[60]。構造や働きが明らかになると，「バイオミメティックス」や「バイオインスパイアード」のような生体に学んだ手法により，環境との調和を保ち高効率で無駄のない革新的な触媒開発へとつながるものと期待できる。

参考図書・文献

1) a) Special issue on hydrogen. *Chem. Rev.*, **107**, 3900 (2007). b) Special issue on hydrogenases. *Coord. Chem. Rev.*, **249**, 1517 (2005).

2) a) A. Volbeda, M.-H. Charon, C. Piras, E. C. Hatchikian, M. Frey, J. C. Fontecilla-Camps, *Nature*, **373**, 580 (1995). b) Y. Higuchi, T. Yagi, N. Yasuoka, *Structure*, **5**, 1671 (1997).

3) a) J. W. Peters, W. N. Lanzilotta, B. J. Lemon, L. C. Seefeldt, *Science*, **282**, 1853 (1998). b) Y. Nicolet, C. Piras, P. Legrand, E. C. Hatchikian, J. C. Fontecilla-Camps, *Structure*, **7**, 13 (1999).

4) a) S. Shima, O. Pilak, S. Vogt, M. Schick, M. S. Stagni, W. Meyer-Klaucke, E. Warkentin, R. K. Thauer, U. Ermler, *Science*, **321**, 572 (2008). b) T. Hiromoto, E. Warkentin, J. Moll, U. Ermler, S. Shima, *Angew. Chem. Int. Ed.*, **48**, 6457 (2009).

5) a) Y. Shomura, K.-S. Yoon, H. Nishihara, Y. Higuchi, *Nature*, **479**, 253 (2011). b) J. Fritsch, P. Scheerer, S. Frielingsdorf, S. Kroschinsky, B. Friedrich, O. Lenz, C. M. T. Spahn, *Nature*, **479**, 249 (2011). c) A. Volbeda, P. Amara, C. Darnault, J. M. Mouesca, A. Parkin, M. M. Roessler, F. A. Armstrong, J. C. Fontecilla-Camps, *Proc. Natl. Acad. Sci. USA*, **109**, 5305 (2012).

6) L. Lauterbach, O. Lenz, *J. Am. Chem. Soc.*, **135**, 17897 (2013).

7) Y. Higuchi, *et al.* 11th International Hydrogenase Conference, 2016, Marseiile, France.

8) S. Ogo, *Chem. Rec.*, **14**, 397 (2014).

9) a) A. A. Hamdan, B. Burlat, O. Gutiérrez-Sanz, P.-P. Liebgott, C. Baffert, A. L. de Lacey, M. Rousset, B. Guigliarelli, C. Leger, S. Dementin, *Nat. Chem. Biol.*, **9**, 15 (2013). b) H. Ogata, P. Kellers, W. Lubitz, *J. Mol. Biol.*, **402**, 428 (2010).

10) H. Ogata, K. Nishikawa, W. Lubitz, *Nature*, **520**, 571 (2010).

11) K. Kim, T. Matsumoto, A. Robertson, H. Nakai, S. Ogo, *Chem. Asian J.*, **7**, 1394 (2012).

12) S. Ogo, K. Ichikawa, T. Kishima, T. Matsumoto, H. Nakai, K. Kusaka, T. Ohhara, *Science*, **339**, 682 (2013).

13) T. Kishima, T. Matsumoto, H. Nakai, S. Hayami, T. Ohta, S. Ogo, *Angew. Chem. Int. Ed.*, **55**, 724 (2016).

14) a) J. A. Cracknell, A. F. Wait, O. Lenz, B. Friedrich, F. A. Armstrong, *Proc. Natl. Acad. Sci. USA*, **106**, 20681 (2009). b) W. Lubitz, H. Ogata, O. Rüdiger, E. Reijerse, *Chem. Rev.*, **114**, 4081 (2014).

15) a) G. J. Kubas, R. R. Ryan, B. I. Swanson, P. J. Vergamini, H. J. Wasserman, *J. Am. Chem. Soc.*, **106**, 451 (1984). b) G. J. Kubas, *Chem. Rev.*, **107**, 4152 (2007).

16) A. D. Wilson, R. K. Shoemaker, A. Miedaner, J. T. Muckerman, D. L. DuBois, M. R. DuBois, *Proc. Natl. Acad. Sci. USA*, **104**, 6951 (2007).

17) a) R. G. Pearson, *J. Am. Chem. Soc.*, **108**, 6109 (1986). b) D. D. M. Wayner, V. D. Parker, Acc. *Chem. Res.*, **26**, 287 (1993). c) C. Creutz, M. H. Chou, H. Hou, J. T. Muckerman, *Inorg. Chem.*, **49**, 9809 (2010).

18) S. Eguchi, K.-S. Yoon, S. Ogo, *J. Biosci. Bioeng.*, **114**, 479 (2012).

19) T. Matsumoto, S. Eguchi, H. Nakai, T. Hibino, K.-S. Yoon, S. Ogo, *Angew. Chem. Int. Ed.*, **53**, 8895 (2014).

20) a) T. Matsumoto, K. Kim, S. Ogo, *Angew. Chem. Int. Ed.*, **50**, 11202 (2011). b) T. Matsumoto, K. Kim, H. Nakai, T. Hibino, S. Ogo, *ChemCatChem*, **5**, 1368 (2013).

21) K. Takashita, T. Matsumoto, T. Yatabe, H. Nakai, S. Ogo, *Chem. Lett.*, **45**, 137 (2016).

22) a) G. J. Leigh, *Nitrogen Fixation at the Millenium*. Elsevier Science: Amsterdam, (2002). b) B. K. Burgess, D. J. Lowe, *Chem. Rev.*, **96**, 2983 (1996).

23) a) K. M. Lancaster, M. Roemelt, P. Ettenhuber, Y. Hu, M. W. Ribbe, F. Neese, U. Bergmann, S. DeBeer, *Science*, **334**, 974 (2011). b) O. Einsle, F. A. Tezcan, S. L. A. Andrade, B. Schmid, M. Yoshida, J. B. Howard, D. C. Rees, *Science*, **297**, 1696 (2002).

24) a) B. M. Hoffman, D. Lukoyanov, Z.-Y. Yang, D. R. Dean, L. C. Seefeldt, *Chem. Rev.*, **114**, 4041 (2014). b) R. Y. Igarashi, M. Laryukhin, P. C. D. Santos, H.-I. Lee, D. R. Dean, L. C. Seefeldt, B. M. Hoffman, *J. Am. Chem. Soc.*, **127**, 6231 (2005).

25) a) J. W. Tye, M. Y. Darensbourg, M. B. Hall, in *Activation of Small Molecules*, ed. W. B. Tolman, Wiley-VCH, Weinheim, pp. 121-158 (2006). b) S. Ogo, B. Kure, H. Nakai1, Y. Watanabe, S. Fukuzumi, *Appl. Oorganomet. Chem.*, **18**, 589 (2004).

26) K, Yoshimoto, T, Yatabe, T, Matsumoto, T. Viet-Ha, A, Robertson, H, Nakai, K, Asazawa, H, Tanaka, S. Ogo, *Dalton Trans.* in press (DOI: 10.1039/C6D T01655C)

27) J. Chatt, A. J. Pearman, R. L. Richards, R. L. *Nature*, **235**, 39 (1975).

28) Y. Nishibayashi, S. Iwai, M. Hidai, *Science*, **279**, 540 (1998).

29) a) D. V. Yandulov, R. R. Schrock, *Science*, **301**, 76 (2003). b) R. R. Schrock, *Acc. Chem. Res.*, **38**, 955 (2005).

30) K. Arashiba, Y. Miyake, Y. Nishibayashi, *Nat. Chem.*, **3**, 120 (2011).
31) T. Shima, S. Hu, G. Luo, X. Kang, Y. Luo, Z. Hou, *Science*, **340**, 1549 (2013).
32) M. Can, F. A. Armstrong, S. W. Ragsdale, *Chem. Rev.*, **114**, 4149 (2014).
33) J. H. Jeoung, H. Dobbek, *Science*, **318**, 1461 (2007).
34) a) Z. Lu, C. White, A. L. Rheingold, R. H. Crabtree, *Angew. Chem. Int. Ed. Engl.*, **32**, 92 (1993). b) Z. Lu, R. H. Crabtree, *J. Am. Chem. Soc.*, **117**, 3994 (1995).
35) E. L. Ricks, N. G. Brink, F. R. Koniuzy, T. R. Wood, K. Folkers, *Science*, **107**, 396 (1948).
36) D. C. Hodgkin, J. Kamper, M. Mackay, J. Pickworth, K. N. Yrueblood, J. G. White, *Nature*, **178**, 64 (1956).
37) R. B. Woodward, *Pure Appl. Chem.*, **33**, 145 (1973).
38) *Vitamin B_{12} and B_{12}-Proteins*, B. Kräutler, D. Arigoni, B. T. Golding (ed), Wiley-VCH, Weinheim (1998).
39) J. M. Pratt, *Inorganic Chemistry of Vitamin B_{12}*, Academic Press, London (1972).
40) F. Mancia, N. H. Keep, A. Nakagawa, P. F. Leadlay, S. McSweeney, B. Rasmussen, P. Bosecke, O. Diat, P. R. Evans, *Structure*, **4**, 339 (1996).
41) C. L. Drennan, S. Huang, J. T. Drummond, R. G. Matthews, M. L. Ludwig, *Science*, **266**, 1669 (1994).
42) R. P. H. Schmitz, J. Wolf, A. Habel, A. Neumann, K. Ploss, A. Svatos, W. Boland, G. Diekert, *Environ. Sci. Technol.*, **41**, 7370 (2007).
43) S. Kliegman, K. McNeill, *Dalton Trans*, 4194 (2008).
44) K. A. P. Payne1, C. P. Quezada1, K. Fisher, M. S. Dunstan, F. A. Collins, H. Sjuts, C. Levy, S. Hay, S. E. J. Rigby, D. Leys, *Nature*, **517**, 513 (2015).
45) a) Y. Hisaeda, T. Masuko, E. Hanashima, T. Hayashi, *Sci. Tech. Adv. Mater.*, **7**, 655 (2006). b) Y. Hisaeda, K. Tahara, H. Shimakoshi, T. Masuko, *Pure Appl. Chem.*, **85**, 1415 (2013).
46) a) Y. Murakami, J. Kikuchi, Y. Hisaeda, O. Hayashida, *Chem. Rev.*, **96**, 721 (1996). b) Y. Murakami, Y. Hisaeda, T. Ohno, *J. Chem. Soc., Perkin Trans.* **2**, 405 (1991).
47) a) K. Tahara, H. Shimakoshi, A. Tanaka, Y. Hisaeda, *Bull. Chem. Soc. Jpn.*, **83**, 1439 (2010). b) T. Tahara, H. Shimakoshi, A. Tanaka, Y. Hisaeda, *Tetrahedron Lett.*, **48**,

5065 (2007).

48) H. Shimakoshi, M. Tokunaga, K. Kuroiwa, N. Kimizuka, Y. Hisaeda, *Chem. Commun.*, 50 (2004).

49) a) H. Shimakoshi, Y. Hisaeda, *Angew. Chem. Int. Ed.*, **54**, 15439 (2015). b) H. Shimakoshi, Y. Hisaeda, *ChemPlusChem*, **79**, 1250 (2014).

50) Y. Hisaeda, E. Ohshima, M. Arimura, *Colloids and Surfaces A*, **169**, 143 (2000).

51) Y. Morita, K. Oohora, A. Sawada, K. Doitomi, J. Ohbayashi, T. Kamachi, K. Yoshizawa, Y. Hisaeda, T. Hayashi, *Dalton Trans.*, **45**, 3277 (2016).

52) a) Y. Hisaeda, T. Nishioka, Y. Inoue, K. Asada, T. Hayashi, *Coord. Chem. Rev.*, **198**, 21 (2000). b) H. Shimakoshi, M. Tokunaga, Y. Hisaeda, *Dalton Trans.*, 878 (2004).

53) H. Shimakoshi, A. Nakazato, M. Tokunaga, K. Katagiri, K. Ariga, J. Kikuchi, Y. Hisaeda, *Dalton Trans.*, 2308 (2003).

54) a) H. Shimakoshi, M. Tokunaga, K. Kuroiwa, N. Kimizuka, Y. Hisaeda, *Chem. Commun.*, 50 (2004). b) J. F. Rusling, *Pure Appl. Chem.*, **73**, 1895 (2001).

55) a) H. Shimakoshi, M. Tokunaga, T. Baba, Y. Hisaeda, *Chem. Commun.*, 1806 (2004). b) H. Shimakoshi, M. Nishi, A. Tanaka, K. Chikama, Y. Hisaeda, *Chem. Commun.*, **47**, 6548 (2011). c) W. Zhang, H. Shimakoshi, N. Houfuku, X.-M. Song, Y. Hisaeda, *Dalton Trans.*, **43**, 13972 (2014).

56) H. Shimakoshi, E. Sakumori, K. Kaneko, Y. Hisaeda, *Chem. Lett.*, **38**, 468 (2009).

57) a) H. Shimakoshi, M. Abiru, S. Izumi, Y. Hisaeda, *Chem. Commun.*, 6427 (2009). b) S. Izumi, H. Shimakoshi, M. Abe, Y. Hisaeda, *Dalton Trans.*, **39**, 3302 (2010).

58) a) L. Pan, H. Shimakoshi, T. Masuko, Y. Hisaeda, *Dalton Trans.*, **38**, 9898 (2009). b) K. Nakamura, Y. Hisaeda, L. Pan, H. Yamauchi, *Chem. Commun.*, 5122 (2008). c) K. Nakamura, Y. Hisaeda, L. Pan, H. Yamauchi, *J. Organometal. Chem.*, **694**, 916 (2009).

59) H. Yamauchi, Y. Aminaka, K. Yoshida, G. Sun, J. Pi, M. P. Waalkes, *Toxicol. Appl. Pharmacol.*, **198**, 291 (2004).

60) M. Giedyk, K. Goliszewska, D. Gryko, *Chem. Soc. Rev.*, **44**, 3391 (2015).

7 加水分解

はじめに　タンパク質（ポリペプチド）と核酸（ポリヌクレオチド）は，アミノ酸やヌクレオチド（またはデオキシヌクレオチド）を基本単位（モノマー）とする生体高分子であり，それ自体で生体を構成する重要な成分となるほか，オリゴペプチドが生体内での情報伝達物質として作用し，またオリゴヌクレオチドがリボザイムとして酵素活性を示すなど，幅広い分子量において生物活性を示す化合物として，生命活動の根底を担っている。

　タンパク質や核酸，糖鎖，脂質などの生体高分子の分解反応は，生体にとって重要な化学反応である（図 7-1）。その反応を触媒するのが，アミド，カルボン酸エステル，リン酸エステルなどを加水分解する加水分解酵素である。例

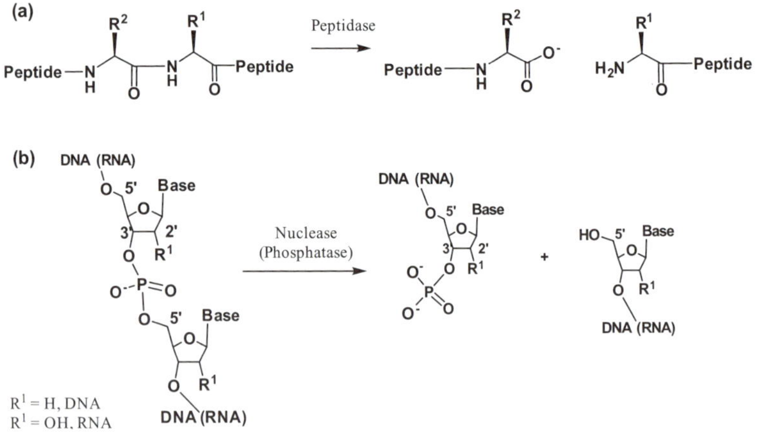

図 7-1　ペプチド（a）と核酸（DNA と RNA）（b）の加水分解反応

えば，タンパク質やペプチドを加水分解するプロテアーゼは，主にセリンプロテアーゼ，システインプロテアーゼ，アスパラギン酸プロテアーゼ，そして金属プロテアーゼ（メタロプロテアーゼ）の4つに分類される。また，DNAやRNAのリン酸ジエステル（ホスホジエステル結合）の加水分解は，デオキシリボヌクレアーゼ（またはDNase）やリボヌクレアーゼ（RNase）によって触媒される。本章では，これらの中で金属を含む加水分解酵素を中心に解説する。

7.1 亜鉛酵素とモデル
7.1.1 亜鉛酵素の活性中心構造

金属プロテアーゼは，亜鉛，マグネシウム，鉄などの金属イオンが活性中心として機能しており，その中でも亜鉛がよく使われている。亜鉛は，自然界で鉄の次に多い必須元素であり，人体に体重60 kgあたり約2 g存在し，全ての生体の成長や発達に必要である。生体内における亜鉛は+2価イオンとして存在し，その比較的小さい半径（0.65 Å）に比べて電荷が集中しており，カルボン酸やリン酸などのアニオンと結合する。また，銅やニッケルと同様強いルイス酸性を示し，また亜鉛(II)(Zn^{2+})イオンが酸化還元的に不活性であり，ラジカル反応を起こさないという特徴がある。さらにZn^{2+}イオンは電子配置がd^{10}であるためにd-d遷移に由来する吸収がない。また，亜鉛錯体は結晶場理論による支配が弱く，決まった配位構造がないので，配位数と幾何学的配位構造の自由度が大きい。酵素中の亜鉛イオンは四面体構造をもつことが多く，わずかに歪んでいるので，亜鉛のルイス酸性が強くなり，その結果として亜鉛イオンの配位水の酸性度も高くなっている。HSAB (Hard and Soft Acid and Base) 則によると，亜鉛の酸性は，硬い酸と軟らかい酸の境界にあるため，酸素（Asp, Glu, H_2O），窒素（His），硫黄（Cys）と結合できる。また，配位子交換速度が速いために，触媒回転効率が高い，という特徴もある。さらに，亜鉛酵素の選択的阻害剤は，薬剤としてだけでなく亜鉛酵素の機能解析のためにも非常に重要なツールである[1-3]。

亜鉛加水分解酵素には，アミドを加水分解するサーモリシンやカルボキシペプチダーゼのようなペプチダーゼ，ペニシリンの四員環β-ラクタム構造を分解するβ-ラクタマーゼ，コラーゲンのような細胞外マトリクスを分解するメ

タロプロテイナーゼなどがある。そしてそれらのほとんどは，亜鉛イオンに配位するアミノ酸と，それらのアミノ酸の間のアミノ酸残基，遺伝子発現などによって，主に以下のスーパーファミリー，すなわち i) カルボキシペプチダーゼファミリー，ii) サーモリシンファミリー，iii) アスタシンスーパーファミリー，iv) セラチアファミリー，v) マトリクスメタロプロテイナーゼ（MMP: Matrix Metalloproteinase）ファミリー，vi) β-ラクタマーゼファミリー，vii) カルボニックアンヒドラーゼファミリー，viii) ヒストンデアセチラーゼ（HDAC）ファミリーなどに分類される[1]。図 7-2 に，代表的なこれらのファミリーを代表する亜鉛酵素の活性中心に存在する亜鉛イオンの配位構造の略図を示す。これらの配位構造と亜鉛イオンのルイス酸性の関係は，以下のように考えられる。HSAB 則で硬い酸と軟らかい酸の中間に位置づけられる亜鉛には，中間的な塩基であるイミダゾールを有するヒスチジン（His）に加え，ハードな塩基であるグルタミン酸（Glu）やアスパラギン酸（Asp）のカルボン酸の酸素アニオンだけでなく，軟らかいシステイン（Cys）も配位する。また，水分子（H_2O）も配位できる。

DNA や RNA 中のホスフォジエステル部の加水分解酵素も亜鉛酵素である。上記した二酸化炭素と炭酸イオン間の変換を可逆的に触媒するカルボニックアンヒドラーゼや，アセトアルデヒドとエタノール間の酸化還元反応を可逆的に触媒するアルコールデヒドロゲナーゼも，代表的な亜鉛酵素である（図 7-2）。本章では，まず単核亜鉛酵素について述べ，その後二核，三核亜鉛酵素について紹介する。

7.1.2 単核亜鉛酵素

亜鉛プロテアーゼ（タンパク質加水分解酵素）の代表的な例は，1954 年に発見されたカルボキシペプチダーゼ A であり，活性部位の亜鉛イオン（Zn^{2+}）には 3 つのアミノ酸配位子（2 つのヒスチジンと 1 つのグルタミン酸）と水が配位していることが，X 線結晶構造解析によって明らかになった[1-3]。これら単核亜鉛酵素の多くは [(XYZ)Zn^{2+}−OH_2] という，共通した四配位構造モチーフを持つが，様々な異なる反応を触媒することができる。

亜鉛加水分解酵素の説明の前に，カルボニックアンヒドラーゼ（CA）の推

定反応機構について説明する。CA は二酸化炭素（CO_2）を水和して炭酸水素イオン（CO_3^-）を生成する反応と，その逆反応を可逆的に触媒する酵素であり，非常によく研究されている。図 7-2 に示したように，CA の亜鉛イオンは 3 つ

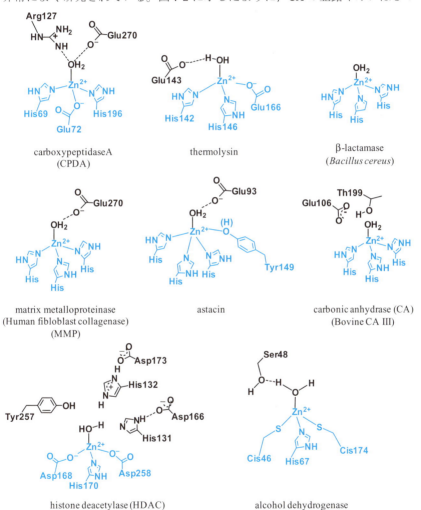

図 7-2　典型的な単核亜鉛酵素（カルボキシペプチダーゼ A，サーモリシン，β-ラクタマーゼ，マトリクスメタロプロテイナーゼ，アスタチン，カルボニックアンヒドラーゼ，ヒストンデアセチラーゼ，アルコールデヒドロゲナーゼ）中の亜鉛配位構造

のヒスチジン，1つの水分子と配位結合しており，四面体型構造をとっている[4]。さらに，亜鉛配位水にはGlu 106などのアミノ酸が配位しており，そのpK_aは6.9である（図7-3(a)）。亜鉛配位水が脱プロトン化されて生じた亜鉛配位OH^-（図7-3(b)）が，疎水的な反応ポケットに取り込まれたCO_2に対して求核攻撃し（図7-3(c)），HCO_3^-が生成する（図7-3(d)）。

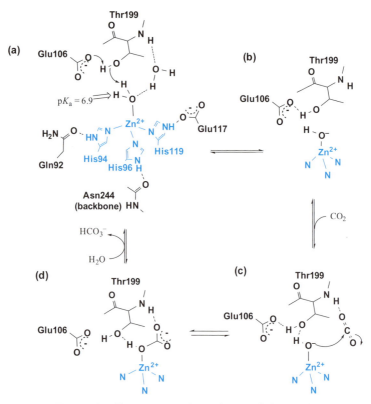

図7-3　カルボニックアンヒドラーゼ（CA）の推定反応機構

プロテアーゼは主に，カルボキシペプチダーゼAおよびBのように，タンパクのC末端アミノ酸を除去するエキソプロテアーゼと，サーモリシンやアンジオテンシン変換酵素のようにポリペプチド鎖の内側にあるペプチド結合を

7 加水分解

切断するエンドプロテアーゼに分類される[5,6]。これらの酵素は類似した活性中心構造を持ち（図7-2），Zn^{2+} は2つのヒスチジンと1つのグルタミンと配位結合している。Glu 残基は単座または二座配位子として配位しており，これら2種類の酵素の作用機序は類似していると考えられる。

　ウシカルボキシペプチダーゼAは，ミオグロビンやリゾチームに次いで高分解能結晶構造解析が行われた3つ目の酵素であり，フェニルアラニン，トリプシン，リシン，アルギニンのようなアミノ酸残基のペプチド結合を加水分解する[5]。その活性中心の Zn^{2+} は，His 69，Glu 72，His 196 および水分子と結合している（図7-2）。重要なのは亜鉛配位水（$Zn^{2+}-OH_2$）であり，図7-4に示したメカニズムで触媒回転に関与すると考えられる。亜鉛イオンはルイス酸性をもち，亜鉛配位水の pK_a が低下するために，脱プロトン化によって水酸化物イオン（$Zn^{2+}-(OH^-)$）を生成する（図7-4(a)）。また，基質であるカルボニル基と配位結合してカルボニル基を活性化する。そして，強力な求電子触媒である亜鉛配位水酸化物イオンが，亜鉛イオンによって活性化されたアミドのカルボニル炭素へ求核攻撃する。さらに，遷移状態で生成する陰イオンを安定化し（図

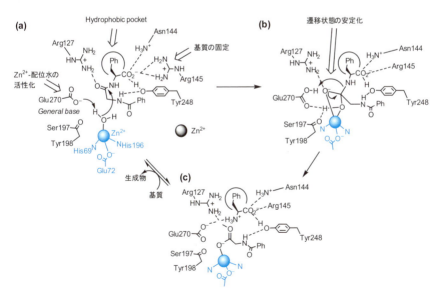

図7-4　カルボキシペプチダーゼAによるペプチド加水分解の推定反応機構

7-4(b)),最後に加水分解生成物が活性中心から遊離する(図 7-4(c)→図 7-4(a))。

カルボキシペプチダーゼ A の反応機構でも,Glu 基(Glu 270)が重要である。最初の求核付加の段階で,亜鉛配位水を脱プロトン化して亜鉛配位 OH⁻ の生成を一般塩基として助ける(図 7-4(a))。この亜鉛配位 OH⁻ が基質のカルボニル炭素へ求核攻撃し,結果的に水からカルボニル酸素へプロトンを移動させる。最後のステップであるアミン脱離段階では,プロトンを脱離する窒素原子をプロトン化して遊離しやすくするための一般酸として働く(水主導型経路と呼ばれる)(図 7-4(c))。サーモリシンも類似した反応機構でペプチド加水分解を触媒すると考えられる。

マトリクスメタロプテイナーゼ(MMP)も重要な亜鉛酵素である。MMP は細胞外マトリクス構造の主たる制御因子であり,組織の再生,修復,血管再生などに関与する。その機能が障害されると関節炎,炎症,がんのような疾病を誘起する可能性がある。ヒトには 23 個の MMP があり,これまでに 13 個の MMP の触媒活性部位の構造が決定されている[7]。

ヒストンデアセチラーゼ(HDAC)は,ヒストンタンパク中のアセチル化されたリジンやアルギニンからアセチル基を除去する酵素である[8]。ヒストンタンパクは,塩基性アミノ酸であるリシンやアルギニンを多くもち,中性 pH では電荷を有している。一方 DNA は負に帯電したリン酸ジエステル基を有するので,それらの間に静電的な引力が生じて複合体(ヌクレオソーム)を生成する。その複合体は,ヒストン H2A,H2B,H3,H4 がそれぞれ 2 分子ずつ会合した八量体の回りに DNA が 1.8 回分巻きついた形状をもっている。ヒストン中のリシンやアルギニンがヒストンアセチルトランスフェラーゼ(HAT)によってアセチル化されると,ヌクレオソーム構造がゆるんで,DNA は DNA 依存性 RNA ポリメラーゼや基本転写因子(TFIIX, X = A〜H)と基本転写複合体を形成して転写が開始される。一方,ヒストンリシンやアルギニン上のアセチル基が HDAC によって除去されると,それらのアミノ酸側鎖がプロトン化されて正電荷を獲得するようになるため,ヌクレオソーム構造を安定化して転写を抑制するリプレッサーとして機能する。HDAC の活性中心に存在する亜鉛イオンの配位水がアスパラギン酸とヒスチジンによる脱プロトン化によって活性化され,アミドのカルボニル炭素へ求核攻撃すると推定されている(図 7-5)。

7 加水分解

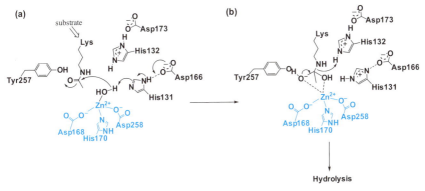

図 7-5 ヒストンデアセチラーゼ（HDAC）の推定反応機構

7.1.3 複核亜鉛酵素

亜鉛酵素の中には，その機能を発揮するために2つ以上の金属イオンを必要とするものも多い[1(g), 1(h)]。それらの酵素の主な特徴は，2つの金属イオンを架橋する配位子が存在することであり，その多くはタンパクの Asp や水分子である。活性中心に Zn^{2+} だけを含む二核亜鉛 β-ラクタマーゼやロイシンアミノペプチダーゼの他，Cu（細胞質内スーペルオキシドジスムターゼ），Fe（パープルホスファターゼ），Mg（アルカリホスファターゼ）を含んでいるものもある。

二核亜鉛酵素である aminopeptidase from Aeromonas proteolytica（AAP）の推定反応機構を図 7-6 に示す[5e), 9)]。AAP の2つ亜鉛イオンを架橋する水分子が Glu 151 によって脱プロトン化され，生じたヒドロキシドイオン（OH^-）がペプチドの N 末端にあるロイシンのアミド結合へ求核攻撃する。生成した四面体型中間体が亜鉛イオンによって安定化された後，ペプチド結合が切断される。

図 7-7 に，二核亜鉛 β-ラクタマーゼ，アルカリホスファターゼの活性中心構造を示す。β-ラクタマーゼ系抗生物質（ペニシリン系抗生物質の中の必須構造）に耐性を示すバクテリアは，亜鉛イオン性 β-ラクタマーゼを発現し，ペニシリンやセファロスポリンだけでなく，カルバペネムの四員環 β-ラクタムを開裂して無力化する。3つのメタロ β-ラクタマーゼの構造が明らかになり（B1, B2, B3），それら全てが2つの亜鉛イオンを有することがわかった（図 7-7(a)）[10]。B1 および B3 β-ラクタマーゼは2つの亜鉛サイトが埋まることで最大活性を発

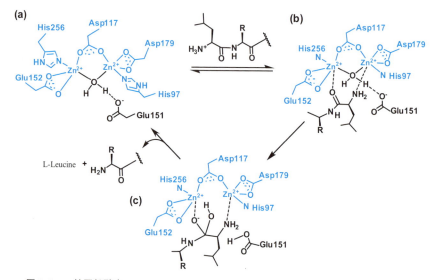

図 7-6　二核亜鉛酵素 aminopeptidase from Aeromonas proteolytica (AAP) の推定反応機構

揮する一方，B2β-ラクタマーゼは1つの亜鉛サイトが占有されると活性が最大になり，2つ目の亜鉛が入ると酵素活性が阻害される。最初に亜鉛イオンが収容されるのはCysサイトであると考えられるが，詳細な反応機構は不明である。

リン酸エステルを加水分解するアルカリホスファターゼ，ホスホリパーゼC，ヌクレアーゼP1の触媒部位には，3つの金属が近接している（図7-7(b)）。このうちホスホリパーゼC，ヌクレアーゼP1では3つすべてがZn^{2+}であ

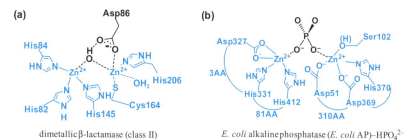

図 7-7　二核亜鉛酵素である二核β-ラクタマーゼとアルカリホスファターゼの活性中心構造

る[11]。そして，3つ目の亜鉛は他の2つの亜鉛イオンから少し離れていて，3つの Zn^{2+} は全て五配位構造をとっている。アルカリホスファターゼの構造はホスホリパーゼC，ヌクレアーゼP1に類似しているが，3つ目の金属イオンは Mg^{2+} である。Zn^{2+} サイトの1つは，六配位構造をもつもう1つの Zn^{2+} と，Asp配位子を共有している。

アルカリホスファターゼの活性中心付近にはアルギニン（Arg 166）が存在する（図7-8(a)）。基質であるリン酸モノエステルが活性中心の2つの亜鉛イオンへ配位した時，アルギニン側鎖のグアニジウム基がリン酸とイオン結合して複合体を安定化する（図7-8(b)）。また，セリン（Ser 102）の側鎖水酸基が，片方（図では右側）の亜鉛イオンに配位することによって活性化されて

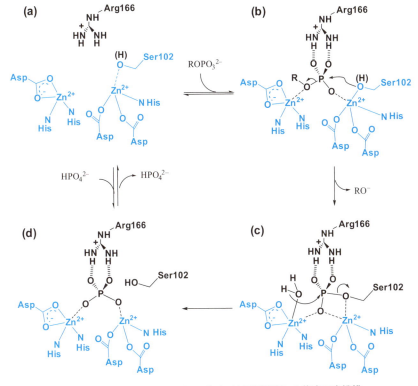

図7-8 アルカリホスファターゼ（二核亜鉛酵素）の推定反応機構

基質のリン原子へ求核攻撃し,リン酸基がセリンへ転移する(図 7-8(b)→図 7-8(c))。次に,左側の亜鉛イオンの配位水がセリン上のリン酸基へ求核攻撃する(図 7-8(d))。図 7-7(b)に示しているのは,リン酸エステル加水分解の生成物である無機リン酸とアルカリホスファターゼの複合体構造である。

7.1.4 亜鉛酵素阻害剤

亜鉛酵素の阻害剤は,これらの酵素の反応機構の解明のツールや薬剤として重要である。これらの多くは,活性中心の構造にフィットする部分を有しているため,ある程度の結合能力があり,さらに,配位子構造が活性中心に存在する亜鉛イオンへ配位することによって,選択的な阻害を実現している。亜鉛酵素阻害剤に用いられている官能基の例を図 7-9 に示す[12]。例えば,アンジオテンシン変換酵素(ACE)(カルボキシペプチダーゼ)の阻害剤であるカプトプリル(降圧薬)はチオールを有し,さらに水素結合やイオン結合によって ACE に結合する(図 7-9(a))[13,14]。その他に,リン酸基も亜鉛イオンへの配位子として機能する(図 7-9(b))[15]。ヒストンデアセチラーゼ(HDAC)阻害剤である suberoylanilide hydroxamic acid(SAHA)はヒドロキサム酸部が HDAC の亜鉛イオンに配位する(図 7-9(c))[16]。SAHA は皮膚 T 細胞リンパ腫(CTCL)の薬剤として臨床で使われている。また,アセタゾラミドやドルゾラミドに代表されるカルボニックアンヒドラーゼ(CA)阻害剤は,スルホンアミドアニオン部が亜鉛イオンに配位することによって,抗緑内障・抗てんかん薬などとして使われている(図 7-9(d))[4,17]。さらに,ヒドロキシケトン(図 7-9(e))なども亜鉛イオンへの配位子として有用である。

これまで,二核亜鉛酵素に対する選択的阻害剤の報告は限られていたが,最近 3-aminophthalic acid 誘導体(図 7-9(f))[18,19]や 8-quinolinol 誘導体(図 7-9(g))[20]が,それぞれ imipenemase-1(IMP-1)(class B β-lactamase)や AAP を阻害することが報告された。今後,これらの二核亜鉛酵素に有効な臨床薬の開発が期待される[21]。

7 加水分解

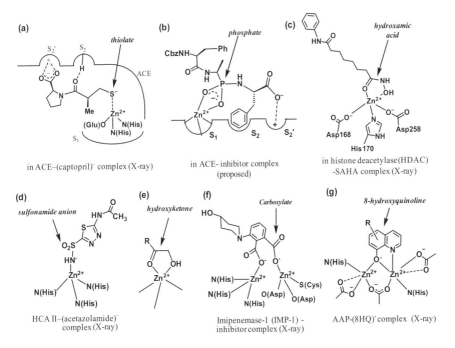

図7-9 代表的な亜鉛酵素阻害剤に使われている亜鉛結合官能基

7.1.5 金属酵素のモデル化合物

前述したように,Zn^{2+}イオンはd^{10}電子配置を持つので d–d 遷移に由来する吸収がないため,無色で反磁性である。そのため,NMR や X 線結晶構造解析,質量分析以外に構造解析法がなく,亜鉛酵素や亜鉛タンパクの機構解析は,他の金属酵素よりも遅れていた。しかしながら,この 20 年間に,図 7-10 に示すモデル亜鉛錯体の開発によって,亜鉛酵素における亜鉛酵素の機能が明らかになってきた[1(g), 22, 23]。

これらのモデル錯体の重要な点は,亜鉛イオンの配位構造と亜鉛配位水の酸性度(pK_a)である。前述したように,亜鉛酵素中において亜鉛配位水が重要であり,そのpK_aは 6〜8 程度であると報告されていた[4]。水分子(H_2O)のpK_aは 15.7 であるが,水中における亜鉛イオンの第一配位圏内の水分子のpK_aは 9〜10 へ低下する(図 7-10)。Wooley によって報告された最初の大環状ポ

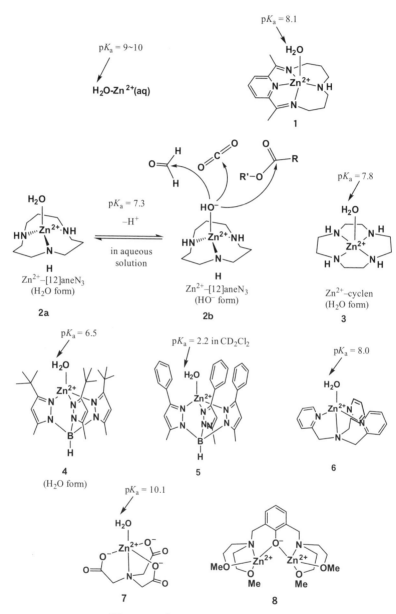

図7-10 代表的な亜鉛酵素モデル化合物

リアミン-亜鉛錯体 **1** の pK_a は 8.1 と決定され，錯体生成による酸性上昇が認められた[24]。

1990 年に，1,5,9-triazacyclododecane（[12]aneN$_3$）や 1,4,7,10-tetraazacyclododecane（[12]aneN$_4$, cyclen）の亜鉛錯体 **2**, **3** がカルボニックアンヒドラーゼ（CA）のよいモデルであることが示された[22,25]。pH 滴定や速度論的手法によって決定された **2a** の亜鉛配位水の pK_a は 7.3 と CA の pK_a 値に近い値であり，脱プロトン化された **2b** が中性 pH で生成しやすいことが明らかになった。また，pH 8 水溶液から **2b** の三量体が単離され，その結晶構造解析によって，亜鉛イオンは四面体構造を有することがわかった。また，cyclen の亜鉛錯体 **3** の pK_a も 7.8 と決定され，亜鉛配位 OH$^-$ が塩基や求核剤として機能することが明らかになった[26,27]。ちなみに，対応する cyclen のカドミウム錯体の pK_a は 10.7 であり，これはカドミウムが亜鉛より弱いルイス酸であることを反映している。しかし，カドミウムに配位した OH$^-$ の求核性は，亜鉛配位 OH$^-$ よりも強いことが報告されている[28]。

一方，Tris(pyrazolyl)hydroborate-Zn 錯体 **4** が報告され，亜鉛配位水の pK_a は 6.5 と決定された[29]。さらに，疎水性が高い(低親水性の) Zn 錯体 **5** の pK_a は，CD$_2$Cl$_2$ 中で 2.2 とかなり低く，これは疎水性環境で亜鉛イオンの電荷が中和されやすくなっているためであると考えられる[30]。

また，三脚型四座ピリジン系配位子である tris(2-pyridylmethyl)amine の亜鉛錯体 **6** の pK_a が 8.0，カルボン酸系配位子である nitrilotriacetic acid の亜鉛錯体 **7** の pK_a が 10.1 であることから[31]，配位原子が窒素から酸素に変わると，亜鉛イオンのルイス酸性が弱くなり，その結果亜鉛配位水の pK_a が上昇する（酸性が弱くなる）ことが示唆された。このように，酵素の亜鉛イオンの配位環境（配位子，配位数）が亜鉛配位水の pK_a に影響することが，モデル研究で明らかになった。

7.1.6　カルボン酸エステル・アミドを加水分解する人工触媒

上記の亜鉛酵素モデルのカルボン酸エステル，アミド，リン酸エステル加水分解活性が検討された。例えば，図 7-10 に示した **2** と **3** の脱プロトン化体や，図 7-11 のアルコールペンダント亜鉛錯体 **9a** の亜鉛配位水の脱プロトン化

体（pK_a は 7.6）**9b** が 4-nitrophenyl acetate（NA）へ求核攻撃し，その結果側鎖水酸基へアセチル基が転位した **10** が生成する．そして，再度亜鉛に配位したOH$^-$ が側鎖アセチル基を加水分解して **9b** が再生される[27a,b]．**9b** の速度定数 k は 0.46 M^{-1}s^{-1} と算出され，アルコール側鎖のない **3**（k = 0.10 M^{-1}s^{-1}）の約 4 倍の活性をもつことが示唆された．

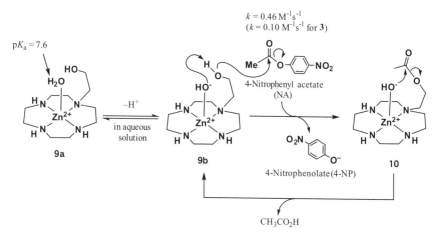

図 7-11　亜鉛酵素モデル錯体によるカルボン酸エステルの加水分解反応

アミド結合は非常に安定であり，半減期はおよそ 7 年であると見積もられている[32]．図 7-3 に示したように，アミドを加水分解するためには，カルボニル炭素への求核剤と，炭素－窒素結合が切断される際に，脱離するアミノ基をプロトン化する酸を必要とする．図 7-10 に示した亜鉛錯体の亜鉛配位 OH$^-$ が，アミドへ求核攻撃する求核剤としてよりも，アミドプロトンを引き抜く塩基として働くと，その結果生成するアミドアニオンが亜鉛イオンに対して安定な配位結合を生成してしまいアミドの加水分解が停止してしまう可能性もある[22d,e]．

このような背景から，ペプチダーゼ活性を有するモデル錯体の例は少ない．古くは，図 7-12 に示すコバルト(III)錯体 **11** において，Co^{3+} に配位した OH$^-$ 基がアミド基へ求核攻撃して加水分解することが報告された[33]．その後，二核亜鉛錯体 **8**（図 7-10）が L-Leucine の 4-nitrophenylanilide を加水分解すること[34]，triazacyclononane（[9]aneN$_3$）の銅錯体 **12** が glycine-glycine のアミド結合

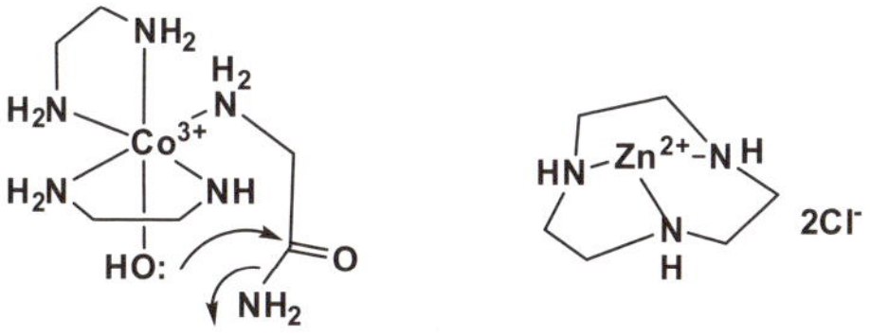

7 加水分解

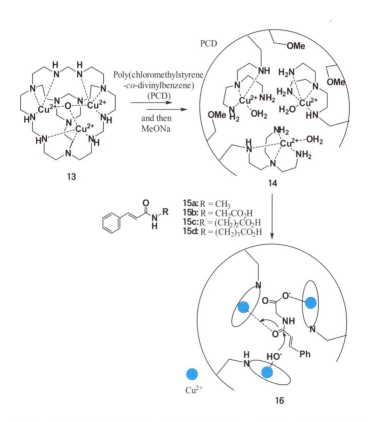

図 7-12 分子内アミド加水分解反応を行う Co(III) 錯体 **11** と，Gly-Gly ペプチド結合を加水分解する Cu(II) 錯体 **12**

図 7-13 三核銅錯体の重合によって合成されたポリマーによるアミド加水分解

を加水分解することが報告された（図 7-12）[35]。

三核銅錯体 **13** を PCD（poly(chloromethylstyrene-co-divinylbenzene)）と重合し，再度 Cu^{2+} を添加することで，三核 Cu^{2+} 錯体ポリマー **14** が合成された（図 7-13）。このポリマーは，中性のアミド **15a** を加水分解しないが，アミド基側にカルボン酸を有する **15b-d** は加水分解できる[3a,c]。これは，基質 **15b-d** のカルボニル基がポリマー内の銅イオンへ配位することによる固定化効果と，近隣の銅錯体ユニットによる求核攻撃とカルボニル基の活性化によるものと推定される（図 7-13 中 **16**）。

7.1.7　リン酸エステルを加水分解する人工触媒

アルカリホスファターゼのモデルとして，**2** と **3** が，それぞれ tris(4-nitrophenyl)phosphate（TNP）と bis(4-nitrophenyl)phosphate（BNP）の加水分解を加速する[27b,36,37]。また，図 7-8 に示したように，アルカリホスファターゼの活性中心では，Ser が亜鉛イオンによって活性化されてリン酸基へ求核攻撃すると考えられる。そこで，側鎖に水酸基を導入した亜鉛錯体 **17** が合成された（図 7-14）[36b]。BNP を **17** と反応させたところ，**17a** の水酸基が脱プロトン化され

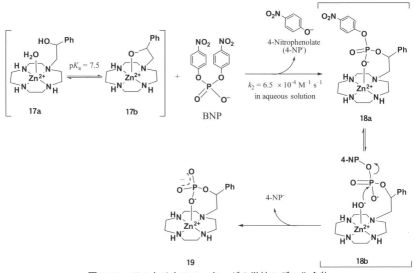

図 7-14　アルカリホスファターゼの単核モデル化合物

て生成したアルコキシド体 **17b** が BNP のリン酸へ求核攻撃し,その水酸基にリン酸基が転位して **18a** が生成した。脱プロトン化体 **17b** 中アルコキシドの求核性は,Zn^{2+}-cyclen **4** の亜鉛配位 OH^- の 125 倍の反応性を有することが示された。そしてその後再生した亜鉛配位 OH^- の求核攻撃を受けることで,2分子目の 4-nitrophenol が脱離して(**18b**),錯体 **19** が生成する。なお,図 7-10 中の **4** も BNP と TNP の加水分解を加速する[36b]。

アルカリホスファターゼの二核亜鉛構造を模倣した二核金属錯体も報告されている(図 7-15)[37]。二核銅錯体 **20**[38] や二核亜鉛錯体 **21**[39] が BNP の加水分解や,2-hydroxypropyl 4-nitrophenyl phosphate (HPNP) のリン酸基転位反応を加速することが報告された。また,双環性クリプタンド **22** の二核亜鉛錯体中の 2 つの Zn^{2+} は,いずれも 4 つの窒素原子と,双方を架橋するヒドロキシドアニオンと配位結合していて,配位的には飽和している。実際,TNP や BNP,NPの加水分解には全く活性を示さなかったが,リン酸モノエステルである mono(4-nitrophenyl) phosphate (MNP) だけを加水分解することがわかった[40]。二次速度定数を反応溶液の pH に対してプロットすると,pH 6 を最大とする釣鐘型

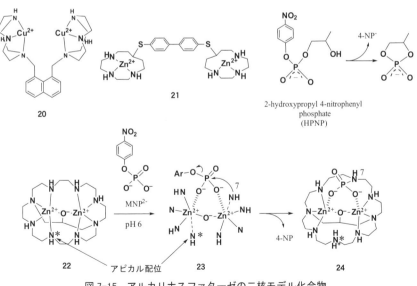

図 7-15 アルカリホスファターゼの二核モデル化合物

になった ($k = 1.5 \times 10^{-3}$ M^{-1}s^{-1})。本反応の生成物の X 線結晶構造解析を行ったところ，**24** のような構造であることがわかった。**24** 中では，リン酸のリン原子が N7 と共有結合し，**22** の構造中ではアピカル配位していた NH(* で示す) の代わりに，2 つのリン酸酸素原子が 2 つの Zn^{2+} に配位していた。このことから，**22** の N7 が MNP のリン原子に対して求核剤（図 7-15 中の **23**）として機能したことがわかる。残念ながら，**24** 中の N-P 結合が非常に安定であるため，触媒機能は見られなかったが，**22** は TNP や BNP よりも安定である MNP を分解できる金属錯体の数少ない例の 1 つである。

複核亜鉛錯体と有機アニオンを水中で混合すると，亜鉛イオンとアニオンとの配位結合，水素結合，疎水的相互作用などによって，三次元的な集積体を生成させることができる[41]。その原理によって，複数の分子の自己集積による二核金属活性中心の構築が可能になった[42]。図 7-16 に示すように，2,2'-ビピリジル (bpy) リンカーを有する二核亜鉛錯体 **25a** (Zn$_2$L^1) とシアヌル酸 (CyA)，および銅イオンを中性 pH 水溶液中で混合すると，これらが 4：4：4 の比で自己集積して，超分子 **26a**｛(Zn$_2$L^1)$_4$-(CA^{2-})$_4$-[Cu$_2$(μ-OH$^-$)$_2$]｝が生成した[42a]。つまり，まず **25a** の Zn^{2+}-cyclen 部の亜鉛イオンと，CyA から 2 つのイミドプロトンが引き抜かれて生成したイミデートアニオン (CyA^{2-}) 間で配位結合が生成して，サンドウィッチ型 2 対 2 錯体 [(Zn$_2$L^1)$_2$-(CA^{2-})$_2$]（構造省略）が生成する。この錯体に Cu^{2+}（または Cu$^+$）を加えると，2 つの bpy リンカーの間に，2 つの銅イオン (Cu^{2+}) と水 (OH$^-$) が入り込んで，**26a** が生成する。X 線結晶構造解析の結果，**26a** の上下 2 個所に，Cu$_2$(μ-OH)$_2$ 錯体構造が存在することがわかった（図 7-17(a)，(b)）[42a]。

そこで，MNP の加水分解を検討したところ，**26a** が MNP の加水分解を加速することがわかった。**25** 単独，2 対 2 錯体 [(Zn$_2$L^1)$_2$-(CA^{2-})$_2$]，Cu(bpy)$_2$ 錯体による加水分解は非常に遅いので，**26a** の Cu$_2$(μ-OH)$_2$ 構造が必須であると結論された。また，CyA をバルビタール (Bar) **27a** に換えると，**28a**｛(Zn$_2$L^1)$_2$-(Bar^{2-})$_2$-[Cu$_2$(μ-OH$^-$)$_2$]｝が生成することがわかった（図 7-16，図 7-17(c)）[42b]。**28a** も Cu$_2$(μ-OH)$_2$ 中心を 1 つ有していて，**26a** と同様に NMP の加水分解を加速する。興味深いことに，**26a** や **28a** は，TNP や BNP の加水分解をほとんど加速せず，MNP 選択的である。**28a** の X 線結晶構造解析の結果から

7 加水分解

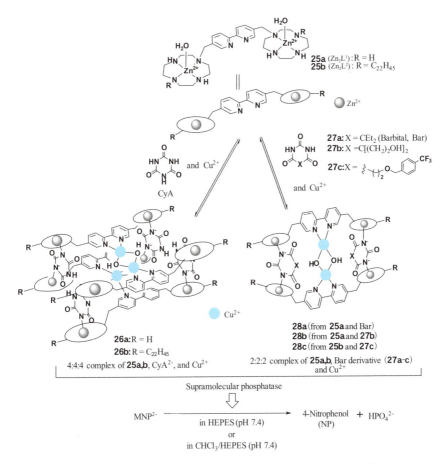

図 7-16 二核亜鉛錯体(**25a,b**)とトリイミドまたはジイミド有機ユニット(CyA または **27a-c**)、および銅(Ⅱ)イオンの自己集積によって生成する超分子ホスファターゼ(**26, 28**)

(図 7-17(c))、Bar 由来のジエチル基が $Cu_2(\mu\text{-}OH)_2$ 構造付近に固定されていることがわかったため、この位置に水酸基やカルボン酸を導入した Bar ユニット(**27b** など)を合成し、**25a** および Cu^{2+} と混合したところ、**28b** が生成し、その加水分解活性は、**28a** の約 1.2 倍であった。**26** や **28** の構造中で、Zn^{2+} は集積体を生成するための構造因子として使われており、触媒因子として使われるのは Cu^{2+} である。

さらに長鎖アルキル基が導入された二核亜鉛錯体 **25b** (Zn_2L^2) と疎水性 Bar ユニット **27c** と Cu^{2+} の 2:2:2 自己集積体 **28c**（図 7-16）は有機溶媒（$CHCl_3$）に溶解し，水（HEPES 緩衝液）との二層溶媒系で MNP や BNP の加水分解を加速することがわかった[42c]。興味深いことに，**28a** による単一水溶液での MNP 加水分解と，**28c** による二層系溶液中における MNP 加水分解の両方が，Michaelis-Menten 型の反応速度論で解析することができる。単層系における **28a** の Michaelis-Menten 定数（K_m）は $(5.4 \pm 0.5) \times 10^2 \mu M$，二層系における **28c** の K_m は $(53 \pm 4) \mu M$ と算出され，二層系において疎水性の高い **28c** がより小さい K_m を有すること，つまり反応基質である MNP との親和性が高いことが示唆された。この反応では，MNP の加水分解によって生成する無機リン酸が **26** および **28** の $Cu_2(\mu\text{-}OH)_2$ 中心に配位して阻害剤（触媒毒）になるので，これを除去して触媒回転を実現することが今後の課題である。

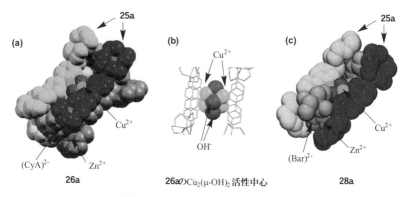

図 7-17　超分子ホスファターゼ **26a** と **28a** の X 線結晶構造
(a) **26a** の全体構造，(b) **26a** のもつ $Cu_2(\mu\text{-}OH)_2$ 中心構造，(c) **28a** の全体構造

7.1.8　亜鉛酵素モデルの応用

亜鉛酵素モデルを有機合成反応の触媒として応用した例として，クラス II アルドラーゼモデルを挙げる。アルドラーゼは，細胞内の解糖系において，C_6 化合物である D-fructose-1,6-bisphsophate（FBP）を，逆アルドール反応によって 2 つの C_3 化合物，つまり dihydroxyacetone（DHAP）と D-glyceraldehyde-3-phosphate（G3P）へ分解する酵素である[43]。またこの酵素は DHAP と G3P か

7 加水分解

ら高エナンチオ選択的アルドール反応によって FBP を合成できる可逆的酵素である。この酵素のモデル化合物として，cyclen の環内窒素に光学活性アミノ酸を導入したキラルリガンドが設計，合成され，それらの亜鉛錯体を触媒として用いた立体選択的アルドール反応が報告された（図7-18）[44]。例えば，キラル亜鉛錯体（**29a-e**）を用いたアセトン（過剰量）とベンズアルデヒド誘導体 **30a-c** の水中アルドール反応において，高い化学収率とエナンチオ選択率で，アルドール体 **31a-c** が得られた。X 線結晶構造などによる反応機構解析によって，**29** 中の亜鉛配位水が脱プロトン化され，生じた Zn^{2+}-(OH^-) がアセトンのカルボニル α 水素を引き抜いて亜鉛エノラートを生成し，6員環遷移状態を経て生成物を与えることなどが示唆された[44b]。

また，このアルドール反応の反応液を緩衝液で希釈して，酸化還元酵素（Chiralscreen OH@，ダイセル社）と NADH，2-propanol を加えると，NADH の再生を伴って（NDA^+ から）**31a-c** のカルボニル基の立体選択的な還元反応が進行し，対応する 1,3-diol **32a-c** を立体選択的に合成することができる。その結果として，最初のアルドール反応で L- または D- アミノ酸由来のキラル亜

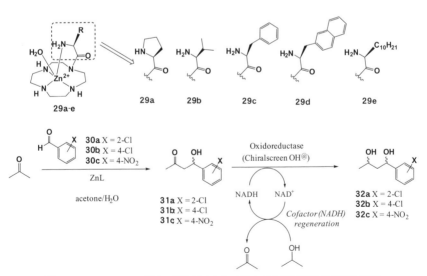

図 7-18　Class II アルドラーゼモデルとしてのキラル亜鉛錯体を触媒とする不斉アルドール反応と 1,3-diol の chemoenzymatic synthesis

鉛錯体，2つ目の還元反応でChiralscreen OH@（E001またはE039）の適切な組み合わせを選択することで，4種類の全ての立体異性体を作り分けることが可能になった[45]。このようなにchemoenzymatic synthesisが可能になるのは，もともと含水中で機能するモデル錯体を開発していたことが大きな要因となっている。

7.2 人工ヌクレアーゼ

7.2.1 Znフィンガーおよびジンクフィンガーヌクレアーゼ

　亜鉛イオンは，核酸認識タンパクにも含まれている。その数は増大しており，転写や遺伝子情報の翻訳のためにも重要な役割を果たしている。Aaron Klug によって，ツメガエルの転写因子 III（TFIIIA）（5S rRNA 遺伝子に結合する）の中に，真核生物の DNA に結合するモチーフが発見された[46]。この DNA 結合モチーフと DNA の複合体が生成すると，さらにその他の 2 つの転写因子と RNA ポリメラーゼ III が結合して，5S RNA 遺伝子の転写が開始される。TFIIIA は 9 つの類似した約 30 残基の直列的繰り返しモジュールを有する。それらのモジュールは 2 つの Cys 残基と 2 つの His 残基，保存性の高い疎水性残基（図 7-19）と Zn^{2+} を含んでいて，Zn^{2+} は Cys と His と四面体 4 配位構造を有しており（Cys_2-His_2 亜鉛フィンガー）（図 7-19(a)），真核生物の転写因子中では 2 ～ 37 回繰り返される。その他に，His 残基は Cys に置換されている亜鉛フィンガー（Cys_2-Cys_2 亜鉛フィンガー）（図 7-19(b)）や，6 つの Cys が 2 つの Zn^{2+} イオンへ結合しているものも知られている（二核 Cys_6 亜鉛フィンガー）。亜鉛フィンガーの構造は，多様性をもつと同時に，疎水性の中心部が必要なので比較的コンパクトな球形 DNA 結合ドメインを生成する。亜鉛フィンガーはスーパーファミリーを構成していて，哺乳類のタンパクの約 1% に匹敵する。

　亜鉛フィンガーによる DNA 二重鎖の認識は比較的よく解明されている。これまでに単離された Cys_2-His_2 亜鉛フィンガーは，β ターンでつながった 2 つの β シートを持ち，その後に α ヘリックスがつながっていて，これらが四面体型配位構造をもつ Zn^{2+} によって固定されている（図 7-19）。

　そしてこの亜鉛フィンガーは，DNA 中で連続する 3 ～ 4 塩基配列をカバー

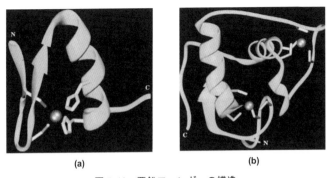

図 7-19 亜鉛フィンガーの構造
(a) Cys_2-His_2 亜鉛フィンガー。(b) Cys_2-Cys_2 亜鉛フィンガー（灰色は亜鉛イオン）（文献 46 b）より転載）。

する。複数の亜鉛フィンガーは DNA の major groove（主溝）の核酸塩基と複数の相互作用をもつことによって，右手で覆うように DNA 二重鎖を認識する（図 7-20）。この時，α ヘリックス中の -1, $+2$, $+3$ および $+6$ 位のアミノ酸側鎖との間で DNA と相互作用する。特定の DNA 配列に対する 1 つまたはそれ以上の数の亜鉛フィンガーのアミノ酸配列は決まっていないのが現状であ

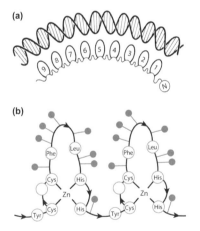

図 7-20 (a) 転写因子 TFIIIA の亜鉛フィンガーによる DNA の認識
(b) 亜鉛フィンガーモジュール（Cys_2-His_2 亜鉛フィンガー）の反復構造
（文献 46 a）より転載）

る。亜鉛フィンガー1～3は「box C」配列中の10塩基対を認識して，DNAのmajor groove（主溝）を覆うように結合する。

　亜鉛フィンガーヌクレアーゼ（ZFN : zinc finger nuclease）はジンクフィンガードメインとDNA切断ドメインから成る人工制限酵素である[47]。図7-21にその典型例を示す。亜鉛フィンガー部がDNA塩基選択的に結合し，ヌクレアーゼ部が加水分解する。任意のDNA塩基配列を認識するような構造変換が可能であり，複雑なゲノム中の単一の配列を選択的に認識して切断することが可能となる。内因性のDNA修復機構を利用することで，ZFNを用いて様々なモデル生物のゲノム編集が可能となる。ZFNによって期待される遺伝子操作を図7-22にまとめる。

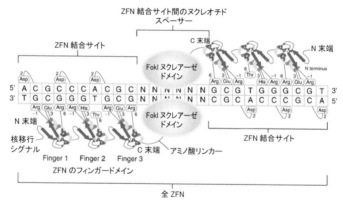

図7-21　ZFNとZFN結合DNAの相互作用
（文献47 b）より転載）

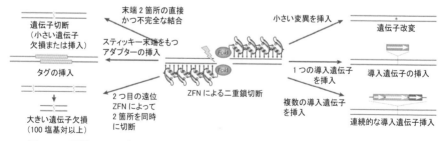

図7-22　亜鉛フィンガーヌクレアーゼ（ZFN）によって可能となる代表的な遺伝子操作
（文献47 c）より転載）

7.2.2 人工ヌクレアーゼとしての Ce/ランタノイド錯体

上記の亜鉛フィンガーヌクレアーゼのように生体高分子を利用しなくても，目的の塩基配列を選択的に認識する相補的 DNA に，加水分解機能を有する触媒を結合させれば，有用な選択的人工酵素の設計，合成が可能であると考えられる。DNA 中のリン酸ジエステルは非常に安定であるが，ランタニドイオンの1つであるセリウム (IV) イオン (Ce^{4+}) の存在下で温和な条件で速やかに加水分解されることがわかった。

この知見に基づいて，イミノジ酢酸や EDTP (ethylenediaminetetrakis (methylenephosphonic acid)) の Ce^{4+} 錯体を，標的とする DNA 配列に対する相補的 DNA オリゴマーに結合させることによって，人工制限酵素が開発された[48]。図 7-23 に示すように，ターゲットである一本鎖 DNA が目的とする位置で加水分解されることが確認された（黒い下向きの矢印の長さが，切断頻度に対応する）。また，図 7-24 に示すように，加水分解したい塩基配列に対して，上流（図 7-24 の左側）と下流（図 7-24 の右側）から 2 種類の塩基配列をもつハイブリッド化合物で挟み込むと，加水分解がより選択的に進行することがわかった。このように，塩基配列認識のための DNA オリゴマー部の選択によって，自由に

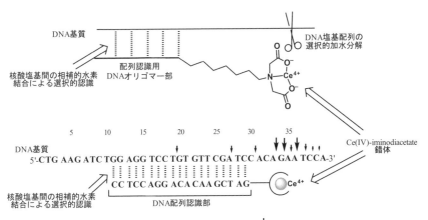

図 7-23 セリウム (IV)-iminodiacetate 錯体と DNA のハイブリッド化合物による DNA の塩基配列選択的加水分解

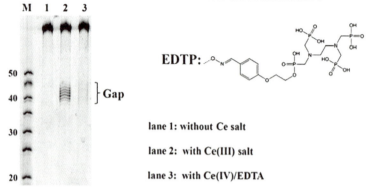

図 7-24 二種類のセリウム(IV)-EDTP 錯体と DNA のハイブリッド化合物による DNA の塩基配列選択的加水分解
(文献 48 b) より転載)

設計できることが人工酵素の長所である[49,50]。

7.3 おわりに

上記のように，加水分解金属酵素の構造と反応機構の解析は，各種測定機器と技術の進歩やモデル化合物の合成技術の進歩に加え，合成化学者が生化学的および細胞生物学的手法を積極的に取り入れてきたことで，ここ数十年で大幅に進んできた。その知見をもとに，数多くの加水分解酵素阻害剤が開発され，酵素の解析と医療，生命科学に貢献してきた。今後も，より選択的でより強力かつ，より安全な酵素阻害剤やこれまでにない阻害剤の開発が求められる。また，7.2 項で紹介した ZFN は，標的遺伝子を改変する「ゲノム編集」によって，遺伝子工学，遺伝子治療，再生医療などへの応用が期待される[47,51]。

一方，これらのモデル錯体で酵素のような高い反応性と高度な選択性を再現できているわけではない。例えば，カルボン酸アミドや，不活性なリン酸エステル（特にモノエステル）を触媒的に加水分解できる人工化合物は殆ど報告されていないのが現状である。

その主な理由としては，i) ペプチダーゼにみられるように，反応中心で酸と

塩基を一定の距離で固定できる人工触媒の設計がほとんど実現されていないこと，ii) 加水分解の遷移状態を安定化させる人工触媒（ホスト）化合物の設計が未開拓であること，iii) これまでのモデル錯体は金属イオンの配位構造（第一配位圏）の再現だけにとどまっていて，酵素の活性中心周囲（外圏）に備わっているアミノ酸またはそれに対応する官能基を，三次元的かつ適切に配置できた人工触媒の設計，合成が実現されていないこと，iv) 天然酵素の活性中心に存在する金属イオンの配位構造は，しばしば「distorted structure」であると報告されている。酵素を構成するキラルなアミノ酸によって配位されている金属イオンのキラル配位構造の定量的解析と，人工金属錯体において，金属イオン周囲にキラル配位空間を制御して構築する手法が未開拓であること（不斉合成触媒ではすでに行われている），v) 上記のような条件を満たす構造を合成化学で再現しようとすると，天然物合成に匹敵する合成ルートが必要となるため，限られた時間内におけるターゲット分子合成が困難であったり極少量しか合成できず，詳細な解析ができないこと，まして反応条件や官能基の変換によって最適な触媒を発見できないことなどが考えられる。

　そのような課題を克服するためには，自己集積的手法や不斉配位子の導入などが有効な対策になるであろう。つまり，金属配位子自体をこれまでのように共有結合だけで合成するのではなく，官能基を導入した分子ブロックとその自己集積で構築できる超分子的設計が求められる。必要な分子ブロックを短時間で多数合成し，それらを溶液中で様々な組み合わせで混合して多用な集積体を単離したり溶液内で調整して，触媒と反応条件の検討と反応解析を行うことができれば，これまでとは全く異なる人工酵素の発見が実現できるものと期待する。同時に，溶媒（単層系，液—液二相系，固—液二相系など）を含めた反応場も含めた反応系システムの設計が求められる。さらに，*in vitro*（試験管内や細胞）だけでなく *in vivo*（体内）で作動する錯体，つまり従来の「モデル」化合物を超える人工触媒の開発が今後の課題である。

参考図書・文献

1) a) D. S. Auld, *BioMetals*, **14**, 271-313（2001）. b) W. N. Lipscomb, N. Sträter, *Chem. Rev.* **96**, 2375-2433（1996）. c) A. J. Barrett, N. D. Rawlings, J. F. Woessner, *Handbook of Proteolytic Enzymes*, Academic Press, San Diego（1998）. d) B. L. Vallee, D. S. Auld, *Acc. Chem. Res.*, **26**, 543-551（1993）. e) N. M. Hooper, *Overview of the Biological Roles of Metalloproteinases in Health and Disease*, Birkhauser, Basel（1999）. f) S. Aoki, E. Kimura, *Comprehensive Coordination Chemistry II*,（eds. Que. L. Jr, Tolman, W. B.）, Elsevier Ltd., **8**, 601-640（2004）. g) J. Weston, *Chem. Rev.*, **105**, 2151-2174（2005）. h) B. A. Averill, Comprehensive Coordination Chemistry II（eds., L. Oue, Jr., W. B. Tollman）, Elsevier Ltd., **8**, 641-676（2004）.

2) a) リパード, バーグ（松本監訳）,『生物無機化学』, 東京化学同人（1997）. b) J.A. コーワン,（小林, 鈴木監訳）,『無機生化学』, 化学同人（1998）. c) R. クライトン（塩谷監訳）,『生物無機化学』, 東京化学同人（2016）. d) 増田秀樹, 福住俊一,『生物無機化学』, 三共出版（2005）.

3) a) A. F. Jensen, J. T. Bukrinsky, M. J. Bjerrum, S. Larsen, *J. Biol. Inorg. Chem.*, **7**, 490-499（2002）. b) J. Vendrell, E. Querol, F. X. Avilés, *Biochm. Biophys. Acta*, **1477**, 284-298（2000）. c) R. A. Skidgel, in *Zinc Metalloproteases in Health and Diseases*, N. M. Hooper, Ed., Taylor & Francis, Ltd., London, p. 241-283（1996）. d) S. Rivera, M. Khrestchatsky, L. Kaczmarek, G. A. Rosenberg, D. M. Jaworski, *J. Neurosci.* **17**, 15337-15357（2010）.

4) a) F. Botre, G. Gros, B. T. Storey, *Carbonic Anhydrase*, VCH, New York（1991）. b) D. W. Christianson, C. A. Fierke, *Acc. Chem. Res.*, **29**, 331-339（1996）. c) W. S. Sly, P. Y. Hu, *Annu. Rev. Biochem.*, **64**, 375-401（1995）.

5) a) N. Sträter, W. N. Lipscomb, *Biochemistry*, **34**, 9200-9210（1995）. b) C. C. Stamper, B. Bennett, T. Edwards, R. C. Holz, D. Ringe, G. Petsko, *Biochemistry*, **40**, 7035-7046（2001）. c) W. T. Desmarais, D. L. Bienvenue, K. P. Bzymek, G. A. Petsko, D. Ringe, R. C. Holz, *J. Biol. Inorg. Chem.*, **11**, 398-408（2006）. d) X. Zhu, A. Barman, M. Ozbil, T. Zhang, S. Li, R. Parrabhakar, *J. Biol. Inorg. Chem.* **17**, 209-222（2012）. e) W. T. Lowther, B. W. Matthews, *Chem. Rev.*, **102**, 4581-4607（2002）. (f) G.

Schürer, A. H. C. Horn, P. Gedeck, T. Clark, *J. Phys. Chem. B*, **106**, 8815-8830 (2002).

6) アンジオテンシン変換酵素について, a) E. D. Sturrock, R. Natesh, J. M. van Rooyen, K. R. Acharya, *Cell. Mol. Life Sci.*, **61**, 2677-2686 (2004). b) G. A. Spyroulias, A. S. Galanis, G. Pairas, E. Manessi-Zoupa, P. Cordopatis, *Curr. Top. Med. Chem.*, **4**, 403-429 (2004).

7) a) S. Swarnakar, S. Paul, L. P. Singh, R. J. Reiter, *J. Pineal Res.* **50**, 8-20 (2011). b) C.Tallant, A. Marrero, F. Xavier Gomis-Rüth, *Biochim. Biophys. Acta*, **1803**, 20-28 (2010). c) M. Whittaker, C. D. Floyd, P. Brown, A. J. H. Gearing, *Chem. Rev.* **99**, 2735-2776 (1999). d) L. L. Johnson, R. Dyer, D. J. Hupe, *Curr. Opin. Chem. Biol.* **2**, 466-471 (1998).

8) a) P. M. Lombardi, K. E. Cole, D. P. Dowling, D. W. Christianson, *Curr. Opin. Struct. Biol.* **21**, 735-743 (2011). b) P. Bertrand, *Eur. J. Med. Chem.*, **45**, 2095-2116 (2010).

9) a) B. Chevier, C. Schalk, H. D'Orchymont, J. M. Rondeau, D. Moras, C. Tarnus, *Structure*, **2**, 283-291 (1999). b) R. C. Holz, *Coord. Chem. Rev.*, **232**, 5-26 (2002). (c) C. Stamper, B. Bennett, T. Edwards, R. C. Holz, D. Ringe, G. Petsko, *Biochemistry*, **40**, 7035-7046 (2001). d) G. Schürer, H. Lanig, T. Colak, *Biochemistry*, **43**, 5414-5427 (2004).

10) a) J.-M. Frère, *Beta-Lactamase*, Nova Science Publishers, Inc., New York (2012). b) J. A. Cricco, E. G. Orellano, R. M. Rasia, E. Ceccarelli, A. J. Vila, *Coord. Chem. Rev.*, **190-192**, 519-535 (1999). c) I. Garcia-Saez, J.-D. Docquier, G. M. Rossolini, O. Dideberg, *J. Mol. Biol.*, **375**, 604-611 (2008). d) Y. Guo, J. Wang, G. Niu, W. Shui, Y. Sun, H. Zhou, Y. Zhang, C. Yang, Z. Lou, Z. Rao, *Protein Cell*, **2**, 384-394 (2011). e) C. Bebrone, *Biochem. Pharm.*, **74**, 1686-1701 (2007). f) Z. Wang, W. Fast, A. M. Valontine, S. J. Benkovic, *Curr. Opin. Chem. Biol.*, **3**, 614-622 (1999). g) G. Estiu, D. Suárez, K. M. Merz, Jr., *J. Comput. Chem.*, **27**, 1240-1262 (2006).

11) a) W. W. Cleland, A. C. Hengge, *Chem. Rev.*, **106**, 3252-3278 (2006). b) J. E. Collman, *Annu. Rev. Biophys. Biomol. Struct.*, **21**, 441-483 (1992)

12) a) C. T. Supuran, J.-Y. Winum, *Drug Design of Zinc-Enzyme Inhibitors*, John Wiley & Sons, Inc., New Jersey (2009). b) R. E. Babine, S. L. Bender, *Chem. Rev.*, **97**, 1359-1472 (1997). c) J. A. Jacobsen, J. L. Major Jourden, M. T. Miller, S. M. Cohen,

Biochem. Biophys. Acta, **1803**, 72-94(2010). d) A. Mucha, M. Drag, J. P. Dalton, P. Kafarski, *Biochm*., **92**, 1509-1529(2010). e) S. P. Gupta, *Chem. Rev*., **107**, 3042-3087 (2007). f) J. A. Jacobsem, J. L. M. Jourden, M. T. Miller, S. M. Cohen, *Biochim. Biophys. Acta,* **1803**, 72-94(2010).

13) a) M. A. Ondetti, B. Rubin, B.; D.W. Cushman, *Science*, **196**, 441–444 (1977). b) D. W. Cushman, H. S. Cheung, E. F. Sabo, M. A. Ondetti, *Biochemistry*, **16**, 5484–5491 (1977). c) J. Gante, *Angew. Chem. Int. Ed. Engl*., **33**, 1699-1720 (1994). d) H. M. Kim, D. R. Shim, O. J. Yoo, J.-O. Lee, *FEBS Lett*., **538**, 65-70 (2003). e) K. Brew, *Trends Pharm. Sci*., **24**, 391-394 (2003).

14) D-Captoprilによる単核β-ラクタマーゼ阻害も報告されている。I. García-Sáez, J. Hopkins, C. Paramicael, N. Franceschini, G. Aminosante, G. M. Rossoline, M. Cgalleni, J.-M. Frère, O. Dideberg, *J. Biol. Chem*., **278**, 23868-23878 (2003).

15) a) X. Zhang, W. Xu, *Curr. Med. Chem*., **15**, 2850-2865 (2008). b) M. Whittaker, C. D. Floyd, P. Brown, A. J. H. Gearing, *Chem. Rev*., **99**, 2735-2776 (1999). c) R. C. Holz, *Coord. Chem. Rev*., **232**, 5-25 (2002). d) F. Grams, V. Dive, A. Yiotakis, I. Yiallouros, S. Vassiliou, R. Zwilling, W. Bode, W. Stöcker, *Nature Struct. Biol*., **3**, 671-675 (1996). e) B. Lejczak, P. Kafarski, J. Zygmunt, *Biochemistry*, **28**, 3549-3555 (1989). f) E. Cunningham, M. Drug, P. Kafarski, A. Bell, Antimicrob., *Agents Chemther*., **52**, 3221-3228 (2008).

16) a) M. S. Finnin, J. R. Donlglain, A. Cohen, V. M. Richon, R. A. Rifkind, P. A. Marks, R. Breslow, N. P. Pavietich, *Nature,* **401**, 188-193 (1999). b) Y. Itoh, T. Suzuki, N. Miyata, *Curr. Pharm. Design*, **14**, 529-524 (2008). c) P. A. Marks, *Biochim. Biophys. Acta*, **1799**, 717-725 (2010).

17) a) L. R. Sconick, A. M. Clements, J. Liao, L. Crenshaw, M. Heilberg, J. May, T. R. Dean, D. W. Christianson, *J. Am. Chem. Soc*., **119**, 850-851 (1997). b) C. T. Supuran, A. Scozzafava, Bioorg. *Med. Chem.,* **15**, 4336-4350 (2007). c) C. T. Supuran, *Bioorg. Med. Chem. Lett*., **20**, 3467-3473 (2010). d) C. T. Supuran, A. Scozzafava, A. Casini, *Med. Res. Rev*., **23**, 146-189 (2003). e) C. T. Supuran, *Nature Rev. Drug Discov*. **7**, 168-181 (2008).

18) Y. Hiraiwa, J. Saito, T. Watanabe, M. Yamada, A. Morinaka, T. Fukushima, T. Kudo,

Bioorg. Med. Chem. Lett., **24**, 4891-4894（2014）.

19) a) J. Spencer, R. T. Walsh, *Angew. Chem. Int. Ed.*, **45**, 1022-1026（2006）. b) J. Spencer, J. Read, R. B. Session, S. Howell, G. Michael Blackburn, S. J. Gamblin, *J. Am. Chem. Soc.*, **127**, 14439-14444（2005）. c) L. Nauton, R. Kahn, G. Garau, J. F. Hernandez, O. Dideberg, *J. Mol. Biol.*, **375**, 257-269（2008）.

20) a) K. Hanaya, M. Suetsugu, S. Saijo, I. Yamato, S. Aoki, *J. Biol. Inorg. Chem.* **17**, 517（2012）. b) K. Hanaya, S. Yoshioka, S. Ariyasu, S. Aoki, M. Shoji, T. Suga, *Bioorg. Med. Chem. Lett.*, **26**, 545（2016）. c) S. Ariyasu, Y. Mizuseda, K. Hanaya, S. Aoki, *Chem. Pharm. Bull.*, **62**, 642（2014）. d) 青木伸，有安真也，花屋賢悟，須貝威，久松洋介，有機合成化学協会誌，**74**, 482-493（2016）.

21) a) K. Bush, M. J. Macielag, *Expert Opin. Ther. Pat.*, **20**, 1277-1293（2010）. b) M. W. Crowder, J. Spencer, A. J. Vila, *Acc. Chem. Res.*, **39**, 721-728（2006）. c) S. M. Drauz, R. A. Bonomo, *Clin. Microbiol. Rev.*, **23**, 160-201（2010）.

22) Reviews: a) E. Kimura, *Progress in Inorganic Chemistry*. (ed. Karlin, K. D.), John Wiley and Sons Inc., **41**, 443–492（1993）. b) E. Kimura, T. Koike, *Advances in Inorganic Chemistry*., (ed. Sykes, A. G.), Academic Press, **44**, 229–261（1996）. c) E. Kimura, T. Koike, M. Shionoya, *Structure and Bonding* (ed. Sadler, H. P.) Springer, **8**, 1–28（1997）. d) E. Kimura, *Curr. Opin. Chem. Biol.*, **2000**, 207-213（2000）. e) E. Kimura, *Acc. Chem. Res.*, **34**, 171–179（2001）. f) S. Aoki, E. Kimura, *Chem. Rev.*, **104**, 769-788（2004）. g) E. Kimura, *Bull. Jpn. Soc. Coord. Chem.*, **59**, 1-22（2013）. h) E. Kimura, T. Koike, S. Aoki, In *Macrocyclic and Supramolecular Chemistry: How Izatt-Christensen Award Winners Shaped the Field,*, Reed M. Izatt, Ed., John Wiley & Sons, 417-445（2016）.

23) a) J. Suh, *Acc. Chem. Rev.*, **36**, 562-570（2003）. b) G. Parkin, *Chem. Rev.*, **104**, 699-767（2004）. c) M. S. Kim, J. Suh, *Bull. Korean Chem. Soc.*, **26**, 1911-1920（2005）.

24) P. Woolly, *Nature*, **258**, 677–682（1975）.

25) a) E. Kimura, T. Shiota, T, Koike, M. Shiro, M. Kodama, *J. Am. Chem. Soc.*, **112**, 5805-5811（1990）. b) T. Koike, E. Kimura, I. Nakamura, Y. Hashimoto, M. Shiro, *J. Am. Chem. Soc.*, **114**, 7338-7345（1992）. (c) X. Zhang, R. van Eldik, T. Koike, E. Kimura, *Inorg. Chem.*, **32**, 5749-5755（1993）.

26) M. Shionoya, E. Kimura, M. Shiro, *J. Am. Chem. Soc.*, **115**, 6730-6737 (1993).

27) a) E. Kimura, I. Nakamura, T. Koike, M. Shionoya, Y. Kodama, T. Ikeda, M. Shiro, *J. Am. Chem. Soc.*, **116**, 4764-4771 (1994). b) T. Koike, S. Kajitani, I. Nakamura, E. Kimura, M. Shiro, *J. Am. Chem. Soc.*, **117**, 1210-1219 (1995). c) T. Koike, M. Takamura, E. Kimura, *J. Am. Chem. Soc.*, **116**, 8443-8449 (1994).

28) a) S. Aoki, K. Sakurama, R. Ohshima, N. Matsuo, Y. Yamada, R. Takasawa, S. Tanuma, K. Takeda, E. Kimura, *Inorg. Chem.*, **47**, 2747-2754 (2008). (b) R. Ohshima, M. Kitamura, A. Morita, M. Shiro, E. Kimura, M. Ikekita, S. Aoki, *Inorg. Chem.*, **49**, 888-899 (2010).

29) a) R. Alsfasser, A. K. Powell, H. Vahrenkamp, *Angew. Chem. Int. Ed. Engl.*, **29**, 898-299 (1990). b) P. Chaudhuri, C. Stockheim, K. Wieghardt, W. Peck, R. Gregorzik, H. Vahrenkamp, B. Nuber, J. Weiss, *Inorg. Chem.*, **31**, 1451-1457 (1992). c) M. Ruf, K. Weis, H. Vahrenkamp, *J. Am. Chem. Soc.*, **118**, 9288-9294 (1996). d) H. Vahrenkamp, *Dalton Trans*. 4751-4759 (2007).

30) S. B. Lesnichin, I. G. Shenderovich, T. Muijati, D. Silverman, H.-H. Limbach, *J. Am. Chem. Soc.*, **133**, 11331-11338 (2011).

31) Y.-H. Chiu, J. W. Canary, *Inorg. Chem.*, **42**, 5107-5116 (2003).

32) D. Kahne, W. D. Still, *J. Am. Chem. Soc.*, **110**, 7529-7534 (1988).

33) a) D. A. Buckingham, J. P. Collman, *Inorg. Chem.*, **8**, 1803-1807 (1967). b) 木村栄一, 有機合成化学協会誌, **29**, 1096-1108 (1971).

34) a) H. Sakiyama, R. Mochizuki, A. Sugawara, M. Sakamoto, Y. Nishida, M. Yamasaki, *J. Chem. Soc.*, *Dalton Trans.*, 997-1000 (1999). b) B.-H. Ye, X.-Y. LI, I. E. Williams, X.-M. Chen, *Inorg. Chem.*, **41**, 6426-6431 (2002).

35) E. L. Hegg, J. N. Burstyn, *J. Am. Chem. Soc.*, **117**, 7015-7016 (1995).

36) a) T. Koike, E. Kimura, *J. Am. Chem. Soc.*, **113**, 8935-8941 (1991). b) E. Kimura, Y. Kodama, T. Koike, M. Shiro, *J. Am. Chem. Soc.*, **117**, 8304-8311 (1995). c) E. Kimura, H. Hashimoto, T. Koike, *J. Am. Chem. Soc.*, **118**, 10963-10970 (1996).

37) Reviews: a) S. Aoki, S., E. Kimura, *Reviews in Mol. Biotech.*, **90**, 129-155 (2002). b) S. Tamaru, I. Hamachi, *Structure and Bonding*, **129**, 95-125 (2008). (c) A. E. Hargrove, S. Nieto, T. Zhang, *et al. Chem. Rev.*, **111**, 6603-6782 (2011).

38) M. J. Young, J. Chin, *J. Am. Chem. Soc.*, **117**, 10577 (1995).

39) W. H. Chapman, R. Breslow, *J. Am. Chem. Soc.*, **117**, 5462 (1995).

40) Koike, M. Inoue, K. Kimura, M. Shiro, *J. Am. Chem. Soc.*, **118**, 3091-3099 (1996).

41) a) S. Aoki, Y. Hisamatsu, M. Kitamura, Y. Yamada, In *Synergy in Supramolecular Chemistry* (ed. T. Nabeshima) CRC Press, 33–56 (2015). b) 青木伸, 有機合成化学協会誌, **64**, 608-616 (2006). c) 青木伸, 薬学雑誌, **122**, 1095-1108 (2002).

42) a) M. Zulkefeli, A. Suzuki, M. Shiro, Y. Hisamatsu, E. Kimura, S. Aoki, *Inorg. Chem.*, **50**, 10113–1012 (2011). b) M. Zulkefeli, Y. Hisamatsu, A. Suzuki, Y. Miyazawa, M. Shiro, S. Aoki, *Chem. Asian J.*, **9**, 2831–2841. (2014). c) Y. Hisamatsu, Y. Miyazawa, K. Yoneda, M. Miyauchi, M. Zulkefeli, S. Aoki, *Chem. Pharm. Bull.*, **64**, 451-464 (2016).

43) a) C.-H. Wong, G. M. Whitesides, *Enzymes in Synthetic Organic Synthesis*, Pergamon, Oxford (1994). b) W.-D. Fessner, C. Walter, *Topics Curr. Chem.*, **184**, 97-194 (1996). c) T. D. Machajewski, C.-H. Wong, *Angew. Chem. Int. Ed.*, **39**, 1352-1374 (2000). d) S. M. Dean, W. A. Greenberg, C.-H. Wong, *Adv. Synth. Catal.* **349**, 1308-1320 (2007). e) C. L. Windle, M. Müller, A. Nelson, A. Berry, *Curr. Opin. Chem. Biul.*, **19**, 25-33 (2014).

44) a) S. Itoh, M. Kitamura, S. Yamada, S. Aoki, *Chem. Eur. J.*, **15**, 10570-10584 (2009). b) S. Itoh, T. Tokunaga, S. Sonoike, M. Kitamura, A. Yamano, S. Aoki *Chem. Asian J.*, **8**, 2125-2135 (2013). c) S. Itoh, T. Tokunaga, M. Kurihara, S. Aoki, *Tetrahedron Asym.*, **24**, 1583-1590 (2013). d) S. Itoh, S. Sonoike, M. Kitamura, S. Aoki, S. *Int. J. Mol. Sci.*, **15**, 2087-2118 (2014).

45) S. Sonoike, T. Itakura, M. Kitamura, S. Aoki, *Chem. Asian J.*, **7**, 64-74 (2012).

46) a) A. Klug, *Annu. Rev. Biochem.*, **79**, 213-231 (2010). b) D. ヴォート, J.G. ヴォート, (田宮, 村松, 八木, 吉田訳), 『ヴォート生化学 (第2版)』, 東京化学同人 (1992).

47) a) S. Rémy, L. Tesson, S. Ménoret, C. Usal, A. M. Scharenberg, I. Anegon, *Transgenic Res.*, **19**, 363-371 (2010). b) M. H. Porteus, D. Carroll, *Nature Biochem.*, **23**, 967-973 (2005) c) F. D. Urnov, E. J. Rebar, M. C. Holmes, S. Zhang, P. D. Gregory, *Nature Rev. Genet.*, **11**, 636-646 (2010). d) D. B. T. Cox, R. J. Platt, F. Zhang, *Nature Med.* **21**, 121-131 (2015). f) D. Davis, D. Stokoe, *BMC Med.* **8**, 42-52

(2010).

48) a) Y. Aiba, M. Komiyama, *Polymer J.* **44**, 929-938 (2012). b) Y. Aiba, J. Sumaoka, M. Komiyama, *Chem. Soc. Rev.* **40**, 5657-5668 (2011). c) F. Li, F. Feng, J. Wu, J. Xie, S. Li, *Prog. React. Kinet. Mech.* **41**, 39-47 (2016). d) F.-M. Feng, S. Cai, Fu.A. Liu, UJ. Xie, *J. Chem. Pharm. Res.* **5**, 1389-1393 (2013).

49) a) 小宮山真, 八代盛夫,『生命化学I』, 丸善 (1996). b) 小宮山真,『生物有機化学』, 裳華房 (2004).

50) T. Nakatsukasa, Y. Shiraishi, S. Negi,, M. Imanishi, S. Futaki, Y. Sugiura, *Biochem. Biophy. Res. Commun.*, **330**, 247-252 (2005).

51) T. Yamamoto, Targated Genome Editing Using Site-Specific Nucleases: ZFNs, TALENS, and the CRISPR / Cas 9 System, Springer, Japan (2015).

8 人工金属酵素

はじめに　生体内の化学反応の大半は，酵素が介在し，反応速度，基質選択性，生成物の立体等が制御されている．既知の酵素の約30％は金属が関与し，その多くは活性中心に位置し，反応の主人公として振る舞っている．かつてはブラックボックスであった酵素のしくみも，近年の機器分析の飛躍的な進歩によって，次々に明らかとなり，従来の有機化学や錯体化学の知識を動員することによって，酵素の構造と反応性の相関も理解可能な時代を迎えている．実際，これまでに数多くの金属酵素の精巧な機能が解き明かされ，生物無機化学はある意味，円熟期に達している．したがって，次の生物無機化学の目標の1つは，これまでに得られた天然の金属酵素の知見をもとに，我々が手を加えて酵素の改変を実施し，高活性・高選択性を有する生体触媒の創製，あるいは天然の機能とは異なる反応を司る酵素への変換を試みることである．さらに最近では，単に既存のタンパク質の化学変換（化学修飾や遺伝子工学による変異導入）だけではなく，生体内には存在しない金属錯体を有する人工生体触媒の設計と創製の試みも始まっている．本章では，単に遺伝子工学的技術のみを用いた金属酵素のアミノ酸変異導入に基づいた研究例は省略し，非天然の金属錯体とタンパク質との組み合わせによるハイブリッド型の人工金属酵素に焦点をあてて紹介する．[1-3]

8.1　金属錯体とタンパク質のハイブリッド化

　天然に存在する金属酵素は，大きく分けて2種類存在する．1つは金属イオンが直接タンパク質のアミノ酸残基と配位結合を形成し，金属酵素として機能するタンパク質である．もう1つは，補欠分子族（以下この章では補因子と記す）

と呼ばれる非アミノ酸からなる配位子によって形成される金属錯体（例えばヘムやコバラミン）がタンパク質内に結合し，酵素活性を示すタンパク質である。これらはいずれも，金属イオンあるいは金属錯体だけでは，水中での活性は全く示さないか，あるいは非常に活性が低く，タンパク質との共同効果によって，初めて酵素としての高い活性を獲得する。したがって，タンパク質が形成する反応場の提供は触媒反応の進行に必須であり，金属錯体が反応の中心を演じるとしても，周囲のタンパク質が形成する環境がどのように反応に寄与しているかは，極めて重要な事項である。特に補因子とタンパク質の複合化（ハイブリッド）によって得られる金属酵素（ホロ酵素）の場合には，金属錯体が第一配位圏，それを取り囲むタンパク質のキャビティーを第二配位圏と見なすことが可能である（図8-1）。それぞれの構造とお互いの相互作用の様式が，触媒反応の反応性のみならず，基質の選択性や生成物の立体制御に大きな影響を及ぼしている。また，タンパク質キャビティーの中への金属錯体の挿入方法も人工金属酵素の設計上，重要なポイントとなる。

図 8-1　金属酵素の模式的構造

(a) 金属錯体を含む第一配位圏，(b) タンパク質のキャビティーが提供する第二配位圏と金属錯体

次に，金属錯体とタンパク質のハイブリッド化には，大きく分けると3つの方法がある（図8-2）。以下に，それぞれの特徴を簡単に記す。

1) 天然の補因子が結合する部位への非天然金属錯体の挿入

該当する代表的な例の1つはヘムタンパク質である。ポルフィリン環を配位子として有するヘム（ポルフィリン鉄錯体）が，ヘムポケットと呼ばれるタンパク質のキャビティー内に固定化されている。特に，図8-3に示すヘム b は，非共有結合・配位結合でヘムポケットに固定化されているため，天然のヘムを

図 8-2 金属錯体とタンパク質のハイブリッド化方法
(a) 非共有結合および配位結合, (b) 超分子相互作用, (c) 共有結合による固定化

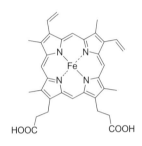

図 8-3 ヘムbの構造

酸処理によって取り外し,無色のアポタンパク質を得ることが可能である。さらに,そのアポ体の溶液への非天然補因子の添加によって,天然とは異なる再構成タンパク質が得られる。したがって,本手法は人工補因子となる金属錯体の種類によって,色々な新しい機能をヘムタンパク質に付与できる可能性を秘めている。

2) タンパク質(レセプター)と金属錯体を修飾したリガンド(基質)の相互作用を介した超分子複合化

天然には,様々なレセプタータンパク質と小分子のリガンドとの複合体が知られている。リガンド末端に金属錯体を導入することにより,タンパク質とリガンドの結合によって,金属錯体がタンパク質のくぼみや表面に容易に固定され,周囲のタンパク質環境が反応場として機能することが期待される。たとえば streptavidin に対して非常に強い相互作用を示す biotin に着目し,biotin 側鎖

末端に金属錯体を導入することにより，strepavidin のタンパク質表面近傍を反応場とした金属触媒が形成可能となる。

3）アミノ酸残基末端を連結点とする共有結合を介した金属錯体配位子のタンパク質への固定化

タンパク質の活性残基（チオール，アミン，カルボン酸を末端に有するアミノ酸）は，様々な官能基を有する有機分子と共有結合を形成することが可能である。特にシステインは，タンパク質中にそれほど多く存在しないため，タンパク質中で金属錯体を結合させたい部位付近に，システインを変異導入し，末端のチオール残基に，マレイミドを修飾した金属錯体を反応させることにより，スルフィド結合を介した金属錯体の固定が可能となる。

以上，ハイブリッド触媒の設計と創製に際しては，反応場を提供するタンパク質と金属錯体間の結合形成の選択が設計上，重要である。以下，近年報告されている様々な人工金属酵素について，反応別に分類して紹介する。

8.2 酸化反応・水酸化反応

生体内では，生合成や代謝分解過程で様々な酸化反応が繰り広げられているが，数多くの金属を含んだタンパク質が触媒として関与している。特に，鉄や銅を含むヘム・ノンヘム酵素は，その中心的役割を演じ，メタルオキシド種を中間体として，基質の円滑な酸化・酸素化を行っている。本章では，主に酸素貯蔵タンパク質であるミオグロビンに焦点をあて，ミオグロビンを酸化・水酸化酵素に変換するいくつかの手法を記す。

8.2.1 酸化反応

ヘム酵素の多くは，生体内での様々な基質の酸化反応に関与することが知られている。たとえば，ヘムを補因子として含有するペルオキシダーゼは過酸化水素を酸化剤として，図 8-4 の反応機構に従って基質の 1 電子酸化を行っている。resting state の鉄 3 価状態は過酸化水素と反応して，ペルオキシド錯体を経て，2 電子酸化状態の Compound I (oxoferryl porphyrin π-cation radical) 中間体を形成し，2 分子の基質を 1 電子ずつ酸化している。この酵素群のなかでは，特に西洋ワサビペルオキシダーゼ (HRP) について研究が進んでいる。HRP は，

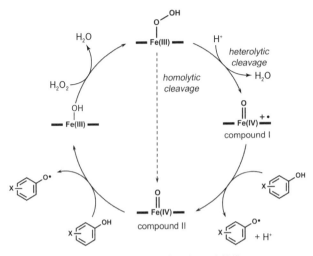

図 8-4　ペルオキシダーゼの反応機構

ヘム b を補因子として有し，ヘムポケットの上下に近位，遠位ヒスチジンがそれぞれ存在する．一方，酸素貯蔵タンパク質としてよく知られているミオグロビンも，HRP と同様のヘム b と 2 つのヒスチジンを有している．しかし，ペルオキシダーゼ活性は非常に低い．その主な理由としては，ミオグロビンには基質結合部位が存在しないこと，また過酸化水素を活性化する構造がヘムポケットに備わっていないことなどがあげられる．そこで，ミオグロビンのペルオキシダーゼ活性を向上させるために，ヘムポケットへの変異導入を試みる研究とともに，補因子置換も数多く試みられてきた（表 8-1）．entry 3 は，ヘムポケットを拡張して基質のアクセスを容易にすることによって活性の向上を図ったものである．[4] 特に，entry 5 は，ヘムポケットの改変と補因子置換の両方による活性向上であり，基本的にはミオグロビンでありながら，ペルオキシダーゼ（entry 6）に匹敵する 1 電子酸化触媒能を獲得するに至っている．[5]

一方，別の試みとして，活性中心（補因子）のヘムの構造そのものを，ポルフィリン骨格から別の骨格に変換することによって，反応性を制御する手法も有益である．たとえば，ポルフィリンの構造異性体や類縁体を用いることにより，ペルオキシダーゼ活性は大きく変化することが明らかとなっている（図 8-5）．

表 8-1 ミオグロビンあるいは HRP のグアイアコール酸化におけるペルオキシダーゼ活性

entry	protein	k_{cat} (s^{-1})	k_{cat}/K_m (M^{-1}s^{-1})
1	Native Mb	2.8	53
2	H64D Mb	9.0	5100
3	H64D Mb **1**	1.2	23000
4	H64D Mb **2**	13	21000
5	H64D Mb **3**	24	85000
6	native HRP	–	72000

at 25℃, pH 6.0

異性体のポルフィセン鉄錯体をアポミオグロビンに挿入した再構成体は酸化活性が向上する。またポルフィリン類縁体であるコロールを配位子とする鉄錯体においても、ミオグロビンのヘムポケットの中で、グアイアコール酸化反応を加速することが明らかとなっている。

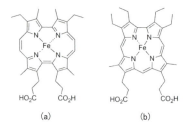

図 8-5 非天然ポルフィリノイドを有する補因子の例
(a) ポルフィセン鉄錯体, (b) コロール鉄錯体

8.2.2 水酸化反応

ヘム酵素の代表例としてシトクロム P450 がある。P450 は，いくつかの種類の反応に関与するが，特にここでは難易度の高い不活性 $C(sp^3)$-H 結合の水酸化について紹介する。たとえばシトクロム P450cam は，*d*-camphor の 5 位の $C(sp^3)$-H の立体選択的水酸化を司っている。近年，P450 反応の反応機構はほぼ明らかになったが[6,7]，P450 様の反応を行う人工的な酵素を作成する際には，活性種である Compound I をいかに制御するかが，1 つのポイントとなる。たとえば，ミオグロビンは水酸化活性を全く示さない。一方，P450 の場合は，軸配位子としてチオラートが軸配位子として存在し，活性発現に大きく関与していると指摘されてきた。しかし，最近，ミオグロビン中のヘムをポルフィセンマンガン錯体に置換することにより，エチルベンゼンやシクロヘキサンから対応するアルコールへの水酸化反応が触媒的に進行することが，明らかとなっている（図 8-6）。[8]

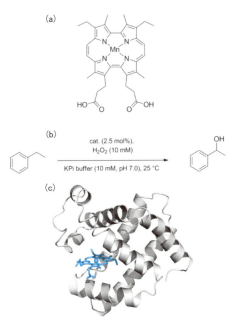

図 8-6 ミオグロビンを触媒として用いた水酸化反応の例
(a) ポルフィセンマンガン錯体，(b) ポルフィセンマンガン錯体置換ミオグロビンを触媒に用いたエチルベンゼンの水酸化反応，(c) ポルフィセンマンガン錯体置換ミオグロビンの X 線構造（PDB: 3WI8）

8.2.3 スルホキシド化反応

チオアニソールのスルホキシド化反応の進行は，上述の再構成ミオグロビンでも確認されている。たとえば，ポルフィセン鉄錯体を含むミオグロビンにおいては，過酸化水素存在下で，天然のミオグロビンに比べて，5倍程度活性が高い。一方，ヘム類縁体以外の人工補因子をアポタンパク質に挿入し，得られたハイブリット触媒で，チオアニソールの酸化を行った系がある（図 8-7）[10]。具体的には salophen クロム錯体をヘムの代わりにミオグロビンに加えることにより，スルフィドからのスルホキシド化反応が錯体のみに比べて加速されることが観察されている。さらに，salen マンガン錯体をミオグロビンの変異体

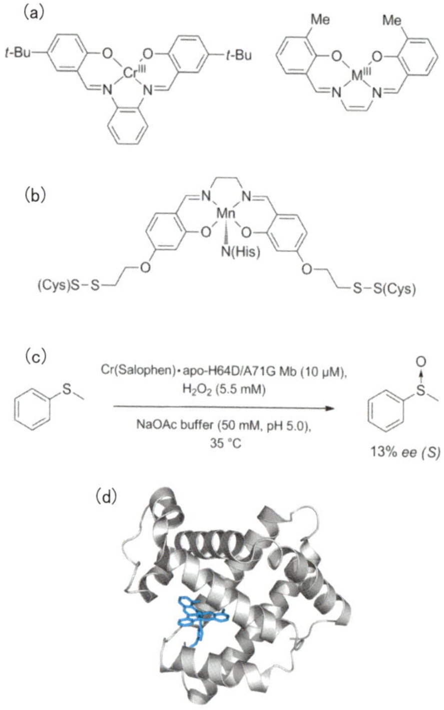

図 8-7 サレン金属錯体を補因子とするミオグロビンのスルホキシド化反応触媒への利用
(a) 補因子として働く salophen クロム錯体と salen マンガン錯体の構造，(b) タンパク質に固定された salen マンガン錯体，(c) salophen クロム錯体置換ミオグロビンを触媒として用いたチオアニソールのスルホキシド化反応，(d) salen マンガン錯体置換ミオグロビンの X 線構造（PDB: 1V9Q）

と組み合わせることにより、エナンチオ選択的なスルホキシド化反応が見出されている。また、ミオグロビンのポケット内に2つのシステインを変異導入し、salen マンガン錯体をジスルフィド結合を介して二点固定した場合には、一点固定に比べて高いエナンチオ選択性が得られることも報告されている[11]。

ヘムタンパク質を用いた系以外では、例えば neocarzinostatin とそのリガンドである testosterone の相互作用に着目した報告もある（図8-8）。この場合、testosterone にポルフィリン鉄錯体を結合したリガンドをタンパク質に添加することにより、ポルフィリン鉄錯体がタンパク質表面に固定され、過酸化水素存在下でスルホキシド化が進行する。ここでは、若干ではあるが13% ee の光学活性スルホキシドが得られている[12]。また、別の系として、バナジウムオキシド錯体（$VOSO_4$）を streptavidin と混合し、t-BuOOH を酸化剤として用いることにより、エナンチオ選択的なスルホキシド化も達成されている（図8-9）[13]。

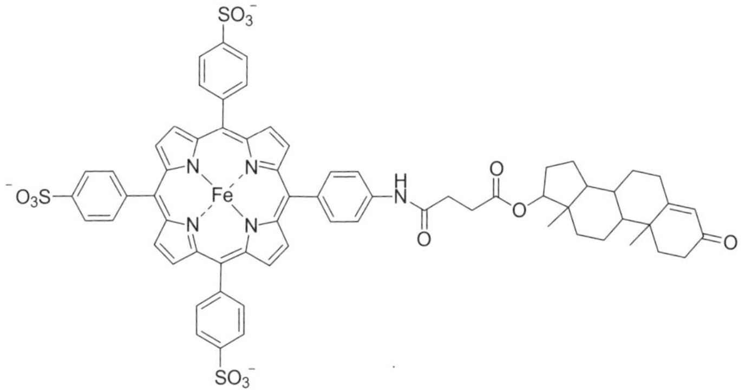

図8-8 testosterone を結合したポルフィリン鉄錯体

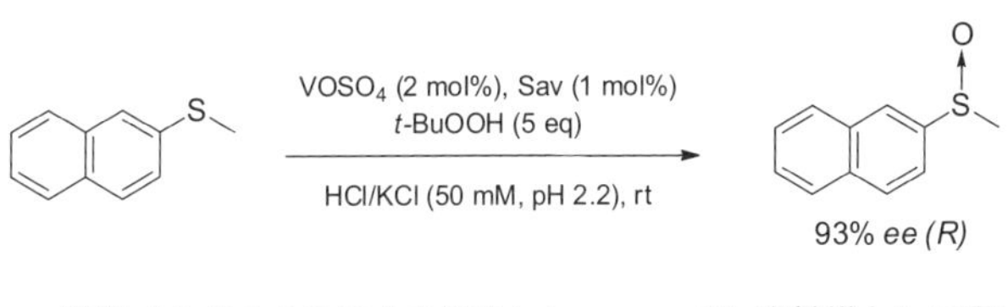

93% ee (R)

図8-9 硫酸バナジル（$VOSO_4$）を結合した streptavidin を触媒として用いたエナンチオ選択的なスルホキシド化

8.3　水素発生

近年，クリーンなエネルギー活用の観点から，水素の発生やその利用が脚光を浴びている．一方，自然界には古代からヒドロゲナーゼと呼ばれる酵素が，プロトンから水素を，あるいはその逆反応を司っていることが知られている．このヒドロゲナーゼの活性中心には，[FeNi]型，[FeFe]型の二核錯体や[Fe]型の単核錯体が知られているが，特に[FeFe]型の二核を有するヒドロゲナーゼの活性中心の錯体モデルの研究が進んでいる（図8-10）．優れたモデルができれば，最も安価な水から水素ガスを発生させたり，逆に水素から自在に電子を獲得することが可能である．しかしながら，以前から報告されているモデル錯体の多くは水に不溶であったり，不安定なものもあり，活性もそれほど高くない場合もある．近年，これらの課題を克服するために，活性中心モデルをシクロデキストリンに包接させて水溶性にする工夫もある．ここでは，ペプチドやタンパク質と金属錯体との組み合わせのいくつかを紹介する．

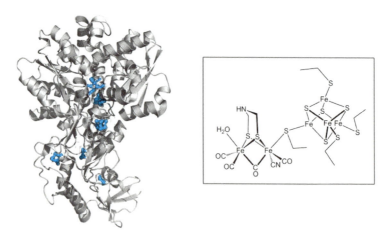

図8-10　[FeFe]型ヒドロゲナーゼのX線構造（PDB: 3C8Y）

8.3.1　ペプチド・タンパク質配列のシステインを利用したモデル

[FeFe]型の二核錯体を含むヒドロゲナーゼは，活性が比較的高く，結晶構造も明らかになっている．活性中心はそれぞれの鉄に対してCOおよびCNが

配位し，さらに2つの鉄をジチオラト配位子（$-SCH_2CH_2NHCH_2CH_2S-$）が図8-10のように架橋するユニークな構造をしている[14]。右側の鉄イオンにはシステインを介して4Fe4Sクラスターが結合し，活性部位の鉄への電子供給源となっている。一方，反応は左側の鉄錯体で繰り広げられると考えられている。この活性中心を模した生体分子を用いる新しいモデルが近年いくつか紹介されている。まず一例としてCXXC配列を含むαヘリックスを形成するオリゴペプチドを$Fe_3(CO)_{12}$と混合し，ペプチド中の2つのシステイン残基（C）の末端チオールを鉄イオンの配位子として用いたユニークな複合体が提案されている（図8-11(a)）[15]。この時点では実際の水素発生活性の有無は明確に示されていないが，簡単なscaffold上に鉄二核錯体を形成した構造モデルとして注目される。

一方，CXXC配列を有するタンパク質としてシトクロムcが存在する。シトクロムcは本来は電子伝達を演ずるヘムタンパク質であり，N末端から数えて14番目と17番目にシステインが存在し，この2つのシステインがヘム側鎖とチオールを介して結合している。したがって，ヘムとタンパク質との間に介在するチオエーテル結合を切断して，ヘムを除去したアポタンパク質を準備し，$Fe_2(CO)_9$を添加することにより，図8-11(b)に示す$(\mu\text{-S-Cys})_2Fe_2(CO)_6$の複合体も合成されている[16]。本系の水素発生の活性を評価するために，$[Ru(bpy)_3]^{2+}$錯体を光増感剤として共存させ，犠牲試薬としてアスコルビン酸を添加し，pH 4.7の溶液に対して光照射を実施した結果，光駆動型の水素発生がTON = 82で得られている。一方，シトクロムcの配列の12番目から18番目であるオリゴペプチドYK<u>C</u>AQ<u>C</u>Hを別途合成し，鉄二核錯体との複合体を形成した場合には，若干の水素発生の活性はあるものの，アポシトクロムcそのものを反応場として用いた場合とは大きな差があった。

一方，αヘリックスを形成するペプチド配列の中にチオールを2つ有する非天然アミノ酸（$NH_2\text{-}CH(CH_2CH(CH_2SH)_2)CO_2H$）を組み込むことで，ヘリックス上で[FeFe]型の二核錯体も得られている。さらにその二核鉄錯体に対してプロトン供与体となりうるリシン残基を近傍に配置し，スムーズなプロトン移動を介した水素発生の試みも行なわれている[17]。本系では，pH 4.5の条件下でTON = 84を達成している（図8-11(c)）。

一方，[FeFe]型以外では，microperoxidaseのヘムの鉄をコバルトに置換す

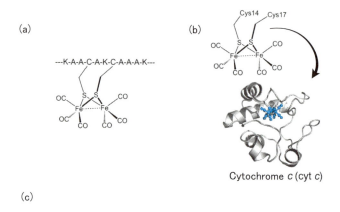

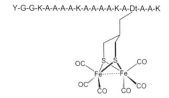

図 8-11 ［FeFe］型ヒドロゲナーゼの鉄二核中心を模したペプチド・タンパク質含有モデル
(a) Cys-X-Y-Cys を含むヘリックスペプチドとの複合化，(b) シトクロム c の Cys 残基を使った複合化，(c) アミノ酸の側鎖に鉄二核錯体を導入した系

ることによって，電気化学的な水素発生も報告されている（図 8-12(a)）[18]。また，水素発生の活性を示すニッケル錯体の配位子のホスフィン配位子の側鎖に β シートを形成するオリゴペプチドを修飾することによって，裸のニッケル錯体よりも水素発生の活性が上昇することも示されている（図 8-12(b)）[19]。

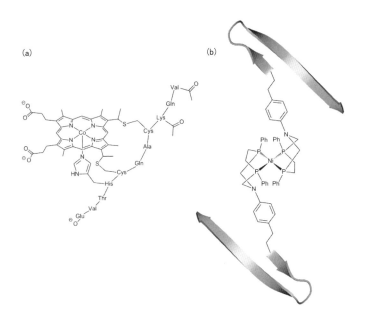

図 8-12 鉄以外の金属錯体を用いたヒドロゲナーゼモデルの例
(a) コバルト置換 microperoxidase, (b) 1-アザ-3,6-ジホスファシクロヘプタン配位子に β シードペプチドを導入したニッケル錯体

8.3.2 [FeFe] 型の二核錯体のタンパク質への挿入

[FeFe] 型の二核錯体を合成した上で,生体分子と結合させるモデルもいくつか報告されている。本来 NO を結合する機能を有するヘムタンパク質である nitrobindin のアポ体に遺伝子工学的手法を用いてシステインを導入し,マレイミドを側鎖に有する [FeFe] 型の二核錯体を結合させた複合体が報告されている(図 8-13(a))[20]。前述と同様に [Ru(bpy)$_3$]$^{2+}$ を光触媒,アスコルビン酸を犠牲試薬として添加した溶液に光照射を施すことにより,pH 4.0 においてターンオーバー数が 130 回まで到達した。

一方,別の系としてリシン残基の末端にホスフィンが修飾されたペプチド鎖を合成し,ホスフィン部位と (μ-pdt)Fe$_2$(CO)$_6$ を反応させ,図 8-13(b) のような [FeFe] 型の二核錯体が導入されたペプチドが得られている[21]。類似のモデ

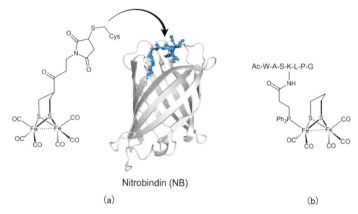

図8-13 [FeFe]型ヒドロゲナーゼモデルの例

(a) βバレル構造のnitrobinidinと，疎水空孔内に存在するシステインに結合させた鉄二核錯体分子構造の疎水空孔内に鉄二核錯体を導入した系，(b) ペプチド側鎖に導入したホスフィンを配位子とする鉄二核ジチオラート錯体

ルとして，ホスフィンを残基末端に有する非天然アミノ酸を組み込んだペプチド鎖を合成し，同様に鉄二核錯体と反応させ，[FeFe]型の二核錯体をペプチド上に固定する試みも行なわれている．これらの修飾ペプチドにおいて，電気化学的測定から，溶液中の水（酸）の濃度の上昇に伴って，触媒電流が上昇し，ヒドロゲナーゼ活性が発現する．

8.4 水素化反応

有機化合物の官能基，例えばカルボニル基や二重結合の水素化は，有機合成化学のプロセスにおいて，極めて重要な反応である．また，得られる生成物の多くは不斉炭素を有するため，立体制御を伴う反応が強く望まれる．これまで，有機金属化学の分野では，キラルな水素化触媒を用いる基質のエナンチオ選択的な水素化反応が数多く報告されてきた．この反応では，ロジウム等の水素化を促す金属イオンに対して，適切なキラル配位子を配置することが重要であり，時には配位子合成にかなりの労力を必要とする．一方，タンパク質の空孔は，基本的にはキラル環境にあり，そこにアキラルなロジウム錯体を挿入した場合でも，比較的簡単に不斉反応の進行が誘起される可能性を秘めている．

8.4.1 バイオハイブリッド触媒の先駆的研究

補酵素として古くから知られる biotin は avidin タンパク質と非常に強い相互作用を介した複合体を形成することから、Whitesides らは、1978 年に biotin の側鎖末端に水素化活性を示すロジウム錯体を導入し、biotin-avidin の複合体を人工生体触媒とするオレフィンの水素化反応を水中で実施した（図 8-14）[22]。その結果、α-acetamidoacrylic acid から N-acetylalanine の水素化が TON > 500 で進み、NMR 測定から得られた生成物は 44% ee の不斉収率を得た。当時、まだ avidin の鮮明な結晶構造もはっきりしない状態であり、加えたロジウム錯体のタンパク質との相互作用形式や配向が全くわからない段階であった。そのような状況下で、タンパク質を反応場として利用してエナンチオ選択的な水素化反応を示したことは、極めて先駆的な成果と言える。

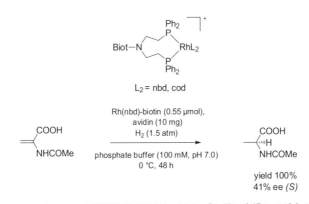

図 8-14　biotin と avidin の相互作用を利用してタンパク質反応場にロジウム錯体を固定化した触媒による α-acetamidoacrylic acid の水素化

8.4.2　avidin/streptavidin を反応場として用いた biotin 結合ロジウム錯体によるオレフィンの水素化反応

Ward らは、Whitesides と同様のオレフィンの水酸化反応において、biotin とロジウム錯体を介するスペーサーを種々検討することにより、生成物の N-acetylalanine の S 体と R 体を作り分けることを示し、条件検討の結果、S 体

については最高で 69% ee, R 体では 92% ee の不斉収率を得た。また，反応場のタンパク質として streptavidin S122G 変異体を使うことによって，R 体をさらに 96% ee まで向上させることに成功している[23]。

8.4.3 streptavidin を反応場として用いた biotin 結合ルテニウム錯体・ロジウム錯体・イリジウム錯体によるケトンの還元反応

さらに，種々のケトンからアルコールへのエナンチオ選択的な還元も試みられている[24]。特に，この系では，図 8-15 に示すように biotin を側鎖に有する η^6 ないしは η^5-arene を配位子とするルテニウム，ロジウム，イルジウム錯体を合成し，streptavidin と結合させ，タンパク質の表面ないしは空隙を反応場として用いた水素化が行なわれている。biotin が側鎖に結合する三脚型ピアノ椅子状の金属錯体の分子構造と基質の種類，および錯体近傍のタンパク質のアミノ酸残基の変異の種類によって，生成物のアルコールの水酸基が結合するキラル炭素の立体配置とエナンチオ選択性が変化し，その相関を網羅的に評価し，いくつかの条件では，90% ee を超えた値を得ている。本研究から，アキラルな錯体とタンパク質の組み合わせによって，既存のキラル触媒に匹敵するエナンチオ選択的アルコール合成が達成可能となっている。

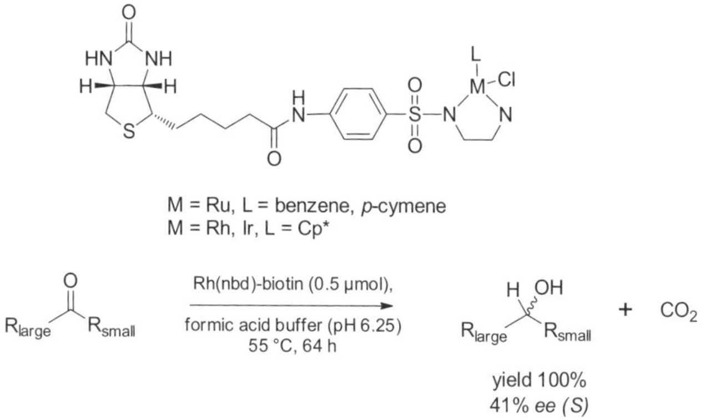

M = Ru, L = benzene, p-cymene
M = Rh, Ir, L = Cp*

Rh(nbd)-biotin (0.5 μmol),
formic acid buffer (pH 6.25)
55 °C, 64 h

yield 100%
41% ee (S)

図 8-15　biotin を介してルテニウム，ロジウム，イリジウム 錯体を streptavidin に固定化した触媒による水素移動反応

8 人工金属酵素

　その他のハイブリッド触媒を用いた水素化反応についてもいくつかの報告例がある。たとえば，タンパク質マトリクスとして様々なcarbonic anhydrase変異体と，イリジウムCp*錯体の組み合わせで，isoquinolineタイプの基質のイミン部位の不斉水素化を実施し，carbonic anhydraseの変異の種類と位置によって，生成物の不斉収率の向上を狙った研究が報告されている（図8-16）。その結果，いくつかの変異体では，94〜96% eeのエナンチオ選択的水素化の進行が確認された[25]。streptavidinとロジウムCp*の組み合わせ，さらにHisの配位を導入することによっても，高活性と高エナンチオ選択性を達成している（図8-17）[26]。

　またロジウムCp*錯体の側鎖にマレイミド基を修飾し，papainで結合したハイブリッド触媒では，ケトンのエナンチオ選択的還元を支援することが明らかとなっている（図8-18）[27]。

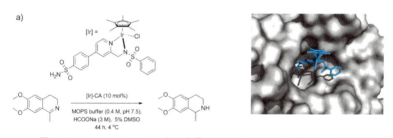

図8-16　carbonic anhydraseを反応場に用いたイリジウム錯体による触媒反応

(a) スルホンアミド部位を介してイリジウムCp*錯体をcarbonic anhydraseに固定化した触媒によるイミンの還元，(b) イリジウムCp*錯体固定化carbonic anhydraseのX線構造（PDB: 3ZP9）

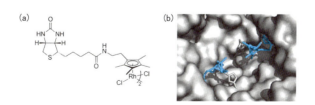

図8-17　streptavidinを反応場に用いたロジウム錯体による触媒反応

(a) biotinを連結したロジウムCp*錯体の構造，(b) streptavidinに固定化した触媒のX線構造（PDB: 4GJS）

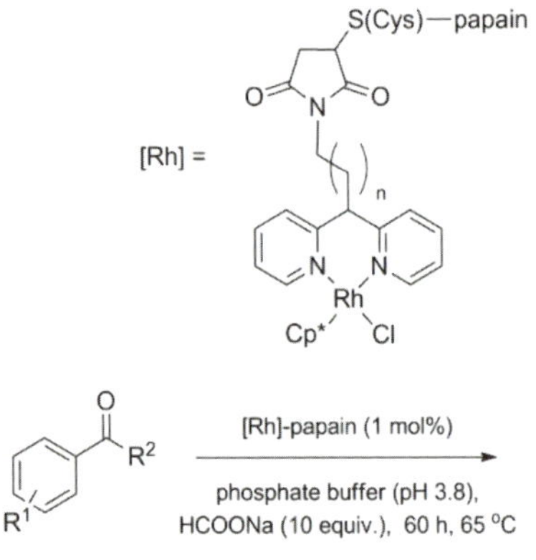

図 8-18　ロジウム Cp* 錯体を共有結合で papain に固定化した触媒によるケトンの還元

8.5　C–C 結合形成

有機合成化学において，大事な反応の 1 つが炭素−炭素（C–C）結合形成である。生体内での C–C 結合形成は，生合成経路でしばしば見受けられるが，酵素の一般酸・塩基を用いたものが多い。したがって，通常の有機化学の中で見られるような様々な C–C 結合形成反応を司る酵素は少ない。そこで，いくつかのグループでは，C–C 結合形成を加速させる人工生体触媒を金属錯体とタンパク質とのハイブリッド化によって創製する試みを行っている。　以下，オレフィンメタセシス，Diels-Alder 反応，オレフィンのシクロプロパン化反応，Friedel-Crafts 反応，Heck 反応，鈴木 - 宮浦反応，アセチレン重合反応，C–H 結合の活性化を介した環化反応の順で紹介する。

8.5.1　オレフィンメタセシス

オレフィンメタセシス反応は，2 つの炭素間二重結合の組み替え反応である。その特徴から，これまでに天然物や高分子合成における新しい工程を可能にした反応である。近年，メタセシス反応に利用される Grubbs – Hoveyda ルテニウム触媒と，タンパク質反応場を利用する試みがなされている[28-30]。その一例として，水中でも活性を有する Grubbs – Hoveyda ルテニウム触媒の N-ヘテロサイクリックカルベン（NHC）配位子と，ヒートショックタンパク質 MjHSP（M.

jannaschii) に結合したタンパク質が報告されている。閉環メタセシスにおいて錯体のみに比べて活性は低下するものの，pH 2 において TON = 25 の触媒活性をもつ（図 8-19)[28]。一方，chymotrypsin を反応場として着目し，阻害剤である L-フェニルアラニルクロロメチルケトン部位を側鎖に有する Grubbs-Hoveyda ルテニウム触媒を合成し，タンパク質内に共有結合で固定化した系も報告されている（図 8-20)[30]。ルテニウム触媒を固定化した際には錯体部位に由来する誘起 CD が顕著に観測されており，ルテニウム触媒が阻害剤を介してタンパク質の窪みに強く結合することが示されている。このハイブリッド触媒では，*N*-tosyl diallylamine などのイオン性基質に比べ，*N*, *N*-diallyl-3-(1-D-glucopyranosyl)oxypropanamide の中性基質おいて高い TON が得られており，基質選択性が見出されている。

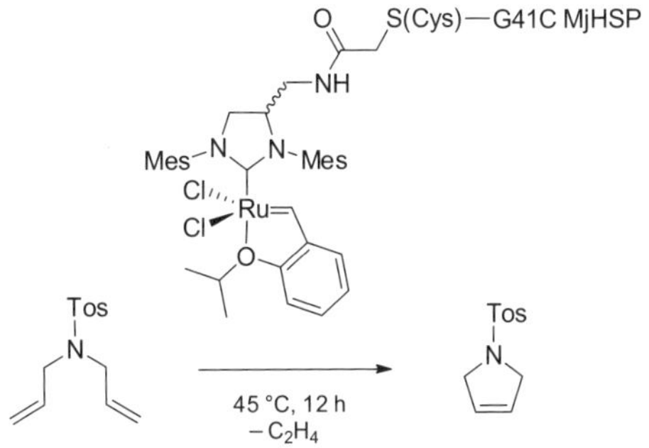

図 8-19 MjHSP タンパク質の G41C 変異体に固定化した Grubbs-Hoveyda 触媒による閉環メタセシス反応

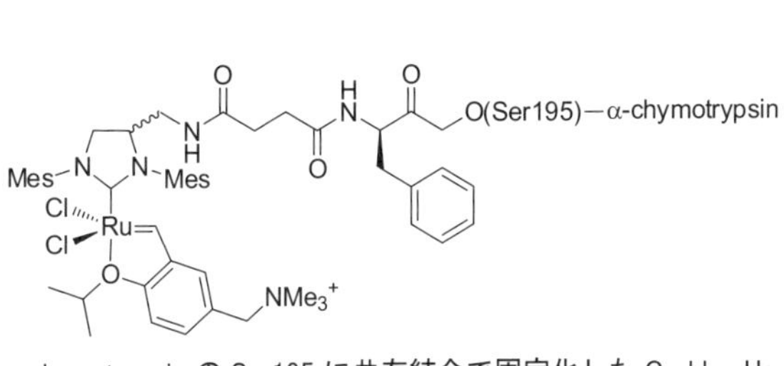

図 8-20 α-chymotrypsin の Ser195 に共有結合で固定化した Grubbs-Hoveyda 触媒

別法として、β バレル型のヒドロキサム酸 uptake protein component A (FhuA) の巨大な空孔内に、Grubbs–Hoveyda ルテニウム触媒を共有結合で連結した複合体を触媒として、7-オキサノルボルネン誘導体の開環メタセシス重合が進行することも報告されている（図 8-21）[31-32]。また、同様の手法を用いて、小型の nitrobindin タンパク質の疎水空孔内へ連結したハイブリッド触媒でも活性が示され、特に錯体のリンカーと空孔内のアミノ酸残基をそれぞれチューニングすることによって、開環メタセシスにおいて TON が 9900 を超える触媒活性を示すことも見出されている[33]。この他にも、Grubbs–Hoveyda ルテニウム触媒のメシチル基とリン酸エステルを介してリパーゼ cutinase の Ser120 に共有結合的に連結した系では、N-tosyl diallylamine の RCM およびアリルベンゼンのクロスメタセシス反応が、触媒量 5 mol% で高収率で進行することが報告されている[34]。

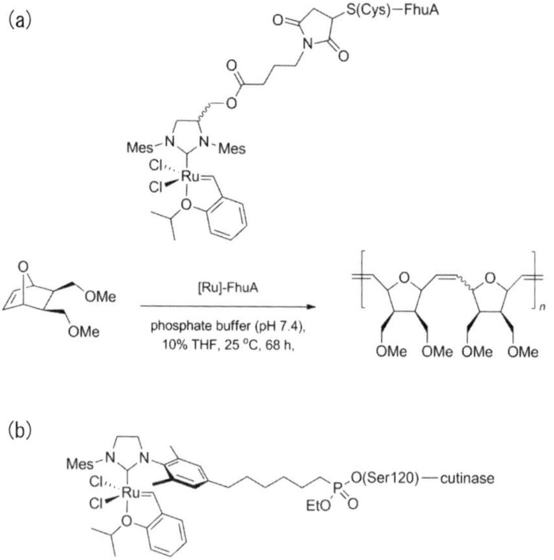

図 8-21　メタセシス反応の触媒として働くハイブリッド触媒の例

(a) 膜貫通の FhuA タンパク質に共有結合を介して固定化した Grubbs-Hoveyda 触媒による開環メタセシス重合、(b) リパーゼ cuitinase に共有結合を介して固定化した Grubbs-Hoveyda 触媒

8.5.2 Diels-Alder 反応

輸送タンパク質である albumin がヘムを含む様々な分子を結合することを利用して，金属錯体と albumin との超分子複合体を触媒反応に利用する試みもある．硫酸化したフタロシアニン銅錯体と human serum albumin との超分子的な複合体を使った系において，銅のルイス酸性により触媒されるアザカルコンとシクロペンタジエンの Diels-Alder 反応が，98% ee の高いエナンチオ選択性で進行することが報告されている[35]．

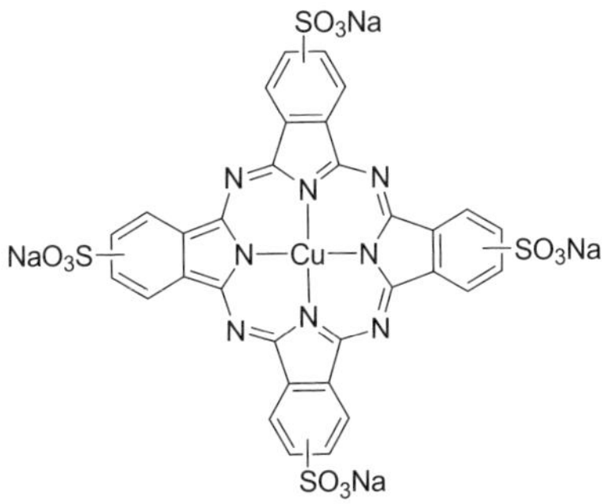

図 8-22　硫酸化フタロシアニン銅錯体

さらに乳酸菌の多剤耐性制御因子 LmrR は二量体のタンパク質であり，そのインターフェイス部分は疎水性分子が結合するための疎水性ポケットをもつ．この疎水性ポケットを反応場として用い，そこにシステインを変異導入した上で，1,10-phenanthroline 銅(II) 錯体を共有結合的に固定化した人工金属酵素を作製し，アザカルコンとシクロペンタジエンの Diels-Alder 反応において高収率（89%），高 *endo* 選択性（endo:exo = 96:4），97% ee を達成している（図8-23）[36]．

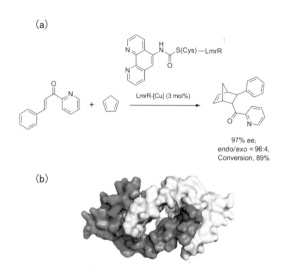

図 8-23 ハイブリッド触媒による Diels-Alder 反応

(a) LmrR タンパク質の疎水部に共有結合的に固定化した 1,10-phenanthroline 銅錯体を触媒として用いたアザカルコンとシクロペンタジエンの Diels-Alder 反応，(b) LmrR の二量体構造とインターフェイスに存在する疎水性空孔 (PDB: 3F8B)

8.5.3　オレフィンのシクロプロパン化反応

　シクロプロパン環の合成は，創薬等における前駆体として極めて重要なユニットである。このシクロプロパン環の立体制御を踏まえた合成を実施するために，シリンダー型の構造（30 Å×60 Å）と十分な内部容積（$5\sim8\times10^3$ Å^3）をもつプロリルオリゴペプチダーゼ（POP）をタンパク質 scaffold に選択し，遺伝子工学的手法により導入した L-4-アジドフェニルアラニンのアジド部位と，二核ロジウム錯体に導入したアルキン部位とのクリック反応により活性点を固定化した触媒が報告されている（図 8-24）。この人工金属酵素を触媒として用いることにより，スチレン誘導体のシクロプロパン化反応が達成され，POP の空孔に適切な変異導入を施すことによって，フェニルシクロプロパン誘導体が収率 74%（92% ee）で得られている[37]。

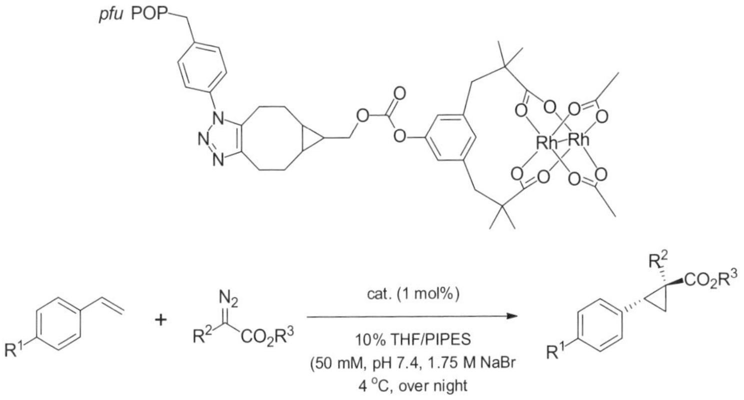

図 8-24　プロリルオリゴペプチダーゼに共有結合を介して固定化したロジウム二核錯体によるスチレン誘導体のシクロプロパン化反応

8.5.4　Friedel-Crafts 反応

　前述の LmrR タンパク質は平面性の高い疎水性分子を結合する部位を有する。この構造上の特徴から，1,10-phenanthroline 銅(II) 錯体が LmrR の疎水性ポケットに捕捉されて動的な触媒複合体を形成することを利用し，銅錯体を有するハイブリッド触媒が提案されている。実際には，この触媒を用いてインドール誘導体の Friedel-Crafts アルキル化反応が高エナンチオ選択的 (94% ee) に進行することが報告されている（図 8-25)[38]。

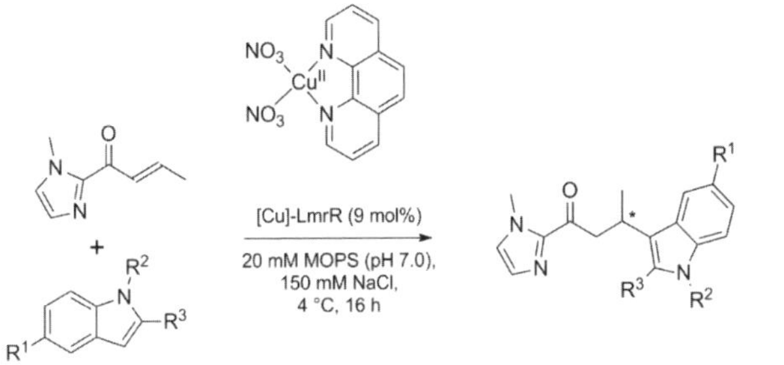

図 8-25　LmrR タンパク質の疎水性ポケットに非共有結合的に取り込まれた 1,10-phenanthroline 銅錯体を触媒するベンズイミダゾールの Friedel-Crafts 反応

8.5.5　Heck 反応

p-ニトロフェニルホスホン酸部位を有するピンサー型パラジウム錯体は，*Candida Antarctica* B 由来のリパーゼの触媒残基に対して，リン酸エステル結合を介して錯体部位を導入することが可能である。表面をアルデヒド化した高分子ビーズ担体に，この人工金属酵素を共有結合的に担持した固定化触媒を使い，ヨードベンゼンとエチルアクリル酸を基質とする Heck クロスカップリングが報告されている（図 8-26）[39]。さらに，ヨードベンゼンと 2,3-ジヒドロフランの反応では，97% ee でカップリング生成物が得られている。

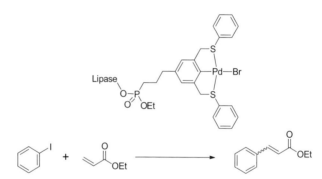

図 8-26　リパーゼに固定化したピンサー型パラジウム錯体による Heck 反応

8.5.6　鈴木 - 宮浦反応

鉄貯蔵タンパク質のフェリチンは，24 個のサブユニットから構成され，球状構造をもつ。その内部は約 8 nm の直径の空孔を有しており，ここに約 4500 原子の鉄を酸化鉄として保持する。この空孔内に含まれる鉄を除去したアポフェリチンに対して [Pd^{II}(allyl)Cl]$_2$ を処理すると，103 個のパラジウムイオンの集積が可能であり，His および Glu の配位と Cys の架橋配位により形成されるパラジウム二核構造をとる[40]。空孔内に保持されたパラジウム錯体は，4-ヨードアニリンとフェニルボロン酸の鈴木 - 宮浦カップリング反応の触媒として働き，4-フェニルアニリンを与える（図 8-27）。

8 人工金属酵素

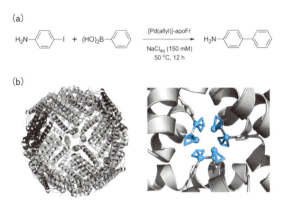

図 8-27 パラジウム錯体を内包するフェリチンを触媒とする C–C 結合形成反応
(a) フェリチンの空孔内に配位結合により固定化したパラジウム錯体が触媒する鈴木 - 宮浦カップリング，(b) パラジウム結合フェリチンの X 線構造 (PDB: 3AF7)

別の方法として，電子豊富なホスフィン配位子を有するパラジウム錯体を streptavidin に超分子的に固定化した人工金属酵素も，鈴木 - 宮浦反応を触媒することが明らかとなっている（図 8-28）。ビナフチル骨格の合成において，エナンチオマー過剰率の向上が見られ，特に 2-メトキシビナフチルの場合には，90% ee，TON = 50 で進行することが報告されている[41]。

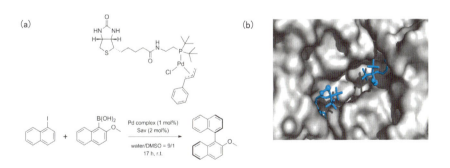

図 8-28 streptavidin を反応場として用いた C–C 結合形成反応
(a) biotin を側鎖に有するパラジウム錯体，(b) streptavidin に連結したパラジウム錯体の構造 (PDB: 5CSE)。パラジウム原子に配位するアリルベンゼンの電子密度は明らかになっていない。

8.5.7 アセチレン重合反応

ロジウム錯体は，アセチレンの重合触媒として知られており，得られるポリマーは様々な材料として利用されている。本反応をタンパク質反応場と組み合わせて実施した例としては，まずフェリチンを用いたものが報告されている。アポフェリチンを $[Rh(nbd)Cl]_2$（nbd = norbornadiene）で処理することによって，約58原子のロジウムイオンを空孔内部に固定化した複合体を使い，この空孔内でフェニルアセチレンの重合が進行することが報告されている。この系は，フェリチンの空孔サイズの影響によって，ポリマーの重合度制御が可能である（図8-29）[42]。

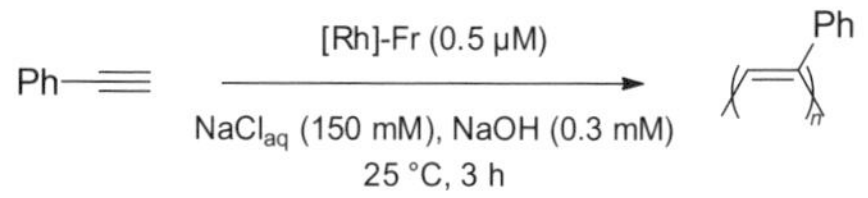

$$Ph-\equiv \xrightarrow[\substack{NaCl_{aq}\,(150\text{ mM}),\,NaOH\,(0.3\text{ mM}) \\ 25\,°C,\,3\text{ h}}]{[Rh]\text{-Fr}\,(0.5\,\mu M)} \begin{array}{c}Ph\\ \diagup\!\!\!\diagdown\end{array}$$

図8-29 ロジウムを結合したフェリチンにより触媒されるフェニルアセチレンの重合反応

一方，別の方法としては，強固なβ-バレル構造を有するnitrobindinの疎水的な空孔内に，共有結合によりロジウム錯体を固定化したバイオハイブリッド触媒が報告されている。トリス緩衝液中において，フェニルアセチレンの重合は速やかに進行する。空孔の底にCp配位子が位置しており，ロジウム錯体中心にモノマーが容易に挿入可能な構造をとることが単結晶X線構造により示されている。さらに，疎水孔内のアミノ酸変異の導入によりハイブリッド触媒の空孔サイズをチューニングすることより，本来はタンパク質表面にロジウム錯体を修飾した場合にシス体が90％以上得られる条件下でも，生成ポリマーの立体選択性はトランス体が82％まで向上することが報告されている（図8-30）[43, 44]。

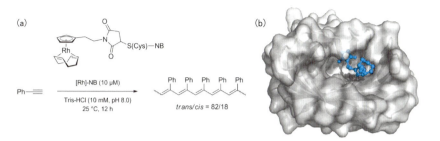

図 8-30 アセチレンの重合触媒として働くハイブリッド触媒（参考図 15 参照）
(a) nitrobindin 疎水部に共有結合的にロジウム Cp 錯体を固定化した触媒によるフェニルアセチレンの立体選択的重合反応，(b) ロジウム Cp 錯体周囲の構造 (PDB: 3F8B)

8.5.8　C–H 結合の活性化を介した環化反応

　ロジウム (III) Cp* 錯体を biotin を介して streptavidin に超分子的に固定化した上で，錯体近傍にグルタミン酸やアスパラギン酸残基を導入した触媒では，図 8-31 に示すようなベンズアミドとオレフィンのベンズアニュレーション反応が進行する。タンパク質を用いないロジウム (III) 錯体のみに比べて，N118K/K121E の変異を導入した streptavidin に錯体を取り込ませた場合では，

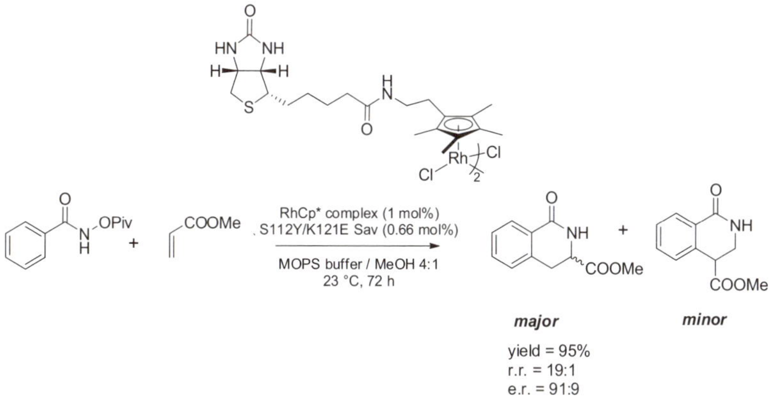

図 8-31　biotin を介して streptavidin に固定化したロジウム Cp* 錯体によるベンズアニュレーション反応

活性中心に位置するカルボキシラト基の効果によって反応速度が約100倍加速する点，また位置異性体比（r.r. = 19:1）およびエネンチオマー比（e.r. = 91:9）が向上する点で特筆すべき特徴を示す[45]。

8.6　おわりに

　以上，本章では合成金属錯体とタンパク質を人工的に結合したハイブリッド触媒の最近の報告例のいくつかを紹介した。以前からヘムタンパク質の補因子ヘムの置換は行われていたが，天然に存在する補因子とは全く異質の人工的な金属錯体を積極的にタンパク質と結合させ，その複合体を新たな生体触媒として用いる試みについては，ここ数年急激に注目されている[46-54]。酵素に学び，生体分子を用いる触媒の創製の試みは，水中および温和な条件下で反応を進行させることができると言うことにととまらず，タンパク質を反応場として用いることによる基質の選択性や反応点の位置選択性，あるいは生成物の立体を容易に制御可能にすることが利点と言える。さらに，最近，タンパク質の取り扱いや，遺伝子工学的手法，あるいはタンパク質の同定の進歩を受けて，欧米の有機金属化学のグループが，本分野に参入するケースが目立っている。今後，有機金属化学，生物無機化学および酵素工学のそれぞれの分野の融合による学際領域的研究の展開により，高難度物質変換を可能にする優れた人工金属酵素が次々に登場することを期待したい。

参考図書・文献

1) T. R. Ward, V. Kohler, Y. M. Wilson, C. Lo, A. Sardo, *Curr. Opin. Biotech*. **2010**, *21*, 744-752.
2) I. D. Petrik, J. Liu, Y. Lu, *Current Opinion in Chemical Biology* **2014**, *19*, 67-75.
3) T. Hayashi, Y. Sano, A. Onoda, *Isr. J. Chem*. **2015**, *55*, 76-84.
4) H. Sato, T. Hayashi, T. Ando, Y. Hisaeda, T. Ueno, Y. Watanabe, *J. Am. Chem. Soc.* **2004**, *126*, 436-437.
5) T. Matsuo, K. Fukumoto, T. Watanabe, T. Hayashi, *Chem. Asian J*. **2011**, *6*, 2491-2499.
6) J. Rittle, M. T. Green, *Science* **2010**, *330*, 933-937.

7) T. H. Yosca, J. Rittle, C. M. Krest, E. L. Onderko, A. Silakov, J. C. Calixto, R. K. Behan, M. T. Green, *Science* **2013**, *342*, 825-829.
8) K. Oohora, Y. Kihira, E. Mizohata, T. Inoue, T. Hayashi, *J. Am. Chem. Soc.* **2013**, *135*, 17282-17285.
9) M. Ohashi, T. Koshiyama, T. Ueno, M. Yanase, H. Fujii, Y. Watanabe, *Angew. Chem. Int. Ed.* **2003**, *42*, 1005-1008.
10) T. Ueno, T. Koshiyama, M. Ohashi, K. Kondo, M. Kono, A. Suzuki, T. Yamane, Y. Watanabe, *J. Am. Chem. Soc.* **2005**, *127*, 6556-6562.
11) J. R. Carey, S. K. Ma, T. D. Pfister, D. K. Garner, H. K. Kim, J. A. Abramite, Z. Wang, Z. Guo, Y. Lu, *J. Am. Chem. Soc.* **2004**, *126*, 10812-10813.
12) E. Sansiaume-Dagousset, A. Urvoas, K. Chelly, W. Ghattas, J. D. Maréchal, J. P. Mahy, R. Ricoux, *Dalton Trans.* **2014**, *43*, 8344-8354.
13) A. Pordea, M. Creus, J. Panek, C. Duboc, D. b. Mathis, M. Novic, T. R. Ward, *J. Am. Chem. Soc.* **2008**, *130*, 8085-8088.
14) D. W. Mulder, E. S. Boyd, R. Sarma, R. K. Lange, J. A. Endrizzi, J. B. Broderick, J. W. Peters, *Nature* **2010**, *465*, 248-251.
15) A. K. Jones, B. R. Lichtenstein, A. Dutta, G. Gordon, P. L. Dutton, *J. Am. Chem. Soc.* **2007**, *129*, 14844-14845.
16) Y. Sano, A. Onoda, T. Hayashi, *Chem. Commun.* **2011**, *47*, 8229-8231.
17) A. Roy, C. Madden, G. Ghirlanda, *Chem. Commun.* **2012**, *48*, 9816-9818.
18) J. G. Kleingardner, B. Kandemir, K. L. Bren, *J. Am. Chem. Soc.* **2013**, *136*, 4-7.
19) M. L. Reback, G. W. Buchko, B. L. Kier, B. Ginovska-Pangovska, Y. Xiong, S. Lense, J. Hou, J. A. S. Roberts, C. M. Sorensen, S. Raugei, T. C. Squier, W. J. Shaw, *Chem. Eur. J.* **2014**, *20*, 1510-1514.
20) A. Onoda, Y. Kihara, K. Fukumoto, Y. Sano, T. Hayashi, *ACS Catal.* **2014**, *4*, 2645-2648.
21) S. Roy, T.-A. D. Nguyen, L. Gan, A. K. Jones, *Dalton Trans.* **2015**, *44*, 14865-14876.
22) M. E. Wilson, G. M. Whitesides, *J. Am. Chem. Soc.* **1978**, *100*, 306-307.
23) J. Collot, J. Gradinaru, N. Humbert, M. Skander, A. Zocchi, T. R. Ward, *J. Am. Chem. Soc.* **2003**, *125*, 9030-9031.

24) C. Letondor, A. Pordea, N. Humbert, A. Ivanova, S. Mazurek, M. Novic, T. R. Ward, *J. Am. Chem. Soc.* **2006**, *128*, 8320-8328.

25) F. W. Monnard, E. S. Nogueira, T. Heinisch, T. Schirmer, T. R. Ward, *Chem. Sci.* **2013**, *4*, 3269-3274.

26) J. M. Zimbron, T. Heinisch, M. Schmid, D. Hamels, E. S. Nogueira, T. Schirmer, T. R. Ward, J. M. Zimbron, T. Heinisch, M. Schmid, D. Hamels, E. S. Nogueira, T. Schirmer, T. R. Ward, *J. Am. Chem. Soc.* **2013**, *135*, 5384-5388.

27) N. Madern, B. Talbi, M. Salmain, *Appl. Organomet. Chem.* **2013**, *27*, 6-12.

28) C. Mayer, D. G. Gillingham, T. R. Ward, D. Hilvert, *Chem. Commun.* **2011**, *47*, 12068-12070.

29) C. Lo, M. R. Ringenberg, D. Gnandt, Y. Wilson, T. R. Ward, *Chem. Commun.* **2011**, *47*, 12065-12067.

30) T. Matsuo, C. Imai, T. Yoshida, T. Saito, T. Hayashi, S. Hirota, *Chem. Commun.* **2012**, *48*, 1662-1664.

31) F. Philippart, M. Arlt, S. Gotzen, S.-J. Tenne, M. Bocola, H.-H. Chen, L. Zhu, U. Schwaneberg, J. Okuda, *Chem. Eur. J.* **2013**, *19*, 13865-13871.

32) D. F. Sauer, M. Bocola, C. Broglia, M. Arlt, L.-L. Zhu, M. Brocker, U. Schwaneberg, J. Okuda, *Chem. Asian J.* **2015**, *10*, 177-182.

33) D. F. Sauer, T. Himiyama, K. Tachikawa, K. Fukumoto, A. Onoda, E. Mizohata, T. Inoue, M. Bocola, U. Schwaneberg, T. Hayashi, J. Okuda, *ACS Catal.* **2015**, *5*, 7519-7522.

34) M. Basauri-Molina, D. G. A. Verhoeven, A. J. Van Schaik, H. Kleijn, R. J. M. Klein Gebbink, *Chem. Eur. J.* **2015**, *21*, 15676-15685.

35) M. T. Reetz, N. Jiao, *Angew. Chem. Int. Ed.* **2006**, *118*, 2476-2479.

36) J. Bos, F. Fusetti, A. J. M. Driessen, G. Roelfes, *Angew. Chem. Int. Ed.* **2012**, *51*, 7472-7475.

37) P. Srivastava, H. Yang, K. Ellis-Guardiola, J. C. Lewis, *Nat. Commun.* **2015**, *6*, 7789.

38) J. Bos, W. R. Browne, A. J. M. Driessen, G. Roelfes, *J. Am. Chem. Soc.* **2015**, *137*, 9796-9799.

39) M. Filice, O. Romero, A. Aires, J. M. Guisan, A. Rumbero, J. M. Palomo, *Adv. Synth.*

Catal. **2015**, *357*, 2687-2696.
40) S. Abe, J. Niemeyer, M. Abe, Y. Takezawa, T. Ueno, T. Hikage, G. Erker, Y. Watanabe, *J. Am. Chem. Soc.* **2008**, *130*, 10512-10514.
41) A. Chatterjee, H. Mallin, J. Klehr, J. Vallapurackal, A. D. Finke, L. Vera, M. Marsh, T. R. Ward, *Chem. Sci.* **2016**, *7*, 673-677.
42) S. Abe, K. Hirata, T. Ueno, K. Morino, N. Shimizu, M. Yamamoto, M. Takata, E. Yashima, Y. Watanabe, *J. Am. Chem. Soc.* **2009**, *131*, 6958-6960.
43) K. Fukumoto, A. Onoda, E. Mizohata, M. Bocola, T. Inoue, U. Schwaneberg, T. Hayashi, *ChemCatChem* **2014**, *6*, 1229-1235.
44) A. Onoda, K. Fukumoto, M. Arlt, M. Bocola, U. Schwaneberg, T. Hayashi, *Chem. Commun.* **2012**, *48*, 9756-9758.
45) T. K. Hyster, L. Knörr, T. R. Ward, T. Rovis, *Science* **2012**, *338*, 500-503.
46) C. M. Thomas, T. R. Ward, *Chem. Soc. Rev.* **2005**, *34*, 337-346.
47) M. Dürrenberger, T. R. Ward, *Current Opin. Chem. Biol.* **2014**, *19*, 99-106.
48) Y. Lu, N. Yeung, N. Sieracki, N. M. Marshall, *Nature* **2009**, *460*, 855-862.
49) F. Yu, V. M. Cangelosi, M. L. Zastrow, M. Tegoni, J. S. Plegaria, A. G. Tebo, C. S. Mocny, L. Ruckthong, H. Qayyum, V. L. Pecoraro, *Chem. Rev.* **2014**, *114*, 3495-3578.
50) T. Matsuo, S. Hirota, *Bioorg. Med. Chem.* **2014**, *22*, 5638-5656.
51) B. Maity, K. Fujita, T. Ueno, *Current Opin. Chem. Biol.* **2015**, *25*, 88-97.
52) J. C. Lewis, *ACS Catal.* **2013**, *3*, 2954-2975.
53) F. Rosati, G. Roelfes, *ChemCatChem* **2010**, *2*, 916-927.
54) P. J. Deuss, R. den Heeten, W. Laan, P. C. J. Kamer, *Chem. Eur. J.* **2011**, *17*, 4680-4698.
55) A. Onoda, T. Hayashi, M. Salmain, in *Bioorganometallic Chemistry: Applications in Drug Discovery, Biocatalysis, and Imaging*（Eds.: G. Jaouen, M. Salmain）, Wiley-VCH, **2014**.

9 センシング

はじめに 　生物無機化学の主要な研究対象の1つである金属タンパク質は，生物の物質代謝，エネルギー代謝に重要な役割を果しているのみならず，情報伝達においても欠くことのできない役割を担っている。本章では，シグナルセンシング，ならびにシグナル伝達反応に関与する代表的な金属タンパク質を紹介し，それらの構造と機能について解説する。

9.1 センサータンパク質による生物の外部環境応答

　様々な外部環境の変化に曝された中で，生物が恒常性を保って生育していくためには，外部環境の変化を感知し，その変化に応答して様々な生理機能を制御する必要がある。そのためには，外部環境変化（外部環境シグナル）を感知するためのセンサーと，センサーが感知した外部シグナルに応答して生理機能を制御するレギュレーターの存在が必要不可欠である。生物におけるこのような外部シグナル応答系には，センサーとレギュレーターが異なる分子から構成されているもの，同一分子がセンサーとレギュレーター双方の機能を有しているもの，どちらのシステムも存在している。

　生物においては，遺伝子レベル（転写レベル，あるいは翻訳レベル），タンパク質レベル（タンパク質の活性・機能制御），細胞レベル（細胞の運動性（走化性）等の制御）といった，それぞれ異なった階層レベルで機能する外部シグナル応答系が存在している。代表的な外部シグナル応答系の概略を下記に示す。

9.1.1 外部シグナルに応答した遺伝子発現制御

　遺伝子レベルでの外部シグナル応答系の代表的なものとして，外部シグナル

応答型の転写調節因子（転写を活性化するアクチベーター（転写活性化因子），転写を抑制するリプレッサー（転写抑制因子）の二種に大別される）がある。外部シグナルのセンシングと転写制御を同一分子で行っているセンサー型転写調節因子では，外部シグナルを感知するためのセンサードメインと，標的DNAの認識・結合に関与するDNA結合ドメインが同一分子中に存在している。センサー型転写調節因子とは異なり，外部シグナルのセンシングと転写制御が別々の分子で行われている例も多い。その場合は，外部シグナルを感知するセンサータンパク質から，転写調節因子として機能するタンパク質への分子間シグナル伝達反応により転写調節因子の機能が制御され，外部シグナルに応答した遺伝子発現制御が達成される。

外部シグナルに応答した翻訳反応（メッセンジャー RNA（mRNA）を鋳型とするタンパク質合成反応）制御系の存在も報告されている。本系では，センサー機能を有する mRNA 結合タンパク質の RNA 結合活性が，外部シグナルの有無により制御されることにより，外部シグナルに応答した翻訳反応制御が達成されている。

9.1.2　二成分情報伝達系 [1, 2]

二成分情報伝達系（two-component signal transduction system）は，原核生物である細菌をはじめ，真核生物であるカビや高等植物にも存在している代表的な生物の細胞内情報伝達システムの1つである。基本的な二成分情報伝達系は，外部シグナルに対するセンサーとして機能するヒスチジンキナーゼ（HK）と，シグナルに対応した応答反応制御に関与するレスポンスレギュレーター（RR）の二種類のタンパク質から構成される。HK が感知する外部シグナルは，非常に多岐に亘っており，酸素，アミノ酸，糖，金属イオンなどの化学的シグナル（分子性シグナル）に対するセンサーとして機能する HK，および浸透圧，光などの物理的シグナルのセンサーとして機能する HK など，多種多様な HK の存在が知られている。一方，RR は外部シグナルに応答した生理機能制御に直接関わっているタンパク質であり，RR が転写調節因子として機能する場合が多い。RR が転写調節因子である場合には，HK が感知した外部シグナルに応答した遺伝子発現の制御により，外部環境変化への応答に必要な一連のタンパク質の

発現が制御されることで，外部シグナルに対する生物応答が達成される。

図 9-1 に二成分情報伝達系の作動原理の概念図を示す。HK が外部シグナルを感知すると，HK が有するキナーゼ活性により，HK 分子中にある特定のヒスチジン（His）残基が ATP によりリン酸化される（HK の自己リン酸化反応）。その後，リン酸化された HK と RR との反応により，HK から RR へのリン酸基転移反応が進行する。このリン酸基転移反応においては，HK 中のリン酸化 His 残基から，RR 中のアスパラギン酸（Asp）残基にリン酸基の転移が進行する。RR の機能は，Asp 残基のリン酸化の有無により制御されている。RR 中の Asp 残基のリン酸化の有無は，HK からのリン酸基転移（HK から RR へのシグナル入力に相当する）があるかどうか，すなわち HK が外部シグナルを感知したかどうかによって決定される。以上のことから，二成分情報伝達系においては，外部シグナルをリン酸基転移の形に変換することにより細胞内情報伝達反応が達成されていることがわかる。

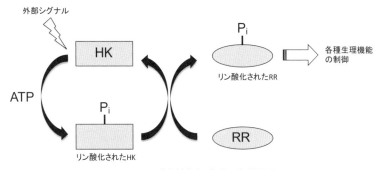

図 9-1　二成分情報伝達系の作動原理

9.1.3　細菌の走化性制御系[3]

細菌の走化性制御系は，外部シグナル（誘引物質あるいは忌避物質）に対して応答し，べん毛モーターの回転方向を制御することにより細菌細胞の運動性を制御している。走化性制御系におけるシグナルセンシング・シグナル伝達系は，外部シグナルのセンサーとして機能する走化性シグナルトランスデューサータンパク質（MCP : methyl accepting chemotaxis protein とも呼ばれる）と，シグナル伝達反応に関与する一連の Che タンパク質（CheA, CheW, CheY 等）

から構成されている。CheA および CheW と複合体を形成している MCP は，外部シグナルを感知することによりコンフォメーション変化を起こし，その結果，ATP による CheA の自己リン酸活性を制御している。CheA が自己リン酸化されると，CheA から CheY へのリン酸基転移反応が進行し，リン酸化された CheY が生成する。リン酸化された CheY が，べん毛モータータンパク質と相互作用することにより，べん毛モーターの回転方向が制御され，最終的には細菌細胞の運動性が制御される。

9.2 遷移金属が関与する外部シグナルセンシング

センサータンパク質がセンシングする外部シグナルには，アミノ酸のみから構成される単純タンパク質によってセンシングすることが可能なものだけではなく，単純タンパク質ではセンシングできないものも存在する。その代表例としては，可視光や酸素，CO などの気体分子などがある。単純タンパク質は，可視領域には吸収をもたないため，可視光とは全く相互作用しない。同様に，酸素や CO などの気体分子も，基本的には単純タンパク質と相互作用することはない。相互作用がないということは，言い換えると，単純タンパク質では可視光や酸素，CO などを感知することができないということである。生物は，このような単純タンパク質ではセンシングできないシグナルに対応するため，様々な補欠分子族をセンサーとして利用している。センサータンパク質に利用される補欠分子族としては，フラビン，レチナール等の有機分子，遷移金属イオン，あるいはヘム，鉄硫黄クラスター等の遷移金属含有型の補欠分子族がある。生物無機化学の研究対象となるのは，遷移金属イオンが関与しているセンサータンパク質である。ここでは，センサータンパク質で利用されることもあるヘムおよび鉄硫黄クラスターの基本的な性質を概説した後に，遷移金属イオンが関与しているセンサータンパク質の中から代表的な例を取り上げ，それらの構造や機能について説明する。

9.2.1 ヘムの基本的性質

第 2 章でも説明されているように，ヘムは，酸素，一酸化炭素（CO），一酸化窒素（NO）といった気体分子を可逆的に結合・解離することが可能である。

このようなヘムの性質を利用して，酸素やNOの運搬・貯蔵にヘムタンパク質が利用されている。酸素の運搬・貯蔵タンパク質としては，ヘモグロビン，ミオグロビンが，NOの運搬・貯蔵タンパク質としてはニトロフォリン[4]がある。気体分子が可逆的に結合・解離することが可能であるという性質は，ヘムを気体分子センシングのセンサー活性中心として利用することも可能にしている。これまでに，酸素，CO，NOのセンサーとして機能するヘム含有型センサータンパク質が数多く報告されている。また，ヘム分子そのものがシグナル分子として機能する系もいくつか報告されている。

9.2.2 鉄硫黄クラスターの基本的性質

鉄硫黄クラスターの最も代表的な生理機能は，電子伝達体としての機能である。電子伝達体として機能する鉄硫黄クラスターの基本的な骨格構造としては，[2Fe-2S]型，[3Fe-4S]型，および[4Fe-4S]型があり，フェレドキシン，ヒドロゲナーゼ，呼吸鎖複合体等に含まれている。これらの鉄硫黄クラスター骨格構造は互いに異なっているが，いずれの鉄硫黄クラスターも一電子酸化・還元を介した一電子移動反応に関与する（表9-1）。鉄硫黄クラスター中の鉄イオンは，いずれの骨格構造の場合でも，S^{2-}とシステイン（Cys）由来のチオラート基が配位したテトラヘドラル構造を有している。

表9-1 鉄硫黄クラスターの酸化状態

クラスター	酸化状態	鉄の形式的価数
[2Fe-2S]	酸化型 $[2Fe-2S]^{2+}$	$2\,Fe^{3+}$
	還元型 $[2Fe-2S]^{+}$	$1\,Fe^{3+}, 1\,Fe^{2+}$
[3Fe-4S]	酸化型 $[3Fe-4S]^{+}$	$3\,Fe^{3+}$
	還元型 $[3Fe-4S]^{0}$	$2\,Fe^{3+}, 1\,Fe^{2+}$
[4Fe-4S]	酸化型 $[4Fe-4S]^{2+}$	$2\,Fe^{3+}, 2\,Fe^{2+}$
（フェレドキシン型）	還元型 $[4Fe-4S]^{+}$	$1\,Fe^{3+}, 3\,Fe^{2+}$
[4Fe-4S]	酸化型 $[4Fe-4S]^{3+}$	$3\,Fe^{3+}, 1\,Fe^{2+}$
（HiPIP型）	還元型 $[4Fe-4S]^{2+}$	$2\,Fe^{3+}, 2\,Fe^{2+}$

鉄硫黄クラスターは，酸素に対して不安定である場合も多い。そのような場合，酸素との反応によるクラスターの骨格変換（[4Fe-4S] → [3Fe-4S] → [2Fe-2S]），あるいはクラスターの分解反応が進行することも報告されている。センサータンパク質において鉄硫黄クラスターが利用される例としては，鉄硫黄クラスターが示す可逆的な一電子酸化還元反応を利用したセンサータンパク質，鉄硫黄クラスターの骨格変換・分解を利用したセンサータンパク質，いずれの例も知られている。

9.3 ヘムを利用したセンサータンパク質
9.3.1 CO センサーとして機能する転写調節因子 CooA

CooA は，CO を唯一の炭素源として生育可能な *Rhodospirillum rubrum*, *Carboxydothermus hydrogenoformans* 等の細菌中に含まれる転写調節因子であり，CO 代謝に関与する酵素遺伝子の発現を CO 依存的に制御している[5]。CooA は，ホモダイマー構造を有しており，各サブユニットに一分子のプロトヘム（b 型ヘム）が結合している。N 末領域がヘムを含むセンサードメインを，また C 末領域がヘリックス・ターン・ヘリックス構造を DNA 結合モチーフとする DNA 結合ドメインを構成している。CooA は，CRP/FNR ファミリーに属する転写調節因子であり，cyclic AMP をエフェクターとする転写調節因子 CRP と類似した全体構造を有している[6,7]。

CooA の転写調節因子としての活性は，CO により制御されている。すなわち，分子中のヘムに CO が結合した CO 型 CooA のみが標的 DNA への特異的結合能を有しており，転写活性化因子として機能する。一方，CO が結合していない酸化型 CooA や還元型 CooA は標的 DNA への結合能がない不活性型である。

図 9-2 に示すように，CooA 中のヘムは，通常のヘムタンパク質とは異なる特異な配位構造を示す。*Rhodospirillum rubrum* 由来の CooA（Rr-CooA）では，酸化型ヘムは Cys75 と N 末 Pro の窒素原子が配位した 6 配位構造を，還元型ヘムは His77 と N 末 Pro の窒素原子が配位した 6 配位構造を有しており，ヘム鉄の酸化状態変化に伴って Cys75 と His77 との間で配位子交換反応が進行する[8]。*Carboxydothermus hydrogenoformans* 由来の CooA（Ch-CooA）では，酸化型ヘム，還元型ヘムいずれの場合も，His と N 末端のアミノ基が配位した 6

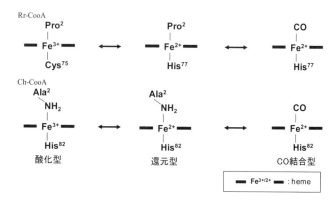

図9-2 Rr-CooA, Ch-CooA 中に含まれるヘムの配位構造
いずれの CooA でも N 末端のメチオニンは, 翻訳後修飾により切断されているため, Pro^2, Ala^2 がそれぞれ N 末端残基となっている。

配位構造を有している。Ch-CooA においても, Rr-CooA の Cys75 と His77 に相当する位置に, それぞれ Cys と His が保存されているが, Ch-CooA では Rr-CooA の場合に観察される Cys-His 間での軸配位子交換反応は進行しない。この違いは, *Rhodospirillum rubrum* と *Carboxydothermus hydrogenoformans* が有している代謝経路および生育環境の違いを反映し, CooA の性質が調整されているのではないかと推定されている。

Rr-CooA, Ch-CooA いずれの場合も, 還元型ヘムは配位飽和な6配位構造を有しているにも関わらず, CO と容易に反応して CO 結合型ヘムが生成する。その際, ヘムに配位していた N 末端と CO との間で軸配位子交換反応が進行する。CO 結合型 CooA の生成は, CO による CooA 活性化反応に相当している。CO による軸配位子交換反応により, ヘムに結合していた N 末端が解離することにより, CooA の N 末領域のコンフォメーションが変化することが, CooA 分子全体のコンフォメーション変化の引き金になっていると考えられている。CO による CooA 活性化の際には, ヘム周辺のコンフォメーション変化が, センサードメインと DNA 結合ドメインを繋ぐヒンジ領域のコンフォメーション変化を誘起し, 最終的には, DNA 結合ドメイン全体が回転することにより活性型コンフォメーションへと変化すると考えられている。

9.3.2 二成分情報伝達系で酸素センサーとして機能する FixL

FixL は，*Bradirhizobium japonicum*，*Shinorhizobium meliloti* のような根粒細菌中に存在する FixL/FixJ 二成分情報伝達系において酸素センサーとして機能する HK である[9]。FixL/FixJ は，窒素固定化酵素であるニトロゲナーゼの発現を酸素依存的に制御している。ニトロゲナーゼは，酸素に対して非常に不安定であるため，細胞内の酸素濃度が低下した低酸素濃度条件下においてのみ発現する。細胞内の酸素濃度が十分に低いことを FixL が感知することにより，FixJ のリン酸化反応が進行し，FixJ が転写調節因子としての活性を獲得する。その結果，ニトロゲナーゼ遺伝子の転写が活性化される。

FixL は，N 末領域に PAS（最初に発見された 3 つのタンパク質（**p**eriod circadian protein, **a**ryl hydrocarbon receptor nuclear translocator protein, **s**ingle-minded protein）の頭文字を取って命名されている）ドメイン，C 末領域にキナーゼドメインを有する HK であり，PAS ドメインをセンサードメインとして利用している。PAS ドメインは 100 ～ 120 残基のアミノ酸から構成されており，ほとんどすべての生物種に広く存在している構造モチーフの 1 つである。FixL は，5 本の逆平行 β ストランド（A_β, B_β, G_β, H_β, and I_β）と 4 本の α ヘリックス（C_α, D_α, E_α, and F_α）から構成される典型的な PAS ドメイン構造を有しており，プロトヘムが β ストランドと F ヘリックスに挟まれる形で存在している。この PAS ドメイン中に結合したヘム分子が酸素センサーの本体として機能している[10]。F ヘリックス中の His 残基（*Shinorhizobium meliloti* 由来の FixL（SmFixL）では His194，*Bradirhizobium japonicum* 由来の FixL（*Bj*FixL）では His200）がヘムの軸配位子として機能しており，酸化型およびデオキシ型 FixL では，ヘムは 5 配位構造をとっている。

デオキシ型 FixL は酸素と反応し，ヘムの第 6 配位座に酸素が結合した酸素化型（オキシ型）FixL を生成する。FixJ へのリン酸基転移反応により FixL の活性を測定した場合，オキシ型 FixL はデオキシ型 FixL の 1/100 以下の活性しか示さない。このことは，デオキシ型 FixL 存在下ではリン酸化された FixJ が生成するのに対して，酸素化型 FixL 存在下では FixJ のリン酸化反応が進行しないことを示している。すなわち，酸素存下では FixL が不活性型であるオキシ型として存在するため，ニトロゲナーゼ遺伝子の発現がオフの状態になって

いるのに対し，根粒細菌中の酸素濃度が低下するとFixLは活性型であるデオキシ型となり，ニトロゲナーゼ遺伝子の発現が開始される。

酸素によるFixLの活性制御機構に関しては，*Sm*FixLおよび*Bj*FixLのセンサードメインの結晶構造を基にした考察から，下記のようなモデルが提唱されている。

(1) hydrophobic triad モデル[11]

*Sm*FixL中のヘム遠位側（酸素が結合する側）のヘムポケット近傍には，いくつかの疎水性アミノ酸残基（Ile209, Leu230, Val232）が密集して存在しており，そのままの状態では立体障害により酸素分子がヘムに結合することができない。したがって，FixL中のヘムに酸素が結合するためには，これら疎水性アミノ酸残基の配置が変化するよう，ヘムポケットのコンフォメーション変化が必要となる。このようにして誘起されたヘムポケットのコンフォメーション変化が，分子全体のコンフォメーション変化をもたらすことで，ヘムへの酸素結合に応答したFixLの活性制御が達成されていると考えられる。

(2) FG ループモデル[12,13]

FGループモデルは，デオキシ型および酸素化型*Bj*FixLH（*Bj*FixLのセンサードメイン）の結晶構造を比較した結果を基に提案されているモデルである。F_αとG_β間に存在するループ領域（FGループ）のC末端に位置しているArg220は，デオキシ型ではヘムプロピオン酸基と水素結合を形成している。FixLの酸素結合にともなって，FGループのコンフォメーションが変化し，FGループがヘムポケット内部に近づく。その結果，Arg220とヘムプロピオン酸基の水素結合は解離し，ヘムに結合した酸素とArg220の間で新たに水素結合が形成される（図9-3）。このような酸素結合に伴うFGループのコンフォメーション変化と水素結合ネットワークの再構成が，分子全体のコンフォメーション変化を誘起することによりFixLの活性制御が達成されていると考えられる。

いずれのモデルでも，ヘム周辺のコンフォメーション変化が分子全体のコンフォメーション変化を誘起すると考える点では共通している。しかしながら，現時点においてはFixL全長の構造が解明されていないため，具体的にどのような構造変化によりFixLの活性が制御されているかについては不明な状況である。

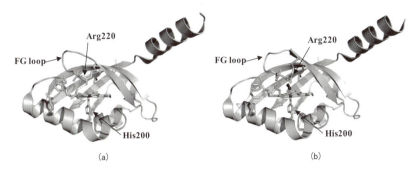

図 9-3 (a) デオキシ型 BjFixLH（PDB 1LSW）の構造
(b) オキシ型 BjFixLH の構造（PDB 1DP6）

9.3.3　走化性制御系で酸素センサーとして機能する HemAT

いくつかの細菌では，酸素に対する走化性制御系が存在していることが知られている。これらの細菌には，酸素センサーとして機能する走化性シングルトランスデューサータンパク質（MCP：methyl-accepting chemotaxis protein とも呼ばれる）として，HemAT と呼ばれる酸素センサータンパク質が存在している。いくつかの細菌由来の HemAT が報告されているが，ここでは，最も詳細に研究されている枯草菌由来の HemAT（HemAT-Bs）について説明する。HemAT-Bs の N 末領域には，酸素センサーとして機能するセンサードメインが，C 末領域には CheA/CheW と相互作用し，シグナル伝達に関与するシグナリングドメインが存在している。センサードメインは，酸素運搬・貯蔵タンパク質であるヘモグロビン・ミオグロビンと配列相同性を有しており，その構造もグロビンタンパク質と類似している[14, 15]。

　HemAT-Bs は，ホモダイマー構造を有しており，サブユニットあたり 1 分子のプロトヘムを結合している。センサードメイン中の His123 がヘム軸配位子として機能しており，デオキシ型ヘムは 5 配位高スピン構造をとっている。HemAT-Bs が酸素を感知すると，ヘムの第 6 配位座に酸素が結合した 6 配位低スピン構造を有するオキシ型ヘムが生成する。オキシ型ヘムには，ヘムに結合した酸素と周辺アミノ酸残基（Thr95 および Tyr70）間での水素結合ネットワークの様式が異なる三種のコンフォーマーが存在する[16]。closed form では，

Thr95 が水分子を介して酸素と水素結合を形成しているのに対して，open α form では，Thr95 と酸素が直接，水素結合を形成しており，Thr95 と Tyr70 との間にも水素結合が存在している。open β form では，ヘムに結合した酸素と周辺アミノ酸残基との間に，水素結合は存在しない。open α form では，His86（Thr95 が位置している E ヘリックスの近傍に存在している CE ループ上に位置している）とヘムプロピオン酸基との間で水素結合が形成されているが，closed form，open β form では，この水素結合は存在しない。また，His86 とヘムプロピオン酸基との間の水素結合は，ヘムに酸素が結合した場合にのみ形成され，CO あるいは NO が結合した場合には，この水素結合は形成されない。このような，ヘムプロピオン酸基，およびヘムに結合した酸素と周辺アミノ酸残基間での水素結合ネットワークの形成が，ヘムへの酸素結合（すなわち，酸素センシング）に応答したヘム周辺のコンフォメーション変化を誘起し，分子内シグナル伝達により，シグナリングドメインのコンフォメーション変化へと繋がっているものと推定される。

HemAT は，グロビンドメインをセンサードメインとして利用している走化性シングルトランスデューサータンパク質であるが，緑膿菌 *Pseudomonas aeruginosa* 中に含まれる走化性シングルトランスデューサータンパク質の一種である Aer2 は，ヘム含有 PAS ドメインをセンサードメインとして利用している。Aer2 中の PAS ドメインは，FixL の PAS ドメインと類似した構造を示す[17]。Aer2 の場合，ヘムに結合した酸素と遠位側ヘムポケットに存在する Trp283 との間で形成される水素結合が，分子内シグナル伝達の引き金になっていると推定されている。

HemAT，Aer2 では，センサードメイン中に含まれているのはプロトヘムであるが，タンパク質部分と共有結合した c 型ヘムをセンサードメイン中に含む走化性シングルトランスデューサータンパク質も報告されている[18]。

9.3.4 NO による酵素活性制御：NO センサータンパク質 sGC[19]

可溶性グアニル酸シクラーゼ（sGC）は，哺乳動物中に含まれる酵素であり，グアノシン三リン酸（GTP）からグアノシン 3',5'- 環状一リン酸（cGMP）への変換反応を触媒する（図 9-4）。本反応で生成した cGMP は，セカンドメッ

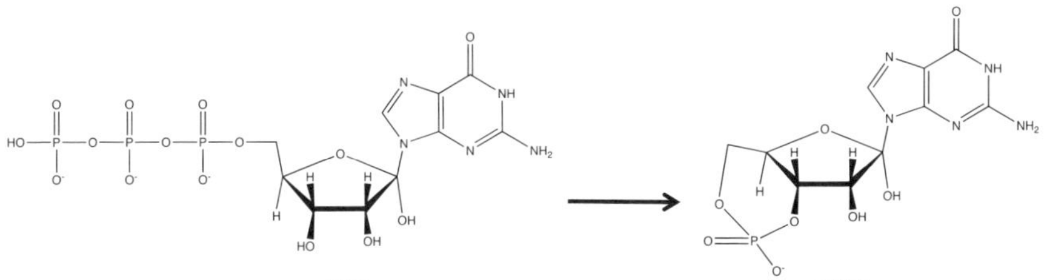

9 センシング

図 9-4 sGC により触媒される GTP から cGMP への変換反応

センジャーとして機能し，血管機能調節，神経伝達など様々な生理機能制御に関わっている．sGC は，NO センサー（NO レセプター）としての機能を有しており，その酵素活性は NO により制御されている．配列相同性を有する二つのサブユニット（α サブユニットと β サブユニット）から成るヘテロ二量体構造を有する sGC は，二量体分子中の β サブユニットに 1 分子のプロトヘムを結合している．sGC 中のヘムは，休止状態においてはヘムの中心鉄イオンが二価の還元型として存在しており，His105 が軸配位した 5 配位高スピン構造をとっている．このヘムが NO センサーの本体として機能しており，ヘムに NO が結合することにより sGC の酵素活性は，休止状態の場合に比べて数百倍に活性化される．一方，休止状態のヘムは，酸素結合タンパク質であるヘモグロビンやミオグロビンと同様な配位構造を有しているにも関わらず，sGC 中のヘムに酸素が結合することはない．sGC が示す，このような NO と酸素の結合選択性は，比較的酸素濃度が高い真核細胞中において機能している sGC が，酸素存在下，NO により選択的に活性化されるためには必須の性質である．CO も sGC 中のヘムに結合可能であるが，CO 結合による sGC の活性化は NO の場合ほど顕著ではなく，4～5 倍程度の活性化しか観測されない．

sGC と NO が反応すると，His105 はヘム鉄から解離し，NO がヘムに結合した 5 配位型ニトロシルヘムが生成する．一方で，CO が sGC 中のヘムに結合した場合には，軸配位子である His のヘムからの解離は起こらず，ヘムは CO と His が軸配位した 6 配位構造をとる．これらのことから，軸配位子である His がヘムから解離することによって誘起されるコンフォメーション変化が，NO による sGC の活性化を引き起こしていると考えられる．sGC の活性化のため

には，ヘムに結合した NO 以外にもう 1 分子の NO が必要であるとの報告もある[20]。もう 1 分子の NO はヘム以外の場所に結合していると考えられているが，詳細については不明な状況である。可能性としては，タンパク質中のシステイン残基を S-ニトロシル化しているのではないかと考えられているが，それを証明する直接的な証拠はまだない。

　sGC の結晶構造は決定されていないが，原核生物中に含まれ，sGC の β サブユニットと相同性を示す H-NOX ドメインの構造がいくつか報告されている[21, 22]。H-NOX には，sGC と同様，NO は結合するが酸素は結合しないものと，NO と酸素のどちらも結合するものが存在している。後者のタイプである *Thermoanaerobacter tengcongensis* 由来の H-NOX（*Tt* H-NOX）の酸素結合型は，図 9-5 に示すように，7 本の α ヘリックスと 4 本の逆平行 β ストランドから構成されている。ヘムは，α ヘリックスから構成されるサブドメインと，α ヘリックスと β ストランドから構成される α/β サブドメインの間に挟まれる形で存在しており，His102（sGC β サブユニットの His105 に相当する位置）がヘムに軸配位しており，そのトランス位に酸素が結合している。*Tt* H-NOX 中では，ヘム近傍に存在する Pro115 とのファンデルワールス相互作用により，本来平面構造であるはずのヘムが非常に歪んだ構造をとっている。NO がヘムに結合し，ヘムから軸配位子である His が解離することにより，ヘムの歪みが解消し，

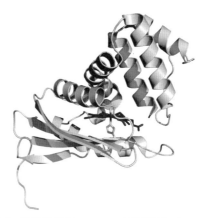

図 9-5　酸素結合型 *Tt* H-NOX の結晶構造（PDB 1U55）

ヘムの平面性が増すことが，NO 感知のシグナルとなり，分子内シグナル伝達反応の引き金になっていると推定されている。

9.4 鉄硫黄クラスターを利用したセンサータンパク質

9.4.1 鉄硫黄クラスターを酸素センサーとする転写調節因子 FNR[23]

FNR (regulator for fumarate and nitrate reductase) は，大腸菌を始めとする多くの細菌に含まれている，CRP (cyclic AMP receptor protein) / FNR ファミリーに属する転写調節因子である。FNR の結晶構造は報告されていないが*，同じファミリーに属する CRP や CooA と類似した全体構造を有していると推定される。大腸菌中の FNR は，酸素センサーとして機能（すなわち，酸素が FNR のエフェクター分子として機能）し，酸素の有無に応答して 100 以上の遺伝子の発現をコントロールすることにより，大腸菌の嫌気代謝・好気代謝切替えのマスタースイッチとして働いている。

FNR は，酸素センサーの活性中心として鉄硫黄クラスターを利用している。嫌気条件下においては，FNR はホモダイマーとして存在し，各サブユニットにそれぞれ 1 分子の [4Fe-4S] クラスターを保持している。分子中に [4Fe-4S] クラスターを保持した FNR は，転写調節因子としての活性を有しており，標的 DNA に結合することにより支配下遺伝子の発現を制御している。FNR 中の鉄硫黄クラスターは酸素に対して非常に不安定であり，酸素存在下では鉄硫黄クラスターが分解し，FNR はアポ型に変化する。アポ型 FNR は単量体として存在し，標的 DNA への特異的結合能を失っている。FNR の標的 DNA は二回対称な配列を有しているため，1 つのサブユニット中に 1 つの DNA 結合モチーフ（ヘリックス・ターン・ヘリックス構造）を有する FNR が標的 DNA に結合するためには，FNR が二量体構造をとっていることが必要不可欠である。したがって，単量体であるアポ型 FNR は，特異的な DNA 結合能を示さず，転写調節因子としての活性も失っている。このような酸素に依存した，単量体と二量体間での FNR の高次構造変化が，酸素による FNR の機能制御機構の本質である（図 9-6）。

分光学的な手法（電子吸収スペクトル，電子スピン共鳴スペクトル，およびメスバウアースペクトル）により，FNR 中の鉄硫黄クラスターと酸素の反応

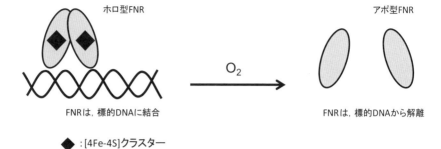

図 9-6 酸素による FNR の機能制御
ホモダイマー構造を有するホロ型 FNR は，DNA 結合能を有している。モノマーに解離したアポ型 FNR は，DNA 結合能を失う。

が詳細に解析され，図 9-7 に示すような多段階のクラスター骨格変換反応が進行することが明らかにされている。FNR が酸素と反応すると，まず $[4Fe-4S]^{2+}$ クラスターが $[4Fe-4S]^{3+}$ へ酸化され，生成した $[4Fe-4S]^{3+}$ から速やかに Fe^{2+} が脱離し，$[3Fe-4S]^+$ と O_2^- が生成する（反応1）。生成した $[3Fe-4S]^+$ は比較的安定であり，電子スピン共鳴スペクトルにより観測することができる。次いで，$[3Fe-4S]^+$ から Fe^{3+} と $2S^{2-}$ が脱離することにより $[2Fe-2S]^{2+}$ が生成する（反応2）。生成した $[2Fe-2S]^{2+}$ も比較的安定（半減期が数時間）であるが，好気的条件下で生育している菌体中においては，大部分の FNR はアポ型として存在している。FNR は，分子中に $[4Fe-4S]^{2+}$ を含む場合にのみ二量体として存在しており，鉄硫黄クラスターの骨格構造変化が起こると，分子中に鉄硫黄クラスター（$[3Fe-4S]^+$ あるいは $[2Fe-2S]^{2+}$）を含んでいても，転写調節因子として活性な二量体構造から，不活性型である単量体へと高次構造が変化する。

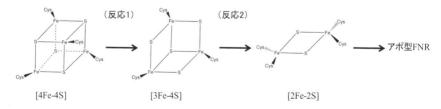

図 9-7 FNR と酸素との反応による鉄硫黄クラスターの骨格構造変化

細菌細胞中では，一度不活性型となった FNR も，活性型へと再度変換されていると考えられている。この再活性化では，鉄硫黄クラスターの合成とアポ型 FNR への鉄硫黄クラスター挿入が必須であり，鉄硫黄クラスター生合成系である Isc（iron-sulfur cluster assembly）システムが重要な役割を担っている。

9.4.2　鉄硫黄クラスターを活性酸素種センサーとする転写調節因子 SoxR[24, 25]

　大腸菌中に存在する SoxR/SoxS 制御系は，酸化ストレス（スーペルオキシド，あるいはメチルビオローゲンのようなスーペルオキシド産生能を有する酸化還元物質）に応答して，*soxRS* レギュロンと総称される一連の遺伝子群（主に，酸化ストレス応答に関連した遺伝子）の発現を制御している。本制御系において，SoxR は酸化ストレスを感知するセンサーとして機能する転写調節因子であり，酸化ストレスを感知した SoxR が，もう一方の転写調節因子 SoxS の発現を活性化する。発現した SoxS が，支配下遺伝子（*soxRS* レギュロン）の発現を制御している。

　SoxR の N 末領域には，ウィングド・ヘリックス・ターン・ヘリックス（winged helix-turn-helix）構造を DNA 結合モチーフとする DNA 結合ドメインが，C 末領域にはセンサー活性中心として機能する [2Fe-2S] クラスターを含むセンサードメインが存在している。SoxR は，ホモダイマー構造を有しており，逆平行コイルドコイル構造を形成した $\alpha 5, \alpha 5'$ ヘリックスが二量体界面を構成している（図 9-8）[26]。$\alpha 5$ ヘリックスの C 末端部分近くに存在する [2Fe-2S] クラスターは，タンパク質分子表面近くに位置しており，[2Fe-2S] クラスター中の 2 つの鉄を架橋している S^{2-} のうちの 1 つは，溶媒に露出している。SoxR 中に含まれている鉄硫黄クラスター中の鉄イオンには，4 つの Cys 残基（Cys119, Cys122, Cys124, and Cys130）が配位している。

　SoxR 中の鉄硫黄クラスターでは，還元型（$[2Fe-2S]^{1+}$）と酸化型（$[2Fe-2S]^{2+}$）との間で可逆的な一電子酸化還元反応が進行する。還元型，酸化型いずれの状態でも，SoxR は標的 DNA に結合する。しかしながら，転写調節因子として SoxS の発現を活性化することが可能であるのは，酸化型 SoxR のみである。休止状態にある SoxR は還元型として存在しており，SoxR が酸化ストレスシグナルをセンシングすると，$[2Fe-2S]^{1+}$ クラスターの一電子酸化反応

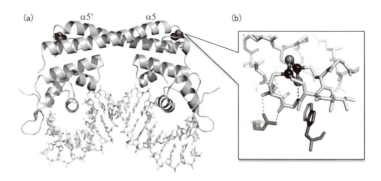

図 9-8 (a) SoxR-DNA 複合体の構造（PDB 2ZHG）
(b) 鉄硫黄クラスター周辺の拡大図

が進行すると考えられている。SoxR 活性化の際に，[2Fe–2S]$^{1+}$ クラスターが，スーペルオキシドにより直接酸化されているのか，あるいはメチルビオローゲンのようなスーペルオキシド産生能を有する酸化還元物質が関与しているのかについては，明確な回答は得られていない。また，鉄硫黄クラスターの酸化状態の変化に伴って，SoxR のコンフォメーション（特に DNA 結合ドメイン近傍での）変化が誘起されると考えられているが，還元型（不活性型）SoxR の結晶構造はまだ解明されておらず，その詳細についても不明な状況である。

SoxR は，NO によっても活性化されることが知られている。しかしながら，SoxR による NO センシングとスーペルオキシドセンシングの分子機構は異なっていると考えられている。すなわち，スーペルオキシドに対する応答には，鉄硫黄クラスターの一電子酸化反応が関与しているのに対して，NO に対する応答では，NO と鉄硫黄クラスターとの反応によるジニトロシル鉄錯体（DNIC）生成により SoxR の機能が制御されている。

9.4.3 鉄硫黄クラスターをシグナル分子とする翻訳反応制御

哺乳類細胞では IRP（**i**ron **r**egulatory **p**rotein）と呼ばれる RNA 結合タンパク質が細胞内の鉄イオン濃度をセンシングし，鉄代謝に関与する一連のタンパク質の発現を制御することにより，細胞内での鉄の恒常性維持に重要な役

割を果たしている[27, 28]）。IRP は，鉄欠乏条件下において，メッセンジャー RNA（mRNA）の 5'-，あるいは 3'- 非翻訳領域に存在する，鉄応答配列（IRE: iron responsive element）と呼ばれるステムループ構造に結合する。一方，鉄過剰な条件下においては mRNA への結合能を失う。その結果，細胞内の鉄イオンの欠乏・過剰に応答した mRNA の翻訳反応制御（すなわち，その mRNA がコードしているタンパク質の発現量制御）が達成される。IRP が，5'- 非翻訳領域に存在する IRE に結合した場合には，mRNA の翻訳は阻害され，タンパク質の発現量は減少する。一方，IRP が，3'- 非翻訳領域に存在する IRE に結合した場合には，ヌクレアーゼによる mRNA の分解反応が阻害されることにより，細胞内での mRNA の寿命が長くなる。その結果，その mRNA がコードするタンパク質の発現量が増加する。

　IRP により翻訳制御されるフェリチン mRNA（フェリチンは，過剰な鉄イオンの貯蔵タンパク質）では 5'- 非翻訳領域に，トランスフェリンレセプター mRNA（トランスフェリンレセプターは，細胞内に鉄イオンを取り込むレセプタータンパク質）では 3'- 非翻訳領域に IRE が存在している。したがって，鉄欠乏状態では，フェリチンの発現は抑制され，トランスフェリンレセプターの発現量が増加する。鉄過剰状態では，逆に，フェリチンの発現量が増加し，トランスフェリンレセプターの発現が抑制される。

　IRP は，IRP1 と IRP2 の二種類が存在する。IRP1 と IRP2 では，それぞれ異なった機構により，細胞内鉄イオン濃度がセンシングされている[27, 28]）。IRP の機能制御機構の概念図を図 9-9 に示す。IRP1 は，分子内に [4Fe–4S] クラスターが形成されることで，細胞内の鉄イオン濃度の上昇を感知している。アポ型 IRP1 が RNA 結合能を有している一方で，[4Fe–4S] クラスターを結合した IRP1 は RNA 結合能を失う。IRP1 は，4 つのドメインから構成されており，ドメイン 1，2 がコアドメインを形成し，そこから突き出る形でドメイン 3，4 が存在している。分子全体としては L 字型の構造を示す（図 9-10）[29]）。標的 RNA（ステムループ構造を示す IRE）は，これらのドメインに囲まれたクレフト部分に結合する。鉄硫黄クラスター結合型 IRP1 では，ドメイン 2 中に [4Fe–4S] クラスターが結合している。RNA 結合型 IRP1（アポ型 IRP1）と比べ，鉄硫黄クラスター結合型 IRP1 では，ドメイン 3，4 の配向が大きく変化している。このため，

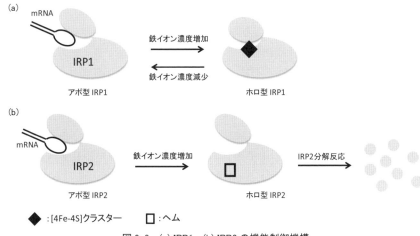

図9-9 (a) IRP1, (b) IRP2 の機能制御機構

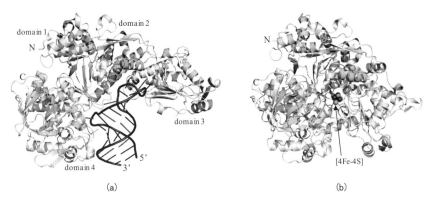

図9-10 (a) RNA結合型IRP1の構造（PDB 3SN2）IPR1に結合しているRNA鎖をワイヤーモデルで表示している
(b) 鉄硫黄クラスター結合型IRP1の構造（PDB 2B3X）
鉄硫黄クラスターは，CPKモデルで表示している。

RNA結合サイトであるクレフトが閉じ，RNAが結合できなくなっている。

　IRP1は，鉄硫黄クラスターの形成・分解を介して細胞内の鉄イオン濃度をセンシングしている。これに対し，IRP2は，フリーなヘム分子を細胞内鉄イオン濃度のシグナルとして利用し，鉄過剰な条件下においてヘムを結合するこ

とにより，細胞内鉄濃度をセンシングしている。ヘムを結合したIRP2は，ユビキチン・プロテアソーム系により分解されてしまうため，翻訳反応制御機能を失う。

9.5 遷移金属イオンを利用したセンサータンパク質

9.5.1 エチレンセンサータンパク質ETR1[30]

エチレンは植物ホルモンとして機能することが知られており，果実の登熟，種子の発芽，茎や根の伸長，落葉，病原菌感染や組織障害に対する防御応答など，植物の様々な生理機能制御に関与している。植物（シロイヌナズナ）では，膜タンパク質であるETR1（**et**hylene **r**eceptor **1**）がエチレンセンサー（エチレン受容体）として機能し，シグナル伝達経路下流に存在するエチレン応答遺伝子群の発現をエチレン依存的に制御することにより，上記のようなエチレン応答が引き起こされる。

ETR1のN末に存在する膜貫通領域中にCu^{1+}が存在しており，このCu^{1+}がエチレンセンサーの本体として機能していると推定されている。エチレンがETR1中の銅サイトに配位することにより，ETR1のコンフォメーション変化が誘起され，その結果，ETR1の機能が制御されているものと考えられている。しかしながら，銅サイトの構造，銅サイトへのエチレンの配位様式（エチレンのサイドオン型配位が推定されているが，直接的な証拠は得られていない），エチレン感知後にどのようなコンフォメーション変化が誘起されるのか等については全く不明な状況であり，今後の研究の進展が望まれる。

9.5.2 過酸化水素センサーとして機能する転写調節因子PerR

枯草菌に含まれるPerR（**per**oxide operon **r**egulator）は，過酸化水素をシグナル分子とし，過酸化水素に対するストレス応答に関与する遺伝子の発現を制御する転写調節因子である[31]。PerRはFurファミリーに属しており，ホモダイマー構造を有している。PerRモノマーは，分子中に2つの金属結合サイト（サイト1とサイト2）を有している。サイト1では，4つのCys（Cys96, Cys Cys99, Cys136, Cys139）がZn^{2+}に配位しており，タンパク質の構造安定化に寄与している。His37, Asp85, His91, His93, Asp104が配位子となっている

サイト 2 には，Fe^{2+} あるいは Mn^{2+} が結合可能であるが，過酸化水素センサーとして機能するのは Fe^{2+} のみである。サイト 2 に結合した Fe^{2+} は，過酸化水素と反応し，フェントン反応によりヒドロキシラジカルを生成する。生成したヒドロキシラジカルにより，Fe^{2+} の配位子である His37，あるいは His91 が 2-オキソヒスチジンに酸化修飾される[32,33]（図 9-11）。

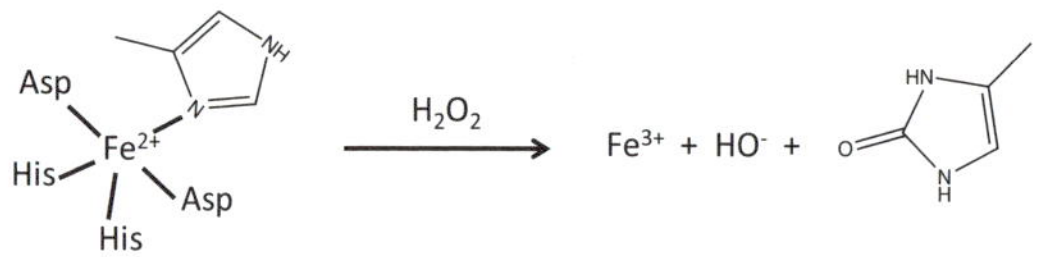

図 9-11　PerR による過酸化水素センシング

過酸化水素を感知することにより，Fe^{2+} の配位子であったヒスチジンが 2-オキソヒスチジンへと酸化修飾される。

　PerR はリプレッサーとして機能している。過酸化水素を感知する前（His の酸化修飾が起こる前）の PerR が標的 DNA に結合することで，過酸化水素応答に関与する遺伝子の転写を抑制している。PerR が過酸化水素を感知し，His に酸化修飾を受けると，PerR のコンフォメーション変化が誘起される。その結果，PerR は DNA 結合能を失い，標的 DNA から解離することで転写の脱抑制が起こり，最終的に過酸化水素応答に関与する遺伝子が発現する。His の酸化修飾反応は不可逆反応であり，一度酸化修飾された PerR がリプレッサーとして再利用されることはない。

9.6　シグナル分子として機能する遷移金属イオン

9.6.1　遷移金属イオンをシグナル分子とする転写調節因子[34,35]

　鉄，銅，亜鉛，コバルト，マンガン，ニッケル，モリブデン等の遷移金属イオンは，これらを活性中心として利用する様々な金属タンパク質の機能発現のために必須であるが，細胞内に過剰量存在すると細胞毒性を示す。したがって，遷移金属イオンの細胞内濃度は，厳密な制御が必要となる。多くの細菌では，細胞内の遷移金属イオン濃度の増減に応答して，遷移金属イオンの排出・取込みに関与するトランスポータータンパク質の発現を制御することにより，

9 センシング

細胞内の遷移金属イオン濃度を適正に維持するシステムが存在している。本システムでは，遷移金属イオンセンサーとして機能するセンサー型転写調節因子が，トランスポータータンパク質遺伝子の発現を転写レベルにおいて制御している。一方，水銀，カドミウム，銀など，毒性を示す重金属イオンに対する応答においても，これらの重金属イオンを感知し，それらの毒性回避に関与する一連のタンパク質の発現を転写レベルで制御するセンサー型転写調節因子が存在する。

代表的なセンサー型転写調節因子を表 9-2 に示す。これらのセンサー型転写調節因子では，シグナル分子として機能する遷移金属イオンの結合・解離により，転写調節因子の機能が制御されている（図 9-12）。大部分の転写調節因子では，転写調節因子への遷移金属イオンの結合・解離により，その DNA 結

表 9-2　遷移金属イオンをシグナル分子とする代表的なセンサー型転写調節因子

転写調節因子	構造ファミリー	シグナル分子	機能制御*
ArsR	ArsR	As^{3+}/Sb^{3+}	1
AztR	ArsR	Zn^{2+}	1
CzrA	ArsR	Zn^{2+}	1
CadC	ArsR	Cd^{2+}/Pb^{2+}	1
NmtR	ArsR	Ni^{2+}/Co^{2+}	1
CopY	CopY	Cu^{1+}	1
CsoR	CsoR/RcnR	Cu^{1+}	1
RcnR	CsoR/RcnR	Ni^{2+}/Co^{2+}	1
SczA	TetR	Zn^{2+}	1
Fur	Fur	Fe^{2+}	2
Nur	Fur	Ni^{2+}	2
Mur	Fur	Mn^{2+}	2
Zur	Fur	Zn^{2+}	2
DtxR	DtxR	Fe^{2+}	2
MntR	DtxR	Mn^{2+}	2
ModE	LysR	MoO_4^{2-}	2
NikR	NikR	Ni^{2+}	2
AdcR	AdcR	Zn^{2+}	2
CueR	MerR	Cu^{1+}	3
CadR	MerR	Cd^{2+}	3
MerR	MerR	Hg^{2+}	3
PbrS	MerR	Pb^{2+}	3
ZntR	MerR	Zn^{2+}	3

*1：アポ型がリプレッサーとして機能，2：ホロ型がリプレッサーとして機能，
　3：ホロ型がアクチベーターとして機能

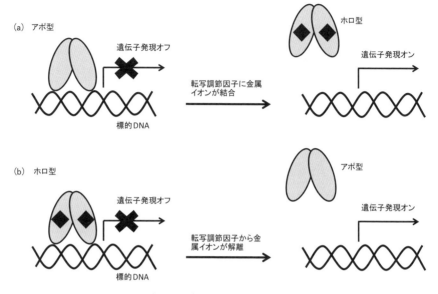

図 9-12 (a) アポ型がリプレッサーとして機能する転写調節因子
(b) ホロ型がリプレッサーとして機能する転写調節因子

合能がオン・オフ制御されることで遺伝子の発現制御が行われている。一方、MerRファミリーに属する転写調節因子は、シグナル分子として機能する遷移金属イオンを結合したホロ型、結合していないアポ型、いずれの状態においてもDNAに結合している。しかしながら、シグナル分子として機能する遷移金属イオンを結合したホロ型のみが、転写活性化因子としての活性を有している。これは、遷移金属イオン結合によるタンパク質のコンフォメーション変化が誘起され、その結果、MerRファミリー転写調節因子が結合している部分におけるDNAの構造変化が誘起されることにより、転写開始反応が活性化されることによるものと考えられている。

9.6.2 ヘムがシグナル分子として機能する転写調節因子 HrtR[36]

遷移金属イオンではなく、ヘムがシグナル分子として機能する転写調節因子も存在する。乳酸菌 *Lactococcus lactis* に含まれる転写調節因子 HrtR は、TetR ファ

ミリーに属する転写調節因子であり，ヘム分子がシグナル分子として機能し，HrtR の DNA 結合能を制御している。HrtR は，細胞内のフリーなヘム分子をセンシングし，細胞内に存在するフリーなヘム分子（活性酸素種の産生等により細胞毒性を示す）の濃度が上昇した場合，ヘム排出トランスポーター遺伝子の発現を誘導することにより，細胞内ヘム濃度の恒常性を維持している。

HrtR はリプレッサーとして機能しており，ホモダイマー構造を有するアポ型 HrtR が標的 DNA に結合し，支配下遺伝子（ヘム排出トランスポーター遺伝子）の発現を抑制している。DNA への結合親和性は非常に高く，標的 DNA・アポ型 HrtR 複合体の解離定数 Kd は，0.2 nM と報告されている。HrtR の DNA 結合能は，ヘムの有無により制御されている。ヘムを結合したホロ型 HrtR は DNA 結合能を失うため，標的 DNA から解離する。その結果，ヘム排出トランスポーター遺伝子の発現が脱抑制され，ヘム排出トランスポーターが発現することとなる。

HrtR の N 末領域には DNA 結合ドメイン（DNA 結合モチーフとして，ヘリックス・ターン・ヘリックス構造を有する）が存在し，その後ろにヘム結合（ヘムセンサー）ドメインが存在している。ダイマーを形成した HrtR のヘム結合ドメイン中には，1 つの大きな疎水性キャビティーが存在し，そのキャビティー中にヘムが結合する。ヘムは，His72 と His149 を軸配位子とする 6 配位構造を取り，1 つのサブユニットに一分子のヘムが結合する。ヘム結合に伴い，センサードメインの N 末端領域に存在する $\alpha4$ ヘリックス部分にコイル・ヘリックス転移が誘起され，その結果，DNA 結合ドメインの配置が大きく変化する。DNA 結合ドメインのコンフォメーション変化により，HrtR ダイマーの分子表面に露出している DNA 認識ヘリックス（ヘリックス・ターン・ヘリックス構造の後半部のヘリックス。DNA の認識・結合に関与している）の中心間距離が，35 Å（アポ HrtR 型）から 47 Å（ホロ型 HrtR）へと変化する。アポ型 HrtR では，一組の DNA 認識ヘリックスが，隣り合う DNA の主溝にはまり込むのに最適な距離を取っているのに対して，ホロ型では距離が大き過ぎて，DNA 認識ヘリックスが DNA の主溝に結合することができない。その結果，ホロ型 HrtR は DNA 結合能を失うこととなる。

9.6.3　ヘムがシグナル分子として機能する転写調節因子 Irr[37]

根粒細菌 *Bradyrhizobium japonicum* 中に含まれる Irr (iron response regulator) は，Fur ファミリーに属する転写調節因子であり，細胞中で利用可能な鉄イオンの有無に応答してヘム生合成系遺伝子を始め，鉄代謝に関与する一連の遺伝子発現を制御している。Fur が Fe^{2+} を直接センシングしているのに対し，Irr は，鉄イオンを直接センシングするわけではなく，ヘムをセンシングすることによって，細胞内に利用可能な鉄イオンが存在するかどうかを感知している。ヘムセンシングにあたっては，ヘム生合成系の最終酵素であり，プロトポルフィリン IX に Fe^{2+} を挿入してヘムを合成する反応を触媒する酵素であるフェロキラターゼと複合体を形成した Irr が，フェロキラターゼから合成されたヘムを受け取ることにより，ヘムをセンシングしていると推定されている。このように，複合体中でヘム分子を遣り取りすることにより，フリーなヘム分子による細胞毒性を回避していると考えられる。

Fur の DNA 認識・結合機能は，Fe^{2+} の結合・解離により可逆的に制御されている。それに対し，Irr の機能は，ヘム依存的な Irr 分解反応により不可逆的に制御されるという特徴を有している。すなわち，ヘムを結合した Irr では，酸素存在下において，タンパク質の酸化修飾が起こる。この酸化修飾においては，Irr 中のヘムが活性中心として機能することにより，ヘム上で酸素から活性酸素種（おそらく，過酸化水素）が産生され，生成した活性酸素種によりタンパク質部分の酸化修飾が進行すると考えられている。酸化修飾された Irr は，プロテアーゼにより分解されることで転写因子としての機能を失う。

Irr は，分子中に 2 つのヘム結合サイトを有している。Irr 中に結合したヘムは，第 1 の結合サイトでは Cys29 がヘムに軸配位した 5 配位構造を，第 2 の結合サイトでは 2 つの His が軸配位した 6 配位構造を有している。軸配位子となっている His は，His63, His117, His118, His119 の中の 2 つであると推定されているが，配位子の同定には至っていない。第 1 のヘム結合サイトは，ヘムをシグナル分子とするタンパク質中によく存在している，HRM (heme regulatory motif) と呼ばれるアミノ酸配列モチーフを有している。HRM は，Cys-Pro というアミノ酸配列を特徴とするモチーフであり，CP モチーフとも呼ばれる。HRM 中の Cys が配位した 5 配位型ヘムが，活性酸素種の産生に関

与していると考えられている。

＊ 本原稿校正中に、*Aliivibrio fischeri* 由来FNRのX線結晶構造が報告された。*Sci. Adv.* 1(11):e1501086 (2015).

参考図書・文献

1) J. A. Hoch, T. J. Silhavy, *Two-component signal transduction*, ASM Press (1995).
2) A. M. Stoch, V. L. Robinson, P. N. Goudreau, *Ann. Rev. Biochem.*, **69**, 183 (2000).
3) S. L. Porter, G. H. Wadhams, J. P. Armitage, *Nat. Rev. Microbiol.*, **9**, 153 (2011).
4) M. Knipp, C. He, *IUBMB Life*, **63**, 304 (2011).
5) S. Aono, *Acc. Chem. Res.*, **36**, 825 (2003).
6) H. Komori, S. Inagaki, S. Yoshioka, S. Aono, Y. Higuchi, *J. Mol. Biol.*, **367**, 864 (2007).
7) W. N. Lanzilott, D. J. Schuller, M. V. Thorsteinsson, R. L. Kerby, G. P. Roberts, T. L. Poulos, *Nat. Struct. Biol.*, **7**, 876 (2000).
8) S. Aono, K. Ohkubo, T. Matsuo, H. Nakajima, *J. Biol. Chem.*, **273**, 25757 (1998).
9) M. F. Perutz, M. Paoli, A. M. Lesk, *Chem. Biol.*, **6**, R291 (1999).
10) K. R. Rodgers, G. S. Lukat-Rodgers, *J. Inorg. Biochem.* **99**, 963 (2005).
11) M. Mukai, K. Nakamura, H. Nakamura, T. Izuka, Y. Shiro, *Biochemistry*, **39**, 13810 (2000).
12) J. Key, K. Moffat, *Biochemistry*, **44**, 4627 (2005).
13) C. M. Dunham, E. M. Dioum, J. R. Tuckerman, G. Gonzalez, W. G. Scott, M. A. Gilles-Gonzalez, *Biochemistry*, **42**, 7701 (2003).
14) M. Martínková, K. Kitanishi, T. Shimizu, *J. Biol. Chem.*, **288**, 27702 (2013).
15) S. Hou, T. Freitas, R. W. Larsen, M. Piatibratov, V. Sivozhelezov, A. Yamamoto, E. A. Meleshkevitch, M. Zimmer, G. M. Ordal, M. Alam, *Proc. Natl. Acad. Sci. USA*, **98**, 9353 (2011).
16) T. Ohta, H. Yoshimura, S. Yoshioka, S. Aono, T. Kitagawa, *J. Am. Chem. Soc.*, **126**, 15000 (2004).
17) H. Sawai, H. Sugimoto, Y. Shiro, H. Ishikawa, Y. Mizutani, S. Aono, *Chem. Commun.*, **48**, 6523 (2012).
18) S. Yoshioka, K. Kobayashi, H. Yoshimura, T. Uchida, T. Kitagawa, S. Aono,

Biochemistry, **44**, 15406 (2005).

19) E. R. Derbyshire, M. A. Marlette, *Annu.Rev. Biochem.*, **81**, 533 (2012).
20) M. Russwurm, D. Koesling, *EMBO J.*, **23**, 4443 (2004).
21) P. Pellicena, D. S. Karow, E. M. Boon, M. A. Marletta, J. Kuriyan, *Proc. Natl. Acad. Sic. USA*, **101**, 12854 (2004).
22) P. Nioche, V. Berka, J. Vipond, N. Minton, A. L. Tsai, C. S. Raman, *Science*, **306**, 1550 (2004).
23) J. C. Crack, J. Green, A. J. Thomoson, N. E. Le Brun, *Acc. Chem. Res.*, **47**, 3196 (2014).
24) K. Kobayashi, M. Fujikawa, T. Kozawa, *J. Inorg. Biochem.*, **133**, 87 (2014).
25) J. C. Crack, J. Green, M. I. Hutchings, A. J. Thomoson, N. E. Le Brun, *Antioxid. Redox Signal.*, **17**, 1215 (2012).
26) S. Watanabe, A. Kita, K. Kobayashi, K. Miki, *Proc. Natl. Acad. Sic. USA*, **105**, 4121 (2008).
27) L. C. Kühn, *Metallomics*, **7**, 232 (2015).
28) M. L. Walander, E. A. Leiboid, R. S. Eisenstein, *Biochim. Biophys. Acta*, **1763**, 668 (2006).
29) W. E. Walden, A. I. Selezneva, J. Dupuy, A. Volbeda, J. C. Fontecilla-Camps, E. E. Theil, K. Volz, *Science*, **314**, 1903 (2006).
30) A. B. Bleecker, H. Kende, *Annu. Rev. Cell Dev. Biol.*, **16**, 1 (2000).
31) M. F. Fillat, *Arch. Biochem. Biophys.*, **546**, 41 (2014).
32) J. W. Lee, J. D. Helman, *Nature*, **440**, 363 (2006).
33) D. A. Traoré, L. Jacquamet, F. Borel, J. L. Ferrer, D. Lascoux, J. L. Ravanat, M. Jaquinod, G. Blondin, C. Caux-Thang, V. Duarte, J. M. Latour, *Nat. Chem. Biol.*, **5**, 53 (2009).
34) Z. Ma, F. E. Jacobsen, D. P. Giedroc, *Chem. Rev.*, **109**, 4644 (2009).
35) D. P. Giedroc, A. I. Arunkumar, *Dalton Trans.* 3107 (2007).
36) H. Sawai, M. Yamanaka, H. Sugimoto, Y. Shiro, S. Aono, *J. Biol. Chem.*, **287**, 30755 (2012).
37) G. Rudolph, H. Hennecke, H. M. Fischer, *FEMS Microbiol. Rev.*, **30**, 631 (2006).

10 イメージング

はじめに 2008年および2014年のノーベル化学賞は蛍光イメージングに関する内容であった。双方の研究内容ともに1990年代に発展したイメージング技術に関するものである。これらの研究以前の1970年代および1980年代に，細胞内イメージングがCa^{2+}蛍光プローブの開発によって生物学研究に用いられるようになった。現在では蛍光イメージングは生物学研究においてどこの研究室でも使われる技術となっている。この，技術発展の経緯を簡単にひもとき，この分野における生物無機科学研究（特にCa^{2+}研究）が与えたインパクトを紹介したい。特に，Ca^{2+}のキレート現象を読み取り可能な分光情報に置き換える分子プローブの設計により，イメージング研究の端緒が拓かれた。この研究は特異的分子認識を生物応用した最初の研究例である。

10.1 染色法（Staining）からイメージング（Imaging）への発展

可視化解析の有用性を示す研究は，19世紀末にスペインの神経解剖医学者のSantiago Ramon y Cajalによって，固定化脳を用いた脳神経細胞の染色によるネットワーク解剖解析によって端緒が開かれた[1]。当時，ヨーロッパではドイツを中心に藍染を目的とした合成染料の開発が盛んに行われていた。この化学材料である色素の神経細胞ごとの染まりやすさを指標に各神経の染め分けを行い，当時ドイツやオランダで発展してきた顕微鏡技術を用いて，固定化した組織を観察し，詳細なスケッチとして描写される研究が展開された。この結果は現在でも受入れられる精度の解析であり，神経細胞の分類が初めて行われ，神経細胞のかたちと神経ネットワークの構造が初めて可視化して示された。この結果，脳内における神経機能について，はじめて生物試料としての研究素

材が提供されるようになった。Ramon y Cajal はこの顕微鏡観察結果をもとに，神経細胞接合部におけるニューロン説を提言し，現在の神経科学の基を確立した（1906年ノーベル賞受賞）。特に C. Golgi（同じく1906年ノーベル賞受賞）とのニューロン説における論争（Golgi は網状説を主張）は有名であるが，後にニューロン説に軍配が上がり，可視化解析の有効性が実証された。

20世紀半ば頃からは，放射性同位体を用いた可視化手法が汎用されるようになり，主に細胞生物学研究に貢献するようになった。特に，George Palade らによるゴルジ体や小胞体などの細胞内小器官の機能特定の研究が有名である[2]。

染色法の発展型として，生きた状態での機能解析手法である蛍光バイオイメージングがはじまったのは1960年代後半以降である。蛍光色素と当時発達してきた初期の蛍光顕微鏡とカメラを用いて，より感度の良い可視化技術が開発されたのである。この時代，Amiram Grinvald らによる電位感受性色素を用いて細胞膜電位のバイオイメージングを行った例[3]が有名であるが，色素ロードが難しく汎用技術にはならなかった。

10.2 無機イオンの蛍光イメージング

10.2.1 Ca^{2+} 蛍光プローブ

細胞膜電位の測定は古くから研究されている分野であるが，1970年代に観測ノイズの低減に革新的な進歩があり，特に Erwin Neher と Bert Sakmann らによるパッチクランプ法によってチャンネル1分子の開閉を詳細に解析可能となった[4]。この技術はチャンネルの開閉だけでなく，反転電位の測定を行うことで，イオン種の区別を解析可能である。このために，1分子のイオンチャンネルタンパク質やその生理機能あるいは1細胞の電位変化を調べることを可能とし，パッチクランプ法へのノーベル賞授与（1991年）のみならず，他のノーベル賞受賞対象研究にも貢献した（例えば，2003年のイオンチャンネル機能解析[5]）。

Ca^{2+} は受精や細胞増殖を始めとする広範な細胞機能の調節に関わっているセカンドメッセンジャーであり，その生理的な機能の解明には細胞内 Ca^{2+} 濃度を測定し，様々な刺激に対する細胞応答と比較することが必要である。そこで，Roger Y. Tsien は1972年より Ca^{2+} キレーターである EGTA（O,O'-Bis(2-

aminoethyl)ethyleneglycol-N,N,N',N' 7-tetraacetic acid)の類縁体を有機合成して，Ca^{2+}濃度変化に応答する化学プローブの作製に着手していた。まず，Ca^{2+}電極を作製し，卵発生におけるpH変化とCa^{2+}濃度変化の相関を測定した[6]。しかし，EGTAは窒素原子のプロトン化でCa^{2+}のキレート能が大きく減ずる。そこで，窒素の電子密度を上昇させるため共役するフェニル基を導入し，pK_aを低下させることで生理的pH変化においてCa^{2+}親和性の変化しないBAPTA (O,O'-Bis(2-aminophenyl)ethyleneglycol -N,N,N',N'-tetraacetic acid)を合成した。BAPTAは現在でも細胞内のCa^{2+}キレーター（Ca^{2+}クエンチャー）として使用されている。

　上記の蛍光バイオイメージング技術以前の細胞内分子の挙動追跡は，上記イオン感応性電極を用いて細胞内の電位を測定することで行われており，細胞の局所のみ測定可能で，Ca^{2+}のように低濃度で存在するイオンでは応答が遅く不正確であり，濃度測定はおろか濃度変動の安定した追跡すら困難だった。その状況を打開すべく，Tsienらは新しい細胞内Ca^{2+}濃度測定を可能にする物質の開発に着手し，最初に開発した蛍光プローブがquin2である（図10-1(a)右）[7]。quin2は，BAPTAの芳香族構造に蛍光団である8-hydroxyquinolinを部分構造として導入することで，Ca^{2+}キレート時に蛍光団の電子密度を減少させることで蛍光強度が上昇するようデザインされている。このプローブを用いた測定は，それまでの電極やエクオリンなどの生物発光タンパク質を用いたCa^{2+}測定法の持つ欠点の多くを克服する画期的な手法であった。

　quin2はCa^{2+}への選択性に優れた金属配位子であるEGTAを基本骨格とし，上記の通りキノリンの蛍光団構造を導入したCa^{2+}感受性蛍光プローブである（図10-1(a)右）。細胞への導入においては，Ca^{2+}キレーター部位であるカルボキシル基をアセトキシメチルエステル体（AM体）へと誘導化し，電荷をなくすことで細胞膜透過性にすることで細胞内に導入する。さらに導入後，細胞内のエステラーゼによってAM基が加水分解されることで再びCa^{2+}結合能を回復させるという方法が開発され，細胞を傷つけることなく生きたまま導入することができる。Tsienらのデザイン通りにquin2が細胞内においてCa^{2+}濃度変化に応じて蛍光強度が変化した結果は，当時のCa^{2+}生物学の研究者たちを驚嘆させるものであった。

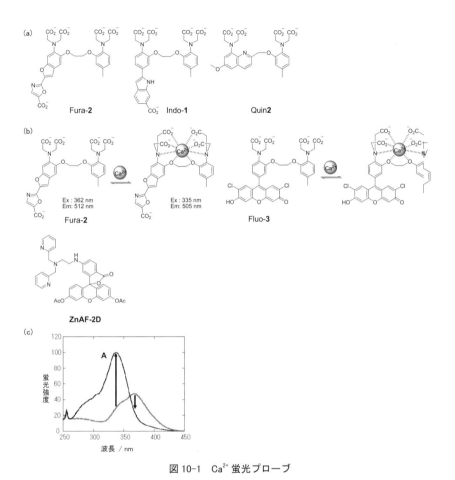

図 10-1 Ca²⁺ 蛍光プローブ

(a) Indo-1, Fura-2, quin2 の構造
(b) Ca²⁺ に配位したときの Fura-2 の構造および蛍光特性変化（Ex：極大励起波長, Em：極大蛍光波長）
(c) Fura-2 の Ca²⁺ 配位によるスペクトルシフト

しかし, quin2 の量子収率はあまりに低く（≈ 0.029, Ca²⁺ が配位すると ≈ 0.14）細胞導入には多くの量が必要とされたため, キレーターの緩衝作用によって Ca²⁺ シグナルに影響を与える。また, Ca²⁺ の結合が低濃度領域で飽和して, より高濃度領域での濃度変化が捉えられないなど, 発表当時は quin2 の実用化を疑問視する声も多かった。このため, quin2 は汎用性のある Ca²⁺ イメージン

グではなかった。これらの問題点を克服し，蛍光プローブによる Ca^{2+} イメージングを爆発的に普及させたのが第二世代の色素，Fura-2 である（図 10-1(a) 左）[8]。より蛍光強度の強い Fura-2 が発表されると状況は一変し，蛍光プローブを用いた生細胞内の Ca^{2+} 測定は急速に普及し始めた。Fura-2 は強い蛍光強度に加えて，もう 1 つの優れた特性があった。それは，Fura-2 の励起スペクトルが Ca^{2+} との結合によって大きくシフトすることであった。この性質は，異なる二波長で励起したときの蛍光強度の比をとる「レシオ蛍光測定」を可能にした。

Tsien が新規蛍光プローブを開発するに当たり考案したストラテジーは，「強い蛍光強度を保ったまま，Ca^{2+} と結合することで波長がシフトする化合物」というものである。Fura-2 は quin2 と同様に基本骨格に EGTA を有した化合物であるが，quin2 より解離定数が大きく（K_d = 224 nM），$1\,\mu M$ 付近までの Ca^{2+} 濃度を計測できる。また，狙い通り蛍光量子収率が高いことが特徴であり，quin2 の 30 倍近い蛍光強度が示された。つまり細胞内に導入する蛍光プローブの量を quin2 の約 1/30 にまで減らすことができ，シグナルに対する蛍光プローブの影響を極めて低く抑えられるとともに，短時間での測定やごく小さな細胞での測定をも可能とした。実際に，quin2 では不可能であった，直径 $6\,\mu m$ の胸腺細胞内における細胞分裂レクチンに誘導された細胞内 Ca^{2+} 濃度の上昇の測定に成功している[9]。Fura-2 のもう 1 つの大きな特長は Ca^{2+} 結合による励起スペクトルのブルーシフトであり，このプローブを元に後述するレシオイメージングシステムが考案された[10]。

また Tsien らは Ca^{2+} 選択的蛍光プローブとして Fura-2 類縁体を合成しており，その 1 つに当時部品を組み上げることで開発された細胞内観察用共焦点顕微鏡に用いられたレーザー照射に適している，可視光領域に励起波長を持つ Fluo-3 も報告された[11]。この分子プローブの出現により，レーザー照射によるバイオイメージング技術が進展した。

この成功は，測定対象が細胞内の普遍的セカンドメッセンジャーである Ca^{2+} であること，細胞内 Ca^{2+} 濃度変化を測定するのに適当な高感度であること，Ca^{2+} 動態の生物学の発展と化学プローブの開発が時期的に合致したこと，レシオイメージングを可能とする[9]ため信頼性の高い測定を可能としたこと，

蛍光顕微鏡や測定カメラシステム等の周辺機器の発展を伴ったこと，等の理由が重なったことによる．

10.2.2　Ca^{2+} 蛍光プローブの登場により必要になった細胞イメージング計測法

細胞イメージングは蛍光顕微鏡，画像計測カメラ，取得画像のコンピュータ解析ソフト，可変光源やレーザー光源，などの計測機器技術が発展することによりマニュアル的に使用できる技術となっている．しかし，多光子励起など，レーザー光源や顕微鏡光学系の動作原理の理解なしにはトラブルシュートできない技術が多いことも事実である．正しい画像取得のためにも，データ解析手法のプロトコルを理解することは重要であり，実験開始後には一度測定原理について精査することをおすすめしたい．

計測に必要な機器は，蛍光顕微鏡一式（除振台などの周辺機器を含む），励起光源（固定型，可変型，レーザー光源など），観測カメラ（通常はCCDカメラ），励起光および蛍光の観測用フィルターチェンジャー，画像処理ソフトウェアである．サンプルは培養細胞や組織を用いる場合が多いが，この場合，ガラス上に細胞を培養あるいは組織をのせ倒立顕微鏡で観測する．電気生理機器との組み合わせを行う場合は，操作のため正立顕微鏡を用いる．画像の取得には，通常の顕微鏡観測と，共焦点顕微鏡観測が多用されている．市販の共焦点顕微鏡の進歩は近年めざましく，マニュアルを読む程度で解像度の高いイメージを得ることができるようになっている．この他，近年では多光子励起顕微鏡や，超高解像度顕微鏡（superresolution imaging）を用いた計測も盛んになってきているが，これらの機器の適切な使用には，光学の専門知識が必要であり，誰もが使うことができる技術にはまだなっていない．近年では，イメージング用顕微鏡は各研究室単位ではなく，大学や研究所レベルでの共同購入の例が多い．

10.3　レシオ蛍光測定システムの開発

10.3.1　レシオ測定の必要性

蛍光プローブ分子を用いて可視化解析を行う際の最大の利点は高感度である点である．しかし，実際に生物応用を行う際には，この高感度のため測定誤差が生じやすいという問題点が挙げられる．細胞に応用する際には，蛍光プロー

ブ分子周囲の環境の変化（pH，極性の変化，温度等），細胞の厚さによる強度変化，プローブ分子の局在による濃度の違い等の影響を受けて測定誤差を生じる。しかしながら，これらの問題点はレシオ蛍光測定を行うことでほぼ解決された。これらの要因による測定誤差を減少し，定量性の高い測定法として，前述のレシオ測定が報告されている[9]。レシオ測定とは，蛍光スペクトルまたは励起スペクトルにおいて，異なる2波長での蛍光強度を同時に測定し，その比（レシオ）を計算する手法である。Fura-2等のCa^{2+}蛍光プローブ分子はCa^{2+}配位前後において励起光波長が変化するものが報告されている。これらのプローブ分子を生細胞内に応用するためレシオ測定が考案された。レシオ測定を可能とするためには，測定対象分子との反応あるいは分子認識によって励起光波長あるいは蛍光波長が変化するプローブ分子が必要となる。このレシオ測定用プローブ分子の波長変化メカニズムは2通りに分類される。それらは，1) 測定対象分子によって，蛍光プローブ自身の蛍光・励起波長が変化するもの[8]。2) FRET (fluorescence resonance energy transfer, 蛍光共鳴エネルギー移動) の効率変化によって，分子全体としての蛍光・励起波長が変化するもの[12]，である。1) には Fura-2[8] や Indo-1 等（図 10-1）の Ca^{2+} プローブ分子が含まれる。この場合ほとんどの分子では励起光波長が変化する。この理由は，分子認識や反応によって基底状態のエネルギー変化が起こる場合がほとんどであるためである。2) の FRET を利用したプローブ分子として初めて報告されたものは，cAMP プローブ分子である FlCRhR である[12]。その後，1994 年以降はグリーン蛍光タンパク質（Green Fluorescent Protein, GFP）の生物応用[13]が盛んになり，応用が進んだ。

10.3.2　レシオ測定光学系の計測法

前述のとおり Fura-2 の励起スペクトルは，Ca^{2+} 非存在下において 360 nm 付近に励起極大波長を示すが，Ca^{2+} に結合すると 340 nm にシフトする（図 10-1(c)）。また，380 nm で励起したときの蛍光強度は，Ca^{2+} に結合すると大きく減少することから，340 nm 励起と 380 nm 励起の蛍光強度比（レシオ）をとることで，Ca^{2+} の濃度を測定することができる。このようなレシオ蛍光測定を行うには，340 nm と 380 nm の二種類の励起光でサンプルを励起し，それ

それの蛍光強度比をリアルタイムで計測できるようなシステムが求められる。そこで，Tsien らは図 10-2 に示すレシオ光学系を構築した。

このシステムにおいて特徴的なのは，2 つの Xe 光源およびモノクロメータである。各々の光源から発せられる励起光は各モノクロメータにおいて 340 nm および 380 nm に分光される。次に，チョッパによって一定の周波数で光路が切り替わることで，二種類の励起光が交互にサンプルを励起する。ここで言うチョッパとは，図 10-2(a) の右上枠内に示した回転する羽根状のミラーであり，5 ～ 30 Hz の周波数で 2 つの光路を交互に開閉することで，励起光の切り替えを行う装置である。

チョッパによって二種類の波長で交互に励起されたサンプルの蛍光は，対物レンズ，ダイクロイックミラーを経て，光度計に入る。光度計にはピンホールが存在し，対象領域以外のバックグラウンドをカットしている。さらに広帯域のバンドパスフィルタを通って光電子増倍管に入力される。二種類の蛍光をコンピュータにより分離して，レシオの値を計算処理し，時間に対してプロットする。このグラフは，コンピュータ上でリアルタイムに観測可能である。計算の際に，蛍光強度が非常に低い部分の値は 0 にしてバックグラウンドとして処理することで，細胞外領域やプローブ濃度が非常に低い部分のノイズによる誤差をなくすことができる。レシオ計算処理の詳細なアルゴリズムに関しては他の文献に述べられている[9]。

実際の測定例として，1 個の胸腺細胞を用いたレシオ蛍光測定結果を図 10-2(b) に示す。この場合は実験上の都合により，350 nm と 385 nm の励起光を用いているが，原理は同様である。上のグラフには，各励起波長における蛍光強度を，下のグラフには両者からそれぞれの自家蛍光の値を引いた値の比（レシオ）が時間に対してプロットされている。上のグラフを見ると，蛍光強度の値そのものは細胞の動きや色素の漏出などの多数の要因によるノイズを含んでいる。しかしながら下のグラフより，蛍光強度のレシオをとることでノイズの影響を相殺し，Ca^{2+} 濃度の変化を高感度かつ定量的に解析できることがわかる。またこれらの結果は，一波長測定における蛍光強度変化が Ca^{2+} の濃度変化に必ずしも対応していないということを示唆しており，1 波長蛍光測定では測定結果を誤って解釈する危険性があることがわかる。

10 イメージング

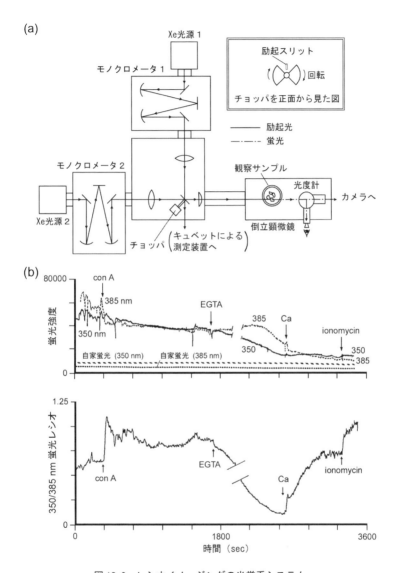

図 10-2　レシオイメージングの光学系システム

(a) レシオ蛍光測定光学系.(b) 胸腺細胞に各種刺激(矢印部分)を与えたときの Fura-2 蛍光の経時変化.(上)350 nm および 380 nm 励起における蛍光強度.(下)蛍光レシオ.蛍光波長は 500～530 nm(Tsien, R.Y., Rink, T.J., Poenie, M.: *Cell Calcium*, **6**, 145-157 (1985) より転載)

以上のように，レシオ蛍光測定は単一波長励起による蛍光測定に比べると，感度，定量性，実験結果の解釈の容易さなど多くの点で優れている。Fura-2 を報告した同年に，Tsien らはこのシステムに SIT（silicon intensified target）カメラを接続し，Ca^{2+} の二次元イメージングに成功した[10]。その後，冷却 CCD カメラの登場により，微弱光の検出感度も大幅に向上した。また，本稿では Fura-2 のような励起スペクトルがシフトする蛍光プローブを用いる二波長励起型レシオ測定システムを紹介したが，その他に Indo-1[8] などの蛍光スペクトルがシフトするプローブを用いる二波長測光型のシステムも開発されており，現在ではどちらも汎用されている。

　レシオ蛍光イメージングによって Ca^{2+} の生理学研究が爆発的に進歩したことを受け，ここ 15 年ほどの間に様々なレシオ蛍光プローブが開発されている。近年では，解析ソフトにも大きな進歩が見られている。ハード面でも，超高分解顕微鏡・共焦点顕微鏡・多光子励起顕微鏡・ケージド光学系などと融合しながら今なお進歩し続けており，レシオ蛍光イメージング技術は今後もますます重要な技術となっていくであろう。

10.4　GFP を用いたレシオ変化型 Ca^{2+} 蛍光プローブ

　生物発光の研究は，特に 1950 年代以降盛んになりルシフェリンを代表とする発光タンパク質の単離同定が行なわれた。このうち，下村脩はオワンクラゲの緑色蛍光のメカニズムを突き止めるため研究を進め，緑色蛍光タンパク質（GFP）を単離同定し[14]，発光タンパク質であるエクオリンの青色蛍光を Theodore Förster が提唱した共鳴エネルギー移動（RET：resonance energy transfer）のメカニズムによることを示した[13]。また，GFP への励起エネルギー供給源である発光タンパク質エクオリンは補欠分子として Ca^{2+} を必要とするため，エクオリン由来の生物発光を指標に Ca^{2+} をイメージングする手法が開発された[15]。

　1990 年代初頭は前述の 1980 年代のバイオイメージングの発展に伴い，次の課題が明確に議論されるようになっていた。その課題とは，有機化合物を用いた蛍光プローブではデリバリーに問題があって応用できない神経細胞や動物個体のイメージングをどのように可能とするかである。この課題はバイオイ

メージングのニーズとなり，Douglas Prasher による 1992 年の GFP のクローニングの報告以降，DNA 導入によって細胞が自身で発現する GFP の応用研究が Martin Chalfie と Tsien によって開始された。Prasher が持っていた DNA を，Chalfie と Tsien に供与することにより研究が進展したのである。

　特に Tsien は，有機性色素でタンパク質を標識した cAMP プローブ FlCRhR（フリッカー）を報告した[12]。FlCRhR は，cAMP 依存性タンパク質リン酸化酵素（cAMP dependent protein kinase）の四量体が，cAMP 結合によって解離する反応を応用している。この四量体は，cAMP が結合する制御ユニットと標的タンパク質をリン酸化する触媒ユニットの 2 つのユニットが各 2 つずつ結合することで形成している。この四量体に cAMP が結合すると，この制御ユニットと触媒ユニットが解離するが，制御ユニットに Rhodamine，触媒ユニットに Fluorescein を修飾した後再構成すると RET の原理により，Fluorescein を励起することで Rhodamine の蛍光が観測される。cAMP が結合すると，この 2 つのユニットが解離して RET が解消されることで Fluorescein の蛍光が観測され蛍光波長が変化する。この波長変化をレシオ測定することにより cAMP 濃度変化を可視化できる。FlCRhR は RET を応用した初のバイオイメージングプローブ例である。このように，FlCRhR は Ca^{2+} イオン以外のバイオイメージングを可能とするプローブの端緒を拓いた。しかし，前述の Fura-2 に比べ FlCRhR の応用研究は非常に少ない。この理由は細胞内導入に問題があることに起因する。FlCRhR を使用するには，まず精製した制御ユニットと触媒ユニットのタンパク質が必要であり，各ユニットに蛍光標識を導入し，再構成したタンパク質を細胞内に injection する必要がある。この問題点を解決する可能性として GFP 応用が考案された。つまり，これらの問題点に起因するタンパク質標識実験が，融合タンパク質としてデザインされた DNA 配列の導入によって省略される可能性が想定されたのである。この目的のため，Tsien はまず，GFP の色素団や色素団近辺に位置するアミノ酸残基の変異による GFP のカラーバリアント（改色体）を作製した[16]。天然型の GFP は，発現後蛍光を発するまでに 2 時間以上の時間が必要であったが，改色体の多くは発現後速やかに蛍光を発するようになった。さらに，このカラーバリアントの組み合わせを RET の原理に応用して，細胞内 Ca^{2+} やリン酸化酵素活性をバイオイメージングする

手法が報告された[17]。特に，1997年にCa^{2+}結合によるタンパク質のコンフォメーション変化をRET効率変化に変換できるcameleonが報告され[17]，これ以降GFPを用いたRETプローブが多く報告されている。この応用によって，タンパク質のコンフォメーション変化を，生細胞などの生物試料において容易に読み取り可能な蛍光波長変化に変換することが可能となった。さらに，改色体GFPを用いてRET変化をもくろむ手法は，タンパク質のコンフォメーション変化や相互作用変化をイメージングするための一般的手法となり，GFPをプローブ化することで数多くの細胞内酵素活性や細胞周期などの細胞生物学分野で着目されている生物現象が可視化できるようになった。

この一方，Chalfieは線虫や酵母でのGFP発現に成功し[13]，生物応用の最初の例を報告した。研究開始時は，クラゲなどのタンパク質を他の生物由来の細胞において発現可能かどうか懸念されたが，現在では哺乳類細胞から植物細胞まで広く真核生物細胞に発現応用されている。

この進展により，蛍光タンパク質が汎用的に使われるようになり，顕微鏡等の周辺機器は購入可能な金額へと推移した。さらに，機器をサポートするソフトウェアもプログラムの理解なしに使用しやすいものが市販されるようになった。この結果，自分で測定機器を組み立てることができる光学を専門とする一部の研究者にのみ使用可能であった共焦点顕微鏡も手に入る機器となり，現在では生物系の研究室にはどこにでも当たり前のように設置されている。21世紀に入ってから15年間，生物学研究において一番進んだ技術はバイオイメージングといって過言ではない。この結果，バイオイメージングは特殊な手法ではなく，生物学研究の遂行時に必要に応じて誰もが駆使する手法となった。

RETとは，ドナーである蛍光色素を励起したとき，励起エネルギーが近傍に存在するアクセプター分子に移動する現象である。アクセプターが蛍光分子であれば，アクセプターからの蛍光が観測される。RETは分光学定規（optical ruler）とも呼ばれ，RET効率はドナー分子とアクセプター分子の距離を反映する。この現象は，1970年前後にプロリンを用いたペプチド鎖に蛍光色素を2つ導入することで実証された[18]。そして，GFPの生物研究応用が盛んになってからは，DNAレベルでのプローブデザインが可能となっている。この場合の利点は遺伝子工学の手法を用いてプローブタンパク質発現が容易にできるこ

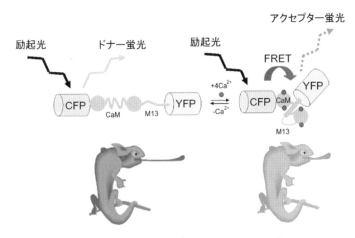

図 10-3 cameleon が Ca^{2+} を検知するメカニズム

Ca^{2+} 非存在下では，CaM と M13 は伸びた構造をとる（左）。一方，Ca^{2+} 存在下では CaM は M13 を包み込んだ構造をとる（右）。cameleon という名は，カメレオンのように色が変化し，CaM-M13 複合体がカメレオンの舌のように伸び縮みする様子にかけて名付けられた。

とである。

　そこで，蛍光タンパク質間で RET を引き起こすプローブとして cameleon と yellow cameleon が開発された（図 10-3）。cameleon は，ドナーとして GFP 青色変異体（BFP），アクセプターとして GFP を，yellow cameleon はドナーとして GFP シアン変異体（CFP），アクセプターとして GFP 黄色変異体（YFP）を，それぞれプローブタンパク質の N 末端と C 末端に持ち，Ca^{2+} センサー部位としてカルモジュリン（CaM）とカルモジュリン結合ペプチド（M13）を蛍光タンパク質間のリンカー領域に持つ融合タンパク質である。CaM はその両端に Ca^{2+} 結合ドメインを有し，ドメイン間を伸びた α ヘリックス構造によって接続されている。CaM が Ca^{2+} と結合すると M13 と複合体を形成し，α ヘリックス構造が折れ曲がり，構造変化を誘起することが知られている[19]。このため，リンカーは Ca^{2+} 濃度に応じて構造変化を起こし，ドナーとアクセプターの相対的距離や向きが変化する。このとき，FRET 効率の変化がおこりドナーとアクセプターの蛍光のレシオも変化し，Ca^{2+} の濃度変化を検出することができると期待された。in vitro において cameleon, yellow cameleon それぞれに Ca^{2+}

を加えると，FRET効率が変化してドナー蛍光が減少し，アクセプター蛍光が増加することが確認された。

BFPは光安定性が低く，自家蛍光（細胞内のNADH，NADPHなどが発する蛍光）の影響を受けやすいため，より細胞内イメージングに適しているyellow cameleonを用いてCa^{2+}のイメージングが行われた。HeLa細胞にyellow cameleonを発現させ，Ca^{2+}濃度が上昇するように細胞に刺激を与えるとレシオが上昇し，細胞洗浄を行うとレシオが減少した。またイオノマイシン（カルシウムと選択的に結合して脂質膜を透過させる化学物質）と$CaCl_2$を投与することにより再びレシオが上昇し，Ca^{2+}キレーターを加えることによってレシオは減少した。これらの結果から，yellow cameleonは細胞内Ca^{2+}濃度のレシオイメージングが可能であることが示された。

さらに，細胞小器官特異的なCa^{2+}濃度のモニタリングも報告されている。核移行シグナル，および小胞体局在化シグナルを付加したyellow cameleonはそれぞれ目的とした細胞小胞体に移行し，Ca^{2+}の変動に応じレシオが変化した。核内Ca^{2+}濃度の検出とは対照的に小胞体内のCa^{2+}濃度は検出が困難とされていた。しかしyellow cameleonを用いることによって，従来困難であった小胞体内のCa^{2+}の定量的検出に成功し，その濃度は静止期に$60 \sim 400\,\mu M$，刺激後に$1 \sim 50\,\mu M$と見積もられた。

遺伝子操作でFRETを実現し，生きた細胞内で起こる分子の相互作用や構造変化を可視化する手法はcameleonによって初めて示された。以降FRETは細胞内分子の挙動を調べるための強力な手段として汎用されるようになった。

小分子プローブとは対照的に遺伝子工学的手法で開発されたプローブの強みは，特定の細胞小器官に蛍光プローブを容易に局在化させ，可視化を行うことができる点にある。特記すべき点として，cameleonの概念は様々なFRET型GFP蛍光レシオプローブに応用され，Ca^{2+}にとどまらずタンパク質リン酸化の検出や細胞内タンパク質相互作用の検出など様々な範囲に及んでいる。GFP蛍光プローブは今や生体機能解明の重要なツールになっており，cameleonによって初めて示された有効性は生命科学研究全体に大きな影響を与えた。今になって概観すると，quin2，Fura-2からはじまりFlCRhRが開発され，GFPの生物応用や改変を経緯してcameleonに至るまでの研究の流れは，至極自然な

流れに見える。しかし,そこには開発者の成功までのアイディアや苦労が詰まっている。

10.5 Zn^{2+} 蛍光プローブ

10.5.1 生体内における Zn^{2+} の役割

Zn^{2+} は,生体内に鉄に次いで多く存在する必須微量金属であり,体重 70 kg のヒトの体内には約 2 g 存在する[20]。従来,Zn^{2+} の機能として,酵素や転写制御因子の構造保持または活性中心としての機能,つまりタンパク質に結合した状態での機能が注目されてきた。さらに最近では,遊離で放出される Zn^{2+} に注目が集まるようになっている[21]。細胞内の Zn^{2+} 濃度上昇は,タンパク結合性の Zn^{2+} の放出,あるいはベシクルからの放出によることが示され,神経伝達への関与が報告されている[22]。また,虚血再灌流後の選択的な細胞死が起こるとき亜鉛が集積することから,細胞死への関与が報告されている[23]。

生体における遊離の Zn^{2+} の分布は,海馬・膵臓・精巣等に多く存在することが示された。しかし,この濃度測定はいずれも組織固定化後行われたもので,生細胞における濃度やその変化はわかっていない。この状況下,生細胞や組織内における Zn^{2+} の濃度変化を可視化するため蛍光プローブのデザイン・合成が検討されてきた。

10.5.2 高感度かつ選択的に Zn^{2+} を検出する蛍光プローブのデザイン・合成

まず,環状ポリアミンを Zn^{2+} のホストとして用いた ACF-1 が開発された[24]

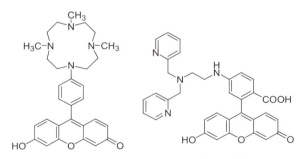

図 10-4 ACF-1(左)と ZnAF-2(右)の構造式

(図 10-4)。デザインには Photo-induced Electron Transfer（PET）の原理が用いられた。Zn^{2+} のホストには環状ポリアミン類を用い蛍光団に直接結合させ，Zn^{2+} の配位により蛍光団の HOMO エネルギーを低下させることにより，蛍光が変化する。ACF-1 は中性の緩衝液中で，Zn^{2+} により選択的かつ高感度に蛍光強度が増大したが，Zn^{2+} 錯体を瞬時に形成しないため濃度変化をリアルタイムに検出することはできなかった。この理由は Zn^{2+} の環状ポリアミンへの配位速度が遅いことに起因する。そこで，Zn^{2+} のホストに鎖状配位基である TPEN 類縁体を用い，蛍光団には Fluorescein を用いた ZnAF-2 がデザイン・合成された[25]（図 10-4）。pH 7.5 において ZnAF-2 を含む溶液に Zn^{2+} を加えると，蛍光強度が約 51 倍に増大した。励起波長 492 nm・蛍光波長 514 nm と可視光励起が可能であり細胞応用に最適である。この場合，Zn^{2+} が存在しない状態では量子収率（Φ）が 0.02 とほとんど蛍光が観測されない。この蛍光プローブは 1 波長による測定を行うため，この低いバックグラウンド蛍光は生物応用に必須である。この利点のため他の Zn^{2+} 蛍光プローブでは不可能である生物応用が可能となった。錯体形成速度 k_{on} は $4.0 \times 10^6 \text{ M}^{-1} \text{ s}^{-1}$ と速く，瞬時に Zn^{2+} イオンを捉えることが示された。錯体形成定数は ZnAF-1 では 0.78 nM，ZnAF-2 では 2.7 nM と，哺乳類細胞等の低濃度の Zn^{2+} を測定することに適している。また，Ca^{2+} や Mg^{2+} 等の生体内に高濃度で存在する金属イオンでは蛍光強度はほとんど変化せず，Zn^{2+} に選択的な蛍光強度の増大を示した。

10.5.3 ZnAF-2 を用いた脳内 Zn^{2+} 放出の機能解明

次に，最も高感度である ZnAF-2 を細胞膜透過性に修飾した ZnAF-2 DA が合成された。ZnAF-2 DA はフェノール性の負電荷を保護してあるため，細胞膜透過性を有し細胞質内のエステラーゼによって脱アセチル化され，細胞質内に留まりやすくなる[26]。ZnAF-2 DA と膜非透過型の ZnAF-2 を用いてラット脳内の Zn^{2+} 濃度変化を可視化することが初めて可能になった（図 10-5）。

まず，ラット脳海馬スライスを用いて無刺激時に，海馬の CA3 領域および歯状回において Zn^{2+} が高濃度存在することが示された。この結果は，他の感度が低い蛍光プローブ[27]，バックグラウンド蛍光が高い蛍光プローブ[28]あるいは染色法[29]を用いても示すことが可能である。しかし，以下に説明する動

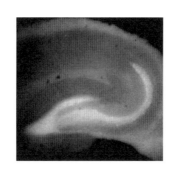

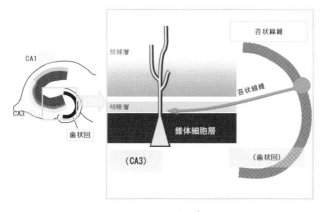

図 10-5 (a) ZnAF-2 を用いたラット脳海馬の Zn^{2+} 局在　(b) 海馬 CA3 領域の神経回路

的解析結果に基づいた Zn^{2+} 放出と機能の相関は，高感度かつバックグラウンド蛍光が低い ZnAF-2 を用いたことで初めて明らかにされたものである。まず，もともと高濃度存在する部位は歯状回から CA3 へ投射している苔状繊維（MF：Mossy Fiber）の神経終末である。この MF に高頻度刺激を与えると，細胞外に放出される Zn^{2+} 濃度は，MF 末端に位置する明瞭層で直ちに上昇することが示され，この放出は時間をかけて近位の放線層にまで届くが遠位の放線層には届かない。この Zn^{2+} 放出が及ぶ範囲と及ばない範囲における NMDA 受容体の活性が調べられた。この結果，Zn^{2+} が届く範囲内ではグルタミン酸の受容体の一種である NMDA（N-methyl-D-acetate）受容体に抑制性に作用することが示された[30]。この抑制作用は Zn^{2+} が届かない範囲あるいは Zn^{2+} キレーター

を投与した場合は観測されない。現在までの報告では Zn^{2+} は他の神経伝達物質より遅れて神経末端から放出される唯一のシグナル伝達物質である[31]。この様に生物学に使用できる条件をクリアすることを研究目標に設定することにより，実際に生物学研究に使用できる蛍光プローブの開発に成功した。

参考図書・文献

1) A. Albarracin, "Santiago Ramon y Cajal o la Pasion de Espana", Editorial Labor, S.A. (1982).
2) G. Palade, *Science*, **189**, 347 (1975).
3) A. Grinvald, R. D. Frostis, E. Lieke, R. Hildesheim, *Physiol. Rev.*, **68**, 1285 (1988).
4) E. Neher, B. Sackmann, *Nature*, **260**, 799 (1976).
5) R. MacKinnon, C. Miller, *Science*, **245**, 1382 (1989).
6) T. J. Rink, R. Y. Tsien, A. E. Warner, *Nature*, **283**, 658 (1980).
7) R.Y. Tsien, *Biochemistry*, **19**, 2390 (1980).
8) G. Grynkiewicz, M. Poenie, R. Y. Tsien, *J. Biol. Chem.*, **260**, 3440 (1985)
9) R. Y. Tsien, A. T. Harootunian, *Cell Calcium*, **11**, 93 (1990).
10) R. Y. Tsien, T. J. Rink, M. Poenie, *Cell Calcium*, **6**, 145 (1985).
11) A. Minta, J. P. Y. Kao, R. Y. Tsien, *J. Biol. Chem.*, **264**, 8171 (1989).
12) S. R. Adams, A. T. Harootunian, Y. J. Buechler, S. S. Taylor, R. Y. Tsien, *Nature*, **349**, 694 (1991).
13) M. Chalfie, Y. Tu, G. Euskirchen, W. W. Ward, D. C. Prasher, *Science*, **263**, 802 (1994).
14) O. Shimomra, *J. Cell Comp. Physiol.*, **59**, 223 (1962).
15) A.K.Campbell, P.J.Herring, *Mol. Biol.*, **104**, 219 (1990).
16) R. Heim, D. C. Prasher, R. Y. Tsien, *Proc. Natl. Acad. Sci. USA*, **91**, 12501 (1994).
17) A. Miyawaki, J. Llopis, R. Heim, J. M. McCaffery, J. A. Adams, M. Ikura, R. Y. Tsien, *Nature*, **388**, 882 (1997).
18) L. Stryer, *Annu. Rev. Biochem.*, **47**, 819 (1978).
19) M. Ikura, G. M. Clore, A. M. Gronenborn, G. Zhu, C. B. Klee, A. Bax, *Science*, **256**,

632 (1992).
20) J. J. R. F. da Silva, R. J. P. Williams, "The Biological Chemistry of Elements: The Inorganic Chemistry of Life" 2nd ed. Oxford U.P. 315 (2001).
21) K. Kikuchi, K. Komatsu, T. Nagano, *Curr. Opi. Chem. Biol*, **8**, 182 (2004).
22) R. A. Colvin, C. P. Fontaine, M. Laskowski, D. Thomas, *Eur. J. Pharmacol.*, **479**, 171 (2003).
23) D. K. Keperry, M. J. Smyth, H. R. Stennicke, G. S. Salvenson, P. Duriez, G. G. Poirer, Y. A. Hannun, *J. Biol. Chem.*, **272**, 18530 (1997).
24) T. Hirano, K. Kikuchi, Y. Urano, T. Higuchi, T. Nagano, *Angew. Chem. Int. Ed.*, **39**, 1052 (2000).
25) T. Hirano, K. Kikuchi, Y. Urano, T. Higuchi, T. Nagano, *J. Am. Chem. Soc.*, **122**, 12399 (2000).
26) T. Hirano, K. Kikuchi, Y. Urano, T. Nagano, *J. Am. Chem. Soc.*, **124**, 6555 (2002).
27) C. J. Frederickson, E. J. Kasarskis, D. Ringo, R. E. Frederickson, *J. Neurosci. Methods*, **20**, 91 (1987).
28) S. C. Burdette, C. J. Frederickson, W. M. Bu, S. J. Lippard, *J. Am. Chem. Soc.*, **125**, 1778 (2003).
29) G. Danscher, S. Juhl, M. Stoltenberg, B. Krunderup, H. D. Schrøder, A. Andreasen, *J. Histochem. Cytochem.*, **45**, 1503 (1997).
30) S. Ueno, M. Tsukamoto, T. Hirano, K. Kikuchi, M. K. Yamada, M. Nishiyama, T. Nagano, N. Matsuki, Y. Ikegaya, *J. Cell. Biol.*, **158**, 215 (2002).
31) Y. V. Lee, C. J. Hough, J. M. Sarvey, *Sci. STKE*, pe19 (2003).

11 金属錯体による細胞機能制御

はじめに　生体で機能する多くの金属イオンは，タンパク質の形成する特異な反応場に結合することによって，様々な機能を発現する。それらの反応は，細胞周辺や内部で厳密に管理されているpHや基質濃度などに最適化されることによって，高活性，高選択性が達成される。一方，人工的に合成された金属錯体は，溶液中で天然の酵素が不可能な多くの反応を触媒する。このような人工的に設計された反応を細胞環境で実現できると，基質の恒常性制御，プロドラッグの活性化，細胞表面修飾，細胞内タンパク質修飾，刺激応答型イメージング等，金属錯体のバイオテクノロジー分野への応用がますます広がると期待される。特に，これらの反応は生体直交型反応（11.2.1参照）のトリガーとして幅広く使われている光反応の使用が難しい場合や，副作用の多い医薬品の代替反応として威力を発揮すると考えられる。しかしながら，多くの人工金属錯体にとって，細胞環境は触媒毒として働く求核性の高い生体分子など様々な夾雑物が高濃度で存在するため，フラスコ内の理想的な環境で発揮される優れた触媒性能をそのまま維持することは極めて困難である。つまり，金属錯体の反応を細胞機能制御へと展開するためには，生理条件下で安定，かつ高活性であり，ターゲット以外の基質と反応しない高い選択性を有する触媒の設計指針を確立する必要がある。本章では，近年注目されている金属ナノ粒子や金属錯体触媒による細胞内の生体直交型反応と細胞機能制御に関する最新の研究について紹介する。

11.1　金属ナノ粒子

　金属ナノ粒子の細胞輸送は多数報告されており，ミセルやペプチド，タンパク質複合体の利用が知られている[1, 2]。しかし，溶液中で駆動される触媒反応

の活性を維持したまま細胞内へ送り込み,それらの触媒反応を駆動することは,触媒毒となるシステインやグルタチオン (Glutathione, GSH) などが求核剤として高濃度で存在しているために難しい。Bradley らは,ポリスチレンのマイクロ微粒子 (MP) へ Pd^0 ナノ粒子を複合化することによりその問題を解決し,細胞内の固体触媒反応を実現した(図 11-1)[3]。アミノ基で表面を修飾された MP には Pd^0 ナノ粒子の原料となる $Pd(OAc)_2$ が配位可能となる。次に,MP 表面に集積した $Pd(OAc)_2$ を架橋剤によって固定化後,還元することによって Pd^0 ナノ粒子がその表面で安定化される(図 11-1)。MP は約 500 nm の直径を有し,細胞内への薬物輸送などでも利用されている[4]。実際に,Pd^0 ナノ粒子を担持したマイクロ微粒子 (Pd-MP) を HeLa 細胞と反応させると,75%の細胞へ複数の Pd-MP が取り込まれ,細胞毒性も低いことがわかった。細胞内に Pd-MP とアリルカルバメートで保護されたローダミン 110 を共存させると,脱保護反応が促進されることを蛍光強度の増大により確認した。この Pd-MP を用いると,Pd^0 の代表的な触媒反応である鈴木 - 宮浦カップリング反応も細胞内で進行する。MP の高い生体適合性の利用により,Pd-MP をゼブラフィッシュの胚に埋め込むと,個体中でも毒性を示すことなく触媒反応を促進することもわかった。

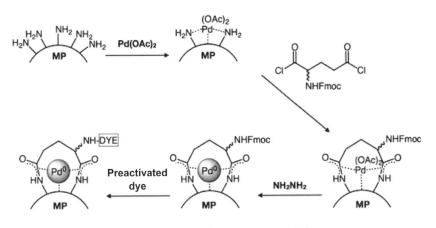

図 11-1　$Pd(OAc)_2$ を用いた Pd-MP の合成

11.2 金属錯体触媒

金属錯体触媒は，金属ナノ粒子のような固体触媒に比べ，配位子の設計によってその反応性を精密に制御できる利点をもつ。細胞内で触媒能を有する金属錯体触媒も Mn, Fe, Ni, Co, Cu, Ru, Rh, Pd, Ir など様々なものが報告されてきた[5,6]。その中でも，Cu による azide-alkyne cycloaddition は多数報告されてきたが，細胞毒性の問題点があり，現在ではより汎用性が高い触媒反応の利用に向けて，細胞毒性の低減や細胞内安定性の向上を目指したメタルフリーの代替反応開発が盛んに行われている[7]。一方，他の金属錯体触媒を用いた細胞内反応も数多く報告され続けている。その理由は，メタルフリーの代替反応が難しい場合も依然として多岐にわたるため，蛍光分子や医薬品の活性化，タンパク質修飾，生体基質の変換などに適応可能な高い生体親和性を有する配位子設計によって，細胞から個体まで幅広い生体試料で目的とする反応の制御が必要とされているからである。

11.2.1 生体直交型反応

生体直交型反応とは，生体分子の機能を保ちつつ生体内で特異的に進行する化学反応を示し，高い選択性，収率，活性が求められる。Meggers 等はアジドの還元反応が，従来から知られている鉄ポルフィリン錯体を用いて，生体環境で触媒的に進行することを示した[8]。芳香族アジドをチオール存在下，有機溶媒中で鉄ポルフィリン錯体と共存させると，芳香族イミンへの還元が確認された（図11-2(a)）。配位子を5,10,15,20-tetra(N-methyl-4-pyridyl)porphine (TMPyP) から，5,10,15,20-tetraphenyl-21H,23H-porphine (TPP) へとかえることによってその活性は15%から90%へと向上する。中心金属が Mn^{III}, Cu^{II}, Co^{II}, Ru^{II} の場合は，反応の進行はほとんど確認されなかった。また，この反応はチオールの存在下で活性化されることも明らかとなり，高濃度のチオール基質が存在する細胞内環境に適した反応であることもわかった。実際に，HeLa 細胞へアジド基で保護された蛍光を示さないローダミン110前駆体を細胞内に導入し，その後，Fe(TPP)Cl を共存させたところ，細胞からの蛍光強度の増大が確認された（図11-2(b)）[8]。

同様のコンセプトを用い，アリルオキシカルボニルによりアミンを保護

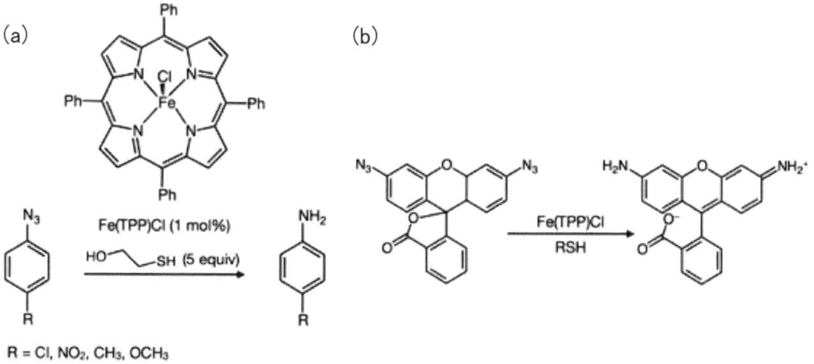

図11-2 Fe(TPP)Clによるアジドのイミン還元(a)とローダミン110前駆体のイミン還元(b)

した基質の細胞内脱保護反応をRu触媒で行った[9]。[Cp*Ru(cod)Cl](Cp* = 1,2,3,4,5,-pentamethylcyclopentadienyl, cod = 1,5-cyclooctadiene) をチオフェノール共存下,DMSO/H_2O (1:1) で反応させると脱保護反応が進行する(図11-3)。細胞内でもこの反応は観察されるものの,細胞毒性の高いチオフェノールを500 μM も必要とする。一方,細胞内のチオール基質であるGSH共存下ではチオフェノール共存下に比べ活性が約1/13まで低下することから,活性向上に向けた配位子設計が行われた。具体的にはCp*Ru錯体へ図11-4に示すような配位子を導入したところ,従来の[Cp*Ru(cod)Cl]とチオフェノールの混合系に比べてTOF (turnover frequency) が約5倍増加し,配位子のRの部位をNMe$_2$へ置換することによって,活性のさらなる向上も見られた[10]。細胞を用いた脱保護反応の比較では,チオールの添加なしに触媒反応が進行することが確認された。また,この反応を抗がん剤であるドキソルビシンの活性化に応用

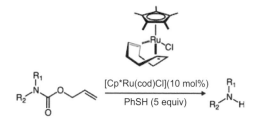

図11-3 アリルオキシカルボニル–アミンの脱保護反応

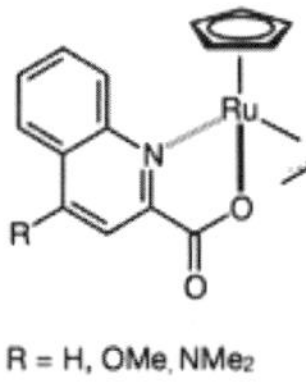

R = H, OMe, NMe₂

図 11-4　[Cp*Ru(cod)Cl] より高活性を示す CpRu 錯体の配位構造

したところ，錯体濃度が $20\,\mu$M でも抗がん活性を示すことがわかった。このように，金属錯体の触媒メカニズムをうまく選択することによって，チオール等の細胞内基質を有効に利用した反応系の構築が達成された。

　他の金属錯体触媒の代表的な例としては，Pd 錯体の利用が挙げられる。Chen 等は，$Pd(NO_3)_2$ の共存下，薗頭カップリングが大腸菌内で効率よく進行することを見出した[11]。この研究のポイントは，(i) 大腸菌を用いた非天然アミノ酸含有タンパク質の合成を利用する点と，(ii) 複雑な配位子を必要としない Pd 源を利用している点にある。彼らはすでに非天然アミノ酸含有のタンパク質合成によるクリック反応を報告しており，その系を拡張したものである[12]。アルキンを導入した非天然アミノ酸 (Alk) を有する GFP (green florescent protein) に大腸菌内で $Pd(NO_3)_2$ と Iph-FL525 を反応させると，FL525 に由来する蛍光が Alk を有する GFP から観測された (図 11-5)。さらに，この系を赤

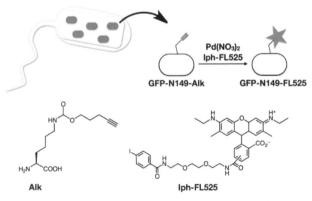

図 11-5　バクテリア内の選択的タンパク質修飾反応

痢菌に適用すると，同様の反応が確認された．赤痢菌を用いた理由は，赤痢菌で合成した非天然アミノ酸含有タンパク質を3型分泌システム[*1]を用いて哺乳類の生細胞へ送り込み，そこで，同様の触媒反応を駆動することができるためである．

次に，彼らは有機金属錯体である$Allyl_2Pd_2Cl_2$も，PBSバッファー中プロパギルオキシカルボニルやアリルオキシカルボニルで保護されたアミンの脱保護反応の触媒となることを明らかとした[13]．さらに，この反応は小分子にとどまらず，非天然アミノ酸としてプロパギルオキシカルボニルを導入したGFP表面上でも効率よく脱保護反応に使えることが示された．細胞内の利用で最も大切な条件である細胞毒性に関しては，そのMTTアッセイ[*2]の結果から，HEK293T[*3]を含む6種類の細胞でも24時間のインキュベーション期間内にほとんど毒性を示さない事が明らかとなった．$Allyl_2Pd_2Cl_2$は細胞質，細胞膜，核に広く分布することもわかり，細胞内のあらゆる場所での触媒反応に利用できることが示された．$Allyl_2Pd_2Cl_2$の細胞中の反応活性を調べるために，GFPの1つのリシンのプロパギルオキシカルボニルの開裂反応の活性評価を行ったところ，約30％の効率で反応が進行することが明らかとなった．非天然アミノ酸を含むタンパク質としてプロパギルオキシカルボニル修飾されたエフェクタータンパク質OspF[*4]ホスファターゼを赤痢菌で合成した．また，赤痢菌の3型分泌システムを用いて，HeLa細胞へ修飾OspFを送り込み，Pd錯体存在下における開裂反応により，活性化されたOspFによる核内のERK[*5]の脱リン酸化反応を評価したところ，実際に核内で反応が起こり，ERKの脱リン酸化による細胞質への移行反応が確認された（図11-6）．このように，他のケミ

[*1] 多くの病原細菌がもつ病原因子を宿主細胞に直接送り込む分泌複合体．
[*2] MTT（3-(4,5-Dimethyl-2-thiazolyl)-2,5-diphenyltetrazolium Bromide）を利用し生細胞数を測定することにより，細胞増殖や細胞毒性を調べる方法．MTTは，細胞内の脱水素酵素により，還元され，青色のホルマザン色素を生じるため，これを定量することにより，生細胞数を測定する．
[*3] HEK293細胞は，ヒト胎児腎由来の細胞であり，増殖しやすく，高効率な遺伝子導入が可能であるため，広く細胞生物学の研究に用いられている．HEK293T細胞は，その派生株．
[*4] 赤痢菌がもつphosphothreonine lyaseの1つ．ここでは，リン酸化スレオニン残基の脱リン酸化を触媒する．
[*5] Extracellular Signal-regulated Kinase, 細胞外からの刺激を核に伝達するMAPキナーゼ・サブファミリーの1つ．

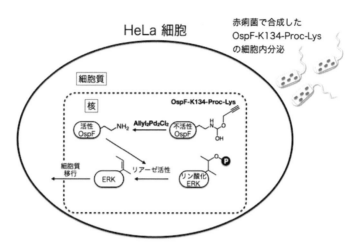

図 11-6　ヒト細胞への非天然アミノ酸含有タンパク質の輸送と，$Allyl_2Pd_2Cl_2$ を用いた
アミン脱保護反応によるシグナル伝達反応の制御

カルバイオロジー技術と組み合わせることによって，有機金属触媒反応の応用利用が拡張された例である。

11.2.2　触媒型金属錯体医薬

　従来の金属錯体医薬は，シスプラチン（$Pd(NH_3)_2Cl_2$, CDDP）の研究で見られるように，その配位構造の多様性や柔軟性，アミノ酸や核酸への高い結合性を利用した生体反応の阻害剤としての分子設計を中心に検討されてきたが，近年は，錯体の触媒能を利用した能動的な医薬品としての設計が盛んに研究されている（図 11-7）。例えば，Cu-OP-CBSA は炭酸脱水酵素を標的としてその加水分解反応を触媒する[14]。同様に，Fe(EDTA-Biotin) 複合体も streptavidin の酸化開裂を促進する[15]。また，Co(cyclen-R)$(OH_2)_2$ はペプチドデホルミターゼの分解を触媒し，抗生物質として用いられている[16]。さらにこのような錯体は核酸への複合化により，RNA, DNA 開裂の反応も触媒する[5]。一方，細胞内には多くの酸化還元を制御する分子が存在し，これらのバランスが崩れることにより，酸化ストレスが生じ，アルツハイマー病やパーキンソン病，がん等が生じるといわれている。それらに着目した反応として，光線力学的治療法（PDT：

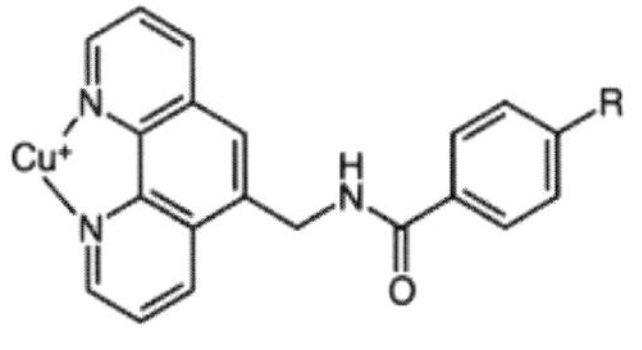

Cu-OP-CBSA

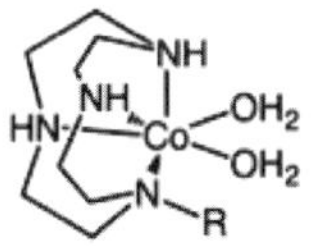

Co(cyclen-R)(OH$_2$)$_2$

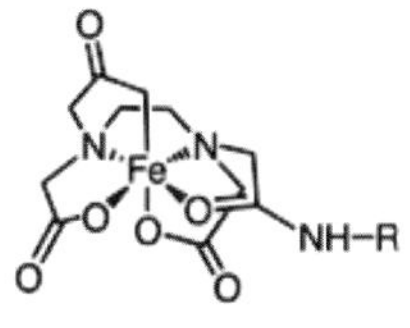

Fe(EDTA-R)

図 11-7　タンパク質を分解する代表的な金属錯体

photodynamic therapy）による一重項酸素（$^1O_2$）の発生や[17]，マンガン錯体によるスーペルオキシドディスムターゼ（SOD：superoxide dismutase）模倣錯体も研究されている[18]。これらの反応については，多くの化合物が知られており，他の総説に譲りたい[5]。ここでは，最近報告された，有機金属の触媒反応を利用したチオールやNADHを選択的に変換する触媒開発について紹介する。

Sadler等はRu錯体がGSHの酸化を誘発することによって，細胞内の酸化バランスを制御し，抗がん剤として機能することを報告している（図11-8）[19]。GSHはGlu-Cys-Glyの配列を持つトリペプチドであり，生体の酸化還元環境の恒常性を維持する。GSHは抗酸化剤として働き，活性酸素種や活性窒素種による生体機能へのダメージを阻止する。この反応性を利用して，抗がん剤であるRu-azopyridine錯体はA459がん細胞のGSH濃度を低下させ（ROS：reactive-oxygen species）濃度を増加させることができる。実際に，がん細胞の生存率は過剰量のシステインが供給される環境では上昇する。同じ系に異なるメカニズムで抗がん活性を示すCDDPを添加してもViabilityの上昇は見られない。このことからもRu-azopyridine錯体の存在下，GSHのジスルフィド形成による不活性化がROSの発生を促し，細胞死を誘発していることが示唆される。この触媒反応にはazopyridine配位子が深く関与している。その理由の

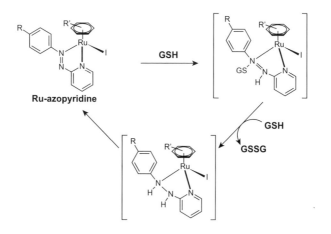

図 11-8　Ru-azopyridine 錯体の構造と GSH の推定酸化反応機構

1つは，錯体の水溶液中での安定性を高める役割と，N=N 結合部分に GSH が結合し，GSSG の生成を促進する点である（図 11-8）。このような GSH の酸化反応による抗がん剤の開発は進められているものの，選択性や他の酸化還元反応への影響等の問題点も残されており，今後，さらなる配位子や錯体設計が必要となっている。

　ニコチンアミドアデニンジヌクレオチド（NADH : nicotinamide adenine dinucleotide）も GSH 同様，NAD$^+$（酸化型）との2つの状態をとり生体内で電子伝達を司どる補酵素として知られている。生体では NADH 酸化酵素が NADH から NAD$^+$ を生成するが，Ru 錯体や Ir 錯体も触媒的にこの反応を進行させることが報告されている[20]。この触媒反応を効率よくがん細胞内で促進させることができれば，GSH の反応のように，細胞内のレドックスバランスを崩すだけではなく，反応副生成物である H_2O_2 から ROS の発生を促すことができ，細胞死につなげることができる。この観点から，水溶液中での Ir 触媒による NADH 水素転移反応の最適化が行われてきた[21]。実際に，図 11-9(a) に示すような配位構造をとることによって，代表的な抗がん剤である CDDP より高活性な抗がん作用を有することが示された。しかし，この錯体の欠点は，Cl 配位子が水溶液中で容易に加水分解を起こすため，細胞中に高濃度で存在

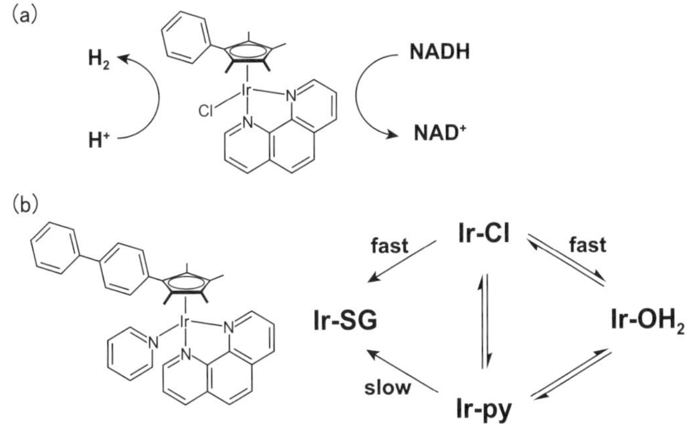

図 11-9 Ir 錯体による NADH の水素転移反応 (a) とピリジン配位を持つ錯体の反応 (b)

する GSH が容易に結合して触媒活性が低下する点にある[22]。そこで，Cl 配位子に比べ配位子交換反応が遅いピリジン配位子に置換することによってこの問題点を解決した（図 11-9(b)）[23]。その結果，Cl 配位子を持つものだけでなく，CDDP に比べても高い活性で抗がん作用を示すことが明らかとなった。

　抗がん剤の設計指針を考える際，従来の阻害剤型の金属錯体医薬では，その活性を向上させる場合，ターゲットへの結合定数の向上が解決策となるが，その場合，投与量の増加や，ターゲット以外の生体分子への非選択的結合の増加などで副作用が懸念される。一方，触媒型金属錯体医薬では，触媒活性を向上させると，その添加量は少量で済み，副作用も少ないと考えられる。配位子設計による活性制御が一般的に利用されるが，細胞内利用の制約を考えると，水溶性や求核剤に対する安定性の維持などの克服は未だに難しい。そこで，Sadler 等は，先の NADH の水素移動反応とは逆反応の NAD^+ から NADH への変換に着目し，水素源を必要とする Ru 錯体による触媒反応を用いて抗がん活性の向上を達成した（図 11-10）[24]。この反応で必要となる水素源は，細胞毒性が低いギ酸イオンであり，高濃度の添加も可能である。卵巣がん細胞と Ru 錯体を反応させ，ギ酸イオンの濃度を上昇させていくと，2mM 存在下では，何もない時に比べ細胞生存率は 69％ から 1％ まで劇的に低下する。さらにその効

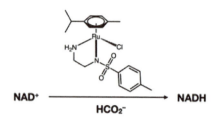

図 11-10　Ru 錯体による NAD$^+$ の変換反応

果は別途得られた IC$_{50}$ の量の 1/3 の錯体の添加条件下でも観測されることがわかった。フローサイトメトリー[*1] の結果からは，アポトーシスを誘導するシスプラチンとは異なるメカニズムで細胞死が生じていることが示唆された。以上のように，有機金属錯体の触媒機能を細胞内で利用することにより，補酵素を基質とする変換反応を達成した。反応機構の詳細な解析は待たれるものの，これらの成果は，副作用の克服が大きな課題となっているシスプラチンとは異なる反応機構をもつ新しい抗がん剤としてメタルドラック開発に貢献すると考えられる。

11.3　人工金属タンパク質

　上記のように，金属ナノ粒子や金属錯体触媒の細胞内利用が盛んに研究されているが，依然として生体親和性と細胞内の安定性について克服すべき課題の新しい解決法が求められている。様々なタンパク質が高濃度で存在する細胞環境中では，金属イオンは，タンパク質中に形成されている活性中心に結合することによって，初めて高い反応性と選択性が達成される。この点が，金属錯体触媒の細胞内反応と全く異なる点である。一方，このタンパク質の精密な仕組みを利用し，人工金属酵素が数多く報告されているが，それらを細胞内で利用する試みはその細胞内輸送や細胞内合成の点で制約があり，ほとんど実現されてこなかった。ここでは，人工金属酵素の細胞内反応へ向けたいくつかの試み

[*1]　短時間に多量の細胞を散乱光や蛍光により定量測定する細胞測定法。試料中の生きている細胞の割合や大きさ，形状，表面の腫瘍マーカーの有無など細胞の特徴を計測することができる。

について紹介したい。

11.3.1 ライセート中の反応

Ward 等は，金属錯体ビオチン誘導体を用いて，ストレプトアビジン（SAV：streptavidin）の有するタンパク質環境への様々な金属錯体の固定化を報告している[25]。この方法は，天然の酵素とのカスケード反応を設計する上でも有効であり，天然の酵素の共存下，Ir 錯体-ビオチン誘導体はイミンの還元反応において低い活性と選択性しか示さないが，SAV 存在下では，Ir 錯体-ビオチン誘導体が SAV と複合体を形成し，その活性と選択性が劇的に向上する[26]。さらに，同様の効果は，ライセート（細胞溶解液）中に上記の反応の基質を添加した条件でも確認された（図 11-11）[27]。この反応系は，分子進化工学を用いた SAV 変異体の機能向上に適応可能であり，新しい人工金属酵素の開発方法につながる技術として興味深い。また，Ball 等は Rh ミニペプチド酵素を触媒とするタンパク質修飾を報告している（図 11-12）[28]。Rh ミニペプチド酵素はトリプトファンのインドール環の修飾を触媒する。さらに，ペプチドの配列設計によって，標的となるタンパク質認識能を制御できる。実際に，天然の SH3 ドメインを認識する配列を有するミニペプチド酵素を作成し，ライセート中で反応させたところ，選択的にターゲットタンパク質を修飾できることが明らかとなった[29]。細胞に存在するわずかな濃度のタンパク質の修飾に成功したことは，今

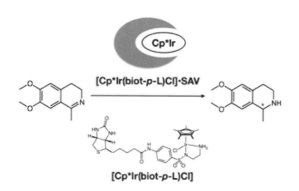

図 11-11　ビオチン・ストレプトアビジンを用いたライセート中の人工金属酵素の反応

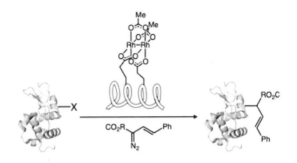

図 11-12　Rh ミニペプチド酵素を用いたタンパク質修飾反応

後様々な細胞内反応に利用できる可能性を示唆している。

11.3.2　人工金属酵素の細胞内輸送

　人工金属酵素の細胞内輸送と機能発現のためには，金属錯体を安定に固定化するキャリアタンパク質の開発が必要である。生体内では，多くのタンパク質がタンパク質の自己集積化反応により，超分子構造体を形成し，生体内での安定した機能発現が達成されている[30]。上野らは，近年細胞内シグナル分子としての機能が注目されている一酸化炭素（CO）の輸送に着目し，様々なタンパク質集合体によって形成される空間に金属カルボニル錯体を固定化し，COの輸送と放出による細胞機能制御を実現した[30, 31]。フェリチン（Fr）は，外径12 nm，内径8 nmの24量体からなり，pH 2〜10，80℃まで球状構造を維持する高い安定性を有する。Frは，内部空間に鉄を貯蔵するかご型タンパク質であり，これまでも様々な有機金属錯体の集積や金属ナノ粒子の合成場，さらにこれらの複合体を利用した触媒反応場として利用されてきた[32]。また，Frを用いて，その内部空間に薬剤や金属ナノ粒子を内包し，複合体を細胞内に送り込むことも達成されている。このようなFrの特徴を利用することにより，金属カルボニル錯体を固定化し，シグナルガス分子である一酸化炭素（CO）の細胞内輸送が達成された（図 11-13）。

11 金属錯体による細胞機能制御

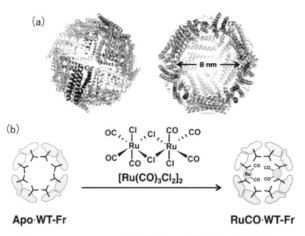

図 11-13 フェリチンの結晶構造(a)と複合体の作成方法(b)

野生型 Fr（WT-Fr）と代表的な CO 放出化合物である $[Ru(CO)_3Cl_2]_2$（CO-releasing molecule-2, CORM-2）を反応させることにより Ru カルボニル錯体を内部に固定化したタンパク質複合体（Ru・WT-Fr）が合成された（図 11-13）。Ru・WT-Fr の X 線結晶構造解析からは、Ru・WT-Fr 内部の 45 番目のグルタミン酸（Glu, E）と 48 番目のシステイン（Cys, C）が Ru に配位しており、2 つの CO リガンドも確認できた（図 11-14）。この結晶構造をもとに設計した Glu45 を Cys に、Cys48 を Ala に置換した E45C/C48A-Fr 変異体と CORM-2 を反応させた複合体（Ru・E45C/C48A-Fr）では、Ru に E45C のチオールと 49 番目のヒスチジンのイミダゾール基が配位した Cys-Ru-His 結合が形成されており、アミノ酸置換によって Ru 錯体の配位構造の制御が可能である（図 11-14(d)）。これらの複合体からの CO の放出量、半減期の比較から、Ru・WT-Fr は、代表的な CO 放出化合物として知られている $Ru(CO)_3Cl(Glycinate)$（CORM-3）に比べ、1/18 の半減期で CO をゆっくりと放出することができ、Ru・E45C/C48A-Fr は、Ru・WT-Fr と比べ、2 倍量の CO を放出することがわかった。つまり、Fr 内に RuCO 錯体を固定化することにより、CO の徐放化と放出量の制御が可能となった。HEK293 細胞内の核転写因子 nuclear factor-kappaB（NF-κB）の活性評価により、Ru・WT-Fr は、NF-κB を活性化し、さらに、Ru・E45C/C48A-

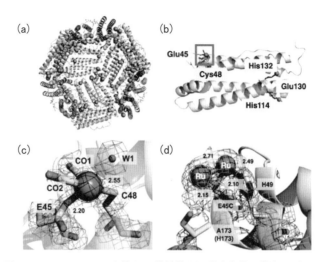

図 11-14　Ru・WT-Fr の全体 (a), 単量体 (b), 結合部位の構造 (c) と
Ru・E45C/C48A-Fr の結合部位構造 (d)

Fr はその 4 倍もの活性化を示した。この効果は CORM-3 ではみられず，Fr 内部空間に固定化することで初めて CO の放出量と NF-κB 活性化との関連性を見出したといえる。この技術を応用し，光照射による CO 放出を行う Mn 錯体を複合化した Fr を用いて NF-κB への作用を検討した結果，NF-κB の活性化因子である tumor necrosis factor α (TNF-α) と CO による協同的な活性化効果を見出すことができた[33]。このように，金属錯体／Fr 複合体は，細胞内でも，Fr 内部に固定化した金属錯体や金属微粒子を安定化することができるため，生体材料としての利用が今後，大いに期待される。

さらに，キャリアとして細胞への取り込みに特化したタンパク質集合体を用いることで，より高効率な金属錯体の細胞輸送も実現されている。バクテリオファージ T4 由来のタンパク質針 β-helical protein needle (β-PN) は，三重鎖 β ヘリックス単量体の C 末端に T4 ファージの他の部品タンパク質を安定化するドメインであるフォルドンを融合したキメラタンパク質であり，安定な head to head の二量体を形成する（図 11-15(a)）[34]。この β-PN の大きな特徴として細胞膜を直接貫通し，極めて高い効率で細胞膜透過性を示すことが知られている[35]。そこで，β-PN の両末端に存在するヒスチジンタグ ([His]$_6$) と金属カル

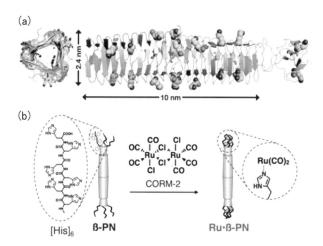

図 11-15　タンパク質針の全体構造 (a) と Ru 錯体との複合化 (b)

ボニル錯体の高い親和性を利用し，金属錯体を結合したタンパク質針複合体が合成された（図 11-15(b)）[36]。β-PN と CORM-2 を複合化させて合成された Ru・β-PN は，CORM-3 と比較して極めて高い効率で HEK293 細胞へ取り込まれ，前述の Ru・WT-Fr と比較しても 20 倍もの高い取り込み効率を示した。Ru・β-PN を添加することにより，HEK293 細胞における NF-κB の活性化も見られた。この活性化は細胞内の活性酸素（ROS）の産生に由来し，NF-κB が活性化されることで下流の遺伝子である HO1，NQO1，IL6 の発現が促進される。このような効果は，Ru・β-PN を添加してから 12 時間で観測されるが，24 時間では見られない。このことは，細胞内に輸送された CO が NF-κB を介したフィードバック経路を用いて細胞のシグナル応答を制御していることを示している。このシグナル経路は，サイトカイン TNF-α による NF-κB の活性化とは異なる経路によるものであり，CORM-3 ではこのような活性化は見られなかった。このように，Ru・β-PN を用いて細胞内に CO を輸送することによって，CO と NF-κB 活性の関連を明らかにすることができた。β-PN を用いた金属錯体の細胞内輸送は，カルボニル錯体による CO 放出の他に，触媒反応など種々の細胞内化学反応に応用でき，細胞内の機能解明や機能制御として期待できる。

11.3.3 人工金属酵素の細胞内合成

金属配位結合を利用した，人工金属酵素の細胞内合成も報告されている。Tezcan 等は細胞内のタンパク質自己集積制御を，ヘムタンパク質へ新たに Zn 配位サイトと分子間ジスルフィド形成サイトを導入することにより達成した[37]。以前に彼らが報告している Four-helix バンドルから形成され，1 つのヘムを有する Cyt cb$_{562}$ 変異体の Zn 配位による四量体形成反応を元に，タンパク質表面に分子間ジスルフィド形成部位を組み込んだ $^{C81/C96}$RIDC1 を作成した（図 11-16）。結晶構造解析から，Zn 存在下では，分子間ジスルフィド形成により当初の設計通りにクリプタント型のケージ構造を形成することが確認された。ジスルフィド形成後は Zn イオンが無い状態でもその構造が保持されていることが明らかとなった。このケージ構造を安定に細胞（大腸菌）内で保持させるためには，分子間ジスルフィド結合形成が必要である。そのためには，還元環境でありジスルフィド結合が形成しにくい大腸菌内部でのタンパク質合成後に，酸化環境であるペリプラズムへの移行が必要である。そこで，$^{C81/C96}$RIDC1 の N 末端へペリプラズム移行シグナルペプチドを導入し，実際にペリプラズムに移行した $^{C81/C96}$RIDC1 が四量体を形成していることが示された[37]。また，ICP-MS（inductively coupled plasma mass spectrometry）からは，Zn イオン存在

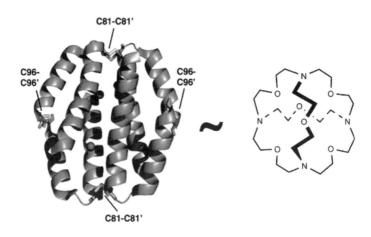

図 11-16　分子間 Zn 架橋配位とジスルフィド形成による $^{C81/C96}$RIDC1 の集積化四量体構造

11　金属錯体による細胞機能制御

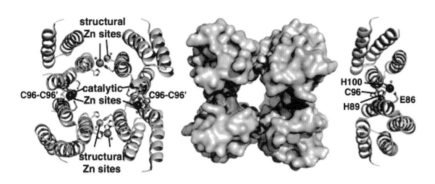

図 11-17　$^{C81/C96}$RIDC1 の集積四量体構造を基盤とする人工 β-ラクタマーゼ

下での培養では，四量体への Zn 結合が示された．さらに，このクリプタント型のケージ内部へ，アンピシリンを加水分解する β-ラクタマーゼの活性中心を構築することによって，大腸菌にアンピシリン耐性を付与することに成功した（図 11-17）[38]．これらの結果は人工金属酵素の可能性を大きく切り拓くものである．

まとめ

以上に示したように，生体直交型反応から人工金属酵素まで，金属錯体触媒の関わる生体環境中の触媒反応の必要性が増加している．特に，これまで報告例の少なかった有機金属錯体の利用は，生体中で困難とされてきた物質変換を触媒するツールとして，生命研究を進める上で急速に重要な役割を担いつつある．しかしながら，現状では細胞への取り込み効率や毒性，さらにはその活性の向上について克服すべき課題も依然として多く残されている．将来的には，細胞中にある金属イオンを利用して，全く新しい反応につなげる生物無機化学的技術への展開が期待される．

参考図書・文献

1) N. Kamaly, Z. Y. Xiao, P. M. Valencia, A. F. Radovic-Moreno and O. C. Farokhzad, *Chem. Soc. Rev.*, **41**, 2971-3010 (2012).
2) J. H. Gao, H. W. Gu and B. Xu, *Acc. Chem. Res.*, **42**, 1097-1107 (2009).
3) R. M. Yusop, A. Unciti-Broceta, E. M. V. Johansson, R. M. Sanchez-Martin and M. Bradley, *Nat. Chem.*, **3**, 239-243 (2011).
4) R. M. Sanchez-Martin, M. Cuttle, S. Mittoo and M. Bradley, *Angew. Chem. Int. Ed.*, **45**, 5472-5474 (2006).
5) J. J. Soldevila-Barreda and P. J. Sadler, *Curr. Opin. Chem. Biol.*, **25**, 172-183 (2015).
6) T. Volker and E. Meggers, *Curr. Opin. Chem. Biol.*, **25**, 48-54 (2015).
7) C. S. McKay and M. G. Finn, *Chem. Biol.*, **21**, 1075-1101 (2014).
8) P. K. Sasmal, S. Carregal-Romero, A. A. Han, C. N. Streu, Z. Lin, K. Namikawa, S. L. Elliott, R. W. Koester, W. J. Parak and E. Meggers, *ChemBioChem*, **13**, 1116-1120 (2012).
9) C. Streu and E. Meggers, *Angew. Chem. Int. Ed.*, **45**, 5645-5648 (2006).
10) T. Volker, F. Dempwolff, P. L. Graumann and E. Meggers, Angew. *Chem. Int. Ed.*, **53**, 10536-10540 (2014).
11) J. Li, S. Lin, J. Wang, S. Jia, M. Yang, Z. Hao, X. Zhang and P. R. Chen, *J. Am. Chem. Soc.*, **135**, 7330-7338 (2013).
12) S. X. Lin, Z. R. Zhang, H. Xu, L. Li, S. Chen, J. Li, Z. Y. Hao and P. R. Chen, *J. Am. Chem. Soc.*, **133**, 20581-20587 (2011).
13) J. Li, J. Yu, J. Zhao, J. Wang, S. Zheng, S. Lin, L. Chen, M. Yang, S. Jia, X. Zhang and P. R. Chen, *Nat. Chem.*, **6**, 352-361 (2014).
14) J. Gallagher, O. Zelenko, A. D. Walts and D. S. Sigman, *Biochemistry*, **37**, 2096-2104 (1998).
15) D. Hoyer, H. Cho and P. G. Schultz, *J. Am. Chem. Soc.*, **112**, 3249-3250 (1990).
16) P. S. Chae, M. S. Kim, C. S. Jeung, S. Du Lee, H. Park, S. Lee and J. Suh, *J. Am. Chem. Soc.*, **127**, 2396-2397 (2005).
17) L. B. Josefsen and R. W. Boyle, *Met Based Drugs*, **2008**, 276109 (2008).

18) S. Miriyala, I. Spasojevic, A. Tovmasyan, D. Salvemini, Z. Vujaskovic, D. St Clair and I. Batinic-Haberle, *Biochim Biophys. Acta, Mol. Basis Dis.*, **1822**, 794-814 (2012).
19) S. J. Dougan, A. Habtemariam, S. E. McHale, S. Parsons and P. J. Sadler, *Proc. Natl. Acad. Sci. USA*, **105**, 11628-11633 (2008).
20) S. Betanzos-Lara, Z. Liu, A. Habtemariam, A. M. Pizarro, B. Qamar and P. J. Sadler, *Angew. Chem. Int. Ed.*, **51**, 3897-3900 (2012).
21) Z. Liu, A. Habtemariam, A. M. Pizarro, G. J. Clarkson and P. J. Sadler, *Organometallics*, **30**, 4702-4710 (2011).
22) Z. Liu and P. J. Sadler, *Acc. Chem. Res.*, **47**, 1174-1185 (2014).
23) Z. Liu, I. Romero-Canelon, B. Qamar, J. M. Hearn, A. Habtemariam, N. P. E. Barry, A. M. Pizarro, G. J. Clarkson and P. J. Sadler, *Angew. Chem. Int. Ed.*, **53**, 3941-3946 (2014).
24) J. J. Soldevila-Barreda, I. Romero-Canelon, A. Habtemariam and P. J. Sadler, *Nat. Commun.*, **6** (2015).
25) T. R. Ward, *Acc. Chem. Res.*, **44**, 47-57 (2011).
26) V. Kohler, Y. M. Wilson, M. Durrenberger, D. Ghislieri, E. Churakova, T. Quinto, L. Knorr, D. Haussinger, F. Hollmann, N. J. Turner and T. R. Ward, *Nat. Chem.*, **5**, 93-99 (2013).
27) Y. M. Wilson, M. Durrenberger, E. S. Nogueira and T. R. Ward, *J. Am. Chem. Soc.*, **136**, 8928-8932 (2014).
28) Z. T. Ball, *Acc. Chem. Res.*, **46**, 560-570 (2013).
29) F. Vohidov, J. M. Coughlin and Z. T. Ball, *Angew. Chem. Int. Ed.*, **54**, 4587-4591 (2015).
30) H. Inaba, K. Fujita and T. Ueno, *Biomater. Sci.*, **3**, 1423-1438 (2015).
31) K. Fujita, Y. Tanaka, T. Sho, S. Ozeki, S. Abe, T. Hikage, T. Kuchimaru, S. Kizaka-Kondoh and T. Ueno, *J. Am. Chem. Soc.*, **136**, 16902-16908 (2014).
32) B. Maity, K. Fujita and T. Ueno, *Curr. Opin. Chem. Biol.*, **25**, 88-97 (2015).
33) K. Fujita, Y. Tanaka, S. Abe and T. Ueno, *Angew. Chem. Int. Ed.*, **55**, 1056-1060 (2016).
34) N. Yokoi, H. Inaba, M. Terauchi, A. Z. Stieg, N. J. M. Sanghamitra, T. Koshiyama, K.

Yutani, S. Kanamaru, F. Arisaka, T. Hikage, A. Suzuki, T. Yamane, J. K. Gimzewski, Y. Watanabe, S. Kitagawa and T. Ueno, *Small*, **6**, 1873-1879 (2010).

35) N. J. M. Sanghamitra, H. Inaba, F. Arisaka, D. O. Wang, S. Kanamaru, S. Kitagawa and T. Ueno, *Mol. BioSyst.*, **10**, 2677-2683 (2014).

36) H. Inaba, N. J. M. Sanghamitra, K. Fujita, T. Sho, T. Kuchimaru, S. Kitagawa, S. Kizaka-Kondoh and T. Ueno, *Mol. BioSyst.*, **11**, 3111-3118 (2015).

37) A. Medina-Morales, A. Perez, J. D. Brodin and F. A. Tezcan, *J. Am. Chem. Soc.*, **135**, 12013-12022 (2013).

38) W. J. Song and F. A. *Tezcan, Science*, **346**, 1525-1528 (2014).

12 医 薬 品

はじめに　薬として紀元前の古代（6000年前）から生薬が使われてきたが，この中には鉱物（金属酸化物・硫化物等）も含まれていた。古代メソポタミアや古代エジプトでは水銀，マグネシウム，鉄化合物を梅毒，胃腸障害，貧血の治療に使っていた。中国では3世紀に著された神農本草経の12％は鉱物薬が使われていた。金属塩を薬として使用したのは，16世紀初めに化学を医学に持ち込んだ錬金術師パラケルススが水銀，アンチモン，ヒ素，銅等の金属塩を治療薬として用いたのが最初であり，この潮流は1910年エールリッヒの世界で最初の薬（化学療法剤）サルバルサン（アルスフェナミン）の発見につながっている。薬開発実験を担当したのは日本人（秦）であった。ちょうどスイスの化学者ウェルナーが配位化学を提案した頃である。サルバルサンはアゾ色素のN=Nをヒ素Asに変えたAs=As化合物と考えられていたが，約100年後の2005年にAs-Asの環状構造の混合物であることが判明した[1]。

　薬と毒は紙一重と言われるように無機元素の毒性も古くから知られており，古代ローマやギリシアではヒ素が毒薬として使われた。1968年のメチル水銀による水俣病，同年カドミウムによるイタイイタイ病と，金属塩の高い生体への作用は，公害問題として強く認識され，有機水銀薬の禁止，水銀濃度の規制，水銀の使用禁止，カドミウム減少米の開発等人々が安全に健康に暮らしていけるよう努力がなされている。これらの金属は，有害元素として扱われることが多いが，生物無機化学的には超微量生体必須元素と考えるほうが理にかなっている。すなわち，超微量でよい元素の過剰摂取のために起こった過剰症が公害である。薬害として1970年の薬害スモンは忘れてはならない事件であるが，尿中に排泄された緑色の鉄（III）錯体の同定をきっかけに原因となった薬（キ

ノホルム）が発見された[2]ことは印象深い．

　様々な金属イオンに生理活性が見られることを理解するためには，生命と金属イオンとの関係を知る必要がある．生命は，海あるいは近年提唱された熱泥泉で溶媒である水に溶けた金属イオンの触媒反応によって形成された有機無機高分子を基に生まれたと考えられている[3]．100 年前には生命には関係のないものとされた無機が実は大活躍だったわけである．生命システムは誕生当時の環境（金属イオン濃度）を保持していると考えられ，細胞内は生命発生当時の嫌気的（CO_2）雰囲気に有利な Mg が，細胞外は植物発生以降の好気的雰囲気に有利な Ca が多い[4]．このため細胞核で働く遺伝子操作に必要な金属は Mg であり，Ca は逆に阻害剤となる．生命はすべての金属を正確無比に区別できないために，金属イオンを制御して環境を維持するために多大の努力をはらっている．

　Fe, Cu, Zn 等の遷移金属は微量（mg/kg オーダー以下）しかないにも関わらず，生体機能に大きく関与していることが認識されたのは，1961 年にイラン，イラクの Zn 欠乏に伴う小人病が Zn 投与で劇的な改善が報告（図 12-1）[5]されてからである．

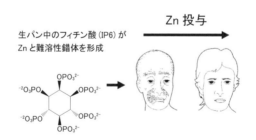

図 12-1　最初に見出された亜鉛欠乏症

　これは金属イオンが単独で作用するのではなく，タンパク質に結合して数オーダー以上触媒活性が上がるために，微量で事足りることによる．遷移金属と配位子の安定度定数は典型金属のそれと比べても数オーダー以上高く，遷移金属がタンパク質と，さらには基質とも結合できることが微量でも十分な活性を発揮することにつながっている．これに対し，Mg, Ca の安定度定数は低く，

金属−タンパク質あるいは金属−基質を形成するのが精いっぱいで，基質はタンパク質との非共有結合あるいは金属イオンとの配位結合によって活性化されるのが普通である。Na, K はタンパク質との配位結合を通常作らず，浸透圧以外特定の機能はないとされるが，例外的に，遺伝子のコピー回数を記録するテロメアのグアニン四重鎖の穴に配位結合を使って入り込み[6]，何らかの調節因子となっていると考えられている。

生命の発生に金属イオンが関与したこと，必須金属はその濃度が精密に制御されている恒常性があることを考えると，薬のように比較的多量の化合物を投与する場合には，必須金属を含む薬はあまり向いていないことが容易に理解されよう。したがって，現在使用されている金属薬は Pt のように置換反応が遅くて必須金属でない，あるいは反応速度の速い必須金属の Mg でも便秘薬である酸化マグネシウムのように難溶性のために多量に投与可能である例が多い。必須金属薬は不足症，あるいは類似金属の過剰症に用いられるケースが多く，硫酸塩などの単なる金属塩は粘膜に対して刺激がある，金属毒性が出やすい，等の欠点があり，有機配位子と錯体を作らせて薬とし，吸収等の薬の動態を制御することが多い。

12.1　抗腫瘍薬（Pt 錯体（シスプラチン関連））

シスプラチン（cisplatin）$(H_3N)_2PtCl_2$ は（図 12-2），物理学者のローゼンバーグ博士が白金電極を使った培地で大腸菌が死んだことからインスピレーションを得て 1969 年に見つけた Pt(II) 抗がん剤[7]で，1978 年に FDA[*1] により認可された。受動輸送あるいはカチオントランスポーター CTR1[*2] を経て細胞内に入ったシスプラチンは細胞内の低い Cl^- 濃度のために加水分解を起し，形成された $Pt-OH_2$ が DNA の 1 本鎖（G：グアニン）に配位して，Pt-GG 結合を形成し（図 12-3），DNA の複写を阻害することにより，細胞の自然死（アポトーシス）を誘発すると考えられている。開発の過程では強い腎毒性のために開発

[*1] アメリカ食品医薬品局（Food and Drug Administration）の略名。アメリカ合衆国保健福祉省配下の政府機関。医薬品，化粧品などの規制・管理を行っている。
[*2] （SLC31A1 でコードされた）銅輸送トランスポーター 1 （Copper Transporter 1）で Cu(I) の輸送を行う。

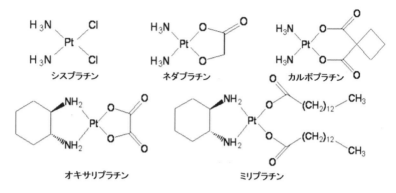

図 12-2　臨床白金抗がん剤

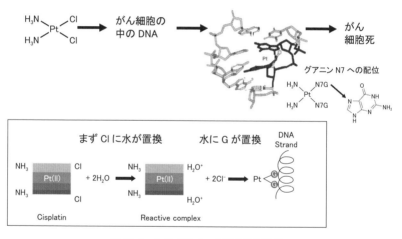

図 12-3　シスプラチンの推定作用機構

(オキサリプラチンも同様と考えらえている)

中止かと思われたが，投与前後に生理食塩水を点滴して水分補給する方法が開発されて薬としてようやく認可された歴史がある[8]。水溶性を上げて腎毒性を小さくしたカルボプラチン (carboplatin) やネダプラチン (nedaplatin) はシスプラチン耐性がんに効かず，シスプラチン耐性がんに有効なオキサリプラチン (oxaliplatin) へと開発が行われ，現在に至っている。オキサリプラチンは光学

活性ジアミノシクロヘキサン 1R2R-dach とシュウ酸を使って 1976 年に名市大薬学部の喜谷教授により開発され[9]，大腸・結腸がんに使用されている。適用症がシスプラチンよりも少ないのは，効かないということではなく，先発品よりも良いことが証明できなかった（効果が同じくらいであった）に過ぎない。副作用はシスプラチンの腎毒性と異なり，痺れ等の神経症状が用量制限となっている。オキサリプラチンのシュウ酸を長鎖アルキルカルボン酸にして油に溶解させ，肝臓に直接投与するミリプラチン (miriplatin) が 2009 年に承認された。これらはいずれも白金抗がん剤に分類され，窒素ドナーのシス位配位，残る二座を有機酸等配位結合が弱い脱離基で構成され，広い抗がんスペクトルを示すことが特徴である。シスプラチンは古典的には単剤としてそれまで特効薬のなかった睾丸腫瘍等に効果的に効き，人々を驚かせた。各種抗がん剤を組み合わせて使う併用療法が 1977 年に提唱されて以来[10]，がん薬治療の標準治療法になってきたが[11]，組合せのペアとしてシスプラチンが頻用されており，シスプラチンは 40 年以上のロングセラーとなっている。併用療法はランダムな組合せから結果的にいい組合せが選ばれるので，白金－核酸塩基の強い配位結合が遺伝子の複写を阻害する作用機構と，増殖に関係するタンパク質阻害を組合せることで，よい抗がん効果が得られると考えられる。シスプラチンも含めた白金抗がん剤は骨髄毒性，吐き気，痺れ等の神経毒性が強く，転移等重度のがん治療に用いられることが多い。また，シスプラチンは非常に耐性を作りやすい性質を持ち，再発した場合二度目の使用は効かないため見送られる。シスプラチンと同じシスジアンミン構造を持つカルボプラチンもシスプラチン耐性を示すが，アミン構造の違うオキサリプラチンはシスプラチン耐性を示さず，耐性はアミン部構造に大きく依存している。抗がん活性もアミン部の構造に大きく依存しており，例えば Pt-エチレンジアミン (en)-Cl_2 は DNA と結合ができにくく，抗がん活性がない[12]。一方，en を含むジアミノシクロヘキサンを持つオキサリプラチンは抗がん剤であり，抗がん活性の構造活性相関は完全に解明されたわけではない。

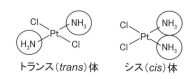

図12-4 トランスプラチンとシスプラチン

　化学者にとって，シス異性体のシスプラチンがよく効き，トランス異性体のトランスプラチン（図12-4）の効きが悪いことは興味深く，機構について研究が古くからなされてきた結果，シスプラチンが配位したDNA部分（-グアニン(cisplatin)-グアニン-）にはHMG(high mobility group)タンパク質が付加して[13]DNA修復酵素による攻撃から守られているのに対し，トランスプラチン配位DNAにはタンパク質が付加せずDNA修復酵素により白金が外され，修復されるためであるとわかった[14]。シスプラチンのDNA配位は90％以上が1本鎖DNAの-GG-に起こり，HMGとのアダクトを形成する。このアダクトが抗がん効果に重要であるとの報告もあるが[15]，詳細は不明である。一方，数％しか起こらない鎖間GGの配位は特定のDNA修復酵素によって修復されるため，修復酵素の阻害による研究から抗がん効果にかなり寄与していることがわかってきた[16]。1本鎖との差異を含め，PtのDNA結合以後の抗がん機構については，未だ統一した見解がなされていない。おそらくアポトーシスを誘導するP53[*1]，カスパーゼ抑制等，様々な生体反応が起こっており[17]，抗がん活性はそれらの反応の総合した結果と考えられる。最近ではシスプラチンが白金配位によってジンクフィンガーの亜鉛を追い出す等[18]，DNA以外の標的の可能性も示唆されている。

　シスプラチンの脱離基と考えられているCl部分は，Cl^-の濃度が高い細胞外では$Pt\text{-}Cl_2$の中性形を保持して膜透過しやすく，Cl^-の濃度が低い細胞内では加水分解が起こって$Pt\text{-}(OH_2)$となってDNAに配位しやすくなる工夫が施されていることが，後の研究から判明した[19]。当初は意図されなかった薬物デ

[*1]　分子量53kのタンパク質の意味である。DNA制御タンパク質で細胞の恒常性やアポトーシス誘導といった遺伝子を守る働きをする。P53遺伝子はがん抑制遺伝子である。

リバリーの巧みさがシスプラチンを超える白金抗がん剤がなかなか出ない一因かもしれない。意外なことに，シスプラチンの細胞内取り込み量はトランスプラチンより低いし，マウスでも臓器中の Pt 量は多くない。試験官内では取り込まれたシスプラチンの半分は核に移行しており[20]，核移行性の高さが抗がん活性の鍵かもしれない。シスプラチンががん細胞に効き，正常細胞のダメージが少ないのは Pt の取込量の差と考えられている。

　新薬開発に巨額の費用がかかるようになり，コストの安い既存薬の副作用低減も新薬開発のターゲットとなってきた。シスプラチン腎毒性は，カチオン型シスプラチンが腎臓の血管から尿細管に抜ける際に通過する近位尿細管上皮細胞へ入るトランスポーター OCT2[*1] が活発に働くのに対し，出るトランスポーター MATE[*2] が働かないために近位尿細管上皮細胞にカチオン型シスプラチンが蓄積することによって起こる[21]。したがって，Mg や腎移行性有機アミンのようなカチオンを同時に投与すれば，シスプラチンは近位尿細管上皮細胞へ入らず腎毒性を避けることができる。シスプラチンを含む抗がん剤にしばしば見られる吐き気に関しては，最近よい吐き気止め薬が開発された。シスプラチン難聴は神経系への Pt 副作用であるが，内耳で発現する *ACPY2*[*3] 遺伝子のダメージによる酸化ストレスが関係する[22]。シスプラチン耐性については，耐性細胞が PARP[*4]（ポリ ADP[*5] リボースポリメラーゼ）依存性を示すことから，PARP 阻害剤を併用したシスプラチン耐性がんへの対策が考えられている[23]。

[*1] 有機カチオントランスポーター（organic cation transporter）で OCT1-3 が同定されている。腎尿細管上皮細胞の側底膜に発現する取り込みトランスポーターである。シスプラチンは，尿細管上皮細胞内に蓄積することで腎障害が発現することが知られており，その取り込みに OCT2 が関与している，膜内外に形成された細胞内マイナスの膜電位差を利用して，カチオン性薬物の濃縮的な細胞内取り込み過程を媒介する。

[*2] multidrug and toxin extrusion とは，ヒトの腎臓の尿細管や肝臓の微小胆管の膜に発現している有機カチオン/H^+ 交換輸送体であり，ヒト腎に存在する有機カチオントランスポーターとして，刷子縁膜側の MATE が知られている。

[*3] 酵素 AcP をコードする遺伝子 *acpY2*。

[*4] 酵素 poly (ADP-ribose) polymerase (PARP) は，ニコチンアミドジヌクレオチド NAD^+ を基質として poly (ADP-ribose) を標的タンパクに結合させる。PARP は，この反応を介して DNA 損傷の検出および修復，クロマチン修飾，転写制御，エネルギー代謝と細胞死誘導など，多くの分子機能や細胞機能に重要な役割を果たしており，PARP 阻害剤が癌治療の分子標的として注目が集まっている。

[*5] 生体エネルギー源アデノシン-三リン酸 ATP からリン酸 1 個がとれた化合物（アデノシン-二リン酸）。

シスプラチンの耐性メカニズムは，ソフトな Pt と親和性の高い S ドナー配位子が結合した後，Pt(II) と同様の大きさとドナー親和性を有する Cu(I) の輸送経路を使った細胞外排出と考えられている[24]。

抗がん剤として Pt にとって代わる金属が種々検討され，Ru，Ti，Au が報告されてきたが[25]，今日に至るまで実用化には至っていない。この意味で嵩高い 6 配位置換不活性な Ru 抗がん錯体はタンパク質標的であり，平面 4 配位置換不活性な Pt 抗がん錯体が DNA 標的であることは興味深い。Pt と同じ平面 4 配位は Pd, Cu, 一部の Ni 錯体に見られるが Pt が最も置換不活性である。メラノーマで BRAF 変異を示すがんにおいて，BRAF[*1] がリン酸化する MEK1[*2] に Cu キレーターを使って Cu が結合できないようにすると，がんの増殖を抑制できたという報告があり[26]，がんが関与した生体内情報伝達に Cu の関与が明らかになった点で興味深い。

12.2　抗寄生虫薬（アンチモン製剤）

パラケルススが好んで使用した As, Sb の化合物が熱帯病薬として残っている。これは薬開発国では患者数が少なく，治療法が未確立なために新薬（オーファンドラッグ（希少疾病薬））が出ないことが背景にある。リーシュマニア症[27] はサシチョウバエが媒介するリーシュマニア原虫による感染症で，原虫の種類により無症状から死まで症状は様々である。治療には飲み薬以外では，5 価アンチモン剤ペントスタム[28]（スチボグルコン酸（Na）のアンチモン(V)錯体）（図 12-5）等を毎日注射する。アンチモンは配位子の COOH 基や OH 基さらにオキシド基 O^{2-} と配位して構造不定のポリマーを形成し，解糖や脂肪酸酸化によるエネルギー獲得経路を阻害すると考えられているが[29]，詳細は不明である。同じ族には 3 価の亜ヒ酸である急性白血病薬トリセノックス（三酸化ヒ素 As_2O_3）があり，作用機構としてレドックス制御系等を経たミトコンドリア膜透過阻害によってアポトーシス誘導物質放出によるアポトーシスが考えられており[30]，アンチモンもこれに似た機構が予想される。

　＊1　細胞内情報伝達と細胞増殖に関与する b-Raf というリン酸化酵素（キナーゼ）を作る遺伝子。BRAF 遺伝子は多くのがんで変異（バリンがグルタミン酸）が認められている。
　＊2　リン酸化酵素 MAP キナーゼキナーゼ 1（MAPK-ERK kinase1）の略称。MEK1 と MEK2 がある。

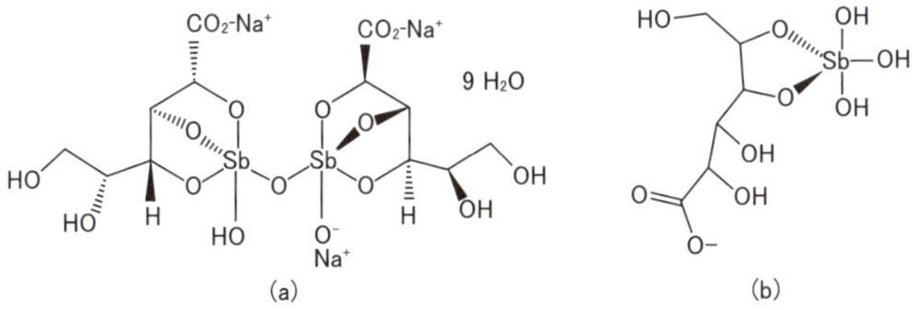

図 12-5　ペントスタム
(a) 粉末の推定構造，(b) 溶液の推定構造

12.3　ビスマス製剤（ピロリ菌除菌，止瀉薬，整腸薬）

次硝酸ビスマスは，Nicolas Lemery が 1681 年に創製したもので，腸粘膜の収斂作用をベースにしたヒト用下痢止薬であり，異常発酵による硫化水素を吸収し，止瀉作用を示す[31]。組成式は $Bi_5O(OH)_9(NO_3)_4$，または $BiO\cdot NO_3$，$Bi(OH)_2\cdot NO_3$ および $BiO\cdot NO_3\cdot BiO\cdot OH$ に相当するものの混合物（ポリマー）と考えられ，Bi は Tl，Pb に見られる不活性電子対効果[*1]により 2 価小さい 3 価をとる。多量に摂取した場合ビスマスによる神経系障害が想定されることから使用が減っていたが，胃がんの原因の大部分がピロリ菌による胃粘膜傷害であることがわかってから，再び使用が増加している。ピロリ菌は胃の中の 0.02 M 塩酸酸性に対抗して尿素から複核 Ni 酵素ウレアーゼによってアンモニアを発生させて酸を中和することにより，自らを生存可能ならしめている。ピロリ菌が出すアンモニアは胃粘膜を痛め，胃がんの原因となるので，ピロリ菌除去が胃がん対策に行われるわけである。ピロリ菌除去は当初は抗菌剤を使って行われていたが，抗生物質同様に抗菌剤で死なない耐性ピロリ菌が増えたため，除菌率が悪くなってきた。以来ビスマス製剤を含む多剤，最近では 4 剤処方が用いられるようになった[32]。腸に作用する薬として非常によく使われている便秘用下剤酸化マグネシウム MgO は難溶性の $Mg(OH)_2$ を，腸では炭酸塩との複塩を形成し，水和水を持った状態で腸粘膜を刺激して腸の蠕動を起す。これ

[*1] 6s 軌道は他の s 軌道と違って核の近くに電子密度の高い箇所があり，核－6s 電子間引力のために 6s 電子が抜けて希ガス電子配置になるには大きなイオン化エネルギーが必要となる。このため，6s 電子を持つ Tl，Pb，Bi は 6s 電子 2 個が残った状態が安定となり，価数が 2 小さな 1+，2+，3+ がそれぞれ安定となる。

に対して,水酸化ビスマス Bi(OH)$_3$ はホウ酸 B(OH)$_3$ と同様共有結合性が強い化合物であり,MgO とは作用が異なる。次硝酸ビスマスの作用機構としては,腸粘膜の収斂(しゅうれん)等が考えられているが詳細は不明である。

12.4 抗リウマチ薬（Au 錯体）

リウマチは膠原(こうげん)病とも呼ばれ,症状（炎症）に合わせて様々な対症療法薬が用いられる。その中に金製剤があり,注射用に金チオリンゴ酸ナトリウム（図12-6）が,経口用にオーラノフィンが中〜重度のリウマチに用いられる[33]。金チオリンゴ酸は Na 数＋ H 数 = 2,リンゴ酸はラセミ体の混合物である。これらの金製剤は,元々は結核の薬として開発され,ソフトな金(I) に対して,ソフトなチオラト基 S$^-$ や P を配位子として安定化を図った薬剤で,金は血液中でアルブミンと交換・結合し,その後患部の細胞内のリソゾームに蓄積し,周辺組織を破壊する炎症に関係する物質の放出を抑制して炎症を抑える。Au(I) が溶液中で Au コロイドと Au(III) に不均一化し,コロイド金が炎症抑制に働くとする説もある。最近の研究から[34] リウマチの関節痛・関節炎等の症状は免疫系の異常が骨を壊す破骨細胞を過剰に生じ,過剰の刺激物質サイトカインが放出されるためと解明され,インフリキシマブ[*1]等のサイトカイン抑制医薬品開発が目覚ましい。しかし,リウマチの原因はわかっておらず,金製剤は重度のリウマチの有用な治療法の 1 つとなっている。今後,選択的なデリバリー等低副作用化の開発が望まれる。

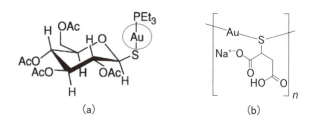

図 12-6　Au 薬　オーラノフィン（a）と金チオリンゴ酸 Na（b）

[*1] ヒト腫瘍壊死因子 TNF-α のモノクローナル抗体（タンパク質）。TNF-α はマクロファージにより産出され,腫瘍を壊死させるが,過剰な発現はリウマチをもたらす。

12.5 消化性潰瘍薬（アルミニウム製剤）

アルミニウムの水酸化物は，酸にも塩基にも溶ける両性物質であるため，胃の制酸剤として古くから使用されてきた。胃の不快感は，胃壁を酸や加水分解酵素ペプシンが攻撃することで起こるため，胃粘膜保護，抗ペプシン作用を持つ医薬品として，行方，石森らはショ糖の硫酸エステルに水酸化アルミニウムを加えて塩にした化合物（スクラルファート）（図12-7）を1968年に開発し，1981年に承認された純国産の医薬品である[33]。$C_{12}H_{24}Al_8O_{43}S_8 \cdot x\,Al(OH)_3 \cdot yH_2O$の組成を持ち，水酸化アルミニウムポリマーで水にほとんど溶けないため，胃の壁に膜を形成して潰瘍等の胃の粘膜保護に使用される。また，胃で働く加水分解酵素ペプシンを阻害して胃粘膜を保護する。アルミニウムは地殻には多いが，生物機能に用いられなかった非必須金属の代表例と考えられている。理由として，水に不溶で使えないことがあげられているが，鉄の水酸化物は水に不溶でも生体に使用されていることから，遅い反応速度が生体機能には不適なことが原因と思われる。アルミニウムの蓄積は，一時は痴ほう症との関連から注目を浴びたが，現在では水の浄化に使用されるアルミニウム濃度が規制されるようになり，限度以下であれば問題は起こらないようである。しかし，透析患者等腎傷害患者にアルミニウムの神経毒が多く見られるとの報告もあり，注意が必要である。

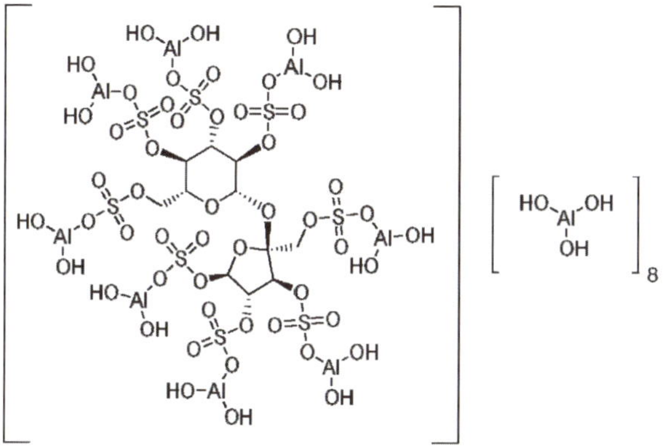

図12-7　スクラルファート

12.6　ポラプレジンク（亜鉛製剤）

　抗潰瘍と創傷治癒作用を持つ硫酸亜鉛と抗潰瘍作用を持つジペプチドのL-カルノシンとの相乗作用効果を期待して，藤村と高美らは1990年に胃潰瘍治療薬亜鉛-L-カルノシン（β-アラニルヒスチジン）錯体（図12-8）を開発し，1994年に純国産薬として承認され，ポラプレジンクと名付けられた[33]。ポラプレジンクの亜鉛はβ-アラニルグリシン様配位に加えて，イミダゾールとの錯体分子間配位のために，ポリマー構造となっているため水に難溶性で，スクラルファートと同じように，潰瘍を覆って保護する。亜鉛が様々な生体機能を調節するセカンドメッセンジャーであることが近年判明して以来[35]，亜鉛の様々な機能が新しく解明された。これにより薬開発後，外科手術跡の早い修復等，様々な生理機能を持つ亜鉛の供給による利点が認識され，亜鉛供給としての効用が追加された。カルシウムと異なり，亜鉛は非常にレスポンスが遅いことが特徴であり，数分から数時間のゆるやかな生体反応を亜鉛が制御する特徴がある。

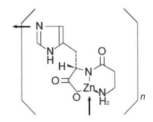

図12-8　ポラプレジンク Zn-(β-AlaHis)

12.7　銅-クロロフィリン塩

　スクラルファートやポラプレジンクと同じように純国産薬で，胸やけ，ゲップ等からの胃粘膜修復に使用される。クマザサが胃痛に効くことからクマザサ成分が研究され，金子らが1945年にクロロフィルMg錯体をCu錯体に変換した銅-クロロフィリンナトリウム（図12-9）を開発後，1961年にエーザイが銅-クロロフィリンカリウム（サクロン）として商品化した[33]。投与後は，銅-クロロフィリン塩がそのまま便に出るので，便が緑色になる。

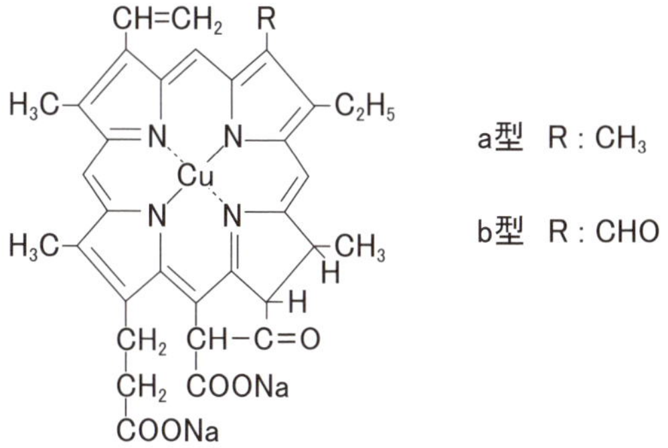

図 12-9 銅クロロフィリン Na

12.8 酢酸亜鉛

4万人に1人起こるウィルソン病は銅が体内に貯まる先天性代謝異常症で，治療法がわかっている数少ない病気である。銅輸送トランスポーター ATP7B およびその他に遺伝的欠損がある場合に起こる。銅過剰症ウィルソン病の治療には酢酸亜鉛 $Zn(CH_3COO)_2 \cdot 2H_2O$ が用いられる[36]。亜鉛の投与によって重金属排泄剤メタロチオネインを体内で誘導させ，銅も亜鉛と一緒にメタロチオネインに結合させて体外に排泄させる。亜鉛の過剰症は認められにくい特徴があり，亜鉛の塩が使用される。以前は，細胞外2価銅キレート剤トリメチレンテトラミンや細胞内1価銅キレート剤 D-ペニシラミンが用いられ，これらのキレート剤によって組織内の銅を銅-キレート錯体として可溶化し，体外に排泄させていたが，他の金属も同時に除去され銅だけを取り除くことが難しかったため，メタロチオネインを誘導させる低副作用方式に変わった。

銅過剰により起こるある種のがんは，キレート剤トリメチレンテトラミンの投与により，がん治療が可能なことが示されている[26]。銅のように高い安定度定数と例少ない平面四配位を持つ場合は，銅に特有のキレート剤が開発できて薬治療も可能と考えられる。

ウィルソン病と同じく銅トランスポーター ATP7A に異常があるメンケス病は逆に銅が欠乏し，中枢神経障害が起こる。この場合は血液の銅輸送成分の1つであるヒスチジン銅錯体を皮下投与するが[37]，脳への銅移行性向上，腎での

銅の蓄積が課題となっている。

12.9　酸化マグネシウム

多くの医薬品は便秘を引き起こす性質があるため，便秘薬は多く使用され，代表的なものが酸化マグネシウム（通称：カマグ，カマ）[38]である。腸では難溶性塩基性炭酸マグネシウムとなり，腸粘膜を刺激するとともに，結合水を持って嵩が増えるので腸のぜん動を起し便通を改善させる。古くから使われ安全性が高いこと，繰り返し使用しても効果が落ちないことが知られており，現代でもよく使われている。同じ酸化物でも例えば酸化カルシウムは水溶性の$Ca(HCO_3)_2$を形成してしまう。酸化マグネシウムは万人向けではあるが，腎に傷害を持つ等の場合は腎からマグネシウムが排泄されず，高マグネシウム症等を引き起こすので注意が必要とされている。

12.10　炭酸リチウム

近年精神病患者の増加が問題となっているが，双極性障害（躁うつ病）もその1つであり，うつと躁を繰り返す。躁を抑える薬は数少なく，炭酸リチウムLi_2CO_3が使用される[39]。リチウムの鎮静効果はケイドによって，リチウム塩化合物を投与している。躁うつ病患者で偶然に見出されたものであり，その後の研究からリチウムによるイノシトール一リン酸の加水分解酵素の阻害が起こっていることが判明した。しかし，酵素阻害機構も含めた作用機構解明には至っていない。薬作用濃度と中毒濃度が近いため，使用にあたっては血中濃度の測定が義務付けられている。

12.11　MRI造影剤

磁気共鳴イメージングMRIは磁場の中での水のNMRを画像化したもので，体内の水の緩和時間の違いによって体の内部構造を画像化するものである。わずかな緩和時間差しかない場合は，画像のコントラストが弱く，内部構造が画像から判別しにくい。そこで，水の緩和時間を大きく変えることができるガドリニウムGd-DTPA（図12-10）が鮮明なMRI画像化に用いられ，MRI造影剤として使用されている[40]。Gdが使用される理由は全元素の中で最も多い5個

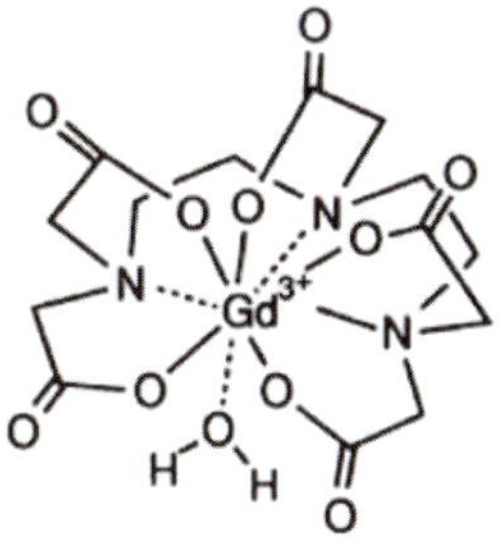

図 12-10　MRI 造影剤 Gd-DTPA-H_2O

の不対電子を持ち，不対電子のスピンによる大きな緩和効果を効率よく水に伝えることができるからである。Gd 塩は副作用が大きいため，EDTA にもう 1 つ N(CH_2COO) を追加した DTPA によるキレート剤を使って副作用をマスクしている。Gd は希土類に属し，f 軌道を持つためイオン半径が大きく，8 座の DTPA を使っても 1 座水が配位する空間ができる。この配位水を通して不対電子の緩和効果が周辺の水に伝わる仕組である。診断用薬であるので画像を得るための 1 回の投与量はかなり多く設定されている。腎臓に障害を持つ患者では皮膚に炎症（腎性漸新世線維症 NSF）が起こり，Gd の沈着が認められたことから，2010 年，FDA は腎患者には MRI 造影剤投与を禁止した[41]。DTPA と Gd の錯体形成が完ぺきではなく，極微量の遊離した Gd の存在が原因との報告があるが，Gd はヒト血清アルブミンその他とも安定な錯体を形成するので，腎臓での輸送上の問題と考えられる。

12. 12　抗エイズ薬

エイズは，細胞内に潜り込んで自らの遺伝情報 RNA を逆転写酵素により DNA にコピーして増えるウイルスである。エイズ薬はこれらのいずれかの過程を阻害し，エイズが増殖するのを防ぐ。エイズ薬として，1）DNA 組込み酵素インテグラーゼ, 2）逆転写酵素, 3）タンパク質加水分解酵素プロテアーゼ, 4）吸着･侵入に着目した抗エイズ薬が開発されている。Mg 複核酵素インテグラーゼはヒト DNA を切ってウイルス DNA を挿入するので阻害剤はエイズ薬となる。開発された阻害剤エルビテグラビル（図 12-11）はピリジン環に C=O と

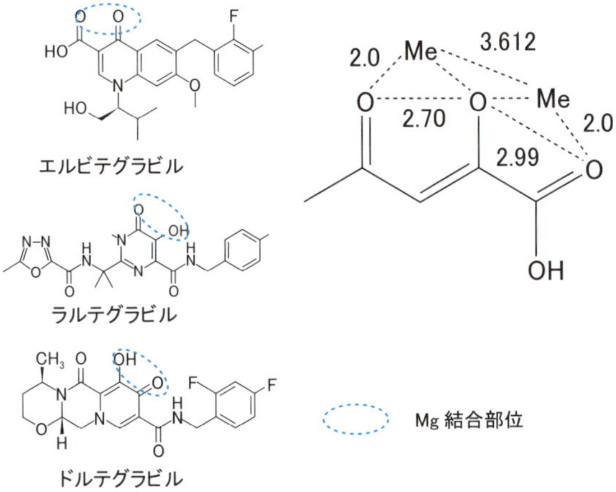

図 12-11　複核 Mg 酵素インテグラーゼ阻害剤

COOH を有し，複核 Mg に結合して阻害すると考えられている[42]。金属酵素の金属配位による阻害は特異性の発現に課題があることが多い。一方，薬物代謝ヘム酵素 P450 の酵素タンパク質阻害による前立腺がん用抗がん剤も開発されている[43]。

12.13　化粧品白斑問題

2008 年から 5 年間の間に美白用化粧品で約 2 万人が白斑被害にあい，社会問題となった。原因は美白作用を持つ成分として加えられていたロドデノールで[44]，複核銅酵素チロシナーゼの活性を阻害してメラニン形成を押さえる役割を担っていた（図 12-12）。チロシナーゼは紫外線の害から組織を守るために皮膚直下のメラノサイトでチロシンを酸化してドーパキノンを経て，メラニンを形成している。ロドデノールはチロシンよりもチロシナーゼにより酸化されにくく，阻害剤となるが一部は酸化され，フェノール OH が導入されたヒドロキシロドデノール（Hydroxy rhododendrol）となり，これがメラノサイトに強い毒性を示してメラニンが全く形成されなくなることが白斑の原因と考えられた[45]。ヒドロキシロドデノール以外にパラキノン体等も原因と推定されている。チロシナーゼの代謝物であるカテコール，オルトキノンは鉄酵素カテコールジ

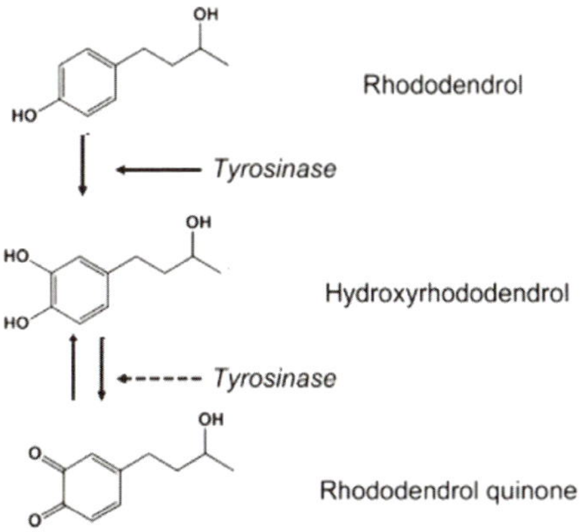

図 12-12 化粧品白斑に関係した代謝反応

オキシナーゼで酸化分解され低毒性であるが，ヒドロキノン，パラキノンは酸化分解されず，抱合体にて排泄・解毒されるまで残留することも一因と思われる。

おわりに

薬の代謝に金属酵素が重要な寄与をする典型的な例は，鉄酵素 P-450 である。P-450 は薬物に OH 基や C=O 基を導入して薬物を水溶性にして腎からの排泄を促す。薬の開発では P-450 の代謝物を調べ，それらの生理活性，毒性を調べることは必須となっている。副作用が強い代謝物が見つかり開発を断念する例は多い。逆に，P-450 による酸化反応を利用して，より活性な物質を作らせることも行われており，金属酵素と基質となる薬との反応研究は薬の代謝を考える上では非常に重要である。

参考図書・文献

1) N.C. Lloyd, H. W. Morgan, B. K Nicholson, R. S. Ronimus, *Angew. Chem., Int. Ed.* **44**: 941–944 (2005).
2) 田村善三, ファルマシア, 789-791, (1970).

3) A. Y. Mulkidjanian A. Y. Bychkov, D. V. Dibrova, M. Y. Galperin, E. V. Koonin, *Proc. Natl. Acad. Sci. USA*, **109**, E821-E830 (2012).

4) R. J. P. Williams, J. J. R. Fraústo da Silva, "The Natural Selection of the Chemical Elements", Clarendon Press (1997).

5) M. Ruz, K. R. Cavan, W. J. Bettger, L. Thompson, M. Berry, R. S. Gibson, *Am. J. Clin. Nutr.* 53(5), 1295-1303 (1991).

6) Gary N. Parkinson, Michael P. H. Lee and Stephen Neidle, *Nature*, 417, 876-880 (2002).

7) B. Rosenberg, *Cancer*, 55(10), 2303-2316 (1985).

8) T. Bartosz, J. Renata, A. Odani, "New-Generation Bioinorganic Complexes", Gruyter, 160-171 (2016).

9) Y. Kidani, K. Inagaki, M. Iigo, A. Hoshi, K. Kuretani, *J. Med. Chem.*, 21(12), 1315-1318 (1978).

10) L. H. Einhorn, J. Donohue, *Ann. Intern. Med.*, 87(3), 293-298 (1977).

11) S. D. Williams, M.D., R. Birch, L. H. Einhorn, L. Irwin, F. A. Greco, P. J. Loehrer, *New Engl. J. Med.*, 316, 1435-1440 (1987).

12) T. W. Hambley, E. C. H. Ling, V. P. Munk, M. S. Davies, *J. Bio. Inorg. Chem.*, 6, 534-542 (2001).

13) U-M. Ohndorf1, M. A. Rould, Q. He1, C. O. Pabo, S. J. Lippard, *Nature* 399, 708-712 (1999).

14) E. R. Jamieson, S. J. Lippard, *Chem. Rev.* 99, 2467-2498 (1999).

15) K. Igarashi1, N. Yamamoto1, K. Hayashi1, A. Takeuchi, S. Miwa, A. Odani, H. Tsuchiya, Anti-Cancer Agents in Med. *Chem.*, 15, 390-399 (2015).

16) A. J. Deans, S. C. West, Nature Reviews Cancer 11, 467-480 (2011).

17) Z. H. Siddik, *Oncogene*, 22, 7265-7279 (2003).

18) E. Moreno-Gordaliza, C. Giesen, A. Lázaro, D. Esteban-Fernández, B. Humanes, B. Cañas, U. Panne, A. Tejedor, N. JakubowskiM. M. Gómez-Gómez, *Anal. Chem.*, 83 (20), 7933-7940 (2011).

19) S. J. Lippard, J. M. Berg, "Principles of Bioinorganic Chemistry", University Science Vooks (1994)(松本監訳,『生物無機化学』東京化学同人, 112-114 (1997).

20) G. Hermann, P. Heffeter, T. Falta, W. Berger, S. Hanna, G. Koellensperger, *Metallomics*, 5, 636-647 (2013).
21) H. Motohashi, K. Inui, *AAPS J.* 15(2), 581-588 (2013).
22) Y.S. Shina, S.J. Song, S.U. Kanga, H.S. Hwanga, J.W. Choi, B.H. Leea, Y.-S. Jung, C.-H. Kim, *Neuroscience*, 232, 1-12 (2013).
23) J. Michels, *et al.*, *Cancer Res.*, 73(7), 2271-80 (2013).
24) J. Reedijk, *Eur. J. Inorg. Chem.* 1303-1312 (2009).
25) N. Muhammad, Z. Guo, Curr. Opi. in Chem. Biol., 19, 144-153 (2014).
26) D. C. Brady, M. S. Crowe, M. L. Turski, G. A. Hobbs, X. Yao, A. Chaikuad, S. Knapp4, K. Xiao, S. L. Campbell, D. J. Thiele, C. M. Counter, *Nature,* 509(7501), 492-496 (2014).
27) http://www.forth.go.jp/moreinfo/topics/2014/01291052.html
28) F. Frézard, C. Demicheli, R. R. Ribeiro, *Molecules* **2009**, *14*(7), 2317-2336.
29) http://trop-parasit.jp/docDL/tebiki_2014ver81.pdf
30) http://medical.radionikkei.jp/suzuken/final/050113html/
31) 次硝酸ビスマスインタビューフォーム（http://med.nipro.co.jp/servlet/servlet.FileDownload?file=015100000029AWJAA2）
32) http://www.bmj.com/content/bmj/351/bmj.h4052.full.pdf
33) 桜井弘，薬史学雑誌，50(1), 7-12 (2015).
34) http://www.sugitani.u-toyama.ac.jp/sangaku/forum/souyaku24/3.sugiyama.pdf
35) http://www.riken.jp/~/media/riken/pr/press/2007/20070514_1/20070514_1.pdf
36) http://jsimd.net/pdf/guideline/22_jsimd-Guideline_draft.pdf
37) http://www.shouman.jp/details/8_8_108.html
38) 酸化マグネシウムインタビューフォーム（www.info.pmda.go.jp/go/interview/1/730612_2344009F1078_1_004_1F）
39) http://mentalsupli.com/medication/mood-stabilizer/lithium/li-generic-effect/
40) https://en.wikipedia.org/wiki/Gadopentetic_acid
41) http://eradiology.bidmc.harvard.edu/LearningLab/genito/Zhao.pdf
42) J. A. Grobler, K. Stillmock, B. Hu, M. Witmer, P. Felock, A. S. Espeseth, A. Wolfe, M. Egbertson, M. Bourgeois, J. Melamed, J. S. Wai, S. Young, J. Vacca, D. J. Hazuda,

PNAS, 99(10), 6661-6666 (2002).
43) https://en.wikipedia.org/wiki/Orteronel
44) M. Sasaki, M. Kondo, K. Sato, M. umeda, K. Kawabata, Y. Takahashi, T. Suzuki, K. Matsunaga, S. Inoue, *Pigment Cell Melanoma Res.*, 27, 754-763 (2014).
45) C. Nishigori, Y. Aoyama, A. Ito, K. Suzuki, T. Suzuki, A. Tanemura, M. Ito, I. Katayama, N. Oiso, Y. Kagohashi, S. Sugiura, K. Fukai, *J. Dermatology*, 42, 113-128 (2015).

付　録

付録1　ヘムの構造

ヘム *a*

ヘム *o*

ヘム *b*

ヘム *c*

ヘム *d*

ヘム d_1

シロヘム

クロロヘム

付録2 酵素の分類とEC番号（サブクラスまで）

1. 酸化還元酵素（オキシドレダクターゼ）

1.1. 供与体のCH-OH基に作用する
1.2. 供与体のアルデヒド基あるいはオキソ基に作用する
1.3. 供与体のCH-CH基に作用する
1.4. 供与体のCH-NH_2基に作用する
1.5. 供与体のCH-NH基に作用する
1.6. NADHあるいはNADPHに作用する
1.7. 他の窒素化合物を供与体とする
1.8. 供与体の硫黄を含む基に作用する
1.9. 供与体のヘムに作用する
1.10. ジフェノールあるいは関連物質を供与体とする
1.11. 過酸化物を受容体とする
1.12. 水素を供与体とする
1.13. 分子状酸素を取込み単一の供与体に作用する（オキシゲナーゼ）
1.14. 分子状酸素を取込み一対の供与体に作用する
1.15. 超酸化物ラジカルを受容体として作用する
1.16. 金属イオンを酸化する
1.17. CH_2基に作用する
1.18. 還元型フェレドキシンを供与体とする
1.19. 還元型フラボドキシンを供与体とする
1.99. その他のオキシドレダクターゼ

2. 転移酵素（トランスフェラーゼ）

2.1. C_1基を転移する
2.2. アルデヒド基あるいはケトン基を転移する
2.3. アシル基を転移する
2.4. グリコシル基を転移する（グリコシルトランスフェラーゼ）
2.5. メチル基以外のアルキル基あるいはアリール基を転移する
2.6. 窒素を含む基を転移する
2.7. リンを含む基を転移する
2.8. 硫黄を含む基を転移する

3. 加水分解酵素（ヒドロラーゼ）

3.1. エステル結合に作用する
3.2. グリコシル化合物に作用する（グリコシダーゼ）
3.3. エーテル結合に作用する
3.4. ペプチド結合に作用する（ペプチダーゼ）
3.5. ペプチド結合以外の炭素-窒素結合に作用する
3.6. 酸無水物に作用する
3.7. 炭素-炭素結合に作用する
3.8. ハロゲン化物に作用する
3.9. リン-窒素結合に作用する
3.10. 硫黄-窒素結合に作用する
3.11. 炭素-リン結合に作用する
3.12. 硫黄-硫黄結合に作用する

4. 脱離酵素・付加酵素（リアーゼ）

4.1. 炭素-炭素結合に作用する
4.2. 炭素-酸素結合に作用する
4.3. 炭素-窒素結合に作用する
4.4. 炭素-硫黄結合に作用する
4.5. 炭素-ハロゲン結合に作用する
4.6. リン-酸素結合に作用する
4.99. その他のリアーゼ

5. 異性化酵素（イソメラーゼ）

5.1. ラセマーゼおよびエピメラーゼ
5.2. シス-トランスイソメラーゼ
5.3. 分子内オキシドレダクターゼ
5.4. 分子内トランスフェラーゼ（ムターゼ）
5.5. 分子内リアーゼ
5.99. その他のイソメラーゼ

6. 合成酵素（リガーゼ）

6.1. 炭素-酸素結合を生成する
6.2. 炭素-硫黄結合を生成する
6.3. 炭素-窒素結合を生成する
6.4. 炭素-炭素結合を生成する
6.5. リン酸エステル結合を生成する

索　引

あ　行

亜　鉛　508
──イオン　15
──含有タンパク質　16
──酵素阻害剤　374
──配位 OH⁻　368
──配位水　368
──配位水の酸性度　375
──フィンガー　386
──フィンガーヌクレアーゼ　388
青いバラ　71
アキシャル配位　271
アクセプター分子　468
アクチベーター　431
[3Fe-4S] アコニターゼ　12
亜硝化窒素還元酵素　174, 205
亜硝酸還元酵素　174, 201
亜硝酸-シトクロム c 酸化還元酵素　176
アシル CoA デサチュラーゼ　130
アシルキャリヤータンパク質デサチュラーゼ　130
アシルリピドデサチュラーゼ　130
アスコルビン酸酸化酵素　19, 157
アスコルビン酸ペルオキシダーゼ　55
アスタシンスーパーファミリー　366
アスパラギン酸プロテアーゼ　365
アズリン　14, 19, 196
アセタゾラミド　374
アセチレン　335
──重合反応　424
──分子の活性化　339
──分子の活性化戦略　338
アセトキシメチルエステル　459
アデニリル硫酸還元酵素　188, 190
アデノシルコバラミン　349
アナモックス細菌　171
アノード　333

──触媒　333
亜ヒ酸イオン　227
アポタンパク質　401
アポトーシス　486
アミド I 振動数　257
アミノ酸残基　222
1-アミノシクロプロパン-1-カルボン酸　100
──オキシダーゼ　100
アミノペプチダーゼ　24
アミンオキシダーゼ　19
アミン酸化酵素　147
アラキドン酸　60
亜硫酸イオン　220
亜硫酸還元酵素　189
──, 異化型の　193
──の触媒反応機構　194
アリルオキシカルボニル　478
アリルカルバメート　477
アルカリ金属　27
──イオン　10
アルカリ土類金属　27
──イオン　10
アルカリホスファターゼ　16, 371
アルキルペルオキシド中間体　92, 105
アルキルペルオキシド鉄(II)　89, 90, 107
アルキルペルオキシド鉄(III)　90, 91
──中間体　107
アルケンモノオキシゲナーゼ　110
アルコール脱水素酵素　16
アルセノベタイン　358
アルツハイマー病　482
アルドラーゼモデル　384
アルミニウム　507
アロステリックエフェクター　38
アロステリック効果　38
アンジオテンシン変換酵素　374
アンチモン(V)　504
アンテナ　263
──, 周辺　272

──, 中心　272
アンピシリン　493
アンモニア　334
──一原子酸素添加酵素　175
──化　171

硫黄酸化細菌　172
イオノフォア　27, 28
イオン的解裂　63
イオンポンプ　28
異化型亜硝酸還元酵素　177
異化型硝酸還元　171
異性化酵素　23, 25
異性化反応　349
イソペニシリン N　97
──シンターゼ　97
一酸化炭素　343
──デヒドロゲナーゼ　343
──分子の活性化戦略　344
一酸化窒素還元酵素　174, 180
イメージング研究　457
インテグラーゼ　511
イントラ型酵素　86
インドールアミン 2,3-ジオキシゲナーゼ　70, 76

ウィルソン病　509
ウェルナー　497
ウレアーゼ　24

エイズ　511
エキソペプチダーゼ　24
エクストラ型酵素　87
エチレン　336
──センサータンパク質　449
エニアチン　28
エフェクター分子　443
遠位ヒスチジン (His)　36, 38, 57
エンテロバクチン　29
エンドペプチダーゼ　24
エンドペルオキシド　158

オキサリプラチン　499
オキシ型ヘム　439

519

オキシゲナーゼ　22, 69
オキシダーゼ　20, 21, 22, 147
オキシド架橋二核鉄 (III)(IV) 中間体　113
オキシド基　48
オキシド錯体　45
オキシド種　321
オキシド鉄 (IV)(Fe(IV)=O)　107
オキシド鉄 (IV) 中間体　99
オキシドヒドロキシド鉄 (V)(HO-Fe(V)=O)　107
オキシラジカル種　141
2-オキソグルタル酸　92
　——依存性酸化酵素　92
2-オキソヒスチジン　450
オーラノフィン　506
オレフィンメタセシス　416

か 行

開環メタセシス　418
会合機構　228
海馬　472
外部シグナル応答系　430
核転写因子　489
過酸化水素　67
　——センサー　449
過酸化物　42
加水分解酵素　23, 24, 364
カソード　333
硬い酸　365
カタラーゼ　20, 21, 22, 52, 67
活性化因子　490
活性酸素種　248, 483
カテコールオキシダーゼ　19
カテコールジオキシゲナーゼ　85
　——, イントラジオール型　86
　——, エクストラジオール型　86
カテコールの酸化反応　149
カプトプリル　374
可溶性グアニル酸シクラーゼ　440
可溶性メタンモノオキシゲナーゼ　109, 114
ガラクトースオキシダーゼ　19
ガラクトース酸化酵素　14, 147
カルバペネムシンターゼ　93
カルボキシペプチダーゼ　24

　——A　16, 366
　——ファミリー　366
カルボキシラト基の豊富な配位環境　111
カルボキシラトシフト　115, 128
カルボニックアンヒドラーゼ　366
　——阻害剤　374
　——ファミリー　366
カルモジュリン　469
　——結合ペプチド (M13)　469
カロテノイド　265
酸化還元酵素　22
還元酵素　22
還元的脱ハロゲン化反応　356

キノン　287
逆平衡二重鎖 β-ヘリックス　95
キャリア　27
求核攻撃　346
休止酸化型　245
Mn_3CaO_4 キュバン　308
強磁性相互作用　61, 145
共焦点顕微鏡　462
協同効果　41, 49
共平面　271
共鳴エネルギー移動　266
共鳴ラマン　248
　——スペクトル　145, 204, 220
共役度　271
共輸送　27
金　506
近位ヒスチジン (His)　35, 38, 57
金属イオンの輸送様式　26
金属酵素　22
金属錯体医薬　482, 485
金属の運搬・貯蔵　21
金属ヒドリド化合物　318
金属プロテアーゼ　365
金チオリンゴ酸ナトリウム　506
均等開裂　141

空配位座　322
組み換え体　153

[2Fe-2S] クラスター　12, 445

[3Fe-4S] クラスター　12
[4Fe-4S] クラスター　12, 443
[Mn_4CaO_5] クラスター　304
クラバミン酸シンターゼ　93
クリプタント　492
グリーンギャップ　265
グリーン蛍光タンパク質　463
グリーン触媒　358
グルタチオン　358, 477
グロビンドメイン　440
クロリン　294
クロロソーム　280
クロロフィル　263
　——二量体　286
クロロフェリル中間体　97
クロロペルオキシダーゼ　56, 59, 66

蛍光イメージング　457
蛍光プローブ　459
結合エネルギー　228
結合解離エネルギー　113, 219
結晶構造解析　243
結晶中の基質酸化反応　87
血清アルブミン　30
ゲノム編集　390
ケミカルプロトン　243
嫌気呼吸　172
原子移動反応性　219
原子価間電子移動遷移　31

コイル・ヘリックス転移　453
光化学系 I　286
光化学系 II　269, 304
抗ガン活性　480
抗がん剤　485
好気呼吸　174
光合成細菌　277
光合成生物　261
光子数　263
恒常性　476
高スピン状態　37
高スピン鉄 (IV) オキシド Fe(IV)=O 中間体　81, 95, 96
合成酵素　23, 25
合成二分子膜　353
光量子束密度　263
呼吸系　238
呼吸鎖電子伝達系　239
固体高分子形燃料電池　332
5 配位型ニトロシルヘム　441

索　引

コバラミン　11, 348
コバルトイオン　16
コバルト-炭素結合　350, 352
コリン環　348
コロール鉄錯体　404
根粒菌　170

さ　行

サイトエネルギー　267
サイトカイン　491
細胞機能　476
細胞死　484
細胞毒性　478, 485
細胞内化学反応　491
細胞内基質　480
細胞内シグナル分子　488
細胞内情報伝達システム　431
細胞内情報伝達反応　432
細胞内脱保護反応　479
細胞内輸送　488
細胞表面　476
細胞膜透過性　490
細胞輸送　490
酢酸亜鉛　509
サクロン　508
サーモリシン　16
　　――ファミリー　366
サルバルサン　497
酸塩基触媒　66, 69
酸化型モデル　230
酸化還元酵素　23, 385
酸化還元電位　9
三核銅中心　157
酸化酵素　22, 147
3型分離システム　481
酸化チタン　357
酸化的付加　329
酸化的リン酸化　239
　　――機構　240
酸化反応　402
酸化マグネシウム　510
酸解離曲線　40
酸素化型　72, 78, 246
酸化還元触媒　354
酸素原子移動反応　229
酸素呼吸　238
酸素センサー　437
酸素耐性型 [NiFe] ヒドロゲナーゼ　320
酸素貯蔵・運搬タンパク質　18
酸素添加酵素　22, 141

酸素添加反応　358
酸素同位体敏感バンド　249
酸素同位体敏感ラマンバンド　254
酸素発生型光合成　303
酸素発生錯体　304
酸素発生反応　303
酸素分子　52, 320
　　――の活性化　328
　　――の活性化戦略　326
　　――の還元　328, 332
酸素飽和度　40
三方両錐型の鉄 (IV) オキシド錯体　108
ジ-μ-オキシド架橋二核鉄 (IV) 錯体　113
ジ-μ-オキシド高スピン二核鉄 (IV) 中間体　117
ジ-μ-オキシド二核鉄 (IV) 錯体　117
ジアゼン　336
シアノコバラミン　348
シアノバクテリア　268, 303
ジオキシゲナーゼ　21, 69, 76, 86, 158
　　――類　20
ジオキセタン　79
紫外可視吸収スペクトル　30, 32
紫外線照射　357
シグナルガス分子　488
シグナル伝達反応　432
シグナル分子　453
軸配位子交換反応　436
シクロプロパン化反応　420
ジクロロジフェニルトリクロロエタン　356
β-ジケチミナト　145
自己集積　280
　　――化　222
自己触媒的　148
歯状回　473
次硝酸ビスマス　505
システイン残基　220
システインプロテアーゼ　365
シスプラチン　482, 499
　　――耐性　503
ジチオラト配位子　409
ジチオレン部　215
質量活性　333

シデロフォア　29
　　――, カテコール型　29
　　――, ヒドロキシサム酸型　29
シトクロム c　409
　　――酸化酵素　19, 52, 157, 239
　　――ペルオキシダーゼ　37, 55, 58
シトクロム P450　69, 180, 405
シトロバクター S-77　333
ジニトロシル鉄錯体　446
ジヒドリド錯体　329
ジヒドリド種　335
ジヒドロキシフェニルアラニン　104
ジヒドロキシル化反応　81
ジヒドロプテリジン還元酵素　103
脂肪酸 Δ^9-デサチュラーゼ　130
四面体型構造　368
修飾電極　354
重水素同位置効果　146
自由電子レーザー　203
シュウドアズリン　19, 196, 198
出力密度　332
受動輸送　26
硝化　171
硝酸／亜硝酸交換輸送体　174
硝酸イオン　221
硝酸還元酵素　173
常磁性　145
小分子の活性化　318
少量元素　2
触媒活性　342
触媒毒　343
植物ホルモン　449
シリンゴマイシン生合成酵素　93, 97
シロヒドロクロリン　192
シロヘム　192
人工金属酵素　399, 488
人工光合成　2
人工制限酵素　388
人工ヌクレアーゼ　386, 389
人工変異体　284
人工リン脂質小胞　254
C-O 伸縮振動　43
Fe-O 伸縮振動　42, 43, 252
Fe-OH 伸縮振動　254
O-O 伸縮振動　42, 47, 51, 252
シンテターゼ　25

521

腎毒性　503

水酸化反応　405
水酸基　216
水素化反応　412
水素結合　253
　──ネットワーク　75, 440
水素錯体　340
水素 - 酸素燃料電池　331
水素発生　408
水素引き抜き反応　146
水素分子　319
　──の活性化　320
　──の活性化戦略　323
　──の酸化　328, 332
　──のヘテロリティックな開裂　328
　──のホモリティックな活性化　330
水素ラジカル　332
水中アルドール反応　385
スクラルファート　507
ステアロイル ACP Δ⁹-デサチュラーゼ　110, 131
ステート遷移　286
ステラシアニン　19
ストークスシフト　267
ストップトフロー装置　246
ストレプトアビジン　487
スピン禁制　31
スペシャルペア　277
スーペルオキシド　42, 53
　──錯体　45, 140
　──ジスムターゼ　16, 19, 20, 21, 23, 483
　──センシング　446
　──中間体　95
　──鉄 (II)　107
　──鉄 (III)　107, 108
　──鉄 (III) 中間体　99, 103
　──ラジカル　88, 90
スルフィド基　216
スルホキシド化反応　406

制御タンパク質　121
制限 2 電子移動　116, 126
生体恒常性　4, 26
生体直交型反応　476, 478
生体微量元素　4, 5
生物学的環境修復　86, 119
生物有機金属化学　318

生命の発生　499
生命必須微量元素　2
西洋ワサビ　56
　──ペルオキシダーゼ　402
生理活性　498
正立顕微鏡　462
生理的最適濃度　3
セカンドメッセンジャー　440, 458
赤外分光　254
赤痢菌　480
ゼブラフィッシュ　477
セラチアファミリー　366
セリウム (IV) イオン　389
セリン　225
　──プロテアーゼ　365
セルロプラスミン　14, 19, 30
セレニド錯体　218
セレノシステイン　224
セロトニン　76
　──生合成　104
遷移金属イオンセンサー　451
センサー　430
　──型転写調節因子　451
　──タンパク質　433
　──ドメイン　436

走化性制御系　432
双環性クリプタンド　381
　──障害　510
速度論的同位体効果　96
　── KIE (k_H/k_D)　119
ゾル-ゲル法　354
ソーレー帯　265

た　行

第一配位圏　400
第二配位圏　400
　──のアミノ酸残基　139
対向輸送　27
対称性軌道　30
苔状繊維　473
第二遷移系列元素　214
タイプ 1 銅　157
タイプ 3 銅　157
太陽エネルギー　261
太陽光　263
太陽スペクトル　262
タウリン／2-OG ジオキシゲナーゼ　93
多光子励起　462

脱塩素化酵素　352
脱水素化反応　225
脱水素酵素　22
脱窒　171, 195
脱窒亜硝酸還元酵素　177
脱窒カビ　180
脱窒菌　182, 195
脱保護反応　481
脱離酵素　23, 24
多量元素　2
単核鉄のモデル　107
単核銅活性中心　142
単核非ヘム鉄酵素　80
タングステン　214
　──含有酵素　231
炭酸脱水酵素　16
炭酸リチウム　510
炭素循環　343
タンパク質自己集積　492
タンパク質針　490
短波長シフト　283
単輸送　27

チアゾリジン環　97
チオエーテル結合　50
チオフェノール　479
チオラト　220
　──誘導体　230
置換活性　8
置換不活性　8, 215
窒素固定　170
窒素循環　195
窒素分子　334
　──の活性化戦略　335
　──の還元　337
チミンヒドロキシラーゼ　93
チャンネル　27
中間体 P　117
中間体 Q　117
中間体 X　129
超高解像度顕微鏡　462
超好熱菌　231
超酸化物　42, 160
調節因子　38
調節タンパク質　110
長波長シフト　283
超微量元素　2
超分子　382
チロシナーゼ　14, 19, 512
チロシン残基　306
チロシン水酸化酵素　103

索引

チロシンラジカル 128, 129

通風 216

デアセトキシセファロスポリン C シンターゼ 93
低スピン状態 37
デオキシヒプシン-eIF-5A 134
デオキシヒプシンヒドロキシラーゼ 134
——, ヒトの 135
鉄 (III)-スーペルオキシド中間体 105
鉄 2 価ペルオキシド中間体 78
鉄 3 価スーペルオキシド状態 72
鉄 3 価ヒドロペルオキシド中間体 72, 73
鉄硫黄クラスター 12, 434
鉄イオン 11
鉄応答配列 447
鉄含有タンパク質 20
鉄の輸送と貯蔵 28
鉄ポルフィリン錯体 54
テトラクロロエチレン 352
テトラヒドロビオプテリン 103
デヒドロゲナーゼ 22
転移酵素 23
1,2-転位反応 353
電解還元 354
電荷再結合 292
電荷分離 286
——状態 263
電極触媒 333
電子移動 74
——の駆動力 293
——の再配列エネルギー 293
——反応 207
電子受容体 346
電子スピン共鳴 199
——スペクトル 31
電子ドナー・アクセプター連結分子 289
転写因子 II 386
転写活性化因子 431
転写調節因子 431
転写抑制因子 431
電子伝達タンパク質 17
天然変異体 283

銅イオン 12
同位体シフト 250
同位体標識実験 151
同化型硝酸還元 171
銅含有タンパク質 19, 21
銅-クロロフィリン 508
銅シャペロン 154
銅の輸送 30
倒立顕微鏡 462
ドキソルビシン 479
ドナー分子 468
ドーパミン β-ヒドロキシラーゼ 19
トランス効果 8
トランスフェリン 29
トランスプラチン 502
トランスポーター 26, 27
トリエチルホスファイト 324
トリオキシド二核鉄 (IV) 錯体 118
トリスピラゾリルボレート三座配位子 HB 112
トリハロメタン 356
L-トリプトファン 76
トリプロファン 2,3-ジオキシゲナーゼ 70, 76
トリプトファン水酸化酵素 103
トリメチレンテトラミン 509
トルエン/o-キシレンモノオキシゲナーゼ 109, 120
トルエン 4-モノオキシゲナーゼ 120
トルエンジオキシゲナーゼ 81
トルエンモノオキシゲナーゼ 109, 120
ドルゾラミド 374

な 行

ナフタレン-1,2-ジオキシゲナーゼ 81
二核亜鉛 β-ラクタマーゼ 371
二核金属活性中心 382
二核非ヘム鉄酵素 109
二原子酸素添加酵素 158
ニコチンアミドアデニンジヌクレオチド 484
ニコチン酸イオン 218
二酸化炭素 343
二重鎖 β ヘリックス 101

二成分情報伝達系 431
ニッケルイオン 16
ニトロゲナーゼ 170, 334
——モデル 339
ニトロフォリン 434
尿酸 216

ヌクレアーゼ 24
——P1 372

熱水噴出孔 231
燃料電池触媒 331

能動輸送 26
濃度消光 268
ノナクチン 28
ノーマル銅 157

は 行

配位子場安定化エネルギー 44
バイオイメージング 458
バイオインスパイアード 359
——錯体 120
——触媒 353
バイオミメティックス 359
バイオレメディエーション 86, 120
ハイブリッド触媒 357, 402
ハイポナイトライト 185
パーキンソン病 482
バクテリオクロロフィル 277, 287
バクテリオフェオフィチン 287
白金-核酸塩基 501
バナジウムオキシド錯体 407
ハーバー・ボッシュ法 170, 334
パープル酸性ホスファターゼ 24
ハメットプロット 156
パラケルスス 497
パリノマイシン 27, 28
反強磁性相互作用 37, 48, 50, 145
反磁性 145
——相互作用 61
反応中心 263

光散逸 284
光増感剤 356

523

光捕集　286
光誘起電子移動　292
ピケットフェンスポルフィリン鉄錯体　45
ヒ酸　227
ヒスチジンキナーゼ　431
ヒスチジン銅錯体　509
ヒストンデアセチラーゼ　370
　──阻害剤　374
　──ファミリー　366
ビタミン B_{12}　348
　──, 疎水性　353
非天然アミノ酸　480
非天然金属錯体　399
非天然補因子　401
人血清アルブミン　353
ヒトデオキシヒプシンヒドロキシラーゼ　111
ヒトの PAH　105
ヒドラジン　336
ヒドリドイオン　217
ヒドリド錯体　324
ヒドリド試薬　328
ヒドリド種 Ni-C　321
ヒドリド種 Ni-R　322
ヒドロキシアミン酸化酵素　186
ヒドロキシド種 Ni-B　321
4-ヒドロキシフェニルピルビン酸ジオキシゲナーゼ　93
ヒドロキシラジカル　63, 450
ヒドロキシラーゼ　110, 121
ヒドロキシルアミン酸化還元酵素　175
ヒドロゲナーゼ　319, 408
[NiFe] ヒドロゲナーゼモデル錯体　324
ヒドロペルオキシド　47, 83
　──基　48, 84
　──錯体　141
　──種 Ni-A　321
　──鉄(II)中間体　99
　──鉄(III)　107
　──鉄(III)中間体　103
ヒプシン-eIF-5A　134
非ブルー銅タンパク質　13
非ヘム鉄酵素　80
標準酸化還元電位　9
標準自由エネルギー変化　332
標準電極電位　53
微量元素　2

ビリン　265
ピロリ菌　505
ピンサー型パラジウム錯体　422
フィコビリソーム　265
フェニルアラニン水酸化酵素　103
フェニルケトン尿症　104
フェノールヒドロキシラーゼ　109
フェノキシラジカル　152
フェノールの酸素化反応　149
フェリクローム　29
フェリチン　111, 422, 424, 488
フェルスター機構　266
フェルミ共鳴　42
[2Fe-2S] フェレドキシン　12
[3Fe-4S] フェレドキシン　12
[4Fe-4S] フェレドキシン　12
フェロセン　292
フェントン反応　450
不均等開裂　148
複核金属中心　217
複核鉄タンパク質　45
複核銅錯体　51
複核銅部位　48
フタロシアニン　294, 297
　──銅錯体　419
プテリン依存性酸化酵素　103
プラストシアニン　14, 19, 198
フラーレン　292
フランクコンドン　293
ブルー銅タンパク質　13, 196
フローサイトメトリー　486
プロスタグランジン H 合成酵素　56, 60
プロテアーゼ　24, 365
プロトカテク酸-3,4-ジオキシゲナーゼ　90
プロトポルフィリン IX　34
プロドラッグ　476
プロトン移動　74
プロトン共役電子移動　224, 327
プロトンポンプ　239, 240
プロパギルオキシカルボニル　481
プロリルオリゴペプチダーゼ　420
プロリン 4-ヒドロキシラーゼ

93
分子間シグナル伝達反応　431
分子触媒　342
分子燃料電池　333
閉環メタセシス　417
ベクトルプロトン　243
ベースプレート　282
ヘテロ二核活性中心　158
ヘテロリティック開裂　320
D-ペニシラミン　509
ヘ　ム　11, 34, 54, 400, 433
　── a　241
　── a_3　241
　── b　34
　── d_1　178
ヘムエリスリン　45, 111, 20
ヘム含有型センサータンパク質　434
ヘムセンシング　454
ヘム-銅酸化酵素スーパーファミリー　183
ヘムポケット　400
ヘモグロビン　18, 38
ヘモシアニン　14, 20, 48
　──（節足動物）　19
　──（軟体動物）　19
ヘリックス X　257
ペリプラズム　492
ペリレンビスイミド　297
ペルオキシダーゼ　20, 21, 22, 52, 55, 402
　──活性　403
μ-1,2-ペルオキシド　124
　──架橋二核鉄(III)　133
ペルオキシド　42, 47, 53, 325
　──基　50
　──錯体　45, 140, 328, 402
　──中間体　112
　──鉄(III)　108
　──二核鉄(III)　124
　──二核鉄(III)錯体　111, 112, 118
　──二核鉄(III)中間体　117, 135
　──ヘミケタールビシクロ中間体　95
($trans$-μ-1,2-ペルオキシド) 二核銅(II)錯体　149
ペンタメチルシクロペンタジエニル基　328

索　引

ペントスタム　504

ボーア効果　40, 49
補因子　25, 399
芳香族アミノ酸水酸化酵素　103
芳香族求電子置換反応機構　151
補欠分子族　25, 399
補酵素　25
補助基質　80
補助色素　273
ホスホリパーゼC　372
ホメオスタシス　3, 4, 26
ホモシステイン　350
ホモプロトカテク酸-2,3-ジオキシゲナーゼ　88
ホモリシス開裂　353
ホモリティック　329
ホラプレジンク　508
ポリスルフィドイオン　223
ポリヒドリドクラスター　342
ポルフィセン鉄錯体　404, 406
ポルフィセンマンガン錯体　405
ポルフィリン　289
　――πカチオンラジカル　61
　――鉄錯体　45, 400
N-ホルミルキヌレニン　76
ホルミル炭素　231
ポンプ　27
翻訳後化学修飾　147
翻訳制御　447
翻訳反応制御　431

ま　行

マーカスの逆転領域　293
膜輸送タンパク質　26
マトリクスメタロプテイナーゼ　370
　――ファミリー　366
マルチ銅オキシダーゼ　14
マルチ銅酸化酵素　157
マンガンイオン　15
マンガン含有タンパク質　21
マンガンペルオキシダーゼ　56, 58
ミエロペルオキシダーゼ　56, 59
ミオグロビン　18, 34, 402

水の酸化反応　303
無機ヒ素　358
メタノバクチン　30
メタロチオネイン　30
メタロプロテアーゼ　365
メタン資化細菌　113
メタンモノオキシゲナーゼ　155
メチルカルボン酸エステル　229
メチル基転移　350
　――反応　358
メチルコバラミン　349
メラトニン　76
メンケス病　509
モネンシン　28
モノオキシゲナーゼ　20, 21, 69, 141
モノヒドリド種　336
モリブデン　214
　――イオン　17
　――酸イオン　215

や　行

軟らかい酸　365

有機金属化合物　318
有機補欠分子　147

4次構造　39
弱い化学的相互作用　200

ら　行

ライセート　487
β-ラクタマーゼ　493
　――ファミリー　366
ラクトフェリン　29
ラジカル生成反応　358
ラジカル的解裂　63
ラッカーゼ　19, 157

リアーゼ　24
リガーゼ　25
リグニンペルオキシダーゼ　56, 58
リバウンド機構　74
リパーゼ　24, 422
リプレッサー　431, 450

リボヌクレオチドレダクターゼ　110, 127
硫化水素　231
硫化物酸化細菌　172
硫酸アデニリルトランスフェラーゼ　187, 188
硫酸イオン　220
硫酸塩呼吸　176
硫酸還元菌　172, 189
粒状メタンモノオキシゲナーゼ　114

ルイス塩基　330
　――・酸　322
ルイス酸　297
ルイス酸性度　302
ルブレドキシン　12
ルブレリシン　111

励起エネルギー　265
冷却CCDカメラ　466
レギュレーター　430
レーザー過渡吸収分光　289
レーザー光源　462
レシオ蛍光測定　461
レスポンスレギュレーター　431
レダクターゼ　22, 110
レドックスバランス　484

ロイシンアミノペプチダーゼ　16, 371
ロジウム(III)Cp*錯体　425
ロジウムCp錯体　424
ロドデノール　512
ロールケーキ型構造体　95

525

欧文索引

AAP 371
ABTS 58
ACC シンターゼ 100
acyl migration 92
2-adamantyl 基 227
aldehyde oxidoreductase 217
alkenyl migration 92
ammonification 171
AMO 175
APSR 188
arsenite oxidase 227
aSIR 189
assimilatory nitrate reductase 220
ATPS 187
ATP スルフリラーゼ 187
avidin 413

BAPTA 459
benzene-1,2-dithiol 221
biotin 401, 413
BMMs 120
Bulge 構造 257

CA 366
Ca^{2+} 457
　──キレーター 458
　──蛍光プローブ 457, 458
CA3 473
CaM 469
cAMP 467
carbonic anhydrase 415
2-His-1-carboxylate facial triad 80
Catechol Oxidase 149
Catecholase 反応 149
CcO 239
C-C 結合形成 416
Ce/ ランタノイド錯体 389
chemoenzymatic synthesis 386
Chromobacterium violaceum から単離された PAH 105
chymotrypsin 417
C-H 結合の活性化 144, 425
cis-1,2-ジオール化の反応機構 84
cis-μ-1,2-ペルオキシド架橋 137
CO dehydrogenase 217
CODH 343

Compound A 246
compound I 58, 73, 402
compound II 58, 79
CooA 435
CO センサー 435
CP モチーフ 454
Criegee 転位 91
Cu_A 14, 241
Cu_B 14, 241
Cu_Z 15
cytochrome 239

DDT 356, 358
dehydrogenase 216
denitrification 171
deoxy 型 36
DFT 計算 146
Diels-Alder 反応 419
1,2-dimethyl-ethylenedithiolate 227
1,3-diol 385
DMSO reductase 222
DNA/RNA 修復酵素 93
DNA 結合ドメイン 436
DNA ポリメラーゼ 16
Dopamine β-Monooxygenase 141
DrcH 48
DSBH 構造 98
dSIR 189, 192
DsrA 189
DsrB 189
DsrC 189
Dvir 192
DβM 141

EGTA 458
end-on 型 36, 140
ESR スペクトル 30, 32
ethylbenzene dehydrogenase 224, 225
ETR1 449
EXAFS 221

Fe(III)-OOH 85
　──中間体 84
Fe(IV)=O 96, 99
　──中間体 103
Fe(V)=O(OH) 85
FeMo 補因子 (FeMoco) 334
FhuA 418

FixL 437
FlCRhR 463
FMO 282
FNR 443
formate dehydrogenase 224
FRET 463
Friedel-Crafts 反応 421
Fura-2 461

Gd-DTPA 510
GFP 463
Grubbs-Hoveyda ルテニウム触媒 416
guaiacol 58

H_2O_2-shunt 法 123
H_2 の還元的脱離 335
HAO 175, 186
HDAC 366
HEAT リピート 136
Heck 反応 422
HeLa 細胞 478
HemAT 439
Hemocyanin 149
Hill 係数 41
Hill プロット 41
H-NOX ドメイン 442
homolysis 141
HRM 454
HrtR 452
HSAB 365
HSAB 則 4, 6, 7
hydrotrispyrazolylborate 配位子 144

in crystallo 反応 87, 89
Indo-1 463
IRP 446
Irr 454
Irving-Williams 系列 7
iR フリー過電圧 333
IVCT 31

jelly roll motif 98
J 会合体 271

KIE 146
Kok サイクル 306

Laporte 禁制 30
LH1 278

索　引

LH2　279
LMCT　31
LmrR　419, 421
LUMO　219

Methylococcus capsulatus　114
Methylosinus trichosporium OB3b　114
met 型　36
MF　473
Michaelis-Menten 型　78
　——の反応速度論　384
　——定数　384
microperoxidase　409
MLCT　31
MMP　366
Moco　223
MRI 造影剤　510
MTT アッセイ　481

N_2OR　174
N4Py　108
NADH　221
　——酸化還元酵素　121
NADPH　76
NaR　173
nicotinate dehydrogenase　218
NIH シフト　106, 151
NiR　174
Ni-SIa モデル　324
nitrate reductase　221, 223
nitrification　171
nitrobindin　411, 418, 424
NOR　174, 180, 182
NO センサー　441
NO センシング　446
N-ホルミルキヌレニン　79

OEC　304
O=Fe-N 変角振動　254
oxy 型　36

P-450　513
P680　306
papain　415
PAPS　187
PAS ドメイン　437
Peptidylglycine α-Hydroxylating Monooxygenase　141
PerR　449
PET　472

1,10-phenanthroline 銅 (II) 錯体　419, 421
Phenolase 反応　149
phloroglucinol　226
PHM　141
phosphoadenosine-5'-phosphosulfate　187
PMO　141
Polysaccharide Monooxygenase　141
polysulfide reductase　223
proton-coupled electron transfer　224
Pro 型酵素　154
PSII　304
Pt(II) 抗がん剤　499
pyranopterin　214
pyrogallol　226
pyrogallol-phloro-glucinol transhydroxylase　225

Quercetin 2,4-Dioxygenase　158
quin2　459
8-quinolinol　374
quinolone 2-oxidoreductase　217
Qy 帯　265

Rieske 型 [2Fe-2S] クラスター　82
Rieske ジオキシゲナーゼ　81
Rieske タンパク質　121
RNA 結合タンパク質　446
RNA ポリメラーゼ　16
R 型クラスター　82
R 状態　39

SACLA　245
SAHA　374
salen マンガン錯体　406
salophen クロム錯体　406
selenate reductase　224
side-on 型　140
S_i サイクル　306
SOD　160
SOMO　219
SoxR　445
SPring-8　245
streptavidin　401, 413, 423, 425
sulfite dehydrogenase　219
sulfite oxidase　219
Sulfuretum　172

Superoxide Dismutase　160
superresolution imaging　462
Suzuki-Miyaura 反応　422

1,4,7,10-tetraazacyclododecane ([12]aneN_4, cyclen)　377
1,2,3,5-tetrahydroxybenzene　226
tetramethylcyclam 配位子　107
Tetramethylguanidine 基　145
TFIIIA　386
TPQ　147
TQA 配位子　108
trans influence　221
1,5,9-triazacyclododecane ([12]aneN_3)　377
trimethylamine *N*-oxide reductase　225
Tris(pyrazolyl)hydroborate-Zn 錯体　377
Type 1 Cu　13, 14
Type 2 Cu　13, 14
Type 3 Cu　14,
Tyr-Cys　147
Tyrosinase　149
T 状態　39

WOR4　231

xanthine oxidoreductase ファミリー　215
XAS　210
X 線解析　347
X 線吸収分光法　210
X 線結晶構造解析　240

Zn^{2+}　471
Zn フィンガー　386
　——クレアーゼ　386

β ヘリックス　490
β-ラクタム環　97, 98
μ-η^2:η^2 構造　51
π 逆供与　43
π 酸性　327
$\sigma\cdot\pi$ 相互作用　322

527

筆者紹介

■編著者

伊東　忍（いとう　しのぶ）
　大阪大学大学院工学研究科　教授
　大阪大学大学院工学研究科博士課程修了（1986 年）　工学博士

青野　重利（あおの　しげとし）
　分子科学研究所　岡崎統合バイオサイエンスセンター　教授
　東京工業大学大学院理工学研究科博士課程修了（1987 年）　工学博士

林　高史（はやし　たかし）
　大阪大学大学院工学研究科　教授
　京都大学大学院工学研究科博士後期課程修了（1990 年）　工学博士

■著　者（五十音順）

青木　伸（あおき　しん）
　東京理科大学薬学部生命創薬科学科　教授
　東京大学大学院薬学系研究科修士課程修了（1988 年）　薬学博士

安部　聡（あべ　さとし）
　東京工業大学生命理工学院　助教
　名古屋大学大学院理学研究科博士後期課程修了（2008 年）　理学博士

上野　隆史（うえの　たかふみ）
　東京工業大学生命理工学院　教授
　大阪大学大学院理学研究科博士後期課程修了（1998 年）　理学博士

大久保　敬（おおくぼ　けい）
　大阪大学未来戦略機構　招へい教授
　大阪大学大学院工学研究科博士後期課程修了（2001 年）　博士（工学）

小倉　尚志（おぐら　たかし）
　兵庫県立大学大学院生命理学研究科　教授
　大阪大学大学院医学研究科修士課程修了（1983 年）　理学博士

小江　誠司（おごう　せいじ）
　九州大学大学院工学研究院　教授
　総合研究大学院大学数物科学研究科博士課程修了（1996 年）　理学博士

小谷　明（おだに　あきら）
　金沢大学薬学系　教授
　大阪大学大学院薬学研究科博士課程修了（1981 年）　薬学博士

小野田　晃（おのだ　あきら）
　大阪大学大学院工学研究科　准教授
　大阪大学大学院理学研究科博士後期課程修了（2002 年）　博士（理学）

菊地　和也（きくち　かずや）
　大阪大学大学院工学研究科　教授
　東京大学大学院薬学系研究科博士課程修了（1994 年）　博士（薬学）

高妻　孝光（こうづま　たかみつ）
　茨城大学大学院理工学研究科　教授
　金沢大学大学院自然科学研究科博士後期課程修了（1989 年）　学術博士

小寺　政人（こでら　まさひと）
　同志社大学大学院理工学研究科　教授
　京都大学大学院工学研究科博士課程修了（1987 年）　工学博士

城　宜嗣（しろ　よしつぐ）
　兵庫県立大学大学院生命理学研究科　教授
　京都大学大学院工学研究科博士課程修了（1985 年）　工学博士

杉本　秀樹（すぎもと　ひでき）
　大阪大学大学院工学研究科　准教授
　北海道大学大学院理学研究科博士課程修了（1997 年）　博士（理学）

民秋　均（たみあき　ひとし）
　立命館大学大学院生命科学研究科　教授
　京都大学大学院理学研究科博士課程修了（1986 年）　理学博士

樋口　芳樹（ひぐち　よしき）
　兵庫県立大学大学院生命理学研究科　教授
　大阪大学大学院理学研究科博士課程修了（1984 年）　理学博士

久枝　良雄（ひさえだ　よしお）
　九州大学大学院工学研究院　教授
　九州大学大学院工学研究科修士課程修了（1981 年）　工学博士

廣田　俊（ひろた　しゅん）
　奈良先端科学技術大学院大学物質創成科学研究科　教授
　総合研究大学院大学数物科学研究科博士後期課程修了（1995 年）　博士（理学）

藤井　浩（ふじい　ひろし）
　奈良女子大学研究院自然科学系　教授
　京都大学大学院工学研究科博士後期課程修了（1990 年）　工学博士

正岡　重行（まさおか　しげゆき）
　分子科学研究所　准教授
　京都大学大学院工学研究科博士後期課程修了（2004 年）　博士（工学）

増田　秀樹（ますだ　ひでき）
　名古屋工業大学　名誉教授
　京都大学大学院薬学研究科博士課程修了（1982 年）　薬学博士

松本　崇弘（まつもと　たかひろ）
　九州大学大学院工学研究院　准教授
　金沢大学大学院自然科学研究科博士後期課程修了（2007 年）　理学博士

山口　峻英（やまぐち　たかひで）
　茨城大学理学部　助教
　茨城大学大学院理工学研究科博士後期課程修了（2016 年）　博士（理学）

フロンティア生物無機化学
せいぶつむきかがく

2016年12月1日　初版第1刷発行

　　　　　　　　　Ⓒ　編著者　伊　東　　　忍
　　　　　　　　　　　　　　青　野　重　利
　　　　　　　　　　　　　　林　　　高　史
　　　　　　　　　発行者　秀　島　　　功
　　　　　　　　　印刷者　荒　木　浩　一

発行所　三　共　出　版　株　式　会　社　　郵便番号 101-0051
　　　　　　　　　　　　　　　　　　　　　東京都千代田区神田神保町3の2
　　　　　　　　　　　　　　　　　　　　　振替 00110-9-1065
　　　　　　　　　　　　　　　　　　　　　電話 03-3264-5711　FAX03-3265-5149
　　　　　　　　　　　　　　　　　　　　　http://www.sankyoshuppan.co.jp

一般社団法人 **日本書籍出版協会**・一般社団法人 **自然科学書協会・工学書協会　会員**

Printed in Japan　　　　　　　　　　　　　　印刷・アイ・ピー・エス

JCOPY ＜(社)出版者著作権管理機構 委託出版物＞
本書の無断複写は著作権法上での例外を除き禁じられています。複写される場合は，そのつど事前に，(社)出版者著作権管理機構（電話 03-3513-6969, FAX 03-3513-6979, e-mail: info@jcopy.or.jp）の許諾を得てください。

ISBN 978-4-7827-0756-2

―― 好評発売中 ――

錯体化学会選書　　全１０巻（１１冊）

1. 生物無機化学
2. 金属錯体の光化学
3. 金属錯体の現代物性化学
4. 多核種の溶液および固体ＮＭＲ
5. 超分子金属錯体
6. 有機金属化学（第２版）
7. 金属錯体の機器分析（上）
7. 金属錯体の機器分析（下）
8. 錯体の溶液化学
9. 金属錯体の電子移動と電気化学
10. 金属錯体の量子・計算化学

複合系の光機能研究会選書

1. 配位化合物の電子状態と光物理
2. 人工光合成―光エネルギーによる物質変換の化学